科学出版社“十四五”普通高等教育本科规划教材

高等微积分

向昭银　编著

科学出版社

北　京

内容简介

本书是作者在电子科技大学讲授十余年高等微积分(数学分析)的基础上编写而成的，是为需要深厚数理基础的高素质创新型理工科人才编写一本数学分析教材. 全书共六章，内容包括：点列极限与实数理论、函数极限与连续函数、微分学、积分学、级数理论、常微分方程. 每一章均配有大量的典型例题和具有一定难度的习题，书后还附有参考答案与提示. 本书还介绍了部分在数学及其应用上都有重要意义的内容，如压缩映射原理、有界变差函数、混沌、变分学、Fourier 分析、常微分方程稳定性理论等. 书中加*的为全国大学生数学竞赛题目.

本书可作为高等院校数学类各专业本科生、对数学要求较高的理工科相关专业本科生的数学分析或高等微积分教材，也可作为准备参加全国硕士研究生入学考试、全国大学生数学竞赛的人员的参考书.

图书在版编目(CIP)数据

高等微积分/向昭银编著. —北京：科学出版社，2022.6
科学出版社“十四五”普通高等教育本科规划教材
ISBN 978-7-03-072548-6

Ⅰ.①高… Ⅱ.①向… Ⅲ.①微积分-高等学校-教材 Ⅳ.①O172

中国版本图书馆 CIP 数据核字(2022)第 100300 号

责任编辑：王胡权　李　萍／责任校对：杨聪敏
责任印制：张　伟／封面设计：蓝正设计

科学出版社 出版
北京东黄城根北街 16 号
邮政编码：100717
http://www.sciencep.com
北京建宏印刷有限公司 印刷
科学出版社发行　各地新华书店经销
*
2022 年 6 月第　一　版　开本：720 × 1000　1/16
2022 年 12 月第二次印刷　印张：25 1/2
字数：514 000
定价：89.00 元
(如有印装质量问题，我社负责调换)

前　　言

本书是笔者在电子科技大学讲授十余年高等微积分 (数学分析) 的基础上编写而成的, 是为需要深厚数理基础的高素质创新型理工科人才编写一本数学分析教材. 全书主要内容包括: 点列极限与实数理论、函数极限与连续函数、微分学、积分学、级数理论、常微分方程. 每一章都配有大量的例题和具有一定难度的习题.

电子科技大学从 2011 年开始招收数理基础科学专业本科生, 其专业培养目标是为电子信息等应用与工程学科培养具有深厚数理基础的高素质创新型人才, 为数学、物理学科输送优秀的后备研究人才. 该专业的学生在大学第一、二年以学习数学、物理类基础课程为主, 第三、四年主要转入数学科学学院、物理学院, 在导师指导下根据学生志趣和专长选修相应方向专业课程. 截至目前, 该专业的毕业生主要选择在数学与应用数学、计算数学与科学工程计算、应用物理、电子信息、计算机和经济金融等领域攻读硕博士学位.

笔者有幸参加了电子科技大学数理基础科学专业培养方案的制订并一直为该专业讲授高等微积分课程. 基于该专业的人才培养目标与教学模式, 高等微积分课程在教学内容上与数学专业的数学分析课程基本保持一致. 但是, 考虑到每一年都有许多非数学专业的本科一年级学生在第一学期末申请转入数理基础科学专业, 同时, 为了降低高等微积分课程的学习难度, 笔者在教学体系上采取了与数学专业的数学分析课程不一样的安排: 第一、二学期主要介绍初等微积分, 理论性较强的高等微积分内容则安排在第三学期. 虽然高等微积分的内容基本成型, 但由于本课程体系的调整, 笔者未曾找到一本在内容、难度等方面都适合本课程的高等微积分教材用于教师授课与学生学习. 因此, 笔者开始在参考大量国内外相关教材的基础上动手编写讲义, 边讲课边修订, 逐步形成了本书初稿.

要编写一本有特色的教材并非易事, 特别是内容的取舍与编排. 考虑到阅读本书的读者已经具备了初等微积分的基础, 本书从数列极限与实数理论出发, 选取在后继课程学习与科学研究中都起着基础性作用, 并能培养和提高学生逻辑推理能力的重要内容, 进行全面而严密的论述. 同时, 将 Poincaré 不等式、Gronwall 不等式、Laplace 变换等在理论和应用上都非常重要的内容作为练习加入到习题中. 为了拓展学生对微积分应用的认识, 还对压缩映射原理、有界变差函数、混沌、变分学、Fourier 分析、常微分方程稳定性理论等作了简要介绍. 在内容设置与讲解上, 本书力求对每一个定理都举例说明其应用, 以期帮助读者加深理解.

本书可作为高等院校数学类各专业本科生、对数学要求较高的理工科相关专业本科生的数学分析或高等微积分教材, 也可作为准备参加全国硕士研究生入学考试、全国大学生数学竞赛的人员的参考书.

在本书写作的过程中, 电子科技大学教务处处长、英才实验学院院长、国家级教学名师黄廷祝教授自始至终关心和鼓励本书的编写工作并给予了指导性的意见. 电子科技大学数学科学学院谢云荪教授、陈良均教授、蒲和平教授、刘艳副教授、王朝霞副教授等仔细审阅了本书的初稿, 提出了建设性的意见和建议. 笔者对他们长期的指导、关心与帮助表示诚挚的谢意.

本书获得电子科技大学新编特色教材建设项目的资助, 同时得到电子科技大学教务处和数学科学学院相关领导和同事的大力支持; 本书入选科学出版社“十四五”普通高等教育本科规划教材, 王胡权副编审和李萍编辑为本书的出版付出了辛勤的劳动, 在此一并表示衷心感谢.

囿于笔者的学识和水平, 本书虽经反复试用和多次修改, 不妥之处仍在所难免, 恳请同行专家及广大读者批评指正, 期待提出宝贵的意见和建议.

向昭银

2021 年 10 月

目　　录

第 1 章　点列极限与实数理论

微积分创立于 17 世纪后半期, 其早期的创立者主要致力于发展强有力的方法, 为解决天文、力学、光学等领域中的问题提供重要工具, 但他们未能为自己的方法提供逻辑上无懈可击的理论证明. 比如, Newton 在研究自由落体的瞬时速度时所采用的方法是: 在 $s=\frac{1}{2}gt^2$ 中给时间 t 一个微小的增量 h (他称之为 "瞬") 得到平均速度

$$\overline{v}=\frac{\frac{1}{2}g(t+h)^2-\frac{1}{2}gt^2}{h}=gt+\frac{1}{2}gh,$$

然后让 h 消失便得到瞬时速度 $v=gt$. 这里的 "瞬" h 究竟是什么呢? Berkeley 曾指出这一过程中的逻辑错误: 在计算平均速度时, 因为 h 作为分母, 所以必须假设 $h\neq 0$, 但随后又令 $h=0$ 以得到瞬时速度, 即 h 既不是 0 又是 0. 这个问题困惑了数学家一个多世纪. 直到 19 世纪初, Cauchy 才用极限的概念把它基本解释清楚. 随后, Weierstrass 创造了 "ε-δ 语言", 重新定义了极限、连续、导数等基本概念, 使微积分进一步严格化.

1.1　数列极限与 Stolz 定理

在本节中, 我们首先回顾数列极限的定义, 再进一步介绍研究 $\frac{*}{\infty}$ 型数列极限的重要工具——Stolz 定理.

1.1.1　数列极限

在初等微积分课程的学习中我们已经知道, 数列 $\{a_n\}$ 的极限为 a 是指: 当 n 无限增大时, a_n 能无限接近 a. 下面我们重述数列极限的严格数学定义 (本书中, $\mathbb{N}$ 表示正整数集 $\mathbb{Z}^+$, $\mathbb{Q}$ 表示有理数集, $\mathbb{R}$ 表示实数集, $\mathbb{C}$ 表示复数集).

定义 1.1.1 (数列极限)　设 $\{a_n\}$ 是一给定数列, $a\in\mathbb{R}$. 若对任意给定的 $\varepsilon>0$, 都存在 $N\in\mathbb{N}$, 使得对任意的 $n>N$ 都有

$$|a_n-a|<\varepsilon,$$

则称数列 $\{a_n\}$ 收敛于 a (或 a 是数列 $\{a_n\}$ 的极限), 记为

$$\lim_{n\to\infty}a_n=a,$$

有时也记为

$$a_n \to a \quad (n \to \infty).$$

存在极限的数列称为收敛数列. 特别地, 极限为 0 的数列称为**无穷小量**.

定义 1.1.1 说明, 若 $\lim\limits_{n\to\infty} a_n = a$, 则对任意的正实数 ε, 当 n 比 N 大时, a_n 与 a 的距离必小于 ε. 这种表达方式的重要性在于, 避免了使用 "无限增大""无限接近" 等模糊的描述, 而采用实数 ε、自然数 N 与 n 等确切表述. 在定义 1.1.1 中, ε 是任意给定的, 不能用某个确定的正数来代替. 所谓 "任意", 着重强调的是 "任意小". 当然, 相对于 N 来说, ε 是固定的, 即 ε 一旦取出, 满足要求的 N 就可以由 ε 确定.

注记 1.1.1　不收敛的数列称为发散数列, 故数列 $\{a_n\}$ 发散是指: 对任意的 $a \in \mathbb{R}$, 都存在 $\varepsilon_0 > 0$, 使得对任意的 $N \in \mathbb{N}$, 必存在 $n_N > N$ 满足

$$|a_{n_N} - a| \geqslant \varepsilon_0.$$

在数学上, 常用下述 "ε-N 语言" 来表述 $\lim\limits_{n\to\infty} a_n = a$:

$$\forall\, \varepsilon > 0, \quad \exists\, N \in \mathbb{N}, \quad \text{s.t. } \forall\, n > N: \quad |a_n - a| < \varepsilon.$$

在数列极限的 "ε-N 语言" 中, $\forall$ 与 $\exists$ 等符号的先后次序是非常重要的. 例如, 若将上述 "ε-N 语言" 中的 "$\forall \varepsilon > 0, \exists N \in \mathbb{N}$" 改为 "$\exists N \in \mathbb{N}, \forall \varepsilon > 0$", 则 $\{a_n\}$ 中从第 $N+1$ 项开始恒为 a; 而若将 "$\forall \varepsilon > 0, \exists N \in \mathbb{N}$" 改为 "$\exists \varepsilon > 0, \forall N \in \mathbb{N}$", 则 $\{a_n\}$ 可能是发散的.

下面举例说明如何利用 "ε-N 语言" 来证明数列的极限.

例 1.1.1　设 $|q| < 1$. 利用定义证明: $\lim\limits_{n\to\infty} q^n = 0$.

证明　当 $|q| = 0$ 时, 对任意给定的 $\varepsilon > 0$, 只需取 $N = 1$, 则对任意 $n > N$ 都有

$$\left|q^n - 0\right| = \left|0^n - 0\right| = 0 < \varepsilon.$$

当 $0 < |q| < 1$ 时, 对任意给定的 $\varepsilon > 0$, 若取 $N = \max\left\{1, \left[\dfrac{\ln \varepsilon}{\ln |q|}\right] + 1\right\}$, 则对任意的 $n > N$ 都有

$$\left|q^n - 0\right| = |q|^n < |q|^N < \varepsilon.$$

从而, 当 $|q| < 1$ 时, 必有 $\lim\limits_{n\to\infty} q^n = 0$. □

例 1.1.2　利用定义证明: $\lim\limits_{n\to\infty} \sqrt[n]{n} = 1$.

证明 (法一) 设 $\sqrt[n]{n}=1+\alpha_n\ (n=2,3,\cdots)$, 则 $\alpha_n>0$, 且由二项式定理可得

$$n=(1+\alpha_n)^n=1+n\alpha_n+\frac{n(n-1)}{2}\alpha_n^2+\cdots+\alpha_n^n>1+\frac{n(n-1)}{2}\alpha_n^2.$$

于是有

$$0<\sqrt[n]{n}-1=\alpha_n<\sqrt{\frac{2}{n}}.$$

从而, 对任意给定的 $\varepsilon>0$, 若取 $N=\left[\frac{2}{\varepsilon^2}\right]+1$, 则对任意 $n>N$ 都有

$$\left|\sqrt[n]{n}-1\right|=|\alpha_n|<\sqrt{\frac{2}{n}}<\varepsilon.$$

故 $\lim\limits_{n\to\infty}\sqrt[n]{n}=1$.

(法二) 当 $n\geqslant 2$ 时, 利用算术-几何平均不等式可得

$$1<\sqrt[n]{n}=\big(\sqrt{n}\cdot\sqrt{n}\cdot\underbrace{1\cdot\cdots\cdot 1}_{n-2\text{个}}\big)^{\frac{1}{n}}\leqslant\frac{2\sqrt{n}+(n-2)}{n}<1+\frac{2}{\sqrt{n}}.$$

于是有

$$0<\sqrt[n]{n}-1<\frac{2}{\sqrt{n}}.$$

因此, 对任意给定的 $\varepsilon>0$, 若取 $N=\left[\frac{4}{\varepsilon^2}\right]+1$, 则对任意的 $n>N$ 都有

$$\left|\sqrt[n]{n}-1\right|<\frac{2}{\sqrt{n}}<\varepsilon.$$

故 $\lim\limits_{n\to\infty}\sqrt[n]{n}=1$. □

从例 1.1.1 和例 1.1.2 可以看出, 利用 “ε-N 语言” 证明数列极限存在的关键是: 对任意的正实数 ε, 找到相应的 N. 下面再通过一个例子说明, 对于 N, 我们强调的是它的存在性, 而不需要求出它的最小值.

例 1.1.3 (Cauchy 命题) 设 $a\in\mathbb{R}$. 若 $\lim\limits_{n\to\infty}a_n=a$, 则

$$\lim_{n\to\infty}\frac{a_1+a_2+\cdots+a_n}{n}=a.$$

证明 利用 Stolz 定理 (定理 1.1.1) 很容易得到这一结论. 我们这里利用数列极限的定义来证明.

先考虑 $a=0$ 的情形. 对任意给定的 $\varepsilon>0$, 由 $\lim\limits_{n\to\infty}a_n=0$ 可知, 存在 $N_1\in\mathbb{N}$, 使得对任意的 $n>N_1$ 都有 $|a_n|<\dfrac{\varepsilon}{2}$. 另一方面, 对于固定的 N_1, 我们有

$$\lim_{n\to\infty}\frac{a_1+a_2+\cdots+a_{N_1}}{n}=0.$$

从而, 对上述 $\varepsilon>0$, 必存在 $N_2\in\mathbb{N}$, 使得对任意的 $n>N_2$ 都有

$$\left|\frac{a_1+a_2+\cdots+a_{N_1}}{n}\right|<\frac{\varepsilon}{2}.$$

因此, 若取 $N=\max\{N_1,N_2\}$, 则当 $n>N$ 时必有

$$\begin{aligned}\left|\frac{a_1+a_2+\cdots+a_n}{n}\right|&\leqslant\left|\frac{a_1+a_2+\cdots+a_{N_1}}{n}\right|+\left|\frac{a_{N_1+1}+a_{N_1+2}+\cdots+a_n}{n}\right|\\&<\frac{\varepsilon}{2}+\frac{n-N_1}{n}\cdot\frac{\varepsilon}{2}\\&<\varepsilon.\end{aligned}$$

这表明,

$$\lim_{n\to\infty}\frac{a_1+a_2+\cdots+a_n}{n}=0.$$

对于 $a\neq0$ 的情形, 令 $b_n=a_n-a$, 则 $\lim\limits_{n\to\infty}b_n=0$. 由已证明的结论可知

$$\lim_{n\to\infty}\frac{(a_1+a_2+\cdots+a_n)-na}{n}=\lim_{n\to\infty}\frac{b_1+b_2+\cdots+b_n}{n}=0.$$

从而,

$$\lim_{n\to\infty}\frac{a_1+a_2+\cdots+a_n}{n}=a.$$ □

例 1.1.1、例 1.1.2 和例 1.1.3 的结论本身也非常重要, 最好能记住它们.

1.1.2 无穷大量

很容易证明, 数列 $\{2^n\}$ 与 $\{\sin n\}$ 都是发散的. 但是, 当 n 无限增大时, 数列 $\{2^n\}$ 有一个稳定的变化趋势, 即它的通项也无限增大, 而数列 $\{\sin n\}$ 则没有这种趋势. 为了描述数列 $\{2^n\}$ 的这一特征, 我们引入无穷大量的概念.

定义 1.1.2 (无穷大量) 设 $\{a_n\}$ 是一给定数列. 若对任意给定的 $G>0$, 都存在 $N\in\mathbb{N}$, 使得对任意的 $n>N$ 都有

$$a_n > G,$$

则称数列 $\{a_n\}$ 为正无穷大量, 记为

$$\lim_{n\to\infty} a_n = +\infty.$$

有时也记为

$$a_n \to +\infty \quad (n\to\infty).$$

类似地, 可以定义负无穷大量、无穷大量.

在数学上, 常用下述 "G-N 语言" 来表述 $\lim\limits_{n\to\infty} a_n = +\infty$:

$$\forall\, G>0, \quad \exists\, N\in\mathbb{N}, \quad \text{s.t. } \forall\, n>N: \quad a_n > G.$$

值得指出的是, 我们沿用记号 $\lim\limits_{n\to\infty} a_n = +\infty$ 仅仅是为了书写和语言的方便, 并不意味着数列 $\{a_n\}$ 收敛或 $\{a_n\}$ 的极限存在. 我们说 $\{a_n\}$ 的极限存在, 指的是 $\{a_n\}$ 的极限值是一个实数.

例 1.1.4 设 $\lim\limits_{n\to\infty} a_n = a \neq 0$, $\lim\limits_{n\to\infty} b_n = \infty$. 证明: $\lim\limits_{n\to\infty} a_n b_n = \infty$.

证明 由 $\lim\limits_{n\to\infty} a_n = a\neq 0$ 可知, 存在 $N_1\in\mathbb{N}$, 使得对任意的 $n>N_1$ 都有

$$|a_n| > \frac{|a|}{2} > 0.$$

另一方面, 由 $\lim\limits_{n\to\infty} b_n = \infty$ 可知, 对任意给定的 $G>0$, 必存在 $N_2\in\mathbb{N}$, 使得对任意的 $n>N_2$ 都有

$$|b_n| > \frac{2G}{|a|}.$$

因此, 若取 $N=\max\{N_1,N_2\}$, 则当 $n>N$ 时必有

$$|a_nb_n| > \frac{|a|}{2}|b_n| > \frac{|a|}{2}\cdot\frac{2G}{|a|} = G.$$

故 $\lim\limits_{n\to\infty} a_nb_n = \infty$. □

例 1.1.5 设

$$a_n = 1+\frac{1}{2}+\cdots+\frac{1}{n} \quad (n=1,2,\cdots).$$

证明: 数列 $\{a_n\}$ 为正无穷大量.

证明　(法一) 利用 Oresme 的方法: 对任意的 $n \in \mathbb{N}$, 根据不等式

$$\frac{1}{n+1}+\frac{1}{n+2}+\cdots+\frac{1}{2n} \geqslant \frac{n}{2n}=\frac{1}{2}$$

可得

$$\frac{1}{2^{n-1}+1}+\frac{1}{2^{n-1}+2}+\cdots+\frac{1}{2^n} \geqslant \frac{1}{2}.$$

于是, 利用数学归纳法易知

$$a_{2^n} \geqslant \frac{n+2}{2} \quad (n=1,2,\cdots).$$

从而, 对任意给定的 $G>0$, 若取 $N=2^{[2G]}$, 则对任意的 $n>N$, 都有

$$a_n > a_N = a_{2^{[2G]}} \geqslant \frac{[2G]+2}{2} > G.$$

故 $\{a_n\}$ 为正无穷大量.

(法二) 利用 Bernoulli 的方法: 对任意的 $n \in \mathbb{N}$, 根据不等式

$$\frac{1}{n+1}+\frac{1}{n+2}+\cdots+\frac{1}{n^2} > \frac{n^2-n}{n^2}=1-\frac{1}{n}$$

可知

$$\frac{1}{n}+\frac{1}{n+1}+\frac{1}{n+2}+\cdots+\frac{1}{n^2} > 1.$$

从而,

$$a_4 = a_1+\frac{1}{2}+\frac{1}{3}+\frac{1}{4} > a_1+1=2,$$
$$a_{25} = a_4+\frac{1}{5}+\frac{1}{6}+\cdots+\frac{1}{25} > a_4+1=3.$$

以此类推, 并注意到数列 $\{a_n\}$ 单调增加可知, 对任意给定的 $G>0$, 必存在 $N \in \mathbb{N}$, 使得对任意的 $n>N$ 都有

$$a_n > a_N > [G]+1 > G.$$

即 $\{a_n\}$ 为正无穷大量. □

1.1.3 Stolz 定理

在求 $\infty \pm \infty$, $(+\infty)-(+\infty)$, $(-\infty)-(-\infty)$, $(+\infty)+(-\infty)$, $0\cdot\infty$ 等待定型极限时, 一般都不能直接应用数列极限的四则运算法则, 而是先将其转化为 $\dfrac{\infty}{\infty}$ 型或 $\dfrac{0}{0}$ 型极限, 再进一步求解. 下面的 Stolz 定理是处理 $\dfrac{*}{\infty}$ 型数列极限的有力工具.

定理 1.1.1 (Stolz 定理) 设 $\{b_n\}$ 为严格单调增加的正无穷大量. 若

$$\lim_{n\to\infty}\frac{a_{n+1}-a_n}{b_{n+1}-b_n}=\alpha,$$

其中 α 可以为实数, $+\infty$ 或 $-\infty$, 则

$$\lim_{n\to\infty}\frac{a_n}{b_n}=\alpha.$$

证明 我们将 α 分为 4 种情形讨论:

(1) 当 $\alpha=0$ 时, 对任意给定的 $\varepsilon>0$, 由

$$\lim_{n\to\infty}\frac{a_{n+1}-a_n}{b_{n+1}-b_n}=0$$

可知, 存在 $N_1\in\mathbb{N}$, 使得对任意的 $n>N_1$ 都有

$$\left|\frac{a_{n+1}-a_n}{b_{n+1}-b_n}\right|<\frac{\varepsilon}{2}.$$

因为 $\{b_n\}$ 严格单调增加, 所以 $b_{n+1}>b_n$. 从而, 当 $n>N_1$ 时, 必有

$$-\frac{\varepsilon}{2}(b_{n+1}-b_n)<a_{n+1}-a_n<\frac{\varepsilon}{2}(b_{n+1}-b_n).$$

由此易得

$$-\frac{\varepsilon}{2}(b_{n+1}-b_{N_1+1})<a_{n+1}-a_{N_1+1}<\frac{\varepsilon}{2}(b_{n+1}-b_{N_1+1})\quad(n=N_1+1,N_1+2,\cdots).$$

又因为 $\{b_n\}$ 为正无穷大量, 所以不妨设 $b_{N_1+1}>0$. 于是, 可在上式中同除以 b_{n+1} 得

$$-\frac{\varepsilon}{2}<-\frac{\varepsilon}{2}\left(1-\frac{b_{N_1+1}}{b_{n+1}}\right)<\frac{a_{n+1}}{b_{n+1}}-\frac{a_{N_1+1}}{b_{n+1}}<\frac{\varepsilon}{2}\left(1-\frac{b_{N_1+1}}{b_{n+1}}\right)<\frac{\varepsilon}{2}.$$

从而,

$$-\frac{\varepsilon}{2}+\frac{a_{N_1+1}}{b_{n+1}}<\frac{a_{n+1}}{b_{n+1}}<\frac{\varepsilon}{2}+\frac{a_{N_1+1}}{b_{n+1}}.$$

对于固定的 N_1, 再次利用 $\{b_n\}$ 为正无穷大量可知

$$\lim_{n\to\infty}\frac{a_{N_1+1}}{b_{n+1}}=0.$$

故存在 $N_2\in\mathbb{N}$, 使得对任意的 $n>N_2$ 都有

$$-\frac{\varepsilon}{2}<\frac{a_{N_1+1}}{b_{n+1}}<\frac{\varepsilon}{2}.$$

因此, 若取 $N=\max\{N_1,N_2\}$, 则对任意的 $n>N$ 都有

$$-\varepsilon=-\frac{\varepsilon}{2}-\frac{\varepsilon}{2}<\frac{a_{n+1}}{b_{n+1}}<\frac{\varepsilon}{2}+\frac{\varepsilon}{2}=\varepsilon.$$

这表明

$$\lim_{n\to\infty}\frac{a_n}{b_n}=0=\alpha.$$

(2) 当 $\alpha\in\mathbb{R}$ 但 $\alpha\neq 0$ 时, 令 $c_n=a_n-\alpha b_n$, 则有

$$\begin{aligned}\lim_{n\to\infty}\frac{c_{n+1}-c_n}{b_{n+1}-b_n}&=\lim_{n\to\infty}\frac{(a_{n+1}-a_n)-\alpha(b_{n+1}-b_n)}{b_{n+1}-b_n}\\&=\lim_{n\to\infty}\left(\frac{a_{n+1}-a_n}{b_{n+1}-b_n}-\alpha\right)=0.\end{aligned}$$

从而, 由已证得的 $\alpha=0$ 时的结论可知

$$\lim_{n\to\infty}\left(\frac{a_n}{b_n}-\alpha\right)=\lim_{n\to\infty}\frac{a_n-\alpha b_n}{b_n}=\lim_{n\to\infty}\frac{c_n}{b_n}=\lim_{n\to\infty}\frac{c_{n+1}-c_n}{b_{n+1}-b_n}=0.$$

故

$$\lim_{n\to\infty}\frac{a_n}{b_n}=\alpha.$$

(3) 当 $\alpha=+\infty$ 时, 对任意的 $G>0$, 由

$$\lim_{n\to\infty}\frac{a_{n+1}-a_n}{b_{n+1}-b_n}=+\infty$$

可知, 存在 $N_1\in\mathbb{N}$, 使得对任意的 $n>N_1$ 都有

$$\frac{a_{n+1}-a_n}{b_{n+1}-b_n}>2(G+1).$$

再由 $\{b_n\}$ 为严格单调增加的正无穷大量可知, 当 $n > N_1$ 时有

$$a_{n+1} - a_{N_1+1} > 2(G+1)\big(b_{n+1} - b_{N_1+1}\big).$$

不妨设 $b_{n+1} > b_{N_1+1} \geqslant 0$. 在上式两端同除以 b_{n+1} 可得

$$\frac{a_{n+1}}{b_{n+1}} - \frac{a_{N_1+1}}{b_{n+1}} > 2(G+1)\left(1 - \frac{b_{N_1+1}}{b_{n+1}}\right).$$

对于固定的 N_1, 因为

$$\lim_{n\to\infty} \frac{a_{N_1+1}}{b_{n+1}} = \lim_{n\to\infty} \frac{b_{N_1+1}}{b_{n+1}} = 0,$$

所以存在 $N_2 \in \mathbb{N}$, 使得对任意的 $n > N_2$ 都有

$$\frac{a_{N_1+1}}{b_{n+1}} > -\frac{1}{2}, \quad \frac{b_{N_1+1}}{b_{n+1}} < \frac{1}{2}.$$

从而, 若取 $N = \max\{N_1, N_2\}$, 则对任意的 $n > N$ 都有

$$\frac{a_{n+1}}{b_{n+1}} + \frac{1}{2} > G + 1.$$

这表明

$$\lim_{n\to\infty} \frac{a_n}{b_n} = +\infty.$$

(4) 当 $\alpha = -\infty$ 时, 令 $c_n = -a_n$ 即可将原问题转化为 $\alpha = +\infty$ 的情形. □

注记 1.1.2 在 Stolz 定理中, 当 $\alpha = \infty$ 时, 结论可能不成立, 如: $a_n = (-1)^n\sqrt{n}$ 与 $b_n = n$ 满足 $\lim\limits_{n\to\infty} \dfrac{a_{n+1} - a_n}{b_{n+1} - b_n} = \infty$, 但 $\lim\limits_{n\to\infty} \dfrac{a_n}{b_n} = 0$.

注记 1.1.3 Stolz 定理的几何意义: 记 $A_n = (b_n, a_n)$ $(n = 1, 2, \cdots)$, 若平面上的折线段 $\overline{A_nA_{n+1}}$ 的斜率的极限 $\lim\limits_{n\to\infty} \dfrac{a_{n+1} - a_n}{b_{n+1} - b_n}$ 存在且为 α, 则矢径 $\overrightarrow{OA_n}$ 的斜率的极限 $\lim\limits_{n\to\infty} \dfrac{a_n}{b_n}$ 也存在且为 α.

例 1.1.6 设 $k \in \mathbb{N}$. 求极限

$$\lim_{n\to\infty} \frac{1^k + 2^k + \cdots + n^k}{n^{k+1}}.$$

解 设 $a_n = 1^k + 2^k + \cdots + n^k$, $b_n = n^{k+1}$, 则 $\{b_n\}$ 为严格单调增加的正无穷大量且

$$\begin{aligned}\lim_{n\to\infty}\frac{a_{n+1}-a_n}{b_{n+1}-b_n} &= \lim_{n\to\infty}\frac{(n+1)^k}{(n+1)^{k+1}-n^{k+1}}\\ &= \lim_{n\to\infty}\frac{(n+1)^k}{\mathrm{C}_{k+1}^1 n^k + \mathrm{C}_{k+1}^2 n^{k-1} + \cdots + \mathrm{C}_{k+1}^{k+1}}\\ &= \lim_{n\to\infty}\frac{1}{\mathrm{C}_{k+1}^1}\\ &= \frac{1}{k+1}.\end{aligned}$$

从而, 由 Stolz 定理可知

$$\lim_{n\to\infty}\frac{1^k+2^k+\cdots+n^k}{n^{k+1}} = \lim_{n\to\infty}\frac{a_n}{b_n} = \lim_{n\to\infty}\frac{a_{n+1}-a_n}{b_{n+1}-b_n} = \frac{1}{k+1}.$$ □

例 1.1.7 *求* $\lim\limits_{n\to\infty}(n!)^{\frac{1}{n^2}}$.

解 由对数恒等式及 $\lim\limits_{n\to\infty}\mathrm{e}^{a_n} = \mathrm{e}^{\lim\limits_{n\to\infty}a_n}$ 可知

$$\lim_{n\to\infty}(n!)^{\frac{1}{n^2}} = \lim_{n\to\infty}\mathrm{e}^{\frac{\ln n!}{n^2}} = \mathrm{e}^{\lim\limits_{n\to\infty}\frac{\ln n!}{n^2}}.$$

另一方面, 两次使用 Stolz 定理可得

$$\begin{aligned}\lim_{n\to\infty}\frac{\ln n!}{n^2} &= \lim_{n\to\infty}\frac{\ln(n+1)!-\ln n!}{(n+1)^2-n^2} = \lim_{n\to\infty}\frac{\ln(n+1)}{2n+1}\\ &= \lim_{n\to\infty}\frac{\ln(n+2)-\ln(n+1)}{2} = 0.\end{aligned}$$

从而, $\lim\limits_{n\to\infty}(n!)^{\frac{1}{n^2}} = \mathrm{e}^0 = 1$. □

1.2 实数系的基本定理

直到 19 世纪中叶, 数学家们仍然以直观方式理解实数系, 相当随意地使用无理数 (如 $\sqrt{2}$, 这或许是人类最早发现的无理数), 而没有认真考察实数的确切定义与性质. 但是, 如果对实数系缺乏充分的理解, 就不可能真正为微积分奠定牢固的

基础. 例如, Cauchy 在证明数列 $\{a_n\}$ 收敛判别准则 (定理 1.2.5) 的充分性时, 就利用了实数的完备性, 而这一性质在当时并没有被证实.

1857 年, Weierstrass 给出了第一个严格的实数定义, 而现在通常所采用的实数构造方法是 Dedekind 分割与 Cantor 等价类. 这里, 我们将采用中学数学课程的朴素理解方式: 将有理数定义为无限循环小数 (有限小数看成是后面接有一串 0 的无限循环小数), 将无理数定义为无限不循环小数, 从而将实数定义为无限小数. 我们将以此为基础讨论实数系的连续性等.

我们知道, 有理数系具有如下的重要性质:

(1) (**运算的封闭性**) 有理数集对有理运算封闭, 即任意两个有理数的和、差、积、商 (分母不为 0) 仍为有理数;

(2) (**有序性**) 任意两个有理数总可以用不等号来连接, 或者说任意两个不相等的有理数总有大小关系;

(3) (**稠密性**) 任意两个不相等的有理数之间必存在另一个有理数, 因而必存在无穷多个有理数.

但是, 下面的例子表明, 有理数系对极限运算是不封闭的, 也就是说有理数列的极限可能不再是有理数.

例 1.2.1 证明: 任一实数都是有理数列的极限.

证明 设 $\alpha \in \mathbb{R}$, 将 α 用无限小数来表示: $\alpha = a_0.a_1a_2\cdots a_n\cdots$, 其中 $a_0 \in \mathbb{Z}$, $a_i \in \{0,1,\cdots,9\}$. 记 $\alpha_n = a_0.a_1a_2\cdots a_n$ $(n=1,2,\cdots)$, 则 $\{\alpha_n\}$ 是一有理数列.

另一方面, 对任意的 $\varepsilon > 0$, 若取 $N = \max\left\{0, \left[\dfrac{-\ln\varepsilon}{\ln 10}\right] + 1\right\}$, 则对任意的 $n > N$ 都有

$$\left|\alpha_n - \alpha\right| = \left|0.00\cdots 0a_{n+1}a_{n+2}\cdots\right| \leqslant \frac{1}{10^n} < \varepsilon.$$

这表明, $\lim\limits_{n\to\infty} \alpha_n = \alpha$, 即 α 是有理数列 $\{\alpha_n\}$ 的极限. □

可以证明, 实数系不仅具有封闭性、有序性与稠密性, 而且对极限运算也是封闭的. 这一性质称为实数系的完备性. 实数系的完备性又称为连续性. 我们首先从几何直观上理解实数系的连续性:

将一条规定了原点和单位长度的有向直线称为坐标轴, 并将实数与坐标轴上的点对应. 实数系的连续性是指实数与坐标轴上的点是一一对应的, 也就是说, 实数的全体布满了整个坐标轴 (因此也称坐标轴为实数轴). 而有理数却没有这样的属性, 因为数轴上除了对应于有理数的点, 还剩余有大量的“缝隙”, 这些缝隙被无理数所对应的点占据.

为了从数学上更深刻地揭示实数系连续性的内涵, 许多数学家从不同的角度进行了研究, 得到了不同形式的等价命题. 下面介绍几个重要的等价命题.

1.2.1 单调有界定理

在初等微积分课程的学习中我们已经知道, 收敛的数列一定有界, 而有界数列不一定收敛, 但是, 对于单调数列而言, 有界与收敛是等价的. 这一结论可从如下单调有界定理得出.

定理 1.2.1 (单调有界定理) *单调有界数列必收敛.*

证明 不妨假设 $\{a_n\}$ 为单调增加有上界的数列, 且将 $\{a_n\}$ 中的元素用十进制小数表示如下 (约定不出现以 9 为循环节的表示):

$$\begin{cases} a_1 = A_1.a_{11}a_{12}a_{13}\cdots, \\ a_2 = A_2.a_{21}a_{22}a_{23}\cdots, \\ \qquad\qquad \cdots\cdots \\ a_n = A_n.a_{n1}a_{n2}a_{n3}\cdots, \\ \qquad\qquad \cdots\cdots \end{cases}$$

由于 $\{a_n\}$ 单调递增, 所以 $A_1 \leqslant A_2 \leqslant \cdots \leqslant A_n \leqslant \cdots$. 因为 $\{a_n\}$ 有上界, 所以 $\{a_n\}$ 中每一项的整数部分不能无限增大, 即存在 $N_0 \in \mathbb{N}$ 使得: 对任意的 $n \geqslant N_0$ 都有 $A_n = A_{N_0}$. 从而, 可将 $\{a_n\}$ 中的元素用十进制小数重新表示如下:

$$\begin{cases} a_1 = A_1.a_{11}a_{12}a_{13}\cdots, \\ a_2 = A_2.a_{21}a_{22}a_{23}\cdots, \\ \qquad\qquad \cdots\cdots \\ a_{N_0} = A_{N_0}.a_{N_0 1}a_{N_0 2}a_{N_0 3}\cdots, \\ \qquad\qquad \cdots\cdots \\ a_n = A_{N_0}.a_{n1}a_{n2}a_{n3}\cdots, \\ \qquad\qquad \cdots\cdots \end{cases}$$

同理, 对于 $\{a_n\}$ 中第 N_0 项开始的所有项, 一定存在 $N_1 \in \mathbb{N}$, 使得 $\{a_n\}$ 中从第 N_1 项开始的每一项的第一位小数保持不变, 即对任意的 $n \geqslant N_1$ 都有 $a_{n1} = a_{N_1 1}$. 从而, 可进一步将 $\{a_n\}$ 中的元素用十进制小数表示如下:

$$\begin{cases} a_1 = A_1.a_{11}a_{12}a_{13}\cdots, \\ a_2 = A_2.a_{21}a_{22}a_{23}\cdots, \\ \qquad\cdots\cdots \\ a_{N_0} = A_{N_0}.a_{N_01}a_{N_02}a_{N_03}\cdots, \\ \qquad\cdots\cdots \\ a_{N_1} = A_{N_0}.a_{N_11}a_{N_12}a_{N_13}\cdots, \\ \qquad\cdots\cdots \\ a_n = A_{N_0}.a_{N_11}a_{n2}a_{n3}\cdots, \\ \qquad\cdots\cdots \end{cases}$$

以此方式依次考虑第二位小数, 第三位小数, $\cdots$, 可以得到一个数

$$a = A_{N_0}.a_{N_11}a_{N_22}a_{N_33}\cdots \quad (N_0 \leqslant N_1 \leqslant N_2 \leqslant \cdots).$$

我们断言: $\lim\limits_{n\to\infty} a_n = a$. 事实上, 对任意给定的 $\varepsilon > 0$, 存在 $m \in \mathbb{N}$ 使得 $\dfrac{1}{10^m} < \varepsilon$. 取 $N = N_m$, 则由 a 的构造可知: 当 $n > N$ 时, a_n 的整数部分及小数点后前 m 位上的数字与 a 的相应部分都相同. 故对任意的 $n > N$ 都有

$$|a_n - a| \leqslant \frac{1}{10^m} < \varepsilon.$$

这就证得我们的断言. □

例 1.2.2 记

$$b_n = 1 + \frac{1}{2} + \frac{1}{3} + \cdots + \frac{1}{n} - \ln n \quad (n = 1, 2, \cdots).$$

证明: 极限 $\lim\limits_{n\to\infty} b_n$ 存在.

证明 因为

$$\left(\frac{n+1}{n}\right)^n = \left(1 + \frac{1}{n}\right)^n < \mathrm{e} < \left(1 + \frac{1}{n}\right)^{n+1} = \left(\frac{n+1}{n}\right)^{n+1} \quad (n = 1, 2, \cdots),$$

所以

$$\frac{1}{n+1} < \ln\frac{n+1}{n} < \frac{1}{n} \quad (n = 1, 2, \cdots).$$

从而, 对 $n=1,2,\cdots$, 都有

$$b_{n+1}-b_n=\frac{1}{n+1}-\big(\ln(n+1)-\ln n\big)=\frac{1}{n+1}-\ln\frac{n+1}{n}<0$$

且

$$b_n>\ln\frac{2}{1}+\ln\frac{3}{2}+\cdots+\ln\frac{n+1}{n}-\ln n=\ln(n+1)-\ln n>0.$$

故数列 $\{b_n\}$ 严格单调减少且有下界. 于是, 由单调有界定理可知, 极限 $\lim\limits_{n\to\infty}b_n$ 存在. □

注记 1.2.1　通常将例 1.2.2 中的数列 $\{b_n\}$ 的极限 $\lim\limits_{n\to\infty}b_n$ 记为 γ, 称为 Euler-Mascheroni 常数, 其值约为 $0.577\,215\,664\,90\cdots$. 但迄今为止, 人们还不知道 γ 是有理数还是无理数.

单调有界定理的意义在于给出了数列极限存在的一个判别方法. 与定义相比, 单调有界定理并不需要预先估计极限值. 另一方面, 在用它证明了数列极限存在的情况下, 有时也可以通过极限运算很方便地求出极限值.

例 1.2.3　设 $a_1\in(0,1)$, $a_{n+1}=a_n(1-a_n)$ $(n=1,2,\cdots)$. 求 $\lim\limits_{n\to\infty}(na_n)$.

解　首先证明 $\{a_n\}$ 收敛. 事实上, 由数学归纳法可知

$$0<a_n<1\quad(n=1,2,\cdots).$$

再由 $a_{n+1}=a_n(1-a_n)$ 可知

$$a_{n+1}-a_n=-a_n^2<0\quad(n=1,2,\cdots).$$

故 $\{a_n\}$ 为严格单调减少的有界数列, 从而 $\{a_n\}$ 收敛.

其次证明 $\{a_n\}$ 为无穷小量. 事实上, 若设 $\lim\limits_{n\to\infty}a_n=a$, 则在 $a_{n+1}=a_n(1-a_n)$ 两边同时令 $n\to\infty$ 取极限可得 $a=a(1-a)$. 故 $a=0$, 即 $\lim\limits_{n\to\infty}a_n=0$.

最后, 注意到 $\left\{\dfrac{1}{a_n}\right\}$ 严格单调增加的正无穷大量, 我们可以利用 Stolz 定理得到

$$\lim_{n\to\infty}(na_n)=\lim_{n\to\infty}\frac{n}{\dfrac{1}{a_n}}=\lim_{n\to\infty}\frac{1}{\dfrac{1}{a_{n+1}}-\dfrac{1}{a_n}}$$

$$=\lim_{n\to\infty}\frac{a_na_{n+1}}{a_n-a_{n+1}}=\lim_{n\to\infty}\frac{a_n^2(1-a_n)}{a_n^2}=1.\qquad□$$

注记1.2.2 例 1.2.3 中, 我们首先证明了数列 $\{a_n\}$ 收敛, 进而假设 $\lim\limits_{n\to\infty} a_n = a$, 再求得 $a=0$. 这里, $\{a_n\}$ 收敛是进行假设 $\lim\limits_{n\to\infty} a_n = a$ 的前提. 若不然, 可能导致错误的结果. 例如, 对数列 $\{(-1)^n\}$, 若记 $a_n=(-1)^n$, 则 $a_{n+1}=(-1)a_n$ $(n=1,2,\cdots)$. 于是, 若假设 $\lim\limits_{n\to\infty} a_n = a$, 则可在 $a_{n+1}=(-1)a_n$ 两端令 $n\to\infty$ 取极限得 $a=-a$, 故 $\lim\limits_{n\to\infty} a_n = a = 0$. 这与数列 $\{(-1)^n\}$ 发散的事实相矛盾.

1.2.2 闭区间套定理

作为单调有界定理的一个应用, 我们证明下面的闭区间套定理. 从表面上看, 闭区间套定理与单调有界定理并无本质区别, 事实并非如此. 特别是, 闭区间套定理去掉了单调有界定理所依赖的序关系, 因而可以推广到非常一般的形式 (如定理 1.4.3).

定义 1.2.1 (闭区间套) 若闭区间列 $\{[a_n,b_n]\}$ 满足

$$[a_{n+1},b_{n+1}]\subset[a_n,b_n]\quad(n=1,2,\cdots),\qquad \lim_{n\to\infty}(b_n-a_n)=0,$$

则称 $\{[a_n,b_n]\}$ 构成一个闭区间套.

定理 1.2.2 (闭区间套定理) 若 $\{[a_n,b_n]\}$ 是一个闭区间套, 则存在唯一的 $\xi\in\mathbb{R}$ 使得 $\xi\in[a_n,b_n]$ $(n=1,2,\cdots)$, 且 $\lim\limits_{n\to\infty} a_n=\lim\limits_{n\to\infty} b_n=\xi$.

证明 由 $[a_{n+1},b_{n+1}]\subset[a_n,b_n]$ 可知, 对 $n=1,2,\cdots$, 都有

$$a_1\leqslant\cdots\leqslant a_n\leqslant a_{n+1}<b_{n+1}\leqslant b_n\leqslant\cdots\leqslant b_1.$$

故数列 $\{a_n\}$ 单调增加有上界 b_1, $\{b_n\}$ 单调减少有下界 a_1. 于是, 利用单调有界定理可得: $\{a_n\}$ 与 $\{b_n\}$ 都收敛. 设 $\lim\limits_{n\to\infty} a_n=\xi$, 则

$$\lim_{n\to\infty} b_n=\lim_{n\to\infty}\left[(b_n-a_n)+a_n\right]=\lim_{n\to\infty}(b_n-a_n)+\lim_{n\to\infty} a_n=\xi.$$

从而, $\{a_n\}$ 是单调增加收敛于 ξ, 而 $\{b_n\}$ 是单调减少收敛于 ξ. 故

$$a_n\leqslant\xi\leqslant b_n\quad(n=1,2,\cdots),$$

即 $\xi\in[a_n,b_n]$ $(n=1,2,\cdots)$.

假设实数 ξ' 也属于所有的区间 $[a_n,b_n]$, 即

$$a_n\leqslant\xi'\leqslant b_n\quad(n=1,2,\cdots),$$

则由数列极限的夹逼准则可知

$$\xi'=\lim_{n\to\infty} a_n=\lim_{n\to\infty} b_n=\xi.$$

这表明满足定理结论的实数 ξ 是唯一的. □

注记 1.2.3 闭区间套定理中的闭区间不能换为开区间, 否则结论可能不成立. 例如, $\left\{\left(0,\dfrac{1}{n}\right)\right\}$ 构成一个开区间套, 但不存在 $\xi\in\mathbb{R}$ 使得 $\xi\in\left(0,\dfrac{1}{n}\right)$ $(n=1,2,\cdots)$.

例 1.2.4 设 $0<a_1<b_1$, $a_{n+1}=\sqrt{a_nb_n}$, $b_{n+1}=\dfrac{a_n+b_n}{2}$ $(n=1,2,\cdots)$. 证明: 数列 $\{a_n\}$, $\{b_n\}$ 都收敛, 且 $\lim\limits_{n\to\infty}a_n=\lim\limits_{n\to\infty}b_n$.

证明 由算术-几何平均不等式可知, $a_{n+1}\leqslant b_{n+1}$ $(n=1,2,\cdots)$. 从而,

$$a_{n+1}=\sqrt{a_nb_n}\geqslant\sqrt{a_n^2}=a_n,\quad b_{n+1}=\frac{a_n+b_n}{2}\leqslant\frac{b_n+b_n}{2}=b_n.$$

故

$$[a_{n+1},b_{n+1}]\subset[a_n,b_n]\quad(n=1,2,\cdots).$$

另一方面, 因为

$$0\leqslant b_{n+1}-a_{n+1}\leqslant\frac{a_n+b_n}{2}-a_n=\frac{b_n-a_n}{2}\leqslant\cdots\leqslant\frac{b_1-a_1}{2^n},$$

所以 $\lim\limits_{n\to\infty}(b_n-a_n)=0$. 从而, 闭区间列 $\{[a_n,b_n]\}$ 满足闭区间套定理的条件. 因此数列 $\{a_n\}$, $\{b_n\}$ 都收敛, 且存在 $\xi\in\mathbb{R}$ 使得 $\lim\limits_{n\to\infty}a_n=\lim\limits_{n\to\infty}b_n=\xi$. □

注记 1.2.4 例 1.2.4 中的极限称为数 a_1 与 b_1 的算术-几何平均值. 以此为基础发展出的算术-几何平均值快速算法是目前在计算机上计算圆周率 π 和初等函数的最有效方法之一. 另外, 例 1.2.4 的常用证明方法是: 首先利用单调有界定理证明数列 $\{a_n\}$ 与 $\{b_n\}$ 都收敛, 再证明 $\lim\limits_{n\to\infty}a_n=\lim\limits_{n\to\infty}b_n$. 在上述证明中, 闭区间套定理已蕴含了结论 $\lim\limits_{n\to\infty}a_n=\lim\limits_{n\to\infty}b_n$.

注记 1.2.5 闭区间套定理指出, 一个闭区间套唯一地确定了一个属于套中所有区间的实数. 这一事实对于我们寻找具有某种特征的点 (实数) 是非常有用的. 在具体的应用中, 我们一般都需要构造闭区间套, 而二分法是构造闭区间套的常用方法: 对闭区间 $[a,b]$, 利用中点 $\dfrac{a+b}{2}$ 将 $[a,b]$ 分成两个子区间: $\left[a,\dfrac{a+b}{2}\right]$ 与 $\left[\dfrac{a+b}{2},b\right]$. 将其中一个子区间取定 (具体取定哪一个取决于问题的条件和要求), 记为 $[a_1,b_1]$, 利用中点 $\dfrac{a_1+b_1}{2}$ 将 $[a_1,b_1]$ 分成两个子区间: $\left[a_1,\dfrac{a_1+b_1}{2}\right]$ 与 $\left[\dfrac{a_1+b_1}{2},b_1\right]$. 将其中具有与 $[a_1,b_1]$ 类似性质的子区间记为 $[a_2,b_2]$. 按照这种方式一直进行下去, 可构造出一个闭区间套 $\{[a_n,b_n]\}$.

例 1.2.5 设 $f:[0,1]\to(0,1)$ 是单调递增的函数. 证明: 存在 $x_0\in(0,1)$, 使得 $f(x_0)=x_0^2$.

证明 为方便起见, 记 $a_0=0$, $b_0=1$, 则 $f(a_0)>a_0^2$ 且 $f(b_0)<b_0^2$.

若 $f\left(\dfrac{a_0+b_0}{2}\right)=\left(\dfrac{a_0+b_0}{2}\right)^2$, 则取 $x_0=\dfrac{a_0+b_0}{2}$ 即可.

若 $f\left(\dfrac{a_0+b_0}{2}\right)>\left(\dfrac{a_0+b_0}{2}\right)^2$, 则令 $a_1=\dfrac{a_0+b_0}{2}$, $b_1=b_0$; 若 $f\left(\dfrac{a_0+b_0}{2}\right)<\left(\dfrac{a_0+b_0}{2}\right)^2$, 则令 $a_1=a_0$, $b_1=\dfrac{a_0+b_0}{2}$. 从而, 在这两种情形都有 $f(a_1)>a_1^2$ 且 $f(b_1)<b_1^2$.

按照这种方式一直进行下去, 若存在 $n\in\mathbb{N}$ 使得 $f\left(\dfrac{a_n+b_n}{2}\right)=\left(\dfrac{a_n+b_n}{2}\right)^2$, 则取 $x_0=\dfrac{a_n+b_n}{2}$ 即可. 反之, 若对所有 $n=1,2,\cdots$ 都有 $f(a_n)>a_n^2$ 且 $f(b_n)<b_n^2$, 则 $\{[a_n,b_n]\}$ 构成一个闭区间套. 从而, 由闭区间套定理可知, 存在 $x_0\in[a_0,b_0]=[0,1]$ 使得 $\lim\limits_{n\to\infty}a_n=\lim\limits_{n\to\infty}b_n=x_0$. 容易证明: $f(x_0)=x_0^2$ 且 $x_0\in(0,1)$. 事实上, 若 $f(x_0)\neq x_0^2$, 不妨设 $f(x_0)<x_0^2$, 则由 f 单调增加可知

$$a_n^2<f(a_n)\leqslant f(x_0)<x_0^2\quad(n=1,2,\cdots).$$

这与 $\lim\limits_{n\to\infty}a_n=x_0$ 矛盾. □

注记 1.2.6 由于单调函数未必连续, 所以我们不能利用闭区间上连续函数的零点存在定理 (定理 2.2.3) 来证明例 1.2.5.

1.2.3 归并原理与 Bolzano-Weierstrass 定理

为了进一步研究数列的收敛性, 我们引入 “子列” 的概念.

定义 1.2.2 (子列) 设 $\{a_n\}$ 为一个数列, 而

$$n_1<n_2<\cdots<n_k<n_{k+1}<\cdots$$

是一列严格单调增加的自然数, 则

$$a_{n_1},\ a_{n_2},\ \cdots,\ a_{n_k},\ a_{n_{k+1}},\ \cdots$$

也是一个数列, 将其记为 $\{a_{n_k}\}$, 且称 $\{a_{n_k}\}$ 为数列 $\{a_n\}$ 的一个子数列, 简称子列.

这里要注意下标 n_k 的含义: k 表示 a_{n_k} 在子列 $\{a_{n_k}\}$ 中是第 k 项, n_k 表示 a_{n_k} 在数列 $\{a_n\}$ 中是第 n_k 项. 显然, 对任意的 $k\in\mathbb{N}$ 都有 $n_k\geqslant k$, 而对任意的 $j,k\in\mathbb{N}$, 若 $j>k$, 则 $n_j>n_k$.

根据 $\{n_k\}$ 的不同选择, 可以得到数列 $\{a_n\}$ 的不同子列 $\{a_{n_k}\}$. 数列极限与其子列的极限存在如下关系:

定理 1.2.3 (归并原理) $\lim\limits_{n\to\infty}a_n=a$ 的充要条件是: 对于 $\{a_n\}$ 的每个子列 $\{a_{n_k}\}$ 都有 $\lim\limits_{k\to\infty}a_{n_k}=a$.

证明 (充分性) 由于 $\{a_n\}$ 本身也是自己的一个子列, 所以充分性显然.

(必要性) 设 $\lim\limits_{n\to\infty}a_n=a$, 则对任意给定的 $\varepsilon>0$, 存在 $N\in\mathbb{N}$, 使得对任意的 $n>N$ 都有

$$|a_n-a|<\varepsilon.$$

若 $\{a_{n_k}\}$ 是数列 $\{a_n\}$ 的一个子列, 则可取正整数 K 使得 $n_K>N$. 于是, 当 $k>K$ 时必有 $n_k>n_K>N$. 从而

$$\left|a_{n_k}-a\right|<\varepsilon.$$

故 $\lim\limits_{k\to\infty}a_{n_k}=a$. □

注记 1.2.7 定理 1.2.3 常用来判定数列的发散: 若 $\{a_n\}$ 有一个发散子列或者有两个极限不同的收敛子列, 则 $\{a_n\}$ 必定发散. 例如, 由 $\lim\limits_{k\to\infty}\sin\dfrac{2k\pi}{2}=0$ 与 $\lim\limits_{k\to\infty}\sin\dfrac{(4k+1)\pi}{2}=1$ 可知, 数列 $\left\{\sin\dfrac{n\pi}{2}\right\}$ 发散.

由定理 1.2.3 可知, 收敛数列的任意子列都收敛. 另一方面, 对于有界数列而言, 即使数列本身不收敛, 也存在收敛子列:

定理 1.2.4 (Bolzano-Weierstrass 定理) 有界数列必有收敛子列.

证明 设 $\{x_n\}$ 是任一给定的有界数列, 则存在实数 a_1, b_1 使得

$$a_1\leqslant x_n\leqslant b_1\quad(n=1,2,\cdots).$$

若将闭区间 $[a_1,b_1]$ 对分成两个闭子区间 $\left[a_1,\dfrac{a_1+b_1}{2}\right]$ 和 $\left[\dfrac{a_1+b_1}{2},b_1\right]$, 则其中至少有一个含有数列 $\{x_n\}$ 中的无限多项, 将其记为 $[a_2,b_2]$. 再将闭区间 $[a_2,b_2]$ 对分为两个闭子区间 $\left[a_2,\dfrac{a_2+b_2}{2}\right]$ 和 $\left[\dfrac{a_2+b_2}{2},b_2\right]$, 则其中至少有一个含有数列 $\{x_n\}$ 中的无限多项, 将其记为 $[a_3,b_3]$. 按照这样的方式一直进行下去, 可以得到一个闭区间列 $\{[a_k,b_k]\}$, 它满足闭区间套定理的条件, 且在每一个闭区间 $[a_k,b_k]$

中都含有数列 $\{x_n\}$ 中的无限多项. 由闭区间套定理可知, 存在 $\xi \in \mathbb{R}$ 使得

$$\xi = \lim_{k\to\infty} a_k = \lim_{k\to\infty} b_k.$$

现在证明数列 $\{x_n\}$ 必有一个子列收敛到 ξ. 首先在 $[a_1, b_1]$ 中任意取定一项, 记为 x_{n_1}. 由于 $[a_2, b_2]$ 含有数列 $\{x_n\}$ 中的无限多项, 故可以选取其中位于 x_{n_1} 之后的某一项, 将其记为 x_{n_2} $(n_2 > n_1)$. 按照这样的方式一直进行下去, 可以得到 $\{x_n\}$ 的一个子列 $\{x_{n_k}\}$, 满足

$$a_k \leqslant x_{n_k} \leqslant b_k \quad (k = 1, 2, \cdots).$$

由 $\lim\limits_{k\to\infty} a_k = \lim\limits_{k\to\infty} b_k = \xi$ 及数列极限的夹逼准则可知

$$\lim_{k\to\infty} x_{n_k} = \xi. \qquad \square$$

注记 1.2.8 Bolzano-Weierstrass 定理在许多需要构造收敛数列的分析问题中相当有效: 首先确定一个有界数列, 然后对它应用 Bolzano-Weierstrass 定理即可构造出一个收敛子列. 这相当于是在无序中找出了有序.

例 1.2.6 设 $\{a_n\}$ 为有界数列. 证明: 若 $\{a_n\}$ 发散, 则 $\{a_n\}$ 必存在两个子列收敛到不同的数.

证明 因为 $\{a_n\}$ 为有界数列, 所以由 Bolzano-Weierstrass 定理可知, $\{a_n\}$ 存在收敛子列. 不妨设 $\{a_n\}$ 的子列 $\{a_{n_k^{(1)}}\}$ 收敛且记 $\lim\limits_{k\to\infty} a_{n_k^{(1)}} = a$.

另一方面, 因为 $\{a_n\}$ 发散, 所以 $\lim\limits_{n\to\infty} a_n \neq a$. 于是, 存在 $\varepsilon_0 > 0$, 使得对任意的 $N \in \mathbb{N}$, 都存在 $n_N^{(2)} > N$ 满足

$$|a_{n_N^{(2)}} - a| \geqslant \varepsilon_0.$$

特别地, 对 $N = 1$, 存在 $n_1^{(2)} > 1$ 使得 $|a_{n_1^{(2)}} - a| \geqslant \varepsilon_0$; 对 $N = n_1^{(2)}$, 存在 $n_2^{(2)} > n_1^{(2)}$ 使得 $|a_{n_2^{(2)}} - a| \geqslant \varepsilon_0$. 按照这样的方式一直进行下去, 可以得到 $\{a_n\}$ 的一个子列 $\{a_{n_l^{(2)}}\}$ 满足

$$|a_{n_l^{(2)}} - a| \geqslant \varepsilon_0 \quad (l = 1, 2, \cdots).$$

显然, $\{a_{n_l^{(2)}}\}$ 是有界数列, 故再次利用 Bolzano-Weierstrass 定理可知, $\{a_{n_l^{(2)}}\}$ 存在收敛的子列 $\{a_{n_{l_j}^{(2)}}\}$. 当然, $\{a_{n_{l_j}^{(2)}}\}$ 也是 $\{a_n\}$ 的子列, 但由 $|a_{n_{l_j}^{(2)}} - a| \geqslant \varepsilon_0$ 可知, 它不收敛到 a. $\square$

1.2.4 Cauchy 收敛原理

单调有界定理仅仅给出了单调数列收敛的判别方法. 我们现在研究数列收敛的一般判别方法. 此时, 由于数列是否收敛是我们所要讨论的问题, 所以我们未必可以利用数列的极限值, 一般都只能借助于数列中的各项. 但是, 如果数列 $\{a_n\}$ 最终确实收敛到某个数 a, 则 $\{a_n\}$ 中的点 a_m 与 a_n 在 m 与 n 充分大时都与 a 充分接近, 因而 a_m 与 a_n 之间的距离 $|a_m - a_n|$ 可以充分小. 也就是说, "当 m 与 n 充分大时 a_m 与 a_n 之间的距离 $|a_m - a_n|$ 可以充分小" 是数列 $\{a_n\}$ 收敛的基本要求. 基于这一事实, Bolzano 引入了 "基本数列" 的定义.

定义 1.2.3 (基本数列) 若数列 $\{a_n\}$ 满足: 对任意给定的 $\varepsilon > 0$, 都存在 $N \in \mathbb{N}$, 使得对任意的 $m, n > N$ 都有 $|a_m - a_n| < \varepsilon$, 则称 $\{a_n\}$ 为基本数列 (或 Cauchy 数列).

注记 1.2.9 在基本数列的定义中, m 和 n 是任意两个大于 N 的自然数, 不妨设 $m > n$, 则 m 可以写成 $m = n + p$ 的形式. 因此, 如下表述也可以作为 $\{a_n\}$ 是基本数列的定义: 对任意给定的 $\varepsilon > 0$, 都存在 $N \in \mathbb{N}$, 使得对任意的 $n > N$ 和任意的 $p \in \mathbb{N}$ 都有 $|a_{n+p} - a_n| < \varepsilon$.

Bolzano 尝试了在不使用精确的实数概念的情况下证明基本数列的收敛性, 即数列极限存在的 Cauchy 收敛原理.

定理 1.2.5 (数列极限的 Cauchy 收敛原理) 数列 $\{a_n\}$ 收敛的充分必要条件是: $\{a_n\}$ 为基本数列.

证明 (必要性) 设 $\{a_n\}$ 收敛到 a, 则对任意的 $\varepsilon > 0$, 都存在 $N \in \mathbb{N}$, 使得对任意的 $m, n > N$ 都有

$$|a_m - a| < \frac{\varepsilon}{2}, \quad |a_n - a| < \frac{\varepsilon}{2}.$$

从而,

$$|a_m - a_n| \leqslant |a_m - a| + |a_n - a| < \frac{\varepsilon}{2} + \frac{\varepsilon}{2} = \varepsilon.$$

这表明 $\{a_n\}$ 为基本数列.

(充分性) 假设 $\{a_n\}$ 为基本数列. 我们首先证明: $\{a_n\}$ 为有界数列. 事实上, 对 $\varepsilon_0 = 1$, 根据基本数列的定义, 存在 $N_0 \in \mathbb{N}$, 使得对任意的 $n > N_0$ 都有

$$|a_n - a_{N_0+1}| < 1.$$

令 $M = \max\left\{|a_1|, |a_2|, \cdots, |a_{N_0}|, |a_{N_0+1}| + 1\right\}$, 则成立

$$|a_n| \leqslant M \quad (n = 1, 2, \cdots).$$

这表明 $\{a_n\}$ 为有界数列.

其次, 我们进一步证明: $\{a_n\}$ 收敛. 事实上, 因为 $\{a_n\}$ 有界, 所以由 Bolzano-Weierstrass 定理可知, $\{a_n\}$ 存在收敛子列. 不妨设

$$\lim_{k\to\infty} a_{n_k} = a.$$

从而, 对任意给定的 $\varepsilon > 0$, 存在 $K_1 \in \mathbb{N}$, 使得对任意的 $k > K_1$ 都有

$$\left|a_{n_k} - a\right| < \frac{\varepsilon}{2}.$$

另一方面, 由基本数列的定义可知, 存在 $N_1 \in \mathbb{N}$, 使得对任意 $m, n > N_1$ 都有

$$\left|a_n - a_m\right| < \frac{\varepsilon}{2}.$$

于是, 若取 $N = \max\left\{K_1 + 1, N_1 + 1\right\}$, 则由 $n_N \geqslant n_{N_1+1} \geqslant N_1 + 1 > N_1$ 及 $N > K_1$ 可知, 对任意的 $n > N$ 都有

$$\left|a_n - a\right| \leqslant \left|a_n - a_{n_N}\right| + \left|a_{n_N} - a\right| < \frac{\varepsilon}{2} + \frac{\varepsilon}{2} = \varepsilon.$$

这表明数列 $\{a_n\}$ 收敛到 a. □

注记 1.2.10 我们知道, 有理数系对极限运算不封闭, 为了使极限运算封闭就需要添加非有理数 (无理数) 将有理数系扩充. 新添加的数除了借助于前面提到的 Dedekind 分割与无限小数表示之外, 还可用 "Cauchy 有理数列" 来表示: 若 Cauchy 有理数列的极限不是有理数, 则该 Cauchy 有理数列就定义了一个新的数 (无理数). 这样, Cauchy 收敛原理就建立了实数系的完备性 (即对极限运算的封闭性). 因此, Cauchy 收敛原理又称为**实数系完备性定理**.

注记 1.2.11 Cauchy 收敛原理的重要性在于, 可以在不了解数列的极限的具体形式时判断极限是否存在. 这一性质有广泛的应用, 后面各章中所有涉及极限定义的地方都有相应的 Cauchy 收敛原理.

例 1.2.7 设

$$a_n = 1 + \frac{1}{2\sqrt{2}} + \cdots + \frac{1}{n\sqrt{n}} \quad (n = 1, 2, \cdots).$$

证明: 数列 $\{a_n\}$ 收敛.

证明 因为

$$\frac{1}{(n+1)\sqrt{n+1}} < \frac{2\left(\sqrt{n+1} - \sqrt{n}\right)}{\sqrt{n(n+1)}} = \frac{2}{\sqrt{n}} - \frac{2}{\sqrt{n+1}} \quad (n = 1, 2, \cdots),$$

所以对任意的 $\varepsilon > 0$, 只需取 $N = \left[\dfrac{4}{\varepsilon^2}\right]$, 则当 $m > n > N$ 时就有

$$\begin{aligned}
0 \leqslant a_m - a_n &= \frac{1}{(n+1)\sqrt{n+1}} + \frac{1}{(n+2)\sqrt{n+2}} + \cdots + \frac{1}{m\sqrt{m}} \\
&< \left(\frac{2}{\sqrt{n}} - \frac{2}{\sqrt{n+1}}\right) + \left(\frac{2}{\sqrt{n+1}} - \frac{2}{\sqrt{n+2}}\right) \\
&\quad + \cdots + \left(\frac{2}{\sqrt{m-1}} - \frac{2}{\sqrt{m}}\right) \\
&= \frac{2}{\sqrt{n}} - \frac{2}{\sqrt{m}} < \frac{2}{\sqrt{n}} < \varepsilon.
\end{aligned}$$

故 $\{a_n\}$ 为基本数列. 从而, 由 Cauchy 收敛原理即可知 $\{a_n\}$ 收敛. □

例 1.2.8　设 $\alpha \in (0,1)$. 证明: 若数列 $\{a_n\}$ 满足**压缩性条件**

$$|a_{n+1} - a_n| \leqslant \alpha |a_n - a_{n-1}| \quad (n = 2, 3, \cdots),$$

则 $\{a_n\}$ 收敛.

证明　注意到, 对任意的 $n \in \mathbb{N}$, 成立

$$|a_{n+1} - a_n| \leqslant \alpha |a_n - a_{n-1}| \leqslant \alpha^2 |a_{n-1} - a_{n-2}| \leqslant \cdots \leqslant \alpha^{n-1} |a_2 - a_1|.$$

从而, 对任意的 $m, n \in \mathbb{N}$ 且 $m > n$ 都有

$$\begin{aligned}
|a_m - a_n| &\leqslant |a_m - a_{m-1}| + |a_{m-1} - a_{m-2}| + \cdots + |a_{n+1} - a_n| \\
&\leqslant \alpha^{m-2}|a_2 - a_1| + \alpha^{m-3}|a_2 - a_1| + \cdots + \alpha^{n-1}|a_2 - a_1| \\
&\leqslant \frac{\alpha^{n-1}}{1-\alpha}|a_2 - a_1|.
\end{aligned}$$

因为 $\alpha \in (0,1)$, 所以 $\lim\limits_{n\to\infty} \alpha^{n-1} = 0$. 故 $\{a_n\}$ 为基本数列. 从而, 由 Cauchy 收敛原理即可知 $\{a_n\}$ 收敛. □

1.2.5　确界存在定理

前面关于实数系连续性与完备性的讨论都是通过数列极限来进行的. 下面的确界存在定理也刻画了实数系的连续性, 但它并不限于讨论数列极限.

对于一个有上界 M 的数集 S 而言, $M+1$, $M+2$, $\cdots$ 都是它的上界, 所以 S 必有无穷多个上界, 但 $M-1$, $M-\dfrac{1}{2}$, $\cdots$ 都不一定是 S 的上界. 于是, 一个自然的问题是: S 是否存在最小的上界? 类似地, 我们也可以讨论有下界的数集是否存在最大的下界. 为此, 我们引入如下定义.

定义 1.2.4 设 $S \subset \mathbb{R}$ 且 $S \neq \varnothing$.

(1) (上确界) 若 β 是 S 的最小上界, 即对任意的 $x \in S$ 都有 $x \leqslant \beta$, 且对任意的 $\varepsilon > 0$ 都存在 $x_\varepsilon \in S$ 使得 $x_\varepsilon > \beta - \varepsilon$, 则称 β 为 S 的上确界, 记为 $\beta = \sup S$;

(2) (下确界) 若 α 是 S 的最大下界, 即对任意的 $x \in S$ 都有 $x \geqslant \alpha$, 且对任意的 $\varepsilon > 0$ 都存在 $x_\varepsilon \in S$ 使得 $x_\varepsilon < \alpha + \varepsilon$, 则称 α 为 S 的下确界, 记为 $\alpha = \inf S$.

注意, 数集的上 (下) 确界与它的最大 (小) 值是有区别的, 特别地, 数集的上确界或下确界不一定属于该数集. 例如, 若设 $S = \left\{x \,\middle|\, x = \mathrm{e}^t,\, t < 0\right\}$, 则 $\inf S = 0$, $\sup S = 1$. 显然, $0 \notin S$, $1 \notin S$. 当然, 若数集 S 有最大 (小) 值, 则这个最大 (小) 值就是 S 的上 (下) 确界. 一般情形, 我们有如下存在性定理:

定理 1.2.6 (确界存在定理) 非空有上界的实数集必有上确界; 非空有下界的实数集必有下确界.

证明 设 S 为非空有上界的实数集. 容易证明, 对任意的 $\sigma > 0$, 都存在 $\lambda_\sigma \in \mathbb{R}$, 使得 λ_σ 是 S 的上界, 而 $\lambda_\sigma - \sigma$ 不是 S 的上界.

于是, 对 $\sigma = \dfrac{1}{n}\,(n = 1, 2, \cdots)$, 存在相应的 λ_n, 使得 λ_n 是 S 的上界, 而 $\lambda_n - \dfrac{1}{n}$ 不是 S 的上界. 从而, 存在 $x_n \in S$ 使得

$$x_n > \lambda_n - \frac{1}{n} \quad (n = 1, 2, \cdots).$$

对任意的 $m \in \mathbb{N}$, 因为 λ_m 是 S 的上界, 所以 $\lambda_m \geqslant x_n\,(n = 1, 2, \cdots)$. 结合上述两式可得

$$\lambda_n - \lambda_m < \frac{1}{n} \quad (m, n = 1, 2, \cdots).$$

类似地, $\lambda_m - \lambda_n < \dfrac{1}{m}\,(m, n = 1, 2, \cdots)$. 从而,

$$|\lambda_m - \lambda_n| < \max\left\{\frac{1}{m}, \frac{1}{n}\right\} \quad (m, n = 1, 2, \cdots).$$

因此, 对任意的 $\varepsilon > 0$, 取 $N = \left[\dfrac{1}{\varepsilon}\right] + 1$, 则对任意的 m, $n > N$, 都成立

$$|\lambda_m - \lambda_n| < \varepsilon.$$

这表明 $\{\lambda_n\}$ 为基本数列. 由 Cauchy 收敛原理可知 $\{\lambda_n\}$ 收敛. 不妨设 $\lim\limits_{n\to\infty} \lambda_n = \lambda$.

我们断言: λ 是 S 的上确界. 事实上, 因为对任意的 $x \in S$ 和 $n \in \mathbb{N}$ 都有 $x \leqslant \lambda_n$, 所以 $x \leqslant \lambda$, 即 λ 是 S 的一个上界. 另一方面, 对任意的 $\varepsilon > 0$ 都存在

$N \in \mathbb{N}$, 使得对任意的 $n > N$ 都有

$$\frac{1}{n} < \frac{\varepsilon}{2} \quad 且 \quad \lambda_n - \lambda > -\frac{\varepsilon}{2}.$$

故由 $\lambda_n - \dfrac{1}{n}$ 不是 S 的上界可知, 存在 $x_n \in S$ 使得

$$\begin{aligned} x_n &> \lambda_n - \frac{1}{n} = (\lambda_n - \lambda) + \lambda - \frac{1}{n} \\ &> -\frac{\varepsilon}{2} + \lambda - \frac{\varepsilon}{2} = \lambda - \varepsilon \quad (n = N+1, N+2, \cdots), \end{aligned}$$

即 $\lambda - \varepsilon$ 不是 S 的上界. 这就证得我们的断言.

同理可证, 非空有下界的实数集必有下确界. □

注记 1.2.12 若数集 S 存在上 (下) 确界, 则 S 的上 (下) 确界是唯一的.

例 1.2.9 证明: 若数列 $\{a_n\}$ 的所有元素组成的数集既没有最小值, 也没有最大值, 则 $\{a_n\}$ 发散.

证明 用反证法. 假设数列 $\{a_n\}$ 收敛, 不妨设 $\lim\limits_{n\to\infty} a_n = a$ 且记 $\{a_n\}$ 的所有元素组成的数集为 S. 显然, S 是有界集. 于是, 由确界存在定理可知, S 既有上确界又有下确界. 若记 $\alpha = \inf S$, $\beta = \sup S$, 则 $\alpha \leqslant a \leqslant \beta$.

若 $\alpha = \beta$, 则 $\{a_n\}$ 为常数列, 故 S 既有最小值, 也有最大值. 这与题设矛盾.

若 $\alpha < \beta$, 则当 $\alpha = a$ 时, 必有 $\beta \in S$; 当 $a = \beta$ 时, 必有 $\alpha \in S$; 而当 $\alpha < a < \beta$ 时, 必有 $\alpha, \beta \in S$. 故 α, β 中至少有一个属于 S, 即 S 至少可以取得最小值与最大值之一. 这也与题设矛盾.

综上可知, 数列 $\{a_n\}$ 发散. □

注记 1.2.13 若数集 S 没有上界, 则 S 没有上确界. 为方便起见, 对于没有上界的数集 S, 我们记 $\sup S = +\infty$. 类似地, 对于没有下界的数集 S, 我们记 $\inf S = -\infty$.

下面的例子表明, 确界存在定理在有理数集 $\mathbb{Q}$ 中不成立, 这说明有理数系 $\mathbb{Q}$ 不具有连续性.

例 1.2.10 设 $S = \{r \in \mathbb{Q} \mid r > 0, r^2 < 2\}$. 证明: S 有上界, 但在 $\mathbb{Q}$ 中无上确界.

证明 显然, S 有上界.

现证 S 在 $\mathbb{Q}$ 中无上确界. 用反证法. 设 $\beta = \sup S$ 且 $\beta \in \mathbb{Q}$, 则 $1 < \beta < \sqrt{2}$ 或 $\beta > \sqrt{2}$.

若 $1 < \beta < \sqrt{2}$, 则容易发现

$$\beta + \frac{2-\beta^2}{2(\beta+1)} > 0, \quad \left(\beta + \frac{2-\beta^2}{2(\beta+1)}\right)^2 < 2 \quad 且 \quad \beta + \frac{2-\beta^2}{2(\beta+1)} > \beta.$$

这表明 β 不是 S 的上界. 另一方面, 若 $\beta > \sqrt{2}$, 则

$$\beta - \frac{\beta^2-2}{2\beta} > 0, \quad \left(\beta - \frac{\beta^2-2}{2\beta}\right)^2 > 2 \quad 且 \quad \beta - \frac{\beta^2-2}{2\beta} < \beta.$$

这表明 β 不是 S 的最小上界. 从而, 上述两种情形都与 $\beta = \sup S$ 矛盾. 故 S 在 $\mathbb{Q}$ 中无上确界. □

1.2.6 有限覆盖定理

下面介绍实数系连续性的最后一个基本定理——Heine-Borel 有限覆盖定理. 先说明覆盖的意思. 设 $S \subset \mathbb{R}$ 且 $S \neq \varnothing$. 我们知道, "$x \in S$" 指的是 x 是 S 的元素. 从数轴上来看, 我们可以换一种表达方式: 集合 S 覆盖了点 x. 例如, 开区间 $(0,1)$ 覆盖了点 $\frac{1}{2}$; 区间 $[0,2)$ 覆盖了点 $0, \frac{1}{2}, 1$ 等. 类似地, 可以理解由许多区间组成的区间族覆盖某个由许多点组成的点集. 例如, 区间族

$$\left\{\left(\frac{1}{2},1\right], \left(\frac{3}{2},2\right], \cdots, \left(n-\frac{1}{2},n\right], \cdots\right\}$$

与区间族

$$\left\{\left(\frac{7}{8},\frac{5}{4}\right), \left(\frac{15}{8},\frac{9}{4}\right), \cdots, \left(n-\frac{1}{8},n+\frac{1}{4}\right), \cdots\right\}$$

都覆盖了正整数集 $\mathbb{N}$. 一般地, 我们引入如下定义.

定义 1.2.5 (开覆盖) 设 $S \subset \mathbb{R}$ 且 $S \neq \varnothing$. 若区间族 $\{\mathcal{I}_\alpha\}_{\alpha\in\mathcal{A}}$ 满足 $\bigcup\limits_{\alpha\in\mathcal{A}} \mathcal{I}_\alpha \supset S$, 则称 $\{\mathcal{I}_\alpha\}_{\alpha\in\mathcal{A}}$ 是 S 的一个覆盖. 特别地, 当 $\{\mathcal{I}_\alpha\}_{\alpha\in\mathcal{A}}$ 中的所有区间 $\mathcal{I}_\alpha$ 都是开区间时, 称 $\{\mathcal{I}_\alpha\}_{\alpha\in\mathcal{A}}$ 是 S 的一个开覆盖.

由定义 1.2.5 可知, 开区间族 $\{\mathcal{I}_\alpha\}_{\alpha\in\mathcal{A}}$ 覆盖 $S \subset \mathbb{R}$ 是指: 对任意的 $x \in S$ 都存在 $\mathcal{I}_{\alpha_0} \in \{\mathcal{I}_\alpha\}_{\alpha\in\mathcal{A}}$ 使得 $x \in \mathcal{I}_{\alpha_0}$.

注记 1.2.14 设 $S \subset \mathbb{R}$. 对任意的 $x \in S$ 及 $\delta_x > 0$, 记 $\mathcal{I}_x = (x-\delta_x, x+\delta_x)$, 则 $\{\mathcal{I}_x\}_{x\in S}$ 是 S 的一个开覆盖.

有限覆盖定理的意思是说, 从闭区间 $[a,b]$ 的任意一个给定的开覆盖中都可以选出有限个开区间覆盖 $[a,b]$.

定理 1.2.7 (Heine-Borel 有限覆盖定理) 设 $\{\mathcal{I}_\alpha\}_{\alpha\in\mathcal{A}}$ 是闭区间 $[a,b]$ 的一个开覆盖, 则在 $\{\mathcal{I}_\alpha\}_{\alpha\in\mathcal{A}}$ 中必存在有限个开区间即可覆盖 $[a,b]$, 即存在 $\mathcal{I}_{\alpha_1}, \mathcal{I}_{\alpha_2}, \cdots, \mathcal{I}_{\alpha_p} \in \{\mathcal{I}_\alpha\}_{\alpha\in\mathcal{A}}$ 使得 $\bigcup\limits_{k=1}^{p} \mathcal{I}_{\alpha_k} \supset [a,b]$.

证明 用反证法. 假设 $\{\mathcal{I}_\alpha\}_{\alpha\in\mathcal{A}}$ 是闭区间 $[a,b]$ 的一个开覆盖, 但 $\{\mathcal{I}_\alpha\}_{\alpha\in\mathcal{A}}$ 中的任意有限个开区间都不能覆盖 $[a,b]$.

显然, 若将 $[a,b]$ 对分成两个闭子区间 $\left[a,\dfrac{a+b}{2}\right]$ 和 $\left[\dfrac{a+b}{2},b\right]$, 则其中至少有一个子区间不能被 $\{\mathcal{I}_\alpha\}_{\alpha\in\mathcal{A}}$ 中的有限个开区间覆盖, 将其记为 $[a_1,b_1]$. 再将闭区间 $[a_1,b_1]$ 对分成两个闭子区间 $\left[a_1,\dfrac{a_1+b_1}{2}\right]$ 和 $\left[\dfrac{a_1+b_1}{2},b_1\right]$, 则其中至少有一个子区间不能被 $\{\mathcal{I}_\alpha\}_{\alpha\in\mathcal{A}}$ 中的有限个开区间覆盖, 将其记为 $[a_2,b_2]$. 按照这样的方式一直进行下去, 可以得到一个闭区间列 $\{[a_n,b_n]\}$, 其左端点形成的数列 $\{a_n\}$ 单调增加有上界, 且对每一个 $n=1,2,\cdots$, 闭区间 $[a_n,b_n]\subset[a,b]$ 但不能被 $\{\mathcal{I}_\alpha\}_{\alpha\in\mathcal{A}}$ 中的有限个开区间覆盖.

由确界存在定理可知, 存在 $\beta\in[a,b]$ 使得 $\beta=\sup\{a_n\}$. 由于 $\{\mathcal{I}_\alpha\}_{\alpha\in\mathcal{A}}$ 是闭区间 $[a,b]$ 的一个开覆盖, 不妨设 $\beta\in\mathcal{I}_{\alpha_0}$. 容易证明, $a_n\leqslant\beta\leqslant b_n\ (n=1,2,\cdots)$ 且 $\lim\limits_{n\to\infty}(b_n-a_n)=0$. 又因为 $\mathcal{I}_{\alpha_0}$ 是开区间, 所以存在 $N\in\mathbb{N}$, 使得 $[a_N,b_N]\subset\mathcal{I}_{\alpha_0}$. 这与 $[a_N,b_N]\subset[a,b]$ 但 $[a,b]$ 不能被 $\{\mathcal{I}_\alpha\}_{\alpha\in\mathcal{A}}$ 中的有限个开区间覆盖矛盾. □

注记 1.2.15 Heine-Borel 有限覆盖定理中的闭区间不能换成开区间或无限区间, 否则结论可能不成立. 例如, 开区间族 $\left\{\left(\dfrac{1}{n},1\right)\right\}_{n=2}^{+\infty}$ 是开区间 $(0,1)$ 的一个开覆盖, 但此开区间族中的任意有限个开区间都不能覆盖 $(0,1)$; 而开区间族 $\{(0,n)\}_{n=1}^{+\infty}$ 是无限区间 $(0,+\infty)$ 的一个开覆盖, 显然此开区间族中的任意有限个开区间都不能覆盖 $(0,+\infty)$.

注记 1.2.16 Heine-Borel 有限覆盖定理的典型意义在于将无限问题转化为有限问题来处理. 在实际应用中, 往往需要根据具体问题构造开覆盖.

例 1.2.11 设函数 f 定义在闭区间 $[a,b]$ 上, 且对任意的 $x\in[a,b]$, 都存在 $\delta_x>0$ 使得 f 在 $(x-\delta_x,x+\delta_x)\cap[a,b]$ 上有界. 证明: f 在 $[a,b]$ 上有界.

证明 显然, 开区间族

$$\{(x-\delta_x,x+\delta_x)\,|\,x\in[a,b]\}$$

是闭区间 $[a,b]$ 的一个开覆盖. 故由 Heine-Borel 有限覆盖定理可知, 在开区间族 $\{(x-\delta_x,x+\delta_x)\,|\,x\in[a,b]\}$ 中存在有限多个开区间覆盖 $[a,b]$. 由于 f 在这有限个开区间与 $[a,b]$ 的交上有界, 所以它在 $[a,b]$ 上有界. □

1.2.7 实数系基本定理的等价性

前面我们已经讨论了实数系的六个基本定理, 这些定理从不同的角度刻画了实数系的连续性与完备性, 构成了高等微积分的理论基础, 其中的某些定理还可以被推广到高维甚至无穷维空间中.

在前面的讨论中, 我们推导实数系基本定理的顺序是: 首先利用实数的小数表示证明了单调有界定理, 然后按照

"单调有界定理 ⇒ 闭区间套定理 ⇒ Bolzano-Weierstrass 定理

⇒ Cauchy 收敛原理 ⇒ 确界存在定理 ⇒ Heine-Borel 有限覆盖定理"

的顺序证明了这几个定理. 事实上, 在实数系中这几个定理是相互等价的. 为了说明这一点, 我们只需证明

Heine-Borel 有限覆盖定理 ⇒ 单调有界定理.

证明 不妨设 $\{a_n\}$ 是一个单调增加且有上界 M 的数列, 则 $a_n \in [a_1, M]$, $n = 1, 2, \cdots$, 我们需要证明 $\{a_n\}$ 收敛.

用反证法. 假设 $\{a_n\}$ 发散. 于是, 结合 $\{a_n\}$ 的单调性容易证明: 对任意的 $x \in [a_1, M]$, 都存在 $\delta_x > 0$, 使得开区间 $(x - \delta_x, x + \delta_x)$ 中只含有数列 $\{a_n\}$ 的至多有限多项. 另一方面, 开区间族 $\{(x - \delta_x, x + \delta_x) \mid x \in [a_1, M]\}$ 显然是闭区间 $[a_1, M]$ 的一个开覆盖. 于是, 由 Heine-Borel 有限覆盖定理可知, 在开区间族 $\{(x - \delta_x, x + \delta_x) \mid x \in [a_1, M]\}$ 中存在有限多个开区间覆盖 $[a_1, M]$. 故 $[a_1, M]$ 中只含有 $\{a_n\}$ 的至多有限多项. 这与 $\{a_n\}$ 的所有项都在 $[a_1, M]$ 中矛盾. 故 $\{a_n\}$ 收敛. □

1.3 上极限与下极限

在数列极限的学习中我们知道, 当尚未确定数列极限是否存在时, 我们不能直接进行极限运算. 为了证明极限存在, 除了前面已经介绍的单调有界定理与 Cauchy 收敛原理之外, 本节将要介绍的上、下极限也是一种重要的方法. 上极限与下极限可以看作是一种弱意义下的极限. 对于有界数列而言, 上极限与下极限都一定存在. 这为研究极限带来了很大的便利.

1.3.1 数列的上极限与下极限

我们知道, 若数列 $\{a_n\}$ 收敛于 a, 则它的任一子列都收敛于 a; 若 $\{a_n\}$ 发散, 但有界, 则由 Bolzano-Weierstrass 定理可知, 在 $\{a_n\}$ 中可以找出两个子列分别收敛到不同的数 (例 1.2.6). 为此, 我们引入如下定义:

定义 1.3.1 (极限点) 设 $\xi \in \mathbb{R}$. 若在有界数列 $\{a_n\}$ 中存在一个子列 $\{a_{n_k}\}$ 使得

$$\lim_{k\to\infty} a_{n_k} = \xi,$$

则称 ξ 为数列 $\{a_n\}$ 的一个极限点.

设 $\{a_n\}$ 为有界数列. 若记

$$E = \{\xi \in \mathbb{R} \mid \xi \text{ 是} \{a_n\} \text{ 的极限点}\},$$

则 E 为非空有界数集. 从而, E 的上确界 $H = \sup E$ 和下确界 $h = \inf E$ 都存在. 事实上, E 的上确界 H 和下确界 h 都是数列 $\{a_n\}$ 的极限点. 即

定理 1.3.1　*E 的上确界 H 和下确界 h 均属于 E. 从而,*

$$H = \max E, \quad h = \min E.$$

证明　因为 $H = \sup E$, 所以存在 $\xi_k \in E\,(k = 1, 2, \cdots)$, 使得

$$\lim_{k\to\infty} \xi_k = H$$

(见习题 1 第 20 题). 对 $\varepsilon_k = \dfrac{1}{k}\,(k = 1, 2, \cdots)$, 由 ξ_1 是数列 $\{a_n\}$ 的极限点可知, $(\xi_1 - \varepsilon_1, \xi_1 + \varepsilon_1)$ 中含有数列 $\{a_n\}$ 的无穷多项, 故可取 $a_{n_1} \in (\xi_1 - \varepsilon_1, \xi_1 + \varepsilon_1)$. 因为 ξ_2 是 $\{a_n\}$ 的极限点, 所以 $(\xi_2 - \varepsilon_2, \xi_2 + \varepsilon_2)$ 中含有 $\{a_n\}$ 的无穷多项, 从而可以取 $n_2 > n_1$ 使得 $a_{n_2} \in (\xi_2 - \varepsilon_2, \xi_2 + \varepsilon_2)$. 按照这样的方式一直进行下去, 便得到 $\{a_n\}$ 的子列 $\{a_{n_k}\}$ 满足

$$|a_{n_k} - \xi_k| < \frac{1}{k} \quad (k = 1, 2, \cdots).$$

于是有

$$\lim_{k\to\infty} a_{n_k} = \lim_{k\to\infty} \xi_k = H.$$

这表明, H 是 $\{a_n\}$ 的极限点, 即 $H \in E$.

同理可证, $h \in E$. □

定理 1.3.1 表明, E 的最大值 H 和最小值 h 分别是数列 $\{a_n\}$ 的最大极限点和最小极限点. 故我们可引入如下定义:

定义 1.3.2　*E 的最大值 $H = \max E$ 称为数列 $\{a_n\}$ 的***上极限***, 记为*

$$H = \overline{\lim_{n\to\infty}}\, a_n \quad \text{或} \quad H = \limsup_{n\to\infty} a_n.$$

*E 的最小值 $h = \min E$ 称为数列 $\{a_n\}$ 的***下极限***, 记为*

$$h = \underline{\lim_{n\to\infty}}\, a_n \quad \text{或} \quad h = \liminf_{n\to\infty} a_n.$$

例 1.3.1　设 $a_n = \cos\dfrac{2n\pi}{5}\,(n = 1, 2, \cdots)$. 求数列 $\{a_n\}$ 的上极限与下极限.

解 因为 $a_{5k}=1$, $a_{5k-4}=a_{5k-1}=\cos\frac{2\pi}{5}$, $a_{5k-3}=a_{5k-2}=-\cos\frac{\pi}{5}\,(k=1,2,\cdots)$, 所以 $\{a_n\}$ 的最大极限点是 1，最小极限点是 $-\cos\frac{\pi}{5}$, 即

$$\overline{\lim_{n\to\infty}}\, a_n=1,\quad \underline{\lim_{n\to\infty}}\, a_n=-\cos\frac{\pi}{5}.$$

□

例 1.3.2 设 $a_n>0\ (n=1,2,\cdots)$. 证明:

$$\underline{\lim_{n\to\infty}}\,\frac{a_{n+1}}{a_n}\leqslant \underline{\lim_{n\to\infty}}\,\sqrt[n]{a_n}\leqslant \overline{\lim_{n\to\infty}}\,\sqrt[n]{a_n}\leqslant \overline{\lim_{n\to\infty}}\,\frac{a_{n+1}}{a_n}.$$

证明 设

$$H=\overline{\lim_{n\to\infty}}\,\frac{a_{n+1}}{a_n},$$

则由上极限的定义可知, 对任意给定的 $\varepsilon>0$, 存在 $N\in\mathbb{N}$, 对任意的 $n>N$ 都有

$$\frac{a_{n+1}}{a_n}<H+\varepsilon.$$

从而,

$$a_n<(H+\varepsilon)^{n-N-1}a_{N+1}\quad (n=N+1,N+2,\cdots).$$

故

$$\overline{\lim_{n\to\infty}}\,\sqrt[n]{a_n}\leqslant \overline{\lim_{n\to\infty}}\,\sqrt[n]{(H+\varepsilon)^{n-N-1}a_{N+1}}=H+\varepsilon.$$

由 ε 的任意性可知

$$\overline{\lim_{n\to\infty}}\,\sqrt[n]{a_n}\leqslant H=\overline{\lim_{n\to\infty}}\,\frac{a_{n+1}}{a_n}.$$

类似地, 利用下极限的定义可以证明:

$$\underline{\lim_{n\to\infty}}\,\frac{a_{n+1}}{a_n}\leqslant \underline{\lim_{n\to\infty}}\,\sqrt[n]{a_n}.$$

□

数列的上极限、下极限与极限之间存在如下关系:

定理 1.3.2 设 $\{a_n\}$ 是有界数列, 则极限 $\lim\limits_{n\to\infty} a_n$ 存在的充分必要条件是

$$\overline{\lim_{n\to\infty}}\, a_n=\underline{\lim_{n\to\infty}}\, a_n.$$

证明 (必要性) 设 $\{a_n\}$ 收敛, 则它的任一子列都收敛于同一个数. 这表明, 集合 E 只包含一个元素. 于是,

$$\overline{\lim_{n\to\infty}}\, a_n=\lim_{n\to\infty} a_n=\underline{\lim_{n\to\infty}}\, a_n.$$

(充分性) 设数列 $\{a_n\}$ 满足 $\overline{\lim\limits_{n\to\infty}}\, a_n = \underline{\lim\limits_{n\to\infty}}\, a_n$. 用反证法. 若 $\{a_n\}$ 发散, 则它至少存在两个子列收敛于不同的数 (见例 1.2.6). 因此,

$$\underline{\lim_{n\to\infty}}\, a_n < \overline{\lim_{n\to\infty}}\, a_n.$$

这与假设矛盾. □

由于一个无上界 (下界) 的数列必有子列发散至正 (负) 无穷大 (见习题 1 第 16 题), 所以可按上述思路将极限点的定义扩充为

定义 1.3.3 设 $-\infty \leqslant \xi \leqslant +\infty$. 若在数列 $\{a_n\}$ 中存在一个子列 $\{a_{n_k}\}$ 使得

$$\lim_{k\to\infty} a_{n_k} = \xi,$$

则称 ξ 为数列 $\{a_n\}$ 的一个极限点.

若仍定义 E 为 $\{a_n\}$ 的极限点的全体, 则当 $\xi = +\infty$ (或 $-\infty$) 是 $\{a_n\}$ 的极限点时, 我们可定义 $\overline{\lim\limits_{n\to\infty}}\, a_n = \sup E = +\infty$ (或 $\underline{\lim\limits_{n\to\infty}}\, a_n = \inf E = -\infty$); 当 $\xi = +\infty$ (或 $-\infty$) 是 $\{a_n\}$ 的唯一极限点时, 我们定义 $\overline{\lim\limits_{n\to\infty}}\, a_n = \underline{\lim\limits_{n\to\infty}}\, a_n = +\infty$ (或 $\overline{\lim\limits_{n\to\infty}}\, a_n = \underline{\lim\limits_{n\to\infty}}\, a_n = -\infty$).

例 1.3.3 设 $a_n = n^{(-1)^n}\ (n = 1, 2, \cdots)$. 求数列 $\{a_n\}$ 的上极限与下极限.

解 数列 $\{a_n\}$ 可表示为

$$1,\ 2,\ \frac{1}{3},\ 4,\ \frac{1}{5},\ 6,\ \frac{1}{7},\ 8,\ \cdots.$$

显然, $\{a_n\}$ 没有上界, 故 $\overline{\lim\limits_{n\to\infty}}\, a_n = +\infty$. 另一方面, 由 $a_n > 0$ 且 $\lim\limits_{n\to\infty} a_{2n-1} = 0$ 可知, $\underline{\lim\limits_{n\to\infty}}\, a_n = 0$. □

扩充之后的定理 1.3.1 依然成立, 而定理 1.3.2 则需重新陈述为

定理 1.3.3 极限 $\lim\limits_{n\to\infty} a_n$ 有意义 (有限数, $+\infty$ 或 $-\infty$) 的充分必要条件是

$$\overline{\lim_{n\to\infty}}\, a_n = \underline{\lim_{n\to\infty}}\, a_n.$$

注记 1.3.1 由定理 1.3.3 可知, 判断数列 $\{a_n\}$ 是否收敛 (或正无穷大量, 负无穷大量), 只需看其上极限与下极限是否相等 (或均为正无穷大量, 负无穷大量).

1.3.2 上极限与下极限的运算

上一小节的结论表明, 任意数列的上极限与下极限都是有意义的. 特别是, 有界数列的上极限与下极限都存在且为有限实数. 这一结论结合本小节的上极限、下极限运算为证明有界数列的收敛性带来很大的便利.

显然, 数列及其相反数数列的上极限与下极限之间可以相互转化, 即

定理 1.3.4 对于任意的数列 $\{a_n\}$ 都成立

$$\varlimsup_{n\to\infty}(-a_n)=-\varliminf_{n\to\infty}a_n,\quad \varliminf_{n\to\infty}(-a_n)=-\varlimsup_{n\to\infty}a_n.$$

类似地, 也可以得到数列及其倒数数列的上极限与下极限之间的关系:

定理 1.3.5 对于任意的正数列 $\{a_n\}$ 都成立

$$\varlimsup_{n\to\infty}\frac{1}{a_n}=\frac{1}{\varliminf\limits_{n\to\infty}a_n},\quad \varliminf_{n\to\infty}\frac{1}{a_n}=\frac{1}{\varlimsup\limits_{n\to\infty}a_n}$$

(当上式右端分母为 0 时, 理解为 $+\infty$).

由上极限与下极限的定义可知, 任意两个数列的上极限与下极限具有保不等式性质, 即

定理 1.3.6 设 $\{a_n\}$, $\{b_n\}$ 是两数列. 若存在 $N\in\mathbb{N}$, 使得对任意的 $n>N$ 都有 $a_n\leqslant b_n$, 则

$$\varlimsup_{n\to\infty}a_n\leqslant\varlimsup_{n\to\infty}b_n,\quad \varliminf_{n\to\infty}a_n\leqslant\varliminf_{n\to\infty}b_n.$$

特别地, 若 α,β 为常数, 且存在 $N\in\mathbb{N}$, 使得对任意的 $n>N$ 都有 $\alpha\leqslant a_n\leqslant\beta$, 则

$$\alpha\leqslant\varliminf_{n\to\infty}a_n\leqslant\varlimsup_{n\to\infty}a_n\leqslant\beta.$$

上极限与下极限的运算一般不再具有数列极限运算的诸如 "和、差、积、商的极限等于极限的和、差、积、商" 之类的性质. 例如, 对 $a_n=(-1)^n$, $b_n=(-1)^{n+1}$, 显然有

$$\varlimsup_{n\to\infty}(a_n+b_n)=0,\quad 但\quad \varlimsup_{n\to\infty}a_n+\varlimsup_{n\to\infty}b_n=2,$$

所以两者并不相等. 不过, 我们还是可以得到下述关系.

定理 1.3.7 设 $\{a_n\}$, $\{b_n\}$ 是两数列, 则

$$\varlimsup_{n\to\infty}(a_n+b_n)\leqslant\varlimsup_{n\to\infty}a_n+\varlimsup_{n\to\infty}b_n,\quad \varliminf_{n\to\infty}(a_n+b_n)\geqslant\varliminf_{n\to\infty}a_n+\varliminf_{n\to\infty}b_n.$$

若进一步有 $\lim\limits_{n\to\infty}a_n$ 有意义 (有限数, $+\infty$ 或 $-\infty$) 且下述两式右端不是待定型, 则

$$\varlimsup_{n\to\infty}(a_n+b_n)=\lim_{n\to\infty}a_n+\varlimsup_{n\to\infty}b_n,$$

$$\varliminf_{n\to\infty}(a_n+b_n)=\lim_{n\to\infty}a_n+\varliminf_{n\to\infty}b_n.$$

证明　下面只给出上极限情形的证明, 并且仅考虑涉及的极限与上极限都是有限数的情形. 其余情形可以类似地证明.

为方便起见, 记 $\overline{\lim\limits_{n\to\infty}}\, a_n = H_1$, $\overline{\lim\limits_{n\to\infty}}\, b_n = H_2$. 由定理 1.3.1 可知, 对任意给定的 $\varepsilon > 0$, 存在 $N \in \mathbb{N}$, 使得对任意的 $n > N$ 都有

$$a_n < H_1 + \varepsilon, \quad b_n < H_2 + \varepsilon.$$

从而,

$$a_n + b_n < H_1 + H_2 + 2\varepsilon.$$

故由定理 1.3.6 可知

$$\overline{\lim_{n\to\infty}}\,(a_n + b_n) \leqslant H_1 + H_2 + 2\varepsilon.$$

再由 ε 的任意性即可得

$$\overline{\lim_{n\to\infty}}\,(a_n + b_n) \leqslant H_1 + H_2 = \overline{\lim_{n\to\infty}}\, a_n + \overline{\lim_{n\to\infty}}\, b_n.$$

进一步, 若 $\lim\limits_{n\to\infty} a_n$ 存在, 则由上述结论可知

$$\begin{aligned}\overline{\lim_{n\to\infty}}\, b_n &= \overline{\lim_{n\to\infty}}\,\big[(a_n + b_n) - a_n\big] \\ &\leqslant \overline{\lim_{n\to\infty}}\,\big(a_n + b_n\big) + \overline{\lim_{n\to\infty}}\,\big(-a_n\big) \\ &= \overline{\lim_{n\to\infty}}\,\big(a_n + b_n\big) - \lim_{n\to\infty} a_n.\end{aligned}$$

这表明

$$\overline{\lim_{n\to\infty}}\,(a_n + b_n) \geqslant \lim_{n\to\infty} a_n + \overline{\lim_{n\to\infty}}\, b_n.$$

由此结合

$$\overline{\lim_{n\to\infty}}\,(a_n + b_n) \leqslant \overline{\lim_{n\to\infty}}\, a_n + \overline{\lim_{n\to\infty}}\, b_n = \lim_{n\to\infty} a_n + \overline{\lim_{n\to\infty}}\, b_n$$

即得

$$\overline{\lim_{n\to\infty}}\,(a_n + b_n) = \lim_{n\to\infty} a_n + \overline{\lim_{n\to\infty}}\, b_n.$$ □

定理 1.3.8　若 $\{a_n\}$, $\{b_n\}$ 是非负两数列, 即 $a_n \geqslant 0$, $b_n \geqslant 0$ $(n = 1, 2, \cdots)$, 则

$$\overline{\lim_{n\to\infty}}\,(a_n b_n) \leqslant \overline{\lim_{n\to\infty}}\, a_n \cdot \overline{\lim_{n\to\infty}}\, b_n, \quad \underline{\lim_{n\to\infty}}\,(a_n b_n) \geqslant \underline{\lim_{n\to\infty}}\, a_n \cdot \underline{\lim_{n\to\infty}}\, b_n.$$

若进一步有 $\lim\limits_{n\to\infty} a_n = a \in (0,+\infty)$, 则

$$\varlimsup_{n\to\infty}\left(a_n b_n\right) = \lim_{n\to\infty} a_n \cdot \varlimsup_{n\to\infty} b_n, \quad \varliminf_{n\to\infty}\left(a_n b_n\right) = \lim_{n\to\infty} a_n \cdot \varliminf_{n\to\infty} b_n.$$

证明 下面只给出上极限情形的证明, 并且仅考虑涉及的极限与上极限都是有限数的情形. 其余情形可以类似地证明.

为方便起见, 记 $\varlimsup\limits_{n\to\infty} a_n = H_1$, $\varlimsup\limits_{n\to\infty} b_n = H_2$. 由定理 1.3.1 可知, 对任意给定的 $\varepsilon > 0$, 存在 $N \in \mathbb{N}$, 使得对任意的 $n > N$ 都有

$$0 \leqslant a_n < H_1 + \varepsilon, \quad 0 \leqslant b_n < H_2 + \varepsilon.$$

从而,

$$0 \leqslant a_n b_n < (H_1 + \varepsilon)(H_2 + \varepsilon).$$

故由定理 1.3.6 可知

$$\varlimsup_{n\to\infty}\left(a_n b_n\right) \leqslant (H_1 + \varepsilon)(H_2 + \varepsilon).$$

再由 ε 的任意性即可得

$$\varlimsup_{n\to\infty}\left(a_n b_n\right) \leqslant H_1 H_2 = \varlimsup_{n\to\infty} a_n \cdot \varlimsup_{n\to\infty} b_n.$$

进一步, 若 $\lim\limits_{n\to\infty} a_n = a \in (0,+\infty)$, 则由上述结论可得

$$\varlimsup_{n\to\infty} b_n = \varlimsup_{n\to\infty}\left(\left(a_n b_n\right)\cdot\frac{1}{a_n}\right) \leqslant \varlimsup_{n\to\infty}\left(a_n b_n\right)\cdot \varlimsup_{n\to\infty}\frac{1}{a_n} = \varlimsup_{n\to\infty}\left(a_n b_n\right)\cdot \lim_{n\to\infty}\frac{1}{a_n}.$$

这表明

$$\varlimsup_{n\to\infty}\left(a_n b_n\right) \geqslant \lim_{n\to\infty} a_n \cdot \varlimsup_{n\to\infty} b_n.$$

由此结合

$$\varlimsup_{n\to\infty}\left(a_n b_n\right) \leqslant \varlimsup_{n\to\infty} a_n \cdot \varlimsup_{n\to\infty} b_n = \lim_{n\to\infty} a_n \cdot \varlimsup_{n\to\infty} b_n$$

即得

$$\varlimsup_{n\to\infty}\left(a_n b_n\right) = \lim_{n\to\infty} a_n \cdot \varlimsup_{n\to\infty} b_n.$$

□

1.3.3　上极限与下极限的应用

现在我们举例说明如何利用上、下极限的方法判断数列是否收敛. 这里涉及的数列所满足的关系式是非线性或不等式的形式, 若用其他方法, 往往都很复杂.

例 1.3.4　设 $a, b > 0$. 令 $b_1 = b$,

$$b_{n+1} = b + \frac{a}{b_n} \quad (n = 1, 2, \cdots).$$

证明: 数列 $\{b_n\}$ 收敛, 并求其极限.

证明　利用数学归纳法容易证明:

$$b < b_n < b + \frac{a}{b} \quad (n = 3, 4, \cdots).$$

故 $\{b_n\}$ 是有界数列. 若记 $\overline{b} = \overline{\lim_{n\to\infty}}\, b_n$, $\underline{b} = \underline{\lim_{n\to\infty}}\, b_n$, 则 $\overline{b} \geqslant \underline{b} \geqslant b > 0$. 从而, 在 $b_{n+1} = b + \dfrac{a}{b_n}$ 两端取上极限可得

$$\overline{b} = b + \frac{a}{\underline{b}},$$

而在 $b_{n+1} = b + \dfrac{a}{b_n}$ 两端取下极限则可得

$$\underline{b} = b + \frac{a}{\overline{b}}.$$

由此可知

$$\overline{b}\underline{b} = b\underline{b} + a \quad 且 \quad \underline{b}\overline{b} = b\overline{b} + a,$$

直接计算可得, $\overline{b} = \underline{b} = \dfrac{b + \sqrt{b^2 + 4a}}{2}$. 根据定理 1.3.2 可知, 数列 $\{b_n\}$ 收敛且

$$\lim_{n\to\infty} b_n = \frac{b + \sqrt{b^2 + 4a}}{2}. \qquad \square$$

注记 1.3.2　在例 1.3.4 中, 若对 $\{b_n\}$ 的奇偶子列分别讨论单调性或利用例 1.5.4 的方法, 都需要讨论 a, b 的取值范围.

例 1.3.5　设

$$a_n = \sum_{k=1}^{n-1} \left(1 - \frac{k}{n}\right)^n \quad (n = 2, 3, \cdots).$$

证明: 数列 $\{a_n\}$ 收敛, 并求其极限.

证明 对任意的 $k=1,2,\cdots,n-1$, 记

$$b_{n,k}=\left(1-\frac{k}{n}\right)^n \quad (n=2,3,\cdots),$$

则由算术-几何平均不等式可知

$$\begin{aligned}b_{n,k}=\left(1-\frac{k}{n}\right)^n&=\underbrace{\left(1-\frac{k}{n}\right)\cdot\cdots\cdot\left(1-\frac{k}{n}\right)}_{n\text{个}}\cdot 1\\&\leqslant\left(\frac{n\cdot\left(1-\frac{k}{n}\right)+1}{n+1}\right)^{n+1}=\left(1-\frac{k}{n+1}\right)^{n+1}=b_{n+1,k}.\end{aligned}$$

故数列 $\{b_{n,k}\}$ 关于 n 单调增加且易知 $b_{n,k}<\mathrm{e}^{-k}$. 从而,

$$a_n\leqslant\sum_{k=1}^{n-1}\mathrm{e}^{-k}<\sum_{k=1}^{\infty}\mathrm{e}^{-k}=\frac{1}{\mathrm{e}-1} \quad (n=2,3,\cdots).$$

这表明 $\overline{\lim\limits_{n\to\infty}}\, a_n\leqslant\dfrac{1}{\mathrm{e}-1}$.

另一方面, 对任意给定的 $m\in\mathbb{N}$, 由

$$a_n\geqslant\sum_{k=1}^{m}\left(1-\frac{k}{n}\right)^n \quad (n=m+1,m+2,\cdots)$$

可知

$$\underline{\lim_{n\to\infty}}\, a_n\geqslant\sum_{k=1}^{m}\lim_{n\to\infty}\left(1-\frac{k}{n}\right)^n=\sum_{k=1}^{m}\mathrm{e}^{-k}=\frac{1-\mathrm{e}^{-m}}{\mathrm{e}-1}.$$

故上式两边令 $m\to+\infty$ 取极限可得 $\underline{\lim\limits_{n\to\infty}}\, a_n\geqslant\dfrac{1}{\mathrm{e}-1}$.

综上并利用定理 1.3.2 可知, 数列 $\{a_n\}$ 收敛且 $\lim\limits_{n\to\infty}a_n=\dfrac{1}{\mathrm{e}-1}$. □

例 1.3.6 设 $\{a_n\}$ 为非负数列, 且对任意的 $m,n\in\mathbb{N}$ 都有

$$a_{m+n}\leqslant a_m+a_n.$$

证明: 数列 $\left\{\dfrac{a_n}{n}\right\}$ 收敛.

证明 因为

$$0 \leqslant \frac{a_n}{n} \leqslant \frac{na_1}{n} = a_1 \quad (n = 1, 2, \cdots),$$

所以 $\left\{\frac{a_n}{n}\right\}$ 是有界数列.

对任意给定的 $m \in \mathbb{N}$, 我们可以将任意的自然数 n 都表示为

$$n = km + l \quad (l = 0, 1, \cdots, m-1)$$

的形式, 其中 k 为非负整数. 于是, 由已知条件可得

$$\frac{a_n}{n} = \frac{a_{km+l}}{n} \leqslant \frac{a_{km}}{n} + \frac{a_l}{n} \leqslant \frac{ka_m}{n} + \frac{a_l}{n} \leqslant \frac{a_m}{m} + \frac{a_l}{n}.$$

两端关于 n 取上极限可得

$$\varlimsup_{n\to\infty} \frac{a_n}{n} \leqslant \varlimsup_{n\to\infty} \left(\frac{a_m}{m} + \frac{a_l}{n}\right) = \frac{a_m}{m} + \varlimsup_{n\to\infty} \frac{a_l}{n} = \frac{a_m}{m}.$$

另一方面, 由 m 的任意性, 可在上式两端关于 m 进一步取下极限得

$$\varlimsup_{n\to\infty} \frac{a_n}{n} \leqslant \varliminf_{m\to\infty} \frac{a_m}{m}.$$

由此结合定理 1.3.6 可知

$$\varlimsup_{n\to\infty} \frac{a_n}{n} = \varliminf_{n\to\infty} \frac{a_n}{n}.$$

从而, 根据定理 1.3.2 可知, 数列 $\left\{\frac{a_n}{n}\right\}$ 收敛. □

1.4 $\mathbb{R}^d$ 中点列的极限及基本定理

本节内容是数列极限与实数系基本定理在 Euclid 空间 $\mathbb{R}^d$ 中的推广, 是研究多元函数的基础. 我们首先回顾初等微积分课程中所介绍的 Euclid 空间 $\mathbb{R}^d$ 中点集的概念.

1.4.1 $\mathbb{R}^d$ 中的一些常用概念

1. 线性运算、内积、范数、距离

设 $\boldsymbol{x} = (x_1, x_2, \cdots, x_d)$, $\boldsymbol{y} = (y_1, y_2, \cdots, y_d) \in \mathbb{R}^d$, $\alpha, \beta \in \mathbb{R}$, 则可定义

(1) (线性运算) $\alpha\boldsymbol{x} + \beta\boldsymbol{y} = (\alpha x_1 + \beta y_1, \alpha x_2 + \beta y_2, \cdots, \alpha x_d + \beta y_d)$;

(2) (内积) $\langle \boldsymbol{x}, \boldsymbol{y} \rangle = x_1 y_1 + x_2 y_2 + \cdots + x_d y_d$;

(3) (范数) $\|\boldsymbol{x}\| = \sqrt{\langle \boldsymbol{x}, \boldsymbol{x} \rangle} = \sqrt{x_1^2 + x_2^2 + \cdots + x_d^2}$;

(4) (距离) $\rho(\boldsymbol{x}, \boldsymbol{y}) = \|\boldsymbol{x} - \boldsymbol{y}\| = \sqrt{(x_1 - y_1)^2 + (x_2 - y_2)^2 + \cdots + (x_d - y_d)^2}$.

注记 1.4.1 容易验证, 上述定义使得

(1) $\mathbb{R}^d$ 按线性运算中的加法与数乘成为一个线性空间.

(2) $\mathbb{R}^d$ 按 $\langle\cdot,\cdot\rangle$ 成为一个内积空间, 即对任意的 $\boldsymbol{x},\boldsymbol{y},\boldsymbol{z}\in\mathbb{R}^d$ 及 $\lambda\in\mathbb{R}$ 都满足

(正定性) $\langle\boldsymbol{x},\,\boldsymbol{x}\rangle\geqslant 0$, 当且仅当 $\boldsymbol{x}=\boldsymbol{0}$ 时 $\langle\boldsymbol{x},\,\boldsymbol{x}\rangle=0$;

(对称性) $\langle\boldsymbol{x},\,\boldsymbol{y}\rangle=\langle\boldsymbol{y},\,\boldsymbol{x}\rangle$;

(线性性) $\langle\lambda\boldsymbol{x}+\boldsymbol{y},\,\boldsymbol{z}\rangle=\lambda\langle\boldsymbol{x},\,\boldsymbol{z}\rangle+\langle\boldsymbol{y},\,\boldsymbol{z}\rangle$.

(3) $\mathbb{R}^d$ 按 $\|\cdot\|$ 成为一个赋范线性空间, 即对任意的 $\boldsymbol{x},\boldsymbol{y}\in\mathbb{R}^d$ 及 $\lambda\in\mathbb{R}$ 都满足

(正定性) $\|\boldsymbol{x}\|\geqslant 0$, 当且仅当 $\boldsymbol{x}=\boldsymbol{0}$ 时 $\|\boldsymbol{x}\|=0$;

(齐次性) $\|\lambda\boldsymbol{x}\|=|\lambda|\|\boldsymbol{x}\|$;

(三角不等式) $\|\boldsymbol{x}+\boldsymbol{y}\|\leqslant\|\boldsymbol{x}\|+\|\boldsymbol{y}\|$.

(4) $\mathbb{R}^d$ 按 $\rho(\cdot,\cdot)$ 成为一个度量空间, 即对任意的 $\boldsymbol{x},\boldsymbol{y},\boldsymbol{z}\in\mathbb{R}^d$ 都满足

(正定性) $\rho(\boldsymbol{x},\,\boldsymbol{x})\geqslant 0$, 当且仅当 $\boldsymbol{x}=\boldsymbol{0}$ 时 $\rho(\boldsymbol{x},\,\boldsymbol{x})=0$;

(对称性) $\rho(\boldsymbol{x},\,\boldsymbol{y})=\rho(\boldsymbol{y},\,\boldsymbol{x})$;

(三角不等式) $\rho(\boldsymbol{x}+\boldsymbol{y},\,\boldsymbol{z})\leqslant\rho(\boldsymbol{x},\,\boldsymbol{z})+\rho(\boldsymbol{y},\,\boldsymbol{z})$.

2. 邻域、矩体

设 $\delta>0$, $\boldsymbol{a}=(a_1,a_2,\cdots,a_d)$, $\boldsymbol{b}=(b_1,b_2,\cdots,b_d)\in\mathbb{R}^d$, 且 $a_i<b_i\,(i=1,2,\cdots,d)$.

(1) (邻域) 定义以 $\boldsymbol{a}$ 为中心, δ 为半径的邻域 (开球) 为 $B(\boldsymbol{a},\delta)=\big\{\boldsymbol{x}\in\mathbb{R}^d\big|\|\boldsymbol{x}-\boldsymbol{a}\|<\delta\big\}$, 去心邻域为 $B^\circ(\boldsymbol{a},\delta)=\big\{\boldsymbol{x}\in\mathbb{R}^d\big|0<\|\boldsymbol{x}-\boldsymbol{a}\|<\delta\big\}$;

(2) (开矩体) 定义以 $\boldsymbol{a},\boldsymbol{b}$ 为端点的开矩体为 $(\boldsymbol{a},\,\boldsymbol{b})=\big\{(x_1,x_2,\cdots,x_d)\big|a_i<x_i<b_i,\ i=1,2,\cdots,d\big\}$, 即 $(\boldsymbol{a},\,\boldsymbol{b})=(a_1,b_1)\times(a_2,b_2)\times\cdots\times(a_d,b_d)$;

(3) (闭矩体) 定义以 $\boldsymbol{a},\boldsymbol{b}$ 为端点的闭矩体为 $[\boldsymbol{a},\,\boldsymbol{b}]=\big\{(x_1,x_2,\cdots,x_d)\big|a_i\leqslant x_i\leqslant b_i,\ i=1,2,\cdots,d\big\}$, 即 $[\boldsymbol{a},\,\boldsymbol{b}]=[a_1,b_1]\times[a_2,b_2]\times\cdots\times[a_d,b_d]$.

3. 有界集、直径

设 $S\subset\mathbb{R}^d$.

(1) (有界集) 若存在 $M>0$, 使得对任意的 $\boldsymbol{x}\in S$ 都有 $\|\boldsymbol{x}\|\leqslant M$, 则称 S 是 $\mathbb{R}^d$ 中的有界集;

(2) (直径) 称 $\operatorname{diam}S=\sup\big\{\|\boldsymbol{x}-\boldsymbol{y}\|\big|\boldsymbol{x},\boldsymbol{y}\in S\big\}$ 为 S 的直径.

显然, $\mathbb{R}^d$ 中的一个点集是否有界也可以由它的直径是否有界来刻画.

4. 聚点、导集与闭包、闭集

设 $\boldsymbol{a}\in\mathbb{R}^d$, $S\subset\mathbb{R}^d$.

(1) (聚点) 若对任意的 $\varepsilon>0$, 都有 $B^\circ(\boldsymbol{a},\varepsilon)\cap S\neq\varnothing$, 则称 $\boldsymbol{a}$ 为 S 的聚点.

(2) (导集与闭包) S 的所有聚点构成的集合称为 S 的导集, 记为 S'; 集合 $\overline{S} = S \cup S'$ 称为 S 的闭包.

(3) (闭集) 若 $S' \subset S$, 则称 S 为闭集.

5. 内部、边界、开集

设 $\boldsymbol{a} \in \mathbb{R}^d$, $S \subset \mathbb{R}^d$.

(1) (内部) 若存在 $\delta > 0$ 使得 $B(\boldsymbol{a}, \delta) \subset S$, 则称 $\boldsymbol{a}$ 为 S 的内点; 由 S 的所有内点构成的集合称为 S 的内部, 记为 S°.

(2) (边界) 若对任意的 $\varepsilon > 0$, $B(\boldsymbol{a}, \varepsilon)$ 中既含有属于 S 的点, 也含有不属于 S 的点, 则称 $\boldsymbol{a}$ 为 S 的边界点; S 的所有边界点构成的集合称为 S 的边界, 记为 ∂S.

(3) (开集) 若 $S^\circ = S$, 即 S 中的所有点都是内点, 则称 S 为开集.

例 1.4.1 设 $S \subset \mathbb{R}^d$. 证明: ∂S 为闭集.

证明 设 $\boldsymbol{a} \in (\partial S)'$, 则对任意的 $\varepsilon > 0$, 都有 $B^\circ(\boldsymbol{a}, \varepsilon) \cap \partial S \neq \varnothing$. 从而, 由 ∂S 的定义可知, $B(\boldsymbol{a}, \varepsilon)$ 中既含有属于 S 的点, 也含有不属于 S 的点. 故 $\boldsymbol{a} \in \partial S$. 由此可知, $(\partial S)' \subset \partial S$, 即 ∂S 为闭集. □

1.4.2 $\mathbb{R}^d$ 中点列的极限

当 $\mathbb{R}^d$ 中有了距离的概念, 我们就能仿照实数系中数列极限的概念和有关性质来讨论 $\mathbb{R}^d$ 中点列的极限与性质.

定义 1.4.1 (点列的极限) 设 $\{\boldsymbol{a}_n\}$ 是 $\mathbb{R}^d$ 中一给定点列, $\boldsymbol{a} \in \mathbb{R}^d$. 若对任意给定的 $\varepsilon > 0$, 都存在 $N \in \mathbb{N}$, 使得对任意的 $n > N$ 都有

$$\|\boldsymbol{a}_n - \boldsymbol{a}\| < \varepsilon,$$

则称点列 $\{\boldsymbol{a}_n\}$ 收敛于 $\boldsymbol{a}$ (或 $\boldsymbol{a}$ 是点列 $\{\boldsymbol{a}_n\}$ 的极限), 记为

$$\lim_{n\to\infty} \boldsymbol{a}_n = \boldsymbol{a},$$

有时也记为

$$\boldsymbol{a}_n \to \boldsymbol{a} \quad (n \to \infty).$$

若点列 $\{\boldsymbol{a}_n\}$ 不收敛, 则称 $\{\boldsymbol{a}_n\}$ 发散.

注记 1.4.2 由 $\mathbb{R}^d$ 中点列收敛的定义可知, $\boldsymbol{a}$ 为 $S \subset \mathbb{R}^d$ 的聚点的充分必要条件是: 在 S 中存在异于点 $\boldsymbol{a}$ 的点列 $\{\boldsymbol{a}_n\}$ (即 $\boldsymbol{a}_n \in S$ 且 $\boldsymbol{a}_n \neq \boldsymbol{a}$ $(n = 1, 2, \cdots)$) 使得 $\lim\limits_{n\to\infty} \boldsymbol{a}_n = \boldsymbol{a}$.

下一定理给出了 $\mathbb{R}^d$ 中点列收敛与 $\mathbb{R}$ 中数列收敛之间的关系:

定理 1.4.1 设 $\boldsymbol{a}_n = (a_1^n, a_2^n, \cdots, a_d^n)$, $\boldsymbol{a} = (a_1, a_2, \cdots, a_d)$, 则 $\lim\limits_{n\to\infty} \boldsymbol{a}_n = \boldsymbol{a}$ 的充分必要条件是: $\lim\limits_{n\to\infty} a_i^n = a_i$ $(i = 1, 2, \cdots, d)$.

由定理 1.4.1 可知, $\lim\limits_{n\to\infty}\left(\dfrac{1}{n}, \dfrac{n}{n+1}\right)=(0,1)$, $\lim\limits_{n\to\infty}\left(\left(1+\dfrac{1}{n}\right)^n, \dfrac{1}{2^n}\right)=(\mathrm{e},0)$, $\lim\limits_{n\to\infty}\left((-1)^n, \dfrac{1}{n}\right)$ 不存在.

根据定理 1.4.1, 我们可以通过对点列的分量进行讨论, 将实数系中的部分定理推广到 Euclid 空间 $\mathbb{R}^d$ 中.

定理 1.4.2 设 $\{\boldsymbol{a}_n\}$ 是 $\mathbb{R}^d$ 中的收敛点列, 则

(1) $\{\boldsymbol{a}_n\}$ 的极限唯一;

(2) $\{\boldsymbol{a}_n\}$ 是有界点列, 即存在 $M>0$, 使得 $\|\boldsymbol{a}_n\|\leqslant M\ (n=1,2,\cdots)$;

(3) 若 $\lim\limits_{n\to\infty}\boldsymbol{a}_n=\boldsymbol{a}$, $\lim\limits_{n\to\infty}\boldsymbol{b}_n=\boldsymbol{b}$, $\alpha,\beta\in\mathbb{R}$, 则

$$\lim_{n\to\infty}\left(\alpha\boldsymbol{a}_n+\beta\boldsymbol{b}_n\right)=\alpha\boldsymbol{a}+\beta\boldsymbol{b},\quad \lim_{n\to\infty}\langle\boldsymbol{a}_n,\boldsymbol{b}_n\rangle=\langle\boldsymbol{a},\boldsymbol{b}\rangle.$$

1.4.3 $\mathbb{R}^d$ 中的基本定理

因为 $\mathbb{R}^d$ 中的向量不能比较大小, 也不能相除, 所以数列极限中与单调性、商有关的概念与命题一般都不能推广到 $\mathbb{R}^d$ 中的点列. 类似地, 实数系中的单调有界定理、确界存在定理等也不能推广到 $\mathbb{R}^d$ 中, 但闭区间套定理、Bolzano-Weierstrass 定理、Cauchy 收敛原理与 Heine-Borel 有限覆盖定理在 $\mathbb{R}^d$ 中仍然成立.

定理 1.4.3 (Cantor 闭集套定理) 若 $\mathbb{R}^d$ 中的非空闭集列 $\{S_n\}$ 满足

$$S_{n+1}\subset S_n\ (n=1,2,\cdots),\quad \lim_{n\to\infty}\mathrm{diam}S_n=0,$$

则存在唯一的 $\boldsymbol{a}\in\mathbb{R}^d$ 使得 $\boldsymbol{a}\in S_n\ (n=1,2,\cdots)$.

证明 因为 $\{S_n\}$ 是非空集列, 所以对任意的 $n\in\mathbb{N}$, 都存在点 $\boldsymbol{a}_n=\left(a_1^n, a_2^n,\cdots,a_d^n\right)\in S_n$. 又因为 $S_{n+1}\subset S_n\ (n=1,2,\cdots)$, 所以

$$\left\{\boldsymbol{a}_N, \boldsymbol{a}_{N+1}, \boldsymbol{a}_{N+2}, \cdots\right\}\subset S_N\quad (N=1,2,\cdots).$$

于是, 对每一个 $i\in\{1, 2, \cdots, d\}$, 当 $m, n>N$ 时, 我们都有

$$\left|a_i^m-a_i^n\right|\leqslant\|\boldsymbol{a}_m-\boldsymbol{a}_n\|\leqslant\mathrm{diam}S_N.$$

从而, 由 $\lim\limits_{N\to\infty}\mathrm{diam}S_N=0$ 可知, $\{a_i^n\}$ 是基本数列. 这表明, 存在 $a_i\in\mathbb{R}$ 使得 $\lim\limits_{n\to\infty}a_i^n=a_i$. 记

$$\boldsymbol{a}=\left(a_1, a_2, \cdots, a_d\right),$$

则由定理 1.4.1 可知, $\lim\limits_{n\to\infty}\boldsymbol{a}_n=\boldsymbol{a}$. 由于 $\{S_n\}$ 是闭集列, 容易证明 $\boldsymbol{a}\in S_n$ $(n=1,2,\cdots)$.

下面证明 $\boldsymbol{a}$ 的唯一性. 事实上, 若还存在 $\boldsymbol{b} \in S_n$ $(n=1,2,\cdots)$, 则

$$\|\boldsymbol{b}-\boldsymbol{a}\| \leqslant \operatorname{diam} S_n \quad (n=1,2,\cdots).$$

令 $n \to \infty$ 取极限可得 $\|\boldsymbol{b}-\boldsymbol{a}\|=0$. 故 $\boldsymbol{b}=\boldsymbol{a}$. □

例 1.4.2 设 $S \subset \mathbb{R}^d$. 证明: 若 S 既是开集又是闭集, 则 $S=\mathbb{R}^d$ 或 $S=\varnothing$.

证明 因为 S 是开集, 所以 S 中的点都是 S 的内点. 从而, S 中没有属于 ∂S 的点. 又因为 S 是闭集, 即 $\mathbb{R}^d \backslash S$ 是开集, 所以 $\mathbb{R}^d \backslash S$ 中也没有属于 ∂S 的点. 由此可知, $\partial S=\varnothing$.

我们断言: $S=\mathbb{R}^d$ 或 $S=\varnothing$. 事实上, 若 $S \neq \mathbb{R}^d$ 且 $S \neq \varnothing$, 则存在 $\boldsymbol{a}_1 \in S$, $\boldsymbol{b}_1 \in \mathbb{R}^d \backslash S$ 且连接 $\boldsymbol{a}_1$ 与 $\boldsymbol{b}_1$ 的线段 L_1 是 $\mathbb{R}^d$ 中的闭集. 若 L_1 的中点 $\boldsymbol{c}_1 \in S$, 则记 $\boldsymbol{a}_2=\boldsymbol{c}_1$, $\boldsymbol{b}_2=\boldsymbol{b}_1$; 若 $\boldsymbol{c}_1 \in \mathbb{R}^d \backslash S$, 则记 $\boldsymbol{a}_2=\boldsymbol{a}_1$, $\boldsymbol{b}_2=\boldsymbol{c}_1$. 于是, $\boldsymbol{a}_2 \in S$, $\boldsymbol{b}_2 \in \mathbb{R}^d \backslash S$ 且连接 $\boldsymbol{a}_2$ 与 $\boldsymbol{b}_2$ 的线段 L_2 是 $\mathbb{R}^d$ 中的闭集. 按照这种方式一直进行下去, 可以得到以 $\boldsymbol{a}_n \in S$, $\boldsymbol{b}_n \in \mathbb{R}^d \backslash S$ 为端点的非空闭集列 $\{L_n\}$. 显然, $\{L_n\}$ 满足

$$L_{n+1} \subset L_n \ (n=1,2,\cdots), \quad \lim_{n\to\infty} \operatorname{diam} L_n=0.$$

根据 Cantor 闭集套定理, 存在唯一的点 $\boldsymbol{a} \in \mathbb{R}^d$, 使得 $\boldsymbol{a} \in L_n$ $(n=1,2,\cdots)$. 再由边界点的定义可知, $\boldsymbol{a} \in \partial S$. 这与 $\partial S=\varnothing$ 矛盾. □

例 1.4.3 证明: 三角形的中线交于一点.

证明 若将以 A, B, C 为顶点的三角形的三边连同其所围成的区域记为 $\triangle ABC$, 则 $\triangle ABC$ 是 $\mathbb{R}^2$ 中的闭集.

设 A_1, B_1, C_1 分别为 BC, CA, AB 的中点. 显然, $\triangle ABC$ 三边上的中线 AA_1, BB_1 和 CC_1 都包含在 $\triangle ABC$ 中. 从而, 它们的两两交点也包含在 $\triangle ABC$ 中, 且

$$\triangle A_1B_1C_1 \subset \triangle ABC.$$

记 AA_1 与 B_1C_1 的交点为 A_2, BB_1 与 C_1A_1 的交点为 B_2, CC_1 与 A_1B_1 的交点为 C_2, 则 A_1A_2, B_1B_2 和 C_1C_2 构成 $\triangle A_1B_1C_1$ 三边上的中线, 所以 $\triangle A_1B_1C_1$ 的三条中线的两两交点也是 $\triangle ABC$ 的三条中线的两两交点, 且

$$\triangle A_2B_2C_2 \subset \triangle A_1B_1C_1.$$

按照这个方式一直进行下去, 可以得到一列闭集 $\{\triangle A_nB_nC_n\}$ 满足

$$\triangle A_{n+1}B_{n+1}C_{n+1} \subset \triangle A_nB_nC_n \ (n=1,2,\cdots), \quad \lim_{n\to\infty} \operatorname{diam} \triangle A_nB_nC_n=0.$$

从而, 由 Cantor 闭集套定理可知, 存在唯一的点 $\mathcal{P} \in \triangle A_nB_nC_n$ $(n=1,2,\cdots)$.

因为对每一个 $n \in \mathbb{N}$, $\triangle A_nB_nC_n$ 的三条中线的两两交点也是 $\triangle ABC$ 的三条中线的两两交点, 所以 $\triangle ABC$ 的三条中线交于点 $\mathcal{P}$. □

类似于定义 1.2.2, 我们可以定义 $\mathbb{R}^d$ 中点列的子列. 进一步, 利用定理 1.4.1 及实数系中的 Bolzano-Weierstrass 定理, 我们可以证明 $\mathbb{R}^d$ 中的 Bolzano-Weierstrass 定理.

定理 1.4.4 (Bolzano-Weierstrass 定理) $\mathbb{R}^d$ 中的有界点列必有收敛子列.

例 1.4.4 $\mathbb{R}^d$ 中的有界无限点集必有聚点.

证明 设 $S \subset \mathbb{R}^d$ 为有界无限点集. 任意取定 $\boldsymbol{a}_1 \in S$, 必存在 $\boldsymbol{a}_2 \in S \setminus \{\boldsymbol{a}_1\}$. 由于 S 是无限集, 也存在 $\boldsymbol{a}_3 \in S \setminus \{\boldsymbol{a}_1, \boldsymbol{a}_2\}$. 按照这个方式一直进行下去, 可以得到一个元素互异的点列 $\{\boldsymbol{a}_n\} \subset S$. 因为 S 是有界集, 所以 $\{\boldsymbol{a}_n\}$ 是 $\mathbb{R}^d$ 中的有界点列. 由定理 1.4.4 可知, $\{\boldsymbol{a}_n\}$ 存在收敛子列. 若记此收敛子列的极限为 $\boldsymbol{a}$, 则 $\boldsymbol{a}$ 显然为 S 的聚点. □

下面介绍 $\mathbb{R}^d$ 中的 Cauchy 收敛原理. 为此, 先给出 $\mathbb{R}^d$ 中基本点列的概念.

定义 1.4.2 (基本点列) 若 $\mathbb{R}^d$ 中的点列 $\{\boldsymbol{a}_n\}$ 满足: 对任意给定的 $\varepsilon > 0$, 都存在 $N \in \mathbb{N}$, 使得对任意的 $m, n > N$ 都有 $\|\boldsymbol{a}_m - \boldsymbol{a}_n\| < \varepsilon$, 则称 $\{\boldsymbol{a}_n\}$ 为基本点列 (或 Cauchy 点列).

定理 1.4.5 (点列极限的 Cauchy 收敛原理) $\mathbb{R}^d$ 中的点列 $\{\boldsymbol{a}_n\}$ 收敛的充分必要条件是: $\{\boldsymbol{a}_n\}$ 为基本点列.

证明 (必要性) 设 $\lim\limits_{n\to\infty} \boldsymbol{a}_n = \boldsymbol{a}$, 则对任意给定的 $\varepsilon > 0$, 都存在 $N \in \mathbb{N}$, 使得对任意的 $n > N$ 都有 $\|\boldsymbol{a}_n - \boldsymbol{a}\| < \dfrac{\varepsilon}{2}$. 从而, 对任意的 $m, n > N$ 都有

$$\|\boldsymbol{a}_m - \boldsymbol{a}_n\| \leqslant \|\boldsymbol{a}_m - \boldsymbol{a}\| + \|\boldsymbol{a}_n - \boldsymbol{a}\| < \frac{\varepsilon}{2} + \frac{\varepsilon}{2} = \varepsilon.$$

故 $\{\boldsymbol{a}_n\}$ 为基本点列.

(充分性) 假设 $\{\boldsymbol{a}_n\}$ 为基本点列, 并记 $\boldsymbol{a}_n = (a_1^n, a_2^n, \cdots, a_d^n)$, 则由 $|a_i^m - a_i^n| \leqslant \|\boldsymbol{a}_m - \boldsymbol{a}_n\|$ $(i = 1, 2, \cdots, d)$ 可知, 对每一固定的 $i = 1, 2, \cdots, d$, $\{a_i^n\}$ 为基本数列. 从而, $\{a_i^n\}$ 收敛. 再由定理 1.4.1 即可知, 点列 $\{\boldsymbol{a}_n\}$ 收敛. □

例 1.4.5 设 $\{\boldsymbol{a}_n\}$ 为 $\mathbb{R}^d$ 中的点列. 证明: 若级数 $\sum\limits_{n=1}^{\infty} \|\boldsymbol{a}_{n+1} - \boldsymbol{a}_n\|$ 收敛, 则点列 $\{\boldsymbol{a}_n\}$ 收敛.

证明 由点列极限的 Cauchy 收敛原理可知, 只需证明 $\{\boldsymbol{a}_n\}$ 为基本点列即可.

记 $\alpha = \sum\limits_{n=1}^{\infty} \|\boldsymbol{a}_{n+1} - \boldsymbol{a}_n\|$, 则对任意的 $\varepsilon > 0$, 都存在 $N \in \mathbb{N}$, 使得对任意的 $n \geqslant N$ 都有

$$\left| \sum_{k=1}^{n} \|\boldsymbol{a}_{k+1} - \boldsymbol{a}_k\| - \alpha \right| < \frac{\varepsilon}{2}.$$

特别地, 对任意的 $m>n>N$ 都有

$$\sum_{k=n}^{m-1}\|\boldsymbol{a}_{k+1}-\boldsymbol{a}_k\| \leqslant \left|\sum_{k=1}^{m-1}\|\boldsymbol{a}_{k+1}-\boldsymbol{a}_k\|-\alpha\right|+\left|\sum_{k=1}^{n-1}\|\boldsymbol{a}_{k+1}-\boldsymbol{a}_k\|-\alpha\right|<\varepsilon.$$

从而, 由

$$\begin{aligned}\|\boldsymbol{a}_m-\boldsymbol{a}_n\| &\leqslant \|\boldsymbol{a}_m-\boldsymbol{a}_{m-1}\|+\|\boldsymbol{a}_{m-1}-\boldsymbol{a}_{m-2}\|+\cdots+\|\boldsymbol{a}_{n+1}-\boldsymbol{a}_n\| \\ &=\sum_{k=n}^{m-1}\|\boldsymbol{a}_{k+1}-\boldsymbol{a}_k\|\end{aligned}$$

可知, $\{\boldsymbol{a}_n\}$ 为基本点列. □

最后, 我们将实数系中的 Heine-Borel 有限覆盖定理推广到 $\mathbb{R}^d$ 中. 我们先引入 $\mathbb{R}^d$ 中的开覆盖与紧集的定义.

定义 1.4.3 (开覆盖)　设 $S\subset\mathbb{R}^d$ 且 $S\neq\varnothing$. 若 $\mathbb{R}^d$ 中的开集族 $\{S_\alpha\}_{\alpha\in\mathcal{A}}$ 满足 $\bigcup\limits_{\alpha\in\mathcal{A}}S_\alpha\supset S$, 即 S 中的每一点都至少属于 $\{S_\alpha\}_{\alpha\in\mathcal{A}}$ 中的某一个开集, 则称 $\{S_\alpha\}_{\alpha\in\mathcal{A}}$ 为 S 的一个开覆盖.

定义 1.4.4 (紧集)　设 $S\subset\mathbb{R}^d$ 且 $S\neq\varnothing$. 若在 S 的任意一个开覆盖 $\{S_\alpha\}_{\alpha\in\mathcal{A}}$ 中都存在有限个开集即可覆盖 S, 即存在 $S_{\alpha_1}, S_{\alpha_2},\cdots,S_{\alpha_p}\in\{S_\alpha\}_{\alpha\in\mathcal{A}}$ 使得 $\bigcup\limits_{k=1}^{p}S_{\alpha_k}\supset S$, 则称 S 为紧集.

定理 1.4.6 (Heine-Borel 有限覆盖定理)　设 $S\subset\mathbb{R}^d$, 则 S 是紧集的充分必要条件是: S 为有界闭集.

证明　(必要性) 设 S 是紧集. 首先, 证明 S 是有界集. 显然, $\{B(\boldsymbol{x},1)\,|\,\boldsymbol{x}\in S\}$ 是 S 的一个开覆盖. 由紧集的定义可知, 在 $\{B(\boldsymbol{x},1)\,|\,\boldsymbol{x}\in S\}$ 中存在 S 的有限子覆盖, 不妨设 $S\subset\bigcup\limits_{k=1}^{p}B(\boldsymbol{x}_k,1)$, 由此容易证明 S 是有界集.

其次, 我们证明 S 是闭集. 用反证法. 假设存在点 $\boldsymbol{a}\in S'$ 但 $\boldsymbol{a}\notin S$. 构造开集族

$$S_n=\left\{\boldsymbol{x}\in\mathbb{R}^d\,\Big|\,\|\boldsymbol{x}-\boldsymbol{a}\|>\frac{1}{n}\right\}\quad(n=1,2,\cdots).$$

显然,

$$\bigcup_{n=1}^{\infty}S_n=\mathbb{R}^d\setminus\{\boldsymbol{a}\}\supset S,$$

即 $\{S_n\}_{n=1}^{\infty}$ 是 S 的一个开覆盖. 从而, 由 S 是紧集可知, 在 $\{S_n\}_{n=1}^{\infty}$ 中存在有限个开集即可覆盖 S, 不妨设 $\bigcup\limits_{k=1}^{p} S_{n_k} \supset S$. 特别地, $S \subset S_{n_p}$. 这与 $\boldsymbol{a}$ 是 S 的聚点矛盾. 故 S 是闭集.

(充分性) 用反证法. 假设 S 为有界闭集, 但 S 不是紧集, 则存在 S 的一个开覆盖 $\{S_\alpha\}_{\alpha\in\mathcal{A}}$, 在其中不存在 S 的有限子覆盖.

因为 S 是有界集, 所以它必包含在一个 d 维闭正方体 I_1 中. 将 I_1 分成 2^d 个全等的闭正方体, 则至少有一个小正方体与 S 的交不能被 $\{S_\alpha\}_{\alpha\in\mathcal{A}}$ 中的有限个开集所覆盖, 记其为 I_2. 类似地, 将 I_2 分成 2^d 个全等的闭正方体, 则至少有一个小正方体与 S 的交不能被 $\{S_\alpha\}_{\alpha\in\mathcal{A}}$ 中的有限个开集所覆盖, 记其为 I_3. 按照这个方式一直进行下去, 可以得到一列正方体 $\{I_n\}_{n=1}^{\infty}$ 满足

$$I_{n+1} \subset I_n \ (n=1,2,\cdots), \quad \lim_{n\to\infty} \operatorname{diam}\big(I_n \cap S\big) = 0$$

且闭集 $I_n \cap S$ 不能被 $\{S_\alpha\}_{\alpha\in\mathcal{A}}$ 中的有限个开集所覆盖. 由闭集套定理可知, 存在唯一的点

$$\boldsymbol{a} \in I_n \cap S \subset \bigcup_{\alpha\in\mathcal{A}} S_\alpha \quad (n=1,2,\cdots).$$

在 $\{S_\alpha\}_{\alpha\in\mathcal{A}}$ 取定一个包含点 $\boldsymbol{a}$ 的开集 S_{α_0}, 则存在充分小的 $\delta>0$ 使得 $B(\boldsymbol{a},\delta) \subset S_{\alpha_0}$. 又因为 $\lim\limits_{n\to\infty} \operatorname{diam}\big(I_n \cap S\big) = 0$, 故存在 $N \in \mathbb{N}$, 使得对任意的 $n > N$ 都有

$$\big(I_n \cap S\big) \subset B(\boldsymbol{a},\delta) \subset S_{\alpha_0}.$$

这与 $I_n \cap S$ 不能被 $\{S_\alpha\}_{\alpha\in\mathcal{A}}$ 中的有限个开集所覆盖矛盾. □

定理 1.4.7 $\mathbb{R}^d$ 中的点集 S 是紧集的充分必要条件是: S 的任意无限子集在 S 中必有聚点.

证明 (必要性) 设 S 是紧集, 则由定理 1.4.6 可知 S 是有界闭集. 这表明 S 的任意无限子集必是有界无限点集. 故由例 1.4.4 可知, S 必有聚点. 又由于 S 是闭集, 所以此聚点必属于 S.

(充分性) 设 S 的任意无限子集在 S 中必有聚点, 则 S 中任一收敛点列的极限必属于 S. 从而, S 的所有聚点必属于 S, 即 S 是闭集. 另一方面, 若 S 是无界集, 则在 S 中可以取到一个无界的无限点列, 使得该点列在 S 中没有聚点, 这是一个矛盾. 故 S 是有界闭集. 再由定理 1.4.6 即可知, S 为紧集. □

例 1.4.6 证明: 若 S 为 $\mathbb{R}^2$ 中的紧集, 则 $P(S)$ 是 $\mathbb{R}$ 中的紧集, 其中 P 是投影算子, 即对 $(a_1,a_2) \in \mathbb{R}^2$, 有 $P\big((a_1,a_2)\big) = a_1$.

证明　根据定理 1.4.6, 我们只需证明 $P(S)$ 是 $\mathbb{R}$ 中的有界闭集. 首先, 由 S 是 $\mathbb{R}^2$ 中的有界集可知, $P(S)$ 是 $\mathbb{R}$ 中的有界集.

其次, 我们证明 $P(S)$ 是 $\mathbb{R}$ 中的闭集. 事实上, 若 a_1 是 $P(S)$ 的一个聚点, 则在 $P(S)\setminus\{a_1\}$ 中存在数列 $\{a_1^n\}$ 使得 $\lim\limits_{n\to\infty} a_1^n = a_1$. 相应地, 在 S 中存在点列 $\{\boldsymbol{a}_n\}$ 满足 $P(\boldsymbol{a}_n) = a_1^n$ $(n = 1, 2, \cdots)$. 不妨设

$$\boldsymbol{a}_n = (a_1^n, a_2^n) \quad (n = 1, 2, \cdots).$$

由 S 是有界集可知, $\{a_2^n\}$ 是有界数列. 从而, $\{a_2^n\}$ 存在收敛子列 $\{a_2^{n_k}\}$. 若设 $\lim\limits_{k\to\infty} a_2^{n_k} = a_2 \in \mathbb{R}$, 并记 $\boldsymbol{a} = (a_1, a_2)$, 则 $\lim\limits_{k\to\infty} \boldsymbol{a}_{n_k} = \boldsymbol{a}$. 因为 S 是闭集, 所以 $\boldsymbol{a} \in S$. 从而, $a_1 = P(\boldsymbol{a}) \in P(S)$, 即 $P(S)$ 是 $\mathbb{R}$ 中的闭集. □

Cantor 闭集套定理、Bolzano-Weierstrass 定理、Cauchy 收敛原理和 Heine-Borel 有限覆盖定理都是 Euclid 空间中的基本定理. 容易证明, 这些基本定理是相互等价的.

1.5　压缩映射原理

由递推公式迭代生成的数列在数学与其他领域中都经常出现, 具有很强的理论和实用价值. 例如, 很多近似计算方法都可以用迭代方式来实现. 前面介绍的单调有界定理、Cauchy 收敛原理、上下极限都是处理迭代生成数列的有用工具. 值得注意的是, 单调有界定理、上下极限都完全依赖于实数的有序性, 所以只适用于一维问题, 而本节所介绍的压缩映射原理则是以 Cauchy 收敛原理为基础, 所以它可以推广到多维甚至无穷维的情形.

定义 1.5.1 (压缩映射)　设 $S \subset \mathbb{R}^d$ 且 $S \neq \varnothing$. 若 (数量值或向量值) 函数 $f: S \to S$ 满足

$$\big\|f(\boldsymbol{x}) - f(\boldsymbol{y})\big\| \leqslant \alpha\|\boldsymbol{x} - \boldsymbol{y}\|, \quad \boldsymbol{x}, \boldsymbol{y} \in S,$$

其中 $\alpha \in (0, 1)$ 为常数, 则称 f 是 S 上的一个压缩映射, α 是压缩系数.

例 1.5.1　若函数 f 在区间 $[a, b]$ 上连续, 在 (a, b) 内可导, 且存在常数 $\alpha \in (0, 1)$ 使得 $|f'(x)| \leqslant \alpha$ $(x \in (a, b))$, 则 f 是 $[a, b]$ 上的压缩映射.

证明　对任意的 $x, y \in [a, b]$, 由 Lagrange 中值定理可知, 存在介于 x 与 y 之间的实数 ξ 使得

$$\big|f(x) - f(y)\big| = \big|f'(\xi)\big||x - y| \leqslant \alpha|x - y|.$$

故 f 是 $[a, b]$ 上的压缩映射. □

定义 1.5.2 (不动点)　设 $S \subset \mathbb{R}^d$ 且 $S \neq \varnothing$, 映射 f 在 S 上有定义. 若 $\xi \in S$ 满足 $f(\xi) = \xi$, 则称 ξ 是 f 在 S 上的一个不动点.

1.5.1 一元函数的压缩映射原理

我们首先介绍一元函数的压缩映射原理及其应用.

定理 1.5.1 (一元函数的压缩映射原理) 设 $\mathcal{I}=[a,b]$ 或 $[a,+\infty)$, $(-\infty,a]$, $(-\infty,+\infty)$. 若 f 是 $\mathcal{I}$ 上的压缩映射, 则 f 在 $\mathcal{I}$ 中存在唯一的不动点. 更一般地, 我们有

(1) 对任意给定的 $a_0\in\mathcal{I}$, 由递推公式 $a_{n+1}=f(a_n)\,(n=0,1,\cdots)$ 所生成的数列 $\{a_n\}$ 必收敛;

(2) 若记 $\lim\limits_{n\to\infty}a_n=\xi$, 则 ξ 是 f 在 $\mathcal{I}$ 上的唯一不动点;

(3) $\{a_n\}$ 满足估计

$$\left|a_n-\xi\right|\leqslant\frac{\alpha}{1-\alpha}\left|a_n-a_{n-1}\right|,\quad \left|a_n-\xi\right|\leqslant\frac{\alpha^n}{1-\alpha}\left|a_1-a_0\right|\quad(n=1,2,\cdots),$$

其中 α 是 f 的压缩系数.

证明 (1) 对任意给定的 $a_0\in\mathcal{I}$, 因为 $f(\mathcal{I})\subset\mathcal{I}$, 所以由递推公式 $a_{n+1}=f(a_n)\;(n=0,1,\cdots)$ 所生成的数列 $\{a_n\}$ 满足 $a_n\in\mathcal{I}$ 且

$$\left|a_{n+1}-a_n\right|=\left|f(a_n)-f(a_{n-1})\right|\leqslant\alpha\left|a_n-a_{n-1}\right|\quad(n=1,2,\cdots).$$

故由例 1.2.8 可知, $\{a_n\}$ 收敛.

(2) 若记 $\lim\limits_{n\to\infty}a_n=\xi$, 则由数列极限的保序性可知 $\xi\in\mathcal{I}$ 且由压缩性可知

$$\left|f(a_n)-f(\xi)\right|\leqslant\alpha\left|a_n-\xi\right|.$$

从而,

$$\lim_{n\to\infty}f(a_n)=f(\xi).$$

于是, 在 $a_{n+1}=f(a_n)$ 两边令 $n\to\infty$ 取极限可得 $\xi=f(\xi)$, 即 ξ 是 f 的不动点.

另一方面, 若 η 也为 f 在 $\mathcal{I}$ 中的不动点, 即 $\eta=f(\eta)$, 则

$$\left|\eta-\xi\right|=\left|f(\eta)-f(\xi)\right|\leqslant\alpha\left|\eta-\xi\right|.$$

由于 $\alpha\in(0,1)$, 上式表明 $\eta=\xi$. 故 ξ 是 f 在 $\mathcal{I}$ 中的唯一不动点.

(3) 因为

$$\left|a_n-\xi\right|=\left|f(a_{n-1})-f(\xi)\right|\leqslant\alpha\left|a_{n-1}-\xi\right|\leqslant\alpha\big(\left|a_{n-1}-a_n\right|+\left|a_n-\xi\right|\big),$$

所以

$$\left|a_n-\xi\right|\leqslant\frac{\alpha}{1-\alpha}\left|a_n-a_{n-1}\right|\quad(n=1,2,\cdots).$$

这就证得 (3) 的第一式, 而第二式可以由上式结合压缩性得到

$$
\begin{aligned}
|a_n-\xi| &\leqslant \frac{\alpha}{1-\alpha}\left(\alpha|a_{n-1}-a_{n-2}|\right)\\
&=\frac{\alpha^2}{1-\alpha}|a_{n-1}-a_{n-2}|\\
&\leqslant\cdots\\
&\leqslant\frac{\alpha^n}{1-\alpha}|a_1-a_0|\quad (n=1,2,\cdots).
\end{aligned}
$$

□

注记 1.5.1　定理 1.5.1 的估计式 (3) 中的不等式在实际计算中很有用: 前一个不等式从相继的两次计算估计当前误差, 称为**事后估计**; 后一个不等式比前一个要粗糙一些, 但可以用于在计算之前估计要迭代多少次才能达到所需的精度, 称为**先验估计**. 上述利用迭代数列求方程近似解的方法称为迭代法, 是方程求根中的一种常用而易行的方法.

例 1.5.2　设 $a_1=\sqrt{2}$, $a_{n+1}=\sqrt{2+a_n}\,(n=1,2,\cdots)$. 证明: 数列 $\{a_n\}$ 收敛, 并求其极限.

证明　令 $f(x)=\sqrt{2+x}\,(x\in[0,2])$, 则函数 f 在闭区间 $[0,2]$ 上满足 $f([0,2])\subset[0,2]$, 且由 $a_1\in[0,2]$ 可知, $a_{n+1}=f(a_n)\ (n=1,2,\cdots)$. 因为

$$
\begin{aligned}
|f(x)-f(y)| &= |\sqrt{2+x}-\sqrt{2+y}|\\
&=\frac{|x-y|}{\sqrt{2+x}+\sqrt{2+y}}\\
&\leqslant\frac{1}{2\sqrt{2}}|x-y|,\quad x,y\in[0,2],
\end{aligned}
$$

所以 f 为 $[0,2]$ 上的压缩映射. 由定理 1.5.1 可知, 数列 $\{a_n\}$ 收敛. 若记 $\lim\limits_{n\to\infty}a_n=a$, 则 a 为 f 在 $[0,2]$ 上的唯一不动点. 故 $a=\sqrt{2+a}$. 由此解得 $\lim\limits_{n\to\infty}a_n=a=2$.

□

例 1.5.3　设 $c>1$, $a_1>0$, $a_{n+1}=\dfrac{c(1+a_n)}{c+a_n}\,(n=1,2,\cdots)$. 证明: 数列 $\{a_n\}$ 收敛, 并求其极限.

证明　令 $f(x)=\dfrac{c(1+x)}{c+x}\ (x\geqslant 0)$, 则函数 f 在区间 $[0,+\infty)$ 上满足 $f([0,+\infty))\subset[0,+\infty)$, 且由 $a_1>0$ 可知, $a_{n+1}=f(a_n)\,(n=1,2,3,\cdots)$. 因为 $c>1$ 且

$$
|f(x)-f(y)|=\frac{c(c-1)|x-y|}{(c+x)(c+y)}\leqslant\frac{c-1}{c}|x-y|,\quad x,\,y\in[0,+\infty),
$$

所以 f 为 $[0,+\infty)$ 上的压缩映射. 由定理 1.5.1 可知, 数列 $\{a_n\}$ 收敛. 若记 $\lim\limits_{n\to\infty} a_n = a$, 则 a 为 f 在 $[0,+\infty]$ 上的唯一不动点. 故 $a = \dfrac{c(1+a)}{c+a}$. 由此解得 $\lim\limits_{n\to\infty} a_n = a = \sqrt{c}$. □

例 1.5.4 设 $b_1 = 1$, $b_{n+1} = 1 + \dfrac{1}{b_n}\,(n = 1, 2, \cdots)$. 证明: 数列 $\{b_n\}$ 收敛, 并求其极限.

证明 令 $f(x) = 1 + \dfrac{1}{x}\ (x > 0)$, 则 $b_{n+1} = f(b_n)\,(n = 1, 2, \cdots)$, 且

$$|f(x) - f(y)| = \frac{|x-y|}{|xy|}, \quad x, y > 0.$$

注意到 $b_2 = 2, b_3 = \dfrac{3}{2}$, 故考察闭区间 $\left[\dfrac{3}{2}, 2\right]$. 显然, $f\left(\left[\dfrac{3}{2}, 2\right]\right) \subset \left[\dfrac{3}{2}, 2\right]$ 且

$$|f(x) - f(y)| = \frac{|x-y|}{|xy|} \leqslant \frac{4}{9}|x-y|, \quad x, y \in \left[\frac{3}{2}, 2\right],$$

所以 f 为 $\left[\dfrac{3}{2}, 2\right]$ 上的压缩映射. 又因为 $b_2 \in \left[\dfrac{3}{2}, 2\right]$, 所以由定理 1.5.1 可知, 数列 $\{b_n\}$ 收敛. 若记 $\lim\limits_{n\to\infty} b_n = b$, 则 b 为 f 在 $\left[\dfrac{3}{2}, 2\right]$ 上的唯一不动点, 即 $b = 1 + \dfrac{1}{b}$. 由此可得 $\lim\limits_{n\to\infty} b_n = b = \dfrac{1+\sqrt{5}}{2}$. □

例 1.5.2—例 1.5.4 的上述解法都是直接去验证压缩映射原理的条件. 事实上, 我们也可以直接利用压缩映射原理的证明思想, 即证明相应数列极限的压缩性并利用例 1.2.8 的结论.

例 1.5.5 设 $\alpha \in (0, 1)$, $a \in \mathbb{R}$. 定义 $a_0 = a$, $a_{n+1} = a + \alpha \sin a_n\,(n = 0, 1, \cdots)$. 证明: (1) 数列 $\{a_n\}$ 收敛; (2) 若记 $\lim\limits_{n\to\infty} a_n = \xi$, 则 ξ 为 Kepler 方程 $x = a + \alpha \sin x$ 的唯一根.

证明 (1) 由数列 $\{a_n\}$ 的定义可知

$$\big|a_{n+1} - a_n\big| = \alpha\big|\sin a_n - \sin a_{n-1}\big| \leqslant \alpha\big|a_n - a_{n-1}\big| \quad (n = 2, 3, \cdots).$$

从而, 根据例 1.2.8 的结论可得, $\{a_n\}$ 收敛.

(2) 记 $\lim\limits_{n\to\infty} a_n = \xi$, 则在 $a_{n+1} = a + \alpha \sin a_n$ 两边令 $n \to \infty$ 取极限得

$$\xi = a + \sin \xi.$$

这表明 ξ 为方程 $x=a+\alpha\sin x$ 的根.

另一反面, 若 η 也为方程 $x=a+\alpha\sin x$ 的根, 即 $\eta=a+\sin\eta$, 则

$$\left|\xi-\eta\right|=\left|\sin\xi-\sin\eta\right|\leqslant\alpha\left|\xi-\eta\right|.$$

由于 $\alpha\in(0,1)$, 所以 $\eta=\xi$, 即 ξ 为方程 $x=a+\alpha\sin x$ 的唯一根. □

例 1.5.6　*求方程 $x^3-x-1=0$ 在 $[1,2]$ 内的近似解, 误差不超过 10^{-10}.*

解　令

$$f(x)=\sqrt[3]{x+1},\quad x\in[1,2],$$

则函数 f 在闭区间 $[1,2]$ 上的不动点必为方程 $x^3-x-1=0$ 在 $[1,2]$ 内的解. 因为 $f\big([1,2]\big)\subset[1,2]$ 且

$$\begin{aligned}|f(x)-f(y)|&=\frac{|x-y|}{\sqrt[3]{(x+1)^2}+\sqrt[3]{x+1}\sqrt[3]{x+1}+\sqrt[3]{(y+1)^2}}\\&\leqslant\frac{1}{3\sqrt[3]{4}}|x-y|,\quad x,y\in[1,2],\end{aligned}$$

所以 f 为 $[1,2]$ 上以 $\alpha=\dfrac{1}{3\sqrt[3]{4}}$ 为压缩系数的压缩映射. 根据定理 1.5.1, f 在闭区间 $[1,2]$ 上存在唯一的不动点 ξ. 对任意的 $x_0\in[1,2]$, 由递推公式 $x_{n+1}=f(x_n)\,(n=0,1,2,\cdots)$ 所生成的数列 $\{x_n\}$ 必收敛于 ξ 且满足先验估计

$$\left|x_n-\xi\right|\leqslant\frac{\alpha^n}{1-\alpha}\left|x_1-x_0\right|\leqslant\left(\frac{1}{3\sqrt[3]{4}}\right)^n\frac{3\sqrt[3]{4}}{3\sqrt[3]{4}-1}\left|x_1-x_0\right|\quad(n=1,2,\cdots).$$

从而, 为使得误差估计

$$\left|x_n-\xi\right|<10^{-10}$$

成立, 只需取 n 使得

$$n>-\big(\ln(3\sqrt[3]{4})\big)^{-1}\ln\frac{3\sqrt[3]{4}-1}{3\sqrt[3]{4}\,10^{10}\,|x_1-x_0|}$$

即可. 为此, 令 $x_0=\dfrac{3}{2}$, 则当 $n\geqslant 14$ 时, 上式恒成立. 故可取 x_{14} 为所求近似解. □

1.5.2　多元向量值函数的压缩映射原理

对于多元向量值函数, 我们也有相应的压缩映射原理. 在后面的泛函分析课程中, 它还将被推广到一般的完备距离空间中.

定理 1.5.2 (多元向量值函数的压缩映射原理) 设 $S \subset \mathbb{R}^d$ 为闭集, $\boldsymbol{f}$ 是 S 上的压缩映射, 则 $\boldsymbol{f}$ 在 S 中存在唯一的不动点 $\boldsymbol{\xi}$, 即 $\boldsymbol{f}(\boldsymbol{\xi}) = \boldsymbol{\xi}$.

定理 1.5.2 的证明与一维情形的定理 1.5.1 类似, 我们留作练习.

例 1.5.7 设 $d, m \in \mathbb{N}$, $d \geqslant m$. 证明: 若常数矩阵 $(a_{ij})_{d\times m}$ 满足

$$\sum_{i=1}^{d}\sum_{j=1}^{m} a_{ij}^2 < 1,$$

则线性方程组

$$\begin{cases} x_1 - \displaystyle\sum_{j=1}^{m} a_{1j}x_j = b_1, \\ x_2 - \displaystyle\sum_{j=1}^{m} a_{2j}x_j = b_2, \\ \quad\cdots\cdots \\ x_d - \displaystyle\sum_{j=1}^{m} a_{dj}x_j = b_d \end{cases} \tag{1.1}$$

存在唯一解.

证明 作映射 $\boldsymbol{f}: \mathbb{R}^d \to \mathbb{R}^d$ 如下:

$$\boldsymbol{f}(\boldsymbol{x}) = \big(f_1(\boldsymbol{x}), f_2(\boldsymbol{x}), \cdots, f_d(\boldsymbol{x})\big),$$

其中 $\boldsymbol{x} = (x_1, x_2, \cdots, x_d)$, $f_i(\boldsymbol{x}) = \displaystyle\sum_{j=1}^{m} a_{ij}x_j + b_i$ $(i = 1, 2, \cdots, d)$. 对任意的 $\boldsymbol{x} = (x_1, x_2, \cdots, x_d)$ 与 $\boldsymbol{y} = (y_1, y_2, \cdots, y_d)$, 利用 Cauchy-Schwarz 不等式可得

$$\begin{aligned} \|\boldsymbol{f}(\boldsymbol{x}) - \boldsymbol{f}(\boldsymbol{y})\| &= \left(\sum_{i=1}^{d}\left(\sum_{j=1}^{m} a_{ij}(x_j - y_j)\right)^2\right)^{\frac{1}{2}} \\ &\leqslant \left(\sum_{i=1}^{d}\sum_{j=1}^{m} a_{ij}^2 \sum_{j=1}^{m}(x_j - y_j)^2\right)^{\frac{1}{2}} \\ &\leqslant \left(\sum_{i=1}^{d}\sum_{j=1}^{m} a_{ij}^2\right)^{\frac{1}{2}} \|\boldsymbol{x} - \boldsymbol{y}\|. \end{aligned}$$

由此结合已知条件可知, $\boldsymbol{f}$ 是 $\mathbb{R}^d$ 上的压缩映射. 根据定理 1.5.2, $\boldsymbol{f}$ 在 $\mathbb{R}^d$ 上存在唯一的不动点, 即线性方程组 (1.1) 存在唯一解. □

例 1.5.8　设 $S \subset \mathbb{R}^d$ 为闭集. 证明: 若向量值函数 $\boldsymbol{f}: S \to S$ 满足

$$\left\|\boldsymbol{f}^{n_0}(\boldsymbol{x}) - \boldsymbol{f}^{n_0}(\boldsymbol{y})\right\| \leqslant \alpha \|\boldsymbol{x} - \boldsymbol{y}\|, \quad \boldsymbol{x}, \boldsymbol{y} \in S,$$

其中 $\alpha \in (0,1)$ 及 $n_0 \in \mathbb{N}$ 为常数, 则 $\boldsymbol{f}$ 在 S 中有唯一的不动点.

证明　由题设可知, $\boldsymbol{f}^{n_0}$ 为 S 上的压缩映射. 根据定理 1.5.2, $\boldsymbol{f}^{n_0}$ 在 S 中存在不动点, 即存在 $\boldsymbol{\xi} \in S$ 使得 $\boldsymbol{f}^{n_0}(\boldsymbol{\xi}) = \boldsymbol{\xi}$. 从而,

$$\boldsymbol{f}^{n_0}\big(\boldsymbol{f}(\boldsymbol{\xi})\big) = \boldsymbol{f}^{n_0+1}(\boldsymbol{\xi}) = \boldsymbol{f}\big(\boldsymbol{f}^{n_0}(\boldsymbol{\xi})\big) = \boldsymbol{f}(\boldsymbol{\xi}).$$

这表明, $\boldsymbol{f}(\boldsymbol{\xi})$ 也是 $\boldsymbol{f}^{n_0}$ 在 S 中的不动点. 因为 $\boldsymbol{f}^{n_0}$ 在 S 中只有唯一的不动点, 所以

$$\boldsymbol{f}(\boldsymbol{\xi}) = \boldsymbol{\xi}.$$

故 $\boldsymbol{\xi}$ 为 $\boldsymbol{f}$ 在 S 中的不动点.

下面证明 $\boldsymbol{f}$ 在 S 中的不动点是唯一的. 事实上, 若 $\boldsymbol{\xi}$ 与 $\boldsymbol{\eta}$ 都是 $\boldsymbol{f}$ 在 S 中的不动点, 则

$$\boldsymbol{f}^{n_0}(\boldsymbol{\xi}) = \boldsymbol{f}^{n_0-1}\big(\boldsymbol{f}(\boldsymbol{\xi})\big) = \boldsymbol{f}^{n_0-1}(\boldsymbol{\xi}) = \cdots = \boldsymbol{f}(\boldsymbol{\xi}) = \boldsymbol{\xi},$$

$$\boldsymbol{f}^{n_0}(\boldsymbol{\eta}) = \boldsymbol{f}^{n_0-1}\big(\boldsymbol{f}(\boldsymbol{\eta})\big) = \boldsymbol{f}^{n_0-1}(\boldsymbol{\eta}) = \cdots = \boldsymbol{f}(\boldsymbol{\eta}) = \boldsymbol{\eta}.$$

这表明 $\boldsymbol{\xi}$ 与 $\boldsymbol{\eta}$ 都是 $\boldsymbol{f}^{n_0}$ 在 S 中的不动点. 因为 $\boldsymbol{f}^{n_0}$ 在 S 中的不动点唯一, 所以 $\boldsymbol{\xi} = \boldsymbol{\eta}$. □

习　题　1

1. 利用数列极限的定义证明:

$$\lim_{n\to\infty} \arctan n = \frac{\pi}{2}.$$

2. 利用数列极限的定义证明: $\left\{\dfrac{n^2}{2^n}\right\}$ 为无穷小量.

3. 设 $\lim\limits_{n\to\infty} a_n = a$. 证明: $\lim\limits_{n\to\infty} |a_n| = |a|$. 举例说明, 此命题的逆命题不成立.

4. 设 $\lim\limits_{n\to\infty} a_n = a$, $\lim\limits_{n\to\infty} b_n = b$. 证明:

(1) $\lim\limits_{n\to\infty} \dfrac{a_1b_1 + a_2b_2 + \cdots + a_nb_n}{n} = ab;$

(2) $\lim\limits_{n\to\infty}\dfrac{a_1b_n+a_2b_{n-1}+\cdots+a_nb_1}{n}=ab$.

5. 证明: 若 $\{a_n\}$ 是无穷大量, $\{b_n\}$ 是有界量, 则 $\{a_n+b_n\}$ 与 $\{a_n-b_n\}$ 都是无穷大量.

6. 设 $\lim\limits_{n\to\infty}a_n=a$. 求

$$\lim_{n\to\infty}\frac{a_1+2a_2+\cdots+na_n}{n^2}.$$

7. 设数列 $\{a_n\}$ 满足: $\lim\limits_{n\to\infty}(a_n-a_{n-2})=0$. 证明:

$$\lim_{n\to\infty}\frac{a_n}{n}=0.$$

8. 证明 $\dfrac{0}{0}$ 型 Stolz 定理: 设 $\{a_n\}$ 和 $\{b_n\}$ 都是无穷小量, 且 $\{b_n\}$ 严格单调减少. 若

$$\lim_{n\to\infty}\frac{a_{n+1}-a_n}{b_{n+1}-b_n}=\alpha,$$

其中 α 可以为实数, $+\infty$ 或 $-\infty$, 则

$$\lim_{n\to\infty}\frac{a_n}{b_n}=\alpha.$$

9. 根据例 1.2.2, 可记

$$b_n=1+\frac{1}{2}+\frac{1}{3}+\cdots+\frac{1}{n}-\ln n\quad(n=1,2,\cdots),\qquad\gamma=\lim_{n\to\infty}b_n.$$

利用 $\dfrac{0}{0}$ 型 Stolz 定理求极限 $\lim\limits_{n\to\infty}n\big(b_n-\gamma\big)$.

10. 设 $c>0$. 令

$$a_1=\sqrt{c},\quad a_{n+1}=\sqrt{c+a_n}\quad(n=1,2,\cdots).$$

证明: 数列 $\{a_n\}$ 收敛, 并求其极限值.

11. 任意给定 $a_1\in(0,1)$, 定义

$$a_{n+1}=a_n(1-a_n)\quad(n=1,2,\cdots).$$

证明:

$$\lim_{n\to\infty}\frac{n\big(1-na_n\big)}{\ln n}=1.$$

12. 设 $c>1$. 令

$$a_1=\frac{c}{2},\quad a_{n+1}=\frac{c}{2}+\frac{a_n^2}{2}\quad (n=1,2,\cdots).$$

证明: 数列 $\{a_n\}$ 发散.

13. 设

$$a_1>0,\quad a_{n+1}=a_n+\frac{1}{a_n}\quad (n=1,2,\cdots).$$

求极限 $\lim\limits_{n\to\infty}\frac{a_n}{\sqrt{n}}$.

14. 设函数 f 在 $[0,1]$ 上满足: $f(0)>0$, $f(1)<0$, 函数 g 在 $[0,1]$ 上连续. 证明: 若 $f+g$ 在 $[0,1]$ 上单调增加, 则存在 $x_0\in(0,1)$, 使得 $f(x_0)=0$.

15. 分别利用闭区间套定理和 Heine-Borel 有限覆盖定理证明: 若函数 f 在 $[a,b]$ 上无界, 则必存在点 $x_0\in[a,b]$, 使得 f 在 x_0 的任何邻域中都无界.

16. 设数列 $\{a_n\}$ 无界, 但不是无穷大量. 证明: 数列 $\{a_n\}$ 存在子列 $\{a_{n_k^{(1)}}\}$ 和 $\{a_{n_k^{(2)}}\}$ 使得 $\{a_{n_k^{(1)}}\}$ 收敛, 而 $\{a_{n_k^{(2)}}\}$ 是无穷大量.

17. 设 $\alpha\geqslant 0$, $0\leqslant q<1$. 证明: 若数列 $\{a_n\}$ 满足

$$|a_{n+1}-a_n|\leqslant \alpha q^n\quad (n=1,2,\cdots),$$

则 $\{a_n\}$ 收敛.

18. 证明: 若实数集 S 存在上 (下) 确界, 则 S 的上 (下) 确界是唯一的.

19. 证明: 若 $\{a_n\}$ 是单调增加有上界的数列, 则 $\{a_n\}$ 收敛且 $\lim\limits_{n\to\infty}a_n=\sup\limits_n\{a_n\}$; 若 $\{a_n\}$ 是单调减少有下界的数列, 则 $\{a_n\}$ 收敛且 $\lim\limits_{n\to\infty}a_n=\inf\limits_n\{a_n\}$.

20. 设 S 是非空有上界的实数集, 记 $\beta=\sup S$. 证明: 存在 $a_n\in S$ $(n=1,2,\cdots)$, 使得 $\lim\limits_{n\to\infty}a_n=\beta$.

21. 证明:

$$\varlimsup_{n\to\infty}a_n=\lim_{n\to\infty}\sup_{k\geqslant n}a_k,\quad \varliminf_{n\to\infty}a_n=\lim_{n\to\infty}\inf_{k\geqslant n}a_k.$$

22. 利用上极限与下极限证明定理 1.1.1 (Stolz 定理).

23. 设 $\alpha>0$. 证明: 若数列 $\{a_n\}$ 单调增加且满足 $a_n=O(n^\alpha)$ $(n\to\infty)$, 则

$$\varlimsup_{n\to\infty}\frac{a_n}{a_{n+1}}=1.$$

24. 设 $\{a_n\}$ 是收敛的正数列. 任意给定 $b_1 > 0$, 定义

$$b_{n+1} = \sqrt{a_n + b_n} \quad (n = 1, 2, \cdots).$$

证明: 数列 $\{b_n\}$ 收敛.

25. 设 $\{a_n\}$ 为正数列, 且对任意的 $m, n \in \mathbb{N}$ 都有

$$a_{m+n} \leqslant a_m a_n.$$

证明:

$$\lim_{n\to\infty} \frac{\ln a_n}{n} = \inf_{n\geqslant 1} \left\{\frac{\ln a_n}{n}\right\}.$$

26. 任意给定 $a_1, a_2 > 0$, 定义

$$a_{n+2} = \frac{2}{a_n + a_{n+1}} \quad (n = 1, 2, \cdots).$$

证明: 数列 $\{a_n\}$ 收敛并求 $\lim\limits_{n\to\infty} a_n$.

27. 设 $S \subset \mathbb{R}^d$. 证明 S 是闭集的充分必要条件是: $\partial S \subset S$.

28. 设 E, $F \subset \mathbb{R}^d$ 且 E 为开集, F 为闭集. 证明: $E \backslash F$ 为开集, $F \backslash E$ 为闭集.

29. 设 $\{\boldsymbol{a}_n\}$ 是 $\mathbb{R}^d$ 中的点列. 证明: 若 $\lim\limits_{n\to\infty} \boldsymbol{a}_n = \boldsymbol{a}$, 则 $\lim\limits_{n\to\infty} \|\boldsymbol{a}_n\| = \|\boldsymbol{a}\|$.

30. 证明定理 1.4.4.

31. 设 E, $F \subset \mathbb{R}^d$ 为紧集. 证明: $E \cap F$ 与 $E \cup F$ 均为紧集.

32. 设函数 f 在 $[a, b]$ 上连续可微且满足 $|f'| < 1$. 证明: f 是 $[a, b]$ 上的压缩映射.

33. 设

$$a_1 = \sqrt{2}, \quad a_{n+1} = \frac{1}{2 + a_n} \quad (n = 1, 2, \cdots).$$

证明数列 $\{a_n\}$ 收敛, 并求其极限值.

34. 求方程 $4x^2 - 1 = \sin x$ 在 $[0, 1]$ 内的近似解, 误差不超过 10^{-10}.

35. 证明定理 1.5.2.

36. 证明: 若 $\boldsymbol{f}$ 为 $S \subset \mathbb{R}^d$ 上的压缩映射, 则对任意的 $n \in \mathbb{N}$, $\boldsymbol{f}^n$ 也为 S 上的压缩映射. 举出 $\boldsymbol{f}^2$ 为 S 上的压缩映射, 但 $\boldsymbol{f}$ 不是 S 上的压缩映射的例子.

37*. 设 $\lambda \in \mathbb{R}$. 证明: 若存在 $p \in \mathbb{N}$ 使得 $\lim\limits_{n\to\infty} (a_{n+p} - a_n) = \lambda$, 则

$$\lim_{n\to\infty} \frac{a_n}{n} = \frac{\lambda}{p}.$$

38*. 任意给定 $x_1 > 0$, 定义

$$x_{n+1} = \ln\left(1 + x_n\right) \quad (n = 1, 2, \cdots).$$

证明: 数列 $\{x_n\}$ 收敛, 并求其极限.

39*. 设函数 f 在 $[a,b]$ 上满足 $a \leqslant f(x) \leqslant b$, 且存在 $\alpha \in (0,1)$ 使得 $|f(x) - f(y)| \leqslant \alpha|x-y|$, $x, y \in [a,b]$. 任意给定 $x_1 \in [a,b]$, 定义

$$x_{n+1} = \frac{1}{2}\big(x_n + f(x_n)\big) \quad (n = 1, 2, \cdots).$$

证明: 极限 $\lim\limits_{n\to\infty} x_n$ 存在, 且此极限为函数 f 的不动点.

40*. 设 $\alpha \in (0,1)$, $\lambda > 0$. 证明: 若正数列 $\{a_n\}$ 满足

$$\lim_{n\to\infty} n^{\alpha}\left(\frac{a_n}{a_{n+1}} - 1\right) = \lambda,$$

则对任意的 $k > 0$ 都有 $\lim\limits_{n\to\infty} n^k a_n = 0$.

41*. 设 $\alpha \in (0,1)$. 任意给定 $x_1 \in (0,1)$ 且 $x_1 \neq \alpha\big(1 - x_1^2\big)$, 定义

$$x_{n+1} = \alpha\big(1 - x_n^2\big) \quad (n = 1, 2, \cdots).$$

证明数列 $\{x_n\}$ 收敛的充分必要条件是: $\alpha \in \left(0, \dfrac{\sqrt{3}}{2}\right]$.

第 2 章　函数极限与连续函数

18 世纪以来, 微积分被看作是建立在微分基础上的函数理论, 它的主要研究对象是函数. 自然界中的许多现象都是连续变化的, 例如距离、速率、温度等. 相应地, 当用函数来描述这些现象时, 就需要引入函数连续性的概念. 函数极限与函数连续揭示了函数值之间的动态关系, 反映了客观事物运动变化所具有的内涵. 在 18 世纪, 数学家对函数的认识还依赖于几何直觉, 常把函数与连续曲线等同, 认为连续性是函数的整体性质. 直到 19 世纪 Cauchy 创立极限概念之后, 数学家才认识到函数的连续性是一个局部性态.

2.1　一元函数的极限与连续

函数极限与函数连续是研究函数的基本方法, 是进一步研究函数分析性质的基础. 本节主要研究一元函数的极限与连续. 在几何上, 一元函数的连续性反映了曲线的连接性质.

在本节的定义和定理中, 除非特别说明, 我们都假设函数 f 在点 x_0 的某个去心邻域有定义, $A \in \mathbb{R}$.

2.1.1　函数极限的定义与 Heine-Borel 定理

与数列极限是整序变量的趋势不同, 函数极限涉及连续变量, 需要讨论两种不同情形: 局部变化与无限伸展变动. 初等微积分课程已经介绍了函数极限、左极限与右极限等定义, 我们将其重述如下:

定义 2.1.1 (函数极限)　若对任意给定的 $\varepsilon > 0$, 都存在 $\delta > 0$, 使得对任意满足 $0 < |x - x_0| < \delta$ (或 $-\delta < x - x_0 < 0, 0 < x - x_0 < \delta$) 的 x 都有

$$|f(x) - A| < \varepsilon,$$

则称当 $x \to x_0$ (或 $x \to x_0-$, $x \to x_0+$) 时, 函数 $f(x)$ 的极限 (或左极限, 右极限) 为 A, 也称当 $x \to x_0$ (或 $x \to x_0-$, $x \to x_0+$) 时, 函数 $f(x)$ 收敛于 A, 记作

$$\lim_{x\to x_0} f(x) = A \quad \Big(或\ f(x_0 - 0) = \lim_{x\to x_0-} f(x) = A,\ f(x_0 + 0) = \lim_{x\to x_0+} f(x) = A\Big).$$

注记 2.1.1　当 $x \to x_0$ (或 $x \to x_0-$, $x \to x_0+$) 时, 函数 $f(x)$ 的极限 (或左极限, 右极限) 不存在是指: 对任意的 $A \in \mathbb{R}$, 都存在 $\varepsilon_0 > 0$, 使得对任意的 $\delta > 0$,

都存在满足 $0<|x_\delta-x_0|<\delta$ (或 $-\delta<x_\delta-x_0<0, 0<x_\delta-x_0<\delta$) 的 x_δ, 使得

$$\left|f(x_\delta)-A\right|\geqslant\varepsilon_0.$$

若 x 不在函数 f 的定义域中, $f(x)$ 没有意义, 所以严格来说, 定义 2.1.1 中应该明确要求 x 属于 f 的定义域, 但这一般不会引起混淆. 同时, 从上述定义容易看出

$$\lim_{x\to x_0}f(x)=A \quad \text{的充分必要条件是:} \quad f(x_0-0)=A \text{ 且 } f(x_0+0)=A.$$

在数学上, 常用如下 "ε-δ 语言" 来表述 $\lim\limits_{x\to x_0}f(x)=A$ (或 $f(x_0-0)=A$, $f(x_0+0)=A$):

$$\forall\varepsilon>0,\quad \exists\delta>0,\quad \text{s.t.}\quad \forall 0<|x-x_0|<\delta$$

$$(\text{或 } -\delta<x-x_0<0, 0<x-x_0<\delta):\ |f(x)-A|<\varepsilon.$$

例 2.1.1 设 **Riemann 函数** $R(x)$ 定义如下:

$$R(x)=\begin{cases}1, & x=0,\\ \dfrac{1}{p}, & x=\dfrac{q}{p},\ p>0,\ p,q\in\mathbb{Z} \text{ 且 } p,q \text{ 互质},\\ 0, & x \text{ 为无理数}.\end{cases}$$

证明: $R(x)$ 在任意点 $x_0\in\mathbb{R}$ 的极限都存在, 且极限值为 0.

证明 容易知道, $R(x)$ 是以 1 为周期的周期函数, 故只需讨论 $R(x)$ 在区间 $[0,1]$ 上的极限即可.

首先注意到: 对任意的 $K\in\mathbb{N}$, 在 $[0,1]$ 上分母不超过 K 的有理点的个数是有限的. 这一事实可以采用将 $[0,1]$ 中的有理数按分母从小到大逐个排列看出: 在 $[0,1]$ 上, 分母为 1 的有理点只有两个: $\frac{0}{1}, \frac{1}{1}$; 分母为 2 的有理点只有一个: $\frac{1}{2}$; 分母为 3 的有理点只有两个: $\frac{1}{3}, \frac{2}{3}$; 分母为 4 的有理点只有两个: $\frac{1}{4}, \frac{3}{4}$; 分母为 5 的有理点只有四个: $\frac{1}{5}, \frac{2}{5}, \frac{3}{5}, \frac{4}{5}$; $\cdots$.

于是, 对任意一点 $x_0\in[0,1]$ 及任意给定的 $\varepsilon>0$, 若取 $K=\left[\frac{1}{\varepsilon}\right]$, 则在 $[0,1]$ 上分母不超过 K 的有理点个数有限, 不妨设它们分别为 $r_1, r_2, \cdots, r_k$. 令

$$\delta=\min_{\substack{1\leqslant i\leqslant k\\ r_i\neq x_0}}\left|r_i-x_0\right|>0.$$

当 $x \in [0,1]$ 且 $0 < |x - x_0| < \delta$ 时, 若 x 是无理数, 则 $R(x) = 0$; 若 x 是有理数, 则其分母必大于 $K = \left[\dfrac{1}{\varepsilon}\right]$, 故 $R(x) \leqslant \dfrac{1}{\left[\dfrac{1}{\varepsilon}\right] + 1} < \varepsilon$. 从而,

$$\left|R(x) - 0\right| < \varepsilon$$

恒成立. 这表明 $\lim\limits_{x \to x_0} R(x) = 0$ (当 $x_0 = 0$ 时是指右极限, 当 $x_0 = 1$ 时是指左极限).

根据 $R(x)$ 的周期性, 对一切 $x_0 \in (-\infty, +\infty)$, 都有

$$\lim_{x \to x_0} R(x) = 0. \qquad \square$$

注记 2.1.2 例 2.1.1 表明, 任何无理点都是 Riemann 函数 $R(x)$ 的连续点, 而任何有理点都是 $R(x)$ 的可去间断点.

类似于函数极限、数列极限以及数列无穷大量的定义, 可以定义当自变量 $x \to \infty, x \to +\infty, x \to -\infty$ 时的函数极限, 以及当自变量 $x \to x_0, x \to x_0+, x \to x_0-$, $x \to \infty$, $x \to +\infty$, $x \to -\infty$ 时的函数值无穷大量、正无穷大量、负无穷大量等.

通过初等微积分课程的学习我们已经知道, Heine-Borel 定理是联系函数极限与数列极限的纽带, 其内容可以叙述如下:

定理 2.1.1 (Heine-Borel 定理) 函数极限 $\lim\limits_{x \to x_0} f(x) = A$ 的充分必要条件是: 对任何满足 $\lim\limits_{n \to \infty} x_n = x_0$ 且 $x_n \neq x_0$ $(n = 1, 2, \cdots)$ 的数列 $\{x_n\}$ 都有 $\lim\limits_{n \to \infty} f(x_n) = A$.

注记 2.1.3 Heine-Borel 定理对其他极限过程也成立, 例如, 函数极限 $\lim\limits_{x \to \infty} f(x) = A$ 的充分必要条件是: 对任何满足 $\lim\limits_{n \to \infty} x_n = \infty$ 的数列 $\{x_n\}$, 都有 $\lim\limits_{n \to \infty} f(x_n) = A$.

2.1.2 函数极限的 Cauchy 收敛原理

类似于数列极限的 Cauchy 收敛原理 (定理 1.2.5), 我们可以从函数 f 在点 x_0 附近本身的性态判断它在点 x_0 的极限是否存在. 这就是下面的函数极限的 Cauchy 收敛原理.

定理 2.1.2 (函数极限的 Cauchy 收敛原理) 函数极限 $\lim\limits_{x \to x_0} f(x)$ 存在的充分必要条件是: 对任意给定的 $\varepsilon > 0$, 都存在 $\delta > 0$, 使得对任意满足 $0 < |x' - x_0| < \delta$ 且 $0 < |x'' - x_0| < \delta$ 的 x', x'' 都有 $\left|f(x') - f(x'')\right| < \varepsilon$.

证明 (必要性) 设 $\lim\limits_{x\to x_0} f(x) = A$, 则对任意给定的 $\varepsilon > 0$, 都存在 $\delta > 0$, 使得对任意满足 $0 < |x' - x_0| < \delta$ 与 $0 < |x'' - x_0| < \delta$ 的 x', x'' 都有

$$\left|f(x') - A\right| < \frac{\varepsilon}{2}, \quad \left|f(x'') - A\right| < \frac{\varepsilon}{2}.$$

于是,

$$\left|f(x') - f(x'')\right| \leqslant \left|f(x') - A\right| + \left|f(x'') - A\right| < \varepsilon.$$

(充分性) 设对任意给定的 $\varepsilon > 0$, 都存在 $\delta > 0$, 使得对任意满足 $0 < |x' - x_0| < \delta$ 且 $0 < |x'' - x_0| < \delta$ 的 x', x'' 都有

$$\left|f(x') - f(x'')\right| < \varepsilon.$$

对于上述 $\delta > 0$, 若数列 $\{x_n\}$ 满足 $\lim\limits_{n\to\infty} x_n = x_0$ 且 $x_n \neq x_0$ $(n = 1, 2, \cdots)$, 则存在 $N \in \mathbb{N}$, 使得对任意的 m, $n > N$ 都有 $0 < |x_m - x_0| < \delta$ 且 $0 < |x_n - x_0| < \delta$. 从而,

$$\left|f(x_m) - f(x_n)\right| < \varepsilon,$$

即 $\{f(x_n)\}$ 为基本数列. 由数列极限的 Cauchy 收敛原理可知, 数列 $\{f(x_n)\}$ 收敛. 于是, 根据 Heine-Borel 定理 (见习题 2 第 3 题) 即可得, 函数极限 $\lim\limits_{x\to x_0} f(x)$ 存在.

□

注记 2.1.4 函数极限的 Cauchy 收敛原理对其他极限过程也成立, 例如, 函数极限 $\lim\limits_{x\to\infty} f(x)$ 存在的充分必要条件是: 对任意给定的 $\varepsilon > 0$, 存在 $X > 0$, 使得对任意满足 $|x'| > X$ 且 $|x''| > X$ 的 x', x'' 都有 $\left|f(x') - f(x'')\right| < \varepsilon$.

例 2.1.2 证明: 函数极限 $\lim\limits_{x\to 0} \sin\dfrac{1}{x}$ 不存在.

证明 (法一) 用 Heine-Borel 定理. 设数列 $\{x_n\}$ 按如下定义:

$$x_{2n-1} = \frac{1}{2n\pi + \dfrac{\pi}{2}}, \quad x_{2n} = \frac{1}{2n\pi} \quad (n = 1, 2, \cdots),$$

则

$$\sin\frac{1}{x_{2n-1}} = 1, \quad \sin\frac{1}{x_{2n}} = 0 \quad (n = 1, 2, \cdots).$$

故数列 $\{x_n\}$ 满足 $\lim\limits_{n\to\infty} x_n = 0$ 且 $x_n \neq 0$ $(n = 1, 2, \cdots)$, 但极限 $\lim\limits_{n\to\infty} \sin\dfrac{1}{x_n}$ 不存在. 从而, 由定理 2.1.1 可知, 极限 $\lim\limits_{x\to 0} \sin\dfrac{1}{x}$ 不存在.

(法二) 用 Cauchy 收敛原理. 取 $\varepsilon_0=\dfrac{1}{2}$, 对任意的 $\delta>0$, 取 $n>\dfrac{1}{\delta}$, $x'_\delta=\dfrac{1}{n\pi}$ 及 $x''_\delta=\dfrac{1}{n\pi+\dfrac{\pi}{2}}$, 则

$$0<|x'_\delta-0|<\delta \quad 且 \quad 0<|x''_\delta-0|<\delta, \quad 但 \quad \left|\sin\frac{1}{x'_\delta}-\sin\frac{1}{x''_\delta}\right|=1>\varepsilon_0.$$

故由定理 2.1.2 可知, 极限 $\lim\limits_{x\to 0}\sin\dfrac{1}{x}$ 不存在. □

例 2.1.3 设 f 在 $(-\infty,x_0)$ 上单调增加. 证明: 若存在数列 $\{x'_n\}$ 使得 $x'_n<x_0$ $(n=1,2,\cdots)$, $\lim\limits_{n\to\infty}x'_n=x_0$ 且 $\lim\limits_{n\to\infty}f(x'_n)$ 存在, 则单侧极限 $f(x_0-0)$ 也存在.

证明 (法一) 用 Heine-Borel 定理. 设 $\lim\limits_{n\to\infty}f(x'_n)=A$. 对任意给定的 $\varepsilon>0$, 存在 $N_1\in\mathbb{N}$, 使得对任意的 $n\geqslant N_1$ 都有

$$A-\varepsilon<f(x'_n)<A+\varepsilon.$$

对于任意满足 $\lim\limits_{n\to\infty}x_n=x_0$ 且 $x_n<x_0$ $(n=1,2,\cdots)$ 的数列 $\{x_n\}$, 由 $x_0-x'_{N_1}>0$ 可知, 存在 $N_2\in\mathbb{N}$, 使得对任意的 $n>N_2$ 都有 $-\left(x_0-x'_{N_1}\right)<x_n-x_0<0$, 即 $x'_{N_1}<x_n<x_0$. 根据 f 在 $(-\infty,x_0)$ 上单调增加, 若取 $N=\max\left\{N_1,N_2\right\}$, 则对任意的 $n>N$ 都有

$$A-\varepsilon<f(x'_{N_1})\leqslant f(x_n).$$

另一方面, 对上述 $n>N$, 由于 $\lim\limits_{k\to\infty}x'_k=x_0$, 所以存在 $K_n\in\mathbb{N}$ 使得 $x'_{N_1+K_n}-x_0>-\left(x_0-x_n\right)$, 即 $x_n<x'_{N_1+K_n}$. 于是,

$$f(x_n)\leqslant f(x'_{N_1+K_n})<A+\varepsilon.$$

综上可得, 对任意的 $n>N$ 都有

$$A-\varepsilon<f(x_n)<A+\varepsilon.$$

故 $\lim\limits_{n\to\infty}f(x_n)=A$. 从而, 由 Heine-Borel 定理可知, 单侧极限 $f(x_0-0)$ 存在.

(法二) 用 Cauchy 收敛原理. 对于任意的 $\varepsilon>0$, 因为 $\lim\limits_{n\to\infty}f(x'_n)$ 存在, 所以由数列极限的 Cauchy 收敛原理可知, 存在 $N\in\mathbb{N}$, 使得对任意的 $k\in\mathbb{N}$ 都有

$$\left|f(x'_{N+k})-f(x'_N)\right|<\varepsilon.$$

又因为 $x_0 - x'_N > 0$, 所以对任意满足 $-(x_0 - x'_N) < x' - x_0 < 0$ 及 $-(x_0 - x'_N) < x'' - x_0 < 0$ 的 x', x'', 由 $\lim\limits_{k\to\infty} x'_k = x_0$ 可知, 存在 $K \in \mathbb{N}$ 使得

$$x'_N < x' < x'_{N+K}, \quad x'_N < x'' < x'_{N+K}.$$

从而, 由 f 在 $(-\infty, x_0)$ 上单调增加可知

$$f(x') - f(x'') = \big(f(x') - f(x'_{N+K})\big) + \big(f(x'_{N+K}) - f(x'_N)\big) + \big(f(x'_N) - f(x'')\big) < \varepsilon.$$

同理, $f(x'') - f(x') < \varepsilon$. 故 $|f(x') - f(x'')| < \varepsilon$. 于是, 根据函数极限的 Cauchy 收敛原理可知, 单侧极限 $f(x_0 - 0)$ 存在. □

2.1.3 连续函数

函数连续是函数极限存在的一种特殊情形, 而连续函数类则是微积分中重要的函数类之一. 从直观上来看, 函数 f 在某点 x_0 连续, 就是指当自变量 x 在 x_0 点附近作微小变化的时候, $f(x)$ 在 $f(x_0)$ 附近也作微小变化. 用分析的语言即

定义 2.1.2 (连续函数) 若 $\lim\limits_{x\to x_0} f(x) = f(x_0)$ (或 $\lim\limits_{x\to x_0-} f(x) = f(x_0)$, $\lim\limits_{x\to x_0+} f(x) = f(x_0)$), 则称函数 f 在点 x_0 连续 (或左连续, 右连续).

若函数 f 在区间 $\mathcal{I}$ 上有定义且在任意的点 $x_0 \in \mathcal{I}$ 都连续, 则称 f 是区间 $\mathcal{I}$ 上的连续函数.

显然, 在上述定义中, 都应假设函数 f 在点 x_0 有定义. 同时, 从上述定义容易看出

f 在点 x_0 连续的充分必要条件是: f 在点 x_0 既左连续又右连续.

注记 2.1.5 根据定理 2.1.1, 函数 f 在点 x_0 连续的充分必要条件是: 对任何满足 $\lim\limits_{n\to\infty} x_n = x_0$ 的数列 $\{x_n\}$ 都有 $\lim\limits_{n\to\infty} f(x_n) = f(x_0)$.

函数 f 在点 x_0 连续可以用 "ε-δ 语言" 表述如下:

$$\forall\, \varepsilon > 0,\ \exists\, \delta > 0,\ \text{s.t.}\ \forall\ |x - x_0| < \delta: \ |f(x) - f(x_0)| < \varepsilon,$$

而 f 在区间 $\mathcal{I}$ 上连续则可以用 "ε-δ 语言" 表述如下:

$$\forall\, x_0 \in \mathcal{I},\ \forall\, \varepsilon > 0,\ \exists\, \delta > 0,\ \text{s.t.}\ \forall\, x \in \mathcal{I},\ |x - x_0| < \delta: \ |f(x) - f(x_0)| < \varepsilon.$$

为方便起见, 我们将用 $C(\mathcal{I})$ 表示区间 $\mathcal{I}$ 上的全体连续函数所组成的集合.

例 2.1.4 设函数 f 和 g 都在 $\mathbb{R}$ 上连续且对任意的有理点 x 都有 $f(x) = g(x)$. 证明: 在 $\mathbb{R}$ 上有 $f \equiv g$.

证明 只需证明对任意的无理点 x 都有 $f(x)=g(x)$ 即可. 事实上, 因为对任意给定的无理点 x, 都存在着有理点列 $\{x_n\}$ 使得 $\lim\limits_{n\to\infty} x_n = x$, 且 f 和 g 都在点 x 处连续, 所以由注记 2.1.5 可得

$$f(x)=\lim_{n\to\infty} f(x_n)=\lim_{n\to\infty} g(x_n)=g(x).$$ □

例 2.1.5 设 f 是 $[a,b]$ 上的有界函数, 令

$$M(x)=\sup_{a\leqslant t<x} f(t),\quad m(x)=\inf_{a\leqslant t<x} f(t),\quad x\in(a,b].$$

证明: 对任意的 $x_0\in(a,b]$, 函数 M 与 m 都在点 x_0 处左连续.

证明 对任意给定的 $x_0\in(a,b]$, 因为函数 M 在 $(a,b]$ 上单调增加且有上界, 所以 M 在 x_0 处的左极限 $M(x_0-0)$ 存在 (见习题 2 第 5 题) 且对任意的 $x\in(a,x_0)$ 都有 $M(x)\leqslant M(x_0-0)$.

若 M 在点 x_0 处不是左连续的, 则 $M(x_0)-M(x_0-0)>0$. 从而, 由上确界的定义可知, 存在 $x'\in(a,x_0)$ 使得

$$f(x')>M(x_0)-\big(M(x_0)-M(x_0-0)\big)=M(x_0-0)\geqslant M\left(\frac{x'+x_0}{2}\right).$$

这与 M 在 $(a,b]$ 上单调增加矛盾. 故 M 在点 x_0 处左连续.

类似地可以证明, 对任意给定的 $x_0\in(a,b]$, 函数 m 在点 x_0 处左连续. □

例 2.1.6 设 $\boldsymbol{A}$, $\boldsymbol{B}$ 是两个 m 阶方阵, 且 $\boldsymbol{AB}=\boldsymbol{BA}$. 证明:

$$\det\begin{pmatrix}\boldsymbol{A} & -\boldsymbol{B}\\ \boldsymbol{B} & \boldsymbol{A}\end{pmatrix}=\det\big(\boldsymbol{A}^2+\boldsymbol{B}^2\big).$$

证明 记 $\boldsymbol{I}$ 为 m 阶单位矩阵. 由 $\boldsymbol{AB}=\boldsymbol{BA}$ 可知

$$\begin{pmatrix}\boldsymbol{I} & \boldsymbol{O}\\ -\boldsymbol{B} & \boldsymbol{A}\end{pmatrix}\begin{pmatrix}\boldsymbol{A} & -\boldsymbol{B}\\ \boldsymbol{B} & \boldsymbol{A}\end{pmatrix}=\begin{pmatrix}\boldsymbol{A} & -\boldsymbol{B}\\ \boldsymbol{O} & \boldsymbol{A}^2+\boldsymbol{B}^2\end{pmatrix}.$$

故

$$\det\boldsymbol{A}\,\det\begin{pmatrix}\boldsymbol{A} & -\boldsymbol{B}\\ \boldsymbol{B} & \boldsymbol{A}\end{pmatrix}=\det\boldsymbol{A}\,\det\big(\boldsymbol{A}^2+\boldsymbol{B}^2\big).$$

当 $\det\boldsymbol{A}\neq 0$ 时, 在上式两端消去 $\det\boldsymbol{A}$ 即知结论成立.

当 $\det\boldsymbol{A}=0$ 时, 由于 $\boldsymbol{A}$ 只有 m 个特征值 (重特征值按重数计), 故存在 $\delta>0$, 使得对任意的 $\sigma\in(0,\delta)$, σ 都不是 $\boldsymbol{A}$ 的特征值, 即 $\det\big(\boldsymbol{A}-\sigma\boldsymbol{I}\big)\neq 0$ 且

$(\boldsymbol{A}-\sigma\boldsymbol{I})\boldsymbol{B}=\boldsymbol{B}(\boldsymbol{A}-\sigma\boldsymbol{I})$. 于是, 类似于 $\det\boldsymbol{A}\neq 0$ 的讨论, 我们有

$$\det\begin{pmatrix}\boldsymbol{A}-\sigma\boldsymbol{I} & -\boldsymbol{B}\\ \boldsymbol{B} & \boldsymbol{A}-\sigma\boldsymbol{I}\end{pmatrix}=\det\left((\boldsymbol{A}-\sigma\boldsymbol{I})^2+\boldsymbol{B}^2\right).$$

从而, 在上式两边令 $\sigma\to 0+$ 并利用连续性, 我们证得所需结论. □

注记 2.1.6 在数学上, 常常将退化或奇异的问题进行适当扰动, 利用连续性方法克服退化或奇异带来的困难. 例 2.1.6 就是连续性方法在退化问题中的一个应用.

在本小节最后, 我们证明初等微积分课程中所介绍的反函数连续性定理.

定理 2.1.3 (反函数连续性定理) 设函数 $y=f(x)$ 在闭区间 $[a,b]$ 上连续且严格单调增加, 记 $f(a)=\alpha$, $f(b)=\beta$, 则它的反函数 $x=f^{-1}(y)$ 在 $[\alpha,\beta]$ 上连续且严格单调增加.

证明 我们首先证明: $f\big([a,b]\big)=[\alpha,\beta]$. 事实上, 由 f 严格单调增加可知, $f\big([a,b]\big)\subset[\alpha,\beta]$. 另一方面, $\alpha,\beta\in f([a,b])$, 而对任意的 $\gamma\in(\alpha,\beta)$, 若记

$$S=\left\{x\,\middle|\,x\in[a,b],f(x)<\gamma\right\},$$

则 S 是非空有上界的实数集. 故由确界存在定理可知, S 有上确界, 记 $x_0=\sup S$, 则 $x_0\in(a,b)$. 根据 f 的严格单调增加性, 当 $x<x_0$ 时, $f(x)<\gamma$; 当 $x>x_0$ 时, $f(x)>\gamma$. 于是,

$$f\big(x_0-0\big)\leqslant\gamma\leqslant f\big(x_0+0\big).$$

又因为 f 在点 x_0 处连续, 所以

$$f(x_0)=f(x_0+0)=f(x_0-0)=\gamma.$$

这表明, $[\alpha,\beta]\subset f\big([a,b]\big)$. 故 $f\big([a,b]\big)=[\alpha,\beta]$. 从而, f 的反函数 $x=f^{-1}(y)$ 在 $[\alpha,\beta]$ 上存在且严格单调增加.

现在证明: 函数 $x=f^{-1}(y)$ 在 $[\alpha,\beta]$ 上连续. 事实上, 对任意的 $y_0\in(\alpha,\beta)$, 存在 $x_0\in(a,b)$ 使得 $x_0=f^{-1}\big(y_0\big)$. 于是, 对任意给定的 $\varepsilon\in\big(0,\min\{b-x_0,x_0-a\}\big)$, 若令 $y_1=f\big(x_0-\varepsilon\big)$, $y_2=f\big(x_0+\varepsilon\big)$, 并取 $\delta=\min\big\{y_0-y_1,y_2-y_0\big\}>0$, 则对任意满足 $\big|y-y_0\big|<\delta$ 的 y 都有

$$\alpha<y_1\leqslant y_0-\delta<y<y_0+\delta\leqslant y_2<\beta.$$

从而, 由 f^{-1} 在 $[\alpha,\beta]$ 上严格单调增加可知

$$x_0-\varepsilon=f^{-1}(y_1)<f^{-1}(y)<f^{-1}(y_2)=x_0+\varepsilon,$$

即

$$\left|f^{-1}(y)-f^{-1}(y_0)\right|=\left|f^{-1}(y)-x_0\right|<\varepsilon.$$

这表明 f^{-1} 在点 y_0 处连续. 进而, 由 y_0 的任意性可知, f^{-1} 在区间 (α,β) 上连续. 类似地也可以证明 f^{-1} 在点 α 处的右连续性及点 β 处的左连续性. □

2.1.4 一致连续

一般而言, 函数在区间 $\mathcal{I}$ 上连续的 "ε-δ 语言" 中的 δ 不仅依赖于 ε, 还依赖于点 $x_0\in\mathcal{I}$. 也就是说, 即使对同一个 $\varepsilon>0$, 区间 $\mathcal{I}$ 上不同的点所对应的 δ 一般也是不同的. 遗憾的是, 即便在 Cauchy 的著作中, 也没有对这一问题给予关注. 事实上, 若某个函数存在一个公共的、不依赖于 x_0 的 δ, 则它必将呈现出更好的整体性质. 这就是函数的一致连续性, 它是由 Heine 最先引入的.

定义 2.1.3 (一致连续) 设 f 是定义在区间 $\mathcal{I}$ 上的函数. 若对任意给定的 $\varepsilon>0$, 都存在 $\delta>0$, 使得对任意的 x', $x''\in\mathcal{I}$, 只要 $|x'-x''|<\delta$, 就有

$$\left|f(x')-f(x'')\right|<\varepsilon,$$

则称 f 在区间 $\mathcal{I}$ 上一致连续.

注记 2.1.7 函数 f 在区间 $\mathcal{I}$ 上不一致连续是指: 存在 $\varepsilon_0>0$, 使得对任意的 $\delta>0$, 都存在 x'_δ, $x''_\delta\in\mathcal{I}$ 满足 $|x'_\delta-x''_\delta|<\delta$, 但

$$\left|f(x')-f(x'')\right|\geqslant\varepsilon_0.$$

注记 2.1.8 若存在 $\alpha>0$ 及 $M>0$ 使得

$$\left|f(x')-f(x'')\right|\leqslant M|x'-x''|^\alpha,\quad x',x''\in\mathcal{I},$$

则称函数 f 在区间 $\mathcal{I}$ 上 α 阶 **Hölder 连续** (当 $\alpha=1$ 时, 也称为 **Lipschitz 连续**). Hölder 连续函数类也是重要的函数类. 显然, 若 f 在区间 $\mathcal{I}$ 上 Hölder 连续, 则它在区间 $\mathcal{I}$ 上一致连续.

例 2.1.7 设 f 是 $\mathbb{R}$ 上的凸函数. 证明: f 在任意区间 $[a,b]$ 上 Lipschitz 连续.

证明 对任意给定的区间 $[a,b]$ 及常数 $\delta>0$, 由 f 的凸性可知

$$\frac{f(a)-f(a-\delta)}{\delta}\leqslant\frac{f(x'')-f(x')}{x''-x'}\leqslant\frac{f(b+\delta)-f(b)}{\delta},\quad x',x''\in[a,b]\text{ 且 }x'<x''.$$

从而, 对任意的 $x',x''\in[a,b]$ 都有

$$\left|f(x'')-f(x')\right|\leqslant\max\left\{\frac{\left|f(a)-f(a-\delta)\right|}{\delta},\frac{\left|f(b+\delta)-f(b)\right|}{\delta}\right\}|x''-x'|.$$

这表明, f 在 $[a,b]$ 上 Lipschitz 连续. □

例 2.1.8 设 $\alpha\in(0,1)$. 证明: 函数 $f(x)=\dfrac{1}{x}$ 在 $(\alpha,1)$ 上一致连续, 但在 $(0,1)$ 上不一致连续.

证明 对任意给定的 $\varepsilon>0$, 取 $\delta=\alpha^2\varepsilon>0$, 则对任意的 x', $x''\in(\alpha,1)$, 只要 $|x'-x''|<\delta$, 就有

$$\left|f(x')-f(x'')\right|=\left|\frac{1}{x'}-\frac{1}{x''}\right|=\left|\frac{x'-x''}{x'x''}\right|<\frac{\delta}{\alpha^2}=\varepsilon.$$

从而, $f(x)=\dfrac{1}{x}$ 在 $(\alpha,1)$ 上一致连续.

另一方面, 取定 $\varepsilon_0=1>0$. 对任意的 $\delta\in(0,1)$, 若令 $x'_\delta=\delta$, $x''_\delta=\dfrac{\delta}{2}$, 则 x'_δ, $x''_\delta\in(0,1)$ 且满足 $|x'_\delta-x''_\delta|<\delta$, 但

$$\left|f(x'_\delta)-f(x''_\delta)\right|=\left|\frac{1}{x'_\delta}-\frac{1}{x''_\delta}\right|=\frac{1}{\delta}>1=\varepsilon_0.$$

故 $f(x)=\dfrac{1}{x}$ 在 $(0,1)$ 上不一致连续. □

注记 2.1.9 函数 $f(x)=\dfrac{1}{x}$ 在 $(0,1)$ 上不一致连续的事实可以从几何图像上加以解释: 当 $x\to0+$ 时, 曲线 $y=\dfrac{1}{x}$ 变得越来越陡峭, 也就是说, 对同样的带宽 ε, 满足要求的 δ 越来越小且不存在最小值, 即不存在对 $(0,1)$ 内所有点都一致适用的正数 δ.

例 2.1.9 设函数 f 在区间 (a,b) 上一致连续, $x_n\in(a,b)$ $(n=1,2,\cdots)$. 证明: 若 $\{x_n\}$ 是 Cauchy 数列, 则 $\{f(x_n)\}$ 也是 Cauchy 数列.

证明 对任意的 $\varepsilon>0$, 由 f 在 (a,b) 上一致连续可知, 存在 $\delta>0$, 使得对任意的 x', $x''\in(a,b)$, 只要 $|x'-x''|<\delta$, 就有

$$|f(x')-f(x'')|<\varepsilon.$$

对上述 $\delta>0$, 由于 $\{x_n\}$ 是 Cauchy 数列, 所以存在 $N\in\mathbb{N}$, 使得对任意的 m, $n>N$ 都有

$$|x_m-x_n|<\delta.$$

从而,

$$|f(x_m)-f(x_n)|<\varepsilon.$$

这表明, $\{f(x_n)\}$ 是 Cauchy 数列. □

下面的定理为判断函数的不一致连续性提供了非常便利的方法.

定理 2.1.4 函数 f 在区间 $\mathcal{I}$ 上一致连续的充分必要条件是: 对 $\mathcal{I}$ 中的任意数列 $\{x_n'\}$, $\{x_n''\}$, 只要 $\lim\limits_{n\to\infty}(x_n'-x_n'')=0$, 就有 $\lim\limits_{n\to\infty}\big(f(x_n')-f(x_n'')\big)=0$.

证明 (必要性) 若 f 在区间 $\mathcal{I}$ 上一致连续, 则对任意的 $\varepsilon>0$, 存在 $\delta>0$, 使得对任意的 x', $x''\in\mathcal{I}$, 只要 $|x'-x''|<\delta$, 就有

$$\big|f(x')-f(x'')\big|<\varepsilon.$$

若 $\mathcal{I}$ 中的数列 $\{x_n'\}$, $\{x_n''\}$ 满足 $\lim\limits_{n\to\infty}(x_n'-x_n'')=0$, 则对上述 $\delta>0$, 必存在 $N\in\mathbb{N}$ 使得对任意的 $n>N$ 都有 $|x_n'-x_n''|<\delta$. 从而,

$$\big|f(x_n')-f(x_n'')\big|<\varepsilon.$$

故 $\lim\limits_{n\to\infty}\big(f(x_n')-f(x_n'')\big)=0$.

(充分性) 用反证法. 若 f 在区间 $\mathcal{I}$ 上不一致连续, 则存在 $\varepsilon_0>0$, 使得对任意的 $\delta>0$, 都存在 x_δ', $x_\delta''\in\mathcal{I}$ 满足 $|x_\delta'-x_\delta''|<\delta$, 但

$$\big|f(x_\delta')-f(x_\delta'')\big|\geqslant\varepsilon_0.$$

特别地, 对 $\delta=\dfrac{1}{n}$ $(n=1,2,\cdots)$, 存在 x_n', $x_n''\in\mathcal{I}$ 满足 $|x_n'-x_n''|<\dfrac{1}{n}$ 但

$$\big|f(x_n')-f(x_n'')\big|\geqslant\varepsilon_0.$$

于是, $\lim\limits_{n\to\infty}(x_n'-x_n'')=0$, 但 $\lim\limits_{n\to\infty}\big(f(x_n')-f(x_n'')\big)\neq0$. 这与已知条件矛盾. □

注记 2.1.10 根据定理 2.1.4, 我们只需取 $x_n'=\dfrac{1}{n}$, $x_n''=\dfrac{2}{n}$ $(n=1,2,\cdots)$ 即可得知函数 $f(x)=\dfrac{1}{x}$ 在 $(0,1)$ 上不一致连续.

例 2.1.10 证明: 函数 $f(x)=\sin x^2$ 在 $[0,+\infty)$ 上不一致连续.

证明 取

$$x_n'=\sqrt{2n\pi+\frac{\pi}{2}},\quad x_n''=\sqrt{2n\pi}\quad(n=1,2,\cdots),$$

则显然成立

$$x_n',\ x_n''\in[0,+\infty),\quad \lim_{n\to\infty}(x_n'-x_n'')=0,$$

但

$$\lim_{n\to\infty}\big(f(x_n')-f(x_n'')\big)=1\neq0.$$

从而, 由定理 2.1.4 可知, f 在 $[0,+\infty)$ 上不一致连续. □

例 2.1.11　证明: 函数 $f(x)=\dfrac{x}{1+x^2\sin^2 x}$ 在 $[0,+\infty)$ 上不一致连续.

证明　取

$$x_n'=n\pi+\frac{1}{n\pi},\quad x_n''=n\pi\quad(n=1,2,\cdots),$$

则有

$$x_n', x_n''\in[0,+\infty),\quad \lim_{n\to\infty}\left(x_n'-x_n''\right)=0,$$

但

$$\begin{aligned}\lim_{n\to\infty}\left|f(x_n')-f(x_n'')\right|&=\lim_{n\to\infty}\left|\frac{n\pi+\dfrac{1}{n\pi}}{1+\left(n\pi+\dfrac{1}{n\pi}\right)^2\sin^2\dfrac{1}{n\pi}}-n\pi\right|\\&=\lim_{n\to\infty}(n\pi)\left|\frac{1+\dfrac{1}{(n\pi)^2}}{1+(n\pi)^2\left(1+\dfrac{1}{(n\pi)^2}\right)^2\sin^2\dfrac{1}{n\pi}}-1\right|\\&=+\infty.\end{aligned}$$

从而, 由定理 2.1.4 可知, f 在 $[0,+\infty)$ 上不一致连续. □

2.2　闭区间上连续函数的性质

连续函数的性质本质上是实数系的基本性质的反映. 在本节中, 我们将利用实数系基本定理严格证明初等微积分课程中所介绍的闭区间上连续函数的几个基本性质.

定理 2.2.1 (Weierstrass, 有界性定理)　若 $f\in C\big([a,b]\big)$, 则 f 在 $[a,b]$ 上有界.

证明　(法一) 用反证法. 设 f 在闭区间 $[a,b]$ 上无界. 于是, 若将 $[a,b]$ 对分成两个闭子区间 $\left[a,\dfrac{a+b}{2}\right]$ 和 $\left[\dfrac{a+b}{2},b\right]$, 则 f 至少在其中一个子区间上无界, 将其记为 $[a_1,b_1]$. 再将闭区间 $[a_1,b_1]$ 对分为两个闭子区间 $\left[a_1,\dfrac{a_1+b_1}{2}\right]$ 和 $\left[\dfrac{a_1+b_1}{2},b_1\right]$, 则 f 至少在其中一个子区间上无界, 将其记为 $[a_2,b_2]$. 按照这样的方式一直进行下去, 可以得到一个闭区间列 $\big\{[a_n,b_n]\big\}$, 它满足闭区间套定理的条件, 且 f 在每一个闭区间 $[a_n,b_n]$ 上都无界.

由闭区间套定理可知, 存在 $\xi \in \mathbb{R}$, 使得 ξ 属于所有的闭区间 $[a_n, b_n] \subset [a, b]$ 且

$$\xi = \lim_{n\to\infty} a_n = \lim_{n\to\infty} b_n.$$

因为 $\xi \in [a, b]$, 而 f 在点 ξ 处连续, 所以由连续函数的局部有界性可知, 存在 $\delta > 0$ 和 $M \geqslant m$, 使得

$$m \leqslant f(x) \leqslant M, \quad x \in (\xi - \delta, \xi + \delta) \cap [a, b].$$

另一方面, 因为 $\lim\limits_{n\to\infty} a_n = \lim\limits_{n\to\infty} b_n = \xi$, 所以存在 $N \in \mathbb{N}$ 使得对任意的 $n > N$ 都有

$$[a_n, b_n] \subset (\xi - \delta, \xi + \delta) \cap [a, b].$$

这表明 f 在这样的区间 $[a_n, b_n]$ 上有界, 从而产生矛盾.

(法二) 因为 $f \in C([a, b])$, 所以由连续函数的局部有界性可知, 对任意的 $x \in [a, b]$, 都存在 $\delta_x > 0$, 使得 f 在 $(x - \delta_x, x + \delta_x) \cap [a, b]$ 上有界. 从而, 利用例 1.2.11 即可证得, f 在区间 $[a, b]$ 上有界. □

例 2.2.1 设 $f \in C\big((a, b)\big)$. 证明: 若 $f(a+0)$ 与 $f(b-0)$ 都存在且有限, 则 f 在 (a, b) 上有界.

证明 令

$$F(x) = \begin{cases} f(a+0), & x = a, \\ f(x), & x \in (a, b), \\ f(b-0), & x = b, \end{cases}$$

则 $F \in C\big([a, b]\big)$. 由有界性定理可知, F 在 $[a, b]$ 上有界. 从而, f 在 (a, b) 上有界. □

例 2.2.2 设正值函数 $f \in C\big([0, +\infty)\big)$. 证明: 若 $\lim\limits_{x\to+\infty} f(f(x)) = +\infty$, 则 $\lim\limits_{x\to+\infty} f(x) = +\infty$.

证明 用反证法. 设 $\lim\limits_{x\to+\infty} f(x) \neq +\infty$, 则存在 $G_0 > 0$, 使得对任意的 $n \in \mathbb{N}$, 都存在 $x_n > n$ 使得

$$0 < f(x_n) \leqslant G_0.$$

因为 $f \in C\big([0, G_0]\big)$, 所以由定理 2.2.1 可知, f 在 $[0, G_0]$ 上有界. 从而, 存在 $M > 0$, 使得

$$0 < f(f(x_n)) \leqslant M \quad (n = 1, 2, \cdots).$$

由于 $\lim\limits_{n\to\infty} x_n = +\infty$, 所以上式与 $\lim\limits_{x\to+\infty} f(f(x)) = +\infty$ 矛盾. 故 $\lim\limits_{x\to+\infty} f(x) = +\infty$. □

定理 2.2.2 (Weierstrass, 最值定理)　*若 $f \in C\big([a,b]\big)$, 则 f 在 $[a,b]$ 上必能取到最大值和最小值, 即存在 $\xi, \eta \in [a,b]$ 使得*

$$f(\xi) \leqslant f(x) \leqslant f(\eta), \quad x \in [a,b].$$

证明　由定理 2.2.1 可知, 集合

$$R_f = \big\{f(x) \,\big|\, x \in [a,b]\big\}$$

是非空有界数集, 所以 R_f 必有上确界与下确界, 记

$$M = \sup R_f, \quad m = \inf R_f.$$

我们只需证明: 存在 $\eta \in [a,b]$ 使得 $f(\eta) = M$. 类似地可以证明, 存在 $\xi \in [a,b]$ 使得 $f(\xi) = m$.

(法一) 根据上确界的定义, 存在 $x_n \in [a,b]$ $(n = 1, 2, \cdots)$, 使得

$$\lim_{n\to\infty} f(x_n) = M$$

(见习题 1 第 20 题). 显然, 数列 $\{x_n\}$ 有界, 所以由 Bolzano-Weierstrass 定理可知, $\{x_n\}$ 存在收敛子列 $\{x_{n_k}\}$. 不妨设

$$\eta = \lim_{k\to\infty} x_{n_k} \in [a,b].$$

再由函数 f 在点 η 处连续可知

$$f(\eta) = \lim_{k\to\infty} f(x_{n_k}) = M.$$

这表明 f 在点 $\eta \in [a,b]$ 处取到它在闭区间 $[a,b]$ 上的最大值 M.

(法二) 用反证法. 若对任意的 $x \in [a,b]$ 都有 $f(x) < M$, 则

$$g(x) = \frac{1}{M - f(x)}, \quad x \in [a,b]$$

是闭区间 $[a,b]$ 上恒为正的连续函数. 从而, 由定理 2.2.1 可知, g 在闭区间 $[a,b]$ 上有上界. 设 $\widetilde{M}$ 是 g 在 $[a,b]$ 上的一个上界, 则

$$\frac{1}{M - f(x)} = g(x) \leqslant \widetilde{M}, \quad x \in [a,b].$$

从而,

$$f(x) \leqslant M - \frac{1}{\widetilde{M}}, \quad x \in [a,b].$$

这与 M 为 $R_f = \big\{f(x) \,|\, x \in [a,b]\big\}$ 的上确界矛盾. □

例 2.2.3 设 $f\in C\big((a,b)\big)$ 且 f 有唯一的极值点 $x_0\in(a,b)$. 证明: 若 x_0 为 f 的极大 (小) 值点, 则 x_0 为 f 在 (a,b) 上的最大 (小) 值点.

证明 不妨设 x_0 为 f 的极大值点.

用反证法. 若 x_0 不是 f 在 (a,b) 上的最大值点, 则必存在 $x_1\in(a,b)\backslash\{x_0\}$ 使得 $f(x_1)>f(x_0)$. 不妨设 $x_0<x_1$, 则由定理 2.2.2 可知, f 必在 $[x_0,x_1]$ 上取得最小值. 因为 x_0 为 f 在 (a,b) 上的唯一极大值点, 所以存在 $\delta\in(0,x_1-x_0)$ 使得

$$f(x)<f(x_0),\quad x\in(x_0-\delta,x_0+\delta)\backslash\{x_0\}.$$

于是, f 必在 (x_0,x_1) 内达到最小值, 当然也是极小值. 这与 f 在开区间 (a,b) 上有唯一的极值点矛盾. 因此, x_0 为 f 在 (a,b) 上的最大值点. □

例 2.2.4 设 $f\in C\big([a,b]\big)$, 且对任意的 $x\in[a,b]$, 都存在 $y\in[a,b]$ 使得 $\big|f(y)\big|\leqslant\dfrac{1}{2}\big|f(x)\big|$. 证明: 存在 $\xi\in[a,b]$, 使得 $f(\xi)=0$.

证明 (法一) 因为 $f\in C\big([a,b]\big)$, 所以 $|f|\in C\big([a,b]\big)$. 于是, 由最值定理可知, 存在 $\xi\in[a,b]$ 使得

$$\big|f(\xi)\big|=\min_{a\leqslant x\leqslant b}\big|f(x)\big|.$$

对于 $\xi\in[a,b]$, 存在 $\eta\in[a,b]$ 使得

$$\big|f(\xi)\big|\leqslant\big|f(\eta)\big|\leqslant\frac{1}{2}\big|f(\xi)\big|.$$

这表明 $\big|f(\xi)\big|=0$, 即 $f(\xi)=0$.

(法二) 任意给定 $x_0\in[a,b]$, 由题设可知, 存在 $x_1\in[a,b]$ 使得

$$\big|f(x_1)\big|\leqslant\frac{1}{2}\big|f(x_0)\big|.$$

按照这种方式一直进行下去, 可以归纳地得到一个数列 $\{x_n\}\subset[a,b]$, 使得

$$\big|f(x_n)\big|\leqslant\frac{1}{2}\big|f(x_{n-1})\big|\leqslant\cdots\leqslant\frac{1}{2^n}\big|f(x_0)\big|\quad(n=1,2,\cdots).$$

从而, $\lim\limits_{n\to\infty}f(x_n)=0$. 另一方面, 由 Bolzano-Weierstrass 定理可知, $\{x_n\}$ 存在收敛子列 $\{x_{n_k}\}$. 于是, 若记

$$\xi=\lim_{k\to\infty}x_{n_k},$$

则 $\xi\in[a,b]$. 故由 f 在点 ξ 处连续可知

$$f(\xi)=\lim_{k\to\infty}f(x_{n_k})=0.$$ □

定理 2.2.3 (Bolzano-Cauchy, 零点存在定理)　若 $f\in C\big([a,b]\big)$ 且 $f(a)f(b)<0$, 则存在 $\xi\in(a,b)$, 使得 $f(\xi)=0$.

证明　(法一) 令 $a_1=a$, $b_1=b$. 不妨设 $f(a_1)<0$ 且 $f(b_1)>0$.

若 $f\Big(\dfrac{a_1+b_1}{2}\Big)=0$, 则取 $\xi=\dfrac{a_1+b_1}{2}$ 即可. 若 $f\Big(\dfrac{a_1+b_1}{2}\Big)<0$, 则取 $a_2=\dfrac{a_1+b_1}{2}$, $b_2=b_1$; 而若 $f\Big(\dfrac{a_1+b_1}{2}\Big)>0$, 则取 $a_2=a_1$, $b_2=\dfrac{a_1+b_1}{2}$. 于是在两种情形都有: $f(a_2)<0$ 且 $f(b_2)>0$.

按照这种方式一直进行下去, 若存在 $n\in\mathbb{N}$ 使得 $f\Big(\dfrac{a_n+b_n}{2}\Big)=0$, 则取 $\xi=\dfrac{a_n+b_n}{2}$ 即可; 否则, 可得一闭区间列 $\big\{[a_n,b_n]\big\}$, 它满足闭区间套定理的条件且

$$f(a_n)<0,\quad f(b_n)>0\quad(n=1,2,\cdots).$$

由闭区间套定理可知, 存在唯一的 $\xi\in\mathbb{R}$ 使得 $\xi\in[a_n,b_n]$ $(n=1,2,\cdots)$ 且 $\lim\limits_{n\to\infty}a_n=\lim\limits_{n\to\infty}b_n=\xi$. 根据 f 在点 ξ 处的连续性可得, $f(\xi)\leqslant 0$ 且 $f(\xi)\geqslant 0$. 故 $f(\xi)=0$ 且 $\xi\in(a,b)$.

(法二) 不失一般性, 设 $f(a)<0$, $f(b)>0$. 记

$$S=\big\{x\,\big|\,f(x)<0,\ x\in[a,b]\big\},$$

则 S 为非空有上界的数集. 故由确界存在定理可知, S 有上确界. 记

$$\xi=\sup S.$$

我们断言: $\xi\in(a,b)$ 且 $f(\xi)=0$.

事实上, 由 f 在 $[a,b]$ 上连续且 $f(a)<0$ 可知, 存在 $\delta_1>0$, 使得对任意的 $x\in[a,a+\delta_1)$ 都有 $f(x)<0$; 同理, 由 $f(b)>0$ 可知, 存在 $\delta_2>0$, 使得对任意的 $x\in(b-\delta_2,b]$ 都有 $f(x)>0$. 从而,

$$a+\delta_1\leqslant\xi\leqslant b-\delta_2.$$

这表明, $\xi\in(a,b)$. 另一方面, 根据上确界的定义, 存在 $x_n\in S$ $(n=1,2,\cdots)$, 使得 $\lim\limits_{n\to\infty}x_n=\xi$. 于是, 由 $f(x_n)<0$ $(n=1,2,\cdots)$ 可知

$$f(\xi)=\lim_{n\to\infty}f(x_n)\leqslant 0.$$

若 $f(\xi)<0$, 则由 f 在点 ξ 处连续可知, 存在 $\delta>0$ 使得对任意的 $x\in(\xi-\delta,\xi+\delta)$ 有

$$f(x)<0.$$

这与 $\xi=\sup S$ 矛盾. 故 $f(\xi)=0$. □

例 2.2.5 设 $a_1, a_2, a_3>0$ 且 $b_1<b_2<b_3$. 证明: 方程

$$\frac{a_1}{x-b_1}+\frac{a_2}{x-b_2}+\frac{a_3}{x-b_3}=0$$

在区间 (b_1,b_2) 与 (b_2,b_3) 内都存在根.

证明 令

$$F(x)=a_1(x-b_2)(x-b_3)+a_2(x-b_3)(x-b_1)+a_3(x-b_1)(x-b_2),$$

则 F 在区间 $[b_1,b_2]$ 与 $[b_2,b_3]$ 上都连续, 且

$$F(b_1)=a_1(b_1-b_2)(b_1-b_3)>0,$$

$$F(b_2)=a_2(b_2-b_3)(b_2-b_1)<0,$$

$$F(b_3)=a_3(b_3-b_2)(b_3-b_3)>0.$$

由定理 2.2.3 可知, F 在区间 (b_1,b_2) 与 (b_2,b_3) 内都存在零点. 从而,

$$\frac{a_1}{x-b_1}+\frac{a_2}{x-b_2}+\frac{a_3}{x-b_3}=\frac{F(x)}{(x-b_1)(x-b_2)(x-b_3)}=0$$

在 (b_1,b_2) 与 (b_2,b_3) 内都存在根. □

例 2.2.6 (Brouwer 不动点定理) 设 $f\in C\big([a,b]\big)$ 且 $f([a,b])\subset[a,b]$, 则 f 在 $[a,b]$ 上存在不动点.

证明 令

$$\psi(x)=f(x)-x,$$

则 $\psi\in C\big([a,b]\big)$. 由 $f([a,b])\subset[a,b]$ 可知, $\psi(a)\geqslant 0$, $\psi(b)\leqslant 0$.

若 $\psi(a)=0$, 则可取 $\xi=a$; 若 $\psi(b)=0$, 则可取 $\xi=b$; 若 $\psi(a)>0$ 且 $\psi(b)<0$, 则由定理 2.2.3 可知, 存在 $\xi\in(a,b)$ 使得

$$\psi(\xi)=0.$$

综上可知, 存在 $\xi\in[a,b]$ 使得 $\psi(\xi)=0$, 即 $f(\xi)=\xi$. 故 f 在 $[a,b]$ 上存在不动点. □

定理 2.2.4 (Bolzano-Cauchy, 中间值定理) 若 $f\in C\big([a,b]\big)$, 则 f 必能取到介于它的最小值 $m=\min\big\{f(x)\,\big|\,x\in[a,b]\big\}$ 和最大值 $M=\max\big\{f(x)\,\big|\,x\in[a,b]\big\}$ 之间的任何一个值.

证明　由定理 2.2.2 可知, 存在 $\xi, \eta \in [a,b]$ 使得

$$f(\xi) = m, \quad f(\eta) = M.$$

若 $m = M$, 则结论显然成立. 故不妨设 $m < M$ 且 $\xi < \eta$. 对于任意的中间值 λ: $m < \lambda < M$, 令

$$\psi(x) = f(x) - \lambda \quad \big(x \in [\xi, \eta]\big),$$

则 $\psi \in C\big([\xi,\eta]\big)$, $\psi(\xi) = f(\xi) - \lambda < 0$ 且 $\psi(\eta) = f(\eta) - \lambda > 0$. 于是, 由定理 2.2.3 可知, 存在 $\zeta \in (\xi, \eta) \subset [a,b]$ 使得

$$\psi(\zeta) = 0.$$

即 $f(\zeta) = \lambda$. □

例 2.2.7　设 $f \in C\big([a,b]\big)$, $x_i \in [a,b]$ $(i = 1, 2, \cdots, n)$. 证明: 存在 $\xi \in [a,b]$, 使得

$$f(\xi) = \frac{f(x_1) + f(x_2) + \cdots + f(x_n)}{n}.$$

证明　不妨设

$$f(x_1) = \min\big\{f(x_1),\ f(x_2),\ \cdots,\ f(x_n)\big\},$$
$$f(x_n) = \max\big\{f(x_1),\ f(x_2),\ \cdots,\ f(x_n)\big\},$$

则

$$f(x_1) \leqslant \frac{f(x_1) + f(x_2) + \cdots + f(x_n)}{n} \leqslant f(x_n).$$

从而, 由定理 2.2.4 可知, 存在 $\xi \in [a,b]$ 使得

$$f(\xi) = \frac{f(x_1) + f(x_2) + \cdots + f(x_n)}{n}.$$ □

由复合函数的连续性可知, 当 f 与 g 都是连续函数时, $f \circ g$ 也是连续函数. 下面的例子表明, 在这一性质中, 函数 f 的连续性是必要的.

例 2.2.8　设 $g \in C\big([a,b]\big)$, f 在 g 的值域上有定义. 证明: 若 $f \circ g \in C\big([a,b]\big)$, 则 f 在 g 的值域上连续.

证明　因为 $g \in C\big([a,b]\big)$, 所以由定理 2.2.4 可知, g 的值域为 $[m, M]$, 其中

$$m = \min_{a \leqslant x \leqslant b} g(x), \quad M = \max_{a \leqslant x \leqslant b} g(x).$$

故只需证明: $f \in C\big([m, M]\big)$.

用反证法. 若存在 $u_0 \in [m, M]$, 使得 f 在点 u_0 处不连续, 则由定理 2.1.1 可知, 存在 $\varepsilon_0 > 0$ 和定义在 $[m, M]$ 上的数列 $\{u_n\}$, 使得 $\lim\limits_{n\to\infty} u_n = u_0$ 但

$$\big|f(u_n) - f(u_0)\big| \geqslant \varepsilon_0.$$

对任意的 $n \in \mathbb{N}$, 由 $u_n \in [m, M]$ 可知, 存在 $x_n \in [a, b]$, 使得

$$u_n = g(x_n).$$

根据 Bolzano-Weierstrass 定理, $\{x_n\}$ 存在收敛子列 $\{x_{n_k}\}$. 若记 $\lim\limits_{k\to\infty} x_{n_k} = x_0 \in [a, b]$, 则 g 在点 x_0 处连续. 故

$$u_0 = \lim_{k\to\infty} u_{n_k} = \lim_{k\to\infty} g(x_{n_k}) = g(x_0).$$

再由 $f \circ g$ 点 x_0 处连续可知

$$\lim_{k\to\infty} f(u_{n_k}) = \lim_{k\to\infty} f\big(g(x_{n_k})\big) = f\big(g(x_0)\big) = f(u_0).$$

这与

$$\big|f(u_{n_k}) - f(u_0)\big| \geqslant \varepsilon_0$$

矛盾. 故 $f \in C\big([m, M]\big)$. □

显然, 一致连续的函数一定是连续的, 但反之未必. 下面的定理说明了闭区间上连续函数的一致连续性.

定理 2.2.5 (Cantor 定理) *若 $f \in C\big([a, b]\big)$, 则 f 在 $[a, b]$ 上一致连续.*

证明 用反证法. 若 f 在闭区间 $[a, b]$ 上不一致连续, 则存在 $\varepsilon_0 > 0$, 使得对任意的 $\delta > 0$, 都存在 $x'_\delta, x''_\delta \in [a, b]$ 满足 $|x'_\delta - x''_\delta| < \delta$, 但

$$\big|f(x'_\delta) - f(x''_\delta)\big| \geqslant \varepsilon_0.$$

特别地, 对 $\delta = \dfrac{1}{n}$ $(n = 1, 2, \cdots)$, 存在 $x'_n, x''_n \in [a, b]$ 满足 $|x'_n - x''_n| < \dfrac{1}{n}$ 但

$$\big|f(x'_n) - f(x''_n)\big| \geqslant \varepsilon_0.$$

因为 $\{x'_n\}$ 是有界数列, 所以由 Bolzano-Weierstrass 定理可知, $\{x'_n\}$ 存在收敛子列 $\{x'_{n_k}\}$. 设其极限为 ξ, 则 $\xi \in [a, b]$ 且

$$\big|x''_{n_k} - \xi\big| \leqslant \big|x''_{n_k} - x'_{n_k}\big| + \big|x'_{n_k} - \xi\big| < \frac{1}{n_k} + \big|x'_{n_k} - \xi\big|.$$

这表明当 $k \to \infty$ 时, $\{x''_{n_k}\}$ 也收敛于 ξ. 于是, 若在不等式

$$\left|f(x'_{n_k}) - f(x''_{n_k})\right| \geqslant \varepsilon_0$$

两端令 $k \to \infty$ 取极限, 则由 f 的连续性可知

$$0 = \left|f(\xi) - f(\xi)\right| \geqslant \varepsilon_0 > 0.$$

这是一个矛盾. □

开区间上的连续函数未必一致连续 (见例 2.1.8). 下面的例子给出了开区间上一致连续的函数应具有的特征.

例 2.2.9 设函数 f 在有限开区间 (a,b) 上连续. 证明 f 在 (a,b) 上一致连续的充分必要条件是: $f(a+0)$ 与 $f(b-0)$ 都存在.

证明 (充分性) 设 $f(a+0)$ 与 $f(b-0)$ 都存在. 令

$$F(x) = \begin{cases} f(a+0), & x = a, \\ f(x), & x \in (a,b), \\ f(b-0), & x = b, \end{cases}$$

则 $F \in C\big([a,b]\big)$. 从而, 由定理 2.2.5 可知, F 在闭区间 $[a,b]$ 上一致连续. 故 F 在 (a,b) 上一致连续, 即 f 在 (a,b) 上一致连续.

(必要性) 设 f 在 (a,b) 上一致连续, 则对任意给定的 $\varepsilon > 0$, 都存在 $\delta \in (0, b-a)$, 使得对任意的 x', $x'' \in (a,b)$, 只要 $|x' - x''| < \delta$, 就有

$$|f(x') - f(x'')| < \varepsilon.$$

特别地, 对任意的 x', $x'' \in (a, a+\delta)$, 必有 $|x' - x''| < \delta$. 从而,

$$|f(x') - f(x'')| < \varepsilon.$$

于是, 由函数单侧极限的 Cauchy 收敛原理可知, 极限 $f(a+0) = \lim\limits_{x\to a+} f(x)$ 存在.

同理可证, $f(b-0) = \lim\limits_{x\to b-} f(x)$ 存在. □

例 2.2.10 设 $f \in C\big([a,+\infty)\big)$. 证明: 若极限 $\lim\limits_{x\to+\infty} f(x)$ 存在, 则 f 在 $[a, +\infty)$ 上一致连续.

证明 若极限 $\lim\limits_{x\to+\infty} f(x)$ 存在, 则由函数极限的 Cauchy 收敛原理可知, 对任意给定的 $\varepsilon > 0$, 都存在 $X > a$, 使得对任意的 x', $x'' \geqslant X$ 都有

$$\left|f(x') - f(x'')\right| < \varepsilon.$$

另一方面, 由定理 2.2.5 可知, f 在 $[a, X+1]$ 上一致连续. 因此, 对上述 $\varepsilon>0$, 存在 $\delta \in (0,1)$, 使得对任意的 x', $x'' \in [a, X+1]$, 只要 $|x'-x''|<\delta$, 就有

$$\left|f(x')-f(x'')\right|<\varepsilon.$$

注意到, 当 x', $x'' \in [a,+\infty)$ 且 $|x'-x''|<\delta$ 时, 必有 x', $x'' \in [a, X+1]$ 或 x', $x'' \in [X,+\infty)$. 故

$$\left|f(x')-f(x'')\right|<\varepsilon$$

恒成立. 这表明 f 在 $[a,+\infty)$ 上一致连续. □

例 2.2.11 证明: 函数 $f(x)=\sqrt{x}$ 在 $[0,+\infty)$ 上一致连续.

证明 (法一) 由定理 2.2.5 可知, $f(x)=\sqrt{x}$ 在 $[0,2]$ 上一致连续. 又因为

$$\left|\sqrt{x'}-\sqrt{x''}\right|=\frac{|x'-x''|}{\left|\sqrt{x'}+\sqrt{x''}\right|}\leqslant |x'-x''|, \quad x', x'' \in [1,+\infty),$$

所以 $f(x)=\sqrt{x}$ 在 $[1,+\infty)$ 上 Lipschitz 连续. 故 $f(x)=\sqrt{x}$ 在 $[0,+\infty)$ 上一致连续.

(法二) 对 $[0,+\infty)$ 中的任意数列 $\{x_n'\}$, $\{x_n''\}$, 由

$$\left|\sqrt{x_n'}-\sqrt{x_n''}\right|\leqslant\sqrt{|x_n'-x_n''|}$$

可知, 只要 $\lim\limits_{n\to\infty}\left(x_n'-x_n''\right)=0$, 就有 $\lim\limits_{n\to\infty}\left(\sqrt{x_n'}-\sqrt{x_n''}\right)=0$. 从而, 根据定理 2.1.4, $f(x)=\sqrt{x}$ 在 $[0,+\infty)$ 上一致连续. □

注记 2.2.1 例 2.2.10 给出了无限区间上连续函数一致连续的充分条件, 但例 2.2.11 则表明这一条件不是必要的.

2.3 指数函数、对数函数、幂函数

我们在中学阶段就已经初步学习了指数函数、对数函数、幂函数等基本初等函数, 它们都是微积分的主要研究对象. 在中学数学中, 通常先引入指数函数, 然后将对数函数定义为指数函数的反函数; 而部分初等微积分教材则是利用变上限积分先定义对数函数, 再将指数函数定义为对数函数的反函数. 但是, 中学数学课程并没有严格定义指数函数, 而初等微积分教材则往往都在引入变上限积分之前就已经多次使用指数函数, 容易引起循环定义的嫌疑. 在本节中, 我们将借助实数系基本定理给出指数函数、对数函数、幂函数的严格定义, 并证明其在定义域中的连续性.

2.3.1 指数函数

我们首先从最基本的代数运算出发, 利用确界存在定理严格定义**指数函数**

$$y = a^x, \quad x \in (-\infty, +\infty),$$

其中 $a > 0$ 且 $a \neq 1$, 并证明其如下基本性质:

(1) $a^0 = 1$.

(2) 对任意的 $x \in (-\infty, +\infty)$ 都有 $a^x > 0$.

(3) 对任意的 $x_1, x_2 \in (-\infty, +\infty)$ 都有 $a^{x_1+x_2} = a^{x_1}a^{x_2}$.

(4) 当 $a > 1$ 时, $y = a^x$ 在 $(-\infty, +\infty)$ 上严格单调增加; 当 $0 < a < 1$ 时, $y = a^x$ 在 $(-\infty, +\infty)$ 上严格单调减少.

先讨论底数 $a > 1$ 的情形. 我们将按照 $x \in \mathbb{Z}$, $x \in \mathbb{Q}$ 以及 $x \in \mathbb{R}$ 的次序逐步扩充定义指数函数 $y = a^x$.

第 1 步 当 $x \in \mathbb{Z}$ 时, $y = a^x$ 的定义. 首先, 我们可以用数学归纳法定义:

$$a^1 = a, \quad a^{n+1} = a^n \cdot a \quad (n = 1, 2, \cdots), \tag{2.1}$$

即 $y = a^x$ 在自然数集 $\mathbb{N}$ 上可定义. 显然, 由这一定义可得

$$a^{m-n} = \frac{a^m}{a^n} \quad (m, n = 1, 2, \cdots \text{ 且 } m > n).$$

这启发我们按照如下方式定义 $y = a^x$ 在 $\mathbb{Z}\backslash\mathbb{N}$ 上的值:

$$a^0 = 1, \quad a^{-n} = \frac{1}{a^n} \quad (n = 1, 2, \cdots).$$

从而, 我们给出了指数函数 $y = a^x$ 在整数集 $\mathbb{Z}$ 上的完整定义, 且容易验证性质 (1)—(4) 在 $\mathbb{Z}$ 上成立. 同时, 我们还可以推出

$$a^{x_1x_2} = \left(a^{x_1}\right)^{x_2} = \left(a^{x_2}\right)^{x_1}, \quad x_1, x_2 \in \mathbb{Z}. \tag{2.2}$$

第 2 步 当 $x \in \mathbb{Q}$ 时, $y = a^x$ 的定义. 为了将 $y = a^x$ 的定义域从整数集 $\mathbb{Z}$ 扩充到有理数集 $\mathbb{Q}$, 我们首先证明如下引理:

引理 2.3.1 (算术根的存在唯一性) 设 $a > 1$ 且 $n \in \mathbb{N}$, 则存在唯一的 $b > 1$ 使得 $a = b^n$. 称 b 为 a 的 n 次算术根, 记为 $b = a^{\frac{1}{n}}$ 或 $b = \sqrt[n]{a}$.

证明 记 $S = \left\{x \in \mathbb{R} \,\middle|\, x \geqslant 1,\ x^n < a\right\}$. 因为 $a > 1$, 所以 $1 \in S$, 即 $S \neq \varnothing$. 另一方面, 对任意的 $x \in S$, 由第 1 步的定义可知, $x \leqslant x^n < a$, 即 a 是 S 的一个上界. 于是, 由确界存在定理可知, S 存在上确界, 记 $b = \sup S$. 显然, $b > 1$.

我们断言: $b^n = a$. 事实上, 若 $b^n < a$, 则存在 $\delta_1 > 0$ 使得 $(b+\delta_1)^n < a$. 故 $(b+\delta_1) \in S$. 这与 b 是 S 的上界矛盾. 另一方面, 若 $b^n > a$, 则存在 $\delta_2 > 0$ 使得 $(b-\delta_2)^n > a$. 从而, 对任意的 $x \in S$ 都有 $x^n < (b-\delta_2)^n$, 即 $x < b-\delta_2$. 故 $b-\delta_2$ 是 S 的一个上界. 这与 b 是 S 的最小上界矛盾. 综上可知, $b^n = a$. □

我们现在在有理数集 $\mathbb{Q}$ 上定义指数函数 $y = a^x$. 注意到, 对任意的 $n \in \mathbb{N}$, $m \in \mathbb{Z}$, 由引理 2.3.1 及第 1 步的定义可知, $\left(a^{\frac{1}{n}}\right)^m$ 是有意义的, 所以我们定义

$$a^{\frac{m}{n}} = \left(a^{\frac{1}{n}}\right)^m. \tag{2.3}$$

由于 m, n 未必互质, 为了说明这个定义的合理性, 我们只需证明: 对任意的 $k \in \mathbb{N}$ 都有

$$a^{\frac{mk}{nk}} = a^{\frac{m}{n}}. \tag{2.4}$$

事实上, 根据 (2.3), (2.2) 和 (2.1) 可知

$$\left(a^{\frac{mk}{nk}}\right)^{nk} = \left(\left(a^{\frac{1}{nk}}\right)^{mk}\right)^{nk} = \left(\left(a^{\frac{1}{nk}}\right)^{nk}\right)^{mk} = a^{mk}$$

及

$$\left(a^{\frac{m}{n}}\right)^{nk} = \left(\left(a^{\frac{1}{n}}\right)^{m}\right)^{nk} = \left(\left(a^{\frac{1}{n}}\right)^{n}\right)^{mk} = a^{mk},$$

即

$$\left(a^{\frac{mk}{nk}}\right)^{nk} = \left(a^{\frac{m}{n}}\right)^{nk}.$$

由此可见, (2.4) 成立. 从而, 对任意给定的 $x \in \mathbb{Q}$, 我们定义

$$a^x = a^{\frac{m}{n}},$$

其中 $x = \dfrac{m}{n}$, 这里 $n \in \mathbb{N}$, $m \in \mathbb{Z}$, 且 n 与 m 互质.

我们现在证明性质 (1)—(4) 在 $\mathbb{Q}$ 上成立. 事实上, 性质 (1), (2) 显然成立. 性质 (3) 可验证如下: 对任意给定的 $x_1, x_2 \in \mathbb{Q}$, 不妨设 $x_1 = \dfrac{m_1}{n_1}$, $x_2 = \dfrac{m_2}{n_2}$, 其中 $n_1, n_2 \in \mathbb{N}$, $m_1, m_2 \in \mathbb{Z}$. 于是, 由 (2.3) 和 (2.2) 可知

$$\begin{aligned}
a^{x_1+x_2} &= a^{\frac{m_1}{n_1}+\frac{m_2}{n_2}} = a^{\frac{m_1n_2+m_2n_1}{n_1n_2}} \\
&= \left(a^{\frac{1}{n_1n_2}}\right)^{m_1n_2+m_2n_1} \\
&= \left(a^{\frac{1}{n_1n_2}}\right)^{m_1n_2}\left(a^{\frac{1}{n_1n_2}}\right)^{m_2n_1} \\
&= a^{\frac{m_1n_2}{n_1n_2}}a^{\frac{m_2n_1}{n_1n_2}} = a^{\frac{m_1}{n_1}}a^{\frac{m_2}{n_2}} = a^{x_1}a^{x_2}.
\end{aligned}$$

为了验证性质 (4), 首先注意到, 因为 $a > 1$, 所以由引理 2.3.1 可知, $a^{\frac{1}{n}} > 1$ $(n = 1, 2, \cdots)$. 从而, 对任意的 $m, n \in \mathbb{N}$ 都有 $a^{\frac{m}{n}} = \left(a^{\frac{1}{n}}\right)^m > 1$, 即对任意的 $r \in \mathbb{Q}^+$ 都有 $a^r > 1$. 进而, 对任意的 $x_1, x_2 \in \mathbb{Q}$, 若 $x_1 < x_2$, 则根据性质 (2), (3) 必有

$$a^{x_1} < a^{x_1} a^{x_2 - x_1} = a^{x_1 + (x_2 - x_1)} = a^{x_2},$$

即性质 (4) 在 $\mathbb{Q}$ 上成立.

第 3 步 当 $x \in \mathbb{R}$ 时, $y = a^x$ 的定义. 事实上, 对任意给定的 $x \in \mathbb{R}$, 根据第 2 步定义的性质 (4) 可知, 集合

$$\left\{a^r \,\middle|\, r \in \mathbb{Q},\ r < x\right\}$$

是非空有上界的数集, 故其上确界存在. 从而, 我们可以定义

$$a^x = \sup\left\{a^r \,\middle|\, r \in \mathbb{Q},\ r < x\right\}, \quad x \in \mathbb{R}.$$

我们现在证明性质 (1)—(4) 在实数集 $\mathbb{R}$ 上成立. 首先, 性质 (1), (2) 显然成立. 为了证明性质 (3), 我们任意给定 $x_1, x_2 \in \mathbb{R}$. 注意到, 对任意的 $r \in \mathbb{Q}$, 若 $r < x_1 + x_2$, 则存在 $r_1, r_2 \in \mathbb{Q}$, 使得 $r_1 < x_1$, $r_2 < x_2$ 且 $r_1 + r_2 = r$. 故由第 2 步定义的性质 (3) 可知

$$a^r = a^{r_1 + r_2} = a^{r_1} a^{r_2} < a^{x_1} a^{x_2}.$$

这表明,

$$a^{x_1 + x_2} = \sup\left\{a^r \,\middle|\, r \in \mathbb{Q},\ r < x_1 + x_2\right\} \leqslant a^{x_1} a^{x_2}. \tag{2.5}$$

另一方面, 对任意的 $r_1, r_2 \in \mathbb{Q}$, 若 $r_1 < x_1$, $r_2 < x_2$, 则可再次利用第 2 步定义的性质 (3) 得

$$a^{r_1} a^{r_2} = a^{r_1 + r_2} \leqslant a^{x_1 + x_2}.$$

在上式中依次对 $r_1 < x_1$, $r_1 \in \mathbb{Q}$ 和 $r_2 < x_2$, $r_2 \in \mathbb{Q}$ 取上确界即得

$$a^{x_1} a^{x_2} \leqslant a^{x_1 + x_2}. \tag{2.6}$$

于是, 由 (2.5) 与 (2.6) 可知, 性质 (3) 在 $\mathbb{R}$ 上成立. 为了证明性质 (4), 我们任意给定 $x_1, x_2 \in \mathbb{R}$ 且不妨设 $x_1 < x_2$. 根据有理数的稠密性, 存在 $r_1, r_2 \in \mathbb{Q}$ 使得

$$x_1 < r_1 < r_2 < x_2,$$

从而, 由第 2 步定义的性质 (4) 和第 3 步的定义可知

$$a^{x_1} < a^{r_1} < a^{r_2} < a^{x_2}.$$

这表明性质 (4) 在 $\mathbb{R}$ 上成立.

至此, 我们就完成了底数 $a>1$ 情形的指数函数 $y=a^x$ 在 $\mathbb{R}$ 上的定义及其基本性质 (1)—(4) 的证明. 对于底数 $0<a<1$ 的情形, 因为 $\dfrac{1}{a}>1$, 所以我们可以将指数函数 $y=a^x$ 定义为

$$a^x=\left(\frac{1}{a}\right)^{-x},\quad x\in\mathbb{R}.$$

根据 $a>1$ 情形的指数函数在 $\mathbb{R}$ 上的基本性质, 我们很容易证明: 当 $0<a<1$ 时, $y=a^x$ 在 $\mathbb{R}$ 上仍满足性质 (1)—(4).

注记 2.3.1 我们将以

$$\sum_{n=0}^{\infty}\frac{1}{n!}$$

为底的指数函数记为 e^x. 容易证明

$$\mathrm{e}^x=\lim_{n\to\infty}\left(1+\frac{x}{n}\right)^n,$$

它是数学中最重要的函数之一.

例 2.3.1 设 $a>1$. 证明: 当 $|x|<1$ 时, 有

$$\left|a^x-1\right|\leqslant(a-1)|x|.$$

证明 首先考虑 $x\in\mathbb{Q}$ 情形. 当 $x=0$ 时, 结论显然成立; 当 $x\in(0,1)$ 时, 设 $x=\dfrac{m}{n}$, 其中 $m,n\in\mathbb{N}$ 且 $m<n$. 由算术-几何平均不等式可得

$$a^x=(a^m)^{\frac{1}{n}}=(a^m\cdot1^{n-m})^{\frac{1}{n}}\leqslant\frac{ma+n-m}{n}=\frac{m}{n}(a-1)+1=(a-1)x+1.$$

故

$$0<a^x-1\leqslant(a-1)x.$$

当 $x=-t\in(-1,0)$ 时, $t=-x\in(0,1)$, 故

$$\left|a^x-1\right|=\left|a^{-t}-1\right|=\frac{a^t-1}{a^t}<a^t-1\leqslant(a-1)t=(a-1)|x|.$$

从而, 当 $x\in\mathbb{Q}$ 且 $|x|<1$ 时, 结论成立.

现在考虑 $x\in\mathbb{R}$ 情形. 对任意给定的 $x\in\mathbb{R}$ 且 $|x|<1$, 都存在单调增加的有理数列 $\left\{x_n\right\}$ 使得

$$\lim_{n\to\infty} x_n = x, \quad x_n < x \quad 且 \quad |x_n| < 1 \quad (n = 1, 2, \cdots).$$

于是, 由指数函数的定义可知

$$a^x = \sup\left\{a^r \,\middle|\, r \in \mathbb{Q},\ r < x\right\} = \lim_{n\to\infty} a^{x_n},$$

且由 $x \in \mathbb{Q}$ 情形的结论可知

$$\left|a^{x_n} - 1\right| \leqslant (a-1)|x_n|.$$

从而, 在上式两端令 $n \to \infty$ 取极限即得

$$\left|a^x - 1\right| \leqslant (a-1)|x|. \qquad \square$$

定理 2.3.1　*若 $a > 0$ 且 $a \neq 1$, 则指数函数 $y = a^x$ 在定义域 $(-\infty, +\infty)$ 上连续.*

证明　当 $a > 1$ 时, 对任意给定的 $x_0 \in (-\infty, +\infty)$, 由例 2.3.1 可知

$$\left|a^x - a^{x_0}\right| = a^{x_0}\left|a^{x-x_0} - 1\right| \leqslant (a-1)a^{x_0}|x - x_0|, \quad x \in (x_0 - 1, x_0 + 1).$$

于是,

$$\lim_{x\to x_0} a^x = a^{x_0}.$$

这表明, $y = a^x$ 在点 x_0 处连续. 从而, 根据 x_0 的任意性可得, $y = a^x$ 在 $(-\infty, +\infty)$ 上连续.

当 $0 < a < 1$ 时, $\dfrac{1}{a} > 1$. 故由上述结论可知, $y = \left(\dfrac{1}{a}\right)^x$ 在 $(-\infty, +\infty)$ 上连续. 于是,

$$y = a^x = \left(\frac{1}{a}\right)^{-x} = \left(\left(\frac{1}{a}\right)^x\right)^{-1}$$

在 $(-\infty, +\infty)$ 上连续. $\square$

2.3.2　对数函数

在历史上, 对数的出现其实早于指数. 引入对数的目的是将乘法运算转化为简单得多的加法运算. 在初等微积分课程中, 对数有两种常用的定义方法: 一是利用变上限积分将自然对数定义为

$$\ln x = \int_1^x \frac{1}{t}\mathrm{d}t, \quad x > 0,$$

再将 $a>0$ 且 $a\neq 1$ 情形的对数定义为

$$\log_a x=\frac{\ln x}{\ln a};$$

二是将对数函数定义为指数函数的反函数. 前一种定义方式更简洁, 但这一过程依赖于微分和积分的诸多性质, 所以我们以指数函数的定义为基础对后一种定义方式作相应的说明.

因为指数函数 $y=a^x$ $(a>0,a\neq 1)$ 在 $(-\infty,+\infty)$ 上严格单调且值域为 $(0,+\infty)$, 所以存在定义在 $(0,+\infty)$ 上的反函数. 记 $y=a^x$ $(a>0,a\neq 1)$ 的反函数为 $y=\log_a x$, 称为**对数函数**, 其定义域是指数函数的值域. 特别地, 以 e 为底的对数称为自然对数, 简记为 $y=\ln x$.

由指数函数 $y=a^x$ 的性质 (1)—(4) 及定理 2.3.1 立即可以推出对数函数的相应性质:

(1) $\log_a 1=0$.

(2) $\log_a x$ 的定义域为 $(0,+\infty)$.

(3) 对任意的 $x_1,x_2\in(0,+\infty)$ 都有 $\log_a(x_1x_2)=\log_a x_1+\log_a x_2$.

(4) 当 $a>1$ 时, $y=\log_a x$ 在 $(0,+\infty)$ 上严格单调增加; 当 $0<a<1$ 时, $y=\log_a x$ 在 $(0,+\infty)$ 上严格单调减少.

(5) 对数函数 $y=\log_a x$ 在定义域 $(0,+\infty)$ 上连续.

2.3.3 幂函数

一旦有了指数函数和对数函数的定义, 我们可以将**幂函数** $y=x^\alpha$ $(x>0)$ 定义为指数函数与对数函数的复合

$$x^\alpha=\mathrm{e}^{\alpha\ln x},\quad x>0,$$

并得到幂函数 $y=x^\alpha$ 在其定义域内的连续性.

值得注意的是, 幂函数 $y=x^\alpha$ 的定义域、对应法则和特性均与 α 的取值范围有关.

当 α 为有理数时, 也可采用类似于定义指数函数的方式, 直接由四则运算与开方定义幂函数:

- 当 α 为正整数 n 时, $y=x^\alpha$ 定义为 $y=x^n\,(=\overbrace{x\cdot x\cdot\cdots\cdot x}^{n\text{个}x}),\ x\in\mathbb{R}$;
- 当 α 为负整数 $-n$ 时, $y=x^\alpha$ 定义为 $y=\dfrac{1}{x^n},\ x\neq 0$;
- 当 $\alpha=0$ 时, $y=x^\alpha$ 定义为 $y=1,\ x\neq 0$;

- 当 α 为有理数 $\dfrac{m}{n}$ ($n \in \mathbb{Z}^+$, $m \in \mathbb{Z}$, $m \neq 0, n$ 与 $|m|$ 互素) 时, $y = x^\alpha$ 定义为

$$y = \left(x^{\frac{1}{n}}\right)^m, \quad \begin{cases} x \in \mathbb{R}, & \text{若 } n \text{ 为正奇数}, m \text{ 为正整数}, \\ x \neq 0, & \text{若 } n \text{ 为正奇数}, m \text{ 为负整数}, \\ x \geqslant 0, & \text{若 } n \text{ 为正偶数}, m \text{ 为正整数}, \\ x > 0, & \text{若 } n \text{ 为正偶数}, m \text{ 为负整数}. \end{cases}$$

2.4 有界变差函数简介

在本节中, 我们简要介绍一类重要的函数——有界变差函数, 这是 Jordan 首先引入的. 有界变差函数类不仅在许多数学分析问题中有重要意义, 而且在偏微分方程、图像处理等领域中也有广泛应用.

定义 2.4.1 (有界变差函数) 设函数 f 定义在闭区间 $[a,b]$ 上. 对区间 $[a,b]$ 的任一分割

$$P: \quad a = x_0 < x_1 < \cdots < x_n = b,$$

称对应于各子区间的函数增量的绝对值之和

$$v_P = \sum_{i=1}^{n} \left| f(x_i) - f(x_{i-1}) \right|$$

为函数 f 在区间 $[a,b]$ 上的变差, 而称

$$\bigvee_a^b(f) = \sup\left\{ v_P \,\middle|\, P \text{ 为}[a,b] \text{ 的一个分割} \right\}$$

为 f 在区间 $[a,b]$ 上的全变差. 若

$$\bigvee_a^b(f) < +\infty,$$

则称 f 是 $[a,b]$ 上的有界变差函数, 并用 $\mathrm{BV}([a,b])$ 表示 $[a,b]$ 上的全体有界变差函数所组成的集合.

由定义容易看出, $\mathrm{BV}([a,b])$ 按照函数通常的加法与数乘运算构成一个线性空间.

例 2.4.1 若 f 是区间 $[a,b]$ 上的单调函数, 则 $f \in \mathrm{BV}([a,b])$.

证明 对区间 $[a,b]$ 的任一分割

$$P:\quad a=x_0<x_1<\cdots<x_n=b,$$

都有

$$v_P=\sum_{i=1}^{n}\left|f(x_i)-f(x_{i-1})\right|=\left|\sum_{i=1}^{n}f(x_i)-f(x_{i-1})\right|=|f(b)-f(a)|.$$

从而,

$$\bigvee_a^b(f)=|f(b)-f(a)|<+\infty,\quad 即\quad f\in \mathrm{BV}([a,b]).$$ □

例 2.4.2 设 φ 是 $[a,b]$ 上的 Riemann 可积函数. 定义函数

$$f(x)=\int_a^x\varphi(t)\mathrm{d}t,\quad x\in[a,b].$$

证明: $f\in \mathrm{BV}([a,b])$ 且满足

$$\bigvee_a^b(f)\leqslant\int_a^b|\varphi(t)|\mathrm{d}t.$$

证明 对区间 $[a,b]$ 的任一分割

$$P:\quad a=x_0<x_1<\cdots<x_n=b,$$

都有

$$v_P=\sum_{i=1}^{n}\left|f(x_i)-f(x_{i-1})\right|=\sum_{i=1}^{n}\left|\int_{x_{i-1}}^{x_i}\varphi(t)\mathrm{d}t\right|\leqslant\sum_{i=1}^{n}\int_{x_{i-1}}^{x_i}|\varphi(t)|\mathrm{d}t=\int_a^b|\varphi(t)|\mathrm{d}t.$$

从而,

$$\bigvee_a^b(f)\leqslant\int_a^b|\varphi(t)|\mathrm{d}t<+\infty,\quad 即\quad f\in \mathrm{BV}([a,b]).$$ □

例 2.4.3 证明: 若函数 f 在区间 $[a,b]$ 上 Lipschitz 连续, 则 $f\in \mathrm{BV}([a,b])$. 特别地, 若函数 f 在区间 $[a,b]$ 上有有界的导数, 则 $f\in \mathrm{BV}([a,b])$.

证明　根据函数 Lipschitz 连续的定义, 存在 $M>0$ 使得

$$\left|f(x')-f(x'')\right|\leqslant M\left|x'-x''\right|,\quad x',x''\in[a,b].$$

于是, 对区间 $[a,b]$ 的任一分割

$$P:\quad a=x_0<x_1<\cdots<x_n=b,$$

都有

$$v_P=\sum_{i=1}^{n}\left|f(x_i)-f(x_{i-1})\right|\leqslant M\sum_{i=1}^{n}(x_i-x_{i-1})=M(b-a).$$

从而,

$$\bigvee_a^b(f)\leqslant M(b-a)<+\infty,\quad 即\quad f\in\mathrm{BV}([a,b]).$$ □

下面的例子表明, 连续函数未必是有界变差函数.

例 2.4.4　设

$$f(x)=\begin{cases}x\sin\dfrac{\pi}{x}, & 0<x\leqslant 1,\\ 0, & x=0.\end{cases}$$

证明: $f\notin\mathrm{BV}([0,1])$.

证明　对区间 $[0,1]$ 作分割

$$P:\quad 0=x_0<x_1=\frac{2}{2n-1}<x_2=\frac{2}{2n-3}<\cdots<x_{n-1}=\frac{2}{3}<x_n=1,$$

则

$$\begin{aligned}v_P&=\sum_{i=1}^{n}\left|f(x_i)-f(x_{i-1})\right|\\&=\frac{2}{2n-1}+\left(\frac{2}{2n-1}+\frac{2}{2n-3}\right)+\cdots+\left(\frac{2}{5}+\frac{2}{3}\right)+\frac{2}{3}\\&=2\sum_{i=2}^{n}\frac{2}{2i-1}.\end{aligned}$$

由于当 $n\to\infty$ 时有 $v_P\to+\infty$, 所以 $\bigvee_a^b(f)=+\infty$. 故 $f\notin\mathrm{BV}([0,1])$. □

定理 2.4.1 若 $f\in \mathrm{BV}([a,b])$, $c\in[a,b]$, 则

$$\bigvee_a^b(f)=\bigvee_a^c(f)+\bigvee_c^b(f).$$

证明 设 P 是 $[a,b]$ 的任一给定的分割. 若 c 是 P 的分点: $a=x_0<x_1<\cdots<x_k=c<x_{k+1}<\cdots<x_n=b$, 则

$$\begin{aligned}
v_P&=\sum_{i=1}^{n}\left|f(x_i)-f(x_{i-1})\right|\\
&=\sum_{i=1}^{k}\left|f(x_i)-f(x_{i-1})\right|+\sum_{i=k+1}^{n}\left|f(x_i)-f(x_{i-1})\right|\\
&\leqslant\bigvee_a^c(f)+\bigvee_c^b(f);
\end{aligned}$$

若 c 不是分划 P 的分点, 则可将 c 当作分点插入分割 P 得到新的分割 P'. 于是,

$$v_P\leqslant v_{P'}\leqslant\bigvee_a^c(f)+\bigvee_c^b(f).$$

从而, 根据分割 P 的任意性, 我们证得

$$\bigvee_a^b(f)\leqslant\bigvee_a^c(f)+\bigvee_c^b(f).$$

另一方面, 因为 $f\in\mathrm{BV}([a,b])$, 所以 $f\in\mathrm{BV}([a,c])$ 且 $f\in\mathrm{BV}([c,b])$. 于是, 对任意给定的 $\varepsilon>0$, 必存在 $[a,c]$ 的分割 $P': a=x_0'<x_1'<\cdots<x_m'=c$ 使得

$$\sum_{i=1}^{m}\left|f(x_i')-f(x_{i-1}')\right|>\bigvee_a^c(f)-\frac{\varepsilon}{2};$$

也存在 $[c,b]$ 的分割 $P'': c=x_0''<x_1''<\cdots<x_n''=b$ 使得

$$\sum_{i=1}^{n}\left|f(x_i'')-f(x_{i-1}'')\right|>\bigvee_c^b(f)-\frac{\varepsilon}{2}.$$

若记 $P'\cup P''$ 是由 P' 与 P'' 的分点合并而成的 $[a,b]$ 的分割, 且将合并后的分点记为 $\{x_k\}_{k=1}^{m+n}$, 则有

$$\bigvee_a^b(f)\geqslant\sum_{k=1}^{m+n}\left|f(x_k)-f(x_{k-1})\right|$$

$$= \sum_{i=1}^{m} \left| f(x_i') - f(x_{i-1}') \right| + \sum_{i=1}^{n} \left| f(x_i'') - f(x_{i-1}'') \right|$$

$$> \bigvee_a^c (f) + \bigvee_c^b (f) - \varepsilon.$$

从而, 由 ε 的任意性可知

$$\bigvee_a^b (f) \geqslant \bigvee_a^c (f) + \bigvee_c^b (f).$$

这就完成了定理 2.4.1 的证明. □

定理 2.4.2 $f \in \mathrm{BV}([a,b])$ 的充分必要条件是: 存在 $[a,b]$ 上的单调增加函数 F, 使得

$$\left| f(x'') - f(x') \right| \leqslant F(x'') - F(x'), \quad x', x'' \in [a,b] \text{ 且 } x' < x''.$$

证明 (必要性) 若 $f \in \mathrm{BV}([a,b])$, 则可定义

$$F(x) = \bigvee_a^x (f), \quad x \in [a,b].$$

显然, F 在 $[a,b]$ 上单调增加. 从而, 对任意的 $x', x'' \in [a,b]$, 若 $x' < x''$, 则

$$\left| f(x'') - f(x') \right| \leqslant \bigvee_{x'}^{x''} (f) = \bigvee_a^{x''} (f) - \bigvee_a^{x'} (f) = F(x'') - F(x').$$

(充分性) 根据已知条件, 对区间 $[a,b]$ 的任一分割

$$P: \quad a = x_0 < x_1 < \cdots < x_n = b,$$

都有

$$\sum_{i=1}^{n} \left| f(x_i) - f(x_{i-1}) \right| \leqslant \sum_{i=1}^{n} \big(F(x_i) - F(x_{i-1}) \big) = F(b) - F(a).$$

这表明, $f \in \mathrm{BV}([a,b])$. □

定理 2.4.3 (Jordan 分解定理) $f \in \mathrm{BV}([a,b])$ 的充分必要条件是: f 可以表示为两个单调增加函数的差, 即 $f = g - h$, 其中 g 与 h 为 $[a,b]$ 上的单调增加函数.

证明 (必要性) 设 $f \in \mathrm{BV}([a,b])$. 令

$$g(x) = \frac{1}{2}\bigvee_a^x(f) + \frac{1}{2}f(x), \quad h(x) = \frac{1}{2}\bigvee_a^x(f) - \frac{1}{2}f(x),$$

则 $f(x) = g(x) - h(x)$, 且当 $a \leqslant x \leqslant y \leqslant b$ 时由定理 2.4.1 知

$$2\big(h(y) - h(x)\big) = \bigvee_a^y(f) - \bigvee_a^x(f) - f(y) + f(x) \geqslant \bigvee_x^y(f) - |f(y) - f(x)| \geqslant 0,$$

即 h 在 $[a,b]$ 上单调增加. 类似地, g 在 $[a,b]$ 上也单调增加.

(充分性) 设 $f(x) = g(x) - h(x)$, 其中 g, h 是 $[a,b]$ 上单调增加的函数. 由例 2.4.1 可知, $g, h \in \mathrm{BV}([a,b])$. 从而, $f \in \mathrm{BV}([a,b])$. □

利用定理 2.4.3 及习题 2 第 5 题立即可得

推论 2.4.1 *若 $f \in \mathrm{BV}([a,b])$, 则 f 在区间 $[a,b]$ 上任一点的单侧极限都存在.*

当 $f \in \mathrm{BV}([a,b])$ 时, 定理 2.4.2 的证明中构造的函数

$$F(x) = \bigvee_a^x(f), \quad x \in [a,b]$$

是 $[a,b]$ 上的单调增加函数. 下述定理给出了 F 的连续性.

定理 2.4.4 *设 $f \in \mathrm{BV}([a,b])$. 若 f 在点 $x_0 \in [a,b]$ 处连续, 则函数*

$$F(x) = \bigvee_a^x(f)$$

在点 x_0 处也连续. 特别地, 若 $f \in \mathrm{BV}([a,b]) \cap C([a,b])$, 则 $F \in C([a,b])$.

证明 首先证明: 当 $x_0 \in [a,b)$ 时, F 在点 x_0 处右连续. 事实上, 对任意给定的 $\varepsilon > 0$, 都存在分割

$$P: a \leqslant x_0 < x_1 < \cdots < x_n = b$$

使得

$$v_P = \sum_{i=1}^n \big|f(x_i) - f(x_{i-1})\big| > \bigvee_{x_0}^b(f) - \frac{\varepsilon}{2}.$$

由于 f 在点 x_0 处连续, 不妨设 x_1 满足

$$\big|f(x_1) - f(x_0)\big| < \frac{\varepsilon}{2}$$

(若不然, 可在 $[x_0,x_1]$ 中插入新的分点 x_1' 使得上式成立, 而对应的和式 v_P 不会减少). 结合上述两个不等式可得

$$\begin{aligned}\bigvee_{x_0}^{b}(f) &< \sum_{i=1}^{n}\left|f(x_i)-f(x_{i-1})\right|+\frac{\varepsilon}{2}\\ &< \sum_{i=2}^{n}\left|f(x_i)-f(x_{i-1})\right|+\varepsilon \leqslant \bigvee_{x_1}^{b}(f)+\varepsilon.\end{aligned}$$

从而, 由定理 2.4.1 可知

$$F(x_1)-F(x_0)=\bigvee_{x_0}^{x_1}(f)<\varepsilon.$$

又因为 F 在 $[a,b]$ 上单调增加, 所以

$$0\leqslant F(x_0+0)-F(x_0)<\varepsilon.$$

由 ε 的任意性可知

$$F(x_0+0)=F(x_0).$$

即 F 在点 x_0 处右连续.

类似地可以证明: 当 $x_0\in(a,b]$ 时, F 在点 x_0 处左连续. 综上可知, F 在点 x_0 处连续. □

我们在实分析课程中还将进一步证明: 若 $f\in \mathrm{BV}([a,b])$, 则 f “几乎处处”可微且

$$\left(\bigvee_{a}^{x}(f)\right)'(x)=\left|f'(x)\right| \quad \text{a.e.} \quad x\in[a,b].$$

这一性质可以推广到平面区域的情形, 进而为许多著名的图像处理模型 (如 Mumford-Shah 图像分割模型等) 提供必要的数学基础.

作为本节的结束, 我们介绍有界变差函数在曲线可求长问题上的应用. 事实上, 这正是 Jordan 引入有界变差函数概念的背景. 设空间曲线 Γ 没有重点, 其参数方程为

$$\Gamma:\quad \begin{cases} x=x(t),\\ y=y(t), \quad t\in[\alpha,\beta],\\ z=z(t),\end{cases} \tag{2.7}$$

其中 x,y 及 z 都是区间 $[\alpha,\beta]$ 上的连续函数. 关于曲线 Γ 是否可求长, 我们有如下判定:

定理 2.4.5 (Jordan 定理) 设曲线 Γ 的参数方程为 (2.7), 则 Γ 可求长的充分必要条件是: $x, y, z \in \mathrm{BV}([\alpha,\beta])$.

证明 (充分性) 设 $x,y,z \in \mathrm{BV}([\alpha,\beta])$ 且记 $\mathcal{P}_0\big(x(\alpha),y(\alpha),z(\alpha)\big)$, $\mathcal{P}_n\big(x(\beta),y(\beta),z(\beta)\big)$. 在曲线 Γ 上依次任意插入分点 $\mathcal{P}_i\big(x(t_i),y(t_i),z(t_i)\big)$ $(i=1,2,\cdots,n-1)$, 相应的内接折线的周长为

$$s_n=\sum_{i=1}^{n}\sqrt{\big(x(t_i)-x(t_{i-1})\big)^2+\big(y(t_i)-y(t_{i-1})\big)^2+\big(z(t_i)-z(t_{i-1})\big)^2}.$$

于是,

$$\begin{aligned}s_n&\leqslant\sum_{i=1}^{n}\big|x(t_i)-x(t_{i-1})\big|+\sum_{i=1}^{n}\big|y(t_i)-y(t_{i-1})\big|+\sum_{i=1}^{n}\big|z(t_i)-z(t_{i-1})\big|\\&\leqslant\bigvee_{\alpha}^{\beta}(x)+\bigvee_{\alpha}^{\beta}(y)+\bigvee_{\alpha}^{\beta}(z).\end{aligned}$$

因此, Γ 是可求长的曲线.

(必要性) 设 Γ 是可求长的曲线且长为 s, 则存在 $\delta>0$, 使得对区间 $[\alpha,\beta]$ 的任意分割

$$P:\quad \alpha=t_0<t_1<t_2<\cdots<t_n=\beta,$$

只要 $\lambda=\max\limits_{1\leqslant i\leqslant n}\Delta t_i<\delta$, 就有

$$s_n=\sum_{i=1}^{n}\sqrt{\big(x(t_i)-x(t_{i-1})\big)^2+\big(y(t_i)-y(t_{i-1})\big)^2+\big(z(t_i)-z(t_{i-1})\big)^2}\leqslant s+1.$$

于是,

$$\sum_{i=1}^{n}\big|x(t_i)-x(t_{i-1})\big|\leqslant s+1,$$

$$\sum_{i=1}^{n}\big|y(t_i)-y(t_{i-1})\big|\leqslant s+1,$$

$$\sum_{i=1}^{n}\big|z(t_i)-z(t_{i-1})\big|\leqslant s+1.$$

这表明, $x,y,z\in\mathrm{BV}([\alpha,\beta])$. □

2.5 混沌初步

在第 1 章的学习中, 我们已经用单调有界定理、Cauchy 收敛原理、压缩映射原理等研究了由递推公式生成的迭代数列. 当时我们所关心的主要问题是判断迭代数列是否收敛, 并在收敛时求出数列的极限. 在本节中, 我们主要利用闭区间上连续函数的性质研究这类数列在发散时的复杂变化.

设函数 f 定义在区间 $\mathcal{I}$ 上, 且 $f(\mathcal{I}) \subset \mathcal{I}$. 从而, 对任意的 $x \in \mathcal{I}$, 我们可以将 f 反复复合: $f\big(f(x)\big), f\big(f(f(x))\big), \cdots$. 为方便起见, 记

$$f^0(x) = x, \quad f^n(x) = f\big(f^{n-1}(x)\big) \quad (n = 1, 2, \cdots),$$

并称 f^n 为 f 的**第 n 次迭代**.

对于给定的 $x_0 \in \mathcal{I}$, 我们研究数列

$$x_0, \quad f(x_0), \quad f^2(x_0), \quad \cdots, \quad f^n(x_0), \quad \cdots.$$

特别地, 若存在 $m \in \mathbb{N}$, 使得 $f^m(x_0) = x_0$, 则称 m 为点 x_0 的一个**周期**, 而 x_0 称为 f 的一个**周期点**. 若 x_0 是 f 的一个周期点, 则称 x_0 的一切周期中的最小者为 x_0 的**最小周期**. 若 x_0 的最小周期是 n, 则称 x_0 是 f 的一个 **n-周期点**. 此时数列

$$x_0, \quad f(x_0), \quad f^2(x_0), \quad \cdots, \quad f^n(x_0), \quad \cdots$$

实际上是由 n 个不同的数构成的有限数列

$$x_0, \quad f(x_0), \quad f^2(x_0), \quad \cdots, \quad f^{n-1}(x_0)$$

的无限次反复, 这个有限数列称为点 x_0 的 **n-周期轨**.

若 x_0 是 f 的 1-周期点, 则 $f(x_0) = x_0$, 即 x_0 是 f 的一个不动点, 反之亦然. 在几何上, 若 x_0 是 f 的 1-周期点, 则 x_0 是曲线 $y = f(x)$ 与直线 $y = x$ 的交点的横坐标. 另一方面, 若 x_0 是 f 的 2-周期点, 令 $y_0 = f(x_0) \neq x_0$, 则 $f(y_0) = f^2(x_0) = x_0$. 在几何上, (x_0, y_0) 与 (y_0, x_0) 都在曲线 $y = f(x)$ 上且关于直线 $y = x$ 对称. 这一事实为寻找 f 的 2-周期点提供了一个几何方法. 但是, 要从几何上判断是否有周期大于 2 的周期轨则并非易事.

下面的 Li-Yorke 第一定理表明, 若区间 $\mathcal{I}$ 的连续函数 f 满足 $f(\mathcal{I}) \subset \mathcal{I}$, 则 f 的 3-周期点蕴含 n-周期点的存在性 $(n = 1, 2, \cdots)$. 为了介绍这一定理, 我们首先引入三个简单的引理.

引理 2.5.1 *设 f 是闭区间 $\mathcal{I}$ 上的连续函数. 若 $f(\mathcal{I}) \supset \mathcal{I}$, 则 f 在 $\mathcal{I}$ 中有不动点.*

证明 设 $\mathcal{I}=[a,b]$, 由闭区间上连续函数的中间值定理可知, $f(\mathcal{I})$ 也为有限闭区间. 记 $f(\mathcal{I})=[c,d]$, 则 $c\leqslant a<b\leqslant d$. 再次利用中间值定理可知, 存在 ξ 和 $\eta\in[a,b]$ 使得

$$f(\xi)=a,\quad f(\eta)=b.$$

不失一般性, 假设 $\xi<\eta$. 令 $F(x)=f(x)-x$, 则 $F\in C\big([\xi,\eta]\big)$, 且

$$F(\xi)=f(\xi)-\xi=a-\xi\leqslant 0,\quad F(\eta)=f(\eta)-\eta=b-\eta\geqslant 0.$$

若 $F(\xi)=0$ 或 $F(\eta)=0$, 则相应的 ξ 或 η 即为 f 在 $\mathcal{I}$ 中的不动点; 若 $F(\xi)<0$ 且 $F(\eta)>0$, 则由零点存在定理可知, F 在 $(\xi,\eta)\subset[a,b]$ 中存在零点, 且此零点必为 f 在 $\mathcal{I}$ 的不动点. □

引理 2.5.2 *设 $\mathcal{I}$, $\mathcal{J}$ 是两个闭区间, f 是 $\mathcal{I}$ 上的连续函数. 若 $f(\mathcal{I})\supset\mathcal{J}$, 则存在闭子区间 $\mathcal{I}'\subset\mathcal{I}$ 使得 $f(\mathcal{I}')=\mathcal{J}$.*

证明 设 $\mathcal{I}=[a,b]$, $\mathcal{J}=[c,d]$. 因为 $f([a,b])\supset[c,d]$, 所以由闭区间上连续函数的中间值定理可知, 存在 ξ 和 $\eta\in[a,b]$ 使得

$$f(\xi)=c,\quad f(\eta)=d.$$

不失一般性, 假设 $\xi<\eta$. 因为 $\big\{s\,\big|\,f(s)=c,\ s\in[\xi,\eta)\big\}$ 是非空有界数集, 所以可以根据确界存在定理定义

$$u=\sup\big\{s\,\big|\,f(s)=c,\ s\in[\xi,\eta)\big\}.$$

我们断言, $f(u)=c$. 事实上, 由上确界的定义可知, 存在

$$u_n\in\big\{s\,\big|\,f(s)=c,\ s\in[\xi,\eta)\big\}\quad(n=1,2,\cdots),$$

使得 $\lim\limits_{n\to\infty}u_n=u$. 于是, 利用 f 在点 u 处连续即可证得

$$f(u)=\lim_{n\to\infty}f(u_n)=\lim_{n\to\infty}c=c.$$

故 $f(u)=c$. 另一方面, 因为 $f(\eta)=d$, 所以 $u<\eta$ 且 $\big\{t\,\big|\,f(t)=d,\ t\in(u,\eta]\big\}$ 是非空有界数集. 因此, 我们可以再次利用确界存在定理定义

$$v=\inf\big\{t\,\big|\,f(t)=d,\ t\in(u,\eta]\big\},$$

并类似地证明 $f(v)=d$.

显然, $u<v$. 因为 $f(u)=c$, $f(v)=d$, 所以由闭区间上连续函数的中间值定理可知, $[c,d]\subset f\big([u,v]\big)$. 另一方面, 根据 u,v 的定义可知, 对任意的 $y<c$

或 $y > d$, 都不存在 $x \in [u,v]$ 使得 $f(x) = y$. 这表明, $f\big([u,v]\big) \subset [c,d]$. 从而, $f\big([u,v]\big) = [c,d] = \mathcal{J}$, 即 $\mathcal{I}' = [u,v]$ 为所求闭区间. □

下一引理将引理 2.5.1 与引理 2.5.2 有机地结合起来.

引理 2.5.3　设 $n \geqslant 2, f$ 是闭区间 $\mathcal{I}_0, \mathcal{I}_1, \cdots, \mathcal{I}_{n-1}$ 上的连续函数. 若

$$f(\mathcal{I}_0) \supset \mathcal{I}_1, \quad f(\mathcal{I}_1) \supset \mathcal{I}_2, \quad \cdots, \quad f(\mathcal{I}_{n-2}) \supset \mathcal{I}_{n-1}, \quad f(\mathcal{I}_{n-1}) \supset \mathcal{I}_0,$$

则存在 $x_0 \in \mathcal{I}_0$ 使得 $f^n(x_0) = x_0$, 且满足 $f^i(x_0) \in \mathcal{I}_i \ (i = 1, 2, \cdots, n-1)$.

证明　因为 $f(\mathcal{I}_0) \supset \mathcal{I}_1$, 所以由引理 2.5.2 可知, 存在闭区间 $\mathcal{I}_0^1 \subset \mathcal{I}_0$ 使得 $f(\mathcal{I}_0^1) = \mathcal{I}_1$.

又因为 $f(\mathcal{I}_1) \supset \mathcal{I}_2$, 所以 $f^2(\mathcal{I}_0^1) = f(\mathcal{I}_1) \supset \mathcal{I}_2$. 于是再次利用引理 2.5.2 可知, 存在闭区间 $\mathcal{I}_0^2 \subset \mathcal{I}_0^1 \subset \mathcal{I}_0$ 使得 $f^2(\mathcal{I}_0^2) = \mathcal{I}_2$. 从而,

$$f(\mathcal{I}_0^2) \subset f(\mathcal{I}_0^1) = \mathcal{I}_1, \quad f^2(\mathcal{I}_0^2) = \mathcal{I}_2.$$

按照这种方式进行下去可知, 存在闭区间 $\mathcal{I}_0^{n-1} \subset \mathcal{I}_0$ 使得

$$\begin{aligned} &f(\mathcal{I}_0^{n-1}) \subset \mathcal{I}_1, \quad f^2(\mathcal{I}_0^{n-1}) \subset \mathcal{I}_2, \quad \cdots, \\ &f^{n-2}(\mathcal{I}_0^{n-1}) \subset \mathcal{I}_{n-2}, \quad f^{n-1}(\mathcal{I}_0^{n-1}) = \mathcal{I}_{n-1}. \end{aligned} \tag{2.8}$$

最后, 由于 $f(\mathcal{I}_{n-1}) \supset \mathcal{I}_0$, 故

$$f^n(\mathcal{I}_0^{n-1}) = f(\mathcal{I}_{n-1}) \supset \mathcal{I}_0 \supset \mathcal{I}_0^{n-1}.$$

从而, 由引理 2.5.1 可知, f^n 在 $\mathcal{I}_0^{n-1}$ 中存在不动点, 即存在 $x_0 \in \mathcal{I}_0^{n-1} \subset \mathcal{I}_0$ 使得 $f^n(x_0) = x_0$. 根据 (2.8), 显然也有

$$\begin{aligned} &f(x_0) \in f(\mathcal{I}_0^{n-1}) \subset \mathcal{I}_1, \quad f^2(x_0) \in f^2(\mathcal{I}_0^{n-1}) \subset \mathcal{I}_2, \quad \cdots, \\ &f^{n-1}(x_0) \in f^{n-1}(\mathcal{I}_0^{n-1}) = \mathcal{I}_{n-1}. \end{aligned}$$

这就完成了引理 2.5.3 的证明. □

定理 2.5.1 (Li-Yorke 第一定理)　设 f 是区间 $\mathcal{I}$ 上的连续函数且 $f(\mathcal{I}) \subset \mathcal{I}$. 若存在 $a, b, c, d \in \mathcal{I}$ 使得

$$f(a) = b, \quad f(b) = c, \quad f(c) = d, \quad d \leqslant a < b < c \text{ 或 } d \geqslant a > b > c,$$

则对任意的 $n \in \mathbb{N}$, f 都存在以 n 为最小正周期的周期点.

证明　不妨设 $d \leqslant a < b < c$, 则由条件

$$f(a) = b, \quad f(b) = c, \quad f(c) = d$$

及闭区间上连续函数的中间值定理可知

$$f([a,b]) \supset [b,c], \quad f([b,c]) \supset [a,c].$$

为简单起见, 记 $\mathcal{J}=[a,b]$, $\mathcal{K}=[b,c]$, 则有

$$f(\mathcal{J}) \supset \mathcal{K}, \quad f(\mathcal{K}) \supset \mathcal{J}, \quad f(\mathcal{K}) \supset \mathcal{K}.$$

现在对任意的 $n \in \mathbb{N}$ 寻找 f 的以 n 为最小正周期的周期点. 我们将讨论分为三种情形:

(1) 当 $n=1$ 时, 因为 $f(\mathcal{K}) \supset \mathcal{K}$, 所以由引理 2.5.1 可知, f 在 $\mathcal{K}$ 中存在不动点, 此即为 f 的 1-周期点.

(2) 当 $n=2$ 时, 因为 $f(\mathcal{K}) \supset \mathcal{J}$, $f(\mathcal{J}) \supset \mathcal{K}$, 所以由引理 2.5.3 可知, 存在 $x_0 \in \mathcal{K}$ 使得 $f^2(x_0)=x_0$ 且 $f(x_0) \in \mathcal{J}$. 即 2 是点 x_0 的一个周期. 我们断言: 2 是 x_0 的最小正周期. 事实上, 若 2 不是点 x_0 的最小正周期, 则 $f(x_0)=x_0$. 从而, 由 $x_0 \in \mathcal{K}$ 且 $f(x_0) \in \mathcal{J}$ 可知, $x_0 \in \mathcal{J} \cap \mathcal{K}=\{b\}$, 即 $x_0=b$. 于是, $f(x_0)=f(b)=c>b=x_0=f(x_0)$. 这是一个矛盾.

(3) 当 $n \geqslant 3$ 时, 记

$$\mathcal{I}_0=\mathcal{I}_1=\cdots=\mathcal{I}_{n-2}=\mathcal{K}, \quad \mathcal{I}_{n-1}=\mathcal{J}.$$

显然,

$$f(\mathcal{I}_0) \supset \mathcal{I}_1, \quad f(\mathcal{I}_1) \supset \mathcal{I}_2, \quad \cdots, \quad f(\mathcal{I}_{n-2}) \supset \mathcal{I}_{n-1}, \quad f(\mathcal{I}_{n-1}) \supset \mathcal{I}_0.$$

于是, 由引理 2.5.3 可知, 存在 $x_0 \in \mathcal{I}_0$ 使得

$$f^n(x_0)=x_0 \quad \text{且} \quad f^i(x_0) \in \mathcal{I}_i \ (i=1,2,\cdots,n-1).$$

前者表明 n 是点 x_0 的一个周期. 我们断言: n 是 x_0 的最小正周期. 事实上, 若存在自然数 $k<n$ 使得 $f^k(x_0)=x_0$, 则

$$x_0, \quad f(x_0), \quad f^2(x_0), \quad \cdots, \quad f^{k-1}(x_0)$$

构成点 x_0 的 k-周期轨. 由于 $n-1>n-2 \geqslant k-1$, 故 $f^{n-1}(x_0)$ 必与

$$x_0, \quad f(x_0), \quad f^2(x_0), \quad \cdots, \quad f^{n-2}(x_0)$$

中的某一个相同, 所以 $f^{n-1}(x_0) \in \mathcal{K}$. 另一方面, $f^{n-1}(x_0) \in \mathcal{I}_{n-1}=\mathcal{J}$. 于是,

$$f^{n-1}(x_0) \in \mathcal{J} \cap \mathcal{K}=\{b\}, \quad \text{即} \quad f^{n-1}(x_0)=b.$$

从而,

$$x_0 = f^n(x_0) = f(b) = c.$$

故

$$d = f(c) = f(x_0) \in \mathcal{I}_1 = \mathcal{K} = [b, c].$$

这与 $d \leqslant a < b$ 矛盾. □

例 2.5.1 设

$$f(x) = \begin{cases} x + \dfrac{1}{2}, & x \in \left[0, \dfrac{1}{2}\right], \\ 2(1-x), & x \in \left[\dfrac{1}{2}, 1\right]. \end{cases}$$

证明: 对任意的 $n \in \mathbb{N}$, f 都存在以 n 为最小正周期的周期点.

证明 记 $\mathcal{I} = [0,1]$, 则 f 是区间 $\mathcal{I}$ 上的连续函数且 $f(\mathcal{I}) \subset \mathcal{I}$. 若取 $d = a = 0$, $b = \dfrac{1}{2}$, $c = 1$, 则 $f(a) = b$, $f(b) = c$, $f(c) = d$. 从而, 由定理 2.5.1 即可证得所需结论. □

Li-Yorke 第一定理在物理、化学、生物学以及社会科学等许多领域中都有广泛应用. 比如, 在种群动力学中, 若种群的第一代、第二代都在增长, 而第三代却骤然下降至低于初始水平, 则种群演化可能会展现出极其复杂的动力学行为. 与 Li-Yorke 第一定理密切相关的是 Li-Yorke 第二定理, 我们将其简述如下:

定义 2.5.1 若集合 $\mathcal{A}$ 由 n 个元素组成, 其中 n 为某个确定的非负整数, 则称 $\mathcal{A}$ 为**有限集**; 不是有限集的非空集合称为**无限集**.

若无限集 $\mathcal{B}$ 的元素可以与 $\mathbb{N}$ 中的数建立一一对应, 则称 $\mathcal{B}$ 为**可列集**; 不是可列集的无限集称为**不可列集**.

定理 2.5.2 (Li-Yorke 第二定理) 在定理 2.5.1 的假设之下, 区间 $\mathcal{I}$ 中存在不可列集 $\mathcal{S}$, 使得对任意的 $x, y \in \mathcal{S}$ 且 $x \neq y$, 相应的迭代数列 $\{f^n(x)\}$ 与 $\{f^n(y)\}$ 满足

$$\overline{\lim_{n\to\infty}} \left|f^n(x) - f^n(y)\right| > 0,$$

$$\underline{\lim_{n\to\infty}} \left|f^n(x) - f^n(y)\right| = 0,$$

$$\overline{\lim_{n\to\infty}} \left|f^n(x) - f^n(\alpha)\right| > 0,$$

其中 α 为 f 的任一个周期点.

以 Li-Yorke 第一定理和第二定理为基础, Li 和 Yorke 第一次提出了 "混沌" 的严格数学定义.

定义 2.5.2 (Li-Yorke 混沌) 设 f 是区间 $\mathcal{I}$ 上的连续函数且 $f(\mathcal{I})\subset\mathcal{I}$. 若

(1) f 的周期点的最小周期无上界;

(2) 存在 $\mathcal{I}$ 上的不可列子集 $\mathcal{S}$, 使得对任意的 $x,y\in\mathcal{S}$ 且 $x\neq y$, 都有

$$\varlimsup_{n\to\infty}\big|f^n(x)-f^n(y)\big|>0,\quad \varliminf_{n\to\infty}\big|f^n(x)-f^n(y)\big|=0,$$

则称由 f 迭代生成的动力系统为混沌.

Li-Yorke 第一定理与第二定理深刻地揭示了混沌现象的本质特征: 系统演化关于初始状态的敏感依赖性, 以及由此产生的演化行为的不可预测性.

2.6 多元函数的极限与连续

在本节中, 我们将回顾多元函数的极限与连续, 并研究紧集上的多元连续函数的性质.

2.6.1 多元函数的极限

为方便起见, 除非特别说明, 在本节中我们都假设 $D\subset\mathbb{R}^2$ 为平面点集, f 是定义在 D 上的二元函数, $\mathcal{P}_0(x_0,y_0)\in D'$, $A\in\mathbb{R}$, 但所有结论都可以平行地推广到高维多元函数的情形.

我们首先回顾二重极限的定义.

定义 2.6.1 (二重极限) 若对任意给定的 $\varepsilon>0$, 都存在 $\delta>0$, 使得对任意满足 $0<\big\|(x,y)-(x_0,y_0)\big\|<\delta$ 的点 $\mathcal{P}(x,y)\in D$ 都有

$$\big|f(x,y)-A\big|<\varepsilon,$$

则称当 $\mathcal{P}(x,y)\to\mathcal{P}_0(x_0,y_0)$ 时, 函数 $f(x,y)$ 的二重极限为 A, 也称当 $\mathcal{P}(x,y)\to\mathcal{P}_0(x_0,y_0)$ 时, 函数 $f(x,y)$ 收敛于 A, 记作

$$\lim_{\mathcal{P}\to\mathcal{P}_0}f(x,y)=A,\quad 或\quad \lim_{(x,y)\to(x_0,y_0)}f(x,y)=A,\quad \lim_{\substack{x\to x_0\\ y\to y_0}}f(x,y)=A.$$

注记 2.6.1 需要指出的是, 定义 2.6.1 中的 D 未必是开集, 所以 $\mathcal{P}_0(x_0,y_0)\in D'$ 与 $\mathcal{P}(x,y)\in D$ 的要求使得定义 2.6.1 包含了在某曲线单侧取极限等多种情形. 按照这种方式定义区间上一元函数的极限, 相应地就包括了在区间端点处的左极限或右极限的定义.

例 2.6.1 设 $f(x,y)=(x+y)\cos\dfrac{y}{x^2+y^2}$. 证明: $\displaystyle\lim_{(x,y)\to(0,0)}f(x,y)=0$.

证明 对任意给定的 $\varepsilon > 0$, 取 $\delta = \dfrac{\varepsilon}{2} > 0$, 则对任意满足 $0 < \|(x,y)-(0,0)\| < \delta$ 的点 $\mathcal{P}(x,y)$ 都有

$$\left|f(x,y)-0\right| = \left|(x+y)\cos\frac{y}{x^2+y^2}\right| \leqslant |x|+|y| \leqslant 2\sqrt{x^2+y^2} < 2\delta = \varepsilon.$$

故 $\lim\limits_{(x,y)\to(0,0)} f(x,y) = 0$. □

在二重极限的定义 (定义 2.6.1) 中, 当 $\mathcal{P}(x,y) \to \mathcal{P}_0(x_0,y_0)$ 时, 变量 x 与 y 将同时变化. 对一个二元函数 $f(x,y)$ 而言, 若考虑 x 与 y 独立地变动, 则需要研究所谓的二次极限.

定义 2.6.2 (二次极限) 设 $D_x \subset \mathbb{R}, D_y \subset \mathbb{R}, D = D_x \times D_y$, $x_0 \in D_x'$, $y_0 \in D_y'$. 若对每个固定的 $y \neq y_0$, 极限 $\lim\limits_{x\to x_0} f(x,y)$ 都存在, 且极限

$$\lim_{y\to y_0}\lim_{x\to x_0} f(x,y)$$

也存在, 则称此极限值为 f 在点 $\mathcal{P}_0(x_0,y_0)$ 处先对 x 后对 y 的二次极限.

可以类似地定义 f 在点 $\mathcal{P}_0(x_0,y_0)$ 处先对 y 后对 x 的二次极限

$$\lim_{x\to x_0}\lim_{y\to y_0} f(x,y).$$

例 2.6.2 设

$$f(x,y) = \begin{cases} y\sin\dfrac{1}{x}, & x \neq 0 \text{ 且 } y \neq 0, \\ 0, & x = 0 \text{ 或 } y = 0, \end{cases}$$

则

$$\lim_{x\to 0}\lim_{y\to 0} f(x,y) = \lim_{x\to 0}\left(\lim_{y\to 0} y\sin\frac{1}{x}\right) = 0,$$

但 $f(x,y)$ 在点 $(0,0)$ 处先对 x 后对 y 的二次极限不存在.

例 2.6.2 中的二元函数 f 在点 $(0,0)$ 处的二重极限存在, 但它在点 $(0,0)$ 处先对 x 后对 y 的二次极限不存在. 类似地, 二元函数

$$f(x,y) = \begin{cases} x\sin\dfrac{1}{y} + y\sin\dfrac{1}{x}, & x \neq 0 \text{ 且 } y \neq 0, \\ 0, & x = 0 \text{ 或 } y = 0 \end{cases}$$

在点 $(0,0)$ 处的二重极限存在, 但它在点 $(0,0)$ 处的两个二次极限都不存在. 另一方面, 二元函数

$$f(x,y) = \frac{xy}{x^2+y^2}$$

在点 $(0,0)$ 处的两个二次极限都存在且相等, 但它在点 $(0,0)$ 处的二重极限不存在. 这表明, 二重极限与二次极限没有必然的蕴含关系. 不过, 我们有如下结果:

定理2.6.1 若二元函数 f 在点 $\mathcal{P}_0(x_0,y_0)$ 存在二重极限 $\lim\limits_{(x,y)\to(x_0,y_0)} f(x,y)=A$, 且当 $y\neq y_0$ 时存在极限 $\lim\limits_{x\to x_0} f(x,y)=\phi(y)$, 则 f 在点 $\mathcal{P}_0(x_0,y_0)$ 的先对 x 后对 y 的二次极限存在且与二重极限相等, 即

$$\lim_{y\to y_0}\lim_{x\to x_0} f(x,y)=\lim_{y\to y_0}\phi(y)=\lim_{(x,y)\to(x_0,y_0)} f(x,y)=A.$$

证明 对任意给定的 $\varepsilon>0$, 因为 $\lim\limits_{(x,y)\to(x_0,y_0)} f(x,y)=A$, 所以存在 $\delta>0$, 使得对满足 $0<\big\|(x,y)-(x_0,y_0)\big\|<2\delta$ 的任意点 $\mathcal{P}(x,y)\in D$ 都有

$$\big|f(x,y)-A\big|<\frac{\varepsilon}{2}.$$

于是, 对任意满足 $0<|y-y_0|<\delta$ 的 y, 在上式中令 $x\to x_0$ 取极限可得

$$\big|\phi(y)-A\big|=\Big|\lim_{x\to x_0} f(x,y)-A\Big|=\lim_{x\to x_0}\big|f(x,y)-A\big|\leqslant\frac{\varepsilon}{2}<\varepsilon.$$

这表明 $\lim\limits_{y\to y_0}\phi(y)=A$. □

注记 2.6.2 我们可以类似地考察 f 先对 y 后对 x 的二次极限的存在性. 由此可知, 若二元函数的二重极限与两个二次极限都存在, 则三者必相等.

二元函数的极限也存在其他各种过程. 例如, 若函数 $f(x,y)$ 在 $\mathbb{R}^2\backslash B(\boldsymbol{a},1)$ 上有定义, $A\in\mathbb{R}$, 且对任意给定的 $\varepsilon>0$, 都存在 $X>0$, 使得对满足 $\|(x,y)\|>X$ 的任意点 (x,y) 都有

$$\big|f(x,y)-A\big|<\varepsilon,$$

则称当 $(x,y)\to(\infty,\infty)$ 时, 函数 $f(x,y)$ 收敛于 A, 记作

$$\lim_{(x,y)\to(\infty,\infty)} f(x,y)=A,\quad 或\quad \lim_{\substack{x\to\infty\\ y\to\infty}} f(x,y)=A.$$

与一元函数极限的初等性质一样, 二元函数的二重极限也具有唯一性、四则运算、局部有界性、局部保号性、夹逼准则、收敛定理等性质, 证明方法也基本相同. 例如, 函数 f 在点 $\mathcal{P}(x_0,y_0)$ 的二重极限的 Heine-Borel 定理与 Cauchy 收敛原理可以分别陈述如下:

定理 2.6.2 (二重极限的 Heine-Borel 定理) 二重极限 $\lim\limits_{(x,y)\to(x_0,y_0)} f(x,y)=A$ 的充分必要条件是: 对 D 中任何满足 $\lim\limits_{n\to\infty}(x_n,y_n)=(x_0,y_0)$ 且 $(x_n,y_n)\neq(x_0,y_0)$ $(n=1,2,\cdots)$ 的点列 $\big\{(x_n,y_n)\big\}$ 都有 $\lim\limits_{n\to\infty} f(x_n,y_n)=A$.

定理 2.6.3 (二重极限的 Cauchy 收敛原理) 二重极限 $\lim\limits_{(x,y)\to(x_0,y_0)} f(x,y)$ 存在的充分必要条件是: 对任意给定的 $\varepsilon > 0$, 都存在 $\delta > 0$, 使得对 D 中满足 $0 < \big\|(x',y') - (x_0,y_0)\big\| < \delta$ 与 $0 < \big\|(x'',y'') - (x_0,y_0)\big\| < \delta$ 的任意点 $\mathcal{P}'(x',y')$ 与 $\mathcal{P}''(x'',y'')$ 都有

$$\big|f(x',y') - f(x'',y'')\big| < \varepsilon.$$

2.6.2 多元连续函数

多元函数连续的定义与一元函数连续的定义都是用极限过程来描述的. 在几何上, 一元函数 f 在点 x_0 处连续表明曲线 $y = f(x)$ 在点 $(x_0, f(x_0))$ 处没有断开. 类似地, 二元函数 f 在点 (x_0,y_0) 处连续表示曲面 $z = f(x,y)$ 在点 $(x_0,y_0,f(x_0,y_0))$ 处没有破损或缺口. 但是, 多元函数的不连续点的类型比一元函数更为复杂, 因为它的不连续点可能出现在一条曲线或者更复杂的点集上, 而不仅仅是一些离散的点上.

为方便起见, 除非特别说明, 在本节中我们都假设 $D \subset \mathbb{R}^2$ 为平面点集, f 是定义在 D 上的二元函数, $\mathcal{P}_0(x_0,y_0) \in D$, 但所有结论都可以平行地推广到高维多元函数的情形.

定义 2.6.3 (连续函数) 若对任意给定的 $\varepsilon > 0$, 都存在 $\delta > 0$, 使得对满足 $\big\|(x,y) - (x_0,y_0)\big\| < \delta$ 的任意点 $\mathcal{P}(x,y) \in D$ 都有

$$\big|f(x,y) - f(x_0,y_0)\big| < \varepsilon,$$

即

$$\lim_{(x,y)\to(x_0,y_0)} f(x,y) = f(x_0,y_0),$$

则称函数 f 在点 $\mathcal{P}_0(x_0,y_0)$ 处连续.

若函数 f 在 D 上每一点都连续, 则称 f 在 D 上连续, 也称 f 是 D 上的二元连续函数.

注记 2.6.3 类似于定义 2.6.1, 定义 2.6.3 中的 D 未必是开集, 所以 $\mathcal{P}_0(x_0, y_0) \in D$ 与 $\mathcal{P}(x,y) \in D$ 的要求使得定义 2.6.3 包含了在某曲线单侧连续等多种情形. 若按照这种方式定义区间上一元函数的连续, 相应地就包括了在区间端点处的左连续或右连续的定义.

注记 2.6.4 根据定理 2.6.2, 二元函数 f 在点 $\mathcal{P}_0(x_0,y_0)$ 处连续的充分必要条件是: 对 D 中满足 $\lim\limits_{n\to\infty}(x_n,y_n) = (x_0,y_0)$ 的任意点列 $\big\{(x_n,y_n)\big\}$ 都有 $\lim\limits_{n\to\infty} f(x_n,y_n) = f(x_0,y_0)$.

例 2.6.3 证明: 函数 $f(x,y) = \mathrm{e}^{\sqrt{x^2+y^2}}$ 在 $\mathbb{R}^2$ 上连续.

证明 对于任意的 $\mathcal{P}_0(x_0,y_0)\in\mathbb{R}^2$, 我们利用一元函数的 Lagrange 中值定理和三角不等式可得

$$\begin{aligned}\left|f(x,y)-f(x_0,y_0)\right| &= \mathrm{e}^{\sqrt{x_0^2+y_0^2}}\left|\mathrm{e}^{\sqrt{x^2+y^2}-\sqrt{x_0^2+y_0^2}}-1\right| \\ &= \mathrm{e}^{\sqrt{x_0^2+y_0^2}+\xi}\left|\sqrt{x^2+y^2}-\sqrt{x_0^2+y_0^2}\right| \\ &\leqslant \mathrm{e}^{\sqrt{x_0^2+y_0^2}+\xi}\sqrt{(x-x_0)^2+(y-y_0)^2},\end{aligned}$$

其中 ξ 是介于 0 和 $\sqrt{x^2+y^2}-\sqrt{x_0^2+y_0^2}$ 之间的某个实数. 于是, 对任意给定的 $\varepsilon>0$, 若取 $\delta=\min\left\{1,\ \varepsilon\mathrm{e}^{-(\sqrt{x_0^2+y_0^2}+1)}\right\}$, 则对满足 $\left\|(x,y)-(x_0,y_0)\right\|<\delta$ 的任意点 $\mathcal{P}(x,y)$ 都有

$$\left|f(x,y)-f(x_0,y_0)\right|<\varepsilon.$$

这说明 f 在点 (x_0,y_0) 处连续. 再由 (x_0,y_0) 的任意性可知, f 在 $\mathbb{R}^2$ 上连续. □

注记 2.6.5 一个多元函数即使对每个变量都连续, 也未必是一个多元连续函数. 例如, 二元函数

$$f(x,y)=\begin{cases}\dfrac{xy}{x^2+y^2}, & (x,y)\neq(0,0),\\ 0, & (x,y)=(0,0)\end{cases}$$

分别关于 x 与 y 连续, 但 f 作为二元函数在点 $(0,0)$ 处不连续.

例 2.6.4 设 $f(x,y)$ 定义在 $\mathbb{R}^2$ 上且分别关于 x 与 y 连续. 证明: 若对任意的紧集 $K\subset\mathbb{R}^2$, $f(K)\subset\mathbb{R}$ 都是紧集, 则 f 是 $\mathbb{R}^2$ 上的连续函数.

证明 利用变量替换, 我们仅需证明: f 在点 $(0,0)$ 处连续. 根据平移, 不妨设 $f(0,0)=0$.

用反证法. 若 f 在点 $(0,0)$ 处不连续, 则由定理 2.6.2 可知, 存在 $\varepsilon_0>0$ 及点列 $\{(x_n,y_n)\}$ 使得

$$\lim_{n\to\infty}(x_n,y_n)=(0,0) \quad 但 \quad \left|f(x_n,y_n)\right|=\left|f(x_n,y_n)-f(0,0)\right|\geqslant\varepsilon_0 \quad (n=1,2,\cdots).$$

因为 $f(x,0)$ 关于 x 连续, 所以存在 $\delta>0$, 使得对满足 $|x|<\delta$ 的任意 x 都有

$$\left|f(x,0)\right|=\left|f(x,0)-f(0,0)\right|<\frac{\varepsilon_0}{2}.$$

对上述 $\delta>0$, 由 $\lim\limits_{n\to\infty}x_n=0$ 可知, 存在 $N\in\mathbb{N}$, 使得对任意的 $n>N$ 都有 $|x_n|<\delta$. 故

$$\left|f(x_n,0)\right|<\frac{\varepsilon_0}{2} \quad (n=N+1,N+2,\cdots).$$

又因为对任意给定的 $n \in \mathbb{N}$, $f(x_n, y)$ 关于 y 连续, 所以由定理 2.2.4 可知, 存在介于 0 与 y_n 的 ξ_n 使得

$$\big|f(x_n, \xi_n)\big| = \frac{n}{n+1}\varepsilon_0 \quad (n = N+1, N+2, \cdots).$$

记

$$K = \Big\{(x_n, \xi_n) \,\Big|\, n = N+1, N+2, \cdots\Big\} \cup \big\{(0,0)\big\},$$

则

$$f(K) = \Big\{\frac{n}{n+1}\varepsilon_0 \,\Big|\, n = N+1, N+2, \cdots\Big\} \cup \big\{0\big\}.$$

由 $\lim\limits_{n\to\infty}(x_n, \xi_n) = (0,0) \in K$ 可知, K 是紧集. 故由题设可知 $f(K)$ 是紧集. 另一方面, 由 $\lim\limits_{n\to\infty} \dfrac{n}{n+1}\varepsilon_0 = \varepsilon_0$ 可知, $\varepsilon_0 \in \big(f(K)\big)'$. 显然, $\varepsilon_0 \notin f(K)$, 故 $f(K)$ 不是闭集. 这是一个矛盾. □

下面我们引入二元函数一致连续的定义, 其本质与一元函数的一致连续相同.

定义 2.6.4 (一致连续)　若对任意给定的 $\varepsilon > 0$, 都存在 $\delta > 0$, 使得对任意的 $\mathcal{P}'(x', y')$, $\mathcal{P}''(x'', y'') \in D$, 只要 $\big\|(x', y') - (x'', y'')\big\| < \delta$, 就有

$$\big|f(x', y') - f(x'', y'')\big| < \varepsilon,$$

则称函数 f 在 D 上一致连续.

注记 2.6.6　类似于一元函数的情形, 若存在 $\alpha > 0$ 及 $M > 0$ 使得

$$\big|f(x', y') - f(x'', y'')\big| \leqslant M\left(|x' - x''|^\alpha + |y' - y''|^\alpha\right), \quad (x', y'), (x'', y'') \in D,$$

则称函数 f 在 D 上 **Hölder 连续** (当 $\alpha = 1$ 时, 也称为 **Lipschitz 连续**). 显然, 若 f 在 D 上 Hölder 连续, 则它在 D 上一致连续.

下一定理常常被用来判断二元函数的不一致连续, 其证明完全平行于定理 2.1.4 的证明.

定理 2.6.4　二元函数 f 在 D 上一致连续的充分必要条件是: 对 D 中的任意点列 $\big\{(x_n', y_n')\big\}$ 与 $\big\{(x_n'', y_n'')\big\}$, 只要 $\lim\limits_{n\to\infty}\big((x_n', y_n') - (x_n'', y_n'')\big) = (0,0)$, 就有 $\lim\limits_{n\to\infty}\big(f(x_n', y_n') - f(x_n'', y_n'')\big) = 0$.

例 2.6.5　设 $D = (0,1) \times (0,1)$. 证明: 函数 $f(x,y) = \dfrac{1}{xy}$ 在 D 上不一致连续.

证明 (法一) 注意到

$$\left|f(x',y')-f(x'',y'')\right|=\left|\frac{1}{x'y'}-\frac{1}{x''y''}\right|=\frac{\left|x'y'-x''y''\right|}{(x'y')(x''y'')}.$$

取 $\varepsilon_0=1>0$, 对任意的 $\delta\in(0,1)$, 若令 $x'_\delta=y'_\delta=\delta$, $x''_\delta=y''_\delta=\dfrac{\delta}{2}$, 则 $\mathcal{P}'(x'_\delta,y'_\delta)$, $\mathcal{P}''(x''_\delta,y''_\delta)\in D$ 且满足 $\left\|(x'_\delta,y'_\delta)-(x''_\delta,y''_\delta)\right\|<\delta$, 但

$$\left|f(x',y')-f(x'',y'')\right|=\frac{3}{\delta^2}>1=\varepsilon_0.$$

故 $f(x,y)=\dfrac{1}{xy}$ 在 D 上不一致连续.

(法二) 若取

$$(x'_n,y'_n)=\left(\frac{1}{n},\frac{1}{n}\right),\quad (x''_n,y''_n)=\left(\frac{1}{2n},\frac{1}{2n}\right)\quad (n=1,2,\cdots),$$

则有

$$\lim_{n\to\infty}\left((x'_n,y'_n)-(x''_n,y''_n)\right)=(0,0),$$

但

$$\lim_{n\to\infty}\left(f\left(x'_n,y'_n\right)-f\left(x''_n,y''_n\right)\right)=\lim_{n\to\infty}\left(-3n^2\right)=-\infty.$$

从而, 由定理 2.6.4 可知, $f(x,y)=\dfrac{1}{xy}$ 在 D 上不一致连续. □

例 2.6.6 设 S 是 $\mathbb{R}^2$ 中的非空点集. 对任意的点 $\mathcal{P}(x,y)\in\mathbb{R}^2$, 称

$$\operatorname{dist}(\mathcal{P},S)=\inf_{(u,v)\in S}\|(x,y)-(u,v)\|$$

为点 $\mathcal{P}$ 到集合 S 的距离. 证明: $\operatorname{dist}(\mathcal{P},S)$ 是 $\mathbb{R}^2$ 上的 Lipschitz 连续函数.

证明 对任意取定的 $\mathcal{P}_1(x_1,y_1)$, $\mathcal{P}_2(x_2,y_2)\in\mathbb{R}^2$ 及任意的 $\varepsilon>0$, 由 $\operatorname{dist}(\mathcal{P}_1,S)$ 的定义可知, 存在 $(u_0,v_0)\in S$ 使得

$$\|(x_1,y_1)-(u_0,v_0)\|<\operatorname{dist}(\mathcal{P}_1,S)+\varepsilon$$

且

$$\operatorname{dist}(\mathcal{P}_2,S)\leqslant\|(x_2,y_2)-(u_0,v_0)\|.$$

故

$$\operatorname{dist}(\mathcal{P}_2,S)-\operatorname{dist}(\mathcal{P}_1,S)<\|(x_2,y_2)-(u_0,v_0)\|-\|(x_1,y_1)-(u_0,v_0)\|+\varepsilon$$

$$\leqslant \|(x_2,y_2)-(x_1,y_1)\|+\varepsilon.$$

从而, 由 ε 的任意性可得

$$\operatorname{dist}(\mathcal{P}_2,S)-\operatorname{dist}(\mathcal{P}_1,S)\leqslant \|(x_2,y_2)-(x_1,y_1)\|.$$

在上述推导中交换 $\mathcal{P}_1$ 与 $\mathcal{P}_2$, 我们也有

$$\operatorname{dist}(\mathcal{P}_1,S)-\operatorname{dist}(\mathcal{P}_2,S)\leqslant \|(x_1,y_1)-(x_2,y_2)\|.$$

于是,

$$\big|\operatorname{dist}(\mathcal{P}_1,S)-\operatorname{dist}(\mathcal{P}_2,S)\big|\leqslant \|(x_1,y_1)-(x_2,y_2)\|.$$

这表明 $\operatorname{dist}(\mathcal{P},S)$ 是 $\mathbb{R}^2$ 上的 Lipschitz 连续函数. □

2.6.3 紧集上的多元连续函数的性质

我们首先以二元函数为例介绍紧集上的连续函数的一个基本性质.

定理 2.6.5 若二元函数 f 在紧集 $K\subset\mathbb{R}^2$ 上连续, 则其值域 $f(K)\subset\mathbb{R}$ 为紧集.

证明 根据定理 1.4.7 , 只需证明: $f(K)$ 的任意无限子集在 $f(K)$ 中必有聚点. 又因为 $f(K)$ 的每一个无限点集都包含无限数列, 所以我们只需证明: $f(K)$ 的任意一个无限数列在 $f(K)$ 中必有聚点.

设 $\{z_n\}$ 是 $f(K)$ 中的任一无限数列, 则对任意的 $n\in\mathbb{N}$, 都存在 $(x_n,y_n)\in K$, 使得 $z_n=f(x_n,y_n)$. 由于 $\{(x_n,y_n)\}$ 为紧集 K 中的无限点列, 故由定理 1.4.7 可知, $\{(x_n,y_n)\}$ 在 K 中必有聚点. 即 $\{(x_n,y_n)\}$ 存在子列 $\{(x_{n_k},y_{n_k})\}$ 收敛到某个点 $(x_0,y_0)\in K$. 由 f 的连续性可知

$$\lim_{k\to\infty} z_{n_k}=\lim_{k\to\infty} f(x_{n_k},y_{n_k})=f(x_0,y_0).$$

这表明 $f(x_0,y_0)\in f(K)$ 是 $\{z_n\}$ 的一个聚点, 故 $f(K)$ 是紧集. □

以定理 2.6.5 为基础, 可以证明紧集上的多元连续函数具有有界性、最大值最小值的存在性、一致连续性等性质.

定理 2.6.6 (Weierstrass, 有界性定理) 若二元函数 f 在紧集 $K\subset\mathbb{R}^2$ 上连续, 则它在 K 上有界.

证明 由定理 2.6.5 可知, $f(K)\subset\mathbb{R}$ 为紧集. 再由定理 1.4.6 可知, $f(K)$ 为有界闭集. 即 f 在 K 上有界. □

定理 2.6.7 (Weierstrass, 最值定理) 若二元函数 f 在紧集 $K\subset\mathbb{R}^2$ 上连续, 则它在 K 上必能取到最大值和最小值.

证明 由定理 2.6.5 可知, $f(K) \subset \mathbb{R}$ 为紧集. 从而, $f(K)$ 为有界闭集. 因此, 我们容易证明

$$\inf f(K) \in f(K), \quad \sup f(K) \in f(K).$$

故 f 在 K 上必能取到最大值和最小值. □

例 2.6.7 设 $\boldsymbol{A}$ 是 2 阶可逆矩阵. 证明: 存在 $\alpha > 0$, 使得对任意的 $(x, y) \in \mathbb{R}^2$ 都有

$$\left\|\boldsymbol{A}(x, y)^{\mathrm{T}}\right\| \geqslant \alpha\|(x, y)\|.$$

证明 当 $(x, y) = (0, 0)$ 时, 结论显然成立. 当 $(x, y) \neq (0, 0)$ 时, $\left\|\boldsymbol{A}(x, y)^{\mathrm{T}}\right\| \geqslant \alpha\|(x, y)\|$ 等价于

$$\left\|\boldsymbol{A}\frac{(x, y)^{\mathrm{T}}}{\|(x, y)\|}\right\| \geqslant \alpha.$$

故只需证明: 存在 $\alpha > 0$, 使得对单位圆周

$$\mathbb{S}^1 = \left\{(x, y) \,\middle|\, x^2 + y^2 = 1\right\}$$

上的任意点 (x, y) 都有 $\left\|\boldsymbol{A}(x, y)^{\mathrm{T}}\right\| \geqslant \alpha$. 事实上, 因为 $\left\|\boldsymbol{A}(x, y)^{\mathrm{T}}\right\|$ 是定义在 $\mathbb{S}^1$ 上的连续函数, 且 $\mathbb{S}^1$ 是 $\mathbb{R}^2$ 中的紧集, 所以由定理 2.6.7 可知, 存在 $(x_0, y_0) \in \mathbb{S}^1$ 使得

$$\left\|\boldsymbol{A}(x_0, y_0)^{\mathrm{T}}\right\| \leqslant \left\|\boldsymbol{A}(x, y)^{\mathrm{T}}\right\|, \quad (x, y) \in \mathbb{S}^1.$$

记 $\alpha = \left\|\boldsymbol{A}(x_0, y_0)^{\mathrm{T}}\right\|$, 则 $\alpha \geqslant 0$. 若 $\alpha = 0$, 则由 $\boldsymbol{A}$ 可逆可得 $(x_0, y_0) = (0, 0)$. 这与 $(x_0, y_0) \in \mathbb{S}^1$ 矛盾. 从而, $\alpha > 0$. □

在一元函数的情形, 区间的连通性是中间值定理的基础. 类似地, 多元函数的中间值定理也是基于区域连通的概念. 为此, 我们以二元函数为例引入连通集的定义.

定义 2.6.5 设 $D \subset \mathbb{R}^2$. 若对 D 中的任意两点 (x_0, y_0) 与 (x_1, y_1), 都存在函数 $x = x(t)$, $y = y(t) \in C([0, 1])$ 使得

$$\big(x(0), y(0)\big) = (x_0, y_0), \quad \big(x(1), y(1)\big) = (x_1, y_1) \quad \text{且} \quad \big(x(t), y(t)\big) \in D, \quad t \in [0, 1],$$

则称 D 是道路连通的, 或称 D 为**连通集**.

若 $D \subset \mathbb{R}^2$ 是连通的开集, 则称 D 为开区域, 简称**区域**. 区域与它的边界之并称为**闭区域**.

下面的定理表明, 连通集上的连续函数的值域也具有连通性.

定理 2.6.8 若二元函数 f 在连通集 $D \subset \mathbb{R}^2$ 上连续, 则其值域 $f(D) \subset \mathbb{R}$ 为连通集.

证明　对任意的 $z_0, z_1 \in f(D)$, 存在 $(x_0, y_0), (x_1, y_1) \in D$ 使得

$$z_0 = f(x_0, y_0), \quad z_1 = f(x_1, y_1).$$

因为 D 是 $\mathbb{R}^2$ 中的连通集, 所以存在 $x = x(t), y = y(t) \in C\big([0,1]\big)$ 使得

$$\big(x(0), y(0)\big) = (x_0, y_0), \quad \big(x(1), y(1)\big) = (x_1, y_1) \quad 且 \quad \big(x(t), y(t)\big) \in D, \quad t \in [0,1].$$

于是, 若令 $z(t) = f\big(x(t), y(t)\big)$, 则

$$z \in C\big([0,1]\big), \quad z(0) = z_0, \quad z(1) = z_1 \quad 且 \quad z(t) \in f(D), \quad t \in [0,1].$$

由 z_0 与 z_1 的任意性可知, $f(D)$ 是 $\mathbb{R}$ 中的连通集. □

定理 2.6.9 (中间值定理)　*若二元函数 f 在连通的紧集 $K \subset \mathbb{R}^2$ 上连续, 则 f 在 K 上必能取到介于它在 K 上的最小值和最大值之间的任何一个值.*

证明　由定理 2.6.8 可知, $f(K)$ 是 $\mathbb{R}$ 中的连通集. 结合定理 2.6.5 可知, $f(K) \subset \mathbb{R}$ 是一个闭区间. 故函数 f 在 K 上必能取到介于其最小值和最大值之间的任何一个值. □

例 2.6.8　*设 f 为单位圆周 $\mathbb{S}^1$ 上的连续函数. 证明: 在 $\mathbb{S}^1$ 上存在一点 (x_0, y_0) 使得*

$$f(-x_0, -y_0) = f(x_0, y_0).$$

证明　若令

$$g(x, y) = f(-x, -y) - f(x, y), \quad (x, y) \in \mathbb{S}^1,$$

则 g 是 $\mathbb{S}^1$ 上的连续函数, 且

$$g(-x, -y)g(x, y) = \big(f(x, y) - f(-x, -y)\big)\big(f(-x, -y) - f(x, y)\big) \leqslant 0, \quad (x, y) \in \mathbb{S}^1.$$

从而, 由定理 2.6.9 可知, 存在 $(x_0, y_0) \in \mathbb{S}^1$ 使得 $g(x_0, y_0) = 0$, 即 $f(-x_0, -y_0) = f(x_0, y_0)$. □

类似于一元函数连续与一致连续的关系, 我们有

定理 2.6.10 (Cantor 定理)　*若二元函数 f 在紧集 $K \subset \mathbb{R}^2$ 上连续, 则它在 K 上一致连续.*

证明　用反证法. 若 f 在 K 上不一致连续, 则存在 $\varepsilon_0 > 0$, 使得对任意的 $n \in \mathbb{N}$, 在 K 中可以找到两个点 $\big(x_1^n, y_1^n\big)$ 和 $\big(x_2^n, y_2^n\big)$ 使得

$$\left\|\big(x_1^n, y_1^n\big) - \big(x_2^n, y_2^n\big)\right\| < \frac{1}{n},$$

但

$$\left|f\left(x_1^n, y_1^n\right) - f\left(x_2^n, y_2^n\right)\right| \geqslant \varepsilon_0.$$

因为 K 是紧集, 所以由定理 1.4.7 可知, 点列 $\left\{\left(x_1^n, y_1^n\right)\right\}$ 存在收敛子列 $\left\{\left(x_1^{n_k}, y_1^{n_k}\right)\right\}$. 设其极限为 (x_0, y_0), 则 $(x_0, y_0) \in K$ 且

$$\begin{aligned}\left\|\left(x_2^{n_k}, y_2^{n_k}\right) - (x_0, y_0)\right\| &\leqslant \left\|\left(x_2^{n_k}, y_2^{n_k}\right) - \left(x_1^{n_k}, y_1^{n_k}\right)\right\| + \left\|\left(x_1^{n_k}, y_1^{n_k}\right) - (x_0, y_0)\right\| \\ &< \frac{1}{n_k} + \left\|\left(x_1^{n_k}, y_1^{n_k}\right) - (x_0, y_0)\right\|.\end{aligned}$$

这表明当 $k \to \infty$ 时, $\left\{\left(x_2^{n_k}, y_2^{n_k}\right)\right\}$ 也收敛于 (x_0, y_0). 于是, 若在不等式

$$\left|f\left(x_1^{n_k}, y_1^{n_k}\right) - f\left(x_2^{n_k}, y_2^{n_k}\right)\right| \geqslant \varepsilon_0$$

两边令 $k \to \infty$ 取极限, 则由 f 的连续性可知

$$0 = \left|f\left(x_0, y_0\right) - f\left(x_0, y_0\right)\right| \geqslant \varepsilon_0 > 0.$$

这是一个矛盾. □

例 2.6.9 设 f 在有界开区域 $D \subset \mathbb{R}^2$ 内连续, ∂D 为 D 的边界. 证明 f 在 D 内一致连续的充分必要条件是: 对任意的 $(x_0, y_0) \in \partial D$, 极限 $\lim\limits_{(x,y)\to(x_0,y_0)} f(x, y)$ 都存在.

证明 (充分性) 若对任意的 $(x_0, y_0) \in \partial D$, 极限 $\lim\limits_{(x,y)\to(x_0,y_0)} f(x, y)$ 都存在, 则可定义

$$F(x, y) = \begin{cases} f(x, y), & (x, y) \in D, \\ \lim\limits_{(x',y')\to(x,y)} f(x', y'), & (x, y) \in \partial D. \end{cases}$$

显然, F 是紧集 $\overline{D} = D \cup \partial D$ 上的连续函数. 故由定理 2.6.10 可知, F 在 $\overline{D}$ 上一致连续. 从而, F 在 D 上一致连续, 即 f 在 D 上一致连续.

(必要性) 若 f 在 D 上一致连续, 则对任意给定的 $\varepsilon > 0$, 都存在 $\delta > 0$, 使得对任意的 $\mathcal{P}'(x', y'), \mathcal{P}''(x'', y'') \in D$, 只要 $\left\|(x', y') - (x'', y'')\right\| < \delta$, 就有

$$\left|f(x', y') - f(x'', y'')\right| < \varepsilon.$$

于是, 对任意的 $(x_0, y_0) \in \partial D$, 根据 D 是开区域可知, (x_0, y_0) 是 D 的聚点. 从而, 对任一满足 $\lim\limits_{n\to\infty} (x_n, y_n) = (x_0, y_0)$ 的点列 $\left\{(x_n, y_n)\right\}$, 都存在 $N \in \mathbb{N}$, 使得对任意的 $m, n > N$ 都有 $\left\|(x_m, y_m) - (x_n, y_n)\right\| < \delta$. 这表明, $\left|f\left(x_m, y_m\right) - f\left(x_n, y_n\right)\right| < \varepsilon$.

故由定理 1.2.5 可知, 数列 $\{f(x_n,y_n)\}$ 收敛. 再根据点列 $\{(x_n,y_n)\}$ 的任意性及定理 2.6.2 即可得极限 $\lim\limits_{(x,y)\to(x_0,y_0)} f(x,y)$ 存在. □

下面的例子给出了无界集上连续函数一致连续的充分条件.

例 2.6.10　设二元函数 f 在 $\mathbb{R}^2$ 上连续. 证明: 若极限 $\lim\limits_{(x,y)\to(\infty,\infty)} f(x,y)$ 存在, 则 f 在 $\mathbb{R}^2$ 上一致连续.

证明　若极限 $\lim\limits_{(x,y)\to(\infty,\infty)} f(x,y)$ 存在, 则由二重极限的 Cauchy 收敛原理可知, 对任意给定的 $\varepsilon>0$, 都存在 $X>0$, 使得对满足 $\|(x',y')\|>X$ 与 $\|(x'',y'')\|>X$ 的任意点 $\mathcal{P}'(x',y')$ 与 $\mathcal{P}''(x'',y'')$ 都有

$$\big|f(x',y')-f(x'',y'')\big|<\varepsilon.$$

另一方面, 因为闭球 $\overline{B}(0,X+1)$ 是紧集, 所以由定理 2.6.10 可知, $f(x,y)$ 在 $\overline{B}(0,X+1)$ 上一致连续. 因此, 对上述 $\varepsilon>0$, 存在 $\delta\in(0,1)$, 使得对任意的 $(x',y'),\ (x'',y'')\in\overline{B}(0,X+1)$, 只要 $\big\|(x',y')-(x'',y'')\big\|<\delta$, 就有

$$\big|f(x',y')-f(x'',y'')\big|<\varepsilon.$$

注意到, 对任意的 $(x',y'),\ (x'',y'')\in\mathbb{R}^2$ 且 $\big\|(x',y')-(x'',y'')\big\|<\delta$, 必有 $(x',y'),\ (x'',y'')\in\overline{B}(0,X+1)$ 或 $\|(x',y')\|>X,\ \|(x'',y'')\|>X$. 故

$$\big|f(x',y')-f(x'',y'')\big|<\varepsilon$$

恒成立. 这表明 f 在 $\mathbb{R}^2$ 上一致连续. □

2.6.4　二元凸函数的连续性

在机器学习的各种优化问题中, 凸集、凸函数等概念都经常出现. 在初等微积分课程中我们研究了一元凸函数, 下面简要介绍平面上的凸集、凸函数等概念.

定义 2.6.6 (凸集)　设 $D\subset\mathbb{R}^2$. 若连接 D 中任意两点的线段都完全属于 D, 即当 $\boldsymbol{a},\boldsymbol{b}\in D$ 且 $t\in[0,1]$ 时必有 $t\boldsymbol{a}+(1-t)\boldsymbol{b}\in D$, 则称 D 为凸集.

注记 2.6.7　从定义 2.6.6 可知, 凸集都是连通的. 从而, 任意的凸开集都是区域, 也称为**凸区域**.

定义 2.6.7 (凸函数)　设 f 是定义在凸区域 $D\subset\mathbb{R}^2$ 上的二元函数. 若对任意的 $(x_1,y_1),\ (x_2,y_2)\in D$ 以及任意的 $\lambda\in[0,1]$ 都有

$$f(\lambda x_1+(1-\lambda)x_2,\lambda y_1+(1-\lambda)y_2)\leqslant\lambda f(x_1,y_1)+(1-\lambda)f(x_2,y_2),$$

则称 f 是 D 上的凸函数.

类似于例 2.1.7, 下面的例子表明凸区域上的二元凸函数也具有连续性.

例 2.6.11 证明: 若 f 是凸区域 $D\subset\mathbb{R}^2$ 上的二元凸函数, 则 f 在 D 上连续.

证明 对任意的 $(x_0,y_0)\in D$, 都存在 $\delta>0$, 使得

$$K_\delta=\left[x_0-\delta,x_0+\delta\right]\times\left[y_0-\delta,y_0+\delta\right]\subset D.$$

注意到, 当固定 x 或 y 时, $f(x,y)$ 作为 y 或 x 的一元函数是凸函数. 故由例 2.1.7 可知, $f\left(x,y_0\right)$, $f\left(x,y_0+\delta\right)$ 与 $f\left(x,y_0-\delta\right)$ 都关于 x 在 $\left[x_0-\delta,x_0+\delta\right]$ 上连续. 因此, 存在常数 $M_\delta>0$, 使得对任意的 $x\in\left[x_0-\delta,x_0+\delta\right]$ 都有

$$\begin{aligned}&\frac{\left|f(x,y_0+\delta)-f(x,y_0)\right|}{\delta}+\frac{\left|f(x,y_0)-f(x,y_0-\delta)\right|}{\delta}\\&+\frac{\left|f(x_0+\delta,y_0)-f(x_0,y_0)\right|}{\delta}+\frac{\left|f(x_0,y_0)-f(x_0-\delta,y_0)\right|}{\delta}\leqslant M_\delta.\end{aligned}$$

从而, 再次利用 $f(x,y)$ 分别关于 y 与 x 都是凸函数的性质及例 2.1.7 的证明可得, 对任意的 $(x,y)\in K_\delta$ 都有

$$\begin{aligned}&\left|f(x,y)-f(x_0,y_0)\right|\\\leqslant&\left|f(x,y)-f(x,y_0)\right|+\left|f(x,y_0)-f(x_0,y_0)\right|\\\leqslant&\left(\frac{\left|f(x,y_0+\delta)-f(x,y_0)\right|}{\delta}+\frac{\left|f(x,y_0)-f(x,y_0-\delta)\right|}{\delta}\right)\left|y-y_0\right|\\&+\left(\frac{\left|f(x_0+\delta,y_0)-f(x_0,y_0)\right|}{\delta}+\frac{\left|f(x_0,y_0)-f(x_0-\delta,y_0)\right|}{\delta}\right)\left|x-x_0\right|\\\leqslant&M_\delta\left|y-y_0\right|+M_\delta\left|x-x_0\right|.\end{aligned}$$

这表明, f 在点 $\left(x_0,y_0\right)$ 处连续. 于是, 由 $\left(x_0,y_0\right)$ 的任意性可知, f 在 D 上连续. □

2.6.5 向量值函数的极限与连续

向量值函数 (映射) 是现代分析学的基础, 在物理学及其他自然科学中也有广泛的应用. 类似于数量值函数, 我们可以对向量值函数引入极限与连续的概念.

定义 2.6.8 (向量值函数极限) 设 $D\subset\mathbb{R}^d$, $\boldsymbol{f}:D\to\mathbb{R}^m$ 是向量值函数, $\boldsymbol{x}_0\in D'$, $\boldsymbol{A}\in\mathbb{R}^m$. 若对任意给定的 $\varepsilon>0$, 都存在 $\delta>0$, 使得对满足 $0<\|\boldsymbol{x}-\boldsymbol{x}_0\|<\delta$ 的任意点 $\boldsymbol{x}\in D$ 都有

$$\|\boldsymbol{f}(\boldsymbol{x})-\boldsymbol{A}\|<\varepsilon,$$

则称当 $\boldsymbol{x} \to \boldsymbol{x}_0$ 时, 向量值函数 $\boldsymbol{f}(\boldsymbol{x})$ 的极限为 $\boldsymbol{A}$, 也称当 $\boldsymbol{x} \to \boldsymbol{x}_0$ 时, 向量值函数 $\boldsymbol{f}(\boldsymbol{x})$ 收敛于 $\boldsymbol{A}$, 记作 $\lim\limits_{\boldsymbol{x}\to\boldsymbol{x}_0} \boldsymbol{f}(\boldsymbol{x}) = \boldsymbol{A}$.

定义 2.6.9 (连续映射) 设 $D \subset \mathbb{R}^d$, $\boldsymbol{f}: D \to \mathbb{R}^m$ 是向量值函数, $\boldsymbol{x}_0 \in D$. 若 $\lim\limits_{\boldsymbol{x}\to\boldsymbol{x}_0} \boldsymbol{f}(\boldsymbol{x}) = \boldsymbol{f}(\boldsymbol{x}_0)$, 则称 $\boldsymbol{f}$ 在点 $\boldsymbol{x}_0$ 处连续.

若向量值函数 $\boldsymbol{f}$ 在 D 上每一点都连续, 则称 $\boldsymbol{f}$ 在 D 上连续, 也称 $\boldsymbol{f}$ 是 D 上的连续映射.

类似地, 也可引入向量值函数 $\boldsymbol{f}: D \to \mathbb{R}^m$ 在 D 上一致连续的定义. 容易证明, 向量值函数的连续性与一致连续性都等价于其分量函数的连续性与一致连续性. 进而, 我们还可得到紧集上向量值连续函数的性质:

定理 2.6.11 设 $D \subset \mathbb{R}^d$ 为紧集, 向量值函数 $\boldsymbol{f}: D \to \mathbb{R}^m$ 在 D 上连续, 则 $\boldsymbol{f}(D)$ 是紧集且 $\boldsymbol{f}$ 在 D 上一致连续.

类似于一元复合函数连续性的证明, 我们也可以证明如下复合向量值函数的连续性结果.

定理 2.6.12 设 D 为 $\mathbb{R}^d$ 中的开集, Ω 为 $\mathbb{R}^k$ 中的开集. 若向量值函数 $\boldsymbol{g}: D \to \mathbb{R}^k$ 与 $\boldsymbol{f}: \Omega \to \mathbb{R}^m$ 都连续且 $\boldsymbol{g}(D) \subset \Omega$, 则复合向量值函数 $\boldsymbol{f} \circ \boldsymbol{g}: D \to \mathbb{R}^m$ 在 D 上也连续.

习 题 2

1. 设

$$f(x) = \begin{cases} x, & x \text{ 为有理数}, \\ 0, & x \text{ 为无理数}. \end{cases}$$

证明: (1) $\lim\limits_{x\to 0} f(x) = 0$; (2) 对任意的 $x_0 \neq 0$, $\lim\limits_{x\to x_0} f(x)$ 不存在.

2. 叙述极限 $\lim\limits_{x\to a+} f(x)$ 存在的 Heine-Borel 定理与 Cauchy 收敛原理.

3. (Heine-Borel 定理的另一形式) 证明函数极限 $\lim\limits_{x\to x_0} f(x)$ 存在的充分必要条件是: 对任何满足 $\lim\limits_{n\to\infty} x_n = x_0$ 且 $x_n \neq x_0$ $(n = 1, 2, \cdots)$ 的数列 $\{x_n\}$, 其相应的函数值数列的极限 $\lim\limits_{n\to\infty} f(x_n)$ 都存在.

4. 证明: 极限 $\lim\limits_{x\to 0+} \left(\dfrac{1}{x} - \left[\dfrac{1}{x}\right]\right)$ 不存在.

5. (单调函数的单侧极限存在定理) 证明: 若函数 f 在区间 $(x_0 - \delta, x_0)$ 上单调增加且有上界, 则 $f(x)$ 在点 x_0 的左极限 $f(x_0 - 0)$ 必存在.

6. (函数极限的单调有界定理) 证明: 若函数 f 在区间 $(a, +\infty)$ 上单调增加且有上界, 则极限 $\lim\limits_{x\to+\infty} f(x)$ 存在.

7. 证明: 区间 (a,b) 上单调函数的不连续点必为第一类间断点.

8. 构造一个在 $\mathbb{R}$ 上有定义的函数, 使其在任意的有理点都不连续, 但在任意的无理点都连续.

9. 设 $f\in C([a,b])$ 且存在数列 $\{x_n\}\subset[a,b]$ 使得 $\lim\limits_{n\to\infty} f(x_n)=A$. 证明: 存在 $\xi\in[a,b]$ 使得 $f(\xi)=A$.

10. 求 Jensen 函数方程

$$f\Big(\frac{x+y}{2}\Big)=\frac{f(x)+f(y)}{2},\quad x,y\in\mathbb{R}$$

在 $\mathbb{R}$ 上的所有连续解.

11. 设 $\mathrm{e}^{-f(x)}$ 与 $\mathrm{e}^{x}f(x)$ 都在 $(0,1)$ 上单调增加. 证明: f 在 $(0,1)$ 上连续.

12. 设 $\boldsymbol{A}$, $\boldsymbol{B}$ 是两个 m 阶方阵, $\boldsymbol{I}$ 为 m 阶单位矩阵. 证明: 若 $\boldsymbol{I}-\boldsymbol{AB}$ 可逆, 则 $\boldsymbol{I}-\boldsymbol{BA}$ 也可逆.

13. 称

$$\omega_f(x_0)=\lim_{\delta\to0+}\omega_f(x_0,\delta)$$

为函数 f 在点 x_0 的振幅, 其中

$$\omega_f(x_0,\delta)=\sup_{x\in(x_0-\delta,x_0+\delta)} f(x)-\inf_{x\in(x_0-\delta,x_0+\delta)} f(x)$$

为 f 在 $(x_0-\delta,x_0+\delta)$ 上的振幅. 证明 f 在点 x_0 连续的充分必要条件是: $\omega_f(x_0)=0$.

14. 设函数 f 在 $(a,b]$ 和 $[b,c)$ 上分别一致连续. 证明: f 在 (a,c) 上一致连续.

15. 证明: (1) $\cos\sqrt{x}$ 在 $[0,+\infty)$ 上一致连续; (2) $\ln x$ 在 $[1,+\infty)$ 上一致连续.

16. 设 $f\in C\big([0,+\infty)\big)$. 证明: 若存在常数 b,c 使得 $\lim\limits_{x\to+\infty}\big(f(x)-bx-c\big)=0$, 则 f 在 $[0,+\infty)$ 上一致连续.

17. 设函数 f 在区间 $[0,+\infty)$ 上一致连续. 证明: 存在常数 A, B 使得

$$\big|f(x)\big|\leqslant Ax+B,\quad x\in[0,+\infty).$$

18. 设 f 是 $[0,+\infty)$ 上的一致连续函数, 且对任意的 $x\in[0,1]$ 都有 $\lim\limits_{n\to\infty} f(x+n)=0$. 证明: $\lim\limits_{x\to+\infty} f(x)=0$.

19. 设函数 f 在 (a,b) 上一致连续. 证明: f 在 (a,b) 上有界.

20. 设 $f\in C\big([a,+\infty)\big)$. 证明: 若 $\lim\limits_{x\to+\infty}f(x)=0$, 则 f 在 $[a,+\infty)$ 上有界.

21. 证明: 方程 $x^3+ax+b=0$ 有且仅有一个实根, 其中 $a>0$.

22. 证明: 对椭圆内的任意一点 $\mathcal{P}$, 都存在椭圆内过 $\mathcal{P}$ 的一条弦, 使得 $\mathcal{P}$ 是该弦的中点.

23. 设 $f\in C([a,b])$ 且不是常值函数. 证明: f 的值域 $R(f)$ 是一个区间.

24. 设 $f\in C(\mathbb{R})$ 且 $f(f(x))=x\ (x\in\mathbb{R})$. 证明: 存在 $\xi\in\mathbb{R}$ 使得 $f(\xi)=\xi$.

25. 证明: 若函数 $f\in \mathrm{BV}([a,b])$, 则 f 在 $[a,b]$ 上有界.

26. 证明: 若函数 $f,g\in \mathrm{BV}([a,b])$ 且存在 $\sigma>0$ 使得 $|g(x)|\geqslant\sigma\ (x\in[a,b])$, 则 $\dfrac{f}{g}\in \mathrm{BV}([a,b])$.

27. 设 $f\in C([a,b])$ 且 $f([a,b])\subset[a,b]$. 证明: 若 f 存在 4-周期点, 则 f 必有 2-周期点.

28. 证明: 有理数集 $\mathbb{Q}$ 是可列集.

29. 证明: 实数集 $\mathbb{R}$ 是不可列集.

30. 设 $f\in C(\mathbb{R})$, $K=\big\{(x,y)\,\big|\,y=f(x),\ x\in\mathbb{R}\big\}$. 证明: K 是闭集.

31. 求极限 $\lim\limits_{(x,y)\to(0,0)}xy\dfrac{x^2-y^2}{x^2+y^2}$ 与 $\lim\limits_{(x,y)\to(0,0)}(x^2+y^2)^{x^2y^4}$.

32. 判断二重极限 $\lim\limits_{(x,y)\to(0,\infty)}\dfrac{1}{xy}\tan\dfrac{xy}{1+xy}$ 的存在性.

33. 证明定理 2.6.3.

34. 分别写出极限 $\lim\limits_{(x,y)\to(x_0,+\infty)}f(x,y)$ 与 $\lim\limits_{(x,y)\to(-\infty,+\infty)}f(x,y)$ 的定义、Heine-Borel 定理、Cauchy 收敛原理.

35. 设二元函数 f 定义在闭矩形 $K=[a,b]\times[c,d]$ 上. 证明: 若对任意的 $\mathcal{P}_0(x_0,y_0)\in K$, 极限 $\lim\limits_{(x,y)\to(x_0,y_0)}f(x,y)$ 都存在, 则 f 在 K 上有界.

36. 设二元函数 f 定义在单位圆 $B=\big\{(x,y)\,\big|\,x^2+y^2<1\big\}$ 内. 证明: 若 $f(x,0)$ 在点 $(0,0)$ 处连续且 f_y 在 B 内有界, 则 f 在点 $(0,0)$ 处连续.

37. 设函数 $f(x,y)=\sin(xy)$. 证明: $f(x,y)$ 在 $\mathbb{R}^2$ 的任何紧子集上一致连续, 但在 $\mathbb{R}^2$ 上不一致连续.

38. 证明定理 2.6.4.

39. 设 $f\in C(\mathbb{R}^2)$ 且在 $[-1,1]\times[-1,1]\backslash\big\{(0,0)\big\}$ 上大于 0. 证明: 若对任意的 $c>0$ 都有 $f(cx,cy)=cf(x,y)$, 则存在 $\alpha,\beta>0$ 使得

$$\alpha\sqrt{x^2+y^2}\leqslant f(x,y)\leqslant\beta\sqrt{x^2+y^2},\quad (x,y)\in\mathbb{R}^2.$$

40. 设 $D \subset \mathbb{R}^2$ 是连通集, $f \in C(D)$. 证明: 若存在 $(x_1, y_1), (x_2, y_2) \in D$ 使得 $f(x_1, y_1) f(x_2, y_2) < 0$, 则存在 $(\xi, \eta) \in D$ 都有 $f(\xi, \eta) = 0$.

41. 设 $f \in C([0,1] \times [0,1] \times [0,1])$, 记 $g(x, y) = \max\limits_{0 \leqslant z \leqslant 1} f(x, y, z)$, $(x, y) \in [0,1] \times [0,1]$. 证明: 函数 g 在 $[0,1] \times [0,1]$ 上一致连续.

42. 证明定理 2.6.11.

43. 设 $D \subset \mathbb{R}^d$, $\boldsymbol{f}: D \to \mathbb{R}^m$ 是向量值函数, $\boldsymbol{x}_0 \in D$. 证明 $\boldsymbol{f}$ 在 $\boldsymbol{x}_0$ 处连续的充分必要条件是: 对 D 中任何满足 $\lim\limits_{n \to \infty} \boldsymbol{x}_n = \boldsymbol{x}_0$ 的点列 $\{\boldsymbol{x}_n\}$ 都有 $\lim\limits_{n \to \infty} \boldsymbol{f}(\boldsymbol{x}_n) = \boldsymbol{f}(\boldsymbol{x}_0)$.

第 3 章 微 分 学

微分学的主要研究内容是函数的可导性. 函数可导这一概念最初来源于求曲线在一点的切线以及求变速运动的瞬时速度等问题. 在几何上, 函数的可导性则反映了曲线或曲面的光滑性. Euler 及其同时代的数学家都认为, 一元连续函数除去个别点之外都是可导的. 但是, Weierstrass 在 1872 年构造出了一个处处连续但处处不可导的函数, 彻底厘清了连续与可导的区别.

3.1 一元函数导函数的性质

函数的导数是逐点定义的. 若一元函数 f 在区间 $\mathcal{I}$ 上的每一点都可导, 则 f' 也是定义在区间 $\mathcal{I}$ 上的函数, 即导函数. 本节将要证明的导数极限定理与导函数介值定理都表明, 函数的导函数具有特殊性质, 并不是每个函数都可以是某个函数的导函数.

3.1.1 导数的定义

我们首先回顾一元函数导数的定义.

定义 3.1.1 (导数) 设函数 f 在区间 $(x_0-\delta, x_0+\delta)$ $\big($或 $(x_0-\delta, x_0]$, $[x_0, x_0+\delta)\big)$ 上有定义. 若差商的极限

$$\lim_{x\to x_0}\frac{f(x)-f(x_0)}{x-x_0} \quad \left(\text{或} \lim_{x\to x_0-}\frac{f(x)-f(x_0)}{x-x_0}, \quad \lim_{x\to x_0+}\frac{f(x)-f(x_0)}{x-x_0}\right)$$

存在, 则称 f 在点 x_0 处可导 (或左导数存在, 右导数存在), 称该极限值为 f 在点 x_0 处的导数 (或左导数, 右导数), 记为 $f'(x_0)$ $\big($或 $f'_-(x_0)$, $f'_+(x_0)\big)$.

从上述定义容易看出

$$f \text{ 在点 } x_0 \text{ 处可导的充分必要条件是:} \quad f'_-(x_0)=f'_+(x_0).$$

下面的例子本质上是 Fermat 引理的变体形式.

例 3.1.1 设函数 f 与 g 都在 $(x_0-\delta, x_0+\delta)$ 上有定义且满足

$$f(x_0)=g(x_0), \quad f(x)\leqslant g(x), \quad x\in(x_0-\delta, x_0+\delta).$$

证明: 若 $f'(x_0)$ 与 $g'(x_0)$ 都存在, 则 $f'(x_0)=g'(x_0)$.

证明 令 $h(x)=f(x)-g(x)$, 则 $h(x_0)=0$, $h(x)\leqslant 0$, $x\in(x_0-\delta,x_0+\delta)$, 且 $h'(x_0)$ 存在. 故只需证明: $h'(x_0)=0$. 事实上, 因为

$$\frac{h(x)-h(x_0)}{x-x_0}=\frac{h(x)}{x-x_0}\leqslant 0,\quad x\in(x_0,x_0+\delta),$$

所以在不等式两边令 $x\to x_0+$ 取极限可得 $h'(x_0)=h'_+(x_0)\leqslant 0$. 又因为

$$\frac{h(x)-h(x_0)}{x-x_0}=\frac{h(x)}{x-x_0}\geqslant 0,\quad x\in(x_0-\delta,x_0),$$

所以在不等式两边令 $x\to x_0-$ 取极限可得 $h'(x_0)=h'_-(x_0)\geqslant 0$. 综上可知, $h'(x_0)=0$. □

例 3.1.2 设数列 $\{a_n\}$ 与 $\{b_n\}$ 满足

$$\lim_{n\to\infty}a_n=x_0=\lim_{n\to\infty}b_n,\quad a_n<x_0<b_n\quad(n=1,2,\cdots).$$

证明: 若 $f'(x_0)$ 存在, 则

$$\lim_{n\to\infty}\frac{f(b_n)-f(a_n)}{b_n-a_n}=f'(x_0).$$

证明 因为

$$\frac{f(b_n)-f(a_n)}{b_n-a_n}=\frac{b_n-x_0}{b_n-a_n}\frac{f(b_n)-f(x_0)}{b_n-x_0}-\frac{a_n-x_0}{b_n-a_n}\frac{f(a_n)-f(x_0)}{a_n-x_0}\quad(n=1,2,\cdots),$$

所以

$$\begin{aligned}
&\left|\frac{f(b_n)-f(a_n)}{b_n-a_n}-f'(x_0)\right|\\
=&\left|\frac{b_n-x_0}{b_n-a_n}\left(\frac{f(b_n)-f(x_0)}{b_n-x_0}-f'(x_0)\right)-\frac{a_n-x_0}{b_n-a_n}\left(\frac{f(a_n)-f(x_0)}{a_n-x_0}-f'(x_0)\right)\right|\\
\leqslant&\frac{b_n-x_0}{b_n-a_n}\left|\frac{f(b_n)-f(x_0)}{b_n-x_0}-f'(x_0)\right|+\frac{x_0-a_n}{b_n-a_n}\left|\frac{f(a_n)-f(x_0)}{a_n-x_0}-f'(x_0)\right|\\
\leqslant&\left|\frac{f(b_n)-f(x_0)}{b_n-x_0}-f'(x_0)\right|+\left|\frac{f(a_n)-f(x_0)}{a_n-x_0}-f'(x_0)\right|\quad(n=1,2,\cdots).
\end{aligned}$$

在上式两边令 $n\to+\infty$ 取极限可得

$$\lim_{n\to\infty}\left|\frac{f(b_n)-f(a_n)}{b_n-a_n}-f'(x_0)\right|=0.$$

从而,

$$\lim_{n\to\infty}\frac{f(b_n)-f(a_n)}{b_n-a_n}=f'(x_0).$$

□

3.1.2　导数极限定理

在初等微积分课程的学习中我们知道, 函数 f 在点 x_0 处的单侧导数 $f'_+(x_0)$ 与其导函数 f' 在该点的单侧极限 $f'(x_0+0)$ 是两个不同的概念. 在一般情况下, 二者并无蕴含关系, 甚至未必同时存在. 但是, 在适当的条件下, 二者之间也存在密切的联系.

定理 3.1.1 (单侧导数极限定理)　*设函数 f 在区间 (a,b) 上可导, 且在点 a 右连续 (或在点 b 左连续). 若导函数 f' 在点 a 的右极限 $f'(a+0)$ 存在 (或在点 b 的左极限 $f'(b-0)$ 存在), 则 f 在点 a 的右导数 $f'_+(a)$ (或在点 b 的左导数 $f'_-(b)$) 也存在且*

$$f'_+(a)=f'(a+0)\quad (\text{或}\quad f'_-(b)=f'(b-0)).$$

证明　我们仅证明 f 在点 a 的右导数存在且等于 $f'(a+0)$. 对任意的 $h\in(0,b-a)$, 都有 f 在 $[a,a+h]$ 上连续且在 $(a,a+h)$ 内可导. 于是, 由 Lagrange 中值定理知, 存在 $\theta\in(0,1)$ 使得

$$\frac{f(a+h)-f(a)}{h}=f'(a+\theta h).$$

因为 f' 在点 a 的右极限 $f'(a+0)$ 存在, 所以在上式两端令 $h\to 0+$ 可得

$$f'_+(a)=\lim_{h\to 0+}\frac{f(a+h)-f(a)}{h}=\lim_{h\to 0+}f'(a+\theta h)=f'(a+0).\qquad\square$$

例 3.1.3　*设 $f(x)=x\arcsin x+\sqrt{1-x^2}$ $(x\in[-1,1])$. 求 $f'(x)$.*

解　显然, f 在 $[-1,1]$ 上连续. 直接计算也可得

$$f'(x)=\arcsin x+\frac{x}{\sqrt{1-x^2}}-\frac{x}{\sqrt{1-x^2}}=\arcsin x,\ \ x\in(-1,1).$$

从而,

$$\lim_{x\to 1-}f'(x)=\frac{\pi}{2},\quad \lim_{x\to -1+}f'(x)=-\frac{\pi}{2},$$

于是, 由定理 3.1.1 可知

$$f'(x)=\arcsin x,\quad x\in[-1,1].\qquad\square$$

例 3.1.4　*设函数 f 在区间 (a,b) 上可导. 证明: 导函数 f' 在 (a,b) 内不存在第一类间断点.*

证明 用反证法. 假设 f' 在 (a,b) 内存在第一类间断点 c, 则 f' 在点 c 处的单侧极限

$$f'(c-0), \quad f'(c+0)$$

都存在且有限. 由于 f 在 (a,b) 内可导, 所以 f 在点 c 处既左连续又右连续. 于是, 由定理 3.1.1 可知

$$f'(c-0)=f'_-(c)=f'(c)=f'_+(c)=f'(c+0).$$

从而, f' 在点 c 处连续. 这与 c 为 f' 的间断点的假设矛盾. □

由单侧导数极限定理容易得到

定理 3.1.2 (导数极限定理) 设函数 f 在点 x_0 的某邻域内连续, 且在 x_0 的某去心邻域内可导. 若极限 $\lim\limits_{x\to x_0} f'(x)$ 存在, 则 $f'(x_0)$ 存在且 $f'(x_0)=\lim\limits_{x\to x_0} f'(x)$.

例 3.1.5 求函数 $f(x)=2x^3+x^2|x|$ 在 $x=0$ 处的最高阶导数.

解 因为

$$f(x)=\begin{cases} 3x^3, & x\geqslant 0,\\ x^3, & x<0,\end{cases}$$

所以由定理 3.1.2 可知, $f'(0)=f''(0)=0$, 且

$$f''(x)=\begin{cases} 18x, & x\geqslant 0,\\ 6x, & x<0.\end{cases}$$

再由定理 3.1.1 可知, $f'''_+(0)=18$, $f'''_-(0)=6$. 故 $f'''(0)$ 不存在. 从而, f 在 $x=0$ 处的最高阶导数为 $f''(0)=0$. □

3.1.3 导函数中间值性质

对于一个可导函数而言, 它的导函数并不一定连续. 例如, 函数

$$f(x)=\begin{cases} x^2\sin\dfrac{1}{x}, & x\neq 0,\\ 0, & x=0\end{cases}$$

在 $(-\infty,+\infty)$ 上可导且导函数为

$$f'(x)=\begin{cases} 2x\sin\dfrac{1}{x}-\cos\dfrac{1}{x}, & x\neq 0,\\ 0, & x=0.\end{cases}$$

显然, $x=0$ 为 f' 的第二类间断点. 故 f' 在点 $x=0$ 处不连续.

下面的 Darboux 定理表明, 导函数即使不连续, 也具有中间值性质.

定理 3.1.3 (Darboux 定理)　若函数 f 在区间 $[a,b]$ 上可导, 则 f' 必能取到介于 $f'_+(a)$ 与 $f'_-(b)$ 之间的任何一个值.

证明　(法一) 不妨设 $f'_+(a) < f'_-(b)$ 且 $\lambda \in \big(f'_+(a), f'_-(b)\big)$. 只需证明: 存在 $\xi \in (a,b)$, 使得 $f'(\xi) = \lambda$.

令

$$\phi(x) = f(x) - \lambda x,$$

则 ϕ 在区间 $[a,b]$ 上可导, 且 $\phi'_+(a) = f'_+(a) - \lambda < 0$, $\phi'_-(b) = f'_-(b) - \lambda > 0$. 从而, 由单侧导数的定义可知

$$\lim_{x \to a+} \frac{\phi(x) - \phi(a)}{x - a} = \phi'_+(a) < 0.$$

根据函数极限的保号性, 存在 $\delta > 0$, 使得对任意的 $x \in (a, a+\delta)$ 都有

$$\phi(x) - \phi(a) < 0.$$

从而, a 不是 ϕ 在 $[a,b]$ 上的最小值点. 类似地可以证明, b 也不是 ϕ 在 $[a,b]$ 上的最小值点.

另一方面, 由于 ϕ 在 $[a,b]$ 上连续, 所以由闭区间上连续函数的最值定理可知, ϕ 在 $[a,b]$ 上有最小值. 设 $\xi \in [a,b]$ 是它的一个最小值点, 则 $\xi \in (a,b)$. 从而, ξ 为 ϕ 的极小值点. 于是, 由 Fermat 定理可得

$$\phi'(\xi) = 0,$$

即 $f'(\xi) = \lambda$.

(法二)① 设 $\mathcal{D}$ 是函数 f 在 $[a,b]$ 上的所有导数值的集合, 而 $\mathcal{C}$ 是连接 $y = f(x)$ 图像上任两点的弦的斜率的集合, 即

$$\mathcal{D} = \big\{ f'(x) \,\big|\, x \in [a,b] \big\}, \quad \mathcal{C} = \left\{ \frac{f(x) - f(y)}{x - y} \,\middle|\, x, y \in [a,b],\, x \neq y \right\}.$$

只需证明: $\mathcal{D}$ 是一个区间.

由 Lagrange 中值定理可知 $\mathcal{C} \subset \mathcal{D}$, 而由导数的定义可知 $\mathcal{D} \subset \overline{\mathcal{C}}$, 所以只需证明 $\mathcal{C}$ 是一个区间即可. 这等价于证明 $\mathcal{C}$ 中任意的两点都可由包含于 $\mathcal{C}$ 的区间连接起来. 事实上, 对任意的 p, $q \in \mathcal{C}$, 我们取 x_1, x_2, x_3, $x_4 \in [a,b]$ 使得 $x_1 < x_2$, $x_3 < x_4$ 且

$$p = \frac{f(x_1) - f(x_2)}{x_1 - x_2}, \quad q = \frac{f(x_3) - f(x_4)}{x_3 - x_4}.$$

① Nadler S. A proof of Darboux's theorem. American Mathematical Monthly, 2010, 17: 174-175.

从而, 若定义

$$g(t)=\frac{f\big((1-t)x_1+tx_3\big)-f\big((1-t)x_2+tx_4\big)}{\big((1-t)x_1+tx_3\big)-\big((1-t)x_2+tx_4\big)},\quad t\in[0,1],$$

则 g 是从 $[0,1]$ 到 $\mathcal{C}$ 的连续函数. 于是, 由连续函数的中间值定理可知, $g([0,1])$ 是一个包含于 $\mathcal{C}$ 的区间, 且 $p=g(0)$, $q=g(1)$. □

例 3.1.6 证明: **Dirichlet 函数**

$$D(x)=\begin{cases}1, & x\in\mathbb{Q},\\ 0, & x\in\mathbb{R}\backslash\mathbb{Q}\end{cases}$$

没有原函数, 即不存在函数 $F(x)$ 满足 $F'(x)=D(x)$.

证明 用反证法. 假设存在函数 F 使得 $F'(x)=D(x)$, 则

$$F'(0)=D(0)=1,\quad F'(\sqrt{2})=D(\sqrt{2})=0.$$

于是, 对 $\lambda=\dfrac{1}{2}\in(0,1)$, 根据 Darboux 定理, 存在 $\xi\in(0,\sqrt{2})$, 使得 $F'(\xi)=\dfrac{1}{2}$. 另一方面, 由 Dirichlet 函数的定义可知, $F'(\xi)=D(\xi)=0$ 或 1. 这是一个矛盾. □

例 3.1.7 设函数 f 在 $(-\infty,+\infty)$ 上可导, 且极限 $\lim\limits_{x\to-\infty}f(x)$ 与 $\lim\limits_{x\to+\infty}\big(f(x)-x\big)$ 都存在. 证明: 对任意的 $\lambda\in(0,1)$, 都存在 $\xi_\lambda\in\mathbb{R}$ 使得 $f'(\xi_\lambda)=\lambda$.

证明 由题设易知

$$\lim_{x\to-\infty}\frac{f(x)-f(0)}{x}=\lim_{x\to-\infty}\frac{f(x)}{x}=0,\quad \lim_{x\to+\infty}\frac{f(x)-f(0)}{x}=\lim_{x\to+\infty}\frac{f(x)}{x}=1.$$

因此, 对任意的 $\lambda\in(0,1)$, 由函数极限性质可知, 存在 $x_1<0$ 与 $x_2>0$ 使得

$$\frac{f(x_1)-f(0)}{x_1}<\lambda<\frac{f(x_2)-f(0)}{x_2}.$$

结合 Lagrange 中值定理可知, 存在 $\xi_1\in(x_1,0)$ 与 $\xi_2\in(0,x_2)$ 使得

$$f'(\xi_1)<\lambda<f'(\xi_2).$$

从而, 根据 Darboux 定理即得, 存在 $\xi_\lambda\in(\xi_1,\xi_2)$ 使得 $f'(\xi_\lambda)=\lambda$. □

例 3.1.8 设函数 f 在 $[a,b]$ 上连续, 在 (a,b) 上可导且存在 $c\in(a,b)$ 使得 $f'(c)=0$. 证明: 存在 $\xi\in(a,b)$ 使得 $f'(\xi)-f(\xi)+f(a)=0$.

证明 因为

$$\left(f(x)-\int_a^x f(t)\mathrm{d}t+f(a)x\right)'=f'(x)-f(x)+f(a),\quad x\in(a,b),$$

所以由 Darboux 定理可知, $f'(x)-f(x)+f(a)$ 在 (a,b) 上具有中间值性质. 从而, 若结论不成立, 则 $f'(x)-f(x)+f(a)$ 在 (a,b) 上恒为正或恒为负. 不妨设

$$f'(x)-f(x)+f(a)>0,\quad x\in(a,b), \tag{3.1}$$

则

$$\left(\mathrm{e}^{-x}\big(f(x)-f(a)\big)\right)'=\mathrm{e}^{-x}\big(f'(x)-f(x)+f(a)\big)>0,\quad x\in(a,b).$$

又因为 $\mathrm{e}^{-x}\big(f(x)-f(a)\big)$ 在 $[a,b]$ 上连续, 所以

$$\mathrm{e}^{-x}\big(f(x)-f(a)\big)>\mathrm{e}^{-a}\big(f(a)-f(a)\big)=0,\quad x\in(a,b),$$

即

$$f(x)-f(a)>0,\quad x\in(a,b).$$

故再次利用 (3.1) 可得

$$f'(c)>f(c)-f(a)>0.$$

这与 $f'(c)=0$ 矛盾. □

3.1.4 导数的逼近

由于函数 f 在点 x 处的导数 $f'(x)$ 是通过对差商

$$f_h(x)=\frac{f(x+h)-f(x)}{h}$$

取 $h\to 0$ 的极限而定义, 所以在数值计算中常常直接用差商 $f_h(x)$ 来代替 $f'(x)$. 为了刻画导数的这一逼近. 我们引入如下定义:

定义 3.1.2 (一致可微) *设函数 f 在区间 $\mathcal{I}$ 上可微. 若对任意给定的 $\varepsilon>0$, 都存在 $\delta>0$, 使得对任意满足 $0<|h|<\delta$ 的 h 及任意的 $x\in\mathcal{I}$, 只要 $x+h\in\mathcal{I}$ 就有*

$$\left|\frac{f(x+h)-f(x)}{h}-f'(x)\right|<\varepsilon,$$

则称 f 在区间 $\mathcal{I}$ 上一致可微.

Darboux 定理指出, f' 即使不连续也具有中间值性质. 下一定理则建立了 f' 的连续性与它的差商逼近之间的联系.

定理 3.1.4 若函数 f 在区间 $[a,b]$ 上可微, 则 f 在 $[a,b]$ 上一致可微的充分必要条件是: $f' \in C([a,b])$.

证明 (必要性) 若 f 在 $[a,b]$ 上一致可微, 则对任意给定的 $\varepsilon > 0$, 都存在 $\delta > 0$, 使得对任意满足 $0 < |h| < \delta$ 的 h 及任意的 $x \in [a,b]$, 只要 $x+h \in [a,b]$ 就有

$$\left|\frac{f(x+h)-f(x)}{h} - f'(x)\right| < \frac{\varepsilon}{2}.$$

从而, 对任意的 $x_0 \in [a,b]$, 当 $0 < |h| < \delta$ 且 $x_0 + h \in [a,b]$ 时必有

$$\begin{aligned}
&\left|f'(x_0+h) - f'(x_0)\right| \\
=&\left|f'(x_0+h) + \frac{f(x_0)-f(x_0+h)}{h} + \frac{f(x_0+h)-f(x_0)}{h} - f'(x_0)\right| \\
\leqslant&\left|f'(x_0+h) - \frac{f(x_0+h-h)-f(x_0+h)}{-h}\right| + \left|\frac{f(x_0+h)-f(x_0)}{h} - f'(x_0)\right| \\
<&\frac{\varepsilon}{2} + \frac{\varepsilon}{2} = \varepsilon.
\end{aligned}$$

这表明 f' 在 $[a,b]$ 上连续.

(充分性) 设 $f' \in C([a,b])$, 则由 Cantor 定理可知, f' 在 $[a,b]$ 上一致连续, 即对任意给定的 $\varepsilon > 0$, 都存在 $\delta > 0$, 使得对任意的 $x', x'' \in [a,b]$, 只要 $|x'-x''| < \delta$ 就有

$$\left|f'(x') - f'(x'')\right| < \varepsilon.$$

从而, 当 $0 < |h| < \delta$ 时, 对任意的 $x \in [a,b]$, 只要 $x+h \in [a,b]$, 就可利用 Lagrange 中值定理得

$$\left|\frac{f(x+h)-f(x)}{h} - f'(x)\right| = \left|f'(\xi) - f'(x)\right| < \varepsilon,$$

其中 ξ 介于 x 与 $x+h$ 之间. 故 f 在 $[a,b]$ 上一致可微. □

注记 3.1.1 由定理 3.1.4 可知, 基本初等函数在其定义域中的任意闭子区间上都一致可微.

3.2 一元函数的 Taylor 公式及其应用

无论是理论分析, 还是近似计算, 用简单函数来逼近复杂函数都是重要的方法和手段. 由于只需要通过基本的四则运算就可以计算出多项式函数的数值, 所以用多项式函数来近似表达复杂函数就显得尤为重要. Taylor 公式正是这一课题

中最著名的成果. 凡是可以利用微分中值定理解决的问题, 都可以借助于 Taylor 公式解决, 所以 Taylor 公式扮演着微分学顶峰的角色.

为方便起见, 我们将用 $C^k(\mathcal{I})$ 表示在区间 $\mathcal{I}$ 上具有 k 阶连续导数的全体函数所组成的集合.

3.2.1 一元函数的 Taylor 公式

我们首先回顾具有 Peano 型余项和 Lagrange 型余项的一元函数的 Taylor 公式.

定理 3.2.1 (带 Peano 型余项的 Taylor 公式) 设函数 f 在 x_0 处有 n 阶导数, 则

$$f(x)=\sum_{k=0}^{n}\frac{f^{(k)}(x_0)}{k!}(x-x_0)^k+o\big((x-x_0)^n\big)\quad\big(x\to x_0\big).\tag{3.2}$$

注记 3.2.1 公式 (3.2) 是一种动态估计, 即当 $x\to x_0$ 时, $f(x)$ 与其 Taylor 多项式

$$\sum_{k=0}^{n}\frac{f^{(k)}(x_0)}{k!}(x-x_0)^k$$

的误差趋于 0, 所以公式 (3.2) 只有当 $x\to x_0$ 时才有意义.

定理 3.2.2 (带 Lagrange 型余项的 Taylor 公式) 设 $f\in C^n\big([a,b]\big)\cap C^{n+1}\big((a,b)\big)$, 则

$$f(x)=\sum_{k=0}^{n}\frac{f^{(k)}(x_0)}{k!}(x-x_0)^k+\frac{f^{(n+1)}(\xi)}{(n+1)!}(x-x_0)^{n+1},\quad x,\,x_0\in[a,b],\tag{3.3}$$

其中 ξ 可表示为 $\xi=x_0+\theta(x-x_0)$, $\theta\in(0,1)$.

利用分部积分还可以导出 Taylor 公式余项的精确表示 ——余项的积分表示. 积分型余项表示在函数的幂级数展开中有广泛应用.

定理 3.2.3 (带积分型余项的 Taylor 公式) 设 $f\in C^{n+1}\big([a,b]\big)$, 则

$$f(x)=\sum_{k=0}^{n}\frac{f^{(k)}(x_0)}{k!}(x-x_0)^k+\frac{1}{n!}\int_{x_0}^{x}(x-t)^n f^{(n+1)}(t)\mathrm{d}t,\quad x,\,x_0\in[a,b].$$

证明 记

$$R_n(x)=f(x)-\sum_{k=0}^{n}\frac{f^{(k)}(x_0)}{k!}(x-x_0)^k,\quad x,\,x_0\in[a,b],$$

并逐次对上式两边关于 x 求导可得

$$R_n'(x) = f'(x) - \sum_{k=1}^{n} \frac{f^{(k)}(x_0)}{(k-1)!}(x-x_0)^{k-1},$$

$$R_n''(x) = f''(x) - \sum_{k=2}^{n} \frac{f^{(k)}(x_0)}{(k-2)!}(x-x_0)^{k-2},$$

$$\cdots\cdots$$

$$R_n^{(n)}(x) = f^{(n)}(x) - f^{(n)}(x_0),$$

$$R_n^{(n+1)}(x) = f^{(n+1)}(x).$$

于是, 若令 $x = x_0$, 则有

$$R_n(x_0) = R_n'(x_0) = R_n''(x_0) = \cdots = R_n^{(n)}(x_0) = 0.$$

从而, 由分部积分可得

$$\begin{aligned}
R_n(x) &= \int_{x_0}^{x} R_n'(t)\mathrm{d}t \\
&= \int_{x_0}^{x} (x-t)R_n''(t)\mathrm{d}t \\
&= \frac{1}{2!}\int_{x_0}^{x} (x-t)^2 R_n'''(t)\mathrm{d}t \\
&= \cdots \\
&= \frac{1}{n!}\int_{x_0}^{x} (x-t)^n R_n^{(n+1)}(t)\mathrm{d}t \\
&= \frac{1}{n!}\int_{x_0}^{x} (x-t)^n f^{(n+1)}(t)\mathrm{d}t.
\end{aligned}$$

□

注记 3.2.2 对任意的 $n \in \mathbb{N}$, 由于 $(x-t)^n$ 关于 t 在 $[x_0, x]$ (或 $[x, x_0]$) 上保持定号, 所以在积分型余项 R_n 中应用积分第一中值定理即可得 Lagrange 型余项:

$$\begin{aligned}
R_n(x) &= \frac{f^{(n+1)}(\xi)}{n!}\int_{x_0}^{x} (x-t)^n \mathrm{d}t \\
&= \frac{f^{(n+1)}(\xi)}{(n+1)!}(x-x_0)^{n+1}, \quad \xi \text{ 介于 } x \text{ 与 } x_0 \text{ 之间}.
\end{aligned}$$

注记 3.2.3 若在积分型余项 R_n 中将 $(x-t)^n f^{(n+1)}(t)$ 视为一个函数, 则利用积分第一中值定理可得 Cauchy 型余项:

$$\begin{aligned}R_n(x) &= \frac{f^{(n+1)}(\xi)(x-\xi)^n}{n!}\int_{x_0}^{x}\mathrm{d}t \\ &= \frac{f^{(n+1)}(\xi)}{n!}(x-\xi)^n(x-x_0), \quad \xi \text{ 介于 } x \text{ 与 } x_0 \text{ 之间}.\end{aligned}$$

3.2.2 一元函数的 Taylor 公式在理论分析中的应用

带 Peano 型余项的 Taylor 公式主要适合于研究函数在某一点附近的近似行为, 可以很方便地计算许多不定型极限; 而带 Lagrange 型余项的 Taylor 公式则可以讨论函数在大范围内的性质, 在函数单调性、凸性、不等式等问题的研究中都有广泛的应用.

例 3.2.1 求极限

$$\lim_{x\to 0}\frac{\mathrm{e}^x\sin x - x(1+x)}{\sin^3 x}.$$

解 因为由指数函数与正弦函数在 $x=0$ 处的 Taylor 公式可得

$$\begin{aligned}\mathrm{e}^x\sin x &= \left(1+x+\frac{1}{2}x^2+o(x^2)\right)\left(x-\frac{1}{6}x^3+o(x^3)\right) \\ &= x+x^2+\frac{1}{3}x^3+o(x^3),\end{aligned}$$

所以

$$\lim_{x\to 0}\frac{\mathrm{e}^x\sin x - x(1+x)}{\sin^3 x} = \lim_{x\to 0}\frac{\frac{1}{3}x^3+o(x^3)}{x^3} = \frac{1}{3}.$$ □

例 3.2.2 求极限

$$\lim_{x\to 0}\frac{\ln\left(1+\sin^2 x\right)-6\left(\sqrt[3]{2-\cos x}-1\right)}{\arctan^4 x}.$$

解 利用对数函数与正弦函数在 $x=0$ 处的 Taylor 公式可得

$$\begin{aligned}\ln\left(1+\sin^2 x\right) &= \sin^2 x - \frac{1}{2}\sin^4 x + o(\sin^4 x) \\ &= \left(x-\frac{1}{6}x^3+o(x^4)\right)^2 - \frac{1}{2}\left(x-\frac{1}{6}x^3+o(x^4)\right)^4 + o(x^4) \\ &= x^2-\frac{5}{6}x^4+o(x^4).\end{aligned}$$

再利用幂函数与余弦函数在 $x=0$ 处的 Taylor 公式可得

$$\begin{aligned}\sqrt[3]{2-\cos x}-1&=\sqrt[3]{1+(1-\cos x)}-1\\&=\frac{1}{3}(1-\cos x)-\frac{1}{9}(1-\cos x)^2+o\big((1-\cos x)^2\big)\\&=\frac{1}{3}\left(\frac{1}{2}x^2-\frac{1}{24}x^4+o(x^5)\right)-\frac{1}{9}\left(\frac{1}{2}x^2-\frac{1}{24}x^4+o(x^5)\right)^2+o(x^5)\\&=\frac{1}{6}x^2-\frac{1}{24}x^4+o(x^5).\end{aligned}$$

从而,

$$\begin{aligned}&\lim_{x\to0}\frac{\ln\left(1+\sin^2x\right)-6\left(\sqrt[3]{2-\cos x}-1\right)}{\arctan^4 x}\\=&\lim_{x\to0}\frac{\left(x^2-\frac{5}{6}x^4+o(x^4)\right)-6\left(\frac{1}{6}x^2-\frac{1}{24}x^4+o(x^5)\right)}{x^4}\\=&-\frac{7}{12}.\end{aligned}$$

□

例 3.2.3 设函数 f 在 $[0,2]$ 上二阶可导, 且 $\left|f(x)\right|\leqslant1$, $\left|f''(x)\right|\leqslant1$. 证明: $\left|f'(x)\right|\leqslant2$ $(x\in[0,2])$, 并举例说明其中的等号可能成立.

证明 对任意的 $x\in[0,2]$, 由 Taylor 公式可得

$$f(0)=f(x)-xf'(x)+\frac{1}{2}x^2f''(\xi_1),\quad \xi_1\in(0,x)$$

与

$$f(2)=f(x)+(2-x)f'(x)+\frac{1}{2}(2-x)^2f''(\xi_2),\quad \xi_2\in(x,2).$$

两式相减可得

$$2f'(x)=f(2)-f(0)+\frac{1}{2}\Big(x^2f''(\xi_1)-(2-x)^2f''(\xi_2)\Big).$$

从而

$$2\left|f'(x)\right|\leqslant1+1+\frac{1}{2}\big(x^2+(2-x)^2\big)=3+(x-1)^2,\quad x\in[0,2],$$

即

$$\left|f'(x)\right|\leqslant2,\quad x\in[0,2].$$

现在说明等号可能成立. 设 $f(x) = ax^2 + b$, 其中 a, b 待定. 为使 $\left|f(x)\right| \leqslant 1$, $\left|f''(x)\right| \leqslant 1$ 成立, 可取 $a = \dfrac{1}{2}$, $b = -1$. 此时

$$f(x) = \frac{1}{2}x^2 - 1$$

满足 $f'(2) = 2$. □

注记 3.2.4 例 3.2.3 有明确的力学意义: 做直线运动的物体, 如果在时间段 $[0,2]$ 内位移与加速度的值都不超过 1, 则在这段时间内速度的值不会超过 2.

例 3.2.4 设函数 f 在 $(-\infty, +\infty)$ 上有界且二阶可导. 证明: 存在 $x_0 \in \mathbb{R}$ 使得 $f''(x_0) = 0$.

证明 利用 Darboux 定理, 只需证明: f'' 在 $(-\infty, +\infty)$ 上变号.

用反证法. 若 f'' 在 $(-\infty, +\infty)$ 上不变号, 不妨设 $f'' > 0$, 则 f' 在 $(-\infty, +\infty)$ 上严格单调增加. 故存在 $c \in \mathbb{R}$, 使得 $f'(c) \neq 0$. 根据 Taylor 公式, 并再次利用 $f'' > 0$ 可知, 对任意的 $x \in (-\infty, +\infty)$ 都有

$$f(x) = f(c) + f'(c)(x - c) + \frac{1}{2}f''(\xi)(x - c)^2 \geqslant f(c) + f'(c)(x - c),$$

其中 ξ 介于 x 和 c 之间. 于是, 当 $f'(c) > 0$ 时, 在上式中令 $x \to +\infty$ 取极限可知

$$\lim_{x \to +\infty} f(x) = +\infty;$$

而当 $f'(c) < 0$ 时, 令 $x \to -\infty$ 取极限可知

$$\lim_{x \to -\infty} f(x) = +\infty.$$

这都与 f 在 $(-\infty, +\infty)$ 上有界矛盾. 从而, 存在 $x_0 \in \mathbb{R}$ 使得 $f''(x_0) = 0$. □

例3.2.5 设 f 在 $(-\infty, +\infty)$ 内有连续三阶导数且对任意的 $x, h \in (-\infty, +\infty)$ 都满足

$$f(x + h) = f(x) + hf'(x + \theta h),$$

其中 $\theta \in (0, 1)$ 与 h 无关. 证明: f 在 $(-\infty, +\infty)$ 上是一次或二次函数.

证明 因为 θ 与 h 无关, 所以在 $f(x + h) = f(x) + hf'(x + \theta h)$ 两端关于 h 求导可得

$$f'(x + h) = f'(x + \theta h) + \theta h f''(x + \theta h), \quad x, h \in (-\infty, +\infty). \tag{3.4}$$

当 $\theta \neq \dfrac{1}{2}$ 时, 由式 (3.4) 可知

$$\frac{f'(x+h)-f'(x)}{h}+\theta\frac{f'(x)-f'(x+\theta h)}{\theta h}=\theta f''(x+\theta h),\quad x,h\in(-\infty,+\infty).$$

令 $h\to 0$ 可得

$$f''(x)-\theta f''(x)=\theta f''(x),\quad \text{即}\quad (1-2\theta)f''(x)=0,\quad x\in(-\infty,+\infty).$$

故 $f''\equiv 0$. 这表明 f 为一次函数.

当 $\theta=\dfrac{1}{2}$ 时, 式 (3.4) 化为 $f'(x+h)=f'\left(x+\dfrac{1}{2}h\right)+\dfrac{1}{2}hf''\left(x+\dfrac{1}{2}h\right)$. 在两端再次关于 h 求导可得

$$f''(x+h)=f''\left(x+\frac{1}{2}h\right)+\frac{1}{4}hf'''\left(x+\frac{1}{2}h\right),\quad x,h\in(-\infty,+\infty),$$

即

$$\frac{f''(x+h)-f''(x)}{h}=\frac{f''\left(x+\frac{1}{2}h\right)-f''(x)}{h}+\frac{1}{4}f'''\left(x+\frac{1}{2}h\right),\quad x,h\in(-\infty,+\infty).$$

令 $h\to 0$ 可得

$$f'''(x)=\frac{1}{2}f'''(x)+\frac{1}{4}f'''(x),\quad x\in(-\infty,+\infty).$$

故 $f'''\equiv 0$. 这表明 f 为二次函数. □

例 3.2.6 设函数 f 在点 x_0 处 $n+1$ 阶可导且 $f^{(n+1)}(x_0)\neq 0$. 证明: 若

$$f(x_0+h)=f(x_0)+f'(x_0)h+\cdots+\frac{f^{(n-1)}(x_0)}{(n-1)!}h^{n-1}+\frac{f^{(n)}(x_0+\theta_n h)}{n!}h^n,$$

其中 $\theta_n\in(0,1)$, 则

$$\lim_{h\to 0}\theta_n=\frac{1}{n+1}.$$

证明 由带 Peano 型余项的 Taylor 公式可知

$$f(x_0+h)=f(x_0)+f'(x_0)h+\cdots+\frac{f^{(n)}(x_0)}{n!}h^n+\frac{f^{(n+1)}(x_0)}{(n+1)!}h^{n+1}+o(h^{n+1}).$$

与题设比较可得

$$\frac{f^{(n)}(x_0+\theta_n h)}{n!}h^n=\frac{f^{(n)}(x_0)}{n!}h^n+\frac{f^{(n+1)}(x_0)}{(n+1)!}h^{n+1}+o(h^{n+1}).$$

于是有

$$\frac{f^{(n)}(x_0+\theta_n h)-f^{(n)}(x_0)}{\theta_n h}\cdot\theta_n=\frac{f^{(n+1)}(x_0)}{n+1}+\frac{o(h^{n+1})}{h^{n+1}}.$$

从而,

$$f^{(n+1)}(x_0)\cdot\lim_{h\to 0}\theta_n=\lim_{h\to 0}\frac{f^{(n)}(x_0+\theta_n h)-f^{(n)}(x_0)}{\theta_n h}\cdot\lim_{h\to 0}\theta_n$$
$$=\frac{f^{(n+1)}(x_0)}{n+1}.$$

由此结合 $f^{(n+1)}(x_0)\neq 0$ 即得所需结论. □

例 3.2.7 证明: e 是无理数.

证明 用反证法. 若 e 是有理数, 则存在充分大的 $m\in\mathbb{N}$, 使得 $m!\mathrm{e}\in\mathbb{N}$. 在 e^x 的 Taylor 公式

$$\mathrm{e}^x=1+x+\frac{x^2}{2!}+\frac{x^3}{3!}+\cdots+\frac{x^m}{m!}+\frac{\mathrm{e}^{\theta x}}{(m+1)!}x^{m+1},\quad \theta\in(0,1)$$

中令 $x=1$, 则有

$$\mathrm{e}=1+1+\frac{1}{2!}+\frac{1}{3!}+\cdots+\frac{1}{m!}+\frac{\mathrm{e}^{\theta}}{(m+1)!},\quad \theta\in(0,1).$$

于是, 在上式两端同乘以 $m!$ 并移项整理可得

$$m!\mathrm{e}-m!\Big(1+1+\frac{1}{2!}+\frac{1}{3!}+\cdots+\frac{1}{m!}\Big)=\frac{\mathrm{e}^{\theta}}{m+1},\quad \theta\in(0,1).$$

由假设可知, 等式的左端为正整数. 另一方面, 由

$$\frac{1}{m+1}<\frac{\mathrm{e}^{\theta}}{m+1}<\frac{3}{m+1}$$

可知, 对任意的 $m\geqslant 2$ 都有

$$\frac{\mathrm{e}^{\theta}}{m+1}\in(0,1),$$

所以等式的右端不可能是正整数. 这是一个矛盾. 故 e 是无理数. □

3.2.3 一元函数的 Taylor 公式在近似计算中的应用

在数值计算中, 利用带 Lagrange 型余项的 Taylor 公式, 可以给出线性插值和 Newton 迭代法的误差估计.

定理 3.2.4 设 $f\in C\big([a,b]\big)$ 且在 (a,b) 内二阶可导, ℓ 是 f 在 $[a,b]$ 上的线性插值, 即

$$\ell(x)=\frac{b-x}{b-a}f(a)+\frac{x-a}{b-a}f(b).$$

若 $M = \sup\limits_{a<x<b} \left|f''(x)\right| < +\infty$, 则

$$\left|f(x) - \ell(x)\right| \leqslant \frac{1}{8}(b-a)^2 M, \quad x \in [a,b].$$

证明 显然, 我们有

$$f(x) - \ell(x) = \frac{b-x}{b-a}\big(f(x) - f(a)\big) + \frac{x-a}{b-a}\big(f(x) - f(b)\big).$$

由带 Lagrange 型余项的 Taylor 公式可知

$$f(a) - f(x) = (a-x)f'(x) + \frac{1}{2}(a-x)^2 f''(\xi_1), \quad a < \xi_1 < x$$

且

$$f(b) - f(x) = (b-x)f'(x) + \frac{1}{2}(b-x)^2 f''(\xi_2), \quad x < \xi_2 < b.$$

于是

$$f(x) - \ell(x) = -\frac{(b-x)(x-a)}{2}\Big(\frac{x-a}{b-a}f''(\xi_1) + \frac{b-x}{b-a}f''(\xi_2)\Big).$$

从而,

$$\begin{aligned}\left|f(x) - \ell(x)\right| &\leqslant \frac{(b-x)(x-a)}{2}\Big(\frac{x-a}{b-a}M + \frac{b-x}{b-a}M\Big)\\ &= \frac{(b-x)(x-a)}{2}M\\ &\leqslant \frac{1}{8}(b-a)^2 M.\end{aligned}$$

□

注记 3.2.5 定理 3.2.4 表明: 二阶导数越小, 线性插值的逼近效果越好.

定理 3.2.5 设 $f \in C^2\big([a,b]\big)$ 且满足

$$f(a)f(b) < 0, \quad f'(x) > 0, \quad f''(x) > 0, \quad x \in [a,b].$$

构造 Newton 迭代数列 $\{x_n\}$:

$$x_0 = b, \quad x_{n+1} = x_n - \frac{f(x_n)}{f'(x_n)} \quad (n = 0, 1, 2, \cdots). \tag{3.5}$$

证明: 方程 $f(x) = 0$ 在 (a,b) 内存在唯一的根 ξ, 而 Newton 迭代数列 $\{x_n\}$ 收敛于 ξ 且满足

$$\lim_{n\to\infty} \frac{x_{n+1} - \xi}{(x_n - \xi)^2} \neq 0.$$

证明 由零点存在定理及 f 在 $[a,b]$ 上严格单调增加可知, 方程 $f(x)=0$ 在 (a,b) 内存在唯一的根 ξ. 从而, 利用带 Lagrange 型余项的 Taylor 公式可得

$$0=f(\xi)=f(x_n)+f'(x_n)(\xi-x_n)+\frac{1}{2}f''(\theta_n)(\xi-x_n)^2 \quad (n=0,1,2,\cdots), \tag{3.6}$$

其中 θ_n 介于 ξ 与 x_n 之间. 因为 $f''(x)>0$, 所以

$$f(x_n)+f'(x_n)(\xi-x_n)<0 \quad (n=0,1,2,\cdots).$$

故

$$x_{n+1}=x_n-\frac{f(x_n)}{f'(x_n)}>\xi \quad (n=0,1,2,\cdots).$$

又因为 $f(x_0)=f(b)>0$ 且当 $x_{n+1}>\xi$ 时有 $f(x_{n+1})>f(\xi)=0$, 所以上式表明数列 $\{x_n\}$ 单调减少且有下界 ξ. 从而, $\{x_n\}$ 收敛. 若记 η 为 $\{x_n\}$ 的极限, 则在 (3.5) 两边令 $n\to\infty$ 取极限可知

$$\eta=\eta-\frac{f(\eta)}{f'(\eta)}.$$

这表明 $f(\eta)=0$. 由于 ξ 是方程 $f(x)=0$ 在 (a,b) 内的唯一解, 故 $\eta=\xi$. 这就证明了 Newton 迭代数列 $\{x_n\}$ 收敛于 ξ.

另一方面, 利用 (3.5) 及 (3.6) 可知

$$\begin{aligned} x_{n+1}-\xi&=x_n-\frac{f(x_n)}{f'(x_n)}-\xi=\frac{-f(x_n)-f'(x_n)(\xi-x_n)}{f'(x_n)}\\ &=\frac{1}{2}\frac{f''(\theta_n)}{f'(x_n)}(x_n-\xi)^2. \end{aligned}$$

于是,

$$\lim_{n\to\infty}\frac{x_{n+1}-\xi}{(x_n-\xi)^2}=\frac{1}{2}\lim_{n\to\infty}\frac{f''(\theta_n)}{f'(x_n)}=\frac{1}{2}\frac{f''(\xi)}{f'(\xi)}>0. \qquad \square$$

3.3 多元函数的偏导数与 Taylor 公式

早在 18 世纪初期, 偏导数等多元函数的微分运算就已经出现在 Newton, Bernoulli 兄弟等数学家的工作中, 但偏导数理论的创立则应归功于 Euler, Clairaut, d'Alembert 等数学家关于偏微分方程的研究. 在本节中, 我们研究多元函数的微分性质. 本节的部分内容与一元函数的相应内容平行, 但也有部分地方存在本质的不同, 我们会对这些地方着重说明.

为方便起见, 我们将用 $C^k(D)$ 表示在区域 D 上具有 k 阶连续偏导数的全体函数所组成的集合.

3.3.1 偏导数及其性质

我们知道, Lagrange 中值定理等微分中值定理是研究一元函数的重要工具. 对多元函数, 也有部分类似的结果. 以二元函数为例, 我们有如下 Lagrange 型微分中值定理.

定理 3.3.1 (Lagrange 中值定理) 若二元函数 f 在凸区域 $D \subset \mathbb{R}^2$ 上可微, 则对 D 中的任意两点 (x_0, y_0) 和 (x_1, y_1), 在连接 (x_0, y_0) 与 (x_1, y_1) 的线段上都存在点 (ξ, η), 使得

$$f(x_1, y_1) - f(x_0, y_0) = f_x(\xi, \eta)(x_1 - x_0) + f_y(\xi, \eta)(y_1 - y_0),$$

其中 ξ, η 可表示为 $\xi = x_0 + \theta(x_1 - x_0)$, $\eta = y_0 + \theta(y_1 - y_0)$, $\theta \in (0, 1)$.

证明 因为 D 是凸区域, 所以当 $t \in [0, 1]$ 时, $\big(x_0 + t(x_1 - x_0), y_0 + t(y_1 - y_0)\big) \in D$. 若构造辅助函数

$$\varphi(t) = f\big(x_0 + t(x_1 - x_0), y_0 + t(y_1 - y_0)\big),$$

则 φ 在 $[0, 1]$ 连续, 在 $(0, 1)$ 可导, 且

$$\begin{aligned}\varphi'(t) = &f_x\big(x_0 + t(x_1 - x_0), y_0 + t(y_1 - y_0)\big)(x_1 - x_0)\\ &+ f_y\big(x_0 + t(x_1 - x_0), y_0 + t(y_1 - y_0)\big)(y_1 - y_0).\end{aligned}$$

另一方面, 由一元函数的 Lagrange 中值定理可知, 存在 $\theta \in (0, 1)$ 使得

$$\varphi(1) - \varphi(0) = \varphi'(\theta).$$

从而, 将 $\varphi(1)$, $\varphi(0)$ 及 $\varphi'(\theta)$ 的表达式代入即可证得所需结论. □

注记 3.3.1 Lagrange 中值定理的几何意义: 若记过点 (x_0, y_0) 与点 (x_1, y_1) 且平行于 z 轴的平面为 Σ, 其与曲面 $z = f(x, y)$ 的交线为 Γ, 则在 Γ 介于 (x_0, y_0) 与 (x_1, y_1) 之间的弧段上存在点 (ξ, η), 使得 Γ 在点 (ξ, η) 处的切线平行于连接 (x_0, y_0) 与 (x_1, y_1) 的弦.

例 3.3.1 设 $K \subset \mathbb{R}^2$ 为凸紧区域, $f \in C^1(K)$. 证明: f 在 K 上 Lipschitz 连续.

证明 因为 f_x, f_y 在紧集 K 上连续, 所以由二元连续函数的有界性定理可知, 存在 $M > 0$ 使得

$$\big|f_x(x, y)\big| \leqslant M, \quad \big|f_y(x, y)\big| \leqslant M, \quad (x, y) \in K.$$

另一方面, 对任意的 (x_1, y_1), $(x_2, y_2) \in K$, 由定理 3.3.1 可知, 在连接 (x_1, y_1) 与 (x_2, y_2) 的线段上都存在点 (ξ, η), 使得

$$f(x_1, y_1) - f(x_2, y_2) = f_x(\xi, \eta)(x_1 - x_2) + f_y(\xi, \eta)(y_1 - y_2).$$

从而,

$$
\begin{aligned}
\big|f(x_1,y_1)-f(x_2,y_2)\big| &\leqslant M\big(|x_1-x_2|+|y_1-y_2|\big)\\
&\leqslant \sqrt{2}M\big\|(x_1,y_1)-(x_2,y_2)\big\|.
\end{aligned}
$$

这表明 f 在 K 上 Lipschitz 连续. □

定理 3.3.2 若二元函数 f 在区域 $D\subset\mathbb{R}^2$ 上的偏导数恒为 0, 则 f 在区域 D 上必为常值函数.

证明 对于区域 D 内的任意一点 (x',y'), 都存在 $r>0$ 使得 $B\big((x',y');r\big)\subset D$. 因为 f 在 D 上的偏导数都连续, 所以 f 在 D 上可微. 从而, 由定理 3.3.1 可知, 对任意的 $(x,y)\in B\big((x',y');r\big)$, 都存在 $\theta\in(0,1)$ 使得

$$
\begin{aligned}
f(x,y)&=f(x',y')+f_x\big(x'+\theta\Delta x,\ y'+\theta\Delta y\big)\Delta x+f_y\big(x'+\theta\Delta x,\ y'+\theta\Delta y\big)\Delta y\\
&=f(x',y'),
\end{aligned}
$$

其中 $\Delta x=x-x'$, $\Delta y=y-y'$. 这表明 f 在 $B\big((x',y');r\big)$ 上为常值函数.

现设 (x_0,y_0) 是区域 D 上任意给定的一点, (x_1,y_1) 是区域 D 上的任意一点. 由 D 的连通性可知, 存在连续曲线

$$
\Gamma:\quad \begin{cases} x=x(t),\\ y=y(t),\end{cases}\quad t\in[0,1]
$$

使得

$$
\big(x(0),y(0)\big)=(x_0,y_0),\quad \big(x(1),y(1)\big)=(x_1,y_1)\quad 且\quad \big(x(t),y(t)\big)\in D,\quad t\in[0,1].
$$

(法一) 若令 $z(t)=f\big(x(t),y(t)\big)$, 则有

$$
z(0)=f(x_0,y_0),\quad z(1)=f(x_1,y_1)\quad 且\quad z\in C\big([0,1]\big).
$$

记

$$
t_0=\sup\big\{t\in[0,1]\,\big|\,z(s)=z(0),s\in[0,t]\big\},
$$

则 $t_0>0$ 且由 z 的连续性可知, $z(t_0)=f(x_0,y_0)$.

因为 $\big(x(t_0),y(t_0)\big)\in D$, 所以存在 $r_0>0$ 使得 $B\big((x(t_0),y(t_0));r_0\big)\subset D$. 从而, 由前述证明可知, 对任意的 $(x,y)\in B\big((x(t_0),y(t_0));r_0\big)$ 都有

$$
f(x,y)=f(x(t_0),y(t_0))=z(t_0)=f(x_0,y_0).
$$

我们断言: $t_0 = 1$. 事实上, 若 $t_0 < 1$, 则由 $x(t)$ 和 $y(t)$ 的连续性可知, 存在 $\delta \in (0, 1 - t_0)$ 使得 $\big(x(t_0 + \delta), y(t_0 + \delta)\big) \in B\big((x(t_0), y(t_0)); r_0\big)$. 因此,

$$z(t_0 + \delta) = f\big(x(t_0 + \delta), y(t_0 + \delta)\big) = f(x_0, y_0) = z(0).$$

这与 t_0 的定义矛盾. 从而 $t_0 = 1$. 特别地, $f(x_1, y_1) = z(1) = z(t_0) = f(x_0, y_0)$.

由 (x_1, y_1) 的任意性可知, f 在 D 上是常值函数.

(法二) 对任意的 $t \in [0, 1]$, 存在 $\delta_t > 0$, 使得 $B\big((x(t), y(t)); \delta_t\big) \subset D$. 由前述证明可知, 对任意的 $(x, y) \in B\big((x(t), y(t)); \delta_t\big)$ 都有

$$f(x, y) = f(x(t), y(t)), \quad t \in [0, 1].$$

因为 $\big\{B\big((x(t), y(t)); \delta_t\big)\big\}_{t \in [0,1]}$ 覆盖了平面曲线 Γ 且 Γ 为紧集，所以由 Heine-Borel 有限覆盖定理可知, 存在有限多个圆 $\big\{B\big((x(t_i), y(t_i)); \delta_{t_i}\big)\big\}_{i=1}^{p}$ 即可覆盖曲线 Γ. 不妨设 $t_1 < t_2 < \cdots < t_p$, 则

$$f(x_0, y_0) = f(x(t_1), y(t_1)) = f(x(t_2), y(t_2)) = \cdots = f(x(t_p), y(t_p)) = f(x_1, y_1).$$

由 (x_1, y_1) 的任意性可知, f 在 D 上是常值函数. □

注记 3.3.2 事实上, 定理 3.3.2 是定理 3.3.8 的特殊情形, 所以还可利用定理 3.3.8 的证明方法来证明定理 3.3.2, 或者反之.

若二元函数 f 的偏导函数 f_x 与 f_y 在区域 D 上存在, 则 f_x 与 f_y 仍是 D 上的二元函数. 于是, 可以进一步考察 f_x 与 f_y 在 D 上的偏导数, 将其定义为函数 f 的二阶偏导数. 可以类似地定义更高阶的偏导数. 值得注意的是, 二阶混合偏导数 $f_{xy}(x, y)$ 与 $f_{yx}(x, y)$ 并不一定相等, 例如, 对于函数

$$f(x, y) = \begin{cases} \dfrac{xy(x^2 - y^2)}{x^2 + y^2}, & (x, y) \neq (0, 0), \\ 0, & (x, y) = (0, 0), \end{cases}$$

直接计算可知, $f_{xy}(0, 0) = -1$, $f_{yx}(0, 0) = 1$, 故 $f_{xy}(0, 0) \neq f_{yx}(0, 0)$. 但是, 下面的定理表明, 当偏导数连续时, 求偏导数与次序无关.

定理 3.3.3 若二元函数 f 的混合偏导数 f_{xy} 与 f_{yx} 都在点 (x_0, y_0) 处连续, 则

$$f_{yx}(x_0, y_0) = f_{xy}(x_0, y_0).$$

证明 (法一) 由定理的条件可知, 存在 $\delta > 0$, 使得当 $|\Delta y| < \delta$ 时函数

$$\phi(x) = f(x, y_0 + \Delta y) - f(x, y_0)$$

在区间 $(x_0-\delta, x_0+\delta)$ 上可导. 于是, 根据一元函数的 Lagrange 中值定理, 存在 $\theta_1 \in (0,1)$ 使得

$$\phi(x_0+\Delta x)-\phi(x_0)=\phi'(x_0+\theta_1\Delta x)\Delta x,$$

即

$$\begin{aligned}&\big(f(x_0+\Delta x, y_0+\Delta y)-f(x_0+\Delta x, y_0)\big)-\big(f(x_0, y_0+\Delta y)-f(x_0, y_0)\big)\\ =&\ \big(f_x\big(x_0+\theta_1\Delta x,\ y_0+\Delta y\big)-f_x\big(x_0+\theta_1\Delta x,\ y_0\big)\big)\,\Delta x.\end{aligned}$$

因为 $f_x(x,y)$ 关于 y 的偏导数在 (x_0,y_0) 附近存在, 所以在上式右端对以 y 为自变量的函数 $f_x\big(x_0+\theta_1\Delta x,\ y\big)$ 应用 Lagrange 中值定理可知, 存在 $\theta_2 \in (0,1)$ 使得

$$\begin{aligned}&\big(f(x_0+\Delta x, y_0+\Delta y)-f(x_0+\Delta x, y_0)\big)-\big(f(x_0, y_0+\Delta y)-f(x_0, y_0)\big)\\ =&\ f_{xy}\big(x_0+\theta_1\Delta x,\ y_0+\theta_2\Delta y\big)\Delta x\Delta y.\end{aligned}$$

从而,

$$\begin{aligned}&f_y(x_0+\Delta x, y_0)-f_y(x_0, y_0)\\ =&\lim_{\Delta y\to 0}\frac{f(x_0+\Delta x, y_0+\Delta y)-f(x_0+\Delta x, y_0)}{\Delta y}-\lim_{\Delta y\to 0}\frac{f(x_0, y_0+\Delta y)-f(x_0, y_0)}{\Delta y}\\ =&\lim_{\Delta y\to 0}\frac{\big(f(x_0+\Delta x, y_0+\Delta y)-f(x_0+\Delta x, y_0)\big)-\big(f(x_0, y_0+\Delta y)-f(x_0, y_0)\big)}{\Delta y}\\ =&\lim_{\Delta y\to 0} f_{xy}\big(x_0+\theta_1\Delta x,\ y_0+\theta_2\Delta y\big)\Delta x.\end{aligned}$$

进而,

$$\begin{aligned}f_{yx}(x_0, y_0)&=\lim_{\Delta x\to 0}\frac{f_y(x_0+\Delta x, y_0)-f_y(x_0, y_0)}{\Delta x}\\ &=\lim_{\Delta x\to 0}\lim_{\Delta y\to 0} f_{xy}\big(x_0+\theta_1\Delta x,\ y_0+\theta_2\Delta y\big).\end{aligned}$$

又由于 f_{xy} 在点 (x_0,y_0) 连续, 所以

$$f_{yx}(x_0, y_0)=f_{xy}(x_0, y_0).$$

(法二) 在 (x_0,y_0) 附近定义

$$h(x,y)=f(x,y)-\frac{1}{2}\big(f_{xy}(x_0,y_0)+f_{yx}(x_0,y_0)\big)(x-x_0)(y-y_0).$$

显然,

$$h_{xy}(x_0,y_0)=\frac{1}{2}\big(f_{xy}(x_0,y_0)-f_{yx}(x_0,y_0)\big)=-h_{yx}(x_0,y_0).$$

由此可知, 若 $h_{xy}(x_0,y_0)>0$, 则 $h_{yx}(x_0,y_0)<0$. 结合 f_{xy} 与 f_{yx} 在 (x_0,y_0) 处的连续性, 存在以 (x_0,y_0) 为中心的矩形区域 $[a,b]\times[c,d]$, 使得在此区域上恒有 $h_{xy}>0$ 与 $h_{yx}<0$. 于是, 利用函数的单调性可分别得出

$$\big(h(b,d)-h(a,d)\big)-\big(h(b,c)-h(a,c)\big)<0,$$

$$\big(h(b,d)-h(b,c)\big)-\big(h(a,d)-h(a,c)\big)>0.$$

这是一个矛盾. 同理, 若 $h_{xy}(x_0,y_0)<0$, 则也将导致矛盾. 故 $h_{xy}(x_0,y_0)=0$, 即 $f_{xy}(x_0,y_0)=f_{yx}(x_0,y_0)$. □

注记 3.3.3 事实上, 从法一的证明可看出, 只需 f 的混合偏导数 f_{xy} 在点 (x_0,y_0) 连续且偏导数 f_y 在 (x_0,y_0) 的某邻域内存在, 就可得知混合偏导数 $f_{yx}(x_0,y_0)$ 也存在且

$$f_{yx}(x_0,y_0)=f_{xy}(x_0,y_0).$$

值得指出的是, 即便如此, $f_{xx}(x_0,y_0)$ 与 $f_{yy}(x_0,y_0)$ 也未必存在 (见 [20], 例 6.7).

3.3.2 多元函数的 Taylor 公式及其应用

Lagrange 中值定理是用一次函数来逼近一般函数. 为了得到更精确的估计, 可以借助于高次多项式. Taylor 公式是构造高次多项式来逼近一般函数的一种方法. 我们在初等微积分课程中已经给出了二元函数的一阶 Taylor 公式及其应用, 现在以 Lagrange 型余项和积分型余项为例进一步证明二元函数的 n 阶 Taylor 公式. 为方便起见, 对任意的 $k\in\mathbb{N}$, 我们引入记号

$$\Big((x-x_0)\frac{\partial}{\partial x}+(y-y_0)\frac{\partial}{\partial y}\Big)^k f(x_0,y_0)=\sum_{i=0}^{k}\mathrm{C}_k^i\frac{\partial^k f(x_0,y_0)}{\partial x^{k-i}\partial y^i}(x-x_0)^{k-i}(y-y_0)^i.$$

定理 3.3.4 (Taylor 公式) 设 $D\subset\mathbb{R}^2$ 为凸区域. 若 $f\in C^{n+1}(D)$, 则对 D 中的任意两点 (x_0,y_0) 和 (x,y) 都有

$$f(x,y)=\sum_{k=0}^{n}\frac{1}{k!}\Big((x-x_0)\frac{\partial}{\partial x}+(y-y_0)\frac{\partial}{\partial y}\Big)^k f(x_0,y_0)+R_n(x,y;x_0,y_0),$$

其中余项 R_n 的 Lagrange 形式为: 存在 $\theta\in(0,1)$ 使得

$$R_n=\frac{1}{(n+1)!}\Big((x-x_0)\frac{\partial}{\partial x}+(y-y_0)\frac{\partial}{\partial y}\Big)^{n+1}f\big(x_0+\theta(x-x_0),\,y_0+\theta(y-y_0)\big);$$

R_n 的积分形式为

$$R_n=\frac{1}{n!}\int_0^1(1-t)^n\Big((x-x_0)\frac{\partial}{\partial x}+(y-y_0)\frac{\partial}{\partial y}\Big)^{n+1}f\big(x_0+t(x-x_0),\,y_0+t(y-y_0)\big)\mathrm{d}t.$$

证明　因为 D 是凸区域, 所以当 $t\in[0,1]$ 时, $\big(x_0+t(x-x_0),y_0+t(y-y_0)\big)\in D$. 我们构造辅助函数

$$\varphi(t)=f\big(x_0+t(x-x_0),y_0+t(y-y_0)\big),\quad t\in[0,1].$$

显然, φ 在 $[-1,1]$ 上具有 $n+1$ 阶连续导数且对 $k=1,2,\cdots,n+1$ 都有

$$\varphi^{(k)}(t)=\Big((x-x_0)\frac{\partial}{\partial x}+(y-y_0)\frac{\partial}{\partial y}\Big)^k f\big(x_0+t(x-x_0),y_0+t(y-y_0)\big).$$

另一方面, 由一元函数的 Taylor 公式可知

$$\varphi(1)=\varphi(0)+\varphi'(0)+\frac{\varphi''(0)}{2!}+\cdots+\frac{\varphi^{(n)}(0)}{n!}+\widetilde{R}_n,$$

其中

$$\widetilde{R}_n=\frac{1}{(n+1)!}\varphi^{(n+1)}(\theta)\quad\big(\theta\in(0,1)\big),\quad 或\quad \widetilde{R}_n=\frac{1}{n!}\int_0^1(1-t)^n\varphi^{(n+1)}(t)\mathrm{d}t.$$

从而, 将 $\varphi(1),\varphi(0),\cdots,\varphi^{(n)}(0)$ 及 $\varphi^{(n+1)}(t)$ 的表达式代入即可证得所需结论. □

注记 3.3.4　从定理 3.3.4 的证明可知, 当二元函数 f 在点 (x_0,y_0) 处的具有 n 阶连续偏导数时, 也可取 Peano 余项

$$R_n=o\big(\|(x,y)-(x_0,y_0)\|^n\big)\quad\big(\|(x,y)-(x_0,y_0)\|\to 0\big).$$

例 3.3.2　设

$$f(x,y)=\begin{cases}\dfrac{1-\mathrm{e}^{x(x^2+y^2)}}{x^2+y^2}, & (x,y)\neq(0,0),\\ 0, & (x,y)=(0,0).\end{cases}$$

求函数 f 在 $(0,0)$ 处的 4 阶 Taylor 多项式, 并求出 $f_{xx}(0,0)$, $f_{xxxx}(0,0)$ 及 $f_{yyxx}(0,0)$.

解　因为

$$\mathrm{e}^{x(x^2+y^2)}=1+x(x^2+y^2)+\frac{1}{2}\big[x(x^2+y^2)\big]^2+o\Big(\big(x(x^2+y^2)\big)^2\Big),$$

所以当 $(x,y)\neq(0,0)$ 时有

$$\frac{1-\mathrm{e}^{x(x^2+y^2)}}{x^2+y^2}=-x-\frac{1}{2}x^2(x^2+y^2)+o\big(x^2(x^2+y^2)\big).$$

进而,

$$f(x,y)=-x-\frac{1}{2}x^2(x^2+y^2)+o\big(x^2(x^2+y^2)\big).$$

由 Taylor 展式的唯一性知, f 在 $(0,0)$ 处的 4 阶 Taylor 多项式为

$$-x-\frac{1}{2}x^4-\frac{1}{2}x^2y^2.$$

由此得

$$\frac{1}{2!}\mathrm{C}_2^0\frac{\partial^2 f}{\partial x^2}(0,0)=0,\quad \frac{1}{4!}\mathrm{C}_4^0\frac{\partial^4 f}{\partial x^4}(0,0)=-\frac{1}{2},\quad \frac{1}{4!}\mathrm{C}_4^2\frac{\partial^4 f}{\partial x^2\partial y^2}(0,0)=-\frac{1}{2}.$$

这表明

$$\frac{\partial^2 f}{\partial x^2}(0,0)=0,\quad \frac{\partial^4 f}{\partial x^4}(0,0)=-12,\quad \frac{\partial^4 f}{\partial x^2\partial y^2}(0,0)=-2.$$ □

例 3.3.3 设 $D\subset\mathbb{R}^2$ 为凸区域. 若 $f\in C^2(D)$ 且对任意的 $(x_0,y_0),(x,y)\in D$ 都有

$$f(x,y)\geqslant f(x_0,y_0)+f_x(x_0,y_0)(x-x_0)+f_y(x_0,y_0)(y-y_0),$$

则 f 的 Hesse 矩阵 $\boldsymbol{H}$ 是半正定的.

证明 对 D 中任意两点 (x_0,y_0) 与 (x,y), 当 $t\in[0,1]$ 时, $\big(x_0+t(x-x_0),y_0+t(y-y_0)\big)\in D$. 于是, 由 Taylor 公式可知

$$\begin{aligned}&f\big(x_0+t(x-x_0),y_0+t(y-y_0)\big)\\=&f(x_0,y_0)+\left(t(x-x_0)\frac{\partial}{\partial x}+t(y-y_0)\frac{\partial}{\partial y}\right)f(x_0,y_0)\\&+\frac{1}{2}\left(t(x-x_0)\frac{\partial}{\partial x}+t(y-y_0)\frac{\partial}{\partial y}\right)^2f(x_0,y_0)+o\big(t^2\|(x,y)-(x_0,y_0)\|^2\big).\end{aligned}$$

从而, 由已知条件可得

$$\left(t(x-x_0)\frac{\partial}{\partial x}+t(y-y_0)\frac{\partial}{\partial y}\right)^2f(x_0,y_0)+o\big(t^2\|(x,y)-(x_0,y_0)\|^2\big)\geqslant 0.$$

进而, 在不等式两边同除以 t^2 并令 $t \to 0$ 取极限可得

$$\left((x-x_0)\frac{\partial}{\partial x}+(y-y_0)\frac{\partial}{\partial y}\right)^2 f(x_0,y_0) \geqslant 0.$$

这表明 $\boldsymbol{H}(x_0,y_0)$ 是半正定矩阵. 由 (x_0,y_0) 的任意性可知, $\boldsymbol{H}$ 在 D 上是半正定的. □

3.3.3 向量值函数的微分学

设 $D \subset \mathbb{R}^d$ 为开集, $\boldsymbol{x}_0 \in D$. 将 D 上的 d 元 m 维向量值函数

$$\begin{aligned} \boldsymbol{f}:\ D &\ \to\ \mathbb{R}^m \\ \boldsymbol{x}=\big(x_1,x_2,\cdots,x_d\big) &\ \mapsto\ \boldsymbol{z}=\big(z_1,z_2,\cdots,z_m\big) \end{aligned}$$

写成坐标分量形式

$$\begin{cases} z_1 = f_1(x_1,x_2,\cdots,x_d), \\ z_2 = f_2(x_1,x_2,\cdots,x_d), \\ \qquad \cdots\cdots \\ z_m = f_m(x_1,x_2,\cdots,x_d), \end{cases} \qquad \boldsymbol{x}=(x_1,x_2,\cdots,x_d)\in D.$$

借助于向量值函数的分量函数, 可以定义向量值函数的可导、可微等.

定义 3.3.1 (导数)　若 $\boldsymbol{f}$ 的每一个分量函数 f_i $(i=1,2,\cdots,m)$ 都在点 $\boldsymbol{x}_0$ 处可偏导, 则称向量值函数 $\boldsymbol{f}$ 在点 $\boldsymbol{x}_0$ 可导, 并称矩阵

$$\left(\frac{\partial f_i}{\partial x_j}(\boldsymbol{x}_0)\right)_{m\times d} = \begin{pmatrix} \dfrac{\partial f_1}{\partial x_1}(\boldsymbol{x}_0) & \dfrac{\partial f_1}{\partial x_2}(\boldsymbol{x}_0) & \cdots & \dfrac{\partial f_1}{\partial x_d}(\boldsymbol{x}_0) \\ \dfrac{\partial f_2}{\partial x_1}(\boldsymbol{x}_0) & \dfrac{\partial f_2}{\partial x_2}(\boldsymbol{x}_0) & \cdots & \dfrac{\partial f_2}{\partial x_d}(\boldsymbol{x}_0) \\ \vdots & \vdots & & \vdots \\ \dfrac{\partial f_m}{\partial x_1}(\boldsymbol{x}_0) & \dfrac{\partial f_m}{\partial x_2}(\boldsymbol{x}_0) & \cdots & \dfrac{\partial f_m}{\partial x_d}(\boldsymbol{x}_0) \end{pmatrix}$$

为向量值函数 $\boldsymbol{f}$ 在点 $\boldsymbol{x}_0$ 的导数或 Jacobi 矩阵, 记为 $\boldsymbol{f}'(\boldsymbol{x}_0)$ (或 $D\boldsymbol{f}(\boldsymbol{x}_0)$, $J_{\boldsymbol{f}}(\boldsymbol{x}_0)$).

若向量值函数 $\boldsymbol{f}$ 在开集 D 上每一点都可导, 则称 $\boldsymbol{f}$ 在 D 上可导, 此时对应关系

$$\boldsymbol{x}\in D \mapsto \boldsymbol{f}'(\boldsymbol{x})$$

称为 $\boldsymbol{f}$ 在 D 上的导数, 记为 $\boldsymbol{f}'(\boldsymbol{x})$ (或 $D\boldsymbol{f}(\boldsymbol{x})$, $J_{\boldsymbol{f}}(\boldsymbol{x})$).

例 3.3.4 求向量值函数

$$f(x,y,z)=\begin{pmatrix} x^3+ze^y \\ y^3+z\ln x \end{pmatrix}$$

在 $(1,1,1)$ 点的导数.

解 因为坐标分量函数为 $f_1(x,y,z)=x^3+ze^y$, $f_2(x,y,z)=y^3+z\ln x$, 所以

$$f'(1,1,1)=\begin{pmatrix} \dfrac{\partial f_1}{\partial x} & \dfrac{\partial f_1}{\partial y} & \dfrac{\partial f_1}{\partial z} \\ \dfrac{\partial f_2}{\partial x} & \dfrac{\partial f_2}{\partial y} & \dfrac{\partial f_2}{\partial z} \end{pmatrix}\Bigg|_{(1,1,1)} = \begin{pmatrix} 3x^2 & ze^y & e^y \\ \dfrac{z}{x} & 3y^2 & \ln x \end{pmatrix}\Bigg|_{(1,1,1)}$$

$$=\begin{pmatrix} 3 & e & e \\ 1 & 3 & 0 \end{pmatrix}.$$

□

利用向量值函数的分量形式, 我们很容易将多元复合函数求偏导数的链式法则推广到复合向量值函数的情形.

定理 3.3.5 (链式法则) 设 D 为 $\mathbb{R}^d$ 中的开集, Ω 为 $\mathbb{R}^k$ 中的开集. 若向量值函数 $g: D\to\mathbb{R}^k$ 与 $f:\Omega\to\mathbb{R}^m$ 都具有连续导数且 $g(D)\subset\Omega$, 则复合向量值函数 $f\circ g: D\to\mathbb{R}^m$ 在 D 上也具有连续导数且

$$(f\circ g)'(x)=f'(u)g'(x)=f'\big(g(x)\big)g'(x),$$

其中 $u=g(x)$, 而 $f'(u)$, $g'(x)$ 和 $(f\circ g)'(x)$ 是相应的导数 (Jacobi 矩阵).

下面引入向量值函数可微的定义.

定义 3.3.2 (可微) 设 $D\subset\mathbb{R}^d$ 为开集, $f: D\to\mathbb{R}^m$ 是向量值函数, $x_0\in D$. 若存在只与 x_0 有关, 而与 Δx 无关的 $m\times d$ 矩阵 A, 使得在点 x_0 附近有

$$f(x_0+\Delta x)-f(x_0)=A\Delta x+o(\Delta x),$$

其中 $\Delta x=(\Delta x_1,\Delta x_2,\cdots,\Delta x_d)^{\mathrm{T}}$, $o(\Delta x)$ 是列向量, 其模是 $\|\Delta x\|$ 的高阶无穷小量, 则称向量值函数 f 在点 x_0 可微, 并称 $A\Delta x$ 为 f 在 x_0 点的微分, 记为 $\mathrm{d}f(x_0)$. 若将 Δx 记为 $\mathrm{d}x$ ($\mathrm{d}x=(\mathrm{d}x_1,\mathrm{d}x_2,\cdots,\mathrm{d}x_d)^{\mathrm{T}}$), 则有 $\mathrm{d}f(x_0)=A\mathrm{d}x$.

若向量值函数 f 在开集 D 上每一点都可微, 则称 f 在 D 上可微.

根据 Euclid 空间 $\mathbb{R}^m$ 上的范数定理容易证明

定理 3.3.6 向量值函数 f 在点 x_0 可微的充分必要条件是: f 的每一个分量函数 f_i $(i=1,2,\cdots,m)$ 都在点 x_0 可微. 此时, $\mathrm{d}f(x_0)=f'(x_0)\mathrm{d}x$.

在用 Jacobi 矩阵定义了向量值函数的导数 $\boldsymbol{f}'(\boldsymbol{x})$ 之后，多元函数和向量值函数的微分公式 $\mathrm{d}\boldsymbol{f} = \boldsymbol{f}'(\boldsymbol{x})\mathrm{d}\boldsymbol{x}$ 与一元函数的微分公式 $\mathrm{d}f = f'(x)\mathrm{d}x$ 在形式上就完全一致.

在一元函数微分学中, Lagrange 中值定理起着很重要的作用. 这一定理对多元函数也成立 (见定理 3.3.1), 但这样的定理对多元向量值函数未必成立. 例如, 对如下映射

$$\boldsymbol{f}(t) = \begin{pmatrix} \cos t \\ \sin t \end{pmatrix}, \quad t \in [0, 2\pi],$$

若 Lagrange 中值定理成立, 则应存在 $\theta \in (0, 2\pi)$ 使得 $\boldsymbol{f}(2\pi) - \boldsymbol{f}(0) = \boldsymbol{f}'(\theta)(2\pi - 0) = 2\pi\boldsymbol{f}'(\theta)$, 即

$$\begin{pmatrix} 0 \\ 0 \end{pmatrix} = \begin{pmatrix} -\sin\theta \\ \cos\theta \end{pmatrix}.$$

显然这样的 θ 并不存在. 一般而言, 我们可以得到如下不等式型的中值定理.

定理 3.3.7 (拟微分中值定理)　设 $D \subset \mathbb{R}^d$ 为凸区域. 若向量值函数 $\boldsymbol{f}: D \to \mathbb{R}^m$ 可微, 则对任意的 $\boldsymbol{a}, \boldsymbol{b} \in D$, 在以 $\boldsymbol{a}$ 与 $\boldsymbol{b}$ 为端点的线段上都存在点 ξ, 使得

$$\|\boldsymbol{f}(\boldsymbol{b}) - \boldsymbol{f}(\boldsymbol{a})\| \leqslant \|\boldsymbol{f}'(\xi)\|\|\boldsymbol{b} - \boldsymbol{a}\|.$$

证明　首先证明当 $d = 1$ 时结论成立. 此时, 不妨设 $D \supset [a, b]$, 记 $\boldsymbol{u} = \boldsymbol{f}(b) - \boldsymbol{f}(a)$. 当 $\boldsymbol{u} = \boldsymbol{0}$ 时, 结论显然成立. 故可设 $\boldsymbol{u} \neq \boldsymbol{0}$, 并定义函数

$$\varphi(t) = \langle \boldsymbol{u},\ \boldsymbol{f}(t) \rangle, \quad t \in [a, b].$$

显然, φ 在闭区间 $[a, b]$ 上连续, 在开区间 (a, b) 上可微. 于是, 由一元函数的 Lagrange 中值定理可知, 存在点 $\xi \in (a, b)$ 使得

$$\varphi(b) - \varphi(a) = \varphi'(\xi)(b - a) = \langle \boldsymbol{u},\ \boldsymbol{f}'(\xi) \rangle (b - a).$$

另一方面,

$$\varphi(b) - \varphi(a) = \langle \boldsymbol{u}, \boldsymbol{f}(b) \rangle - \langle \boldsymbol{u}, \boldsymbol{f}(a) \rangle = \langle \boldsymbol{u}, \boldsymbol{f}(b) - \boldsymbol{f}(a) \rangle = \langle \boldsymbol{u}, \boldsymbol{u} \rangle = \|\boldsymbol{u}\|^2.$$

从而, 根据 Cauchy-Schwarz 不等式并综合上述两式可知

$$\|\boldsymbol{u}\|^2 = \langle \boldsymbol{u},\ \boldsymbol{f}'(\xi) \rangle (b - a) \leqslant \|\boldsymbol{u}\|\|\boldsymbol{f}'(\xi)\|(b - a).$$

因为 $\boldsymbol{u} \neq \boldsymbol{0}$, 所以在上式两端消去 $\|\boldsymbol{u}\|$ 即可证得

$$\|\boldsymbol{f}(b) - \boldsymbol{f}(a)\| = \|\boldsymbol{u}\| \leqslant \|\boldsymbol{f}'(\xi)\|(b - a).$$

当 $d \geqslant 2$ 时, 将以 $\boldsymbol{a}$ 与 $\boldsymbol{b}$ 为端点的线段表示为

$$\boldsymbol{r}(t) = \boldsymbol{a} + t(\boldsymbol{b} - \boldsymbol{a}), \quad t \in [0,1].$$

令

$$\boldsymbol{g}(t) = \boldsymbol{f} \circ \boldsymbol{r}(t), \quad t \in [0,1],$$

则向量值函数 $\boldsymbol{g}$ 在闭区间 $[0,1]$ 上连续, 开区间 $(0,1)$ 上可导, 且由复合向量值函数求导的链式法则可得

$$\boldsymbol{g}'(t) = \boldsymbol{f}'\big(\boldsymbol{r}(t)\big)\boldsymbol{r}'(t) = \boldsymbol{f}'\big(\boldsymbol{r}(t)\big)(\boldsymbol{b} - \boldsymbol{a}).$$

于是, 由 $d = 1$ 情形的结论可知, 存在 $\eta \in (0,1)$ 使得

$$\|\boldsymbol{f}(\boldsymbol{b}) - \boldsymbol{f}(\boldsymbol{a})\| = \|\boldsymbol{g}(1) - \boldsymbol{g}(0)\| \leqslant \|\boldsymbol{g}'(\eta)\| \leqslant \big\|\boldsymbol{f}'\big(\boldsymbol{r}(\eta)\big)\big\|\|\boldsymbol{b} - \boldsymbol{a}\|.$$

若记 $\xi = \boldsymbol{r}(\eta)$, 则 ξ 是以 $\boldsymbol{a}$ 与 $\boldsymbol{b}$ 为端点的线段上的点. □

注记 3.3.5 拟微分中值定理可能是不等式的原因在于: 若写出 $\boldsymbol{f}$ 的每一个分量 f_i $(i = 1, 2, \cdots, m)$ 的 Lagrange 中值定理

$$f_i(\boldsymbol{b}) - f_i(\boldsymbol{a}) = \nabla f_i(\xi^i) \cdot (\boldsymbol{b} - \boldsymbol{a}) \quad (i = 1, 2, \cdots, m),$$

则易知: 一般而言, 只有当 $\xi^1 = \xi^2 = \cdots = \xi^m = \xi$ 时, 才能将这 m 个等式合写为向量形式

$$\boldsymbol{f}(\boldsymbol{b}) - \boldsymbol{f}(\boldsymbol{a}) = \boldsymbol{f}'(\xi)\big(\boldsymbol{b} - \boldsymbol{a}\big).$$

拟微分中值定理是进一步研究不动点问题和一般反函数组存在定理的有用工具. 作为应用的简单例子, 我们证明

定理 3.3.8 设 $D \subset \mathbb{R}^d$ 为区域, $\boldsymbol{f} : D \to \mathbb{R}^m$ 是向量值函数. 若 $\boldsymbol{f}' \equiv \boldsymbol{0}$, 则 $\boldsymbol{f}$ 在 D 上是常向量.

证明 任意取定一点 $\boldsymbol{x}_0 \in D$, 并记

$$U = \big\{\boldsymbol{x} \in D \,\big|\, \boldsymbol{f}(\boldsymbol{x}) = \boldsymbol{f}(\boldsymbol{x}_0)\big\}.$$

显然, $U \neq \varnothing$. 对任意点 $\boldsymbol{a} \in U \subset D$, 因为 D 是开集, 所以存在 $\delta_1 > 0$ 使得开球 $B(\boldsymbol{a}, \delta_1) \subset D$. 由定理 3.3.7 可知, $\boldsymbol{f}$ 在凸区域 $B(\boldsymbol{a}, \delta_1)$ 中为常向量, 即

$$\boldsymbol{f}(\boldsymbol{x}) = \boldsymbol{f}(\boldsymbol{a}) = \boldsymbol{f}(\boldsymbol{x}_0), \quad \boldsymbol{x} \in B(\boldsymbol{a}, \delta_1).$$

这表明 $B(\boldsymbol{a}, \delta_1) \subset U$. 故 U 为开集.

余下用两种方法证明:

(法一) 我们断言: $D\cap U^{\mathrm{c}}$ 也为开集. 事实上, 若 $D\cap U^{\mathrm{c}}=\varnothing$, 则 $D\cap U^{\mathrm{c}}$ 为开集. 若 $D\cap U^{\mathrm{c}}\neq\varnothing$, 则对任意点 $\boldsymbol{b}\in D\cap U^{\mathrm{c}}$, 由 D 为开集可知, 存在 $\delta_2>0$ 使得开球 $B(\boldsymbol{b},\delta_2)\subset D$. 再次利用定理 3.3.7 可知, $\boldsymbol{f}$ 在凸区域 $B(\boldsymbol{b},\delta_2)$ 中为常向量:

$$\boldsymbol{f}(\boldsymbol{x})=\boldsymbol{f}(\boldsymbol{b}),\quad \boldsymbol{x}\in B(\boldsymbol{b},\delta_2).$$

由于 $\boldsymbol{b}\notin U$, 所以 $B(\boldsymbol{b},\delta_2)\cap U=\varnothing$. 这表明 $B(\boldsymbol{b},\delta_2)\subset(D\cap U^{\mathrm{c}})$, 即 $D\cap U^{\mathrm{c}}$ 为开集.

因为 D 是连通开集且 $U\neq\varnothing$, 所以由分解式

$$D=U\cup\big(D\cap U^{\mathrm{c}}\big)$$

可知, $D\cap U^{\mathrm{c}}=\varnothing$. 从而, $D=U$, 即 $\boldsymbol{f}$ 在 D 上为常向量.

(法二) 我们断言: U 为闭集. 事实上, 由 $\boldsymbol{f}'\equiv\boldsymbol{0}$ 可知, $\boldsymbol{f}$ 在 D 上连续. 于是, 由闭集的定义易知, U 为闭集. 再仿照例 1.4.2 的证明可得 $U=D$, 即 $\boldsymbol{f}$ 在 D 上为常向量. □

3.4 隐函数定理

在前面关于一元函数或多元函数的讨论中, 函数都具有 $y=f(x)$ 或 $z=f(x,y)$ 的形式. 通常称这种自变量在等式右边、因变量在等式左边的函数为显函数. 在实际与理论中, 我们也遇到许多无法用显函数的形式表示出来的函数. 例如, 在描述行星运动的 Kepler 方程

$$x=t+\varepsilon\sin x,\quad \varepsilon\in(0,1)$$

中, t 是时间, x 是行星与太阳的连线所扫过的扇形的弧度, ε 是行星运动的椭圆轨道的离心率. 从天体力学的角度来看, x 必定是 t 的函数, 但我们无法写出函数关系 $x=x(t)$ 的解析式. 这样一种函数关系称为隐函数.

在初等微积分课程中, 我们已经对隐函数存在定理的内容及其应用作了简要介绍. 在本节中, 我们将给出隐函数存在定理的证明.

3.4.1 一个方程所确定的隐函数

显然, 并不是任何一个方程都能确定某个函数的隐式表示, 例如, 方程 $x^2+y^2+1=0$ 既不能确定 $y=y(x)$ 的函数关系也不能确定 $x=x(y)$ 的函数关系. 下面的定理回答了一个方程在什么条件下可以确定隐函数, 以及隐函数的连续性和可微性.

定理 3.4.1 (一元隐函数存在定理) 若二元函数 F 满足条件:

(1) 存在 (x_0, y_0) 的邻域使得偏导数 F_x 与 F_y 都存在且连续;

(2) $F(x_0, y_0) = 0$;

(3) $F_y(x_0, y_0) \neq 0$,

则存在 $\rho > 0$, 使得

(i) 在点 (x_0, y_0) 附近可以从方程

$$F(x, y) = 0$$

唯一地确定定义在 $(x_0 - \rho, x_0 + \rho)$ 上的函数

$$y = y(x)$$

满足 $F\big(x, y(x)\big) = 0$ 且 $y_0 = y(x_0)$;

(ii) 隐函数 $y = y(x)$ 在 $(x_0 - \rho, x_0 + \rho)$ 中具有连续导数且

$$y'(x) = -\frac{F_x\big(x, y(x)\big)}{F_y\big(x, y(x)\big)}.$$

证明 不失一般性, 假设 $F_y(x_0, y_0) > 0$.

首先证明隐函数 $y = y(x)$ 的存在性. 事实上, 由 $F_y(x_0, y_0) > 0$ 与 F_y 的连续性可知, 存在正常数 α 和 β, 使得在闭矩形

$$K = \big\{(x, y) \,\big|\, |x - x_0| \leqslant \alpha,\ |y - y_0| \leqslant \beta\big\}$$

上 $F_y(x, y) > 0$. 于是, $F(x_0, y)$ 都关于 y 在 $\big[y_0 - \beta, y_0 + \beta\big]$ 上严格单调增加. 注意到 $F(x_0, y_0) = 0$, 我们有

$$F(x_0, y_0 - \beta) < 0, \quad F(x_0, y_0 + \beta) > 0.$$

再由 F 在 K 上的连续性可知, 存在 $\rho > 0$ 使得对任意的 $\widetilde{x} \in \big[x_0 - \rho, x_0 + \rho\big]$ 都有

$$F(\widetilde{x}, y_0 - \beta) < 0, \quad F(\widetilde{x}, y_0 + \beta) > 0.$$

由于 $F(\widetilde{x}, y)$ 关于 y 在 $\big[y_0 - \beta, y_0 + \beta\big]$ 上连续且严格单调增加, 所以存在唯一的 $\widetilde{y} \in \big(y_0 - \beta, y_0 + \beta\big)$ 使得

$$F\big(\widetilde{x}, \widetilde{y}\big) = 0.$$

从而, 由 $\widetilde{x}$ 的任意性, 可将 $\widetilde{y}$ 与 $\widetilde{x}$ 的对应关系记为 $\widetilde{y} = y(\widetilde{x})$, 进而得到定义在 $\big(x_0 - \rho, x_0 + \rho\big)$ 上的函数 $y = y(x)$. 显然, $F\big(x, y(x)\big) = 0$ 且 $y_0 = y(x_0)$.

再证 $y=y(x)$ 在 $\big(x_0-\rho,x_0+\rho\big)$ 上的连续性. 设 $\widehat{x}$ 是 $\big(x_0-\rho,x_0+\rho\big)$ 中的任一点, 记 $\widehat{y}=y(\widehat{x})$. 对任意给定的 $\varepsilon\in\big(0,\min\big\{(y_0+\beta)-\widehat{y},\widehat{y}-(y_0-\beta)\big\}\big)$, 由 $F\big(\widehat{x},\widehat{y}\big)=0$ 及 $F(\widehat{x},y)$ 关于 y 严格单调增加可知

$$F\big(\widehat{x},\widehat{y}-\varepsilon\big)<0,\quad F\big(\widehat{x},\widehat{y}+\varepsilon\big)>0.$$

又因为 F 在 K 上连续, 所以存在 $\delta>0$, 使得 $\big(\widehat{x}-\delta,\widehat{x}+\delta\big)\subset\big(x_0-\rho,x_0+\rho\big)$ 且对任意的 $x\in\big(\widehat{x}-\delta,\widehat{x}+\delta\big)$ 都有

$$F(x,\widehat{y}-\varepsilon)<0,\quad F(x,\widehat{y}+\varepsilon)>0.$$

类似于前面的讨论可知, 相应的 $y(x)\in\big(\widehat{y}-\varepsilon,\widehat{y}+\varepsilon\big)$, 即

$$\big|y(x)-y(\widehat{x})\big|=\big|y(x)-\widehat{y}\big|<\varepsilon.$$

由 $\widehat{x}$ 的任意性可知, $y=y(x)$ 在 $\big(x_0-\rho,x_0+\rho\big)$ 上连续.

最后证明 $y=y(x)$ 在 $\big(x_0-\rho,x_0+\rho\big)$ 上的可导性. 设 $\widehat{x}$ 是 $\big(x_0-\rho,x_0+\rho\big)$ 中的任一点, 记 $\widehat{y}=y(\widehat{x})$. 取 Δx 充分小使得 $\widehat{x}+\Delta x\in\big(x_0-\rho,x_0+\rho\big)$ 并记 $\widehat{y}+\Delta y=y(\widehat{x}+\Delta x)$, 则显然成立

$$F(\widehat{x},\widehat{y})=0,\quad F(\widehat{x}+\Delta x,\widehat{y}+\Delta y)=0.$$

于是, 由二元函数的 Lagrange 中值定理可知, 存在 $\theta\in(0,1)$ 使得

$$\begin{aligned}0&=F(\widehat{x}+\Delta x,\widehat{y}+\Delta y)-F(\widehat{x},\widehat{y})\\&=F_x\big(\widehat{x}+\theta\Delta x,\widehat{y}+\theta\Delta y\big)\Delta x+F_y\big(\widehat{x}+\theta\Delta x,\widehat{y}+\theta\Delta y\big)\Delta y.\end{aligned}$$

注意到在 K 上 $F_y\neq 0$, 所以

$$\frac{\Delta y}{\Delta x}=-\frac{F_x\big(\widehat{x}+\theta\Delta x,\widehat{y}+\theta\Delta y\big)}{F_y\big(\widehat{x}+\theta\Delta x,\widehat{y}+\theta\Delta y\big)}.$$

令 $\Delta x\to 0$, 并利用 F_x, F_y 和 $y(x)$ 的连续性可得

$$y'(\widehat{x})=-\frac{F_x(\widehat{x},\widehat{y})}{F_y(\widehat{x},\widehat{y})}.$$

由 $\widehat{x}$ 的任意性即可完成证明. □

例 3.4.1 证明: 在点 $(1,1)$ 的某一邻域内存在唯一的连续可导函数 $y=y(x)$ 满足 $xy+2\ln x+3\ln y-1=0$ 且 $y(1)=1$, 并求 $y'(x)$.

证明 令 $F(x,y)=xy+2\ln x+3\ln y-1$, 则在区域 $D=\big\{(x,y)\big||x-1|<1, |y-1|<1\big\}$ 内 F_x, F_y 都存在且连续. 因为 $F(1,1)=0$ 且 $F_y(1,1)=4$, 所以由隐函数存在定理可知, 存在 $\rho>0$ 及唯一定义在 $(1-\rho,1+\rho)$ 上的连续可导函数 $y=y(x)$ 满足 $xy(x)+2\ln x+3\ln y(x)-1=0$, $y(1)=1$ 且

$$y'(x)=-\frac{F_x(x,y)}{F_y(x,y)}=-\frac{y+\dfrac{2}{x}}{x+\dfrac{3}{y}}=-\frac{xy^2+2y}{x^2y+3x}. \qquad \square$$

定理 3.4.1 的结论是局部的, 即在 (x_0,y_0) 的某个邻域内由方程 $F(x,y)=0$ 可以唯一地确定隐函数 $y=y(x)$ 满足 $y_0=y(x_0)$. 下面的例子是隐函数整体存在的一个充分条件.

例 3.4.2 设二元函数 F 在区域 $D=(a,b)\times\mathbb{R}$ 上存在连续的偏导数 F_x 和 F_y, 且存在正常数 m 使得 $F_y\geqslant m$, 则由方程 $F(x,y)=0$ 唯一地确定了一个定义在 (a,b) 上的连续可导函数 $y=y(x)$ 满足 $F\big(x,y(x)\big)=0$.

证明 任意给定 $x_0\in(a,b)$. 由一元函数的 Lagrange 中值定理可知, 对任意的 y_1, $y_2\in\mathbb{R}$ 且 $y_1<y_2$, 都存在 $\xi\in(y_1,y_2)$ 使得

$$F(x_0,y_2)-F(x_0,y_1)=F_y(x_0,\xi)(y_2-y_1).$$

又因为 $F_y\geqslant m$, 所以

$$F(x_0,y_2)-F(x_0,y_1)\geqslant m(y_2-y_1).$$

于是, 若在上式中固定 y_1 并令 $y_2\to+\infty$, 则可得

$$\lim_{y\to+\infty}F(x_0,y)=+\infty;$$

另一方面, 若固定 y_2 并令 $y_1\to-\infty$, 则可得

$$\lim_{y\to-\infty}F(x_0,y)=-\infty.$$

从而, 存在 $\widetilde{y}_2>0$ 与 $\widetilde{y}_1<0$ 使得

$$F(x_0,\widetilde{y}_2)>0,\quad F(x_0,\widetilde{y}_1)<0.$$

进而, 根据一元连续函数的零点存在定理, 存在 $y_0\in(\widetilde{y}_1,\widetilde{y}_2)$ 使得 $F(x_0,y_0)=0$. 又因为 $F_y\geqslant m>0$ 蕴含了 $F(x_0,y)$ 在 $(-\infty,+\infty)$ 上严格单调增加, 所以满足条件的 y_0 是唯一的. 故可将 y_0 与 x_0 的对应关系记为 $y_0=y(x_0)$. 再由 x_0 的任意性可知, 在 (a,b) 上存在唯一的函数 $y=y(x)$ 满足 $F\big(x,y(x)\big)=0$.

函数 $y=y(x)$ 的连续性与可导性的证明可完全类似于定理 3.4.1 中的相应部分得到. $\square$

例 3.4.3　设 $F(x,y)=2-\sin x+y^3\mathrm{e}^{-y}$. 证明: 由方程 $F(x,y)=0$ 唯一地确定了一个定义在 $\mathbb{R}$ 上的连续可导函数 $y=y(x)$ 满足 $F(x,y(x))=0$.

证明　我们断言: 对任意的 $x_0\in\mathbb{R}$, 都存在唯一的 $y_0\in(-\infty,0)$ 满足 $F(x_0,y_0)=0$. 为此, 将 $F(x,y)=0$ 改写为

$$\sin x-2=y^3\mathrm{e}^{-y}.$$

显然, 对任意的 $x\in\mathbb{R}$, 都有 $z=\sin x-2\in[-3,-1]$, 而对任意的 $y<0$, 都有 $z=y^3\mathrm{e}^{-y}<0$ 且 $z'=\left(y^3\mathrm{e}^{-y}\right)'=y^2(3-y)\mathrm{e}^{-y}>0$. 故 $z=y^3\mathrm{e}^{-y}\left(y\in(-\infty,0)\right)$ 存在反函数 $y=f(z)\left(z\in(-\infty,0)\right)$. 从而, 对任意的 $x_0\in\mathbb{R}$, 都对应唯一的 $z_0=\sin x_0-2\in[-3,-1]\subset(-\infty,0)$. 进而, 通过 $z=y^3\mathrm{e}^{-y}$ 的反函数 $y=f(z)$ 对应着唯一的 $y_0=f(z_0)\in(-\infty,0)$ 满足 $F(x_0,y_0)=0$.

显然, 偏导数 F_x 与 F_y 在全平面上都存在且连续; 当 $y\neq 0$ 且 $y\neq 3$ 时, $F_y(x,y)=y^2(3-y)\mathrm{e}^{-y}\neq 0$. 特别地, 在满足 $F(x_0,y_0)=0$ 的点 (x_0,y_0) 处必有 $F_y(x_0,y_0)\neq 0$.

综上可知, 由方程 $F(x,y)=0$ 唯一地确定了一个定义在 $\mathbb{R}$ 上的连续可导函数 $y(x)=f(\sin x-2)$ 满足 $F(x,y(x))=0$. □

在定理 3.4.1 中, 若将 $F(x,y)$ 中的 x 换成 $\mathbb{R}^d$ 中的点 $\boldsymbol{x}$, 相应的结论仍成立, 而且证明也十分相似. 我们不加证明地写出此结论.

定理3.4.2 (多元隐函数存在定理)　记 $\boldsymbol{x}=(x_1,x_2,\cdots,x_d)$, $\boldsymbol{x}_0=(x_1^0,x_2^0,\cdots,x_d^0)$. 若 $n+1$ 元函数 F 满足条件:

(1) 存在 $(\boldsymbol{x}_0,y_0)$ 的邻域使得偏导数 $F_{x_i}(\boldsymbol{x},y)\ (i=1,2,\cdots,d)$ 与 $F_y(\boldsymbol{x},y)$ 都存在且连续;

(2) $F(\boldsymbol{x}_0,y_0)=0$;

(3) $F_y(\boldsymbol{x}_0,y_0)\neq 0$,

则存在 $\rho>0$, 使得

(i) 在点 $(\boldsymbol{x}_0,y_0)$ 附近可以从方程

$$F(\boldsymbol{x},y)=0$$

唯一地确定定义在 $B(\boldsymbol{x}_0,\rho)$ 上的函数

$$y=y(\boldsymbol{x})$$

满足 $F\big(\boldsymbol{x},y(\boldsymbol{x})\big)=0$ 且 $y_0=y(\boldsymbol{x}_0)$;

(ii) 隐函数 $y=y(\boldsymbol{x})$ 在 $B(\boldsymbol{x}_0,\rho)$ 中具有连续偏导数且

$$y_{x_i}(\boldsymbol{x})=-\frac{F_{x_i}\big(\boldsymbol{x},y(\boldsymbol{x})\big)}{F_y\big(\boldsymbol{x},y(\boldsymbol{x})\big)}\quad(i=1,2,\cdots,d).$$

例 3.4.4 设三元函数 F 的所有一阶偏导数都连续且不为 0, 而 $x=x(y,z)$, $y=y(z,x)$, $z=z(x,y)$ 是由方程 $F(x,y,z)=0$ 确定的隐函数. 证明:

$$\frac{\partial x}{\partial y}\cdot\frac{\partial y}{\partial z}\cdot\frac{\partial z}{\partial x}=-1.$$

证明 直接利用定理 3.4.2 可得

$$\frac{\partial x}{\partial y}=-\frac{F_y(x,y,z)}{F_x(x,y,z)},\quad \frac{\partial y}{\partial z}=-\frac{F_z(x,y,z)}{F_y(x,y,z)},\quad \frac{\partial z}{\partial x}=-\frac{F_x(x,y,z)}{F_z(x,y,z)}.$$

将其相乘即得所需结论. □

注记 3.4.1 在定理 3.4.1 和定理 3.4.2 中, 若 $F(x,y)$ 与 $F(\boldsymbol{x},y)$ 除了满足相应定理的条件外, 还具有高阶连续导数或偏导数, 则从隐函数的一阶导数或偏导数的表达式直接可以看出, 所确定的隐函数也具有高阶连续导数或偏导数.

若已知由方程 $F(x,y)=0$ 或 $F(\boldsymbol{x},y)=0$ 唯一地确定连续可导函数 $y=y(x)$ 或 $y=y(\boldsymbol{x})$, 则在求导数或偏导数的时候既可直接利用公式, 也可利用复合函数求导法则.

例 3.4.5 设 f 在 $\mathbb{R}^2$ 上具有二阶连续偏导数且 $f_x\neq 0$, 函数 $x=g(y,z)$ 由方程 $z=f(x,y)$ 确定. 证明: 若 $f_{xx}f_{yy}-f_{xy}^2=0$, 则 $g_{yy}g_{zz}-g_{yz}^2=0$.

证明 因为 $x=g(y,z)$, 所以若在方程 $z=f\big(x,y\big)$ 两端分别关于 y,z 求偏导数, 则

$$0=f_xg_y+f_y,\quad 1=f_xg_z.$$

类似地, 若对上述二式两端再次关于 y,z 求偏导数, 则可得

$$0=f_{xx}g_y^2+2f_{xy}g_y+f_xg_{yy}+f_{yy},$$
$$0=f_{xx}g_yg_z+f_xg_{yz}+f_{yx}g_z,$$
$$0=f_{xx}g_z^2+f_xg_{zz}.$$

从而, 整理得到

$$\begin{aligned}f_x^2(g_{yy}g_{zz}-g_{yz}^2)&=(f_xg_{yy})(f_xg_{zz})-(f_xg_{yz})^2\\&=\big(f_{xx}g_y^2+2f_{xy}g_y+f_{yy}\big)f_{xx}g_z^2-\big(f_{xx}g_yg_z+f_{yx}g_z\big)^2\\&=g_z^2\big(f_{xx}f_{yy}-f_{xy}^2\big)=0.\end{aligned}$$

因为 $f_x\neq 0$, 所以 $g_{yy}g_{zz}-g_{yz}^2=0$. □

例 3.4.6 证明: 方程

$$x+\frac{1}{2}y^2+\frac{1}{2}z+\sin z=0$$

在点 $(0,0,0)$ 附近唯一确定了隐函数 $z=z(x,y)$, 并将 $z(x,y)$ 在点 $(0,0)$ 展开为带 Peano 型余项的二阶 Taylor 公式.

证明 记 $F(x,y,z)=x+\frac{1}{2}y^2+\frac{1}{2}z+\sin z$, 则 F 在 $\mathbb{R}^3$ 中具有各阶连续偏导数, $F(0,0,0)=0$ 且 $F_z(0,0,0)=\frac{3}{2}$. 于是, 由定理 3.4.2 可知, 在 $(0,0,0)$ 的附近可以从方程 $x+\frac{1}{2}y^2+\frac{1}{2}z+\sin z=0$ 唯一地确定隐函数 $z=z(x,y)$, 使得 $F(x,y,z(x,y))=0$.

当 (x,y) 在 $(0,0)$ 附近时, 利用隐函数求导法则可得

$$1+\frac{1}{2}z_x+(\cos z)z_x=0,\quad y+\frac{1}{2}z_y+(\cos z)z_y=0.$$

由此可得, $z_x(0,0)=-\frac{2}{3}$, $z_y(0,0)=0$. 再次利用隐函数求导法则可得

$$\begin{cases}\frac{1}{2}z_{xx}-(\sin z)z_x^2+(\cos z)z_{xx}=0,\\ \frac{1}{2}z_{xy}-(\sin z)z_xz_y+(\cos z)z_{xy}=0,\\ 1+\frac{1}{2}z_{yy}-(\sin z)z_y^2+(\cos z)z_{yy}=0.\end{cases}$$

由此可知, $z_{xx}(0,0)=0$, $z_{xy}(0,0)=0$, $z_{yy}(0,0)=-\frac{2}{3}$.

从而, 根据注记 3.3.4, 可得隐函数 $z=z(x,y)$ 在 $(0,0)$ 的 Taylor 展开式:

$$\begin{aligned}z(x,y)&=z(0,0)+z_x(0,0)x+z_y(0,0)y\\&\quad+\frac{1}{2!}\Big(z_{xx}(0,0)x^2+2z_{xy}(0,0)xy+z_{yy}(0,0)y^2\Big)\\&\quad+o\big((x^2+y^2)\big)\\&=-\frac{2}{3}x-\frac{1}{3}y^2+o\big((x^2+y^2)\big),\quad (x,y)\to(0,0).\end{aligned}$$

□

3.4.2 方程组所确定的隐函数组

上一节的结果启发我们可以进一步考察由多个函数形成的函数组的情形. 例如, 对于方程组

$$\begin{cases} F(x,y,z,u,v)=0, \\ G(x,y,z,u,v)=0, \end{cases}$$

可以考虑先从第一个方程解出 $u = u(x,y,z,v)$, 将其代入第二个方程, 再解出 $v=v(x,y,z)$. 因此, 本节的内容是定理 3.4.2 的直接应用和推广.

定理 3.4.3 (多元向量值隐函数存在定理) 若五元函数 F, G 满足条件:

(1) 存在 (x_0,y_0,z_0,u_0,v_0) 的邻域使得 F 与 G 的所有一阶偏导数都存在且连续;

(2) $F(x_0,y_0,z_0,u_0,v_0)=0$, $G(x_0,y_0,z_0,u_0,v_0)=0$;

(3) 行列式 $\left.\dfrac{\partial(F,G)}{\partial(u,v)}\right|_{(x_0,y_0,z_0,u_0,v_0)} = \det\begin{pmatrix} F_u & F_v \\ G_u & G_v \end{pmatrix}\Bigg|_{(x_0,y_0,z_0,u_0,v_0)} \neq 0$,

则存在 $\rho>0$, 使得

(i) 在点 (x_0,y_0,z_0,u_0,v_0) 附近可以从方程组

$$\begin{cases} F(x,y,z,u,v)=0, \\ G(x,y,z,u,v)=0 \end{cases}$$

唯一地确定定义在 $B\big((x_0,y_0,z_0);\rho\big)$ 上的向量值隐函数

$$\begin{cases} u=u(x,y,z), \\ v=v(x,y,z) \end{cases}$$

满足

$$\begin{cases} F\big(x,y,z,u(x,y,z),v(x,y,z)\big)=0, \\ G\big(x,y,z,u(x,y,z),v(x,y,z)\big)=0, \end{cases} \qquad \begin{cases} u_0=u(x_0,y_0,z_0), \\ v_0=v(x_0,y_0,z_0); \end{cases}$$

(ii) 隐函数 $u=u(x,y,z)$, $v=v(x,y,z)$ 在 $B\big((x_0,y_0,z_0);\rho\big)$ 中具有连续偏导数且

$$\begin{pmatrix} u_x & u_y & u_z \\ v_x & v_y & v_z \end{pmatrix} = -\begin{pmatrix} F_u & F_v \\ G_u & G_v \end{pmatrix}^{-1} \begin{pmatrix} F_x & F_y & F_z \\ G_x & G_y & G_z \end{pmatrix}.$$

证明　首先证明向量值连续可导的隐函数 $u=u(x,y,z)$, $v=v(x,y,z)$ 的存在性. 由于

$$\left.\frac{\partial(F,G)}{\partial(u,v)}\right|_{(x_0,y_0,z_0,u_0,v_0)}\neq 0,$$

所以 F_u 与 F_v 至少有一个在点 (x_0,y_0,z_0,u_0,v_0) 处不为 0. 不妨设 $F_u(x_0,y_0,z_0,u_0,v_0)\neq 0$, 则对方程 $F(x,y,z,u,v)=0$ 应用定理 3.4.2 可知, 在点 (x_0,y_0,z_0,u_0,v_0) 附近存在唯一的具有连续偏导数的隐函数 $u=\varphi(x,y,z,v)$ 满足

$$F\big(x,y,z,\varphi(x,y,z,v),v\big)=0,\quad u_0=\varphi(x_0,y_0,z_0,v_0),\quad \varphi_v=-\frac{F_v(x,y,z,u,v)}{F_u(x,y,z,u,v)}. \tag{3.7}$$

将 $u=\varphi(x,y,z,v)$ 代入 $G(x,y,z,u,v)=0$ 可得函数方程

$$G\big(x,y,z,\varphi(x,y,z,v),v\big)=0.$$

记 $H(x,y,z,v)=G\big(x,y,z,\varphi(x,y,z,v),v\big)$, 则有

$$H(x_0,y_0,z_0,v_0)=G\big(x_0,y_0,z_0,\varphi(x_0,y_0,z_0,v_0),v_0\big)=G\big(x_0,y_0,z_0,u_0,v_0\big)=0$$

且

$$\begin{aligned}H_v\Big|_{(x_0,y_0,z_0,v_0)}&=\big(G_u\varphi_v+G_v\big)\Big|_{(x_0,y_0,z_0,v_0)}\\&=\left(-\frac{G_uF_v}{F_u}+G_v\right)\Big|_{(x_0,y_0,z_0,v_0)}\\&=\frac{1}{F_u}\frac{\partial(F,G)}{\partial(u,v)}\Big|_{(x_0,y_0,z_0,v_0)}\neq 0.\end{aligned}$$

再次利用隐函数存在定理可知, 在点 (x_0,y_0,z_0,v_0) 附近存在唯一的具有连续偏导数的隐函数 $v=v(x,y,z)$ 满足

$$H\big(x,y,z,v(x,y,z)\big)=0,\quad v_0=v(x_0,y_0,z_0),$$

即

$$G\big(x,y,z,\varphi(x,y,z,v(x,y,z)),v(x,y,z)\big)=0,\quad v_0=v(x_0,y_0,z_0).$$

记

$$u(x,y,z)=\varphi(x,y,z,v(x,y,z)),$$

则 $u(x,y,z)$ 与 $v(x,y,z)$ 在 (x_0,y_0,z_0) 的某个邻域 $B\big((x_0,y_0,z_0);\rho\big)$ 中满足

$$\begin{cases}F\big(x,y,z,u(x,y,z),v(x,y,z)\big)=0,\\G\big(x,y,z,u(x,y,z),v(x,y,z)\big)=0,\end{cases}\quad\begin{cases}u_0=u(x_0,y_0,z_0),\\v_0=v(x_0,y_0,z_0)\end{cases}$$

且具有连续偏导数.

再证明向量值隐函数的唯一性. 设在 $B\big((x_0,y_0,z_0);\rho\big)$ 上的向量值隐函数

$$\begin{cases}\widetilde{u}=\widetilde{u}(x,y,z),\\\widetilde{v}=\widetilde{v}(x,y,z)\end{cases}$$

也满足

$$\begin{cases}F\big(x,y,z,\widetilde{u}(x,y,z),\widetilde{v}(x,y,z)\big)=0,\\G\big(x,y,z,\widetilde{u}(x,y,z),\widetilde{v}(x,y,z)\big)=0,\end{cases}\quad\begin{cases}u_0=\widetilde{u}(x_0,y_0,z_0),\\v_0=\widetilde{v}(x_0,y_0,z_0).\end{cases}$$

由 (3.7) 可知

$$F\big(x,y,z,\varphi(x,y,z,\widetilde{v}(x,y,z)),\widetilde{v}(x,y,z)\big)=0.$$

于是, 由 φ 的唯一性可得

$$\widetilde{u}(x,y,z)=\varphi(x,y,z,\widetilde{v}(x,y,z)).$$

从而,

$$\begin{aligned}H(x,y,z,\widetilde{v}(x,y,z))&=G\big(x,y,z,\varphi(x,y,z,\widetilde{v}(x,y,z)),\widetilde{v}(x,y,z)\big)\\&=G\big(x,y,z,\widetilde{u}(x,y,z),\widetilde{v}(x,y,z)\big)=0.\end{aligned}$$

根据在点 (x_0,y_0,z_0,v_0) 附近方程 $H\big(x,y,z,v\big)=0$ 满足 $v_0=v(x_0,y_0,z_0)$ 的解的唯一性可得

$$\widetilde{v}(x,y,z)=v(x,y,z).$$

进而也有

$$\widetilde{u}(x,y,z)=u(x,y,z).$$

最后给出向量值隐函数的偏导数计算公式. 由链式法则可得

$$\begin{cases}F_x+F_uu_x+F_vv_x=0,\\G_x+G_uu_x+G_vv_x=0;\end{cases}$$

$$\begin{cases} F_y + F_u u_y + F_v v_y = 0, \\ G_y + G_u u_y + G_v v_y = 0; \end{cases}$$

$$\begin{cases} F_z + F_u u_z + F_v v_z = 0, \\ G_z + G_u u_z + G_v v_z = 0. \end{cases}$$

将上述三个方程组改写为矩阵形式即有

$$\begin{pmatrix} F_u & F_v \\ G_u & G_v \end{pmatrix} \begin{pmatrix} u_x & u_y & u_z \\ v_x & v_y & v_z \end{pmatrix} = -\begin{pmatrix} F_x & F_y & F_z \\ G_x & G_y & G_z \end{pmatrix}.$$

由此可解出隐函数 $u = u(x, y, z)$, $v = v(x, y, z)$ 关于 x, y, z 的偏导数. □

注记 3.4.2 利用类似的方法, 很容易将定理 3.4.3 的结果推广到 m 个 $n+m$ 元函数的情形 $(m, n \geqslant 1)$.

例 3.4.7 设

$$\begin{cases} xv - 4y + 2\mathrm{e}^u + 3 = 0, \\ 2x - 6u + v\cos u + 1 = 0. \end{cases}$$

求当 $(x, y, u, v) = (-1, 1, 0, 1)$ 时, Jacobi 行列式 $\dfrac{\partial(u, v)}{\partial(x, y)}$ 的值.

解 令

$$\begin{cases} F(x, y, u, v) = xv - 4y + 2\mathrm{e}^u + 3, \\ G(x, y, u, v) = 2x - 6u + v\cos u + 1, \end{cases}$$

则 F 与 G 在点 $(-1, 1, 0, 1)$ 附近都具有连续的偏导数, $F(-1, 1, 0, 1) = G(-1, 1, 0, 1) = 0$ 且 $\left.\dfrac{\partial(F, G)}{\partial(u, v)}\right|_{(-1,1,0,1)} = -4$. 故在 $(-1, 1, 0, 1)$ 附近存在隐函数 $u = u(x, y)$, $v = v(x, y)$ 且

$$\left.\begin{pmatrix} u_x & u_y \\ v_x & v_y \end{pmatrix}\right|_{(-1,1,0,1)} = -\begin{pmatrix} 2 & -1 \\ -6 & 1 \end{pmatrix}^{-1} \begin{pmatrix} 1 & -4 \\ 2 & 0 \end{pmatrix} = \frac{1}{4}\begin{pmatrix} 3 & -4 \\ 10 & -24 \end{pmatrix}.$$

于是, $\left.\dfrac{\partial(u, v)}{\partial(x, y)}\right|_{(-1,1,0,1)} = -8$. □

作为向量值函数隐函数存在定理的应用, 我们可以得到逆映射定理, 它是一元函数的反函数存在定理在高维的相应结果. 以二维情形为例: 设 $D \subset \mathbb{R}^2$ 为开集, $\boldsymbol{f} : D \to \mathbb{R}^2$ 为映射, 其坐标分量函数表示为

$$\begin{cases} x = x(u,v), \\ y = y(u,v). \end{cases}$$

定理 3.4.4 (逆映射定理) 设 $P_0 = \big(u_0, v_0\big) \in D$, $P_0' = (x_0, y_0)$, 其中

$$\begin{cases} x_0 = x(u_0, v_0), \\ y_0 = y(u_0, v_0). \end{cases}$$

若 $\boldsymbol{f}$ 在 D 上具有连续导数且在 P_0 点处的 Jacobi 行列式 $\left.\dfrac{\partial(x,y)}{\partial(u,v)}\right|_{P_0} \neq 0$, 则存在 $\rho > 0$ 使得

(i) $\boldsymbol{f}$ 的逆映射 $\boldsymbol{g}$ 在 $B\big(P_0', \rho\big)$ 上存在, 其坐标分量函数可以表示为

$$\begin{cases} u = u(x,y), \\ v = v(x,y), \end{cases} \quad (x,y) \in B\big(P_0', \rho\big)$$

且满足

$$\begin{cases} u_0 = u(x_0, y_0), \\ v_0 = v(x_0, y_0); \end{cases}$$

(ii) 逆映射 $\boldsymbol{g}$ 在 $B\big(P_0', \rho\big)$ 上可导, 其导数为

$$\begin{pmatrix} u_x & u_y \\ v_x & v_y \end{pmatrix} = \begin{pmatrix} x_u & x_v \\ y_u & y_v \end{pmatrix}^{-1}.$$

注记 3.4.3 因为 $x = r\cos\theta$, $y = r\sin\theta$ 的 Jacobi 行列式为 $\dfrac{\partial(x,y)}{\partial(r,\theta)} = \begin{vmatrix} \cos\theta & -r\sin\theta \\ \sin\theta & r\cos\theta \end{vmatrix} = r$, 所以由定理 3.4.4 可知, 极坐标变换在任意点 (x,y) $(x^2 + y^2 \neq 0)$ 附近都存在逆变换 $r = r(x,y)$, $\theta = \theta(x,y)$.

3.5 条件极值

在考虑函数的极值或最值问题时，经常需要对函数的自变量附加一定的条件. 这就是所谓的条件极值问题. 例如, 求体积为 1, 长、宽、高分别为 x, y, z 的长方体的最小表面积 S, 就是在限制条件

$$xyz = 1$$

下, 计算函数

$$S(x,y,z)=2(xy+yz+zx)$$

的最小值. 显然, 我们只需利用算术-几何平均不等式即可得到所求最小值:

$$S(x,y,z)=2(xy+yz+zx)\geqslant 6\sqrt[3]{(xyz)^2}=6,$$

其中等号成立的充分必要条件是: $x=y=z=1$. 另一方面, 我们也可以按如下方式求解这一问题: 首先从限制条件 $xyz=1$ 中解出

$$z(x,y)=\frac{1}{xy}.$$

然后, 将上式代入函数 $S(x,y,z)$ 的表达式可得

$$S(x,y,z(x,y))=2\Big(xy+\frac{1}{x}+\frac{1}{y}\Big).$$

再在 Oxy 坐标系的第一象限内, 利用求无条件极值问题的方法求得二元函数 $S(x,y,z(x,y))$ 的最小值点 $(1,1)$ 及最小值 $S(1,1,1)=6$.

上述第二种方法所展示的思想对条件极值问题的研究具有普遍意义: 从限制条件中解出一些变量, 将其代入目标函数, 使得条件极值问题转化为无条件极值的问题. 当限制条件比较复杂时, 可能很难从中具体地解出一些变量, 此时需要借助于隐函数定理.

我们首先以三元函数为例. 求目标函数

$$f(x,y,z)$$

在约束条件

$$\begin{cases}G(x,y,z)=0,\\ H(x,y,z)=0\end{cases}$$

下的极值. 假设 f, G, H 都具有连续偏导数且 (G,H) 的 Jacobi 矩阵

$$\boldsymbol{J}=\begin{pmatrix}G_x & G_y & G_z\\ H_x & H_y & H_z\end{pmatrix}$$

在满足约束条件的点处是满秩的, 即 $\mathrm{rank}\boldsymbol{J}=2$.

先考察取到条件极值的必要条件. 在几何上, 上述约束条件确定了一条空间曲线 Γ. 若 Γ 上的点 (x_0,y_0,z_0) 为条件极值点, 且不妨设

$$\frac{\partial(G,H)}{\partial(y,z)}\Big|_{(x_0,y_0,z_0)}\neq 0,$$

则由隐函数存在定理可知, 约束条件在点 (x_0, y_0, z_0) 附近唯一地确定了曲线 Γ 的参数表示, 即存在 $\rho > 0$ 使得

$$y = y(x), \quad z = z(x), \quad x \in (x_0 - \rho, x_0 + \rho),$$

且 $y_0 = y(x_0)$, $z_0 = z(x_0)$. 将这一参数表示代入目标函数 f, 并记

$$\Phi(x) = f\big(x, y(x), z(x)\big), \quad x \in (x_0 - \rho, x_0 + \rho),$$

则 x_0 是函数 $\Phi(x)$ 的极值点. 因此, $\Phi'(x_0) = 0$, 即

$$f_x(x_0, y_0, z_0) + f_y(x_0, y_0, z_0)\frac{\mathrm{d}y}{\mathrm{d}x}(x_0) + f_z(x_0, y_0, z_0)\frac{\mathrm{d}z}{\mathrm{d}x}(x_0) = 0.$$

这表明目标函数在点 (x_0, y_0, z_0) 的梯度向量

$$\mathrm{grad} f(x_0, y_0, z_0) = \big(f_x(x_0, y_0, z_0),\ f_y(x_0, y_0, z_0),\ f_z(x_0, y_0, z_0)\big)$$

与曲线 Γ 在 (x_0, y_0, z_0) 点的切向量 $\boldsymbol{\tau} = \left(1, \dfrac{\mathrm{d}y}{\mathrm{d}x}(x_0), \dfrac{\mathrm{d}z}{\mathrm{d}x}(x_0)\right)$ 正交. 故 $\mathrm{grad} f(x_0, y_0, z_0)$ 是 Γ 在 (x_0, y_0, z_0) 点处的法平面上的向量. 因为该法平面是由向量 $\mathrm{grad} G(x_0, y_0, z_0)$ 与 $\mathrm{grad} H(x_0, y_0, z_0)$ 所张成的, 所以 $\mathrm{grad} f(x_0, y_0, z_0)$ 可以由 $\mathrm{grad} G(x_0, y_0, z_0)$ 和 $\mathrm{grad} H(x_0, y_0, z_0)$ 线性表出, 即存在常数 λ_0, μ_0 使得

$$\mathrm{grad} f(x_0, y_0, z_0) + \lambda_0 \mathrm{grad} G(x_0, y_0, z_0) + \mu_0 \mathrm{grad} H(x_0, y_0, z_0) = \mathbf{0}.$$

相应的分量形式为

$$\begin{cases} f_x(x_0, y_0, z_0) + \lambda_0 G_x(x_0, y_0, z_0) + \mu_0 H_x(x_0, y_0, z_0) = 0, \\ f_y(x_0, y_0, z_0) + \lambda_0 G_y(x_0, y_0, z_0) + \mu_0 H_y(x_0, y_0, z_0) = 0, \\ f_z(x_0, y_0, z_0) + \lambda_0 G_z(x_0, y_0, z_0) + \mu_0 H_z(x_0, y_0, z_0) = 0. \end{cases}$$

这就是点 (x_0, y_0, z_0) 为条件极值点的必要条件. 因此, 若构造函数

$$L(x, y, z; \lambda, \mu) = f(x, y, z) + \lambda G(x, y, z) + \mu H(x, y, z),$$

则所有可能的条件极值点都在方程组

$$\begin{cases} L_x = f_x + \lambda G_x + \mu H_x = 0, \\ L_y = f_y + \lambda G_y + \mu H_y = 0, \\ L_z = f_z + \lambda G_z + \mu H_z = 0, \\ L_\lambda = G = 0, \\ L_\mu = H = 0 \end{cases}$$

的所有解 $(x_0,y_0,z_0,\lambda_0,\mu_0)$ 所对应的点 (x_0,y_0,z_0) 中. 这种求可能的条件极值点的方法称为 Lagrange 乘数法, $L(x,y,z;\lambda,\mu)$ 称为 Lagrange 函数, λ, μ 称为 Lagrange 乘数.

一般地, 若考虑目标函数

$$f(x_1,x_2,\cdots,x_d) \tag{3.8}$$

在 m 个约束条件

$$\begin{cases} g_1(x_1,x_2,\cdots,x_d)=0, \\ g_2(x_1,x_2,\cdots,x_d)=0, \\ \quad\cdots\cdots \\ g_m(x_1,x_2,\cdots,x_d)=0 \end{cases} \tag{3.9}$$

下的极值 $(m<d)$, 其中 f, $g_i\,(i=1,2,\cdots,m)$ 在区域 $D\subset\mathbb{R}^d$ 上都具有连续偏导数且 Jacobi 矩阵

$$\boldsymbol{J}=\begin{pmatrix} \dfrac{\partial g_1}{\partial x_1} & \dfrac{\partial g_1}{\partial x_2} & \cdots & \dfrac{\partial g_1}{\partial x_d} \\ \dfrac{\partial g_2}{\partial x_1} & \dfrac{\partial g_2}{\partial x_2} & \cdots & \dfrac{\partial g_2}{\partial x_d} \\ \vdots & \vdots & & \vdots \\ \dfrac{\partial g_m}{\partial x_1} & \dfrac{\partial g_m}{\partial x_2} & \cdots & \dfrac{\partial g_m}{\partial x_d} \end{pmatrix}$$

在满足约束条件的点处是满秩的, 即 $\text{rank}\boldsymbol{J}=m$, 则利用多元向量值隐函数存在定理可得如下结论:

定理 3.5.1 (条件极值的必要条件)　记 $\boldsymbol{x}=(x_1,x_2,\cdots,x_d),\boldsymbol{x}_0=(x_1^0,x_2^0,\cdots,x_d^0)$. 若点 $\boldsymbol{x}_0\in D$ 是目标函数 (3.8) 在约束条件 (3.9) 下的条件极值点, 则存在 $\boldsymbol{\lambda}_0=(\lambda_1^0,\lambda_2^0,\cdots,\lambda_m^0)$ 使得 $(\boldsymbol{x}_0,\boldsymbol{\lambda}_0)$ 是 Lagrange 函数

$$L(\boldsymbol{x};\boldsymbol{\lambda})=f(\boldsymbol{x})+\lambda_1g_1(\boldsymbol{x})+\lambda_2g_2(\boldsymbol{x})+\cdots+\lambda_mg_m(\boldsymbol{x})$$

的驻点.

下面的定理进一步给出了判断如上所得的点是极大值点还是极小值点的方法.

定理 3.5.2 (条件极值的充分条件)　设 f, g_i $(i=1,2,\cdots,m)$ 在区域 D 上具有二阶连续偏导数, 点 $(\boldsymbol{x}_0,\boldsymbol{\lambda}_0)$ 是 Lagrange 函数

$$L(\boldsymbol{x};\boldsymbol{\lambda})=f(\boldsymbol{x})+\lambda_1g_1(\boldsymbol{x})+\lambda_2g_2(\boldsymbol{x})+\cdots+\lambda_mg_m(\boldsymbol{x})$$

在 $D\times\mathbb{R}^m$ 内的驻点. 若记 L 关于变量 $\boldsymbol{x}$ 在点 $(\boldsymbol{x}_0,\boldsymbol{\lambda}_0)$ 的 Hesse 矩阵为

$$\boldsymbol{H}_L\Big|_{(\boldsymbol{x}_0,\boldsymbol{\lambda}_0)}=\left(\frac{\partial^2 L}{\partial x_k\partial x_l}\right)\Bigg|_{(\boldsymbol{x}_0,\boldsymbol{\lambda}_0)},$$

则

(1) 当 $\boldsymbol{H}_L\big|_{(\boldsymbol{x}_0,\boldsymbol{\lambda}_0)}$ 为正定矩阵时, $\boldsymbol{x}_0$ 为目标函数 (3.8) 在约束条件 (3.9) 下的极小值点;

(2) 当 $\boldsymbol{H}_L\big|_{(\boldsymbol{x}_0,\boldsymbol{\lambda}_0)}$ 为负定矩阵时, $\boldsymbol{x}_0$ 为目标函数 (3.8) 在约束条件 (3.9) 下的极大值点.

证明 记 E 为 $\mathbb{R}^d$ 中满足约束条件 (3.9) 的点的全体, 即

$$E=\{\boldsymbol{x}\in D\,|\,g_i(\boldsymbol{x})=0, i=1,\cdots,m\}.$$

因为 $\boldsymbol{x}_0\in E$, 所以 $g_i(\boldsymbol{x}_0)=0\ (i=1,2,\cdots,m)$. 对任意的 $\boldsymbol{x}_0+\boldsymbol{h}\in E\ (\boldsymbol{h}\neq\boldsymbol{0})$, 也有 $g_i(\boldsymbol{x}_0+\boldsymbol{h})=0\ (i=1,2,\cdots,m)$. 于是,

$$L(\boldsymbol{x}_0;\boldsymbol{\lambda}_0)=f(\boldsymbol{x}_0),\quad L(\boldsymbol{x}_0+\boldsymbol{h};\boldsymbol{\lambda}_0)=f(\boldsymbol{x}_0+\boldsymbol{h}).$$

从而, 由 Taylor 公式及 $(\boldsymbol{x}_0,\boldsymbol{\lambda}_0)$ 为驻点可知

$$\begin{aligned}f(\boldsymbol{x}_0+\boldsymbol{h})-f(\boldsymbol{x}_0)&=L(\boldsymbol{x}_0+\boldsymbol{h};\boldsymbol{\lambda}_0)-L(\boldsymbol{x}_0;\boldsymbol{\lambda}_0)\\&=\sum_{k=1}^d\frac{\partial L}{\partial x_k}\bigg|_{(\boldsymbol{x}_0,\boldsymbol{\lambda}_0)}h_k+\frac{1}{2}\sum_{k,l=1}^d\frac{\partial^2 L}{\partial x_k\partial x_l}\bigg|_{(\boldsymbol{x}_0,\boldsymbol{\lambda}_0)}h_kh_l+o(\|\boldsymbol{h}\|^2)\\&=\frac{1}{2}\sum_{k,l=1}^d\frac{\partial^2 L}{\partial x_k\partial x_l}\bigg|_{(\boldsymbol{x}_0,\boldsymbol{\lambda}_0)}h_kh_l+o(\|\boldsymbol{h}\|^2).\end{aligned}$$

因此, 当 $\boldsymbol{H}_L\big|_{(\boldsymbol{x}_0,\boldsymbol{\lambda}_0)}$ 为正定矩阵且 $\|\boldsymbol{h}\|$ 充分小时, 有 $f(\boldsymbol{x}_0+\boldsymbol{h})>f(\boldsymbol{x}_0)$, 即目标函数 f 在点 $\boldsymbol{x}_0$ 取得极小值; 而当 $\boldsymbol{H}_L\big|_{(\boldsymbol{x}_0,\boldsymbol{\lambda}_0)}$ 为负定矩阵且 $\|\boldsymbol{h}\|$ 充分小时, 有 $f(\boldsymbol{x}_0+\boldsymbol{h})<f(\boldsymbol{x}_0)$, 即 f 在点 $\boldsymbol{x}_0$ 取得极大值. □

注记 3.5.1 值得注意的是, 与无条件极值不同, 在条件极值中, 当 $\boldsymbol{H}_L$ 为不定矩阵时, 目标函数 f 仍有可能取得约束条件下的极值. 例如, 对目标函数

$$f(x_1,x_2,x_3)=x_1^2+x_2^2-x_3^2$$

在约束条件

$$G(x_1,x_2,x_3)=x_3=0$$

下的条件极值问题, 相应的 Lagrange 函数

$$L(x_1,x_2,x_3;\lambda)=x_1^2+x_2^2-x_3^2+\lambda x_3$$

的驻点为 $(x_{01},x_{02},x_{03},\lambda_0)=(0,0,0,0)$. 此时, Hesse 矩阵

$$\boldsymbol{H}_L\Big|_{(0,0,0,0)}=\begin{pmatrix}2&0&0\\0&2&0\\0&0&-2\end{pmatrix}$$

是不定矩阵, 但 f 在点 $(0,0,0)$ 取到条件极小值.

例 3.5.1　设函数 $z=z(x,y)$ 由方程

$$2x^2+y^2+z^2+2xy-2x-2y-4z+4=0 \tag{3.10}$$

所确定. 求 $z=z(x,y)$ 的极值.

解　(法一) 根据隐函数求导可得

$$\begin{cases}2x+zz_x+y-1-2z_x=0,\\ y+zz_y+x-1-2z_y=0.\end{cases} \tag{3.11}$$

若令 $z_x=z_y=0$, 则有

$$\begin{cases}2x+y-1=0,\\ y+x-1=0.\end{cases}$$

由此可得驻点: $(x_0,y_0)=(0,1)$. 将其代入 (3.10) 得

$$z^2-4z+3=0.$$

于是, $z_1=1$, $z_2=3$ 是可能的极值.

在 (3.11) 两边分别关于 x,y 求偏导数可得

$$\begin{cases}2+z_x^2+zz_{xx}-2z_{xx}=0,\\ z_yz_x+zz_{xy}+1-2z_{xy}=0,\\ 1+z_y^2+zz_{yy}-2z_{yy}=0.\end{cases} \tag{3.12}$$

将 $(x_0,y_0,z_1)=(0,1,1)$, $z_x(x_0,y_0)=z_y(x_0,y_0)=0$ 代入 (3.12) 可得

$$\begin{pmatrix}z_{xx}&z_{xy}\\z_{xy}&z_{yy}\end{pmatrix}\Bigg|_{(0,1)}=\begin{pmatrix}2&1\\1&1\end{pmatrix}.$$

这是一个正定矩阵, 故隐函数 $z=z(x,y)$ 在点 $(0,1)$ 取得极小值 $z_1=1$. 类似地, 将 $(x_0,y_0,z_1)=(0,1,3)$, $z_x(x_0,y_0)=z_y(x_0,y_0)=0$ 代入 (3.12) 可得

$$\begin{pmatrix} z_{xx} & z_{xy} \\ z_{xy} & z_{yy} \end{pmatrix}\Bigg|_{(0,1)} = \begin{pmatrix} -2 & -1 \\ -1 & -1 \end{pmatrix}.$$

这是一个负定矩阵, 故隐函数 $z=z(x,y)$ 在点 $(0,1)$ 取得极大值 $z_2=3$.

(法二) 取 z 为目标函数, 并将 (3.10) 视为约束条件, 相应的 Lagrange 函数为

$$L(x,y,z;\lambda)=z+\lambda\big(2x^2+y^2+z^2+2xy-2x-2y-4z+4\big).$$

令

$$\begin{cases} L_x=\lambda\big(4x+2y-2\big)=0, \\ L_y=\lambda\big(2x+2y-2\big)=0, \\ L_z=1+\lambda\big(2z-4\big)=0, \\ L_\lambda=2x^2+y^2+z^2+2xy-2x-2y-4z+4=0, \end{cases}$$

可得 Lagrange 函数的驻点: $(x_0,y_0,z_1,\lambda_1)=\left(0,1,1,\dfrac{1}{2}\right)$, $(x_0,y_0,z_2,\lambda_2)=\left(0,1,3,-\dfrac{1}{2}\right)$. 于是, 直接计算可知, L 关于变量 x,y,z 的 Hesse 矩阵为

$$\boldsymbol{H}_L=\begin{pmatrix} 4\lambda & 2\lambda & 0 \\ 2\lambda & 2\lambda & 0 \\ 0 & 0 & 2\lambda \end{pmatrix}.$$

故

$$\boldsymbol{H}_L\Big|_{\left(0,1,1,\frac{1}{2}\right)}=\begin{pmatrix} 2 & 1 & 0 \\ 1 & 1 & 0 \\ 0 & 0 & 1 \end{pmatrix}, \quad \boldsymbol{H}_L\Big|_{\left(0,1,3,-\frac{1}{2}\right)}=\begin{pmatrix} -2 & -1 & 0 \\ -1 & -1 & 0 \\ 0 & 0 & -1 \end{pmatrix}.$$

因为 $\boldsymbol{H}_L\Big|_{\left(0,1,1,\frac{1}{2}\right)}$ 是正定矩阵, 所以目标函数 $z=z(x,y)$ 在点 $(0,1)$ 取得极小值 $z_1=1$; 又因为 $\boldsymbol{H}_L\Big|_{\left(0,1,3,-\frac{1}{2}\right)}$ 是负定矩阵, 所以 $z=z(x,y)$ 在点 $(0,1)$ 取得极大值 $z_2=3$. □

例 3.5.2 证明: 二次型

$$f(x,y,z)=Ax^2+By^2+Cz^2+2Dyz+2Ezx+2Fxy$$

在单位球面 $x^2+y^2+z^2=1$ 上的最大值和最小值恰好分别是矩阵

$$M=\begin{pmatrix}A&F&E\\F&B&D\\E&D&C\end{pmatrix}$$

的最大特征值和最小特征值.

证明 作 Lagrange 函数

$$L(x,y,z;\lambda)=f(x,y,z)+\lambda\big(x^2+y^2+z^2-1\big).$$

令

$$\begin{cases}L_x=2Ax+2Ez+2Fy+2\lambda x=0,\\L_y=2By+2Dz+2Fx+2\lambda y=0,\\L_z=2Cz+2Dy+2Ex+2\lambda z=0,\\L_\lambda=x^2+y^2+z^2-1=0.\end{cases}$$

于是, 化简上述方程组可得

$$\begin{cases}(A+\lambda)x+Fy+Ez=0,\\Fx+(B+\lambda)y+Dz=0,\\Ex+Dy+(C+\lambda)z=0,\\f(x,y,z)=-\lambda.\end{cases}\tag{3.13}$$

显然, (3.13) 的前三个方程关于 (x,y,z) 有非零解的充分必要条件是

$$\begin{vmatrix}A+\lambda&F&E\\F&B+\lambda&D\\E&D&C+\lambda\end{vmatrix}=0,$$

即 $(-\lambda)$ 为矩阵 M 的特征值. 因为 f 在紧集 $\{(x,y,z)|x^2+y^2+z^2=1\}$ 上连续, 所以存在最大值和最小值, 且由 (3.13) 的第四个方程知恰好分别为 $(-\lambda)$ 的最大值和最小值, 即 M 的最大特征值和最小特征值. □

例 3.5.3 设 $a_i>0(i=1,2,3)$. 求三元函数

$$f(x_1,x_2,x_3)=x_1^{a_1}x_2^{a_2}x_3^{a_3}$$

在约束条件 $x_1+x_2+x_3=1\,(x_i>0,i=1,2,3)$ 下的最大值.

解 显然, 若定义辅助函数

$$g(x_1, x_2, x_3) = \ln f(x_1, x_2, x_3) = a_1 \ln x_1 + a_2 \ln x_2 + a_3 \ln x_3,$$

则只需考虑函数 g 在约束条件 $x_1 + x_2 + x_3 = 1$ $(x_i > 0, i = 1, 2, 3)$ 下的最大值即可得到目标函数 f 在相同约束条件下的最大值. 为此, 作 Lagrange 函数

$$L(x_1, x_2, x_3; \lambda) = a_1 \ln x_1 + a_2 \ln x_2 + a_3 \ln x_3 + \lambda\big(x_1 + x_2 + x_3 - 1\big).$$

根据定理 3.5.1, 我们求解方程组

$$\begin{cases} L_{x_1} = \dfrac{a_1}{x_1} + \lambda = 0, \\ L_{x_2} = \dfrac{a_2}{x_2} + \lambda = 0, \\ L_{x_3} = \dfrac{a_3}{x_3} + \lambda = 0, \\ L_\lambda = x_1 + x_2 + x_3 - 1 = 0, \end{cases}$$

得到 Lagrange 函数的唯一驻点

$$(x_{01}, x_{02}, x_{03}, \lambda_0) = \left(\frac{a_1}{a_1 + a_2 + a_3}, \frac{a_2}{a_1 + a_2 + a_3}, \frac{a_3}{a_1 + a_2 + a_3}, -(a_1 + a_2 + a_3)\right).$$

因为

$$\left(\frac{\partial^2 L}{\partial x_k \partial x_l}\right)\bigg|_{(x_{01}, x_{02}, x_{03}, \lambda_0)} = \begin{pmatrix} \dfrac{-(a_1 + a_2 + a_3)^2}{a_1} & 0 & 0 \\ 0 & \dfrac{-(a_1 + a_2 + a_3)^2}{a_2} & 0 \\ 0 & 0 & \dfrac{-(a_1 + a_2 + a_3)^2}{a_3} \end{pmatrix}$$

为负定矩阵, 所以由定理 3.5.2 可知, (x_{01}, x_{02}, x_{03}) 为 g 的条件极大值点. 从而, (x_{01}, x_{02}, x_{03}) 是 f 的唯一条件极大值点, 也就是 f 的条件最大值点. 于是, f 在约束条件下的最大值为

$$f(x_{01}, x_{02}, x_{03}) = a_1^{a_1} a_2^{a_2} a_3^{a_3} \left(\frac{1}{a_1 + a_2 + a_3}\right)^{a_1 + a_2 + a_3}. \qquad \square$$

在例 3.5.3 中, 取 $a_1 = a_2 = a_3 = 1$ 可知, 在约束条件 $x_1 + x_2 + x_3 = 1$ 及 $x_i > 0$ $(i = 1, 2, 3)$ 下, 成立

$$x_1x_2x_3 \leqslant \left(\frac{1}{3}\right)^3.$$

于是, 对任意正数 y_1, y_2, y_3, 若令

$$x_i = \frac{y_i}{y_1 + y_2 + y_3} \quad (i = 1, 2, 3),$$

则有

$$\frac{y_1y_2y_3}{(y_1 + y_2 + y_3)^3} \leqslant \left(\frac{1}{3}\right)^3.$$

这就是著名的算术-几何平均不等式

$$\sqrt[3]{y_1y_2y_3} \leqslant \frac{y_1 + y_2 + y_3}{3}.$$

习 题 3

1. 设

$$f(x) = \begin{cases} (1+x)^{\frac{1}{x}}, & x \in (-1, 0) \cup (0, 1), \\ \mathrm{e}, & x = 0. \end{cases}$$

证明: f' 在 $(-1, 1)$ 上连续.

2. 设函数 f 在 $[a, b]$ 上可导且 f' 在 $[a, b]$ 上单调. 证明: f' 在 $[a, b]$ 上连续.

3. 设 f 是 $[0, 1]$ 上的可导函数, 且 $f(0) = f'(0) = 0$, $f(1) = 2021$. 证明: 存在 $\xi \in (0, 1)$ 使得 $f'(\xi) = 2020$.

4. 设函数 f 在 $\left[0, \dfrac{\pi}{4}\right]$ 上二阶可导, 且 $f(0) = 0$, $f'(0) = 1$, $f\left(\dfrac{\pi}{4}\right) = 1$. 证明: 存在 $\xi \in \left(0, \dfrac{\pi}{4}\right)$ 使得

$$f''(\xi) = 2f(\xi)f'(\xi).$$

5. 设

$$f(x) = \begin{cases} x^2 \sin \dfrac{1}{x}, & x \neq 0, \\ 0, & x = 0. \end{cases}$$

证明: f 在 $[-1, 1]$ 上不一致可微.

6. 设函数 f 在 $(-1,1)$ 内有定义, 在 $x=0$ 处可导, 且 $f(0)=0$. 证明:

$$\lim_{n\to\infty}\sum_{k=1}^{n} f\left(\frac{k}{n^2}\right)=\frac{f'(0)}{2}.$$

7. 求函数极限

$$\lim_{x\to+\infty}\left(x-x^2\ln\left(1+\frac{1}{x}\right)\right).$$

8. 设 $x_1\in\left(0,\frac{\pi}{2}\right)$, $x_{n+1}=\sin x_n\ (n=1,2,\cdots)$. 证明: 数列 $\{x_n\}$ 收敛且 $\lim\limits_{n\to\infty}(nx_n^2)=3$.

9. (Landau 不等式) 设 $f\in C^2(\mathbb{R})$. 记 $M_0=\sup\limits_{x\in\mathbb{R}}|f(x)|$, $M_1=\sup\limits_{x\in\mathbb{R}}|f'(x)|$, $M_2=\sup\limits_{x\in\mathbb{R}}|f''(x)|$. 证明: $M_1^2\leqslant 2M_0M_2$.

10. 设三元函数 f 定义在单位球 $B=\{(x,y,z)\,|\,x^2+y^2+z^2<1\}$ 内且满足 $|f_x|\leqslant 1$, $|f_y|\leqslant 1$ 及 $f(x,y,z)$ 关于 z 连续. 证明: f 在 B 内连续.

11. 求 $f(x,y)=x\mathrm{e}^{x+y}$ 在点 $(0,0)$ 处的所有四阶偏导数.

12. 求 $\dfrac{1.03^2}{\sqrt{0.98}\sqrt[3]{1.06}}$ 的近似值.

13. 求 $f(x,y)=\dfrac{\cos y}{x}$ 在点 $(1,0)$ 处的 n 阶 Taylor 公式, 并证明: 在点 $(1,0)$ 的某个邻域内, $R_n\to 0\ (n\to\infty)$.

14. 设 $\boldsymbol{f}(x,y,z)=(x^2+y^2,y+z,z^2-x^2,x+y+z)^{\mathrm{T}}$, $\boldsymbol{g}(u,v,w)=(uv^2w^3, w^2e^v,u^2\ln v)^{\mathrm{T}}$. 求 $(\boldsymbol{f}\circ\boldsymbol{g})'(u,v,w)$.

15. 设凸区域 $D\subset\mathbb{R}^d$, 向量值函数 $\boldsymbol{f}:D\to\mathbb{R}^m$ 可微, $\boldsymbol{a},\boldsymbol{b}\in D$. 证明: 对任意的 $\boldsymbol{c}\in\mathbb{R}^m$, 在以 $\boldsymbol{a}$ 与 $\boldsymbol{b}$ 为端点的线段上都存在点 ξ 使得

$$\boldsymbol{c}\cdot\big(\boldsymbol{f}(\boldsymbol{b})-\boldsymbol{f}(\boldsymbol{a})\big)=\boldsymbol{c}\cdot\boldsymbol{f}'(\xi)\big(\boldsymbol{b}-\boldsymbol{a}\big).$$

16. 设 $D\subset\mathbb{R}^d$ 为区域, $\boldsymbol{f}:D\to\mathbb{R}^m$ 是向量值可微函数, $\boldsymbol{C}_{m\times d}$ 为常数矩阵. 证明: 若 $\boldsymbol{f}'\equiv\boldsymbol{C}_{m\times d}$, 则存在 $\boldsymbol{b}\in\mathbb{R}^m$, 使得 $\boldsymbol{f}(\boldsymbol{x})=\boldsymbol{C}_{m\times d}\boldsymbol{x}+\boldsymbol{b}$.

17. 讨论方程 $x+y^2=\sin(xy)$ 在点 $(0,0)$ 附近能否唯一地确定连续可导的隐函数.

18. 设方程

$$\sin x+\ln y-xy^3=0$$

在点 $(0,1)$ 附近确定出的函数为 $y=f(x)$. 求 $f'(0)$.

19. 设 $z=z(x,y)$ 是由方程

$$f\left(x+\frac{z}{y},y+\frac{z}{x}\right)=0$$

所确定的隐函数. 求 z_x, z_y.

20. 设 $u(x,y)$ 是由方程组 $u=f(x,y,z,t)$, $g(y,z,t)=0$ 与 $h(z,t)=0$ 确定的函数, 其中 f, g, h 均连续可微, 且 $\dfrac{\partial(g,h)}{\partial(z,t)}\neq 0$. 求 u_y.

21. 讨论方程组

$$\begin{cases}xy+yz^2+4=0,\\ x^2y+yz-z^2+5=0\end{cases}$$

在点 $(1,-2,1)$ 附近能否唯一地确定隐函数组.

22. 建立方程组

$$\begin{cases}F_1(x_1,x_2,\cdots,x_d,y_1,y_2,\cdots,y_m)=0,\\ F_2(x_1,x_2,\cdots,x_d,y_1,y_2,\cdots,y_m)=0,\\ \qquad\qquad\cdots\cdots\\ F_m(x_1,x_2,\cdots,x_d,y_1,y_2,\cdots,y_m)=0\end{cases}$$

所确定的隐函数组存在定理.

23. 证明定理 3.4.4.

24. 求圆周 $(x-1)^2+y^2=1$ 上的点与固定点 $(0,1)$ 的距离的最小值和最大值.

25. 求 $u=x-2y+2z$ 在单位球面 $x^2+y^2+z^2=1$ 上的最小值和最大值.

26. 设函数 $z=z(x,y)$ 由方程 $(x+y)^2+(y+z)^2+(z+x)^2=3$ 所确定. 求 $z=z(x,y)$ 的极值.

27. 求函数 $z(x,y)=\dfrac{x^2+6xy+3y^2}{-x^2+xy+y^2}$ 的最大值.

28. 求函数 $u(x,y,z)=\dfrac{y^2+2yz}{x^2+y^2+z^2}$ 的最大值, 并求出最大值点.

29. 证明定理 3.5.1.

30.* 设 f 在 $[0,1]$ 上有二阶连续导数, $f'(0)=1$, $f''(0)\neq 0$ 且当 $x\in(0,1)$ 时 $0<f(x)<x$. 任意给定 $x_1\in(0,1)$, 定义

$$x_{n+1}=f(x_n)\quad (n=1,2,3,\cdots).$$

证明: 数列 $\{nx_n\}$ 收敛, 并求其极限.

31.* 设 f 在 $[-1,1]$ 上具有三阶导数, $f(-1)=0$, $f(1)=1$ 且 $f'(0)=0$. 证明: 存在 $\xi\in(-1,1)$ 使得 $f'''(\xi)=3$.

32.* 设 $f(x,y)$ 在平面区域 D 内可微且满足 $f_x^2+f_y^2\leqslant M^2$, 其中 $M>0$. 证明: 对 D 内任意的两点 $A(x_1,y_1)$, $B(x_2,y_2)$, 若线段 AB 包含在 D 内, 则 $\big|f(x_1,y_1)-f(x_2,y_2)\big|\leqslant M|AB|$, 其中 $|AB|$ 表示线段 AB 的长度.

33.* 设 $f(x,y)$ 在 $x^2+y^2\leqslant 1$ 上具有二阶连续偏导数且满足 $f_{xx}^2+2f_{xy}^2+f_{yy}^2\leqslant M$, 其中 $M>0$. 证明: 若 $f(0,0)=f_x(0,0)=f_y(0,0)=0$, 则

$$\left|\iint_{x^2+y^2\leqslant 1} f(x,y)\mathrm{d}x\mathrm{d}y\right|\leqslant\frac{\pi\sqrt{M}}{4}.$$

34.* 设二元函数 f 在平面上有二阶连续的偏导数, 对任意的角度 α, 定义一元函数 $g_\alpha(t):=f(t\cos\alpha,t\sin\alpha)$. 证明: 若对任意的 α 都有 $g_\alpha'(0)=0$, $g_\alpha''(0)>0$, 则 $f(0,0)$ 是 f 的极小值.

第 4 章 积 分 学

积分学起源于古代学者计算由曲线围成的图形的面积等问题, 如 Archimedes 关于抛物弓形面积的计算, 刘徽计算单位圆的面积等. 17 世纪下半叶, Newton 和 Leibniz 等数学家意识到求积与求导的互逆关系, 将积分问题作为求导的逆运算来处理, 构建了微积分的基本框架, 但他们在使用无穷小概念上的随意与混乱使得早期的微积分很不严格. 18 世纪, 以 Euler 为代表的数学家们在努力探索微积分严格化途径的同时, 大胆使用基于 "无穷小分析" 的微积分, 创立了许多新的分析数学领域. 但是, 随着物理学研究领域的扩大和深入, 特别是 19 世纪初 Fourier 关于热传导理论的开创性工作, 极大地冲击了将积分作为反导数运算的认识, 所谓 "无穷小分析" 的不确切陈述再也无法迎接新的挑战. 19 世纪 20 年代, Cauchy 引进了变量极限的概念, 重建和拓展了微积分的重要事实和基本概念, 针对至多具有有限个间断点的函数建立起将定积分作为 "分割、近似、求和、取极限" 的统一格式. 1854 年, Riemann 对一般函数给出了定积分的定义, 奠定了 Riemann 积分理论体系的基础.

4.1 定 积 分

在初等微积分课程中, 我们从曲边梯形的面积、变速直线运动的路程、非均匀密度直细棒的质量等问题的计算中引入了定积分的定义, 研究了定积分的基本性质、计算方法及应用等. 但是, 我们回避了一个基本的问题: 什么样的函数 Riemann 可积, 即存在定积分? 事实上, 在定积分的定义中, 函数的可积性与积分值是统一的, 而在应用中要求预先知道积分值并不现实. 类似于极限理论中极限存在性与极限值之间关系的研究, 我们将探求独立于积分值的函数 Riemann 可积的充分必要条件.

4.1.1 Riemann 积分的定义及其性质

在历史上, Riemann 首先给出了定积分的定义, 并建立了函数可积的充分必要条件, 为经典积分理论奠定了严密的基础. 因此, 定积分又称为 Riemann 积分. 我们首先回顾定积分的定义.

定义 4.1.1 (Riemann 积分) *设函数 f 定义在区间 $[a,b]$ 上, $I \in \mathbb{R}$. 若对任*

意给定的 $\varepsilon>0$, 都存在 $\delta>0$, 使得对 $[a,b]$ 的任意分割

$$P: a=x_0<x_1<x_2<\cdots<x_n=b$$

和任意分点 $\xi_i\in[x_{i-1},x_i]\,(i=1,2,\cdots,n)$, 只要 $\lambda=\max\limits_{1\leqslant i\leqslant n}\Delta x_i<\delta$, 其中 $\Delta x_i=x_i-x_{i-1}$, 就有

$$\left|\sum_{i=1}^{n}f(\xi_i)\Delta x_i-I\right|<\varepsilon,$$

则称 f 在 $[a,b]$ 上 Riemann 可积, 或简称可积. 称和式

$$S_n(f)=\sum_{i=1}^{n}f(\xi_i)\Delta x_i$$

为 f 在 $[a,b]$ 上的 Riemann 和, 其极限值 I 为 f 在 $[a,b]$ 上的定积分, 记为

$$I=\int_a^b f(x)\mathrm{d}x\ \left(=\lim_{\lambda\to0}\sum_{i=1}^{n}f(\xi_i)\Delta x_i\right),$$

并称 f 为被积函数, a 与 b 分别为积分的下限和上限, x 为积分变量.

注记 4.1.1 在定义 4.1.1 中, 即使确定了分割 P, Riemann 和的值 $S_n(f)$ 也没有完全确定. 也就是说, 虽然 Riemann 积分的定义是用 ε-δ 语言描述的, 但它与函数极限并不相同.

为方便起见, 我们将用 $R([a,b])$ 表示 $[a,b]$ 上的全体 Riemann 可积函数组成的集合.

定理 4.1.1 (Riemann 可积的必要条件) 若 $f\in R([a,b])$, 则 f 在 $[a,b]$ 上有界.

证明 若记 $I=\displaystyle\int_a^b f(x)\mathrm{d}x$, 则由 Riemann 积分的定义可知, 对 $\varepsilon=1$, 存在 $[a,b]$ 的分割:

$$P: a=x_0<x_1<x_2<\cdots<x_n=b,$$

使得对任意的 $\xi_i\in[x_{i-1},x_i]\,(i=1,2,\cdots,n)$ 都有

$$I-1<\sum_{i=1}^{n}f(\xi_i)\Delta x_i<I+1.$$

特别地, 当我们取定 $\xi_i\in[x_{i-1},x_i]\,(i=2,3,\cdots,n)$ 时, 对任意的 $\xi_1\in[x_0,x_1]$ 都有

$$I-1-\sum_{i=2}^{n}f(\xi_i)\Delta x_i<f(\xi_1)\Delta x_1<I+1-\sum_{i=2}^{n}f(\xi_i)\Delta x_i.$$

这表明 f 在 $[x_0, x_1]$ 上有界. 类似地可以证明: f 在 $[x_{i-1}, x_i]$ 上有界 $(i = 2, 3, \cdots, n)$. 从而, f 在 $[a, b]$ 上有界. □

注记 4.1.2 定理 4.1.1 的逆命题不成立, 即有界函数未必 Riemann 可积 (见例 4.1.3).

4.1.2 Darboux 和及其性质

根据定理 4.1.1, 在讨论 Riemann 可积时, 我们总假设函数 f 在 $[a, b]$ 上有界. 于是, 可设

$$M = \sup_{a \leqslant x \leqslant b} f(x), \quad m = \inf_{a \leqslant x \leqslant b} f(x).$$

称 $\omega(f) = M - m$ 为 f 在 $[a, b]$ 上的**振幅**. 类似地, 对 $[a, b]$ 的任意分割:

$$P: a = x_0 < x_1 < x_2 < \cdots < x_n = b,$$

我们记

$$M_i = \sup_{x_{i-1} \leqslant x \leqslant x_i} f(x), \quad m_i = \inf_{x_{i-1} \leqslant x \leqslant x_i} f(x),$$

并称 $\omega_i(f) = M_i - m_i$ 为 f 在 $[x_{i-1}, x_i]$ 上的振幅.

在定义 4.1.1 中, Riemann 和 $S_n(f)$ 的极限对任意的 $\xi_i \in [x_{i-1}, x_i]$ 都存在. 这就要求当分割的细度 λ 充分小时, 所有可能的 Riemann 和的上确界与下确界相差不大. 为此, 我们定义和式

$$\overline{S}(f; P) = \sum_{i=1}^{n} M_i \Delta x_i, \quad \underline{S}(f; P) = \sum_{i=1}^{n} m_i \Delta x_i,$$

并分别称它们为函数 f 关于分割 P 的 **Darboux 大和**与 **Darboux 小和**. 容易看出, Darboux 大和、Darboux 小和与 Riemann 和之间有如下关系:

$$\underline{S}(f; P) \leqslant \sum_{i=1}^{n} f(\xi_i) \Delta x_i \leqslant \overline{S}(f; P).$$

例 4.1.1 设 $f \in R\big([a, b]\big)$ 且 $\displaystyle\int_a^b f(x)\mathrm{d}x > 0$. 证明: 存在 $[c, d] \subset [a, b]$ 及 $\mu > 0$, 使得对任意的 $x \in [c, d]$ 都有 $f(x) \geqslant \mu$.

证明 若记 $I = \displaystyle\int_a^b f(x)\mathrm{d}x$, 则由定积分的定义可知, 对 $\varepsilon = \dfrac{I}{2} > 0$, 存在 $[a, b]$ 的分割:

$$P: a = x_0 < x_1 < x_2 < \cdots < x_n = b,$$

使得对任意的 $\xi_i \in [x_{i-1}, x_i]\,(i = 1, 2, \cdots, n)$ 都有

$$\sum_{i=1}^{n} f(\xi_i)\Delta x_i > \frac{I}{2} > 0.$$

于是, 在上式中关于 $\xi_i \in [x_{i-1}, x_i]\,(i = 1, 2, \cdots, n)$ 取下确界可得

$$\sum_{i=1}^{n} m_i \Delta x_i \geqslant \frac{I}{2} > 0,$$

其中 $m_i = \inf\limits_{x_{i-1} \leqslant \xi_i \leqslant x_i} f(\xi_i)$. 这表明, 存在 $k \in \{1, 2, \cdots, n\}$, 使得 $m_k \Delta x_k > 0$. 从而, 取 $[c, d] = [x_{k-1}, x_k]$ 及 $\mu = m_k$ 即可. □

设 P 是 $[a, b]$ 的任一给定分割. 显然, 在 P 中加入有限个分点所形成的新分割的 Darboux 大和不增, Darboux 小和不减. 由此易知, 对于 $[a, b]$ 的任意两个分割 P_1 与 P_2 都有

$$m(b-a) \leqslant \underline{S}(f; P_1) \leqslant \overline{S}(f; P_2) \leqslant M(b-a).$$

因此, $\overline{S}(f; P)$ 关于 $[a, b]$ 的分割 P 有下界, 从而有下确界

$$\overline{I}(f) = \inf\left\{\overline{S}(f; P) \,\middle|\, P \text{ 为 } [a, b] \text{ 的分割}\right\}.$$

类似地, $\underline{S}(f; P)$ 关于 $[a, b]$ 的分割 P 有上界, 从而有上确界

$$\underline{I}(f) = \sup\left\{\underline{S}(f; P) \,\middle|\, P \text{ 为 } [a, b] \text{ 的分割}\right\}.$$

下面的 Darboux 定理表明, 当 $\lambda = \max\limits_{1 \leqslant i \leqslant n} \Delta x_i \to 0$ 时, Darboux 大和与 Darboux 小和的极限都存在且分别等于它们各自的下确界与上确界.

引理 4.1.1 (Darboux 定理) 设 f 是 $[a, b]$ 上的有界函数, 则

$$\lim_{\lambda \to 0} \overline{S}(f; P) = \overline{I}(f), \quad \lim_{\lambda \to 0} \underline{S}(f; P) = \underline{I}(f).$$

证明 下面只给出 Darboux 大和情形的证明. Darboux 小和的情形可以类似地证明.

对任意的 $\varepsilon > 0$, 由 $\overline{I}(f)$ 的定义可知, 存在分割

$$P' : a = x'_0 < x'_1 < x'_2 < \cdots < x'_p = b,$$

使得

$$0 \leqslant \overline{S}(f; P') - \overline{I}(f) < \frac{\varepsilon}{2}.$$

若取

$$\delta = \min\left\{\Delta x_1', \Delta x_2', \cdots, \Delta x_p', \frac{\varepsilon}{2(p-1)(M-m)}\right\},$$

则对任意一个满足 $\lambda = \max\limits_{1\leqslant i\leqslant n} \Delta x_i < \delta$ 的分割

$$P: a = x_0 < x_1 < x_2 < \cdots < x_n = b,$$

当将 P' 的分点加入 P 并记新的分割为 P^* 时, 必有

$$\overline{S}(f;P^*) - \overline{S}(f;P') \leqslant 0.$$

由此可知,

$$\begin{aligned}
0 &\leqslant \overline{S}(f;P) - \overline{I}(f)\\
&= \left(\overline{S}(f;P) - \overline{S}(f;P^*)\right) + \left(\overline{S}(f;P^*) - \overline{S}(f;P')\right) + \left(\overline{S}(f;P') - \overline{I}(f)\right)\\
&< \left(\overline{S}(f;P) - \overline{S}(f;P^*)\right) + \frac{\varepsilon}{2}.
\end{aligned}$$

于是, 为了估计 $\overline{S}(f;P) - \overline{S}(f;P^*)$, 我们将对应于分割 P 的区间 $[x_{i-1}, x_i]$ 分为两类:

(1) (x_{i-1}, x_i) 中不含有 P' 的分点. 此时, $\overline{S}(f;P)$ 与 $\overline{S}(f;P^*)$ 中的相应项都是 $M_i\Delta x_i$.

(2) (x_{i-1}, x_i) 中含有 P' 的分点. 由于 P 与 P' 具有相同的端点 a, b, 所以这样的区间至多有 $p-1$ 个. 又因为 $\Delta x_i < \delta \leqslant \Delta x_j'$ $(i = 1, 2, \cdots, n;\ j = 1, 2, \cdots, p)$, 所以在 (x_{i-1}, x_i) 中只含有 P' 的一个分点. 设该分点为 x_j', 并记 f 在 (x_{i-1}, x_j') 和 (x_j', x_i) 中的上确界分别为 M' 和 M'', 则 $\overline{S}(f;P)$ 与 $\overline{S}(f;P^*)$ 中的相应项之差满足

$$M_i(x_i - x_{i-1}) - \left(M'(x_j' - x_{i-1}) + M''(x_i - x_j')\right) \leqslant (M-m)(x_i - x_{i-1}) < (M-m)\delta.$$

故在两种情形都有

$$\overline{S}(f;P) - \overline{S}(f;P^*) < (p-1)(M-m)\delta \leqslant \frac{\varepsilon}{2}.$$

从而,

$$0 \leqslant \overline{S}(f;P) - \overline{I}(f) < \left(\overline{S}(f;P) - \overline{S}(f;P^*)\right) + \frac{\varepsilon}{2} < \frac{\varepsilon}{2} + \frac{\varepsilon}{2} = \varepsilon.$$

这表明 $\lim\limits_{\lambda\to 0} \overline{S}(f;P) = \overline{I}(f)$. □

4.1.3 Riemann 可积的条件

以 Darboux 和为基础, 我们很容易得出 f 在 $[a,b]$ 上 Riemann 可积的充分必要条件. 这些条件比较形象且便于应用, 为函数的可积性研究提供了方便.

定理 4.1.2 设 f 是闭区间 $[a,b]$ 上的有界函数, 则以下三个条件相互等价:

(1) $f \in R\big([a,b]\big)$;

(2) $\overline{I}(f) = \underline{I}(f)$;

(3) $\lim\limits_{\lambda\to 0}\sum\limits_{i=1}^{n}\omega_i(f)\Delta x_i = 0$.

证明 (1) $\Rightarrow$ (2): 设 $f \in R\big([a,b]\big)$, 并记 $I = \displaystyle\int_a^b f(x)\mathrm{d}x$, 则对任意给定的 $\varepsilon > 0$, 都存在 $\delta > 0$, 使得对 $[a,b]$ 的任意分割

$$P:\ a = x_0 < x_1 < x_2 < \cdots < x_n = b$$

和任意分点 $\xi_i \in [x_{i-1}, x_i]$ $(i = 1,2,\cdots,n)$, 只要 $\lambda = \max\limits_{1\leqslant i\leqslant n}\Delta x_i < \delta$, 其中 $\Delta x_i = x_i - x_{i-1}$, 就有

$$\left|\sum_{i=1}^{n} f(\xi_i)\Delta x_i - I\right| < \frac{\varepsilon}{2}.$$

特别地, 因为 M_i 为 f 在 $[x_{i-1}, x_i]$ 上的上确界, 所以可以选取 $\xi_i \in [x_{i-1}, x_i]$ 使得

$$0 \leqslant M_i - f(\xi_i) < \frac{\varepsilon}{2(b-a)}, \quad i = 1,2,\cdots,n.$$

于是,

$$\left|\overline{S}(f;P) - \sum_{i=1}^{n} f(\xi_i)\Delta x_i\right| = \sum_{i=1}^{n}\big(M_i - f(\xi_i)\big)\Delta x_i < \frac{\varepsilon}{2(b-a)}(b-a) = \frac{\varepsilon}{2}.$$

从而,

$$\left|\overline{S}(f;P) - I\right| \leqslant \left|\overline{S}(f;P) - \sum_{i=1}^{n} f(\xi_i)\Delta x_i\right| + \left|\sum_{i=1}^{n} f(\xi_i)\Delta x_i - I\right| < \frac{\varepsilon}{2} + \frac{\varepsilon}{2} = \varepsilon.$$

这表明 $\overline{I}(f) = I$. 同理可证, $\underline{I}(f) = I$. 故 $\overline{I}(f) = \underline{I}(f)$.

(2) $\Rightarrow$ (3): 设 $\overline{I}(f) = \underline{I}(f)$. 由引理 4.1.1 可知, 对任意的 $\varepsilon > 0$, 都存在 $\delta > 0$, 使得 $[a,b]$ 的分割

$$P:\ a = x_0 < x_1 < x_2 < \cdots < x_n = b$$

只要满足 $\lambda = \max\limits_{1\leqslant i\leqslant n} \Delta x_i < \delta$ 就有

$$\left|\overline{S}(f;P) - \overline{I}(f)\right| < \frac{\varepsilon}{2}, \quad \left|\underline{S}(f;P) - \underline{I}(f)\right| < \frac{\varepsilon}{2}.$$

于是,

$$\begin{aligned}\left|\sum_{i=1}^{n} \omega_i(f)\Delta x_i\right| &= \left|\overline{S}(f;P) - \underline{S}(f;P)\right| \\ &\leqslant \left|\overline{S}(f;P) - \overline{I}(f)\right| + \left|\underline{S}(f;P) - \underline{I}(f)\right| < \frac{\varepsilon}{2} + \frac{\varepsilon}{2} = \varepsilon.\end{aligned}$$

故 $\lim\limits_{\lambda\to 0} \sum\limits_{i=1}^{n} \omega_i(f)\Delta x_i = 0$.

(3) $\Rightarrow$ (1): 设 $\lim\limits_{\lambda\to 0} \sum\limits_{i=1}^{n} \omega_i(f)\Delta x_i = 0$, 则由引理 4.1.1 可知, $\lim\limits_{\lambda\to 0} \overline{S}(f;P)$ 与 $\lim\limits_{\lambda\to 0} \underline{S}(f;P)$ 存在且相等. 又因为对 $[a,b]$ 的任意分割

$$P:\ a = x_0 < x_1 < x_2 < \cdots < x_n = b$$

都有

$$\underline{S}(f;P) \leqslant \sum_{i=1}^{n} f(\xi_i)\Delta x_i \leqslant \overline{S}(f;P),$$

其中 ξ_i 为 $[x_{i-1}, x_i]$ $(i = 1, 2, \cdots, n)$ 中的任意点, 所以极限

$$\lim_{\lambda\to 0} \sum_{i=1}^{n} f(\xi_i)\Delta x_i$$

存在. 这表明 $f \in R([a,b])$. □

利用上述充分必要条件容易证明: 若 $f, g \in R\big([a,b]\big)$, 则 $|f|$, $f \pm g$, $fg \in R\big([a,b]\big)$. 同时, 我们还可判断某些函数类的可积性.

定理 4.1.3　*若* $f \in C\big([a,b]\big)$, *则* $f \in R\big([a,b]\big)$.

证明　因为 $f \in C\big([a,b]\big)$, 所以由 Cantor 定理可知, f 在 $[a,b]$ 上一致连续. 从而, 对任意给定的 $\varepsilon > 0$, 都存在 $\delta > 0$, 使得对任意的 $x', x'' \in [a,b]$, 只要 $|x' - x''| < \delta$, 就有

$$\left|f(x') - f(x'')\right| < \frac{\varepsilon}{b-a}.$$

因此, 对 $[a,b]$ 的任意分割 P, 只要 $\lambda = \max\limits_{1\leqslant i\leqslant n} \Delta x_i < \delta$, 就有

$$\omega_i(f) = \max_{x_{i-1}\leqslant x\leqslant x_i} f(x) - \min_{x_{i-1}\leqslant x\leqslant x_i} f(x) < \frac{\varepsilon}{b-a} \quad (i = 1, 2, \cdots, n).$$

从而,

$$\sum_{i=1}^{n}\omega_i(f)\Delta x_i < \varepsilon.$$

这表明 $\lim\limits_{\lambda\to 0}\sum\limits_{i=1}^{n}\omega_i(f)\Delta x_i = 0$. 故 $f\in R\big([a,b]\big)$. □

定理 4.1.4 若 f 在闭区间 $[a,b]$ 上单调, 则 $f\in R\big([a,b]\big)$.

证明 不妨设 f 在闭区间 $[a,b]$ 上单调增加. 对任意给定的 $\varepsilon>0$, 若取 $\delta=\dfrac{\varepsilon}{f(b)-f(a)}>0$, 则对 $[a,b]$ 的任意分割 P, 只要 $\lambda=\max\limits_{1\leqslant i\leqslant n}\Delta x_i<\delta$, 就有

$$\begin{aligned}\sum_{i=1}^{n}\omega_i(f)\Delta x_i &= \sum_{i=1}^{n}\big(f(x_i)-f(x_{i-1})\big)\Delta x_i\\ &< \frac{\varepsilon}{f(b)-f(a)}\sum_{i=1}^{n}\big(f(x_i)-f(x_{i-1})\big)\\ &= \frac{\varepsilon}{f(b)-f(a)}\big(f(b)-f(a)\big)=\varepsilon.\end{aligned}$$

这表明 $\lim\limits_{\lambda\to 0}\sum\limits_{i=1}^{n}\omega_i(f)\Delta x_i = 0$. 从而, $f\in R\big([a,b]\big)$. □

例 4.1.2 证明: Riemann 函数 $R(x)$ 在 $[0,1]$ 上 Riemann 可积.

证明 对任意给定的 $\varepsilon\in(0,1)$, 由 Riemann 函数的定义可知, 在 $[0,1]$ 上只有有限多个点满足 $R(x)>\dfrac{\varepsilon}{2}$, 不妨设这有限个点分别为 $0=p_1<p_2<\cdots<p_k=1$. 于是, 若取

$$\delta=\min\left\{p_2-p_1,\ p_3-p_2,\ \cdots,\ p_k-p_{k-1},\ \frac{\varepsilon}{2k}\right\},$$

则对 $[0,1]$ 的任意分割

$$P:\ 0=x_0<x_1<x_2<\cdots<x_n=1,$$

只要 $\lambda=\max\limits_{1\leqslant i\leqslant n}\Delta x_i<\delta$, 就存在 k 个形如 $[x_{i-1},x_i]$ 的小区间, 使得 $p_1,p_2,\cdots,p_k$ 分别位于这些小区间中. 显然, 这些区间的长度之和不超过 $\dfrac{\varepsilon}{2}$. 另一方面, 在不含 $p_1,p_2,\cdots,p_k$ 的所有区间中, $R(x)$ 都不超过 $\dfrac{\varepsilon}{2}$. 从而,

$$\sum_{i=1}^{n}\omega_i(R)\Delta x_i<\frac{\varepsilon}{2}+\frac{\varepsilon}{2}=\varepsilon.$$

这表明 $R(x)$ 在 $[0,1]$ 上 Riemann 可积. □

例 4.1.3 证明: Dirichlet 函数 $D(x)$ 在 $[0,1]$ 上不 Riemann 可积.

证明 因为对 $[0,1]$ 的任意分割

$$P: 0 = x_0 < x_1 < x_2 < \cdots < x_n = 1,$$

Dirichlet 函数 $D(x)$ 都满足 $\sum\limits_{i=1}^{n} \omega_i(D)\Delta x_i = 1$, 所以它在 $[0,1]$ 上不 Riemann 可积. □

例 4.1.4 设 $f \in C\big([a,b]\big)$ 且恒大于 0. 证明:

$$\frac{1}{b-a}\int_a^b \ln f(x)\mathrm{d}x \leqslant \ln\left(\frac{1}{b-a}\int_a^b f(x)\mathrm{d}x\right).$$

证明 若将 $[a,b]$ 作 n 等分且将分点分别记为: $a = x_0 < x_1 < x_2 < \cdots < x_n = b$, 则由 $\ln x$ 在 $(0,+\infty)$ 上上凸及 Jensen 不等式可知

$$\sum_{i=1}^{n} \frac{1}{n} \ln f\big(x_i\big) \leqslant \ln\left(\sum_{i=1}^{n} \frac{1}{n} f\big(x_i\big)\right).$$

进一步有

$$\frac{1}{b-a}\sum_{i=1}^{n} \ln f\big(x_i\big)\Delta x_i \leqslant \ln\left(\frac{1}{b-a}\sum_{i=1}^{n} f\big(x_i\big)\Delta x_i\right),$$

其中 $\Delta x_i = x_i - x_{i-1} = \dfrac{b-a}{n}\ (i = 1,2,\cdots,n)$. 因为 $f, \ln f \in R\big([a,b]\big)$, 所以在上式两边令 $n \to \infty$ 取极限并利用对数函数的连续性即可证得

$$\frac{1}{b-a}\int_a^b \ln f(x)\mathrm{d}x \leqslant \ln\left(\frac{1}{b-a}\int_a^b f(x)\mathrm{d}x\right).$$ □

4.1.4 Newton-Leibniz 公式

通过初等微积分课程的学习我们已经知道, Newton-Leibniz 公式是计算函数的 Riemann 积分值的主要工具. 在本小节中, 我们将重新证明 Newton-Leibniz 公式, 并介绍 π 是无理数的证明.

定理 4.1.5 (Newton-Leibniz 公式) 设 $f \in R\big([a,b]\big)$ 且在 (a,b) 上有原函数 F. 若 $F \in C\big([a,b]\big)$, 则

$$\int_a^b f(x)\mathrm{d}x = F(b) - F(a).$$

证明 若将 $[a,b]$ 作 n 等分且将分点分别记为: $a = x_0 < x_1 < x_2 < \cdots < x_n = b$, 则

$$F(b)-F(a)=\sum_{i=1}^{n}\big(F(x_i)-F(x_{i-1})\big).$$

由 Lagrange 中值定理可知

$$F(b)-F(a)=\sum_{i=1}^{n}F'(\xi_i)\Delta x_i=\sum_{i=1}^{n}f(\xi_i)\Delta x_i,$$

其中 $\xi_i\in(x_{i-1},x_i)$, $\Delta x_i=x_i-x_{i-1}$ $(i=1,2,\cdots,n)$. 因为 $f\in R\big([a,b]\big)$, 所以在上式两边令 $n\to+\infty$ 取极限即可得到

$$F(b)-F(a)=\int_a^b f(x)\mathrm{d}x. \qquad \square$$

注记4.1.3 若 Riemann 可积函数的原函数存在且连续, 则可以利用 Newton-Leibniz 公式来计算积分值. 但是, 原函数存在的函数未必 Riemann 可积, 例如, 若设

$$F(x)=\begin{cases}x^2\sin\dfrac{1}{x^2}, & x\neq 0,\\ 0, & x=0,\end{cases}\qquad f(x)=\begin{cases}-\dfrac{2}{x}\cos\dfrac{1}{x^2}+2x\sin\dfrac{1}{x^2}, & x\neq 0,\\ 0, & x=0,\end{cases}$$

则 $F'(x)=f(x)$, 即 F 是 f 的原函数, 但由 f 在 $[-1,1]$ 上无界可知, $f\notin R\big([-1,1]\big)$.

一个自然的问题是, 在什么条件下, 一个函数必存在原函数? 下面的定理给出了一个充分条件.

定理 4.1.6 设 $f\in R\big([a,b]\big)$. 若记其变上限积分为

$$F(x)=\int_a^x f(t)\mathrm{d}t,\quad x\in[a,b],$$

则 $F\in C\big([a,b]\big)$.

若进一步有 f 在点 $x_0\in[a,b]$ 处连续, 则 F 在点 x_0 处可导且 $F'(x_0)=f(x_0)$ (端点 a, b 处分别指的是右导数 $F'_+(a)$ 与左导数 $F'_-(b)$). 特别地, 若 $f\in C\big([a,b]\big)$, 则

$$F'(x)=\frac{\mathrm{d}}{\mathrm{d}x}\int_a^x f(t)\mathrm{d}t=f(x),\quad x\in[a,b].$$

证明 直接计算可知, 对任意给定的 $x_0\in[a,b]$ 及任意的 $x_0+h\in[a,b]$ 都有

$$F(x_0+h)-F(x_0)=\int_a^{x_0+h}f(t)\mathrm{d}t-\int_a^{x_0}f(t)\mathrm{d}t=\int_{x_0}^{x_0+h}f(t)\mathrm{d}t.$$

首先证明: F 在点 $x_0 \in [a,b]$ 处连续 (端点 a, b 处分别指的是右连续与左连续). 事实上, 因为 $f \in R\big([a,b]\big)$, 所以存在 $M>0$, 使得 $\big|f(x)\big| \leqslant M\ (x \in [a,b])$. 故

$$\big|F(x_0+h)-F(x_0)\big| \leqslant \left|\int_{x_0}^{x_0+h} f(t)\mathrm{d}t\right| \leqslant M|h|.$$

这表明 F 在点 $x_0 \in [a,b]$ 处连续.

下面证明: 当 $x_0 \in [a,b)$ 且 f 在点 x_0 处右连续时, 必有 $F'_+(x_0)=f(x_0)$. 事实上, 因为

$$\begin{aligned}
&\left|\frac{F(x_0+h)-F(x_0)}{h}-f(x_0)\right| \\
=&\left|\frac{1}{h}\int_{x_0}^{x_0+h} f(t)\mathrm{d}t-\frac{1}{h}\int_{x_0}^{x_0+h} f(x_0)\mathrm{d}t\right| \\
=&\frac{1}{h}\left|\int_{x_0}^{x_0+h}\big(f(t)-f(x_0)\big)\mathrm{d}t\right|, \quad h \in (0,b-x_0),
\end{aligned}$$

所以对任意给定的 $\varepsilon>0$, 都存在 $\delta \in (0,b-x_0)$, 使得对满足 $0 \leqslant t-x_0<\delta$ 的任意 t 都有

$$\big|f(t)-f(x_0)\big|<\varepsilon.$$

从而, 当 $0<h<\delta$ 时, 有

$$\left|\frac{F(x_0+h)-F(x_0)}{h}-f(x_0)\right| \leqslant \frac{1}{h}\int_{x_0}^{x_0+h}\big|f(t)-f(x_0)\big|\mathrm{d}t<\frac{1}{h}\int_{x_0}^{x_0+h}\varepsilon\,\mathrm{d}t=\varepsilon.$$

故 F 在点 x_0 处的右导数 $F'_+(x_0)$ 存在且等于 $f(x_0)$.

类似地可以证明: 当 $x_0 \in (a,b]$ 且 f 在点 x_0 处左连续时, 必有 $F'_-(x_0)=f(x_0)$.

综上可知, 当 f 在点 $x_0 \in [a,b]$ 处连续时, F 在点 x_0 处可导且 $F'(x_0)=f(x_0)$. □

推论 4.1.1　设 $f \in C\big([a,b]\big)$, α 与 β 都是 $[c,d]$ 上的可导函数且其值域包含在 $[a,b]$ 中, 则函数

$$F(x)=\int_{\alpha(x)}^{\beta(x)} f(t)\mathrm{d}t$$

在 $[c,d]$ 上可导, 且

$$F'(x)=f\big(\beta(x)\big)\beta'(x)-f\big(\alpha(x)\big)\alpha'(x).$$

例 4.1.5 设函数 f 在 $[0,1]$ 上可导, $0 \leqslant f'(x) \leqslant 1\,(x \in [0,1])$ 且 $f(0)=0$. 证明:

$$\int_0^1 f^3(x)\mathrm{d}x \leqslant \left(\int_0^1 f(x)\mathrm{d}x\right)^2.$$

证明 令

$$F(x) = \left(\int_0^x f(t)\mathrm{d}t\right)^2 - \int_0^x f^3(t)\mathrm{d}t, \quad x \in [0,1],$$

则

$$F'(x) = f(x)\left(2\int_0^x f(t)\mathrm{d}t - f^2(x)\right), \quad x \in [0,1].$$

因为由题设可知, $f(x) \geqslant 0\,(x \in [0,1])$ 且

$$\left(2\int_0^x f(t)\mathrm{d}t - f^2(x)\right)' = 2f(x)\big(1 - f'(x)\big) \geqslant 0, \quad x \in [0,1],$$

所以

$$2\int_0^x f(t)\mathrm{d}t - f^2(x) \geqslant 0, \quad x \in [0,1].$$

从而, $F'(x) \geqslant 0\,(x \in [0,1])$. 这表明

$$\left(\int_0^1 f(t)\mathrm{d}t\right)^2 - \int_0^1 f^3(t)\mathrm{d}t = F(1) \geqslant F(0) = 0.$$ □

例 4.1.6 (Poincaré 不等式) 设 $f \in C^1\big([a,b]\big)$ 且 $\displaystyle\int_a^b f(x)\mathrm{d}x = 0$. 证明:

$$\int_a^b f^2(x)\mathrm{d}x \leqslant \frac{(b-a)^2}{2}\int_a^b \big(f'(x)\big)^2\mathrm{d}x.$$

证明 令 $F(x) = \displaystyle\int_a^x f(t)\mathrm{d}t\,(x \in [a,b])$, 则 $F(a) = F(b) = 0$ 且 $F'(x) = f(x)\,(x \in [a,b])$. 于是, 由分部积分可得

$$\begin{aligned}\int_a^b f^2(x)\mathrm{d}x &= \int_a^b f(x)F'(x)\mathrm{d}x = f(x)F(x)\Big|_a^b - \int_a^b F(x)f'(x)\mathrm{d}x \\ &= -\int_a^b F(x)f'(x)\mathrm{d}x.\end{aligned}$$

进而, 由 Cauchy-Schwarz 不等式可知

$$\left(\int_a^b f^2(x)\mathrm{d}x\right)^2=\left(\int_a^b F(x)f'(x)\mathrm{d}x\right)^2\leqslant\int_a^b F^2(x)\mathrm{d}x\int_a^b\big(f'(x)\big)^2\mathrm{d}x.$$

另一方面, 再次利用 Cauchy-Schwarz 不等式可得

$$F^2(x)=\left(\int_a^x f(t)\mathrm{d}t\right)^2\leqslant\int_a^x 1^2\mathrm{d}t\int_a^x f^2(t)\mathrm{d}t=(x-a)\int_a^b f^2(t)\mathrm{d}t,\quad x\in[a,b].$$

故

$$\int_a^b F^2(x)\mathrm{d}x\leqslant\int_a^b(x-a)\mathrm{d}x\int_a^b f^2(x)\mathrm{d}x=\frac{(b-a)^2}{2}\int_a^b f^2(x)\mathrm{d}x.$$

从而,

$$\left(\int_a^b f^2(x)\mathrm{d}x\right)^2\leqslant\frac{(b-a)^2}{2}\int_a^b f^2(x)\mathrm{d}x\int_a^b\big(f'(x)\big)^2\mathrm{d}x.$$

由此可知所需结论成立. □

1761 年, Lambert 借助三角函数的 Taylor 级数展开与连分数表示首次证明了 π 是无理数. 1947 年, Niven 利用分部积分给出了如下更为简单的证明.

例 4.1.7　证明: π 是无理数.

证明　用反证法. 假设 π 是有理数, 则存在互质的正整数 p, q 使得 $\pi=\dfrac{q}{p}$. 令

$$f_n(x)=\frac{1}{n!}x^n(q-px)^n,\quad x\in\mathbb{R},$$

其中 n 为待定的正整数.

我们断言: 当 $k=0,1,2,\cdots,2n$ 时, $f_n^{(k)}(0)$ 与 $f_n^{(k)}(\pi)$ 均为整数. 事实上, 当 $k=0,1,2,\cdots,n-1$ 时, $f_n^{(k)}(0)=0$, 显然为整数; 而当 $k=n,n+1,\cdots,2n$ 时, 直接计算可知

$$f_n^{(k)}(0)=\frac{1}{n!}\mathrm{C}_n^{k-n}q^{2n-k}(-p)^{k-n}k!.$$

这也是一个整数. 又因为 $f_n(x)=f_n(\pi-x)\,(x\in[0,\pi])$, 所以 $f_n^{(k)}(\pi)=(-1)^kf_n^{(k)}(0)\,(k=1,2,\cdots,2n)$ 也为整数.

从而, 若记

$$F_n(x)=f_n(x)-f_n''(x)+f_n^{(4)}(x)-\cdots+(-1)^nf_n^{(2n)}(x),$$

则显然有 $F_n(0), F_n(\pi) \in \mathbb{Z}$ 且

$$F_n''(x) + F_n(x) = f_n(x).$$

于是, 由分部积分可得

$$\begin{aligned}\int_0^\pi f_n(x)\sin x\mathrm{d}x &= \int_0^\pi \big(F_n''(x) + F_n(x)\big)\sin x\mathrm{d}x \\ &= \big(F_n'(x)\sin x - F_n(x)\cos x\big)\Big|_0^\pi.\end{aligned}$$

这表明

$$\int_0^\pi f_n(x)\sin x\mathrm{d}x = F_n(0) + F_n(\pi) \in \mathbb{Z}.$$

注意到在 $(0,\pi)$ 上 $0 < f_n \leqslant \dfrac{(\pi q)^n}{n!}$, 所以由上式可知

$$1 \leqslant \int_0^\pi f_n(x)\sin x\mathrm{d}x \leqslant \int_0^\pi f_n(x)\mathrm{d}x \leqslant \frac{(\pi q)^n}{n!}\pi.$$

由于 $\lim\limits_{n\to\infty}\dfrac{(\pi q)^n}{n!} = 0$, 当 n 充分大时上式将导致矛盾. 故 π 是无理数. □

4.1.5 积分中值定理

我们知道, Lagrange 型微分中值定理将函数值与其导数值连接成一个精确的等式: 若 F 在 $[a,b]$ 上连续且在 (a,b) 上可导, 则存在 $\xi \in (a,b)$ 使得

$$F(b) - F(a) = F'(\xi)(b-a). \tag{4.1}$$

这为用导数来研究函数的性态提供了极大的方便. 若进一步有 $F' \in R\big([a,b]\big)$, 则我们也可以记 $f = F'$ 并利用 Newton-Leibniz 公式将 (4.1) 式表示为一个积分型的中值公式:

$$\int_a^b f(x)\mathrm{d}x = f(\xi)(b-a).$$

它表明, 一个函数的定积分可以通过其自身的函数值进行表达和估计. 这启发我们研究更一般的积分中值定理.

定理 4.1.7 (积分第一中值定理) 设 $f, \phi \in R([a,b])$. 若 ϕ 在 $[a,b]$ 上不变号, 则存在 $\eta \in [m,M]$ 使得

$$\int_a^b f(x)\phi(x)\mathrm{d}x = \eta\int_a^b \phi(x)\mathrm{d}x, \tag{4.2}$$

其中 M 和 m 分别是 f 在 $[a,b]$ 上的上确界与下确界.

特别地, 若进一步假设 f 具有原函数, 则存在 $\xi \in (a,b)$ 使得

$$\int_a^b f(x)\phi(x)\mathrm{d}x = f(\xi)\int_a^b \phi(x)\mathrm{d}x. \tag{4.3}$$

证明 由于 ϕ 在 $[a,b]$ 上不变号, 不妨设 $\phi(x) \geqslant 0\,(x \in [a,b])$.

当 $M = m$ 时, f 为 $[a,b]$ 上的常值函数, 故 (4.2) 与 (4.3) 都成立.

当 $M > m$ 时, 由

$$m\phi(x) \leqslant f(x)\phi(x) \leqslant M\phi(x), \quad x \in [a,b]$$

可知

$$m\int_a^b \phi(x)\mathrm{d}x \leqslant \int_a^b f(x)\phi(x)\mathrm{d}x \leqslant M\int_a^b \phi(x)\mathrm{d}x.$$

从而, 当 $\int_a^b \phi(x)\mathrm{d}x = 0$ 时必有 $\int_a^b f(x)\phi(x)\mathrm{d}x = 0$. 故 (4.2) 与 (4.3) 都成立. 另一方面, 当 $\int_a^b \phi(x)\mathrm{d}x > 0$ 时, 由

$$m \leqslant \frac{\int_a^b f(x)\phi(x)\mathrm{d}x}{\int_a^b \phi(x)\mathrm{d}x} \leqslant M \tag{4.4}$$

可知, (4.2) 成立. 故只需证明: 当 f 具有原函数时, (4.3) 成立. 我们首先考虑 (4.4) 中的两个不等式都是严格不等号的情形. 此时, 根据上确界与下确界的定义, 必存在 x_1, $x_2 \in [a,b]$ 使得

$$m \leqslant f(x_1) < \frac{\int_a^b f(x)\phi(x)\mathrm{d}x}{\int_a^b \phi(x)\mathrm{d}x} < f(x_2) \leqslant M.$$

因为 f 具有原函数, 所以由 Darboux 定理可知, 存在 $\xi \in (x_1,x_2) \subset (a,b)$ 使得

$$f(\xi) = \frac{\int_a^b f(x)\phi(x)\mathrm{d}x}{\int_a^b \phi(x)\mathrm{d}x}.$$

故 (4.3) 成立. 其次, 我们考虑 (4.4) 中至少一个不等号为等式的情形. 不妨设

$$\frac{\displaystyle\int_a^b f(x)\phi(x)\mathrm{d}x}{\displaystyle\int_a^b \phi(x)\mathrm{d}x} = M,$$

则 $\displaystyle\int_a^b \big(M - f(x)\big)\phi(x)\mathrm{d}x = 0$. 因为 $\displaystyle\int_a^b \phi(x)\mathrm{d}x > 0$, 所以由例 4.1.1 可知, 存在 $[\alpha,\beta] \subset (a,b)$ 及 $\mu > 0$, 使得 $\phi(x) \geqslant \mu\,(x \in [\alpha,\beta])$. 从而,

$$0 \leqslant \int_\alpha^\beta \big(M - f(x)\big)\phi(x)\mathrm{d}x \leqslant \int_a^b \big(M - f(x)\big)\phi(x)\mathrm{d}x = 0.$$

故 $\displaystyle\int_\alpha^\beta \big(M - f(x)\big)\phi(x)\mathrm{d}x = 0$. 我们断言: 存在 $\xi \in [\alpha,\beta]$, 使得 $f(\xi) = M$, 即 (4.3) 成立. 事实上, 若对任意的 $x \in [\alpha,\beta]$ 都有 $f(x) < M$, 则由习题 4 第 2 题可知

$$\int_\alpha^\beta \big(M - f(x)\big)\phi(x)\mathrm{d}x \geqslant \mu \int_\alpha^\beta \big(M - f(x)\big)\mathrm{d}x > 0.$$

这与 $\displaystyle\int_\alpha^\beta \big(M - f(x)\big)\phi(x)\mathrm{d}x = 0$ 矛盾. 故我们的断言成立. □

例 4.1.8 设 $f \in C\big([0,\pi]\big)$ 且满足 $\displaystyle\int_0^\pi f(x)\mathrm{d}x = \int_0^\pi f(x)\cos x\mathrm{d}x = 0$. 证明: 存在 $\xi_1, \xi_2 \in (0,\pi)$, 使得 $\xi_1 \neq \xi_2$ 且

$$f(\xi_1) = f(\xi_2) = 0.$$

证明 (法一) 设 $F(x) = \displaystyle\int_0^x f(t)\mathrm{d}t$, 则 $F(0) = F(\pi) = 0$ 且 $F'(x) = f(x)\,(x \in (0,\pi))$. 于是, 由分部积分公式可得

$$\begin{aligned}\int_0^\pi f(x)\cos x\mathrm{d}x &= \int_0^\pi \cos x\mathrm{d}F(x) = \cos xF(x)\Big|_0^\pi + \int_0^\pi F(x)\sin x\mathrm{d}x \\ &= \int_0^\pi F(x)\sin x\mathrm{d}x.\end{aligned}$$

因为 $\displaystyle\int_0^\pi f(x)\cos x\mathrm{d}x = 0$, 所以由积分第一中值定理可知, 存在 $\eta \in (0,\pi)$ 使得

$$\pi F(\eta)\sin\eta = 0.$$

即 $F(\eta)=0$. 从而, 根据 Rolle 中值定理, $\xi_1\in(0,\eta)$, $\xi_2\in(\eta,\pi)$ 使得

$$f(\xi_1)=F'(\xi_1)=0,\quad f(\xi_2)=F'(\xi_2)=0.$$

(法二) 由 $\int_0^\pi f(x)\mathrm{d}x=0$ 及积分第一中值定理可知, 存在 $\xi\in(0,\pi)$ 使得 $f(\xi)=0$. 下面用反证法证明: f 在 $(0,\pi)$ 内还有其他零点. 若不然, 假设 f 在 $(0,\pi)$ 内只有唯一的零点 ξ, 则 f 在 $(0,\xi)$ 内严格同号, 在 (ξ,π) 内严格同号. 于是, 由

$$0=\int_0^\pi f(x)\mathrm{d}x=\int_0^\xi f(x)\mathrm{d}x+\int_\xi^\pi f(x)\mathrm{d}x$$

可得

$$\int_\xi^\pi f(x)\mathrm{d}x=-\int_0^\xi f(x)\mathrm{d}x\neq 0.$$

从而, 再次利用积分第一中值定理可知, 存在 $\xi_1\in(0,\xi)$, $\xi_2\in(\xi,\pi)$ 使得

$$\begin{aligned}0&=\int_0^\pi f(x)\cos x\mathrm{d}x\\&=\int_0^\xi f(x)\cos x\mathrm{d}x+\int_\xi^\pi f(x)\cos x\mathrm{d}x\\&=\cos\xi_1\int_0^\xi f(x)\mathrm{d}x+\cos\xi_2\int_\xi^\pi f(x)\mathrm{d}x\\&=\big(\cos\xi_1-\cos\xi_2\big)\int_0^\xi f(x)\mathrm{d}x\\&\neq 0.\end{aligned}$$

这是一个矛盾. □

我们下面介绍积分第二中值定理, 它主要是针对具有一定单调性的函数, 其证明本质上是基于分部求和恒等式 —— Abel 变换 (引理 5.1.1).

定理 4.1.8 (积分第二中值定理) 设 $\phi\in R\big([a,b]\big)$.

(1) *若函数 f 在 $[a,b]$ 上非负递减, 则存在 $\xi\in[a,b]$ 使得*

$$\int_a^b f(x)\phi(x)\mathrm{d}x=f(a)\int_a^\xi \phi(x)\mathrm{d}x;$$

(2) *若函数 f 在 $[a,b]$ 上非负递增, 则存在 $\xi\in[a,b]$ 使得*

$$\int_a^b f(x)\phi(x)\mathrm{d}x=f(b)\int_\xi^b \phi(x)\mathrm{d}x.$$

证明 下面只给出 f 在 $[a,b]$ 上非负递减情形的证明. 非负递增的情形可以类似地证明.

因为由定理 4.1.4 可知 $f\in R([a,b])$, 所以 $f\phi\in R([a,b])$. 于是, 对 $[a,b]$ 的任意分割

$$P: a=x_0<x_1<x_2<\cdots<x_n=b,$$

我们将 $f\phi$ 在 $[a,b]$ 上的定积分写为

$$\begin{aligned}\int_a^b f(x)\phi(x)\mathrm{d}x&=\sum_{i=1}^n\int_{x_{i-1}}^{x_i}f(x)\phi(x)\mathrm{d}x\\&=\sum_{i=1}^n\int_{x_{i-1}}^{x_i}\big(f(x)-f(x_{i-1})\big)\phi(x)\mathrm{d}x+\sum_{i=1}^n f(x_{i-1})\int_{x_{i-1}}^{x_i}\phi(x)\mathrm{d}x.\end{aligned}$$

设 $\Phi(x)=\displaystyle\int_a^x\phi(t)\mathrm{d}t$, 则 $\Phi\in C([a,b])$ 且 $\Phi(x_0)=\Phi(a)=0$. 从而,

$$\begin{aligned}\sum_{i=1}^n f(x_{i-1})\int_{x_{i-1}}^{x_i}\phi(x)\mathrm{d}x&=\sum_{i=1}^n f(x_{i-1})\big(\Phi(x_i)-\Phi(x_{i-1})\big)\\&=\sum_{i=1}^n f(x_{i-1})\Phi(x_i)-\sum_{i=1}^n f(x_{i-1})\Phi(x_{i-1})\\&=\sum_{i=1}^n f(x_{i-1})\Phi(x_i)-\sum_{i=1}^{n-1} f(x_i)\Phi(x_i)\\&=\sum_{i=1}^{n-1}\big(f(x_{i-1})-f(x_i)\big)\Phi(x_i)+f(x_{n-1})\Phi(b).\end{aligned}$$

根据连续函数的最值定理, Φ 在 $[a,b]$ 上存在最小值和最大值, 分别记为 m 和 M. 于是, 由 f 在 $[a,b]$ 上非负递减可知

$$mf(a)\leqslant\sum_{i=1}^n f(x_{i-1})\int_{x_{i-1}}^{x_i}\phi(x)\mathrm{d}x\leqslant Mf(a).$$

另一方面, 若设 K 为 $|\phi|$ 在 $[a,b]$ 上的一个上界, 则

$$\begin{aligned}\left|\sum_{i=1}^n\int_{x_{i-1}}^{x_i}\big(f(x)-f(x_{i-1})\big)\phi(x)\mathrm{d}x\right|&\leqslant\sum_{i=1}^n\int_{x_{i-1}}^{x_i}\big|f(x)-f(x_{i-1})\big||\phi(x)|\mathrm{d}x\\&\leqslant K\sum_{i=1}^n\omega_i(f)\Delta x_i.\end{aligned}$$

因为 $\lim\limits_{\lambda\to 0}\sum\limits_{i=1}^{n}\omega_i(f)\Delta x_i = 0$, 其中 $\lambda = \max\limits_{1\leqslant i\leqslant n}\Delta x_i$, 所以结合上述估计并令 $\lambda\to 0$ 可得

$$mf(a)\leqslant\int_a^b f(x)\phi(x)\mathrm{d}x\leqslant Mf(a).$$

故由连续函数的中间值定理可知, 存在 $\xi\in[a,b]$ 使得

$$\int_a^b f(x)\phi(x)\mathrm{d}x = f(a)\int_a^{\xi}\phi(x)\mathrm{d}x.$$

□

定理 4.1.9 (推广的积分第二中值定理)　*设 $\phi\in R\big([a,b]\big)$, f 在 $[a,b]$ 上单调, 则存在 $\xi\in[a,b]$ 使得*

$$\int_a^b f(x)\phi(x)\mathrm{d}x = f(a)\int_a^{\xi}\phi(x)\mathrm{d}x + f(b)\int_{\xi}^b\phi(x)\mathrm{d}x.$$

证明　不妨设 f 在 $[a,b]$ 上单调递减. 若令 $g(x)=f(x)-f(b)$, 则 g 在 $[a,b]$ 上非负递减. 于是, 由积分第二中值定理可知, 存在 $\xi\in[a,b]$ 使得

$$\int_a^b g(x)\phi(x)\mathrm{d}x = g(a)\int_a^{\xi}\phi(x)\mathrm{d}x,$$

即

$$\int_a^b \big(f(x)-f(b)\big)\phi(x)\mathrm{d}x = \big(f(a)-f(b)\big)\int_a^{\xi}\phi(x)\mathrm{d}x.$$

整理即可完成定理的证明.

□

例 4.1.9　*设 f 在 $[a,b]$ 上可导, f' 单调递减且 $f'(b)\geqslant m>0$. 证明:*

$$\left|\int_a^b\cos f(x)\mathrm{d}x\right|\leqslant\frac{2}{m}.$$

证明　因为 $\dfrac{1}{f'}$ 在 $[a,b]$ 上单调增加且恒大于 0, 所以由积分第二中值定理可知, 存在 $\xi\in[a,b]$ 使得

$$\begin{aligned}\left|\int_a^b\cos f(x)\mathrm{d}x\right| &= \left|\int_a^b\frac{1}{f'(x)}\Big(f'(x)\cos f(x)\Big)\mathrm{d}x\right|\\ &= \frac{1}{f'(b)}\left|\int_{\xi}^b f'(x)\cos f(x)\mathrm{d}x\right|\end{aligned}$$

$$= \frac{1}{f'(b)}\Big|\sin f(b) - \sin f(\xi)\Big|.$$

从而,

$$\left|\int_a^b \cos f(x)\mathrm{d}x\right| \leqslant \frac{2}{m}. \qquad \square$$

4.2 重 积 分

在初等微积分课程中, 我们以计算平面薄板、空间物体的质量为背景引入了二重、三重积分的概念, 并介绍了二重、三重积分的计算方法. 从 “ε-δ 语言” 的描述形式来看, 多元函数重积分与一元函数定积分的定义并无太大的差别. 值得强调的是, 在定积分的定义中, 区间及其长度都有明确意义, 但在重积分的定义中, 区域有明确的定义, 即连通开集, 不过区域的 “面积” 或 “体积” 是一个需要厘清的核心概念: 什么是区域或一般点集的 “面积” 或 “体积”? 是否所有有界点集都存在 “面积” 或 “体积”?

在本节中, 我们主要以二重积分为例讨论相关问题. 对三重积分或一般的 n 重积分, 可以类似地进行讨论.

4.2.1 平面点集的面积

设 $D \subset \mathbb{R}^2$ 为有界平面点集. 对 D 所定义的面积必须是自洽的, 也就是说, 当将新的定义应用于矩形 $[a,b]\times[c,d]$ 时, 该矩形的面积应仍为 $(b-a)(d-c)$. 为方便起见, 设 $\sigma = [a,b]\times[c,d]$ 是一个包含 D 的闭矩形. 若在 $[a,b]$ 中插入分点

$$a = x_0 < x_1 < \cdots < x_n = b,$$

以及在 $[c,d]$ 中插入分点

$$c = y_0 < y_1 < \cdots < y_m = d,$$

则过这些分点且与坐标轴平行的直线将 σ 分割成 mn 个小矩形

$$\Delta\sigma_{ij} = [x_{i-1}, x_i]\times[y_{j-1}, y_j] \quad (i = 1,2,\cdots,n;\ j = 1,2,\cdots,m).$$

称 $\{\Delta\sigma_{ij}\}$ 为矩形 σ 的一个分割. 记完全包含于 D 的所有小矩形的面积之和为 $m\underline{\sigma}(D)$, 与 $\overline{D}$ 的交集非空的所有小矩形的面积之和为 $m\overline{\sigma}(D)$, 即

$$m\underline{\sigma}(D) = \sum_{\Delta\sigma_{ij}\subset D}|\Delta\sigma_{ij}|, \quad m\overline{\sigma}(D) = \sum_{\Delta\sigma_{ij}\cap\overline{D}\neq\varnothing}|\Delta\sigma_{ij}|,$$

其中 $|\Delta\sigma_{ij}|$ 为小矩形块 $\Delta\sigma_{ij}$ 的面积.

显然, $m\underline{\sigma}(D)$, $m\overline{\sigma}(D)$ 都与 σ 的分割有关且 $m\underline{\sigma}(D)\leqslant m\overline{\sigma}(D)$. 同时, 当在 $[a,b]$ 和 $[c,d]$ 中加入分点形成 σ 的新分割时, 相应的 $m\overline{\sigma}(D)$ 不增, $m\underline{\sigma}(D)$ 不减. 由此易知, 任意一种分割的 $m\underline{\sigma}(D)$ 不大于其他任意一种分割的 $m\overline{\sigma}(D)$. 从而, σ 的所有分割对应的 $m\underline{\sigma}(D)$ 有上确界

$$mD_*=\sup\left\{\sum_{\Delta\sigma_{ij}\subset D}|\Delta\sigma_{ij}|\,\middle|\,\{\Delta\sigma_{ij}\}\text{ 为 }\sigma\text{ 的分割}\right\};$$

$m\overline{\sigma}(D)$ 有下确界

$$mD^*=\inf\left\{\sum_{\Delta\sigma_{ij}\cap\overline{D}\neq\varnothing}|\Delta\sigma_{ij}|\,\middle|\,\{\Delta\sigma_{ij}\}\text{ 为 }\sigma\text{ 的分割}\right\}.$$

显然,

$$mD_*\leqslant mD^*.$$

定义 4.2.1 (可求面积)　*若 $mD_*=mD^*$, 则称 D 是可求面积的, 且其面积为 mD_* (也等于 mD^*), 记为 mD.*

特别地, 对于平面点集 D 的边界 ∂D, 我们可以引入如下定义:

定义 4.2.2 (零面积)　*若与 ∂D 的交集非空的所有小矩形的面积之和 $m\overline{\sigma}(\partial D)$ 的下确界 $m(\partial D)^*=0$, 则称 ∂D 是零面积的.*

边界的面积为零的有界 (闭) 区域称为零边界 (闭) 区域.

下面的定理给出了平面点集面积存在的充分必要条件.

定理 4.2.1　*设 $D\subset\mathbb{R}^2$ 为有界点集, 则 D 可求面积的充分必要条件是: D 的边界 ∂D 的面积为 0.*

证明　设 $D\subset[a,b]\times[c,d]$, 因为在 $[a,b]$ 和 $[c,d]$ 中加入有限个分点所形成的新分割相应的 $m\overline{\sigma}(D)$ 不增, $m\underline{\sigma}(D)$ 不减, 所以由上确界与下确界的定义可知, D 可求面积的充分必要条件是: 对于任意给定的 $\varepsilon>0$, 存在 σ 的分割使得

$$m\overline{\sigma}(D)-m\underline{\sigma}(D)<\varepsilon.$$

于是, 利用 ε 的任意性并注意到 $m\overline{\sigma}(D)-m\underline{\sigma}(D)=m\overline{\sigma}(\partial D)$ 即可完成定理的证明. □

例 4.2.1　*设函数 x, y 在 $[\alpha,\beta]$ 上连续且至少有一个具有连续导数. 证明: 曲线*

$$\Gamma:\quad\begin{cases}x=x(t),\\ y=y(t),\end{cases}\quad t\in[\alpha,\beta]$$

的面积为 0.

证明 不妨设 $x \in C\big([\alpha,\beta]\big)$, $y \in C^1\big([\alpha,\beta]\big)$. 对任意给定的 $\varepsilon > 0$, 利用 x 在 $[\alpha,\beta]$ 上的一致连续性可作 $[\alpha,\beta]$ 的分割

$$P: \quad \alpha = t_0 < t_1 < \cdots < t_n = \beta,$$

使得对任意的 $t, \tau \in [t_{i-1}, t_i]\,(i = 1, 2, \cdots, n)$ 都有

$$\big|x(t) - x(\tau)\big| < \varepsilon.$$

对 $i = 1, 2, \cdots, n$, 若令

$$a_i = \min_{t\in[t_{i-1},t_i]} x(t), \quad b_i = \max_{t\in[t_{i-1},t_i]} x(t),$$

则

$$0 \leqslant b_i - a_i < \varepsilon;$$

若再令

$$c_i = \min_{t\in[t_{i-1},t_i]} y(t), \quad d_i = \max_{t\in[t_{i-1},t_i]} y(t), \quad \Delta\sigma_i = [a_i, b_i] \times [c_i, d_i],$$

则当 $t \in [t_{i-1}, t_i]$ 时 $\big(x(t), y(t)\big) \in \Delta\sigma_i$. 这表明曲线 $\Gamma \subset \bigcup\limits_{i=1}^{n} \Delta\sigma_i$. 又因为 $y' \in C\big([\alpha,\beta]\big)$, 所以存在 $M > 0$ 使得

$$\big|y'(t)\big| \leqslant M, \quad t \in [\alpha,\beta].$$

故由微分中值定理可得

$$0 \leqslant d_i - c_i \leqslant M(t_i - t_{i-1}) \quad (i = 1, 2, \cdots, n).$$

从而,

$$m\Gamma^* \leqslant \sum_{i=1}^{n} \Delta\sigma_i = \sum_{i=1}^{n} (b_i - a_i)(d_i - c_i) < \sum_{i=1}^{n} M(t_i - t_{i-1})\varepsilon = M(\beta - \alpha)\varepsilon.$$

由 ε 的任意性可知, $m\Gamma^* = 0$. 故曲线 Γ 的面积为 0. □

在二重积分中所遇到的大多数区域 (如 X 型区域、Y 型区域等) 都是由有限条满足例 4.2.1 条件的曲线段所围成的, 所以由定理 4.2.1 可知, 这些区域都是可

求面积的. 但是, 我们既可以构造出不可求面积的有界开区域, 也可以构造出不可求面积的有界闭区域. 这里, 我们仅给一个不可求面积的一般平面点集的例子: 设

$$S=\{(x,y)\,\big|\,0\leqslant x\leqslant 1,\,0\leqslant y\leqslant D(x)\},$$

其中 $D(x)$ 为 Dirichlet 函数, 则 S 的边界为 $\partial S=[0,1]\times[0,1]$, 其面积为 1. 故由定理 4.2.1 可知, S 是不可求面积的.

例 4.2.2 设 $f\in C([a,b])$ 且非负, 则由直线 $x=a$, $x=b$, $y=0$ 与曲线 $y=f(x)$ $(x\in[a,b])$ 所围成的曲边梯形 D 是可求面积的, 且其面积为 $\int_a^b f(x)\mathrm{d}x$.

证明 将 $[a,b]$ 作 n 等分且将分点分别记为

$$a=x_0<x_1<x_2<\cdots<x_n=b,$$

则矩形 $\sigma=[a,b]\times[0,M]\supset D$, 其中 $M=\max\limits_{x\in[a,b]}f(x)$. 令

$$m_i=\min_{x\in[x_{i-1},\,x_i]}f(x),\quad M_i=\max_{x\in[x_{i-1},\,x_i]}f(x)\quad(i=1,2,\cdots,n).$$

在 $[0,M]$ 上插入分点 m_i, $M_i\,(i=1,2,\cdots,n)$ 可得 σ 的一个分割, 其包含于 D 的所有小矩形的面积之和为

$$m\underline{\sigma}_n=\sum_{i=1}^n m_i(x_i-x_{i-1}),$$

而与 D 的交集非空的所有小矩形的面积之和为

$$m\overline{\sigma}_n=\sum_{i=1}^n M_i(x_i-x_{i-1}).$$

由 $f\in C([a,b])$ 可知, $f\in R([a,b])$. 故

$$\lim_{n\to\infty}m\underline{\sigma}_n=\lim_{n\to\infty}m\overline{\sigma}_n=\int_a^b f(x)\mathrm{d}x.$$

又因为

$$m\underline{\sigma}_n\leqslant mD_*\leqslant mD^*\leqslant m\overline{\sigma}_n,$$

所以由夹逼准则可知

$$mD_*=mD^*=\int_a^b f(x)\mathrm{d}x,$$

即 D 是可求面积的且面积为 $\int_a^b f(x)\mathrm{d}x$. □

注记 4.2.1 例 4.2.2 表明, 按定义 4.2.1 所定义的面积与用定积分求出的面积一致.

4.2.2 二重积分的定义与存在性

我们现在回顾二重积分的概念, 它在形式上与一元函数的定积分完全类似.

定义 4.2.3 (二重积分) 设 $D \subset \mathbb{R}^2$ 为零边界闭区域, 二元函数 f 定义在 D 上, $I \in \mathbb{R}$. 将 D 用任意曲线网分成有限个零边界区域 (称为 D 的一个分割). 若对任意给定的 $\varepsilon > 0$, 都存在 $\delta > 0$, 使得对 D 的任意分割

$$\sigma:\ \Delta\sigma_1, \Delta\sigma_2, \cdots, \Delta\sigma_n$$

和任意点 $(\xi_i, \eta_i) \in \Delta\sigma_i\ (i = 1, 2, \cdots, n)$, 只要

$$\lambda = \max_{1 \leqslant i \leqslant n} \operatorname{diam}\Delta\sigma_i < \delta,$$

就有

$$\left| \sum_{i=1}^{n} f(\xi_i, \eta_i)\Delta\sigma_i - I \right| < \varepsilon,$$

则称 f 在 D 上二重可积, 或简称可积, 称 I 为 f 在 D 上的二重积分, 记为

$$I = \iint_D f(x, y)\mathrm{d}\sigma = \lim_{\lambda \to 0} \sum_{i=1}^{n} f(\xi_i, \eta_i)\Delta\sigma_i,$$

并称 f 为被积函数, D 为积分区域, x 和 y 为积分变量, $\mathrm{d}\sigma$ 为面积元素.

注记 4.2.2 由定义 4.2.3 易知, 若 f 在 D 上二重可积, 则 f 在 D 上有界.

在二重积分的讨论中, 我们总假设二元函数 f 在零边界闭区域 D 上有界. 对 D 的任意分割 σ: $\Delta\sigma_1, \Delta\sigma_2, \cdots, \Delta\sigma_n$, 我们记

$$M_i = \sup_{(x,y) \in \Delta\sigma_i} f(x, y), \quad m_i = \inf_{(x,y) \in \Delta\sigma_i} f(x, y),$$

并称 $\omega_i(f) = M_i - m_i$ 为 f 在 $\Delta\sigma_i$ 上的振幅. 定义和式

$$\overline{S}(f, \sigma) = \sum_{i=1}^{n} M_i\Delta\sigma_i, \quad \underline{S}(f, \sigma) = \sum_{i=1}^{n} m_i\Delta\sigma_i,$$

并分别称它们为函数 f 关于分割 σ 的 Darboux 大和与 Darboux 小和. 类似于定积分的充分必要条件 (定理 4.1.2) 可以证明:

定理 4.2.2 设二元函数 f 在零边界闭区域 D 上有界, 则以下三个条件相互等价:

(1) f 在 D 上二重可积;

(2) $\lim\limits_{\lambda\to 0}\overline{S}(f,\sigma)=\lim\limits_{\lambda\to 0}\underline{S}(f,\sigma)$;

(3) $\lim\limits_{\lambda\to 0}\sum\limits_{i=1}^{n}\omega_i(f)\Delta\sigma_i=0$.

利用上述充分必要条件可以证明二元连续函数的可积性:

定理 4.2.3 若二元函数 f 在零边界闭区域 $D\subset\mathbb{R}^2$ 上连续, 则 f 在 D 上二重可积.

证明 因为 f 在紧集 D 上连续, 所以由 Cantor 定理可知, f 在 D 上一致连续. 于是, 对任意的 $\varepsilon>0$, 都存在 $\delta>0$, 使得对任意的 $(x_1,y_1),(x_2,y_2)\in D$, 只要 $\|(x_1,y_1)-(x_2,y_2)\|<\delta$, 就有

$$|f(x_1,y_1)-f(x_2,y_2)|<\varepsilon.$$

因此, 对 D 的任意分割 σ : $\Delta\sigma_1$, $\Delta\sigma_2$, $\cdots$, $\Delta\sigma_n$, 当 $\lambda=\max\limits_{1\leqslant i\leqslant n}\mathrm{diam}\Delta\sigma_i<\delta$ 时, f 在每个 $\Delta\sigma_i$ 上的振幅 $\omega_i(f)$ 都小于 ε. 从而,

$$\sum_{i=1}^{n}\omega_i(f)\Delta\sigma_i<\varepsilon\sum_{i=1}^{n}\Delta\sigma_i=|\sigma|\varepsilon.$$

故由定理 4.2.2 可知, f 在 D 上二重可积. □

注记 4.2.3 仿照定理 4.2.3 的证明但进行稍微复杂的细节处理可知: 若二元函数 f 在零边界闭区域 $D\subset\mathbb{R}^2$ 上有界, 且至多在 D 中有限条零面积的曲线上不连续, 则 f 在 D 上二重可积.

例 4.2.3 证明: 函数

$$f(x,y)=\begin{cases}\sin\dfrac{1}{xy}, & x\neq 0,\ y\neq 0,\\ 0, & xy=0\end{cases}$$

在 $D=[0,1]\times[0,1]$ 上二重可积.

证明 因为 f 在 D 上有界且仅在线段

$$\{(x,y)\in[0,1]\times[0,1]\,|\,x=0\}\quad 与\quad \{(x,y)\in[0,1]\times[0,1]\,|\,y=0\}$$

上不连续, 所以 f 在 D 上二重可积. □

4.2.3 二重积分的计算

在初等微积分课程中, 我们通过直观地分析曲顶柱体体积的计算方法发现了利用累次积分来计算二重积分的公式. 在本小节中, 我们给出这一公式的严格叙述和证明. 首先考虑平面区域 D 为闭矩形的情形.

定理 4.2.4 设二元函数 f 在闭矩形 $D=[a,b]\times[c,d]$ 上二重可积. 若对每一个 $x\in[a,b]$, 定积分

$$h(x)=\int_c^d f(x,y)\mathrm{d}y$$

都存在, 则 $h\in R\big([a,b]\big)$ 且

$$\iint_D f(x,y)\mathrm{d}x\mathrm{d}y=\int_a^b h(x)\mathrm{d}x=\int_a^b\left(\int_c^d f(x,y)\mathrm{d}y\right)\mathrm{d}x=\int_a^b\mathrm{d}x\int_c^d f(x,y)\mathrm{d}y.$$

证明 对 $[a,b]$, $[c,d]$ 分别作分割

$$a=x_0<x_1<\cdots<x_n=b,\quad c=y_0<y_1<\cdots<y_m=d,$$

并记

$$\Delta x_i=x_i-x_{i-1},\quad \Delta y_j=y_j-y_{j-1}\quad (i=1,2,\cdots,n;\ j=1,2,\cdots,m).$$

过 $[a,b]$ 和 $[c,d]$ 上的上述分点分别作平行于坐标轴的直线将 D 分成 mn 个小矩形

$$\Delta\sigma_{ij}=\big[x_{i-1},x_i\big]\times\big[y_{j-1},y_j\big],\quad i=1,2,\cdots,n;\quad j=1,2,\cdots,m.$$

于是, $\{\Delta\sigma_{ij}\}$ 构成了 D 的一个分割. 记

$$m_{ij}=\inf_{(x,y)\in\Delta\sigma_{ij}}f(x,y),\quad M_{ij}=\sup_{(x,y)\in\Delta\sigma_{ij}}f(x,y).$$

因为对任意的 $\xi_i\in\big[x_{i-1},x_i\big]\,(i=1,2,\cdots,n)$ 都有

$$\sum_{j=1}^m m_{ij}\Delta y_j\leqslant h(\xi_i)=\sum_{j=1}^m\int_{y_{j-1}}^{y_j}f(\xi_i,y)\mathrm{d}y\leqslant\sum_{j=1}^m M_{ij}\Delta y_j,$$

所以

$$\sum_{i=1}^n\sum_{j=1}^m m_{ij}\Delta x_i\Delta y_j\leqslant\sum_{i=1}^n h(\xi_i)\Delta x_i\leqslant\sum_{i=1}^n\sum_{j=1}^m M_{ij}\Delta x_i\Delta y_j.$$

从而, 若记 $\lambda=\max\limits_{1\leqslant i\leqslant n,1\leqslant j\leqslant m}\mathrm{diam}\Delta\sigma_{ij}$, 则由 f 在 D 上二重可积及夹逼准则可知, h 在 $[a,b]$ 上 Riemann 可积, 且

$$\int_a^b h(x)\mathrm{d}x=\lim_{\lambda\to0}\sum_{i=1}^n h\left(\xi_i\right)\Delta x_i=\iint_D f(x,y)\mathrm{d}x\mathrm{d}y.$$

□

注记 4.2.4 二元函数 f 在闭矩形 $[a,b]\times[c,d]$ 上二重可积并不能保证 f 的累次积分存在. 例如, 设 $D=[0,1]\times[0,1]$,

$$f(x,y)=\begin{cases}\dfrac{1}{p_x}+\dfrac{1}{p_y}, & x=\dfrac{q_x}{p_x},\ y=\dfrac{q_y}{p_y}\ \text{且}\ p_x\ \text{与}\ q_x\ \text{互质},\ p_y\ \text{与}\ q_y\ \text{互质},\\ 0, & \text{其他点},\end{cases}$$

则 f 在 D 上二重可积且

$$\iint_D f(x,y)\mathrm{d}x\mathrm{d}y=0,$$

但由定理 4.1.2 可知, 当 $x\in[0,1]\cap\mathbb{Q}$ 时, 定积分 $\displaystyle\int_c^d f(x,y)\mathrm{d}y$ 不存在; 而当 $y\in[0,1]\cap\mathbb{Q}$ 时, 定积分 $\displaystyle\int_a^b f(x,y)\mathrm{d}x$ 也不存在. 由此可知, f 的两个累次积分都不存在.

类似地, 可以证明

定理 4.2.5 设二元函数 f 在闭矩形 $D=[a,b]\times[c,d]$ 上二重可积. 若对每一个 $y\in[c,d]$, 定积分

$$g(y)=\int_a^b f(x,y)\mathrm{d}x$$

都存在, 则 $g\in R\big([c,d]\big)$ 且

$$\iint_D f(x,y)\mathrm{d}x\mathrm{d}y=\int_c^d g(y)\mathrm{d}y=\int_c^d\left(\int_a^b f(x,y)\mathrm{d}x\right)\mathrm{d}y=\int_c^d\mathrm{d}y\int_a^b f(x,y)\mathrm{d}x.$$

推论 4.2.1 若 $f\in C\big([a,b]\times[c,d]\big)$, 则

$$\iint_D f(x,y)\mathrm{d}x\mathrm{d}y=\int_a^b\mathrm{d}x\int_c^d f(x,y)\mathrm{d}y=\int_c^d\mathrm{d}y\int_a^b f(x,y)\mathrm{d}x.$$

推论 4.2.2 若 $f\in R\big([a,b]\big)$, $g\in R\big([c,d]\big)$, 则

$$\iint_{[a,b]\times[c,d]} f(x)g(y)\mathrm{d}x\mathrm{d}y=\int_a^b f(x)\mathrm{d}x\int_c^d g(y)\mathrm{d}y.$$

例 4.2.4 设 $f\in C\big([a,b]\big)$ 且恒大于 0. 证明:

$$I=\int_a^b f(x)\mathrm{d}x\int_a^b\frac{1}{f(x)}\mathrm{d}x\geqslant(b-a)^2.$$

证明 根据二重积分的计算公式可得

$$I=\int_a^b f(x)\mathrm{d}x\int_a^b\frac{1}{f(y)}\mathrm{d}y=\iint_{[a,b]\times[a,b]}\frac{f(x)}{f(y)}\mathrm{d}x\mathrm{d}y.$$

类似地,

$$I=\int_a^b f(y)\mathrm{d}y\int_a^b\frac{1}{f(x)}\mathrm{d}x=\iint_{[a,b]\times[a,b]}\frac{f(y)}{f(x)}\mathrm{d}x\mathrm{d}y.$$

从而, 由平均值不等式可知

$$I=\frac{1}{2}\iint_{[a,b]\times[a,b]}\left(\frac{f(x)}{f(y)}+\frac{f(y)}{f(x)}\right)\mathrm{d}x\mathrm{d}y\geqslant\frac{1}{2}\iint_{[a,b]\times[a,b]}2\sqrt{1}\,\mathrm{d}x\mathrm{d}y=(b-a)^2.\quad\square$$

下面我们利用零延拓的方法讨论 X 型区域和 Y 型区域中的二重积分计算. 首先, 对 X 型区域, 我们有

定理 4.2.6 设 $y_1,y_2\in C\big([a,b]\big)$, 函数 f 在区域 $D=\big\{(x,y)\,\big|\,y_1(x)\leqslant y\leqslant y_2(x),a\leqslant x\leqslant b\big\}$ 上二重可积. 若对任意的 $x\in[a,b]$, 定积分

$$\int_{y_1(x)}^{y_2(x)}f(x,y)\mathrm{d}y$$

都存在, 则

$$\iint_D f(x,y)\mathrm{d}x\mathrm{d}y=\int_a^b\mathrm{d}x\int_{y_1(x)}^{y_2(x)}f(x,y)\mathrm{d}y.$$

证明 记 $c=\min\limits_{a\leqslant x\leqslant b}y_1(x)$, $d=\max\limits_{a\leqslant x\leqslant b}y_2(x)$, 则

$$D\subset\widetilde{D}=[a,b]\times[c,d].$$

令

$$\widetilde{f}(x,y)=\begin{cases}f(x,y), & (x,y)\in D,\\ 0, & (x,y)\in\widetilde{D}\backslash D,\end{cases}$$

则 $\widetilde{f}$ 在闭矩形 $\widetilde{D}$ 上二重可积. 又因为对任意的 $x\in[a,b]$ 都有

$$\begin{aligned}\int_c^d\widetilde{f}(x,y)\mathrm{d}y&=\int_c^{y_1(x)}\widetilde{f}(x,y)\mathrm{d}y+\int_{y_1(x)}^{y_2(x)}\widetilde{f}(x,y)\mathrm{d}y+\int_{y_2(x)}^d\widetilde{f}(x,y)\mathrm{d}y\\&=\int_{y_1(x)}^{y_2(x)}\widetilde{f}(x,y)\mathrm{d}y=\int_{y_1(x)}^{y_2(x)}f(x,y)\mathrm{d}y,\end{aligned}$$

所以由定理 4.2.4 可知

$$\iint_D f(x,y)\mathrm{d}x\mathrm{d}y = \iint_D \widetilde{f}(x,y)\mathrm{d}x\mathrm{d}y = \int_a^b \mathrm{d}x \int_c^d \widetilde{f}(x,y)\mathrm{d}y$$

$$= \int_a^b \mathrm{d}x \int_{y_1(x)}^{y_2(x)} f(x,y)\mathrm{d}y. \qquad \square$$

对 Y 型区域, 我们可以类似地得到

定理 4.2.7　设 $x_1, x_2 \in C([c,d])$, 函数 f 在区域 $D = \{(x,y) \mid x_1(y) \leqslant x \leqslant x_2(y), c \leqslant y \leqslant d\}$ 上二重可积. 若对任意的 $y \in [c,d]$, 定积分

$$\int_{x_1(y)}^{x_2(y)} f(x,y)\mathrm{d}x$$

都存在, 则

$$\iint_D f(x,y)\mathrm{d}x\mathrm{d}y = \int_c^d \mathrm{d}y \int_{x_1(y)}^{x_2(y)} f(x,y)\mathrm{d}x.$$

例 4.2.5　设 $D = \{(x,y) \mid x^2+y^2 \leqslant 1\}$, $a^2+b^2 \neq 0$. 证明:

$$\iint_D f(ax+by+c)\mathrm{d}x\mathrm{d}y = 2\int_{-1}^1 \sqrt{1-u^2} f\left(\sqrt{a^2+b^2}u+c\right)\mathrm{d}u.$$

证明　设

$$u = \frac{ax+by}{\sqrt{a^2+b^2}}, \quad v = \frac{-bx+ay}{\sqrt{a^2+b^2}},$$

则

$$x = \frac{au-bv}{\sqrt{a^2+b^2}}, \quad y = \frac{bu+av}{\sqrt{a^2+b^2}} \quad 且 \quad \frac{\partial(u,v)}{\partial(x,y)} = 1.$$

注意到 $x^2+y^2=1$ 等价于 $u^2+v^2=1$, 所以在上述变换之下 $D = \{(x,y)|x^2+y^2 \leqslant 1\}$ 对应于 $\widetilde{D} = \{(u,v)|u^2+v^2 \leqslant 1\}$. 从而,

$$\iint_D f(ax+by+c)\mathrm{d}x\mathrm{d}y = \iint_{\widetilde{D}} f\left(\sqrt{a^2+b^2}u+c\right)\mathrm{d}u\mathrm{d}v$$

$$= \int_{-1}^1 \mathrm{d}u \int_{-\sqrt{1-u^2}}^{\sqrt{1-u^2}} f\left(\sqrt{a^2+b^2}u+c\right)\mathrm{d}v$$

$$= 2\int_{-1}^1 \sqrt{1-u^2} f\left(\sqrt{a^2+b^2}u+c\right)\mathrm{d}u. \qquad \square$$

4.3 曲线积分与曲面积分

在初等微积分课程中，我们以计算曲线型、曲面型构件的质量为背景，给出了第一型曲线、曲面积分的概念与计算公式；以计算变力沿曲线做功、流体通过定向曲面的流量为背景，给出了第二型曲线、曲面积分的概念与计算公式. 在本节中，我们将给出第一型与第二型曲线积分、第一型与第二型曲面积分的严格定义，证明相关计算公式，并介绍一些典型应用.

4.3.1 曲线积分

以 Jordan 定理 (定理 2.4.5) 为基础，我们可以将空间中可求长曲线上的第一型曲线积分严格定义如下:

定义 4.3.1 (第一型曲线积分) 设 Γ 是 $\mathbb{R}^3$ 中以点 A 和点 B 为端点的可求长曲线，函数 f 定义在 Γ 上，$I \in \mathbb{R}$. 若对任意给定的 $\varepsilon > 0$，都存在 $\delta > 0$，使得对 Γ 上任意从 A 到 B 顺序地插入分点

$$P_0 = A,\ P_1,\ \cdots,\ P_{n-1},\ P_n = B$$

和任意点 $(x_i, y_i, z_i) \in \overset{\frown}{P_{i-1}P_i}\ \ (i = 1, 2, \cdots, n)$，只要

$$\lambda = \max_{1 \leqslant i \leqslant n} \Delta s_i < \delta,$$

其中 Δs_i 为第 i 个小弧段 $\overset{\frown}{P_{i-1}P_i}$ 的长度，就有

$$\left| \sum_{i=1}^{n} f\big(x_i, y_i, z_i\big) \Delta s_i - I \right| < \varepsilon,$$

则称 f 在曲线 Γ 上的第一型曲线积分存在，称 I 为 f 在曲线 Γ 上的第一型曲线积分，记为

$$I = \int_{\Gamma} f(x, y, z) \mathrm{d}s = \lim_{\lambda \to 0} \sum_{i=1}^{n} f\big(x_i, y_i, z_i\big) \Delta s_i,$$

并称 f 为被积函数，Γ 为积分路径.

为了研究第一型曲线积分的计算，我们设曲线 Γ 的方程为

$$\Gamma: \quad \begin{cases} x = x(t), \\ y = y(t), \quad t \in [\alpha, \beta]. \\ z = z(t), \end{cases} \tag{4.5}$$

若 $x(t)$, $y(t)$, $z(t)$ 都具有连续导数且 $\big(x'(t)\big)^2+\big(y'(t)\big)^2+\big(z'(t)\big)^2\neq 0$, 则称 Γ 为**光滑曲线**. 若连续曲线 Γ 由有限条光滑曲线段组成, 则称 Γ 为**分段光滑曲线**. 对于分段光滑曲线上的第一型曲线积分, 我们有如下计算公式:

定理 4.3.1 设 $\mathbb{R}^3$ 中的分段光滑曲线 Γ 具有参数表示 (4.5). 若函数 f 在 Γ 上连续, 则 f 在 Γ 上的第一型曲线积分存在且

$$\int_\Gamma f(x,y,z)\mathrm{d}s=\int_a^\beta f\big(x(t),y(t),z(t)\big)\sqrt{\big(x'(t)\big)^2+\big(y'(t)\big)^2+\big(z'(t)\big)^2}\mathrm{d}t.$$

证明 根据曲线积分的路径可加性, 不妨设 Γ 是光滑曲线. 设 $\mathcal{P}_0=\big(x(\alpha),y(\alpha),z(\alpha)\big)$, $\mathcal{P}_n=\big(x(\beta),y(\beta),z(\beta)\big)$, 并在 Γ 上依次插入分点 $\mathcal{P}_i\big(x(t_i),y(t_i),z(t_i)\big)$ $(i=1,2,\cdots,n-1)$. 记小弧段 $\widehat{\mathcal{P}_{i-1}\mathcal{P}_i}$ 的长度为 Δs_i, 则

$$\Delta s_i=\int_{t_{i-1}}^{t_i}\sqrt{\big(x'(t)\big)^2+\big(y'(t)\big)^2+\big(z'(t)\big)^2}\mathrm{d}t\quad(i=1,2,\cdots,n).$$

若记

$$I=\int_\alpha^\beta f\big(x(t),y(t),z(t)\big)\sqrt{\big(x'(t)\big)^2+\big(y'(t)\big)^2+\big(z'(t)\big)^2}\mathrm{d}t,$$

则对弧段 $\widehat{\mathcal{P}_{i-1}\mathcal{P}_i}$ 上的任意点 $\big(x(\tau_i),y(\tau_i),z(\tau_i)\big)$ 都有

$$\begin{aligned}&\sum_{i=1}^n f\big(x(\tau_i),y(\tau_i),z(\tau_i)\big)\Delta s_i-I\\ =&\sum_{i=1}^n\int_{t_{i-1}}^{t_i}\Big(f\big(x(\tau_i),y(\tau_i),z(\tau_i)\big)-f\big(x(t),y(t),z(t)\big)\Big)\\ &\cdot\sqrt{\big(x'(t)\big)^2+\big(y'(t)\big)^2+\big(z'(t)\big)^2}\mathrm{d}t.\end{aligned}$$

因为 $\Gamma\subset\mathbb{R}^3$ 为紧集且 f 在 Γ 上连续, 所以由 Cantor 定理可知, f 在 Γ 上一致连续. 从而, 对任意给定的 $\varepsilon>0$, 都存在 $\delta>0$, 使得当 $\lambda=\max\limits_{1\leqslant i\leqslant n}\Delta s_i<\delta$ 时必有

$$\Big|f\big(x(\tau_i),y(\tau_i),z(\tau_i)\big)-f\big(x(t),y(t),z(t)\big)\Big|<\varepsilon\quad(i=1,2,\cdots,n).$$

从而,

$$\left|\sum_{i=1}^n f\big(x(\tau_i),y(\tau_i),z(\tau_i)\big)\Delta s_i-I\right|\leqslant\varepsilon\sum_{i=1}^n\int_{t_{i-1}}^{t_i}\sqrt{\big(x'(t)\big)^2+\big(y'(t)\big)^2+\big(z'(t)\big)^2}\mathrm{d}t$$

$$
\begin{aligned}
&= \varepsilon \int_{\alpha}^{\beta} \sqrt{\big(x'(t)\big)^2 + \big(y'(t)\big)^2 + \big(z'(t)\big)^2} \mathrm{d}t \\
&= s\varepsilon,
\end{aligned}
$$

其中 s 为曲线 Γ 的弧长. 故

$$
\int_{\Gamma} f(x,y,z)\mathrm{d}s = \lim_{\lambda \to 0} \sum_{i=1}^{n} f\big(x(\tau_i), y(\tau_i), z(\tau_i)\big)\Delta s_i = I. \qquad \square
$$

例 4.3.1 已知一条非均匀金属线 Γ 的方程为

$$
\Gamma : \begin{cases} x = \mathrm{e}^t \cos t, \\ y = \mathrm{e}^t \sin t, \qquad t \in [0,1], \\ z = \mathrm{e}^t, \end{cases}
$$

Γ 上每点的线密度与该点到原点的距离的平方成反比, 且在点 $(1,0,1)$ 处的线密度为 1. 求金属线的质量 M.

解 根据题意, 可设金属线 Γ 在点 (x,y,z) 处的线密度为

$$
\rho(x,y,z) = \frac{k}{x^2+y^2+z^2} = \frac{k}{2\mathrm{e}^{2t}},
$$

其中 k 为待定常数. 又因为 $\rho(1,0,1) = 1$, 所以 $k = 2$. 故

$$
\rho(x,y,z) = \mathrm{e}^{-2t}.
$$

从而, 利用第一型曲线积分的计算公式可得

$$
M = \int_{\Gamma} \rho(x,y,z)\mathrm{d}s = \int_0^1 \mathrm{e}^{-2t}\sqrt{3}\mathrm{e}^t \mathrm{d}t = \sqrt{3}\int_0^1 \mathrm{e}^{-t}\mathrm{d}t = \sqrt{3}\big(1-\mathrm{e}^{-1}\big). \qquad \square
$$

第一型曲线积分与曲线的方向无关, 而第二型曲线积分的典型特征就是积分曲线具有方向性. 事实上, 我们对具有方向性的积分并不陌生, 例如, 定积分 $\int_a^b f(x)\mathrm{d}x$ 的积分区间就是有方向的: 从 a 到 b. 若将积分区间改为反方向, 则

$$
\int_b^a f(x)\mathrm{d}x = -\int_a^b f(x)\mathrm{d}x.
$$

一般定向曲线上的第二型曲线积分可以严格定义如下:

定义 4.3.2 (第二型曲线积分) 设 Γ 是 $\mathbb{R}^3$ 中以点 A 为起点, 点 B 为终点的光滑定向曲线, 在 Γ 上每一点取单位切向量

$$\boldsymbol{\tau}=(\cos\alpha,\cos\beta,\cos\gamma)$$

使其与 Γ 的定向相一致,

$$\boldsymbol{f}(x,y,z)=\big(P(x,y,z),Q(x,y,z),R(x,y,z)\big)$$

是定义在 Γ 上的向量值函数. 若第一型曲线积分

$$I=\int_\Gamma \boldsymbol{f}\cdot\boldsymbol{\tau}\mathrm{d}s=\int_\Gamma \big(P(x,y,z)\cos\alpha+Q(x,y,z)\cos\beta+R(x,y,z)\cos\gamma\big)\mathrm{d}s$$

存在, 则称 I 为 f 在 Γ 上的第二型曲线积分.

因为向量 $\boldsymbol{\tau}\mathrm{d}s$ 在 x, y, z 轴上的投影分别为 $\cos\alpha\mathrm{d}s$, $\cos\beta\mathrm{d}s$, $\cos\gamma\mathrm{d}s$, 所以常将第二型曲线积分记为

$$I=\int_\Gamma \boldsymbol{f}\cdot\boldsymbol{\tau}\mathrm{d}s=\int_\Gamma P(x,y,z)\mathrm{d}x+Q(x,y,z)\mathrm{d}y+R(x,y,z)\mathrm{d}z.$$

利用两类曲线积分之间的关系及第一型曲线积分的计算公式, 很容易得到第二型曲线积分的计算公式:

定理 4.3.2 设分段光滑的定向曲线 Γ 的方程为

$$\Gamma:\begin{cases}x=x(t),\\ y=y(t), \quad t:a\to b.\\ z=z(t),\end{cases}$$

若向量值函数

$$\boldsymbol{f}(x,y,z)=\big(P(x,y,z),Q(x,y,z),R(x,y,z)\big)$$

在 Γ 上连续, 则

$$\begin{aligned}&\int_\Gamma P(x,y,z)\mathrm{d}x+Q(x,y,z)\mathrm{d}y+R(x,y,z)\mathrm{d}z\\ =&\int_a^b\Big(P\big(x(t),y(t),z(t)\big)x'(t)+Q\big(x(t),y(t),z(t)\big)y'(t)\\ &+R\big(x(t),y(t),z(t)\big)z'(t)\Big)\mathrm{d}t.\end{aligned}$$

例 4.3.2 求 $I=\int_{\Gamma}y^2\mathrm{d}x+z^2\mathrm{d}y+x^2\mathrm{d}z$, 其中 Γ 为曲线

$$\begin{cases}x^2+y^2+z^2=1,\\x^2+y^2=x\end{cases}$$

上 $z\geqslant 0$ 的部分, 且从 x 轴正向看 Γ 是逆时针方向.

解 根据柱坐标变换

$$x=r\cos\theta,\quad y=r\sin\theta,\quad z=z$$

可得曲线 Γ 的参数方程为

$$x=\cos^2\theta,\quad y=\cos\theta\sin\theta,\quad z=|\sin\theta|,\quad \theta:-\frac{\pi}{2}\to\frac{\pi}{2}.$$

由曲线的定向及第二型曲线积分的计算公式可知

$$I=\int_{-\frac{\pi}{2}}^{\frac{\pi}{2}}\Big(-2\sin^3\theta\cos^3\theta+\big(\cos^2\theta-\sin^2\theta\big)\sin^2\theta+z'(\theta)\cos^4\theta\Big)\mathrm{d}\theta.$$

因为上式右端被积函数中第一项是奇函数, $z(\theta)$ 是偶函数, 所以

$$I=\int_{-\frac{\pi}{2}}^{\frac{\pi}{2}}\big(\cos^2\theta-\sin^2\theta\big)\sin^2\theta\mathrm{d}\theta=2\int_0^{\frac{\pi}{2}}\big(\sin^2\theta-2\sin^4\theta\big)\mathrm{d}\theta=-\frac{\pi}{4}.\qquad\square$$

注记 4.3.1 当空间曲线 Γ 的参数方程不容易写出或写出来比较复杂时, 可以考虑将空间曲线上的第二型曲线积分转化为平面曲线上的第二型曲线积分: 若分段光滑定向曲线 Γ 位于曲面 $z=f(x,y)$ 上, 向量值函数

$$\boldsymbol{f}(x,y,z)=\big(P(x,y,z),Q(x,y,z),R(x,y,z)\big)$$

在 Γ 上连续, 则

$$\begin{aligned}&\int_{\Gamma}P(x,y,z)\mathrm{d}x+Q(x,y,z)\mathrm{d}y+R(x,y,z)\mathrm{d}z\\=&\int_{\gamma}P\big(x,y,f(x,y)\big)\mathrm{d}x+Q\big(x,y,f(x,y)\big)\mathrm{d}y\\&+R\big(x,y,f(x,y)\big)\Big(f_x(x,y)\mathrm{d}x+f_y(x,y)\mathrm{d}y\Big),\end{aligned}$$

其中 γ 为 Γ 在 xOy 平面上的定向投影曲线.

4.3.2 曲面的面积

对于曲面积分, 需要解决的首要问题是如何定义曲面的面积. 在求曲线弧长的时候, 我们是用内接于曲线的连续折线的长度来逼近曲线长度的. 因此, 对于光滑曲面, 自然也期望用内接多边形的面积来逼近曲面的面积. 但是, 19 世纪末, Schwarz 给出了一个著名的例子, 说明这种想法并不可行.

Schwarz 的例子 设 Σ 是半径为 1, 高为 1 的直圆柱面, 并用如下方法构造一个内接于 Σ 的多边形.

将 Σ 的底圆 m 等分, 高 n 等分, 其中上下两个相邻圆周上的分点按如下方式分布: 上一圆周上的分点在下一圆周上的垂直投影与下一圆周上相邻两个分点距离相等. 将这三点连起来可以形成一个底边长为 $2\sin\dfrac{\pi}{m}$, 高为 $\sqrt{\left(1-\cos\dfrac{\pi}{m}\right)^2+\dfrac{1}{n^2}}$ 的等腰三角形, 其面积为

$$\left(\sin\frac{\pi}{m}\right)\sqrt{\left(1-\cos\frac{\pi}{m}\right)^2+\frac{1}{n^2}}.$$

这样的三角形一共有 $2mn$ 个, 构成了 Σ 的一个内接多边形 Σ_{mn}, 其面积为

$$\begin{aligned}\sigma_{mn}&=2mn\sin\frac{\pi}{m}\sqrt{\left(1-\cos\frac{\pi}{m}\right)^2+\frac{1}{n^2}}\\&=2m\sin\frac{\pi}{m}\sqrt{n^2\left(1-\cos\frac{\pi}{m}\right)^2+1}.\end{aligned}\tag{4.6}$$

当 $m,n\to+\infty$ 时, 所有小三角形的直径趋于 0, 但 σ_{mn} 的极限依赖于 m 与 n 的增长方式. 事实上, 因为

$$\lim_{m\to\infty} m\sin\frac{\pi}{m}=\pi,$$

所以

$$\lim\sigma_{mn}=2\pi\sqrt{\lim n^2\left(1-\cos\frac{\pi}{m}\right)^2+1}=2\pi\sqrt{\frac{\pi^4}{4}\left(\lim\frac{n}{m^2}\right)^2+1}.$$

因此, 当且仅当 m,n 按使得极限 $\lim\dfrac{n}{m^2}=0$ 的方式增长时, 内接多边形 Σ_{mn} 的面积 (4.6) 的极限才存在且等于 Σ 的表面积 2π.

深入考察 Schwarz 例子中内接多边形 Σ_{mn} 面积逼近直圆柱面 Σ 面积的条件 $\lim\dfrac{n}{m^2}=0$, 可以发现问题所在: 当 $\lim\dfrac{n}{m^2}=0$ 时, 虽然 m 与 n 同时趋于无穷

大, 但 m^2 趋于无穷大的速度比 n 趋于无穷大的速度快, 这就使得小三角形的正投影的面积变得充分小, 换言之, 这些小三角形能够充分贴近直圆柱面. 这启发我们用曲面块上点的切平面面积来近似代替曲面块面积.

一般地, 设曲面 Σ 的参数方程为

$$\Sigma: \begin{cases} x = x(u,v), \\ y = y(u,v), \quad (u,v) \in D, \\ z = z(u,v), \end{cases} \tag{4.7}$$

其中 $D \subset \mathbb{R}^2$ 为 uv 平面上具有分段光滑边界的有界闭区域且与曲面 Σ 上的点具有一一对应关系. 为方便起见, 记 $\boldsymbol{r}(u,v) = \big(x(u,v), y(u,v), z(u,v)\big)$. 进一步假设, x, y, z 关于 u, v 具有连续偏导数且

$$\boldsymbol{r}_u(u,v) \times \boldsymbol{r}_v(u,v) = (x_u, y_u, z_u) \times (x_v, y_v, z_v) \neq \boldsymbol{0}.$$

此时, 称 Σ 为**光滑曲面** (也称为正则曲面).

下面用微元法来分析 Σ 面积的定义. 设平面区域 D 中以

$$\mathcal{P}_1(u_0, v_0), \quad \mathcal{P}_2(u_0 + \Delta u, v_0), \quad \mathcal{P}_3(u_0 + \Delta u, v_0 + \Delta v), \quad \mathcal{P}_4(u_0, v_0 + \Delta v)$$

为顶点的小矩形 σ 对应于曲面 Σ 上以 $\mathcal{Q}_1$, $\mathcal{Q}_2$, $\mathcal{Q}_3$, $\mathcal{Q}_4$ 为顶点的小曲面片 $\widehat{\sigma}$, 其中

$$\begin{aligned}
&\mathcal{Q}_1 = \big(x(u_0, v_0), y(u_0, v_0), z(u_0, v_0)\big), \\
&\mathcal{Q}_2 = \big(x(u_0 + \Delta u, v_0), y(u_0 + \Delta u, v_0), z(u_0 + \Delta u, v_0)\big), \\
&\mathcal{Q}_3 = \big(x(u_0 + \Delta u, v_0 + \Delta v), y(u_0 + \Delta u, v_0 + \Delta v), z(u_0 + \Delta u, v_0 + \Delta v)\big), \\
&\mathcal{Q}_4 = \big(x(u_0, v_0 + \Delta v), y(u_0, v_0 + \Delta v), z(u_0, v_0 + \Delta v)\big),
\end{aligned}$$

则小曲面片 $\widehat{\sigma}$ 的面积近似地等于 $\overrightarrow{\mathcal{Q}_1\mathcal{Q}_2}$ 与 $\overrightarrow{\mathcal{Q}_1\mathcal{Q}_4}$ 所张成的平行四边形的面积. 因为

$$\begin{aligned}
\overrightarrow{\mathcal{Q}_1\mathcal{Q}_2} &= \boldsymbol{r}(u_0 + \Delta u, v_0) - \boldsymbol{r}(u_0, v_0) = \boldsymbol{r}_u(u_0, v_0)\Delta u + \vec{o}(\Delta u), \\
\overrightarrow{\mathcal{Q}_1\mathcal{Q}_4} &= \boldsymbol{r}(u_0, v_0 + \Delta v) - \boldsymbol{r}(u_0, v_0) = \boldsymbol{r}_v(u_0, v_0)\Delta v + \vec{o}(\Delta v),
\end{aligned}$$

所以忽略高阶无穷小量可知, 小曲面片 $\widehat{\sigma}$ 的面积近似地等于切平面上由 $\boldsymbol{r}_u(u_0, v_0)\Delta u$ 和 $\boldsymbol{r}_v(u_0, v_0)\Delta v$ 所张成的平行四边形的面积 $\|\boldsymbol{r}_u(u_0, v_0) \times \boldsymbol{r}_v(u_0, v_0)\|\Delta u \Delta v$. 注意到, 这一分析并不依赖于参数方程的选择, 所以我们可以按如下方式定义曲面的面积:

定义 4.3.3 (曲面面积)　设光滑曲面 Σ 具有参数表示 (4.7), 记 $\boldsymbol{r}(u,v)=\big(x(u,v),y(u,v),z(u,v)\big)$, 则称

$$S=\iint_D\|\boldsymbol{r}_u(u,v)\times\boldsymbol{r}_v(u,v)\|\mathrm{d}u\mathrm{d}v$$

为曲面 Σ 的面积,

$$\mathrm{d}S=\|\boldsymbol{r}_u(u,v)\times\boldsymbol{r}_v(u,v)\|\mathrm{d}u\mathrm{d}v$$

为 Σ 的面积微元.

注记 4.3.2　设 D 是 xOy 平面上具有分段光滑边界的有界闭区域, 则可将 D 用参数表示为 $\boldsymbol{r}(x,y)=\big(x,y,0\big)$, $(x,y)\in D$. 因为 $\boldsymbol{r}_x(x,y)=\big(1,0,0\big)$, $\boldsymbol{r}_y(x,y)=\big(0,1,0\big)$, 所以 D 按照定义 4.3.3 计算出的面积为

$$S=\iint_D\|\boldsymbol{r}_x(x,y)\times\boldsymbol{r}_y(x,y)\|\mathrm{d}x\mathrm{d}y=\iint_D 1\mathrm{d}x\mathrm{d}y=|D|.$$

这表明, 一般曲面面积的定义 (定义 4.3.3) 与按二重积分给出的面积定义一致.

进一步, 我们有如下具体的面积计算公式:

定理 4.3.3　设光滑曲面 Σ 具有参数表示 (4.7), 记 $\boldsymbol{r}(u,v)=\big(x(u,v),y(u,v),z(u,v)\big)$, 则 Σ 的面积为

$$S=\iint_D\sqrt{EG-F^2}\,\mathrm{d}u\mathrm{d}v,$$

其中

$$\begin{aligned}E&=\boldsymbol{r}_u(u,v)\cdot\boldsymbol{r}_u(u,v)=x_u^2+y_u^2+z_u^2,\\F&=\boldsymbol{r}_u(u,v)\cdot\boldsymbol{r}_v(u,v)=x_ux_v+y_uy_v+z_uz_v,\\G&=\boldsymbol{r}_v(u,v)\cdot\boldsymbol{r}_v(u,v)=x_v^2+y_v^2+z_v^2\end{aligned}$$

称为曲面 Σ 的第一基本量.

证明　注意到

$$\boldsymbol{r}_u\times\boldsymbol{r}_v=\left(\frac{\partial(y,z)}{\partial(u,v)},\frac{\partial(z,x)}{\partial(u,v)},\frac{\partial(x,y)}{\partial(u,v)}\right),$$

直接计算可知, $\|\boldsymbol{r}_u(u,v)\times\boldsymbol{r}_v(u,v)\|=\sqrt{EG-F^2}$. 由此就证明了所需结论. □

注记 4.3.3　曲面 Σ 的两种常见情形:

(1) Σ 的方程为 $z=z(x,y)$, $(x,y)\in D$, 其中函数 z 具有连续偏导数, 有界闭区域 D 具有分段光滑边界. 此时, Σ 可以表示为 $\boldsymbol{r}(x,y)=\big(x,y,z(x,y)\big)$. 从而, Σ 的面积为

$$S=\iint_D\sqrt{1+z_x^2+z_y^2}\,\mathrm{d}x\mathrm{d}y;$$

(2) Σ 的方程为 $F(x,y,z)=0$, 其中函数 F 具有连续偏导数且 $F_z(x,y,z)\neq 0$. 若 Σ 在 xOy 平面上的投影区域 D 有界, 具有分段光滑边界, 且 D 与 Σ 存在一一对应, 则根据隐函数存在定理及 (1) 可知, Σ 的面积为

$$S=\iint_D\sqrt{1+\left(-\frac{F_x}{F_z}\right)^2+\left(-\frac{F_y}{F_z}\right)^2}\,\mathrm{d}x\mathrm{d}y=\iint_D\frac{\|\mathrm{grad}F\|}{|F_z|}\mathrm{d}x\mathrm{d}y.$$

例 4.3.3 求曲线 $y=f(x)\,(f(x)\geqslant 0, a\leqslant x\leqslant b)$ 绕 x 轴旋转所得旋转曲面的面积 S.

解 因为对旋转曲面上的任一点 $P(x,y,z)$ 都有

$$y^2+z^2=f^2(x),$$

所以旋转曲面在 z 轴正方向上的方程为

$$z=\sqrt{f^2(x)-y^2}.$$

故所求旋转曲面的面积为

$$S=2\iint_D\sqrt{1+z_x^2+z_y^2}\mathrm{d}x\mathrm{d}y=2\iint_D\frac{f(x)\sqrt{1+\big(f'(x)\big)^2}}{\sqrt{f^2(x)-y^2}}\mathrm{d}x\mathrm{d}y,$$

其中 D 是旋转面在 xOy 平面上的投影区域. 从而, 直接计算可得

$$\begin{aligned}S&=2\int_a^b f(x)\sqrt{1+\big(f'(x)\big)^2}\mathrm{d}x\int_{-f(x)}^{f(x)}\frac{\mathrm{d}y}{\sqrt{f^2(x)-y^2}}\\&=2\pi\int_a^b f(x)\sqrt{1+\big(f'(x)\big)^2}\mathrm{d}x.\end{aligned}$$

□

值得指出的是, 我们在定义与计算曲面面积的时候, 都仅仅针对光滑曲面, 特别是假设了曲面的参数表示具有连续的偏导数. 这主要是因为我们在曲面的面积定义中利用了曲面的切平面. 在现代数学中, 往往是借助于 Hausdorff 测度的概念对一般的曲面定义面积.

4.3.3　曲面积分

有了曲面面积的定义, 我们可以引入第一型曲面积分的严格定义:

定义 4.3.4 (第一型曲面积分)　设 Σ 是 $\mathbb{R}^3$ 中可求面积的有界曲面, 函数 f 定义在 Σ 上, $I \in \mathbb{R}$. 若对任意给定的 $\varepsilon > 0$, 都存在 $\delta > 0$, 使得对 Σ 的任意分割

$$\Delta\Sigma_1,\ \Delta\Sigma_2,\ \cdots,\ \Delta\Sigma_n$$

和任意点 $(\xi_i, \eta_i, \zeta_i) \in \Delta\Sigma_i\ (i = 1, 2, \cdots, n)$, 只要

$$\lambda = \max_{1\leqslant i\leqslant n} \operatorname{diam}(\Delta\Sigma_i) < \delta,$$

就有

$$\left|\sum_{i=1}^{n} f(\xi_i, \eta_i, \zeta_i)\Delta S_i - I\right| < \varepsilon,$$

其中 ΔS_i 为 $\Delta\Sigma_i$ 的面积, 则称 f 在曲面 Σ 上的第一型曲面积分存在, I 为 f 在曲面 Σ 上的第一型曲面积分, 记为

$$I = \iint_{\Sigma} f(x, y, z)\mathrm{d}S = \lim_{\lambda\to 0}\sum_{i=1}^{n} f(\xi_i, \eta_i, \zeta_i)\Delta S_i,$$

并称 f 为被积函数, Σ 为积分曲面.

根据第一型曲面积分的定义, 我们只需将第一型曲线积分计算公式的证明作适当修改, 即可证得第一型曲面积分的计算公式:

定理 4.3.4　设光滑有界曲面 Σ 具有参数表示 (4.7). 若 f 在曲面 Σ 上连续, 则 f 在 Σ 上的第一型曲面积分存在且

$$\iint_{\Sigma} f(x, y, z)\mathrm{d}S = \iint_{D} f\big(x(u, v), y(u, v), z(u, v)\big)\sqrt{EG - F^2}\,\mathrm{d}u\mathrm{d}v.$$

注记 4.3.4　若曲面 Σ 的方程为 $z = z(x, y)$, $(x, y) \in D$, 其中函数 z 具有连续偏导数, 有界闭区域 D 具有分段光滑边界, 则

$$\iint_{\Sigma} f(x, y, z)\mathrm{d}S = \iint_{D} f\big(x, y, z(x, y)\big)\sqrt{1 + z_x^2(x, y) + z_y^2(x, y)}\,\mathrm{d}x\mathrm{d}y.$$

例 4.3.4　证明 **Poisson 公式**

$$\iint_{x^2+y^2+z^2=1} f(ax + by + cz)\mathrm{d}S = 2\pi\int_{-1}^{1} f\big(\sqrt{a^2 + b^2 + c^2}\,t\big)\mathrm{d}t.$$

证明 当 $a=b=c=0$ 时, 结论显然成立. 故只需考虑 a, b, c 不全为 0 的情形. 不妨设 $a\neq 0$, 令

$$\begin{cases} u=\dfrac{ax+by+cz}{\sqrt{a^2+b^2+c^2}}, \\ v=\dfrac{-bx+ay}{\sqrt{a^2+b^2}}, \\ w=\dfrac{-acx-bcy+(a^2+b^2)z}{\sqrt{(a^2+b^2)(a^2+b^2+c^2)}}. \end{cases}$$

容易验证, 上述变换为正交变换. 因为在正交变换下面积不变, 所以

$$\iint_{x^2+y^2+z^2=1} f(ax+by+cz)\mathrm{d}S=\iint_{u^2+v^2+w^2=1} f\big(\sqrt{a^2+b^2+c^2}u\big)\mathrm{d}S.$$

再引入球面坐标变换

$$u=\cos\varphi,\quad v=\sin\varphi\cos\theta,\quad w=\sin\varphi\sin\theta,\quad \varphi\in[0,\pi],\quad \theta\in[0,2\pi],$$

则由

$$\sqrt{EG-F^2}=\sin\varphi$$

及第一型曲面积分的计算公式可得

$$\begin{aligned} &\iint_{u^2+v^2+w^2=1} f\big(\sqrt{a^2+b^2+c^2}u\big)\mathrm{d}S \\ =&\int_0^{2\pi}\mathrm{d}\theta\int_0^{\pi} f\big(\sqrt{a^2+b^2+c^2}\cos\varphi\big)\sin\varphi\mathrm{d}\varphi \\ =&\,2\pi\int_{-1}^{1} f\big(\sqrt{a^2+b^2+c^2}\,t\big)\mathrm{d}t. \end{aligned}$$

由此可得到所需的 Poisson 公式. □

在初等微积分课程中我们已经知道, 如同曲线积分一样, 在曲面上也存在涉及 "方向" 概念的第二型积分. 本质上, 第二型曲面积分只是特殊的第一型曲面积分, 其定义如下:

定义 4.3.5 (第二型曲面积分) 设 Σ 是 $\mathbb{R}^3$ 中的光滑定向曲面, 在 Σ 上每一点取单位法向量

$$\boldsymbol{n}=(\cos\alpha,\cos\beta,\cos\gamma)$$

使其与 Σ 的定向一致,

$$\boldsymbol{f}(x,y,z)=\big(P(x,y,z),Q(x,y,z),R(x,y,z)\big)$$

是定义在 Σ 上的向量值函数. 若第一型曲面积分

$$I=\iint_{\Sigma}\boldsymbol{f}\cdot\boldsymbol{n}\,\mathrm{d}S=\iint_{\Sigma}\big(P(x,y,z)\cos\alpha+Q(x,y,z)\cos\beta+R(x,y,z)\cos\gamma\big)\mathrm{d}S$$

存在, 则称 I 为 f 在 Σ 上的第二型曲面积分.

因为向量 $\boldsymbol{n}\,\mathrm{d}S$ 在 yOz, zOx, xOy 平面上的投影分别为 $\cos\alpha\mathrm{d}S$, $\cos\beta\mathrm{d}S$, $\cos\gamma\mathrm{d}S$, 所以常将第二型曲面积分记为

$$I=\iint_{\Sigma}\boldsymbol{f}\cdot\boldsymbol{n}\,\mathrm{d}S=\iint_{\Sigma}P(x,y,z)\mathrm{d}y\mathrm{d}z+Q(x,y,z)\mathrm{d}z\mathrm{d}x+R(x,y,z)\mathrm{d}x\mathrm{d}y.$$

根据两类曲面积分之间的关系及第一型曲面积分的计算公式很容易得出第二型曲面积分的计算公式. 事实上, 定向光滑曲面 (4.7) 的单位外法向量是

$$\boldsymbol{n}=\pm\frac{\boldsymbol{r}_u(u,v)\times\boldsymbol{r}_v(u,v)}{\|\boldsymbol{r}_u(u,v)\times\boldsymbol{r}_v(u,v)\|}=\pm\frac{1}{\sqrt{EG-F^2}}\left(\frac{\partial(y,z)}{\partial(u,v)},\frac{\partial(z,x)}{\partial(u,v)},\frac{\partial(x,y)}{\partial(u,v)}\right),$$

其中正、负号的选择应保持与 Σ 的定向一致. 将其代入第一型曲面的计算公式即可得

定理 4.3.5 设定向的光滑曲面 Σ 具有参数表示 (4.7). 若

$$\boldsymbol{f}(x,y,z)=\big(P(x,y,z),Q(x,y,z),R(x,y,z)\big)$$

在曲面 Σ 上连续, 则 $\boldsymbol{f}$ 在 Σ 上的第一型曲面积分存在且

$$\begin{aligned}&\iint_{\Sigma}P(x,y,z)\mathrm{d}y\mathrm{d}z+Q(x,y,z)\mathrm{d}z\mathrm{d}x+R(x,y,z)\mathrm{d}x\mathrm{d}y\\&=\pm\iint_{D}\left(P\big(x(u,v),y(u,v),z(u,v)\big)\frac{\partial(y,z)}{\partial(u,v)}+Q\big(x(u,v),y(u,v),z(u,v)\big)\frac{\partial(z,x)}{\partial(u,v)}\right.\\&\quad\left.+R\big(x(u,v),y(u,v),z(u,v)\big)\frac{\partial(x,y)}{\partial(u,v)}\right)\mathrm{d}u\mathrm{d}v,\end{aligned}$$

式中正、负号由曲面的定向 (即单位法向量计算公式中所取符号) 确定.

注记 4.3.5 若光滑定向曲面 Σ 的方程为

$$z=z(x,y),\quad (x,y)\in D_{xy},$$

其中 D_{xy} 为平面区域, R 是定义在 Σ 上的连续函数, 则

$$\iint_{\Sigma} R(x,y,z)\mathrm{d}x\mathrm{d}y = \pm\iint_{D_{xy}} R\big(x,y,z(x,y)\big)\mathrm{d}x\mathrm{d}y,$$

当曲面的定向为上侧时, 积分号前取正号; 当曲面的定向为下侧时, 积分号前取负号.

类似地可以得到, 当光滑定向曲面 Σ 的方程为

$$x = x(y,z),\quad (y,z)\in D_{yz} \quad 或 \quad y = y(z,x),\quad (z,x)\in D_{zx}$$

时

$$\iint_{\Sigma} D(x,y,z)\mathrm{d}y\mathrm{d}z \quad 或 \quad \iint_{\Sigma} Q(x,y,z)\mathrm{d}z\mathrm{d}x$$

的计算公式.

例 4.3.5 设 Σ 为上半单位球面 $z=\sqrt{1-(x^2+y^2)}$, 方向取内侧. 求第二型曲面积分

$$I = \iint_{\Sigma} \mathrm{d}y\mathrm{d}z + \mathrm{d}z\mathrm{d}x + \mathrm{d}x\mathrm{d}y.$$

解 (法一) 引入上半球面的参数表示:

$$\begin{cases} x = \sin\varphi\cos\theta, \\ y = \sin\varphi\sin\theta, \qquad D = \left\{(\varphi,\theta)\,\middle|\, 0\leqslant\varphi\leqslant\dfrac{\pi}{2},\ 0\leqslant\theta\leqslant 2\pi\right\}, \\ z = \cos\varphi, \end{cases}$$

则

$$\frac{\partial(y,z)}{\partial(\varphi,\theta)} = \sin^2\varphi\cos\theta,\quad \frac{\partial(z,x)}{\partial(\varphi,\theta)} = \sin^2\varphi\sin\theta,\quad \frac{\partial(x,y)}{\partial(\varphi,\theta)} = \sin\varphi\cos\varphi.$$

因为 $\dfrac{\partial(x,y)}{\partial(\varphi,\theta)} > 0$, 所以需取负号使得法向量方向与上半球面内侧指向一致. 故

$$\begin{aligned} I &= -\iint_{D}\big(\sin^2\varphi\cos\theta + \sin^2\varphi\sin\theta + \sin\varphi\cos\varphi\big)\mathrm{d}\varphi\mathrm{d}\theta \\ &= -\int_0^{\frac{\pi}{2}}\mathrm{d}\varphi\int_0^{2\pi}\big(\sin^2\varphi\cos\theta + \sin^2\varphi\sin\theta + \sin\varphi\cos\varphi\big)\mathrm{d}\theta \\ &= -2\pi\int_0^{\frac{\pi}{2}}\sin\varphi\cos\varphi\,\mathrm{d}\varphi = -\pi. \end{aligned}$$

(法二) 将 I 表示为

$$I=\iint_{\Sigma}\mathrm{d}y\mathrm{d}z+\iint_{\Sigma}\mathrm{d}z\mathrm{d}x+\iint_{\Sigma}\mathrm{d}x\mathrm{d}y.$$

记 $D_{yz}=\big\{(y,z)\,\big|\,y^2+z^2\leqslant 1,z\geqslant 0\big\}$, 则可将 Σ 分解为 $\Sigma=\Sigma_1+\Sigma_2$, 其中

$$\begin{cases}\Sigma_1: & x=\sqrt{1-y^2-z^2}, & (y,z)\in D_{yz}, & \text{方向取后侧},\\ \Sigma_2: & x=-\sqrt{1-y^2-z^2}, & (y,z)\in D_{yz}, & \text{方向取前侧}\end{cases}$$

使得

$$\iint_{\Sigma}\mathrm{d}y\mathrm{d}z=\iint_{\Sigma_1}\mathrm{d}y\mathrm{d}z+\iint_{\Sigma_2}\mathrm{d}y\mathrm{d}z=-\iint_{D_{yz}}\mathrm{d}y\mathrm{d}z+\iint_{D_{yz}}\mathrm{d}y\mathrm{d}z=0.$$

类似地计算可得

$$\iint_{\Sigma}\mathrm{d}z\mathrm{d}x=0,\quad \iint_{\Sigma}\mathrm{d}x\mathrm{d}y=-\pi.$$

从而,

$$I=0+0+(-\pi)=-\pi.$$

□

4.3.4 Green 公式、Gauss 公式、Stokes 公式

Green 公式、Gauss 公式、Stokes 公式分别是联系二重积分与曲线积分、三重积分与曲面积分、空间曲线积分与曲面积分的重要公式. 它们是 Newton-Leibniz 公式在高维的推广, 是进一步学习数学物理、近代分析的基础. 在本段中, 我们回顾这三个公式的内容并介绍几个有代表性的应用.

定理 4.3.6 (Green 公式) 设 $D\subset\mathbb{R}^2$ 是有界闭区域, 其边界 ∂D 由有限条分段光滑曲线组成. 若 $P,Q\in C^1(D)$, 则

$$\begin{aligned}\oint_{\partial D}\big(P\cos(\boldsymbol{n},x)+Q\cos(\boldsymbol{n},y)\big)\mathrm{d}s&=\oint_{\partial D}\big(-Q\mathrm{d}x+P\mathrm{d}y\big)\\&=\iint_D\Big(\frac{\partial P}{\partial x}+\frac{\partial Q}{\partial y}\Big)\mathrm{d}x\mathrm{d}y,\end{aligned}$$

其中曲线 ∂D 的方向关于 D 是正向的 (即沿着 ∂D 的正方向行进时, 区域 D 总在左边), 而 $\boldsymbol{n}$ 为 ∂D 的单位外法向量.

作为 Green 公式的应用, 我们可以得到由第二型曲线积分计算闭区域 D 的面积 A 的公式

$$A=\frac{1}{2}\oint_{\Gamma}\big(-y\mathrm{d}x+x\mathrm{d}y\big)=-\oint_{\Gamma}y\mathrm{d}x=\oint_{\Gamma}x\mathrm{d}y.$$

例 4.3.6 设 Γ 是以 $(1,0)$ 为圆心, r 为半径的圆周 ($r \neq 1$), 逆时针方向为正向. 求 $\oint_\Gamma \frac{x\mathrm{d}y - y\mathrm{d}x}{4x^2+y^2}$.

解 直接计算可知

$$\frac{\partial}{\partial x}\Big(\frac{x}{4x^2+y^2}\Big) = \frac{y^2-4x^2}{\big(4x^2+y^2\big)^2} = \frac{\partial}{\partial y}\Big(-\frac{y}{4x^2+y^2}\Big), \quad (x,y)\neq(0,0).$$

当 $r<1$ 时, 可直接利用定理 4.3.6 得

$$\oint_\Gamma \frac{x\mathrm{d}y - y\mathrm{d}x}{4x^2+y^2} = \iint_{(x-1)^2+y^2\leqslant r^2} 0\,\mathrm{d}x\mathrm{d}y = 0.$$

当 $r>1$ 时, 取 $\varepsilon>0$ 充分小, 使得椭圆 $\Gamma_\varepsilon: 4x^2+y^2=\varepsilon^2$ 在 Γ 的内部. 若记介于 Γ 与 Γ_ε 的区域为 D, 椭圆 Γ_ε 围成的区域为 D_ε, 并取顺时针方向为 Γ_ε 的正向, 则由定理 4.3.6 可知

$$\begin{aligned}\oint_\Gamma \frac{x\mathrm{d}y - y\mathrm{d}x}{4x^2+y^2} &= \int_{\Gamma+\Gamma_\varepsilon} \frac{x\mathrm{d}y - y\mathrm{d}x}{4x^2+y^2} - \int_{\Gamma_\varepsilon} \frac{x\mathrm{d}y - y\mathrm{d}x}{4x^2+y^2}\\ &= -\int_{\Gamma_\varepsilon} \frac{x\mathrm{d}y - y\mathrm{d}x}{4x^2+y^2}\\ &= -\frac{1}{\varepsilon^2}\int_{\Gamma_\varepsilon} x\mathrm{d}y - y\mathrm{d}x\\ &= \frac{1}{\varepsilon^2}\iint_{D_\varepsilon} 2\,\mathrm{d}x\mathrm{d}y = \frac{1}{\varepsilon^2}\cdot 2\cdot \pi\frac{1}{2}\varepsilon^2 = \pi.\end{aligned}$$

□

下面我们利用第二型曲线积分的面积公式解决一个古老的几何问题 —— 等周问题: 在周长相等的所有封闭曲线中, 确定所包围图形面积最大的曲线. 古代学者早已认识到这样的曲线应该是圆周, 但严格的数学证明直到 19 世纪中叶才出现. 下面我们在分段光滑的封闭曲线类中介绍著名数学家 Peter Lax 对这一问题的证明.

定理 4.3.7 (等周定理) 设 Γ 为分段光滑的封闭曲线. 若 Γ 的周长为 L, Γ 所围成的面积为 A, 则

$$A \leqslant \frac{L^2}{4\pi},$$

式中等号成立的充分必要条件是: Γ 为圆周.

证明 为简单起见, 我们仅给出封闭曲线 Γ 的周长为 2π 情形的证明. 对一般周长的情形可以完全类似地证明.

设 Γ 的周长为 $L=2\pi$. 此时, 只需证明:

$$A \leqslant \pi, \quad \text{且当且仅当 } \Gamma \text{ 为单位圆周时等号成立.} \tag{4.8}$$

为此, 在 Γ 上任意取定一点 $\mathcal{P}$, 将 Γ 上到点 $\mathcal{P}$ 的弧长为 π 的点记为 $\mathcal{Q}$. 以 $\mathcal{PQ}$ 的中点为原点, 点 $\mathcal{Q}$ 所在一侧为横轴正向建立平面直角坐标系. 若以 Γ 的弧长 s 为参数, $\mathcal{Q}$ 为起点, 逆时针方向为正向, 则 Γ 上的点可以记为 $\big(x(s),y(s)\big)$ $(s\in[0,2\pi])$. 从而, $y(0)=y(\pi)=0$, $x(0)+x(\pi)=0$ 且曲线 Γ 所围成的图形面积为

$$A=-\oint_\Gamma y\mathrm{d}x=-\int_0^{2\pi} y(s)x'(s)\mathrm{d}s=A_1+A_2,$$

其中

$$A_1=-\int_0^{\pi} y(s)x'(s)\mathrm{d}s, \quad A_2=-\int_\pi^{2\pi} y(s)x'(s)\mathrm{d}s.$$

我们断言: $A_1\leqslant \dfrac{\pi}{2}$, 且当且仅当 Γ 的上半部分为上半单位圆周时, $A_1=\dfrac{\pi}{2}$. 事实上, 不妨设 $y(s)\geqslant 0$, 则由平均值不等式可知

$$A_1=\int_0^{\pi} y(s)\big(-x'(s)\big)\mathrm{d}s\leqslant \frac{1}{2}\int_0^{\pi}\Big(\big(y(s)\big)^2+\big(x'(s)\big)^2\Big)\mathrm{d}s, \tag{4.9}$$

其中等号成立的充分必要条件是: $y(s)=-x'(s)$. 因为 s 是弧长参数, 所以 $\big(x'(s)\big)^2+\big(y'(s)\big)^2=1$. 从而,

$$A_1\leqslant \frac{1}{2}\int_0^{\pi}\Big(\big(y(s)\big)^2-\big(y'(s)\big)^2+1\Big)\mathrm{d}s.$$

令

$$z(s)=\frac{y(s)}{\sin s}, \quad s\in(0,\pi),$$

并利用 $y(0)=y(\pi)=0$ 补充定义

$$z(0)=\lim_{s\to 0+}z(s)=\lim_{s\to 0+}\frac{y(s)}{\sin s}=y'(0), \quad z(\pi)=\lim_{s\to\pi-}z(s)=\lim_{s\to\pi-}\frac{y(s)}{\sin s}=-y'(\pi)$$

使得 z 在 $[0,\pi]$ 上连续, 在 $(0,\pi)$ 内连续可导. 直接计算可得

$$\begin{aligned}\big(y(s)\big)^2-\big(y'(s)\big)^2+1&=z^2\big(\sin^2 s-\cos^2 s\big)-2zz'\sin s\cos s-(z')^2\sin^2 s+1\\&=-\big(z^2\cos(2s)+zz'\sin(2s)\big)-(z')^2\sin^2 s+1\end{aligned}$$

$$= -\frac{1}{2}\big(z^2\sin(2s)\big)' - (z')^2\sin^2 s + 1.$$

于是,

$$A_1 \leqslant \frac{1}{2}\int_0^{\pi}\Big(-\big(z'(s)\big)^2\sin^2 s + 1\Big)\mathrm{d}s \leqslant \frac{\pi}{2}.$$

上式中第二个等号成立的充分必要条件是: $\big(z'(s)\big)^2\sin^2 s = 0$, 即 $z'(s) = 0$. 此时, $z(s)$ 只能是常数, 记为 λ.

综上, 我们证得 $A_1 \leqslant \frac{\pi}{2}$, 且等号成立的充分必要条件是: $y(s) = -x'(s)$ 且 $y(s) = \lambda\sin s$. 当等号成立时, 由 $\big(x'(s)\big)^2 + \big(y'(s)\big)^2 = 1$ 可知, $\lambda^2 = 1$. 又因为 $y \geqslant 0$, 所以 $\lambda = 1$, 即 $y(s) = \sin s$. 再由 $x'(s) = -y(s) = -\sin s$ 及 $x(0) + x(\pi) = 0$ 可得 $x(s) = \cos s$. 这表明, $A_1 = \frac{\pi}{2}$ 的充分必要条件是

$$x(s) = \cos s, \quad y(s) = \sin s, \quad s \in [0, \pi].$$

这正是上半单位圆周的参数方程.

类似地可以证明: $A_2 \leqslant \frac{\pi}{2}$, 且当且仅当 Γ 的下半部分为下半单位圆周时 $A_2 = \frac{\pi}{2}$.

综上可知, (4.8) 成立. □

定理 4.3.8 (Gauss 公式) 设 $\Omega \subset \mathbb{R}^3$ 是有界闭区域, 其边界 $\partial\Omega$ 由有限块分片光滑曲面组成. 若 $P, Q, R \in C^1(\Omega)$, 则

$$\begin{aligned}&\oiint_{\partial\Omega}\big(P\cos(\boldsymbol{n}, x) + Q\cos(\boldsymbol{n}, y) + R\cos(\boldsymbol{n}, z)\big)\mathrm{d}S\\ =& \oiint_{\partial\Omega} P\mathrm{d}y\mathrm{d}z + Q\mathrm{d}z\mathrm{d}x + R\mathrm{d}x\mathrm{d}y\\ =& \iiint_{\Omega}\Big(\frac{\partial P}{\partial x} + \frac{\partial Q}{\partial y} + \frac{\partial R}{\partial z}\Big)\mathrm{d}x\mathrm{d}y\mathrm{d}z,\end{aligned}$$

其中曲面 $\partial\Omega$ 的方向取外侧 (相对于区域 Ω), 而 $\boldsymbol{n}$ 为 $\partial\Omega$ 上的单位外法向量.

例 4.3.7 求第二型曲面积分

$$I = \oiint_{\Sigma}\frac{x\mathrm{d}y\mathrm{d}z + y\mathrm{d}z\mathrm{d}x + z\mathrm{d}x\mathrm{d}y}{\big(x^2 + 2y^2 + 3z^2\big)^{\frac{3}{2}}},$$

其中 Σ 是 $x^2 + y^2 + z^2 = 1$, 方向取外侧.

解 记

$$P=\frac{x}{\left(x^2+2y^2+3z^2\right)^{\frac{3}{2}}},\quad Q=\frac{y}{\left(x^2+2y^2+3z^2\right)^{\frac{3}{2}}},\quad R=\frac{z}{\left(x^2+2y^2+3z^2\right)^{\frac{3}{2}}},$$

则在不含原点的任何区域上都有

$$\frac{\partial P}{\partial x}+\frac{\partial Q}{\partial y}+\frac{\partial R}{\partial z}=0.$$

取 $\varepsilon\in(0,1)$, 作闭曲面 Σ_ε: $x^2+2y^2+3z^2=\varepsilon^2$, 方向取外侧. 在 Σ_ε 与 Σ 所围成的区域内应用 Gauss 公式可知

$$I=\oiint_{\Sigma_\varepsilon}\frac{x\mathrm{d}y\mathrm{d}z+y\mathrm{d}z\mathrm{d}x+z\mathrm{d}x\mathrm{d}y}{\left(x^2+2y^2+3z^2\right)^{\frac{3}{2}}}=\frac{1}{\varepsilon^3}\oiint_{\Sigma_\varepsilon}x\mathrm{d}y\mathrm{d}z+y\mathrm{d}z\mathrm{d}x+z\mathrm{d}x\mathrm{d}y.$$

对上述积分在 Σ_ε 所围的区域内再一次用 Gauss 公式可得

$$I=\frac{1}{\varepsilon^3}\iiint_{x^2+2y^2+3z^2\leqslant\varepsilon^2}3\,\mathrm{d}x\mathrm{d}y\mathrm{d}z=\frac{3}{\varepsilon^3}\cdot\frac{4\pi}{3}\cdot\frac{\varepsilon^3}{\sqrt{6}}=\frac{4\pi}{\sqrt{6}}.$$ □

定理 4.3.9 (Stokes 公式) 设 $\Sigma\subset\mathbb{R}^3$ 是分片光滑曲面, 其边界 $\partial\Sigma$ 是分段光滑的封闭曲线. 若函数 P, Q 和 R 在 Σ 及其边界 $\partial\Sigma$ 上具有连续偏导数, 则

$$\begin{aligned}&\oint_{\partial\Sigma}P\mathrm{d}x+Q\mathrm{d}y+R\mathrm{d}z\\=&\iint_\Sigma\left(\frac{\partial R}{\partial y}-\frac{\partial Q}{\partial z}\right)\mathrm{d}y\mathrm{d}z+\left(\frac{\partial P}{\partial z}-\frac{\partial R}{\partial x}\right)\mathrm{d}z\mathrm{d}x+\left(\frac{\partial Q}{\partial x}-\frac{\partial P}{\partial y}\right)\mathrm{d}x\mathrm{d}y\\=&\iint_\Sigma\left(\left(\frac{\partial R}{\partial y}-\frac{\partial Q}{\partial z}\right)\cos(\boldsymbol{n},x)+\left(\frac{\partial P}{\partial z}-\frac{\partial R}{\partial x}\right)\cos(\boldsymbol{n},y)\right.\\&\left.+\left(\frac{\partial Q}{\partial x}-\frac{\partial P}{\partial y}\right)\cos(\boldsymbol{n},z)\right)\mathrm{d}S,\end{aligned}$$

其中曲线 $\partial\Sigma$ 的方向与曲面 Σ 的方向 $\boldsymbol{n}$ 服从右手法则.

例 4.3.8 设 Σ 是分片光滑的闭曲面, Ω 为 Σ 所围成的闭区域, $\boldsymbol{n}$ 为 Σ 上的单位外法向量. 证明:

$$I=\oiint_\Sigma\begin{vmatrix}\cos(\boldsymbol{n},x)&\cos(\boldsymbol{n},y)&\cos(\boldsymbol{n},z)\\\dfrac{\partial}{\partial x}&\dfrac{\partial}{\partial y}&\dfrac{\partial}{\partial z}\\P&Q&R\end{vmatrix}\mathrm{d}S=0,$$

其中 P, Q, R 的可导性分为两种情形讨论:

(1) P, Q 和 R 都在 Ω 上具有二阶连续偏导数;

(2) P, Q 和 R 在 Σ 上具有一阶连续偏导数.

证明 (1) 当 P, Q 和 R 都在 Ω 上具有二阶连续偏导数时, 由 Gauss 公式可知

$$\begin{aligned} I &= \oiint_{\Sigma}\Big(\frac{\partial R}{\partial y}-\frac{\partial Q}{\partial z}\Big)\mathrm{d}y\mathrm{d}z+\Big(\frac{\partial P}{\partial z}-\frac{\partial R}{\partial x}\Big)\mathrm{d}z\mathrm{d}x+\Big(\frac{\partial Q}{\partial x}-\frac{\partial P}{\partial y}\Big)\mathrm{d}x\mathrm{d}y \\ &= \iiint_{\Omega}\Big(\frac{\partial}{\partial x}\Big(\frac{\partial R}{\partial y}-\frac{\partial Q}{\partial z}\Big)+\frac{\partial}{\partial y}\Big(\frac{\partial P}{\partial z}-\frac{\partial R}{\partial x}\Big)+\frac{\partial}{\partial z}\Big(\frac{\partial Q}{\partial x}-\frac{\partial P}{\partial y}\Big)\Big)\mathrm{d}x\mathrm{d}y\mathrm{d}z \\ &= 0. \end{aligned}$$

(2) 当 P, Q 和 R 仅在 Σ 上具有一阶连续偏导数时, 在 Σ 上任取一条逐段光滑的封闭曲线 Γ 将 Σ 分为两部分, 分别记为 Σ_1, Σ_2. 于是, 在 Σ_1, Σ_2 上分别应用 Stokes 公式, 并注意到虽然 Σ_1, Σ_2 的边界都为 Γ, 但它们具有相反的定向 (故可分别记为 Γ_1, Γ_2), 即可得

$$\begin{aligned} I &= \Big(\iint_{\Sigma_1}+\iint_{\Sigma_2}\Big)\begin{vmatrix} \cos(\boldsymbol{n},x) & \cos(\boldsymbol{n},y) & \cos(\boldsymbol{n},z) \\ \dfrac{\partial}{\partial x} & \dfrac{\partial}{\partial y} & \dfrac{\partial}{\partial z} \\ P & Q & R \end{vmatrix}\mathrm{d}S \\ &= \Big(\oint_{\Gamma_1}+\oint_{\Gamma_2}\Big)P\mathrm{d}x+Q\mathrm{d}y+R\mathrm{d}z \\ &= 0. \end{aligned}$$

□

4.4 反常积分

在定积分与重积分的研究中, 要求所考虑的积分区域与被积函数都是有界的. 前者是在定积分或重积分定义中对有限分割取近似时所隐含的必要条件, 后者则是定积分或重积分存在的必要条件. 在本节中, 我们将借助极限的方法研究积分区域无界或者被积函数无界的反常积分 (也称为广义积分).

4.4.1 无界区间上的反常积分

我们首先考虑一元函数的无穷型反常积分, 即在无界区间上的反常积分.

定义 4.4.1 (反常积分收敛) 设函数 f 在 $[a,+\infty)$ 上有定义, 且在任意有限区间 $[a,A]\subset[a,+\infty)$ 上 Riemann 可积. 若极限

$$\lim_{A\to+\infty}\int_a^A f(x)\mathrm{d}x$$

存在, 则称反常积分 $\int_a^{+\infty} f(x)\mathrm{d}x$ 收敛, 或称 f 在 $[a,+\infty)$ 上可积, 并记

$$\int_a^{+\infty} f(x)\mathrm{d}x = \lim_{A\to+\infty}\int_a^A f(x)\mathrm{d}x.$$

否则, 称反常积分 $\int_a^{+\infty} f(x)\mathrm{d}x$ 发散.

类似地可以定义反常积分 $\int_{-\infty}^{a} f(x)\mathrm{d}x$ 收敛.

注记 4.4.1　反常积分 $\int_{-\infty}^{+\infty} f(x)\mathrm{d}x$ 收敛是指 $\int_{-\infty}^{0} f(x)\mathrm{d}x$ 与 $\int_{0}^{+\infty} f(x)\mathrm{d}x$ 都收敛且规定

$$\int_{-\infty}^{+\infty} f(x)\mathrm{d}x = \int_{-\infty}^{0} f(x)\mathrm{d}x + \int_{0}^{+\infty} f(x)\mathrm{d}x.$$

注记 4.4.2　设 $a>0$. 由定义 4.4.1 可知, 反常积分 $\int_a^{+\infty}\frac{1}{x^p}\mathrm{d}x$ 收敛的充分必要条件是: $p>1$.

根据定义 4.4.1, 判断反常积分 $\int_a^{+\infty} f(x)\mathrm{d}x$ 的敛散性可转化为研究 f 的原函数在 $x\to+\infty$ 时的极限, 但是, 有些函数的原函数并不一定是初等函数 (即使是初等函数, 也未必容易求出具体的表达式). 同时, 在数值分析中, 计算反常积分时一般应先判断其收敛性, 否则可能得出荒谬的结论 ——反常积分本身发散, 但从数值求积公式中得到一个 “收敛” 的值. 因此, 建立反常积分收敛的判别准则具有重要的理论与实际意义.

对于非负函数的反常积分, 我们可以利用函数极限的单调有界定理 (习题 2 第 6 题) 得到:

定理 4.4.1　设 f 是定义在 $[a,+\infty)$ 上的非负函数, 且在任意有限区间 $[a,A]\subset[a,+\infty)$ 上 Riemann 可积, 则反常积分 $\int_a^{+\infty} f(x)\mathrm{d}x$ 收敛的充分必要条件是: 函数

$$F(A)=\int_a^A f(x)\mathrm{d}x$$

在 $[a,+\infty)$ 上有界.

根据定理 4.4.1, 我们有如下非负函数反常积分的比较判别法.

定理 4.4.2 (比较判别法) 设函数 f, ϕ 都在 $[a,+\infty)$ 上有定义, 且在任意有限区间 $[a,A]\subset[a,+\infty)$ 上 Riemann 可积. 若存在 $K>0$ 使得 $0\leqslant f(x)\leqslant K\phi(x)$ $(x\in[a,+\infty))$, 则

(1) 当 $\int_a^{+\infty}\phi(x)\mathrm{d}x$ 收敛时, $\int_a^{+\infty}f(x)\mathrm{d}x$ 也收敛;

(2) 当 $\int_a^{+\infty}f(x)\mathrm{d}x$ 发散时, $\int_a^{+\infty}\phi(x)\mathrm{d}x$ 也发散.

推论 4.4.1 (比较判别法的极限形式) 设 f, ϕ 都是定义在 $[a,+\infty)$ 上的非负函数, 在任意有限区间 $[a,A]\subset[a,+\infty)$ 上 Riemann 可积, 且

$$\lim_{x\to+\infty}\frac{f(x)}{\phi(x)}=l,$$

则有结论:

(1) 若 $0\leqslant l<+\infty$, 则当 $\int_a^{+\infty}\phi(x)\mathrm{d}x$ 收敛时, $\int_a^{+\infty}f(x)\mathrm{d}x$ 收敛;

(2) 若 $0<l\leqslant+\infty$, 则当 $\int_a^{+\infty}\phi(x)\mathrm{d}x$ 发散时, $\int_a^{+\infty}f(x)\mathrm{d}x$ 发散.

特别地, 当 $0<l<+\infty$ 时, $\int_a^{+\infty}\phi(x)\mathrm{d}x$ 与 $\int_a^{+\infty}f(x)\mathrm{d}x$ 同时收敛或者同时发散.

使用比较判别法的关键在于: 找到一个形式简单、敛散性结论明确的比较函数 ϕ. 在实际中, 常取 $\phi(x)=\dfrac{1}{x^p}$.

例4.4.1 设正值函数 f 定义在 $[1,+\infty)$ 上, 在任意有限区间 $[1,A]\subset[1,+\infty)$ 上 Riemann 可积, 且 $\lim\limits_{x\to+\infty}\dfrac{\ln f(x)}{\ln x}=-\lambda$. 证明: 当 $\lambda>1$ 时, 反常积分 $\int_1^{+\infty}f(x)\mathrm{d}x$ 收敛.

证明 因为 $\lim\limits_{x\to+\infty}\dfrac{\ln f(x)}{\ln x}=-\lambda$, 所以由函数极限的保序性可知, 存在 $X>1$, 使得对任意的 $x>X$ 都有

$$\frac{\ln f(x)}{\ln x}<-\frac{\lambda+1}{2}.$$

从而,

$$\ln f(x)<-\frac{\lambda+1}{2}\ln x=\ln\frac{1}{x^{\frac{\lambda+1}{2}}},\quad x>X.$$

这表明

$$0 < f(x) < \frac{1}{x^{\frac{\lambda+1}{2}}}, \quad x > X.$$

故由比较判别法可知, $\int_1^{+\infty} f(x)\mathrm{d}x$ 收敛. □

当 f 在 $[a,+\infty)$ 上变号时, 比较判别法不再适用. 此时, 我们可以基于反常积分 $\int_a^{+\infty} f(x)\mathrm{d}x$ 收敛等价于函数极限 $\lim\limits_{A\to+\infty}\int_a^A f(x)\mathrm{d}x$ 存在这一事实以及函数极限的 Cauchy 收敛原理首先建立:

定理 4.4.3 (无界区间上反常积分的 Cauchy 收敛原理) 反常积分 $\int_a^{+\infty} f(x)\mathrm{d}x$ 收敛的充分必要条件是: 对任意给定的 $\varepsilon > 0$, 都存在 $A_0 \geqslant a$, 使得对任意的 $A', A'' > A_0$ 都有

$$\left|\int_{A'}^{A''} f(x)\mathrm{d}x\right| < \varepsilon.$$

例 4.4.2 设 f 是 $[1,+\infty)$ 上的单调函数, $\alpha > -1$. 证明: 若反常积分 $\int_1^{+\infty} x^\alpha f(x)\mathrm{d}x$ 收敛, 则 $\lim\limits_{x\to+\infty} x^{\alpha+1}f(x) = 0$.

证明 不妨设 f 在 $[1,+\infty)$ 上单调增加, 则由反常积分 $\int_1^{+\infty} x^\alpha f(x)\mathrm{d}x$ 收敛易知, $\lim\limits_{x\to+\infty} f(x) = 0$. 再由定理 4.4.3 可知, 对任意给定的 $\varepsilon > 0$, 都存在 $X \geqslant 2$, 使得对任意的 $x > X$ 都有

$$-\varepsilon < \int_{\frac{x}{2}}^{x} t^\alpha f(t)\mathrm{d}t \leqslant \int_{\frac{x}{2}}^{x} t^\alpha f(x)\mathrm{d}t = \frac{2^{\alpha+1}-1}{2^{\alpha+1}(\alpha+1)}x^{\alpha+1}f(x) \leqslant 0.$$

这表明 $\lim\limits_{x\to+\infty} x^{\alpha+1}f(x) = 0$. □

当被积函数为两个函数乘积时, 我们有如下判别法:

定理 4.4.4 若下列两个条件之一成立:

(1) (**Abel 判别法**) 反常积分 $\int_a^{+\infty} f(x)\mathrm{d}x$ 收敛, 函数 ϕ 在 $[a,+\infty)$ 上单调有界;

(2) (**Dirichlet 判别法**) 函数 $F(A) = \int_a^A f(x)\mathrm{d}x$ 在 $[a,+\infty)$ 上有界, ϕ 在 $[a,+\infty)$ 上单调且 $\lim\limits_{x\to+\infty}\phi(x) = 0$,

则 $\int_a^{+\infty} f(x)\phi(x)\mathrm{d}x$ 收敛.

证明 (1) 对任意给定的 $\varepsilon > 0$, 由 $\int_a^{+\infty} f(x)\mathrm{d}x$ 收敛及定理 4.4.3 可知, 存在 $A_0 \geqslant a$, 使得对任意的 $A'' > A' > A_0$ 都有

$$\left|\int_{A'}^{A''} f(x)\mathrm{d}x\right| < \varepsilon.$$

根据推广的积分第二中值定理, 必存在 $\xi \in [A', A'']$ 使得

$$\int_{A'}^{A''} f(x)\phi(x)\mathrm{d}x = \phi(A')\int_{A'}^{\xi} f(x)\mathrm{d}x + \phi(A'')\int_{\xi}^{A''} f(x)\mathrm{d}x.$$

从而, 由于 ϕ 在 $[a, +\infty)$ 上单调有界, 若设 M 是 $|\phi|$ 在 $[a, +\infty)$ 上的一个上界, 则有

$$\left|\int_{A'}^{A''} f(x)\phi(x)\mathrm{d}x\right| \leqslant |\phi(A')|\left|\int_{A'}^{\xi} f(x)\mathrm{d}x\right| + |\phi(A'')|\left|\int_{\xi}^{A''} f(x)\mathrm{d}x\right| < 2M\varepsilon,$$

其中 $\xi \in [A', A'']$. 故由定理 4.4.3 可知, $\int_a^{+\infty} f(x)\phi(x)\mathrm{d}x$ 收敛.

(2) 对任意给定的 $\varepsilon > 0$, 因为 $\lim\limits_{x\to+\infty} \phi(x) = 0$, 所以存在 $A_0 \geqslant a$, 使得对任意的 $A'' > A' > A_0$ 都有

$$|\phi(A')| < \varepsilon, \quad |\phi(A'')| < \varepsilon.$$

因为由推广的积分第二中值定理可知, 存在 $\xi \in [A', A'']$ 使得

$$\int_{A'}^{A''} f(x)\phi(x)\mathrm{d}x = \phi(A')\int_{A'}^{\xi} f(x)\mathrm{d}x + \phi(A'')\int_{\xi}^{A''} f(x)\mathrm{d}x,$$

所以若设 M 是 $|F|$ 在 $[a, +\infty)$ 上的一个上界, 则有

$$\begin{aligned}\left|\int_{A'}^{A''} f(x)\phi(x)\mathrm{d}x\right| &\leqslant |\phi(A')|\left|\int_{A'}^{\xi} f(x)\mathrm{d}x\right| + |\phi(A'')|\left|\int_{\xi}^{A''} f(x)\mathrm{d}x\right| \\ &= |\phi(A')|\big|F(\xi) - F(A')\big| + |\phi(A'')|\big|F(A'') - F(\xi)\big| \\ &< 4M\varepsilon.\end{aligned}$$

从而, 由定理 4.4.3 可知, $\int_a^{+\infty} f(x)\phi(x)\mathrm{d}x$ 收敛. □

例4.4.3　设 f 在 $[a,+\infty)$ 上单调减少趋于 0. 证明反常积分 $\int_a^{+\infty} f(x)\sin^2 x\mathrm{d}x$ 收敛的充分必要条件是: $\int_a^{+\infty} f(x)\mathrm{d}x$ 收敛.

证明　(充分性) 设反常积分 $\int_a^{+\infty} f(x)\mathrm{d}x$ 收敛. 因为

$$0 \leqslant f(x)\sin^2 x \leqslant f(x), \quad x \in [a+\infty),$$

所以由比较判别法可知, $\int_a^{+\infty} f(x)\sin^2 x\,\mathrm{d}x$ 收敛.

(必要性) 设 $\int_a^{+\infty} f(x)\sin^2 x\,\mathrm{d}x$ 收敛. 因为由 Dirichlet 判别法可知, $\int_a^{+\infty} f(x)\cos(2x)\mathrm{d}x$ 收敛, 所以

$$\begin{aligned}\int_a^{+\infty} f(x)\mathrm{d}x &= \int_a^{+\infty} f(x)\big(2\sin^2 x + \cos(2x)\big)\mathrm{d}x \\ &= 2\int_a^{+\infty} f(x)\sin^2 x\,\mathrm{d}x + \int_a^{+\infty} f(x)\cos(2x)\mathrm{d}x\end{aligned}$$

收敛. □

定义 4.4.2　若 $\int_a^{+\infty} |f(x)|\mathrm{d}x$ 收敛, 则称反常积分 $\int_a^{+\infty} f(x)\mathrm{d}x$ **绝对收敛**, 或称 f 在 $[a,+\infty)$ 上绝对可积.

若 $\int_a^{+\infty} f(x)\mathrm{d}x$ 收敛但 $\int_a^{+\infty} |f(x)|\mathrm{d}x$ 发散, 则称反常积分 $\int_a^{+\infty} f(x)\mathrm{d}x$ **条件收敛**.

定理 4.4.5　若反常积分 $\int_a^{+\infty} f(x)\mathrm{d}x$ 绝对收敛, 则 $\int_a^{+\infty} f(x)\mathrm{d}x$ 必收敛.

证明　对任意给定的 $\varepsilon > 0$, 由于 $\int_a^{+\infty} |f(x)|\mathrm{d}x$ 收敛, 根据定理 4.4.3 可知, 存在 $A_0 \geqslant a$, 使得对任意的 $A'' > A' > A_0$ 都有

$$\int_{A'}^{A''} |f(x)|\mathrm{d}x < \varepsilon.$$

从而,

$$\left|\int_{A'}^{A''} f(x)\mathrm{d}x\right| \leqslant \int_{A'}^{A''} |f(x)|\mathrm{d}x < \varepsilon.$$

故再次利用定理 4.4.3 可知, $\int_a^{+\infty} f(x)\mathrm{d}x$ 收敛. □

例 4.4.4 证明: 反常积分

$$\int_1^{+\infty} \frac{\sin x}{x}\mathrm{d}x$$

条件收敛.

证明 因为 $F(A)=\int_1^A \sin x\mathrm{d}x$ 在 $[1,+\infty)$ 上有界, $\frac{1}{x}$ 在 $[1,+\infty)$ 上单调且 $\lim\limits_{x\to+\infty}\frac{1}{x}=0$, 所以由 Dirichlet 判别法可知, 反常积分 $\int_1^{+\infty}\frac{\sin x}{x}\mathrm{d}x$ 收敛.

另一方面, 再次利用 Dirichlet 判别法可知, 反常积分 $\int_1^{+\infty}\frac{\cos(2x)}{x}\mathrm{d}x$ 收敛, 而反常积分 $\int_1^{+\infty}\frac{1}{x}\mathrm{d}x$ 发散, 所以根据

$$\frac{|\sin x|}{x} \geqslant \frac{\sin^2 x}{x} = \frac{1}{2}\left(\frac{1}{x}-\frac{\cos(2x)}{x}\right) \geqslant 0, \quad x\in[1,+\infty)$$

及比较判别法, $\int_1^{+\infty}\frac{|\sin x|}{x}\mathrm{d}x$ 发散. 从而, $\int_1^{+\infty}\frac{\sin x}{x}\mathrm{d}x$ 条件收敛. □

4.4.2 无界函数的瑕积分

我们现在考虑被积函数无界情形的反常积分, 即瑕积分. 若函数 f 在 $(a,b]$ 上有定义, 但在点 a 的任何邻域内都无界, 则称 a 为 f 的**瑕点** (也称为**奇点**).

定义 4.4.3 (瑕积分收敛) 设函数 f 在 $(a,b]$ 上有定义, 点 a 是 f 的唯一瑕点, 且 f 在任意区间 $[a+\eta,b]\subset(a,b]$ 上 Riemann 可积. 若极限

$$\lim_{\eta\to0+}\int_{a+\eta}^b f(x)\mathrm{d}x$$

存在, 则称瑕积分 $\int_a^b f(x)\mathrm{d}x$ 收敛, 或称无界函数 f 在 $(a,b]$ 上可积, 并记

$$\int_a^b f(x)\mathrm{d}x=\lim_{\eta\to0+}\int_{a+\eta}^b f(x)\mathrm{d}x.$$

否则, 称瑕积分 $\int_a^b f(x)\mathrm{d}x$ 发散.

类似地可以定义以 b 为瑕点的瑕积分 $\int_a^b f(x)\mathrm{d}x$ 的收敛.

注记 4.4.3　设 $c \in (a,b)$ 为 f 的瑕点. 瑕积分 $\int_a^b f(x)\mathrm{d}x$ 收敛是指反常积分 $\int_a^c f(x)\mathrm{d}x$ 与 $\int_c^b f(x)\mathrm{d}x$ 都收敛且规定

$$\int_a^b f(x)\mathrm{d}x = \int_a^c f(x)\mathrm{d}x + \int_c^b f(x)\mathrm{d}x.$$

注记 4.4.4　设 $a > 0$. 由定义 4.4.3 可知, 瑕积分 $\int_0^a \frac{1}{x^p}\mathrm{d}x$ 收敛的充分必要条件是: $p < 1$.

瑕积分与无穷型反常积分有平行的结论. 为简单起见, 我们仅将 a 为瑕点的结论陈述如下:

定理 4.4.6 (比较判别法)　设函数 f, ϕ 都在 $(a,b]$ 上有定义, 且在任意区间 $[a+\eta,b] \subset (a,b]$ 上 Riemann 可积. 若存在 $K > 0$ 使得 $0 \leqslant f(x) \leqslant K\phi(x)$ $(x \in (a,b])$, 则

(1) 当 $\int_a^b \phi(x)\mathrm{d}x$ 收敛时, $\int_a^b f(x)\mathrm{d}x$ 收敛;

(2) 当 $\int_a^b f(x)\mathrm{d}x$ 发散时, $\int_a^b \phi(x)\mathrm{d}x$ 发散.

推论 4.4.2 (比较判别法的极限形式)　设非负函数 f, ϕ 都在 $(a,b]$ 上有定义, 且在任意区间 $[a+\eta,b] \subset (a,b]$ 上 Riemann 可积, a 为瑕点, 且

$$\lim_{x\to a+} \frac{f(x)}{\phi(x)} = l,$$

则有结论:

(1) 若 $0 \leqslant l < +\infty$, 则当 $\int_a^b \phi(x)\mathrm{d}x$ 收敛时, $\int_a^b f(x)\mathrm{d}x$ 收敛;

(2) 若 $0 < l \leqslant +\infty$, 则当 $\int_a^b \phi(x)\mathrm{d}x$ 发散时, $\int_a^b f(x)\mathrm{d}x$ 发散,

特别地, 当 $0 < l < +\infty$ 时, $\int_a^b \phi(x)\mathrm{d}x$ 与 $\int_a^b f(x)\mathrm{d}x$ 同时收敛或者同时发散.

定理 4.4.7 (瑕积分的 Cauchy 收敛原理)　瑕积分 $\int_a^b f(x)\mathrm{d}x$ 收敛的充分必要条件是: 对任意给定的 $\varepsilon > 0$, 都存在 $\delta > 0$, 使得对任意的 η', $\eta'' \in (0,\delta)$ 都有

$$\left|\int_{a+\eta'}^{a+\eta''} f(x)\mathrm{d}x\right| < \varepsilon.$$

定理 4.4.8 设函数 f, ϕ 都在 $(a,b]$ 上有定义且以 a 为瑕点. 若下列两个条件之一成立:

(1) (**Abel 判别法**) 瑕积分 $\int_a^b f(x)\mathrm{d}x$ 收敛, 函数 ϕ 在 $(a,b]$ 上单调有界;

(2) (**Dirichlet 判别法**) 函数 $F(\eta) = \int_{a+\eta}^b f(x)\mathrm{d}x$ 在 $(0, b-a)$ 上有界, ϕ 在 $(a,b]$ 上单调且 $\lim\limits_{x\to a+} \phi(x) = 0$,

则 $\int_a^b f(x)\phi(x)\mathrm{d}x$ 收敛.

定义 4.4.4 设函数 f 在 $(a,b]$ 上有定义, 点 a 是 f 的瑕点. 若 $\int_a^b |f(x)|\mathrm{d}x$ 收敛, 则称瑕积分 $\int_a^b f(x)\mathrm{d}x$ **绝对收敛**, 或称 f 在 $[a,b]$ 上绝对可积.

若瑕积分 $\int_a^b f(x)\mathrm{d}x$ 收敛但 $\int_a^b |f(x)|\mathrm{d}x$ 发散, 则称 $\int_a^b f(x)\mathrm{d}x$ **条件收敛**.

例 4.4.5 若 a 为 f 的瑕点且瑕积分 $\int_a^b f^2(x)\mathrm{d}x$ 收敛 (称 f 在 $[a,b]$ 上**平方可积**), 则 f 在 $[a,b]$ 上绝对可积.

证明 显然,

$$0 \leqslant \big|f(x)\big| \leqslant \frac{1}{2}\big(1+f^2(x)\big), \quad x \in (a,b].$$

于是, 由 f 在 $[a,b]$ 上平方可积及瑕积分的比较判别法可知, $\int_a^b \big|f(x)\big|\mathrm{d}x$ 收敛, 即 f 在 $[a,b]$ 上绝对可积. □

定理 4.4.9 若瑕积分 $\int_a^b f(x)\mathrm{d}x$ 绝对收敛, 则 $\int_a^b f(x)\mathrm{d}x$ 必收敛.

例 4.4.6 设 $p > 0$. 讨论瑕积分

$$I = \int_0^{\frac{1}{\mathrm{e}}} \frac{1}{x^p \ln x}\mathrm{d}x$$

的敛散性.

解 显然, 被积函数 $\dfrac{1}{x^p \ln x}$ 在 $\left(0, \dfrac{1}{\mathrm{e}}\right]$ 上不变号且 $x=0$ 是被积函数 $\dfrac{1}{x^p \ln x}$ 的唯一瑕点.

当 $p=1$ 时, 直接利用 Newton-Leibniz 公式计算可知, 瑕积分 I 发散.

当 $0<p<1$ 时, 因为 $\int_0^{\frac{1}{e}}\frac{1}{x^p}\mathrm{d}x$ 收敛且 $\frac{1}{\ln x}$ 在 $\left(0,\frac{1}{e}\right]$ 上单调有界, 所以由 Abel 判别法可知, 瑕积分 I 收敛.

当 $p>1$ 时, 因为 $\int_0^{\frac{1}{e}}\frac{1}{x^{\frac{p+1}{2}}}\mathrm{d}x$ 发散且

$$\lim_{x\to 0+}\frac{x^{\frac{p+1}{2}}}{x^p\left|\ln x\right|}=+\infty,$$

所以由比较判别法的极限形式可知, 瑕积分 I 发散. □

当考虑无界函数在无界区间上的反常积分或有多个瑕点的瑕积分时, 可先将积分区间适当拆分可以简化问题的讨论.

例 4.4.7　设 $p,q\in\mathbb{R}$. 讨论积分

$$\int_0^{+\infty}\frac{1}{x^{p-1}|x-1|^{p+q}}\mathrm{d}x$$

的敛散性.

解　因为 $x=0$ 与 $x=1$ 是被积函数可能的瑕点, 且积分区间无界, 所以将积分拆为

$$\int_0^{+\infty}\frac{1}{x^{p-1}|x-1|^{p+q}}\mathrm{d}x=\int_0^{1}\frac{1}{x^{p-1}|x-1|^{p+q}}\mathrm{d}x+\int_1^{+\infty}\frac{1}{x^{p-1}|x-1|^{p+q}}\mathrm{d}x.$$

为了使第一个积分收敛, 对瑕点 $x=0$ 应要求 $p-1<1$, 而对瑕点 $x=1$ 应要求 $p+q<1$; 为了使第二个积分收敛, 对瑕点 $x=1$ 应要求 $p+q<1$, 而对 $x\to+\infty$ 应要求 $(p-1)+(p+q)>1$.

综上所述, 当且仅当 p,q 满足

$$\begin{cases}p<2,\\ 2(1-p)<q<1-p\end{cases}$$

时, 积分 $\int_0^{+\infty}\frac{1}{x^{p-1}|x-1|^{p+q}}\mathrm{d}x$ 收敛. □

4.4.3　反常积分的 Cauchy 主值

我们简要介绍反常积分 Cauchy 主值的概念. 对于反常积分 $\int_{-\infty}^{+\infty}\sin x\mathrm{d}x$, 因为在

$$\int_{-\infty}^{+\infty}\sin x\mathrm{d}x=\int_{-\infty}^{0}\sin x\mathrm{d}x+\int_0^{+\infty}\sin x\mathrm{d}x$$

$$= \lim_{A\to+\infty}\int_{-A}^{0}\sin x\mathrm{d}x + \lim_{A'\to+\infty}\int_{0}^{A'}\sin x\mathrm{d}x$$

$$= \lim_{A\to+\infty}\cos A - \lim_{A'\to+\infty}\cos A'$$

中右端极限不存在, 所以 $\int_{-\infty}^{+\infty}\sin x\mathrm{d}x$ 发散. 这里极限不存在的原因在于要求 A 与 A' 独立地趋于 $+\infty$. 但当 A 与 A' 可以同步地趋于 $+\infty$ 即 $A'=A$ 时, 显然有

$$\int_{-\infty}^{+\infty}\sin x\mathrm{d}x = \lim_{A\to+\infty}\int_{-A}^{A}\sin x\mathrm{d}x = \lim_{A\to+\infty}\big(\cos A-\cos A\big)=0.$$

这启发我们对反常积分 $\int_{-\infty}^{+\infty}\sin x\mathrm{d}x$ 引入一种“弱”意义下的收敛. 这就是 Cauchy 主值.

定义 4.4.5 (Cauchy 主值) 设函数 f 定义在 $(-\infty,+\infty)$ 上, 且在任意有限区间 $[a,A]$ 上 Riemann 可积. 若极限

$$\lim_{A\to+\infty}\int_{-A}^{A}f(x)\mathrm{d}x$$

存在, 则称此极限值为 $\int_{-\infty}^{+\infty}f(x)\mathrm{d}x$ 的 Cauchy 主值, 记为

$$\text{P.V.}\int_{-\infty}^{+\infty}f(x)\mathrm{d}x = \lim_{A\to+\infty}\int_{-A}^{A}f(x)\mathrm{d}x.$$

类似地, 若 $c\in(a,b)$ 是 $f(x)$ 在 $[a,b]$ 中的唯一瑕点, 则定义

$$\text{P.V.}\int_{a}^{b}f(x)\mathrm{d}x = \lim_{\eta\to0+}\left(\int_{a}^{c-\eta}f(x)\mathrm{d}x+\int_{c+\eta}^{b}f(x)\mathrm{d}x\right).$$

显然, 收敛的反常积分的 Cauchy 主值一定存在, 反之未必. 例如,

$$\text{P.V.}\int_{-\infty}^{+\infty}\frac{x}{1+x^2}\mathrm{d}x=0,\quad \text{P.V.}\int_{-1}^{1}\frac{1}{x}\mathrm{d}x=0,$$

但反常积分

$$\int_{-\infty}^{+\infty}\frac{x}{1+x^2}\mathrm{d}x,\quad \int_{-1}^{1}\frac{1}{x}\mathrm{d}x$$

都发散.

4.4.4　反常重积分

类似于一元函数的反常积分，我们可以利用多元函数的重积分的极限定义无界区域上或无界函数的反常重积分. 为简单起见, 我们仅在 $D \subset \mathbb{R}^2$ 中考虑二元函数的反常重积分, 其结论很容易推广到 $\mathbb{R}^d\,(d \geqslant 3)$ 的情形.

先考虑无界区域上的反常二重积分.

定义 4.4.6 (反常二重积分)　设无界区域 $D \subset \mathbb{R}^2$ 的边界由有限条分段光滑曲线所组成, 二元函数 f 在 D 中有界, 且在 D 的任何零边界有界子区域上都可积. 记 B_r 是 $\mathbb{R}^2$ 中以原点为圆心, r 为半径的闭圆盘, 零边界区域 D_r 满足 $(D \cap B_r) \subset D_r \subset D$. 若极限

$$I = \lim_{r \to +\infty} \iint_{D_r} f(x,y)\mathrm{d}x\mathrm{d}y$$

存在且与 D_r 的取法无关, 则称反常二重积分 $\iint_D f(x,y)\mathrm{d}x\mathrm{d}y$ 收敛, 或称 f 在 D 上可积, 称极限值 I 为 f 在 D 上的反常二重积分, 记为

$$I = \iint_D f(x,y)\mathrm{d}x\mathrm{d}y.$$

否则, 称反常二重积分 $\iint_D f(x,y)\mathrm{d}x\mathrm{d}y$ 发散.

对于非负函数, 我们有如下反常二重积分收敛的充分必要条件.

定理 4.4.10　设 f 是无界区域 $D \subset \mathbb{R}^2$ 上的非负函数, 且在 D 的任何零边界有界子区域上可积, 则 f 在 D 上可积的充分必要条件是: 存在零边界有界子区域 $D_n\ (n = 1, 2, \cdots)$, 使得 $(D \cap B_n) \subset D_n \subset D$ 且数列极限

$$\lim_{n \to \infty} \iint_{D_n} f(x,y)\mathrm{d}x\mathrm{d}y \tag{4.10}$$

存在. 当 f 在 D 上可积时, 有

$$\iint_D f(x,y)\mathrm{d}x\mathrm{d}y = \lim_{n \to \infty} \iint_{D_n} f(x,y)\mathrm{d}x\mathrm{d}y.$$

证明　(必要性) 由定义, 结论显然成立.

(充分性) 设 $I = \lim\limits_{n \to \infty} \iint_{D_n} f(x,y)\mathrm{d}x\mathrm{d}y$. 只需证明: 对满足 $(D \cap B_r) \subset D_r \subset D$ 的任意零边界有界子区域 D_r 都有

$$\lim_{r \to +\infty} \iint_{D_r} f(x,y)\mathrm{d}x\mathrm{d}y = I.$$

事实上, 对任意的 $\varepsilon > 0$, 由 $\lim\limits_{n\to\infty}\iint_{D_n} f(x,y)\mathrm{d}x\mathrm{d}y = I$ 可知, 存在 $N \in \mathbb{N}$, 使得

$$\iint_{D_N} f(x,y)\mathrm{d}x\mathrm{d}y > I - \varepsilon.$$

记 $R = \sup\left\{\sqrt{x^2+y^2}\,\middle|\,(x,y)\in D_N\right\}$, 则当 $r > R$ 时必有

$$\iint_{D_r} f(x,y)\mathrm{d}x\mathrm{d}y \geqslant \iint_{D_N} f(x,y)\mathrm{d}x\mathrm{d}y > I - \varepsilon.$$

另一方面, 对任意的 $r > R$, 存在 $n_0 \in \mathbb{N}$, 使得 $D_{n_0} \supset D_r$, 所以由数列 $\left\{\iint_{D_n} f(x,y)\mathrm{d}x\mathrm{d}y\right\}$ 单调增加可得

$$\iint_{D_r} f(x,y)\mathrm{d}x\mathrm{d}y \leqslant \iint_{D_{n_0}} f(x,y)\mathrm{d}x\mathrm{d}y \leqslant I < I + \varepsilon.$$

综上可知,

$$\lim_{r\to+\infty}\iint_{D_r} f(x,y)\mathrm{d}x\mathrm{d}y = I.$$ □

注记 4.4.5 对非负函数 f, 条件 (4.10) 等价于

$$\sup_n \iint_{D_n} f(x,y)\mathrm{d}x\mathrm{d}y < +\infty.$$

例 4.4.8 设空间直角坐标系中 xOy 坐标面上按面密度 $\mu = \dfrac{1}{\sqrt{x^2+y^2+1}}$ 分布着质量. 求该平面对 $(0,0,1)$ 处的单位质点的引力.

解 由对称性可知, 该平面对 $(0,0,1)$ 处的单位质点的引力在 x 轴与 y 轴方向的分量分别为 $F_x = 0$ 与 $F_y = 0$.

若在 xOy 平面上任意一点 $(x,y,0)$ 处作面积元素 $\mathrm{d}\sigma$, 则对应的质量为

$$\mu\mathrm{d}\sigma = \frac{1}{\sqrt{x^2+y^2+1}}\mathrm{d}\sigma,$$

它对 $(0,0,1)$ 处的单位质点的引力的大小为

$$G\frac{1}{\left(\sqrt{x^2+y^2+1}\right)^2}\cdot\frac{1}{\sqrt{x^2+y^2+1}}\mathrm{d}\sigma,$$

其中 G 为引力常数. 该引力在 z 轴上的投影为

$$G\frac{1}{\left(\sqrt{x^2+y^2+1}\right)^2}\cdot\frac{1}{\sqrt{x^2+y^2+1}}\mathrm{d}\sigma\cdot\frac{1}{\sqrt{x^2+y^2+1}}=G\frac{1}{\left(x^2+y^2+1\right)^2}\mathrm{d}\sigma.$$

故 xOy 平面对 $(0,0,1)$ 处的单位质点的引力 z 轴方向上的分量为

$$F_z=-\iint_{\mathbb{R}^2}G\frac{1}{\left(x^2+y^2+1\right)^2}\mathrm{d}x\mathrm{d}y,$$

其中负号表示作用力垂直向下. 因为被积函数为正, 所以可取同心圆列

$$D_n=\left\{(x,y)\,\middle|\,x^2+y^2\leqslant n^2\right\}\quad(n=1,2,\cdots),$$

并利用定理 4.4.10 求得

$$\begin{aligned}F_z&=-G\lim_{n\to\infty}\iint_{D_n}\frac{1}{\left(x^2+y^2+1\right)^2}\mathrm{d}x\mathrm{d}y\\&=-G\lim_{n\to\infty}\int_0^{2\pi}\mathrm{d}\theta\int_0^n\frac{r}{\left(r^2+1\right)^2}\mathrm{d}r\\&=-2\pi G\lim_{n\to\infty}\left(-\frac{1}{2}\cdot\frac{1}{r^2+1}\bigg|_0^n\right)=-\pi G.\end{aligned}$$ □

例 4.4.9 设 $a>0$, $D=\left\{(x,y)\,\middle|\,x^2+y^2\geqslant a^2\right\}$. 证明: 反常二重积分

$$\iint_D\frac{1}{(x^2+y^2)^{\frac{p}{2}}}\mathrm{d}x\mathrm{d}y$$

收敛的充分必要条件是: $p>2$.

证明 设 $n>a$, 记

$$D_n=\left\{(x,y)\,\middle|\,a^2\leqslant x^2+y^2\leqslant n^2\right\},$$

则 $(D\cap B_n)\subset D_n\subset D$ $(n=[a]+1,\ [a]+2,\ \cdots)$.

利用极坐标变换可知

$$\iint_{D_n}\frac{1}{(x^2+y^2)^{\frac{p}{2}}}\mathrm{d}x\mathrm{d}y=\int_0^{2\pi}\mathrm{d}\theta\int_a^n r^{1-p}\mathrm{d}r=2\pi\int_a^n r^{1-p}\mathrm{d}r.$$

显然, 当且仅当 $p>2$ 时, 上式右端的积分在 $n\to\infty$ 时收敛. 从而, 由定理 4.4.10 即可证得所需结论. □

例 4.4.10 计算 $\iint_{\mathbb{R}^2} \mathrm{e}^{-(x^2+y^2)}\mathrm{d}x\mathrm{d}y$, 并求 Poisson 积分 $\int_{-\infty}^{+\infty} \mathrm{e}^{-x^2}\mathrm{d}x$.

解 因为 $\mathrm{e}^{-(x^2+y^2)}$ 为 $\mathbb{R}^2$ 上的正值函数, 所以可取同心圆列

$$D_n = \left\{(x,y)\,\middle|\,x^2+y^2 \leqslant n^2\right\} \quad (n=1,2,\cdots),$$

并利用定理 4.4.10 求得

$$\begin{aligned}\iint_{\mathbb{R}^2} \mathrm{e}^{-(x^2+y^2)}\mathrm{d}x\mathrm{d}y &= \lim_{n\to\infty}\iint_{D_n} \mathrm{e}^{-(x^2+y^2)}\mathrm{d}x\mathrm{d}y \\ &= \lim_{n\to\infty}\int_0^{2\pi}\mathrm{d}\theta\int_0^n \mathrm{e}^{-r^2}r\mathrm{d}r = \lim_{n\to\infty}\pi\left(1-\mathrm{e}^{-n^2}\right) = \pi.\end{aligned}$$

另一方面, 为了计算 Poisson 积分 $\int_{-\infty}^{+\infty} \mathrm{e}^{-x^2}\mathrm{d}x$, 我们另取正方形列

$$\Omega_n = \left\{(x,y)\,\middle|\, -n \leqslant x \leqslant n,\ -n \leqslant y \leqslant n\right\},$$

则再次利用定理 4.4.10 可得

$$\begin{aligned}\iint_{\mathbb{R}^2} \mathrm{e}^{-(x^2+y^2)}\mathrm{d}x\mathrm{d}y &= \lim_{n\to\infty}\iint_{\Omega_n} \mathrm{e}^{-(x^2+y^2)}\mathrm{d}x\mathrm{d}y \\ &= \lim_{n\to\infty}\left(\int_{-n}^n \mathrm{e}^{-x^2}\mathrm{d}x\int_{-n}^n \mathrm{e}^{-y^2}\mathrm{d}y\right) = \left(\int_{-\infty}^{+\infty} \mathrm{e}^{-x^2}\mathrm{d}x\right)^2.\end{aligned}$$

从而,

$$\int_{-\infty}^{+\infty} \mathrm{e}^{-x^2}\mathrm{d}x = \sqrt{\pi}.$$

□

根据定理 4.4.10, 我们可以仿照一元函数无穷型反常积分比较判别法的证明得到如下结论:

定理 4.4.11 (比较判别法) 设 $D \subset \mathbb{R}^2$ 是具有分段光滑边界的无界区域, 二元函数 f, ϕ 都在 D 的任何零边界有界子区域上可积. 若存在 $K>0$, 使得 $0 \leqslant f(x,y) \leqslant K\phi(x,y), (x,y) \in D$, 则

(1) 当 $\iint_D \phi(x,y)\mathrm{d}x\mathrm{d}y$ 收敛时, $\iint_D f(x,y)\mathrm{d}x\mathrm{d}y$ 收敛;

(2) 当 $\iint_D f(x,y)\mathrm{d}x\mathrm{d}y$ 发散时, $\iint_D \phi(x,y)\mathrm{d}x\mathrm{d}y$ 发散.

类似于一元无界函数的瑕积分, 二元无界函数在有界区域上的反常二重积分可定义如下:

定义 4.4.7 (反常二重积分)　设 $D \subset \mathbb{R}^2$ 为具有分段光滑边界的有界区域, $P_0 \in \overline{D}$, 二元函数 f 在 $D \backslash \{P_0\}$ 上有定义, 但在 P_0 的任何去心邻域内无界 (称 P_0 为 f 的**奇点**). 记 σ 是 P_0 的零边界邻域, $\lambda = \mathrm{diam}\sigma$. 若 f 在 $D \backslash \sigma$ 上有界可积, 极限

$$I = \lim_{\lambda \to 0} \iint_{D \backslash \sigma} f(x,y)\mathrm{d}x\mathrm{d}y$$

存在且与 σ 的取法无关, 则称反常二重积分 $\displaystyle\iint_D f(x,y)\mathrm{d}x\mathrm{d}y$ 收敛, 或称 f 在 D 上可积, 称极限值 I 为 f 在 D 上的反常二重积分, 记为

$$I = \iint_D f(x,y)\mathrm{d}x\mathrm{d}y.$$

否则, 称反常二重积分 $\displaystyle\iint_D f(x,y)\mathrm{d}x\mathrm{d}y$ 发散.

例 4.4.11　证明: 反常二重积分

$$\iint_D \frac{x-y}{(x+y)^3}\mathrm{d}x\mathrm{d}y$$

发散, 其中 $D = \left\{(x,y) \,\middle|\, 0 \leqslant x \leqslant 1, 0 \leqslant y \leqslant 1\right\}$.

证明　显然, 坐标原点 $(0,0)$ 是被积函数 $\dfrac{x-y}{(x+y)^3}$ 的奇点. 设 ε, $\delta \in (0,1)$, 并令

$$D_{\varepsilon,\delta} = \left\{(x,y) \,\middle|\, 0 \leqslant x \leqslant \varepsilon, 0 \leqslant y \leqslant \delta\right\},$$

则

$$\begin{aligned}
&\iint_{D \backslash D_{\varepsilon,\delta}} \frac{x-y}{(x+y)^3}\mathrm{d}x\mathrm{d}y \\
=& \iint_{\substack{0 \leqslant x \leqslant \varepsilon \\ \delta \leqslant y \leqslant 1}} \frac{x-y}{(x+y)^3}\mathrm{d}x\mathrm{d}y + \iint_{\substack{\varepsilon \leqslant x \leqslant 1 \\ 0 \leqslant y \leqslant 1}} \frac{x-y}{(x+y)^3}\mathrm{d}x\mathrm{d}y \\
=& \int_0^\varepsilon \mathrm{d}x \int_\delta^1 \frac{x-y}{(x+y)^3}\mathrm{d}y + \int_\varepsilon^1 \mathrm{d}x \int_0^1 \frac{x-y}{(x+y)^3}\mathrm{d}y \\
=& \frac{\delta}{\varepsilon+\delta} - \frac{1}{2}.
\end{aligned}$$

由于二重极限 $\displaystyle\lim_{(\varepsilon,\delta)\to(0,0)} \frac{\delta}{\varepsilon+\delta}$ 不存在, 即

$$\lim_{(\varepsilon,\delta)\to(0,0)} \iint_{D \backslash D_{\varepsilon,\delta}} \frac{x-y}{(x+y)^3}\mathrm{d}x\mathrm{d}y$$

不存在, 所以反常二重积分 $\iint_D \frac{x-y}{(x+y)^3}\mathrm{d}x\mathrm{d}y$ 发散. □

非负无界函数在有界区域上的反常二重积分也有相应于定理 4.4.10 与定理 4.4.11 的可积充分必要条件、比较判别法等. 读者可自行写出这些定理的陈述及其证明.

例 4.4.12 设 $a>0$, $D=\left\{(x,y)\,\middle|\,x^2+y^2\leqslant a^2\right\}$. 证明反常二重积分

$$\iint_D \frac{1}{(x^2+y^2)^{\frac{p}{2}}}\mathrm{d}x\mathrm{d}y$$

收敛的充分必要条件是: $p<2$.

证明 设 $n>\frac{1}{a}$, 记

$$D_n=\left\{(x,y)\,\middle|\,x^2+y^2\leqslant\frac{1}{n^2}\right\}.$$

利用极坐标变换可得

$$\iint_{D\setminus D_n}\frac{1}{(x^2+y^2)^{\frac{p}{2}}}\mathrm{d}x\mathrm{d}y=\int_0^{2\pi}\mathrm{d}\theta\int_{\frac{1}{n}}^{a}r^{1-p}\mathrm{d}r=2\pi\int_{\frac{1}{n}}^{a}r^{1-p}\mathrm{d}r.$$

显然, 当且仅当 $p<2$ 时, 上式右端的积分在 $n\to\infty$ 时收敛. 从而, 根据非负无界函数反常二重积分收敛的充分必要条件即可证得所需结论. □

我们最后指出, 与一元函数反常积分不同的是, 反常重积分的收敛与绝对收敛是等价的. 例如, 对无界区域上的反常重积分, 我们有

定理 4.4.12 设无界区域 $D\subset\mathbb{R}^2$ 的边界由有限条分段光滑曲线所组成, 二元函数 f 在 D 中有界, 且在 D 的任何零边界有界子区域上都可积, 则反常二重积分 $\iint_D f(x,y)\mathrm{d}x\mathrm{d}y$ 收敛的充分必要条件是: $\iint_D |f(x,y)|\mathrm{d}x\mathrm{d}y$ 收敛.

4.5 含参变量的定积分

含参变量积分是构造新函数的重要工具. 例如, 若 $\mathcal{I}$ 是一个区间, 二元函数 $f\in C\big([a,b]\times\mathcal{I}\big)$, 则由于对任意固定的 $y\in\mathcal{I}$, $f(x,y)$ 都是 $[a,b]$ 上关于 x 的一元连续函数, 所以

$$\varphi(y)=\int_a^b f(x,y)\mathrm{d}x \tag{4.11}$$

在 $\mathcal{I}$ 上确定了一个关于 y 的一元函数. 由于积分表达式 (4.11) 中的 y 可以看成一个参变量, 所以称 (4.11) 为含参变量 y 的定积分.

本节主要研究含参变量的定积分所确定的函数 φ 的分析性质, 即连续性、可积性、可微性, 以及如何计算它们的积分与导数.

定理 4.5.1 (连续性定理) 设 $f \in C\big([a,b]\times[c,d]\big)$, 则函数

$$\varphi(y) = \int_a^b f(x,y)\mathrm{d}x$$

在 $[c,d]$ 上连续, 即对任意的 $y_0 \in [c,d]$ 都有

$$\lim_{y\to y_0}\int_a^b f(x,y)\mathrm{d}x = \lim_{y\to y_0}\varphi(y) = \varphi(y_0) = \int_a^b \lim_{y\to y_0} f(x,y)\mathrm{d}x.$$

证明 因为 $f \in C\big([a,b]\times[c,d]\big)$, 所以 f 在 $[a,b]\times[c,d]$ 上一致连续. 从而, 对于任意给定的 $\varepsilon > 0$, 都存在 $\delta > 0$, 使得对任意的 (x',y'), $(x'',y'') \in [a,b]\times[c,d]$, 只要 $\sqrt{(x'-x'')^2+(y'-y'')^2} < \delta$ 就有

$$\big|f(x',y') - f(x'',y'')\big| < \varepsilon.$$

因此, 对任意给定的 $y_0 \in [c,d]$, 只要 $y \in [c,d]$ 满足 $|y-y_0| < \delta$, 就有

$$\big|\varphi(y) - \varphi(y_0)\big| \leqslant \int_a^b \big|f(x,y) - f(x,y_0)\big|\mathrm{d}x \leqslant (b-a)\varepsilon.$$

故 φ 在点 y_0 处连续. 从而, 由 y_0 的任意性可知, $\varphi \in C\big([c,d]\big)$. □

定理 4.5.2 (积分次序交换定理) 设 $f \in C\big([a,b]\times[c,d]\big)$, 则函数

$$\varphi(y) = \int_a^b f(x,y)\mathrm{d}x$$

在 $[c,d]$ 上 Riemann 可积, 且

$$\int_c^d \mathrm{d}y \int_a^b f(x,y)\mathrm{d}x = \int_c^d \varphi(y)\mathrm{d}y = \int_a^b \mathrm{d}x \int_c^d f(x,y)\mathrm{d}y.$$

证明 因为 $f \in C\big([a,b]\times[c,d]\big)$, 所以由定理 4.5.1 可知, $\varphi \in C\big([c,d]\big)$. 再利用二重积分的计算公式 (推论 4.2.1) 即可得

$$\int_c^d \mathrm{d}y \int_a^b f(x,y)\mathrm{d}x = \iint_{[a,b]\times[c,d]} f(x,y)\mathrm{d}x\mathrm{d}y = \int_a^b \mathrm{d}x \int_c^d f(x,y)\mathrm{d}y. \qquad \square$$

定理 4.5.3 (积分号下求导定理) 设 $f(x,y)$ 与 $f_y(x,y)$ 都在 $[a,b]\times[c,d]$ 上连续, 则函数

$$\varphi(y)=\int_a^b f(x,y)\mathrm{d}x$$

在 $[c,d]$ 上可导, 且

$$\frac{\mathrm{d}}{\mathrm{d}y}\varphi(y)=\frac{\mathrm{d}}{\mathrm{d}y}\int_a^b f(x,y)\mathrm{d}x=\int_a^b\frac{\partial}{\partial y}f(x,y)\mathrm{d}x.$$

证明 因为 $f_y\in C\big([a,b]\times[c,d]\big)$, 所以由定理 4.5.1 可知, 函数 $g(y)=\int_a^b f_y(x,y)\mathrm{d}x$ 在 $[c,d]$ 上有定义且连续. 于是, 对任意的 $y\in[c,d]$, 根据定理 4.5.2 可得

$$\begin{aligned}\int_c^y g(t)\mathrm{d}t&=\int_c^y\mathrm{d}t\int_a^b\frac{\partial}{\partial t}f(x,t)\mathrm{d}x\\&=\int_a^b\mathrm{d}x\int_c^y\frac{\partial}{\partial t}f(x,t)\mathrm{d}t\\&=\int_a^b\big(f(x,y)-f(x,c)\big)\mathrm{d}x=\varphi(y)-\varphi(c).\end{aligned}$$

从而, 利用定积分变上限求导公式即可证得 $\varphi'(y)=g(y)\,(y\in[c,d])$. □

定理 4.5.4 (变上下限求导定理) 设 $f(x,y)$ 与 $f_y(x,y)$ 都在 $[a,b]\times[c,d]$ 上连续, α 与 β 都是 $[c,d]$ 上的可导函数且其值域包含于 $[a,b]$ 中, 则函数

$$F(y)=\int_{\alpha(y)}^{\beta(y)}f(x,y)\mathrm{d}x$$

在 $[c,d]$ 上可导, 且

$$\frac{\mathrm{d}}{\mathrm{d}y}F(y)=\int_{\alpha(y)}^{\beta(y)}\frac{\partial}{\partial y}f(x,y)\mathrm{d}x+f\big(\beta(y),y\big)\frac{\mathrm{d}}{\mathrm{d}y}\beta(y)-f\big(\alpha(y),y\big)\frac{\mathrm{d}}{\mathrm{d}y}\alpha(y).$$

证明 令 $v=\beta(y)$, $u=\alpha(y)$, 则

$$F(y)=\int_u^v f(x,y)\mathrm{d}x=:\varphi(y,v,u).$$

从而,

$$F'(y)=\varphi_y+\varphi_v v'+\varphi_u u'=\int_u^v f_y(x,y)\mathrm{d}x+f\big(v,y\big)v'-f\big(u,y\big)u'.$$

代入 v, u 即可证明所需结论. $\square$

例 4.5.1　设 $f\in C\big([0,1]\big)$. 判断函数

$$\varphi(y)=\int_0^1\frac{yf(x)}{x^2+y^2}\mathrm{d}x$$

的连续性.

解　显然, 函数 φ 在 $(-\infty,+\infty)$ 上有定义.

对任意的 $y_0>0$, 因为二元函数

$$h(x,y)=\frac{yf(x)}{x^2+y^2}$$

在 $[0,1]\times\left[\frac{1}{2}y_0,2y_0\right]$ 上连续, 所以由定理 4.5.1 可知, $\varphi\in C\left(\left[\frac{1}{2}y_0,2y_0\right]\right)$. 根据 y_0 的任意性, $\varphi\in C\big((0,+\infty)\big)$.

类似地, 对任意的 $y_0<0$, $\varphi\in C\left(\left[2y_0,\frac{1}{2}y_0\right]\right)$. 从而, $\varphi\in C\big((-\infty,0)\big)$.

当 $y_0=0$ 时, 我们首先考虑 φ 在点 $y_0=0$ 处的右极限

$$\lim_{y\to0+}\varphi(y)=\lim_{y\to0+}\int_0^1\frac{yf(x)}{x^2+y^2}\mathrm{d}x=\lim_{y\to0+}\left(\int_0^{y^{\frac{1}{3}}}\frac{yf(x)}{x^2+y^2}\mathrm{d}x+\int_{y^{\frac{1}{3}}}^1\frac{yf(x)}{x^2+y^2}\mathrm{d}x\right).$$

由积分第一中值定理可知, 存在 $\xi_y\in\big(0,y^{\frac{1}{3}}\big)$ 使得

$$\int_0^{y^{\frac{1}{3}}}\frac{yf(x)}{x^2+y^2}\mathrm{d}x=f(\xi_y)\int_0^{y^{\frac{1}{3}}}\frac{y}{x^2+y^2}\mathrm{d}x=f(\xi_y)\arctan y^{-\frac{2}{3}}.$$

故当 $y\to0+$ 时有

$$\int_0^{y^{\frac{1}{3}}}\frac{yf(x)}{x^2+y^2}\mathrm{d}x\to\frac{\pi}{2}f(0)\quad 且\quad \left|\int_{y^{\frac{1}{3}}}^1\frac{yf(x)}{x^2+y^2}\mathrm{d}x\right|\leqslant\max_{0\leqslant x\leqslant1}\big|f(x)\big|\frac{y}{y^{\frac{2}{3}}+y^2}\to0.$$

这表明,

$$\lim_{y\to0+}\varphi(y)=\frac{\pi}{2}f(0).$$

类似地可以证明:

$$\lim_{y\to0-}\varphi(y)=-\frac{\pi}{2}f(0).$$

从而, 当且仅当 $f(0)=0$ 时, φ 在 $y_0=0$ 处连续. $\square$

例 4.5.2　求定积分 $I=\displaystyle\int_0^1\frac{x^b-x^a}{\ln x}\mathrm{d}x$, 其中 $b>a>0$.

解 (法一) 因为

$$\int_a^b x^y \mathrm{d}y = \frac{x^b - x^a}{\ln x},$$

所以

$$I = \int_0^1 \mathrm{d}x \int_a^b x^y \mathrm{d}y.$$

对 $y \in [a,b]$, 若定义 $0^y = 0$, 则二元函数 $f(x,y) = x^y \in C\big([0,1] \times [a,b]\big)$. 从而由定理 4.5.2 可得

$$I = \int_a^b \mathrm{d}y \int_0^1 x^y \mathrm{d}x = \int_a^b \frac{1}{y+1} \mathrm{d}y = \ln \frac{b+1}{a+1}.$$

(法二) 对 $y \in [a,b]$, 令 $\varphi(y) = \displaystyle\int_0^1 \frac{x^y - x^a}{\ln x} \mathrm{d}x$. 若定义

$$f(x,y) = \begin{cases} \dfrac{x^y - x^a}{\ln x}, & (x,y) \in (0,1] \times [a,b], \\ 0, & (x,y) \in \{0\} \times [a,b] \end{cases}$$

及 $0^y = 0\,(y \in [a,b])$, 则 $f, f_y \in C\big([0,1] \times [a,b]\big)$. 从而, 由定理 4.5.3 可得

$$\varphi'(y) = \int_0^1 f_y(x,y) \mathrm{d}x = \int_0^1 x^y \mathrm{d}x = \frac{1}{y+1}.$$

因为 $\varphi(a) = 0$, 所以

$$\varphi(y) = \int_a^y \varphi'(t) \mathrm{d}t = \int_a^y \frac{1}{t+1} \mathrm{d}t = \ln \frac{y+1}{a+1}, \quad y \in [a,b].$$

特别地,

$$I = \varphi(b) = \ln \frac{b+1}{a+1}.$$

□

例 4.5.3 设 $|y| < 1$. 求 $\varphi(y) = \displaystyle\int_0^\pi \ln\big(1 + y\cos x\big) \mathrm{d}x$.

解 记 $f(x,y) = \ln\big(1 + y\cos x\big)$, 则对任意的 $a \in (0,1)$, 都有 $f, f_y \in C\big([0,\pi] \times [-a,a]\big)$. 于是, 由定理 4.5.3 可知

$$\varphi'(y) = \int_0^\pi \frac{\cos x}{1 + y\cos x} \mathrm{d}x, \quad y \in [-a,a].$$

直接计算可得

$$\varphi'(y) = \frac{1}{y} \int_0^\pi \left(1 - \frac{1}{1 + y\cos x}\right) \mathrm{d}x$$

$$= \frac{\pi}{y} - \frac{1}{y}\int_0^{\pi} \frac{1}{1+y\cos x}\mathrm{d}x, \quad y \in [-a,a]\backslash\{0\}.$$

又因为由万能公式 $u = \tan\dfrac{x}{2}$ 可得

$$\int_0^{\pi} \frac{1}{1+y\cos x}\mathrm{d}x = 2\int_0^{+\infty} \frac{1}{1+u^2+y(1-u^2)}\mathrm{d}u$$
$$= \frac{2}{\sqrt{1-y^2}}\arctan\left(\sqrt{\frac{1-y}{1+y}}u\right)\Bigg|_{u=0}^{+\infty} = \frac{\pi}{\sqrt{1-y^2}},$$

所以

$$\varphi'(y) = \frac{\pi}{y} - \frac{\pi}{y\sqrt{1-y^2}} = \frac{-\pi y}{\sqrt{1-y^2}\big(\sqrt{1-y^2}+1\big)}, \quad y \in [-a,a]\backslash\{0\}.$$

从而, 两端关于 y 积分可得

$$\varphi(y) = -\pi\int \frac{y\mathrm{d}y}{\sqrt{1-y^2}\big(\sqrt{1-y^2}+1\big)}$$
$$= \pi\ln\big(1+\sqrt{1-y^2}\big) + C, \quad y \in [-a,a]\backslash\{0\}.$$

注意到 $\varphi \in C\big([-a,a]\big)$ 且 $\varphi(0)=0$, 故 $C = -\pi\ln 2$. 由于上式对任意的 $a \in (0,1)$ 都成立, 所以

$$\varphi(y) = \pi\ln\big(1+\sqrt{1-y^2}\big) - \pi\ln 2 = \pi\ln\frac{1+\sqrt{1-y^2}}{2}, \quad y \in (-1,1). \qquad \square$$

例 4.5.4　设 $f \in C\big((-\infty,+\infty)\big)$, 令 $F(x) = \displaystyle\int_0^x (x-2t)f(t)\mathrm{d}t$. 证明: 若 f 在 $(-\infty,+\infty)$ 上单调减少, 则 F 在 $(-\infty,+\infty)$ 上单调增加.

证明　利用变上限求导公式可得

$$F'(x) = -xf(x) + \int_0^x f(t)\mathrm{d}t = \int_0^x \big(f(t)-f(x)\big)\mathrm{d}t.$$

故由 f 在 $(-\infty,+\infty)$ 上单调减少可知, $F' \geqslant 0$. 这表明 F 在 $(-\infty,+\infty)$ 上单调增加. $\square$

例 4.5.5　设

$$F(t) = \int_0^{t^2}\mathrm{d}x\int_{x-t}^{x+t}\sin(x^2+y^2-t^2)\mathrm{d}y.$$

求 $F'(t)$.

解 两次利用变上下限求导公式可得

$$F'(t) = \int_0^{t^2} \mathrm{d}x \frac{\partial}{\partial t} \int_{x-t}^{x+t} \sin(x^2 + y^2 - t^2)\mathrm{d}y + 2t \int_{t^2-t}^{t^2+t} \sin(t^4 + y^2 - t^2)\mathrm{d}y$$

$$= \int_0^{t^2} \mathrm{d}x \Big(-2t \int_{x-t}^{x+t} \cos(x^2+y^2 - t^2)\mathrm{d}y + \sin\left(2x^2 + 2tx\right) + \sin\left(2x^2 - 2tx\right)\Big)$$

$$+ 2t \int_{t^2-t}^{t^2+t} \sin(t^4 + y^2 - t^2)\mathrm{d}y.$$

□

4.6 含参变量的反常积分

与 Riemann 积分推广到反常积分类似, 含参变量的定积分推广到含参变量的反常积分也包含两个方面: 积分区间无界与被积函数无界. 本节主要研究无界区间上的含参变量的反常积分, 无界函数的含参变量的瑕积分可以类似地讨论.

若无特殊说明, 本节中的 $\mathcal{I}$ 都表示 $\mathbb{R}$ 上的区间 (可能为闭区间、开区间或无限区间等).

4.6.1 含参变量反常积分一致收敛的定义

设二元函数 f 在 $[a, +\infty)\times\mathcal{I}$ 上有定义. 若对某个 $y_0 \in \mathcal{I}$, 反常积分 $\displaystyle\int_a^{+\infty} f(x, y_0)\mathrm{d}x$ 收敛, 则称含参变量反常积分 $\displaystyle\int_a^{+\infty} f(x, y)\mathrm{d}x$ 在 y_0 处收敛, 并称 y_0 是它的收敛点. 为方便起见, 除非特别说明, 我们在本节中始终假设: 对任意的 $y \in \mathcal{I}$, 含参变量 y 的反常积分

$$\varphi(y) = \int_a^{+\infty} f(x, y)\mathrm{d}x$$

都收敛. 为了保证 φ 能够继承 f 的一些分析性质, 需要引入含参变量反常积分一致收敛的概念.

定义 4.6.1 (含参变量反常积分一致收敛) 若对任意给定的 $\varepsilon > 0$, 都存在 $A_0 \geqslant a$, 使得对任意的 $A > A_0$ 和任意的 $y \in \mathcal{I}$ 都有

$$\left|\int_a^{A} f(x, y)\mathrm{d}x - \varphi(y)\right| < \varepsilon, \quad 即 \quad \left|\int_A^{+\infty} f(x, y)\mathrm{d}x\right| < \varepsilon,$$

则称含参变量反常积分 $\displaystyle\int_a^{+\infty} f(x, y)\mathrm{d}x$ 关于 y 在区间 $\mathcal{I}$ 上一致收敛于 $\varphi(y)$.

类似地可以定义含参变量反常积分 $\displaystyle\int_{-\infty}^{a} f(x, y)\mathrm{d}x$ 与 $\displaystyle\int_{-\infty}^{+\infty} f(x, y)\mathrm{d}x$ 关于 y 在区间 $\mathcal{I}$ 上一致收敛.

注记 4.6.1 含参变量反常积分 $\int_a^{+\infty} f(x,y)\mathrm{d}x$ 关于 y 在区间 $\mathcal{I}$ 上不一致收敛是指: 存在 $\varepsilon_0>0$, 使得对任意的 $A\geqslant a$, 都存在 $A'>A$ 及 $y'\in\mathcal{I}$ 满足

$$\left|\int_{A'}^{+\infty} f(x,y')\mathrm{d}x\right|\geqslant\varepsilon_0.$$

例 4.6.1 证明: 含参变量反常积分 $\int_0^{+\infty}\mathrm{e}^{-xy}\mathrm{d}x$ 关于 y 在 $[y_0,+\infty)$ 上一致收敛 $(y_0>0)$, 但在 $(0,+\infty)$ 上不一致收敛.

证明 由于

$$0<\int_A^{+\infty}\mathrm{e}^{-xy}\mathrm{d}x=\frac{1}{y}\mathrm{e}^{-Ay}\leqslant\frac{1}{y_0}\mathrm{e}^{-Ay_0},\quad y\geqslant y_0,$$

所以对任意给定的 $\varepsilon\in\left(0,\dfrac{1}{y_0}\right)$, 若取 $A_0=-\dfrac{\ln(y_0\varepsilon)}{y_0}>0$, 则对任意的 $A>A_0$ 和任意的 $y\in[y_0,+\infty)$ 都有

$$\left|\int_A^{+\infty}\mathrm{e}^{-xy}\mathrm{d}x\right|\leqslant\frac{1}{y_0}\mathrm{e}^{-Ay_0}<\varepsilon.$$

故 $\int_0^{+\infty}\mathrm{e}^{-xy}\mathrm{d}x$ 关于 y 在 $[y_0,+\infty)$ 上一致收敛.

另一方面, 若取 $\varepsilon_0=\mathrm{e}^{-1}$, 则对任意的 $A>0$, 只需取 $A'=A+1>A$ 及 $y'=\dfrac{1}{A'}\in(0,+\infty)$ 就有

$$\int_{A'}^{+\infty}\mathrm{e}^{-xy'}\mathrm{d}x=\frac{1}{y'}\mathrm{e}^{-A'y'}=A'\mathrm{e}^{-1}>\mathrm{e}^{-1}=\varepsilon_0.$$

这表明 $\int_0^{+\infty}\mathrm{e}^{-xy}\mathrm{d}x$ 关于 y 在 $(0,+\infty)$ 上不一致收敛. □

可以类似地对无界函数的含参变量瑕积分引入一致收敛的概念. 例如,

定义 4.6.2 (含参变量瑕积分一致收敛) 设函数 f 定义在 $(a,b]\times\mathcal{I}$ 上, 且对任意的 $y\in\mathcal{I}$, 以 a 为唯一瑕点的反常积分

$$\varphi(y)=\int_a^b f(x,y)\mathrm{d}x$$

收敛. 若对任意给定的 $\varepsilon>0$, 都存在 $\delta\in\big(0,b-a\big)$, 使得对任意的 $\eta\in\big(0,\delta\big)$ 和任意的 $y\in\mathcal{I}$ 都有

$$\left|\int_{a+\eta}^b f(x,y)\mathrm{d}x-\varphi(y)\right|<\varepsilon,\quad 即\quad \left|\int_a^{a+\eta} f(x,y)\mathrm{d}x\right|<\varepsilon,$$

则称含参变量瑕积分 $\int_a^b f(x,y)\mathrm{d}x$ 关于 y 在区间 $\mathcal{I}$ 上一致收敛于 $\varphi(y)$.

类似地可以定义以 b 为瑕点或 $c\in(a,b)$ 为瑕点的含参变量瑕积分 $\int_a^b f(x,y)\mathrm{d}x$ 关于 y 在区间 $\mathcal{I}$ 上一致收敛.

注记 4.6.2 以 a 为唯一瑕点的反常积分 $\int_a^b f(x,y)\mathrm{d}x$ 关于 y 在区间 $\mathcal{I}$ 上不一致收敛是指: 存在 $\varepsilon_0>0$, 使得对任意的 $\delta\in(0,b-a)$, 都存在 $\eta'\in(0,\delta)$ 及 $y'\in\mathcal{I}$ 满足

$$\left|\int_a^{a+\eta'} f(x,y')\mathrm{d}x\right|\geqslant\varepsilon_0.$$

例 4.6.2 证明: 含参变量瑕积分 $\int_0^1 x^{p-1}\ln^2 x\,\mathrm{d}x$ 关于 p 在 $[p_0,+\infty)$ 上一致收敛 $(p_0>0)$, 但在 $(0,+\infty)$ 上不一致收敛.

证明 因为存在 $M>0$ 使得 $\left|x^{\frac{p_0}{2}}\ln^2 x\right|\leqslant M\ (x\in(0,1))$, 所以对任意给定的 $\varepsilon\in\left(0,\dfrac{2M}{p_0}\right)$, 若取 $\delta=\left(\dfrac{p_0\varepsilon}{2M}\right)^{\frac{2}{p_0}}\in(0,1)$, 则对任意的 $\eta\in(0,\delta)$ 和任意的 $p\in[p_0,+\infty)$ 都有

$$\left|\int_0^\eta x^{p-1}\ln^2 x\,\mathrm{d}x\right|\leqslant\int_0^\eta x^{p_0-1}\ln^2 x\,\mathrm{d}x\leqslant M\int_0^\eta x^{\frac{p_0}{2}-1}\mathrm{d}x=\frac{2M}{p_0}\eta^{\frac{p_0}{2}}<\varepsilon.$$

故 $\int_0^1 x^{p-1}\ln^2 x\,\mathrm{d}x$ 关于 p 在 $[p_0,+\infty)$ 上一致收敛.

另一方面, 若取 $\varepsilon_0=1$, 则对任意的 $\delta\in(0,1)$, 只需取 $\eta'=\min\left\{\delta^2,\mathrm{e}^{-1}\right\}\in(0,\delta)$, $p'=\eta'\in(0,+\infty)$ 就有

$$\begin{aligned}\left|\int_0^{\eta'} x^{p'-1}\ln^2 x\,\mathrm{d}x\right|&\geqslant\ln^2\eta'\int_0^{\eta'} x^{p'-1}\mathrm{d}x=\frac{\ln^2\eta'}{p'}(\eta')^{p'}\\&=\frac{\ln^2\eta'}{(\eta')^{1-\eta'}}\geqslant 1=\varepsilon_0.\end{aligned}$$

这表明, $\int_0^1 x^{p-1}\ln^2 x\mathrm{d}x$ 关于 p 在 $(0,+\infty)$ 上不一致收敛. □

4.6.2 含参变量反常积分一致收敛的判别

下面首先以 $\int_a^{+\infty} f(x,y)\mathrm{d}x$ 为例讨论含参变量反常积分一致收敛的判别方法. 特别地, 含参变量反常积分一致收敛的 Cauchy 收敛原理是研究一致收敛的非

常重要的理论工具.

定理 4.6.1 (含参变量反常积分一致收敛的 Cauchy 收敛原理) 含参变量反常积分 $\int_a^{+\infty} f(x,y)\mathrm{d}x$ 关于 y 在区间 $\mathcal{I}$ 上一致收敛的充分必要条件是: 对任意给定的 $\varepsilon>0$, 都存在 $A_0 \geqslant a$, 使得对任意的 A', $A''>A_0$ 和任意的 $y\in\mathcal{I}$ 都有

$$\left|\int_{A'}^{A''} f(x,y)\mathrm{d}x\right|<\varepsilon.$$

证明 (必要性) 设 $\int_a^{+\infty} f(x,y)\mathrm{d}x$ 关于 y 在 $\mathcal{I}$ 上一致收敛于 $\varphi(y)$, 则对任意给定的 $\varepsilon>0$, 都存在 $A_0\geqslant a$, 使得对任意的 A', $A''>A_0$ 和任意的 $y\in\mathcal{I}$ 都有

$$\left|\int_a^{A'} f(x,y)\mathrm{d}x-\varphi(y)\right|<\frac{\varepsilon}{2},\quad \left|\int_a^{A''} f(x,y)\mathrm{d}x-\varphi(y)\right|<\frac{\varepsilon}{2}.$$

从而,

$$\begin{aligned}\left|\int_{A'}^{A''} f(x,y)\mathrm{d}x\right| &= \left|\left(\int_a^{A''} f(x,y)\mathrm{d}x-\varphi(y)\right)+\left(\varphi(y)-\int_a^{A'} f(x,y)\mathrm{d}x\right)\right|\\ &\leqslant \left|\int_a^{A''} f(x,y)\mathrm{d}x-\varphi(y)\right|+\left|\varphi(y)-\int_a^{A'} f(x,y)\mathrm{d}x\right|<\varepsilon.\end{aligned}$$

(充分性) 设对任意给定的 $\varepsilon>0$, 存在 $A_0\geqslant a$, 使得对任意的 A', $A''>A_0$ 和任意的 $y\in\mathcal{I}$ 都有

$$\left|\int_{A'}^{A''} f(x,y)\mathrm{d}x\right|<\varepsilon. \tag{4.12}$$

于是, 对每一固定的 $y\in\mathcal{I}$, 由反常积分的 Cauchy 收敛原理可知, 存在 $\varphi(y)$ 使得

$$\varphi(y)=\int_a^{+\infty} f(x,y)\mathrm{d}x.$$

从而, 只需在 (4.12) 中令 $A''\to+\infty$ 即可得

$$\left|\int_a^{A'} f(x,y)\mathrm{d}x-\varphi(y)\right|=\left|\int_{A'}^{+\infty} f(x,y)\mathrm{d}x\right|\leqslant\varepsilon,\quad y\in\mathcal{I}.$$

这表明 $\int_a^{+\infty} f(x,y)\mathrm{d}x$ 关于 y 在 $\mathcal{I}$ 上一致收敛于 $\varphi(y)$. □

定理 4.6.2 (Weierstrass 判别法) 若

$$|f(x,y)| \leqslant F(x), \quad (x,y) \in [a,+\infty) \times \mathcal{I}$$

且反常积分

$$\int_a^{+\infty} F(x)\mathrm{d}x$$

收敛, 则含参变量反常积分 $\int_a^{+\infty} f(x,y)\mathrm{d}x$ 关于 y 在区间 $\mathcal{I}$ 上一致收敛.

证明 对任意给定的 $\varepsilon > 0$, 由 $\int_a^{+\infty} F(x)\mathrm{d}x$ 收敛及反常积分收敛的 Cauchy 收敛原理可知, 存在 $A_0 \geqslant a$, 使得对任意的 A', $A'' > A_0$ 都有

$$\int_{A'}^{A''} F(x)\mathrm{d}x < \varepsilon.$$

从而, 对任意的 A', $A'' > A_0$ 和任意的 $y \in \mathcal{I}$ 都有

$$\left|\int_{A'}^{A''} f(x,y)\mathrm{d}x\right| \leqslant \int_{A'}^{A''} \big|f(x,y)\big|\mathrm{d}x \leqslant \int_{A'}^{A''} F(x)\mathrm{d}x < \varepsilon.$$

故由定理 4.6.1 可知, $\int_a^{+\infty} f(x,y)\mathrm{d}x$ 关于 y 在区间 $\mathcal{I}$ 上一致收敛. □

例 4.6.3 证明: 含参变量积分 $\int_0^{+\infty} \mathrm{e}^{-(y^2+1)x}\sin x\mathrm{d}x$ 关于 y 在 $[0,+\infty)$ 上一致收敛.

证明 因为

$$\left|\mathrm{e}^{-(y^2+1)x}\sin x\right| \leqslant \mathrm{e}^{-x}, \quad (x,y) \in [0,+\infty) \times [0,+\infty)$$

且 $\int_0^{+\infty} \mathrm{e}^{-x}\mathrm{d}x$ 收敛, 所以由 Weierstrass 判别法可知, $\int_0^{+\infty} \mathrm{e}^{-(y^2+1)x}\sin x\mathrm{d}x$ 关于 y 在 $[0,+\infty)$ 上一致收敛. □

能够利用 Weierstrass 判别法判断出一致收敛的含参变量反常积分必定是绝对一致收敛的. 对于非绝对一致收敛的含参变量反常积分, 我们有如下一致收敛的充分条件:

定理 4.6.3 若下列两个条件之一成立:

(1) (Abel 判别法) 含参变量反常积分 $\int_a^{+\infty} f(x,y)\mathrm{d}x$ 关于 y 在 $\mathcal{I}$ 上一致收敛, 函数 $\phi(x,y)$ 对每个固定的 $y \in \mathcal{I}$ 关于 x 在 $[a,+\infty)$ 上单调, 且一致有界, 即

存在 $M>0$ 使得

$$|\phi(x,y)|\leqslant M,\quad (x,y)\in[a,+\infty)\times\mathcal{I};$$

(2) (Dirichlet 判别法) 变上限积分 $\int_a^A f(x,y)\mathrm{d}x$ 关于 y 在 $\mathcal{I}$ 上一致有界, 即存在 $M>0$ 使得

$$\left|\int_a^A f(x,y)\mathrm{d}x\right|\leqslant M,\quad (A,y)\in[a,+\infty)\times\mathcal{I},$$

函数 $\phi(x,y)$ 对每个固定的 $y\in\mathcal{I}$ 关于 x 在 $[a,+\infty)$ 上单调, 且当 $x\to+\infty$ 时, $\phi(x,y)$ 关于 $y\in\mathcal{I}$ 一致趋于 0, 即对任意的 $\varepsilon>0$, 都存在 $A_0\geqslant a$, 使得对任意的 $x>A_0$ 和任意的 $y\in\mathcal{I}$ 都有

$$\big|\phi(x,y)\big|<\varepsilon,$$

则含参变量反常积分 $\int_a^{+\infty} f(x,y)\phi(x,y)\mathrm{d}x$ 关于 y 在区间 $\mathcal{I}$ 上一致收敛.

证明　(1) 对任意给定的 $\varepsilon>0$, 因为 $\int_a^{+\infty} f(x,y)\mathrm{d}x$ 关于 y 在 $\mathcal{I}$ 上一致收敛, 所以存在 $A_0\geqslant a$, 使得对任意的 $A''>A'>A_0$ 和任意的 $y\in\mathcal{I}$ 都有

$$\left|\int_{A'}^{A''} f(x,y)\mathrm{d}x\right|<\varepsilon.$$

于是, 由推广的积分第二中值定理可知

$$\begin{aligned}\left|\int_{A'}^{A''} f(x,y)\phi(x,y)\mathrm{d}x\right|&\leqslant|\phi(A',y)|\left|\int_{A'}^{\xi} f(x,y)\mathrm{d}x\right|\\&\quad+|\phi(A'',y)|\left|\int_{\xi}^{A''} f(x,y)\mathrm{d}x\right|<2M\varepsilon,\end{aligned}$$

其中 $\xi\in[A',A'']$. 故由定理 4.6.1 可知, $\int_a^{+\infty} f(x,y)\phi(x,y)\mathrm{d}x$ 关于 y 在 $\mathcal{I}$ 上一致收敛.

(2) 对任意给定的 $\varepsilon>0$, 因为 $\phi(x,y)$ 关于 $y\in\mathcal{I}$ 在当 $x\to+\infty$ 时一致趋于 0, 所以存在 $A_0\geqslant a$, 使得对任意的 $A''>A'>A_0$ 和任意的 $y\in\mathcal{I}$ 都有

$$|\phi(A',y)|<\varepsilon,\quad |\phi(A'',y)|<\varepsilon.$$

于是, 由推广的积分第二中值定理可知

$$\begin{aligned}\left|\int_{A'}^{A''} f(x,y)\phi(x,y)\mathrm{d}x\right| &\leqslant |\phi(A',y)|\left|\int_{A'}^{\xi} f(x,y)\mathrm{d}x\right| + |\phi(A'',y)|\left|\int_{\xi}^{A''} f(x,y)\mathrm{d}x\right| \\ &= |\phi(A',y)|\left|\int_0^{\xi} f(x,y)\mathrm{d}x - \int_0^{A'} f(x,y)\mathrm{d}x\right| \\ &\quad + |\phi(A'',y)|\left|\int_0^{A''} f(x,y)\mathrm{d}x - \int_0^{\xi} f(x,y)\mathrm{d}x\right| \\ &< 4M\varepsilon,\end{aligned}$$

其中 $\xi \in [A', A'']$. 故由定理 4.6.1 可知, $\int_a^{+\infty} f(x,y)\phi(x,y)\mathrm{d}x$ 关于 y 在 $\mathcal{I}$ 上一致收敛. □

例 4.6.4 证明: 含参变量积分 $\int_0^{+\infty} \mathrm{e}^{-xy}\dfrac{\sin x}{x}\mathrm{d}x$ 关于 y 在 $[0,+\infty)$ 上一致收敛.

证明 因为 $\int_0^{+\infty} \dfrac{\sin x}{x}\mathrm{d}x$ 关于 y 在 $[0,+\infty)$ 上一致收敛, 而函数 e^{-xy} 关于 x 在 $[0,+\infty)$ 上单调减少, 且

$$0 < \mathrm{e}^{-xy} \leqslant 1, \quad x \geqslant 0, y \geqslant 0,$$

即 e^{-xy} 在 $[0,+\infty)\times[0,+\infty)$ 上一致有界, 所以由 Abel 判别法可知, $\int_0^{+\infty} \mathrm{e}^{-xy}\dfrac{\sin x}{x}\mathrm{d}x$ 关于 y 在 $[0,+\infty)$ 上一致收敛. □

例 4.6.5 证明: 含参变量积分 $\int_0^{+\infty} \dfrac{\sin(xy)}{x}\mathrm{d}x$ 关于 y 在 $[y_0,+\infty)$ 上一致收敛 $(y_0 > 0)$, 但在 $(0,+\infty)$ 上不一致收敛.

证明 因为

$$\left|\int_0^{A} \sin(xy)\mathrm{d}x\right| = \frac{1-\cos(Ay)}{y} \leqslant \frac{2}{y} \leqslant \frac{2}{y_0}, \quad y \geqslant y_0,$$

所以 $\int_0^{A} \sin(xy)\mathrm{d}x$ 在 $[0,+\infty)\times[y_0,+\infty)$ 上一致有界. 显然, $\dfrac{1}{x}$ 在 $(0,+\infty)$ 上单调减少且当 $x \to +\infty$ 时关于 $y \in [y_0,+\infty)$ 一致趋于 0. 从而, 由 Dirichlet 判别法可知, $\int_0^{+\infty} \dfrac{\sin(xy)}{x}\mathrm{d}x$ 关于 y 在 $[y_0,+\infty)$ 上一致收敛.

另一方面, 若取 $\varepsilon_0=\dfrac{\sqrt{2}}{3}>0$, 则对任意的 $A>0$, 只需取 $A'=2A$, $A''=6A$ 及 $y'=\dfrac{\pi}{8A}\in(0,+\infty)$，就有

$$\left|\int_{A'}^{A''}\frac{\sin(xy')}{x}\mathrm{d}x\right|=\left|\int_{A'y'}^{A''y'}\frac{\sin x}{x}\mathrm{d}x\right|=\int_{\frac{\pi}{4}}^{\frac{3\pi}{4}}\frac{\sin x}{x}\mathrm{d}x$$
$$\geqslant\int_{\frac{\pi}{4}}^{\frac{3\pi}{4}}\frac{\sqrt{2}}{2}\cdot\frac{4}{3\pi}\mathrm{d}x=\frac{\sqrt{2}}{3}=\varepsilon_0.$$

故由定理 4.6.1 可知, $\displaystyle\int_0^{+\infty}\frac{\sin(xy)}{x}\mathrm{d}x$ 关于 y 在 $(0,+\infty)$ 上不一致收敛. □

例 4.6.6 证明: 含参变量积分 $\displaystyle\int_1^{+\infty}\frac{\sin x^2}{1+x^y}\mathrm{d}x$ 关于 y 在 $[0,+\infty)$ 上一致收敛.

证明 (法一) 显然, $\displaystyle\int_1^{+\infty}\sin x^2\mathrm{d}x=\int_1^{+\infty}\frac{\sin t}{2\sqrt{t}}\mathrm{d}t$ 关于 y 在 $[0,+\infty)$ 上一致收敛. 另一方面, 函数 $\dfrac{1}{1+x^y}$ 关于 x 在 $[1,+\infty)$ 上单调减少, 且

$$0<\frac{1}{1+x^y}<1,\quad x\geqslant1,\quad y\geqslant0,$$

即 $\dfrac{1}{1+x^y}$ 在 $[1,+\infty)\times[0,+\infty)$ 上一致有界. 故由 Abel 判别法可知, $\displaystyle\int_1^{+\infty}\frac{\sin x^2}{1+x^y}\mathrm{d}x$ 关于 y 在 $[0,+\infty)$ 上一致收敛.

(法二) 将积分 $\displaystyle\int_1^{+\infty}\frac{\sin x^2}{1+x^y}\mathrm{d}x$ 改写为

$$\int_1^{+\infty}\frac{\sin x^2}{1+x^y}\mathrm{d}x=\int_1^{+\infty}x\sin x^2\cdot\frac{1}{x(1+x^y)}\mathrm{d}x.$$

显然,

$$\left|\int_1^A x\sin x^2\mathrm{d}x\right|=\frac{1}{2}\left|\cos1-\cos A^2\right|\leqslant1,$$

即 $\displaystyle\int_1^A x\sin x^2\mathrm{d}x$ 在 $[1,+\infty)\times[0,+\infty)$ 上一致有界. 又因为函数 $\dfrac{1}{x(1+x^y)}$ 关于 x 在 $[1,+\infty)$ 上单调减少, 且由

$$0\leqslant\frac{1}{x(1+x^y)}\leqslant\frac{1}{x},\quad(x,y)\in[1,+\infty)\times[0,+\infty)$$

可知, 当 $x \to +\infty$ 时 $\dfrac{1}{x(1+x^y)}$ 关于 y 在 $[0,+\infty)$ 上一致趋于 0, 所以由 Dirichlet 判别法可知, $\displaystyle\int_1^{+\infty} \frac{\sin x^2}{1+x^y}\mathrm{d}x$ 关于 y 在 $[0,+\infty)$ 上一致收敛. □

对于含参变量瑕积分, 也有相应的一致收敛判别方法. 进而, 当考虑无界函数在无界区间上的含参变量反常积分或有多个瑕点的含参变量瑕积分时, 可以先将积分区间适当拆分, 以简化问题的讨论.

例 4.6.7 证明: 含参变量积分 $\displaystyle\int_0^{+\infty} \frac{\cos x^2}{x^p}\mathrm{d}x$ 关于 p 在 $(-1,1)$ 上**内闭一致收敛** (即在 $(-1,1)$ 的任意闭子区间上都一致收敛).

证明 只需证明: 对任意的 $p_0 \in (0,1)$, $\displaystyle\int_0^{+\infty} \frac{\cos x^2}{x^p}\mathrm{d}x$ 关于 p 在 $[-p_0,p_0]$ 上一致收敛.

由于当 $p>0$ 时 $\dfrac{\cos x^2}{x^p}$ 在 $x=0$ 附近无界, 我们将 $\displaystyle\int_0^{+\infty} \frac{\cos x^2}{x^p}\mathrm{d}x$ 改写为

$$\int_0^{+\infty} \frac{\cos x^2}{x^p}\mathrm{d}x = \int_0^{1} \frac{\cos x^2}{x^p}\mathrm{d}x + \int_1^{+\infty} \frac{\cos x^2}{x^p}\mathrm{d}x = \varphi_1(p)+\varphi_2(p).$$

因为

$$\left|\frac{\cos x^2}{x^p}\right| \leqslant \frac{1}{x^p} \leqslant \frac{1}{x^{p_0}}, \quad (x,p)\in(0,1)\times[-p_0,p_0]$$

且 $\displaystyle\int_0^1 \frac{1}{x^{p_0}}\mathrm{d}x$ 收敛, 所以由 Weierstrass 判别法可知, $\varphi_1(p)$ 关于 p 在 $[-p_0,p_0]$ 上一致收敛.

另一方面, 利用变换 $t=x^2$ 可将 $\varphi_2(p)$ 化为

$$\varphi_2(p) = \frac{1}{2}\int_1^{+\infty} \frac{\cos t}{t^{\frac{1}{2}(p+1)}}\mathrm{d}t.$$

显然,

$$\left|\int_1^A \cos t\,\mathrm{d}t\right| = \left|\sin A - \sin 1\right| \leqslant 2,$$

即 $\displaystyle\int_1^A \cos t\,\mathrm{d}t$ 在 $[1,+\infty)\times[-p_0,p_0]$ 上一致有界, 而函数 $\dfrac{1}{t^{\frac{1}{2}(p+1)}}$ 关于 t 在 $[1,+\infty)$ 上单调减少且由

$$0 \leqslant \frac{1}{t^{\frac{1}{2}(p+1)}} \leqslant \frac{1}{t^{\frac{1}{2}(-p_0+1)}}, \quad (t,p)\in[1,+\infty)\times[-p_0,p_0]$$

可知, 当 $t \to +\infty$ 时 $\dfrac{1}{t^{\frac{1}{2}(p+1)}}$ 关于 p 在 $[-p_0, p_0]$ 上一致趋于 0. 因此, 根据 Dirichlet 判别法, $\varphi_2(p)$ 关于 p 在 $[-p_0, p_0]$ 上一致收敛.

综上所述, 积分 $\displaystyle\int_0^{+\infty} \frac{\cos x^2}{x^p} \mathrm{d}x$ 关于 p 在 $(-1,1)$ 上内闭一致收敛. □

4.6.3 含参变量反常积分一致收敛的性质

本小节主要讨论由含参变量反常积分所确定的函数的分析性质, 即它们的连续性、可微性, 以及如何计算它们的积分、导数等.

定理 4.6.4 (连续性定理) 设 $f \in C\big([a,+\infty) \times \mathcal{I}\big)$, 含参变量反常积分 $\displaystyle\int_a^{+\infty} f(x,y)\mathrm{d}x$ 关于 y 在区间 $\mathcal{I}$ 上一致收敛, 则函数

$$\varphi(y) = \int_a^{+\infty} f(x,y)\mathrm{d}x$$

在 $\mathcal{I}$ 上连续, 即对任意的 $y_0 \in \mathcal{I}$ 都有

$$\lim_{y \to y_0} \int_a^{+\infty} f(x,y)\mathrm{d}x = \lim_{y \to y_0} \varphi(y) = \varphi(y_0) = \int_a^{+\infty} \lim_{y \to y_0} f(x,y)\mathrm{d}x.$$

证明 设 $y_0 \in \mathcal{I}$. 对任意给定的 $\varepsilon > 0$, 由 $\displaystyle\int_a^{+\infty} f(x,y)\mathrm{d}x$ 关于 y 在 $\mathcal{I}$ 上一致收敛可知, 存在 $A_0 > a$, 使得对任意的 $y \in \mathcal{I}$ 都有

$$\left|\int_{A_0}^{+\infty} f(x,y)\mathrm{d}x\right| < \frac{\varepsilon}{3}.$$

由于 $f \in C\big([a, A_0] \times \mathcal{I}\big)$, 根据定理 4.5.1 可知, 对上述 $\varepsilon > 0$, 必存在 $\delta > 0$, 使得对任意的 $y \in \mathcal{I}$, 只要 $|y - y_0| < \delta$, 就有

$$\left|\int_a^{A_0} \big(f(x,y) - f(x,y_0)\big)\mathrm{d}x\right| \leqslant \int_a^{A_0} \big|f(x,y) - f(x,y_0)\big|\mathrm{d}x < \frac{\varepsilon}{3}.$$

于是,

$$\begin{aligned}
\big|\varphi(y) - \varphi(y_0)\big| &= \left|\int_a^{+\infty} f(x,y)\mathrm{d}x - \int_a^{+\infty} f(x,y_0)\mathrm{d}x\right| \\
&\leqslant \left|\int_a^{A_0} \big(f(x,y) - f(x,y_0)\big)\mathrm{d}x\right| + \left|\int_{A_0}^{+\infty} f(x,y)\mathrm{d}x\right|
\end{aligned}$$

$$+\left|\int_{A_0}^{+\infty} f(x,y_0)\mathrm{d}x\right|$$
$$<\frac{\varepsilon}{3}+\frac{\varepsilon}{3}+\frac{\varepsilon}{3}=\varepsilon.$$

这表明 φ 在点 y_0 连续. 由 $y_0\in\mathcal{I}$ 的任意性可知, φ 在 $\mathcal{I}$ 上连续. □

定理 4.6.5 (积分次序交换定理) 设 $f\in C\big([a,+\infty)\times[c,d]\big)$, 含参变量反常积分 $\int_a^{+\infty} f(x,y)\mathrm{d}x$ 关于 y 在 $[c,d]$ 上一致收敛, 则函数

$$\varphi(y)=\int_a^{+\infty} f(x,y)\mathrm{d}x$$

在 $[c,d]$ 上可积, 且

$$\int_c^d \mathrm{d}y\int_a^{+\infty} f(x,y)\mathrm{d}x=\int_c^d \varphi(y)\mathrm{d}y=\int_a^{+\infty}\mathrm{d}x\int_c^d f(x,y)\mathrm{d}y. \tag{4.13}$$

证明 由定理 4.6.4 可知, $\varphi\in C\big([c,d]\big)$. 故 $\varphi\in R\big([c,d]\big)$.

对任意给定的 $\varepsilon>0$, 因为 $\int_a^{+\infty} f(x,y)\mathrm{d}x$ 关于 y 在 $[c,d]$ 上一致收敛, 所以存在 $A_0>a$, 使得对任意的 $A>A_0$ 和任意的 $y\in[c,d]$ 都有

$$\left|\int_A^{+\infty} f(x,y)\mathrm{d}x\right|<\varepsilon.$$

又因为由含参变量定积分的积分次序交换定理可知

$$\begin{aligned}\int_c^d \varphi(y)\mathrm{d}y&=\int_c^d \mathrm{d}y\int_a^A f(x,y)\mathrm{d}x+\int_c^d \mathrm{d}y\int_A^{+\infty} f(x,y)\mathrm{d}x\\&=\int_a^A \mathrm{d}x\int_c^d f(x,y)\mathrm{d}y+\int_c^d \mathrm{d}y\int_A^{+\infty} f(x,y)\mathrm{d}x,\end{aligned}$$

所以

$$\begin{aligned}\left|\int_c^d \varphi(y)\mathrm{d}y-\int_a^A \mathrm{d}x\int_c^d f(x,y)\mathrm{d}y\right|&=\left|\int_c^d \mathrm{d}y\int_A^{+\infty} f(x,y)\mathrm{d}x\right|\\&\leqslant\int_c^d\left|\int_A^{+\infty} f(x,y)\mathrm{d}x\right|\mathrm{d}y<(d-c)\varepsilon.\end{aligned}$$

这表明 (4.13) 成立. □

当定理 4.6.5 中的 $\mathcal{I}=[c,d]$ 为无界区间时, 结论未必成立, 但我们有如下定理:

定理 4.6.6 (积分次序交换定理) 设 $f \in C\big([a,+\infty)\times[c,+\infty)\big)$, 且对任意的 $C>c$ 及 $A>a$, 含参变量反常积分 $\int_a^{+\infty} f(x,y)\mathrm{d}x$ 关于 y 在 $[c,C]$ 上一致收敛, $\int_c^{+\infty} f(x,y)\mathrm{d}y$ 关于 x 在 $[a,A]$ 上一致收敛. 若 $\int_a^{+\infty}\mathrm{d}x\int_c^{+\infty}|f(x,y)|\mathrm{d}y$ 与 $\int_c^{+\infty}\mathrm{d}y\int_a^{+\infty}|f(x,y)|\mathrm{d}x$ 中至少有一个存在, 则

$$\int_c^{+\infty}\mathrm{d}y\int_a^{+\infty} f(x,y)\mathrm{d}x=\int_a^{+\infty}\mathrm{d}x\int_c^{+\infty} f(x,y)\mathrm{d}y. \tag{4.14}$$

证明 不妨设 $\int_a^{+\infty}\mathrm{d}x\int_c^{+\infty}|f(x,y)|\mathrm{d}y$ 存在, 则 $\int_a^{+\infty}\mathrm{d}x\int_c^{+\infty} f(x,y)\mathrm{d}y$ 也存在. 从而, (4.14) 等价于

$$\lim_{C\to+\infty}\int_c^{C}\mathrm{d}y\int_a^{+\infty} f(x,y)\mathrm{d}x=\int_a^{+\infty}\mathrm{d}x\int_c^{+\infty} f(x,y)\mathrm{d}y.$$

由于对任意的 $C>c$, 含参变量反常积分 $\int_a^{+\infty} f(x,y)\mathrm{d}x$ 关于 y 在 $[c,C]$ 上一致收敛, 所以由定理 4.6.5 可知, 只需证明:

$$\lim_{C\to+\infty}\int_a^{+\infty}\mathrm{d}x\int_c^{C} f(x,y)\mathrm{d}y=\int_a^{+\infty}\mathrm{d}x\int_c^{+\infty} f(x,y)\mathrm{d}y,$$

即

$$\lim_{C\to+\infty}\int_a^{+\infty}\mathrm{d}x\int_C^{+\infty} f(x,y)\mathrm{d}y=0. \tag{4.15}$$

事实上, 由 $\int_a^{+\infty}\mathrm{d}x\int_c^{+\infty}|f(x,y)|\mathrm{d}y$ 存在可知, 对任意给定的 $\varepsilon>0$, 都存在 $A_0>a$, 使得

$$\int_{A_0}^{+\infty}\mathrm{d}x\int_c^{+\infty}|f(x,y)|\mathrm{d}y<\frac{\varepsilon}{2}.$$

将 (4.15) 中的积分 $\int_a^{+\infty}\mathrm{d}x\int_C^{+\infty} f(x,y)\mathrm{d}y$ 改写为

$$\int_a^{+\infty}\mathrm{d}x\int_C^{+\infty} f(x,y)\mathrm{d}y=\int_a^{A_0}\mathrm{d}x\int_C^{+\infty} f(x,y)\mathrm{d}y+\int_{A_0}^{+\infty}\mathrm{d}x\int_C^{+\infty} f(x,y)\mathrm{d}y$$

$$= I_1 + I_2.$$

显然, 对任意的 $C > c$ 都有

$$|I_2| \leqslant \int_{A_0}^{+\infty} \mathrm{d}x \int_{C}^{+\infty} \big|f(x,y)\big|\mathrm{d}y \leqslant \int_{A_0}^{+\infty} \mathrm{d}x \int_{c}^{+\infty} \big|f(x,y)\big|\mathrm{d}y < \frac{\varepsilon}{2}.$$

又因为含参变量反常积分 $\displaystyle\int_{c}^{+\infty} f(x,y)\mathrm{d}y$ 关于 x 在 $[a, A_0]$ 上一致收敛, 所以存在 $C_0 > c$, 使得对任意的 $C > C_0$ 和任意的 $x \in [a, A_0]$ 都有

$$\left|\int_{C}^{+\infty} f(x,y)\mathrm{d}y\right| < \frac{\varepsilon}{2(A_0 - a)}.$$

从而, 当 $C > C_0$ 时必有

$$|I_1| = \left|\int_{a}^{A_0} \mathrm{d}x \int_{C}^{+\infty} f(x,y)\mathrm{d}y\right| \leqslant \int_{a}^{A_0} \mathrm{d}x\left|\int_{C}^{+\infty} f(x,y)\mathrm{d}y\right| < \frac{\varepsilon}{2}.$$

故

$$\left|\int_{a}^{+\infty} \mathrm{d}x \int_{C}^{+\infty} f(x,y)\mathrm{d}y\right| \leqslant |I_1| + |I_2| < \frac{\varepsilon}{2} + \frac{\varepsilon}{2} = \varepsilon.$$

这表明 (4.15) 成立. □

定理 4.6.7 (积分号下求导定理) 设 $f(x,y)$ 与 $f_y(x,y)$ 都在 $[a,+\infty) \times \mathcal{I}$ 上连续, 对每一个 $y \in \mathcal{I}$, 反常积分 $\displaystyle\int_{a}^{+\infty} f(x,y)\mathrm{d}x$ 与 $\displaystyle\int_{a}^{+\infty} f_y(x,y)\mathrm{d}x$ 都收敛, 且 $\displaystyle\int_{a}^{+\infty} f_y(x,y)\mathrm{d}x$ 关于 y 在 $\mathcal{I}$ 上一致收敛, 则函数

$$\varphi(y) = \int_{a}^{+\infty} f(x,y)\mathrm{d}x$$

在 $\mathcal{I}$ 上可导, 且

$$\frac{\mathrm{d}}{\mathrm{d}y}\int_{a}^{+\infty} f(x,y)\mathrm{d}x = \frac{\mathrm{d}}{\mathrm{d}y}\varphi(y) = \int_{a}^{+\infty} \frac{\partial}{\partial y} f(x,y)\mathrm{d}x, \quad y \in \mathcal{I}.$$

证明 取定 $c \in \mathcal{I}$, 则对任意的 $y \in \mathcal{I} \setminus \{c\}$, 由定理 4.6.5 可知

$$\int_{c}^{y} \mathrm{d}t \int_{a}^{+\infty} \frac{\partial}{\partial t} f(x,t)\mathrm{d}x = \int_{a}^{+\infty} \mathrm{d}x \int_{c}^{y} \frac{\partial}{\partial t} f(x,t)\mathrm{d}t$$

$$
\begin{aligned}
&= \int_a^{+\infty} \big(f(x,y) - f(x,c)\big)\mathrm{d}x \\
&= \varphi(y) - \varphi(c),
\end{aligned}
$$

而由定理 4.6.4 可知, $\displaystyle\int_a^{+\infty} \frac{\partial}{\partial t} f(x,t)\mathrm{d}x$ 在区间 $\mathcal{I}$ 上连续. 这表明上式左端关于 y 可导且

$$
\int_a^{+\infty} \frac{\partial}{\partial y} f(x,y)\mathrm{d}x = \frac{\mathrm{d}}{\mathrm{d}y}\varphi(y), \quad y \in \mathcal{I}. \qquad \square
$$

注记 4.6.3 可以证明, 当 $\mathcal{I} = [c,d]$ 时, 在定理 4.6.7 的假设下, 含参变量反常积分 $\displaystyle\int_a^{+\infty} f(x,y)\mathrm{d}x$ 关于 y 在 $\mathcal{I}$ 上一致收敛.

可以类似地讨论由参变量瑕积分所确定的函数的连续性、可积性、可微性, 以及如何计算它们的导数与积分等, 而对无界函数在无界区间上的含参变量反常积分或有多个瑕点的含参变量瑕积分, 可以先将积分区间适当拆分, 以简化问题的讨论.

例 4.6.8 设

$$
\varphi(y) = \int_0^{+\infty} \frac{\arctan x}{x^y(1+x^3)}\mathrm{d}x.
$$

试确定函数 φ 的连续范围.

解 首先确定 φ 的定义域. 注意到 $x=0$ 可能为瑕点, 将积分改写为

$$
\varphi(y) = \int_0^1 \frac{\arctan x}{x^y(1+x^3)}\mathrm{d}x + \int_1^{+\infty} \frac{\arctan x}{x^y(1+x^3)}\mathrm{d}x = \varphi_1(y) + \varphi_2(y).
$$

因为

$$
\frac{\arctan x}{x^y(1+x^3)} \sim \frac{1}{x^{y-1}} \quad (x \to 0+),
$$

所以当且仅当 $y-1<1$ 即 $y<2$ 时 $\varphi_1(y)$ 收敛. 又因为

$$
\frac{\arctan x}{x^y(1+x^3)} \sim \frac{\pi}{2x^{y+3}} \quad (x \to +\infty),
$$

所以当且仅当 $y+3>1$ 即 $y>-2$ 时 $\varphi_2(y)$ 收敛. 从而, φ 的定义域为 $(-2,2)$.

其次证明 φ 在 $(-2,2)$ 上连续, 即在任意闭区间 $[-2+\delta, 2-\delta] \subset (-2,2)$ 上连续, 其中 $\delta \in (0,2)$. 根据定理 4.6.4, 只需证明: 含参变量反常积分 $\varphi_1(y)$ 与 $\varphi_2(y)$

都关于 y 在 $[-2+\delta,2-\delta]$ 上一致收敛. 事实上, 因为

$$0\leqslant\frac{\arctan x}{x^y(1+x^3)}\leqslant\frac{1}{x^{y-1}}\leqslant\frac{1}{x^{1-\delta}},\quad (x,y)\in[0,1]\times[-2+\delta,2-\delta]$$

且 $\displaystyle\int_0^1\frac{1}{x^{1-\delta}}\mathrm{d}x$ 收敛, 所以由 Weierstrass 判别法可知, $\varphi_1(y)$ 关于 y 在 $[-2+\delta,2-\delta]$ 上一致收敛. 又因为

$$0\leqslant\frac{\arctan x}{x^y(1+x^3)}\leqslant\frac{\pi}{2x^{y+3}}\leqslant\frac{\pi}{2x^{1+\delta}},\quad (x,y)\in[1,+\infty)\times[-2+\delta,2-\delta]$$

且 $\displaystyle\int_1^{+\infty}\frac{1}{x^{1+\delta}}\mathrm{d}x$ 收敛, 所以再次利用 Weierstrass 判别法可知, $\varphi_2(y)$ 关于 y 在 $[-2+\delta,2-\delta]$ 上一致收敛. 这表明 $\varphi_1(y)$ 与 $\varphi_2(y)$ 关于 y 在 $[-2+\delta,2-\delta]$ 上都一致收敛. □

例 4.6.9 计算积分

$$\varphi(y)=\int_0^{+\infty}\mathrm{e}^{-x^2}\cos(xy)\mathrm{d}x.$$

解 因为

$$\left|\mathrm{e}^{-x^2}\cos(xy)\right|\leqslant\mathrm{e}^{-x^2},\quad (x,y)\in[0,+\infty)\times(-\infty,+\infty)$$

且 $\displaystyle\int_0^{+\infty}\mathrm{e}^{-x^2}\mathrm{d}x$ 收敛, 所以由 Weierstrass 判别法可知, $\varphi(y)$ 关于 y 在 $(-\infty,+\infty)$ 上一致收敛. 又因为

$$\left|\left(\mathrm{e}^{-x^2}\cos(xy)\right)_y\right|=\left|x\mathrm{e}^{-x^2}\sin(xy)\right|\leqslant x\mathrm{e}^{-x^2},\quad (x,y)\in[0,+\infty)\times(-\infty,+\infty)$$

且 $\displaystyle\int_0^{+\infty}x\mathrm{e}^{-x^2}\mathrm{d}x$ 收敛, 所以再次利用 Weierstrass 判别法可知, $\displaystyle\int_0^{+\infty}\left(\mathrm{e}^{-x^2}\cdot\cos(xy)\right)_y\mathrm{d}x$ 关于 y 在 $(-\infty,+\infty)$ 上一致收敛. 从而, 由定理 4.6.7 可知

$$\varphi'(y)=\int_0^{+\infty}\left(\mathrm{e}^{-x^2}\cos(xy)\right)_y\mathrm{d}x=-\int_0^{+\infty}x\mathrm{e}^{-x^2}\sin(xy)\mathrm{d}x,\quad y\in(-\infty,+\infty).$$

于是, 由分部积分可得

$$\varphi'(y)=\frac{1}{2}\left(\mathrm{e}^{-x^2}\sin(xy)\right)\Big|_{x=0}^{+\infty}-\frac{1}{2}y\int_0^{+\infty}\mathrm{e}^{-x^2}\cos(xy)\mathrm{d}x=-\frac{1}{2}y\varphi(y).$$

故 $\varphi(y)=C\mathrm{e}^{-\frac{1}{4}y^2}$, 其中 C 为待定常数. 再由 $\varphi(0)=\dfrac{\sqrt{\pi}}{2}$ 可知, $C=\dfrac{\sqrt{\pi}}{2}$. 从而,

$$\varphi(y)=\frac{\sqrt{\pi}}{2}\mathrm{e}^{-\frac{1}{4}y^2},\quad y\in(-\infty,+\infty).$$ □

例 4.6.10 证明: Dirichlet 积分

$$\int_0^{+\infty}\frac{\sin x}{x}\,\mathrm{d}x=\frac{\pi}{2}.$$

证明 引入收敛因子 e^{-xy}: 考虑函参变量 y 的反常积分

$$\varphi(y)=\int_0^{+\infty}\mathrm{e}^{-xy}\frac{\sin x}{x}\mathrm{d}x.$$

由例 4.6.4 可知, $\varphi(y)$ 关于 y 在 $[0,+\infty)$ 上一致收敛, 而被积函数 $\mathrm{e}^{-xy}\dfrac{\sin x}{x}$ 在 $[0,+\infty)\times[0,+\infty)$ 上连续 $\left(当 x=0 时, 定义 \mathrm{e}^{-xy}\dfrac{\sin x}{x}=1\right)$, 故根据定理 4.6.4 可得

$$\int_0^{+\infty}\frac{\sin x}{x}\,\mathrm{d}x=\varphi(0)=\lim_{y\to0+}\varphi(y).$$

下面利用积分号下求导法求 $\varphi(y)$ 的解析表达式. 对任意给定的 $y_0>0$, 因为

$$\left|\mathrm{e}^{-xy}\sin x\right|\leqslant\mathrm{e}^{-xy_0},\quad(x,y)\in[0,+\infty)\times[y_0,+\infty)$$

且 $\displaystyle\int_0^{+\infty}\mathrm{e}^{-xy_0}\mathrm{d}x$ 收敛, 所以由 Weierstrass 判别法可知, 积分

$$\int_0^{+\infty}\left(\mathrm{e}^{-xy}\frac{\sin x}{x}\right)_y\mathrm{d}x=-\int_0^{+\infty}\mathrm{e}^{-xy}\sin x\mathrm{d}x$$

关于 y 在 $[y_0,+\infty)$ 上一致收敛. 显然, $\mathrm{e}^{-xy}\sin x$ 在 $[0,+\infty)\times[y_0,+\infty)$ 上连续, 故根据定理 4.6.7 可得

$$\begin{aligned}\varphi'(y)&=-\int_0^{+\infty}\mathrm{e}^{-xy}\sin x\mathrm{d}x=\left.\frac{\mathrm{e}^{-xy}(y\sin x+\cos x)}{1+y^2}\right|_{x=0}^{+\infty}\\&=-\frac{1}{1+y^2},\quad y\in[y_0,+\infty).\end{aligned}$$

由 y_0 的任意性可知

$$\varphi'(y)=-\frac{1}{1+y^2},\quad y\in(0,+\infty).$$

于是, 直接积分可得

$$\varphi(y) = -\arctan y + C, \quad y \in (0, +\infty),$$

其中 C 为待定常数. 又因为

$$\left|\varphi(y)\right| \leqslant \int_0^{+\infty} \mathrm{e}^{-xy}\frac{|\sin x|}{x}\mathrm{d}x \leqslant \int_0^{+\infty} \mathrm{e}^{-xy}\mathrm{d}x = \frac{1}{y}, \quad y \in (0, +\infty),$$

所以 $\lim\limits_{y\to+\infty} \varphi(y) = 0$. 故 $C = \dfrac{\pi}{2}$. 从而,

$$\varphi(y) = -\arctan y + \frac{\pi}{2}, \quad y \in (0, +\infty).$$

综上可知,

$$\int_0^{+\infty} \frac{\sin x}{x}\,\mathrm{d}x = \lim_{y\to0+} \varphi(y) = \lim_{y\to0+} \left(-\arctan y + \frac{\pi}{2}\right) = \frac{\pi}{2}. \qquad \square$$

例 4.6.11 设 $b > a > 0$. 求

$$I = \int_0^{+\infty} \frac{\cos(ax) - \cos(bx)}{x^2}\mathrm{d}x.$$

解 (法一) 因为

$$\frac{\cos(ax) - \cos(bx)}{x} = \int_a^b \sin(xy)\mathrm{d}y,$$

所以

$$I = \int_0^{+\infty} \left(\int_a^b \frac{\sin(xy)}{x}\mathrm{d}y\right)\mathrm{d}x.$$

根据例 4.6.5, 含参变量反常积分 $\displaystyle\int_0^{+\infty} \frac{\sin(xy)}{x}\mathrm{d}x$ 关于 y 在 $[a, b]$ 上一致收敛. 从而, 由定理 4.6.5 及例 4.6.10 可得

$$I = \int_a^b \left(\int_0^{+\infty} \frac{\sin(xy)}{x}\mathrm{d}x\right)\mathrm{d}y = \int_a^b \left(\int_0^{+\infty} \frac{\sin t}{t}\mathrm{d}t\right)\mathrm{d}y = \int_a^b \frac{\pi}{2}\mathrm{d}y = \frac{\pi}{2}(b - a).$$

(法二) 考虑函参变量 y 的反常积分:

$$\varphi(y) = \int_0^{+\infty} \frac{\cos(ax) - \cos(yx)}{x^2}\mathrm{d}x, \quad y \in [a, b].$$

记

$$f(x,y)=\begin{cases}\dfrac{\cos(ax)-\cos(yx)}{x^2}, & x\neq 0,\ y\in[a,b],\\ \dfrac{1}{2}\left(y^2-a^2\right), & x=0,\ y\in[a,b],\end{cases}$$

则

$$\varphi(y)=\int_0^{+\infty}f(x,y)\mathrm{d}x,$$

$$f_y(x,y)=\begin{cases}\dfrac{\sin(yx)}{x}, & x\neq 0,\ y\in[a,b],\\ y, & x=0,\ y\in[a,b],\end{cases}$$

且 f 与 f_y 都在 $[0,+\infty)\times[a,b]$ 上连续. 由例 4.6.5 可知, 含参变量反常积分

$$\int_0^{+\infty}f_y(x,y)\mathrm{d}x=\int_0^{+\infty}\frac{\sin(yx)}{x}\mathrm{d}x$$

关于 y 在 $[a,b]$ 上一致收敛, 所以由定理 4.6.7 及例 4.6.10 可知

$$\varphi'(y)=\int_0^{+\infty}\frac{\sin(xy)}{x}\mathrm{d}x=\int_0^{+\infty}\frac{\sin t}{t}\mathrm{d}t=\frac{\pi}{2},\quad y\in[a,b].$$

又因为 $\varphi(a)=0$, 所以

$$I=\varphi(b)=\int_a^b\varphi'(t)\mathrm{d}t=\frac{\pi}{2}(b-a).$$

□

一般来说, 定理 4.6.4 的逆命题不成立, 即函数 $f\in C\big([a,+\infty)\times[c,d]\big)$ 且在区间 $[c,d]$ 上含参变量反常积分 $\displaystyle\int_a^{+\infty}f(x,y)\mathrm{d}x$ 收敛于连续函数 $\varphi(y)$ 并不蕴含该收敛在 $[c,d]$ 上具有一致性. 下面的定理则表明, 在附加函数 f 不变号的条件下, 可以得到该收敛在 $[c,d]$ 上是一致的.

定理 4.6.8 (Dini 定理)　设函数 f 在 $[a,+\infty)\times[c,d]$ 上连续且不变号. 证明: 若含参变量积分

$$\varphi(y)=\int_a^{+\infty}f(x,y)\mathrm{d}x$$

在 $[c,d]$ 上连续, 则含参变量积分 $\displaystyle\int_a^{+\infty}f(x,y)\mathrm{d}x$ 关于 y 在 $[c,d]$ 上一致收敛.

证明 用反证法. 不妨设 f 在 $[a,+\infty)\times[c,d]$ 上非负. 若 $\int_a^{+\infty} f(x,y)\mathrm{d}x$ 关于 y 在 $[c,d]$ 上不一致收敛, 则存在 $\varepsilon_0>0$ 及数列 $\{y_n\}$, 使得

$$y_n\in[c,d] \quad \text{且} \quad \int_n^{+\infty} f(x,y_n)\mathrm{d}x \geqslant \varepsilon_0, \quad n=1,2,\cdots.$$

根据 Bolzano-Weierstrass 定理, $\{y_n\}$ 存在收敛子列. 为了叙述的方便, 不妨设 $\{y_n\}$ 收敛并记 $y_0=\lim\limits_{n\to\infty} y_n$. 显然, $y_0\in[c,d]$. 因为反常积分 $\int_a^{+\infty} f(x,y_0)\mathrm{d}x$ 收敛, 所以对上述 ε_0, 必存在 $A>a$ 使得

$$\int_A^{+\infty} f(x,y_0)\mathrm{d}x < \frac{\varepsilon_0}{2}.$$

又因为 $\int_a^{+\infty} f(x,y)\mathrm{d}x$ 在 $[c,d]$ 上连续, 且由含参变量定积分的连续性定理知 $\int_a^{A} f(x,y)\mathrm{d}x$ 在 $[c,d]$ 上也连续, 所以由

$$\int_A^{+\infty} f(x,y)\mathrm{d}x = \int_a^{+\infty} f(x,y)\mathrm{d}x - \int_a^{A} f(x,y)\mathrm{d}x$$

可得, $\int_A^{+\infty} f(x,y)\mathrm{d}x$ 在 $[c,d]$ 上连续. 从而, 由 $\lim\limits_{n\to\infty} y_n = y_0$ 可推出

$$\lim_{n\to\infty}\int_A^{+\infty} f(x,y_n)\mathrm{d}x = \int_A^{+\infty} f(x,y_0)\mathrm{d}x < \frac{\varepsilon_0}{2}.$$

另一方面, 由 $f(x,y)\geqslant 0$ 可知, 当 $n>A$ 时, 必有

$$\int_A^{+\infty} f(x,y_n)\mathrm{d}x \geqslant \int_n^{+\infty} f(x,y_n)\mathrm{d}x \geqslant \varepsilon_0.$$

这是一个矛盾. 故 $\int_a^{+\infty} f(x,y)\mathrm{d}x$ 在 $[c,d]$ 上一致收敛. □

4.6.4 Γ 函数与 Beta 函数

在本段中, 我们考察两个特殊的含参变量反常积分:

$$\Gamma(s)=\int_0^{+\infty} x^{s-1}\mathrm{e}^{-x}\mathrm{d}x \quad \text{与} \quad \mathrm{B}(p,q)=\int_0^1 x^{p-1}(1-x)^{q-1}\mathrm{d}x.$$

为了求出函数 $\Gamma(s)$ 的定义域, 将其改写为

$$\Gamma(s)=\int_0^1 x^{s-1}\mathrm{e}^{-x}\mathrm{d}x+\int_1^{+\infty} x^{s-1}\mathrm{e}^{-x}\mathrm{d}x=:\varphi_1(s)+\varphi_2(s).$$

由含参变量反常积分的收敛判别法可知, 当 $s\leqslant 0$ 时, $\varphi_1(s)$ 发散; 而当 $s>0$ 时, $\varphi_1(s)$ 与 $\varphi_2(s)$ 都收敛. 因此, $\Gamma(s)$ 的定义域为 $(0,+\infty)$.

类似地, 将函数 $\mathrm{B}(p,q)$ 写成

$$\mathrm{B}(p,q)=\int_0^{\frac{1}{2}} x^{p-1}(1-x)^{q-1}\mathrm{d}x+\int_{\frac{1}{2}}^1 x^{p-1}(1-x)^{q-1}\mathrm{d}x=\varphi_1(p,q)+\varphi_2(p,q).$$

因为当 $x\to 0+$ 时, $x^{p-1}(1-x)^{q-1}\sim x^{p-1}$, 所以当且仅当 $p>0$ 时, $\varphi_1(p,q)$ 收敛; 而当 $x\to 1-$ 时, $x^{p-1}(1-x)^{q-1}\sim(1-x)^{q-1}$, 所以当且仅当 $q>0$ 时, $\varphi_2(p,q)$ 收敛. 故 $\mathrm{B}(p,q)$ 的定义域为 $(0,+\infty)\times(0,+\infty)$.

于是, 我们可以引入如下定义:

定义 4.6.3 (Γ 函数与 Beta 函数) *分别称含参变量的反常积分*

$$\Gamma(s)=\int_0^{+\infty} x^{s-1}\mathrm{e}^{-x}\mathrm{d}x,\quad s\in(0,+\infty),$$

$$\mathrm{B}(p,q)=\int_0^1 x^{p-1}(1-x)^{q-1}\mathrm{d}x,\quad (p,q)\in(0,+\infty)\times(0,+\infty)$$

为 Γ 函数与 Beta 函数.

Γ 函数与 Beta 函数都是由含参变量反常积分所确定的非初等函数, 也分别称为第二类 Euler 积分与第一类 Euler 积分, 统称为 Euler 积分, 它们之间存在如下联系:

定理 4.6.9

$$\mathrm{B}(p,q)=\frac{\Gamma(p)\Gamma(q)}{\Gamma(p+q)},\quad (p,q)\in(0,+\infty)\times(0,+\infty).$$

证明 由变量替换可知

$$\Gamma(p)=\int_0^{+\infty} x^{p-1}\mathrm{e}^{-x}\mathrm{d}x=2\int_0^{+\infty} t^{2p-1}\mathrm{e}^{-t^2}\mathrm{d}t.$$

类似地,

$$\Gamma(q)=2\int_0^{+\infty} t^{2q-1}\mathrm{e}^{-t^2}\mathrm{d}t.$$

于是, 利用化反常重积分为累次积分、极坐标变换、变量替换可得

$$\begin{aligned}\Gamma(p)\Gamma(q) &= 4\int_0^{+\infty} s^{2p-1}\mathrm{e}^{-s^2}\mathrm{d}s\int_0^{+\infty} t^{2q-1}\mathrm{e}^{-t^2}\mathrm{d}t\\ &= 4\iint_{(s,t)\in[0,+\infty)\times[0,+\infty)} s^{2p-1}t^{2q-1}\mathrm{e}^{-(s^2+t^2)}\mathrm{d}s\mathrm{d}t\\ &= 4\iint_{(r,\theta)\in[0,+\infty)\times\left[0,\frac{\pi}{2}\right]} r^{2(p+q)-1}\mathrm{e}^{-r^2}\cos^{2p-1}\theta\sin^{2q-1}\theta\mathrm{d}r\mathrm{d}\theta\\ &= \left(2\int_0^{\frac{\pi}{2}}\cos^{2p-1}\theta\sin^{2q-1}\theta\mathrm{d}\theta\right)\left(2\int_0^{+\infty} r^{2(p+q)-1}\mathrm{e}^{-r^2}\mathrm{d}r\right)\\ &= \left(\int_0^1 x^{p-1}(1-x)^{q-1}\mathrm{d}x\right)\left(\int_0^{+\infty} x^{(p+q)-1}\mathrm{e}^{-x}\mathrm{d}x\right)\\ &= \mathrm{B}(p,q)\Gamma(p+q).\end{aligned}$$ □

在初等微积分课程中, 我们已经证明了 Γ 函数的如下性质:

(1) $\Gamma(1)=1$, $\Gamma\left(\frac{1}{2}\right)=\sqrt{\pi}$;

(2) $\Gamma(s)$ 满足递推公式

$$\Gamma(s+1)=s\Gamma(s),\quad s\in(0,+\infty);$$

特别地, 当 n 为正整数时, 有 $\Gamma(n+1)=n!$.

从而, 根据定理 4.6.9, Beta 函数就具有如下性质:

(1) $\mathrm{B}(1,1)=1$, $\mathrm{B}\left(\frac{1}{2},\frac{1}{2}\right)=\pi$;

(2) $\mathrm{B}(p,q)=\mathrm{B}(q,p)$, $(p,q)\in(0,+\infty)\times(0,+\infty)$;

(3) $\mathrm{B}(p,q)$ 满足递推公式

$$\mathrm{B}(p,q)=\frac{q-1}{p+q-1}\mathrm{B}(p,q-1),\quad (p,q)\in(0,+\infty)\times(1,+\infty);$$

特别地, 当 m,n 为正整数时, 有

$$\mathrm{B}(m,n)=\frac{(m-1)!(n-1)!}{(m+n-1)!}.$$

利用含参变量反常积分的连续性定理与积分号下求导定理, 我们可以进一步证明 Γ 函数与 Beta 函数的连续性与可导性.

定理 4.6.10 Γ 函数 $\Gamma(s)$ 在 $(0,+\infty)$ 上连续, 且存在任意阶连续的导数; Beta 函数 $\mathrm{B}(p,q)$ 在 $(0,+\infty)\times(0,+\infty)$ 上连续, 且存在任意阶连续的偏导数.

证明 注意到 $x=0$ 可能为瑕点, 将 Γ 函数改写为

$$\Gamma(s)=\int_0^{+\infty}x^{s-1}\mathrm{e}^{-x}\mathrm{d}x=\int_0^1 x^{s-1}\mathrm{e}^{-x}\mathrm{d}x+\int_1^{+\infty}x^{s-1}\mathrm{e}^{-x}\mathrm{d}x=:\Gamma_1(s)+\Gamma_2(s).$$

对任意的闭区间 $[a,b]\subset(0,+\infty)$, 因为

$$0\leqslant x^{s-1}\mathrm{e}^{-x}\leqslant x^{a-1}\mathrm{e}^{-x},\quad (x,s)\in(0,1]\times[a,b]$$

且 $\int_0^1 x^{a-1}\mathrm{e}^{-x}\mathrm{d}x$ 收敛, 所以由 Weierstrass 判别法可知, $\Gamma_1(s)$ 关于 s 在 $[a,b]$ 上一致收敛; 类似地, 因为

$$0\leqslant x^{s-1}\mathrm{e}^{-x}\leqslant x^{b-1}\mathrm{e}^{-x},\quad (x,s)\in[1,+\infty)\times[a,b]$$

且 $\int_1^{+\infty}x^{b-1}\mathrm{e}^{-x}\mathrm{d}x$ 收敛, 所以 $\Gamma_2(s)$ 关于 s 在 $[a,b]$ 上一致收敛. 故含参变量反常积分 $\Gamma(s)$ 关于 s 在 $[a,b]$ 上一致收敛. 从而, Γ 在 $[a,b]$ 上连续. 再由区间 $[a,b]$ 的任意性可知, Γ 在 $(0,+\infty)$ 上连续.

类似地可以证明: 对于任意闭区间 $[a,b]\subset(0,+\infty)$, 含参变量反常积分

$$\int_0^{+\infty}\frac{\partial}{\partial s}\left(x^{s-1}\mathrm{e}^{-x}\right)\mathrm{d}x\quad\left(=\int_0^{+\infty}x^{s-1}\mathrm{e}^{-x}\ln x\mathrm{d}x\right)$$

关于 s 在 $[a,b]$ 上一致收敛. 因此, 利用积分号下求导定理可知 Γ 在 $[a,b]$ 上可导. 再根据区间 $[a,b]$ 的任意性, Γ 在 $(0,+\infty)$ 上可导, 且

$$\Gamma'(s)=\int_0^{+\infty}x^{s-1}\mathrm{e}^{-x}\ln x\,\mathrm{d}x,\quad s\in(0,+\infty).$$

进一步, 重复上面的讨论可得, Γ 在 $(0,+\infty)$ 上具有任意阶连续的导数, 且对 $n=1,2,\cdots$ 有

$$\Gamma^{(n)}(s)=\int_0^{+\infty}x^{s-1}\mathrm{e}^{-x}(\ln x)^n\,\mathrm{d}x,\quad s\in(0,+\infty).$$

最后, 根据定理 4.6.9 及 Γ 的可导性, $\mathrm{B}(p,q)$ 在 $(0,+\infty)\times(0,+\infty)$ 上连续, 且存在任意阶连续的偏导数. □

例 4.6.12 求定积分 $I=\int_0^{\frac{\pi}{2}}\cos^4 x\sin^6 x\mathrm{d}x$.

解 利用变量替换、定理 4.6.9 及 Γ 函数的递推公式可得

$$I=\int_0^{\frac{\pi}{2}}\cos^4 x\sin^6 x\mathrm{d}x=\frac{1}{2}\int_0^1 t^{\frac{3}{2}}(1-t)^{\frac{5}{2}}\mathrm{d}t=\frac{1}{2}\mathrm{B}\left(\frac{5}{2},\frac{7}{2}\right)$$

$$= \frac{1}{2}\frac{\Gamma\left(\frac{5}{2}\right)\Gamma\left(\frac{7}{2}\right)}{\Gamma(6)} = \frac{1}{2}\cdot\frac{1}{5!}\left(\frac{3}{2}\cdot\frac{1}{2}\cdot\sqrt{\pi}\right)\left(\frac{5}{2}\cdot\frac{3}{2}\cdot\frac{1}{2}\cdot\sqrt{\pi}\right) = \frac{3\pi}{512}. \qquad \square$$

例 4.6.13 求定积分 $I = \int_0^1 x^8\sqrt{1-x^3}\,\mathrm{d}x$.

解 利用变量替换、定理 4.6.9 及 Γ 函数的递推公式可得

$$\begin{aligned} I &= \int_0^1 x^8\left(1-x^3\right)^{\frac{1}{2}}\mathrm{d}x = \frac{1}{3}\int_0^1 t^2(1-t)^{\frac{1}{2}}\mathrm{d}t = \frac{1}{3}\mathrm{B}\left(3,\frac{3}{2}\right) \\ &= \frac{1}{3}\frac{\Gamma(3)\Gamma\left(\frac{3}{2}\right)}{\Gamma\left(\frac{9}{2}\right)} = \frac{1}{3}\cdot\frac{2!\,\Gamma\left(\frac{3}{2}\right)}{\frac{7}{2}\cdot\frac{5}{2}\cdot\frac{3}{2}\cdot\Gamma\left(\frac{3}{2}\right)} = \frac{16}{315}. \qquad \square \end{aligned}$$

4.7 变分学初步

作为微分学和积分学基础知识的综合应用, 我们在本节中以最速降线问题和极小曲面问题为背景对变分学作一个初步介绍.

4.7.1 一元函数情形

1696 年, Bernoulli 研究了如下**最速降线问题** (也称捷线问题): 在平面上给定两点, 一个初速度为 0 的质点沿着连接这两点的光滑曲线在重力作用下下滑, 求使得滑行时间最短的曲线方程.

不妨设所给定的两点分别为 $O(0,0)$ 和 $A(x_0,y_0)$ ($x_0>0, y_0>0$ 即取向下的方向为 y 轴正向), 曲线 $\Gamma: y=y(x)$ 是一条连接 O 与 A 的光滑曲线, 即 $y=y(x)$ 满足 $y(0)=0$ 和 $y(x_0)=y_0$. 因为速度

$$v = \frac{\mathrm{d}s}{\mathrm{d}t} = \frac{\sqrt{1+y'^2}\,\mathrm{d}x}{\mathrm{d}t},$$

其中 s 表示弧长, 所以

$$\mathrm{d}t = \frac{\sqrt{1+y'^2}}{v}\mathrm{d}x.$$

故质点沿着曲线 Γ 从 O 到 A 所需时间可表示为

$$J(y) = \int_0^{x_0}\frac{\sqrt{1+y'^2}}{v}\mathrm{d}x. \tag{4.16}$$

设质点的质量为 m, 重力加速度为 g, 曲线上点 $(x, y(x))$ 处的切线与 y 轴方向的夹角为 τ. 由牛顿运动第二定律可知

$$m\frac{\mathrm{d}^2 s}{\mathrm{d}t^2} = mg\cos\tau = mg\frac{\mathrm{d}y}{\mathrm{d}s},$$

即 $\dfrac{\mathrm{d}^2 s}{\mathrm{d}t^2} = g\dfrac{\mathrm{d}y}{\mathrm{d}s}$. 两边同乘以 $2\dfrac{\mathrm{d}s}{\mathrm{d}t}$ 得

$$\frac{\mathrm{d}}{\mathrm{d}t}\Big(\frac{\mathrm{d}s}{\mathrm{d}t}\Big)^2 = 2\frac{\mathrm{d}^2 s}{\mathrm{d}t^2}\frac{\mathrm{d}s}{\mathrm{d}t} = 2g\frac{\mathrm{d}y}{\mathrm{d}s}\frac{\mathrm{d}s}{\mathrm{d}t} = 2g\frac{\mathrm{d}y}{\mathrm{d}t}.$$

将两边从 0 到 t 积分并利用 $\dfrac{\mathrm{d}s}{\mathrm{d}t}(0) = v(0) = 0$ 及 $y(0) = 0$ 可得 $\left(\dfrac{\mathrm{d}s}{\mathrm{d}t}\right)^2 = 2gy$, 即

$$v = \sqrt{2gy}.$$

将其代入 (4.16) 即知, 质点从 O 沿曲线 $y = y(x)$ 到 A 所需的时间为

$$J(y) = \int_0^{x_0}\sqrt{\frac{1+y'^2}{2gy}}\mathrm{d}x.$$

于是, 只需求出满足 $y(0) = 0$ 和 $y(x_0) = y_0$ 且使得 $J(y)$ 最小的函数 $y(x)$ 即可.

在数学上, 最速降线问题研究的是函数的 "函数", 即 J 的值域 $\mathcal{R}(J)$ 包含于实数集, 但它的定义域 $\mathcal{D}(J)$ 是由某些函数组成的集合. 通常称这类函数的 "函数" 为泛函. 最速降线问题就是求泛函 J 在其定义域 (也称为**容许函数类**) $\mathcal{D}(J)$ 中的最小值. 这样一个求泛函的极值问题称为变分问题.

一般地, 我们将研究泛函

$$J(y) = \int_a^b F(x, y, y')\mathrm{d}x, \quad y \in \mathcal{D}(J) \tag{4.17}$$

的极值, 其中 F 具有二阶连续偏导数, 且

$$\mathcal{D}(J) = \Big\{y \,\Big|\, y \in C^2([a, b]),\ y(a) = \alpha,\ y(b) = \beta\Big\}.$$

为了引入泛函极值的定义, 对任意的 $y_1, y_2 \in C([a, b])$, 我们记

$$\|y_1 - y_2\| = \max_{x\in[a,b]}\big|y_1(x) - y_2(x)\big|.$$

定义 4.7.1 (泛函极小值) 设泛函 J 定义在 $\mathcal{D}(J) \subset C([a,b])$ 上, $y_* \in \mathcal{D}(J)$. 若存在 $\delta > 0$, 使得对任意的 $y \in \mathcal{D}(J)$, 只要 $\|y - y_*\| < \delta$, 就有

$$J(y_*) \leqslant J(y),$$

则称泛函 J 在 y_* 处取得极小值, 也称 y_* 是泛函 J 的极小值点.

类似于函数极值的研究, 我们首先推导泛函在一点取得极值的必要条件. 设 $y_* \in \mathcal{D}(J)$ 且 J 在 y_* 处取得极小值. 显然, 对满足 $\varphi(a) = \varphi(b) = 0$ 的任意 $\varphi \in C^2([a,b])$ 以及任意的 $\varepsilon \in \mathbb{R}$ 都有 $y_* + \varepsilon\varphi \in \mathcal{D}(J)$. 于是, 若令

$$\Phi(\varepsilon) = J\big(y_* + \varepsilon\varphi\big) = \int_a^b F\big(x, y_* + \varepsilon\varphi, y_*' + \varepsilon\varphi'\big)\mathrm{d}x,$$

则函数 $\Phi(\varepsilon)$ 在 $\varepsilon = 0$ 处有极小值. 故 $\Phi'(0) = 0$. 另一方面, 由含参变量定积分求导、分部积分、条件 $\varphi(a) = \varphi(b) = 0$ 可得

$$\begin{aligned}\Phi'(\varepsilon) &= \int_a^b \Big(\varphi(x)F_y\big(x, y_* + \varepsilon\varphi, y_*' + \varepsilon\varphi'\big) + \varphi'(x)F_{y'}\big(x, y_* + \varepsilon\varphi, y_*' + \varepsilon\varphi'\big)\Big)\mathrm{d}x \\ &= \int_a^b \varphi(x)\Big(F_y\big(x, y_* + \varepsilon\varphi, y_*' + \varepsilon\varphi'\big) - \frac{\mathrm{d}}{\mathrm{d}x}F_{y'}\big(x, y_* + \varepsilon\varphi, y_*' + \varepsilon\varphi'\big)\Big)\mathrm{d}x.\end{aligned}$$

从而,

$$\int_a^b \varphi(x)\Big(F_y\big(x, y_*, y_*'\big) - \frac{\mathrm{d}}{\mathrm{d}x}F_{y'}\big(x, y_*, y_*'\big)\Big)\mathrm{d}x = 0. \tag{4.18}$$

上式左端称为泛函 J 的变分 δJ 在 y_* 处的值. 历史上, 变分的概念是 Lagrange 在 1755 年提出的. 由于它与 φ 有关, 故现代记号中也将 (4.18) 左端记为 $DJ(y_*, \varphi)$. 于是, $DJ(y_*, \varphi) = 0$ 就是泛函 J 在 y_* 处取得极值的必要条件. 但是, 这一条件在实际应用中并不方便. 为了进一步简化这一条件, 我们证明下面的基本引理.

引理 4.7.1 (变分法基本引理) 设 $f \in C([a,b])$. 若对满足 $\varphi(a) = \varphi(b) = 0$ 的任意 $\varphi \in C^2([a,b])$ 都有

$$\int_a^b f(x)\varphi(x)\mathrm{d}x = 0,$$

则 f 在 $[a,b]$ 上恒为零.

证明 用反证法. 若 f 在某一点 $\xi \in (a,b)$ 处不为零, 不妨设 $f(\xi) > 0$, 则由连续函数的保号性可知, 存在包含点 ξ 的闭区间 $[a_0, b_0] \subset (a,b)$ 使得

$$f(x) > 0, \quad x \in [a_0, b_0].$$

取

$$\varphi_0(x)=\begin{cases}(x-a_0)^4(x-b_0)^4, & x\in[a_0,b_0],\\ 0, & x\notin[a_0,b_0],\end{cases}$$

则 $\varphi_0(a)=\varphi_0(b)=0$ 且 $\varphi_0\in C^2([a,b])$, 但是

$$\int_a^b f(x)\varphi_0(x)\mathrm{d}x=\int_{a_0}^{b_0} f(x)\varphi_0(x)\mathrm{d}x>0.$$

这与已知条件矛盾. 故 f 在 $[a,b]$ 上恒为零. □

引理 4.7.1 是变分法理论中重要的基本工具. 由 (4.18) 与引理 4.7.1 立即可得如下关于泛函 J 在 y_* 处取得极值的更为简单的必要条件, 它是 Euler 在 1744 年首先得到的.

定理 4.7.1 (Euler-Lagrange 方程) *若泛函 J 在 y_* 处取得极值, 则 y_* 满足*

$$F_y\big(x,y,y'\big)-\frac{\mathrm{d}}{\mathrm{d}x}F_{y'}\big(x,y,y'\big)=0,\quad x\in[a,b]. \tag{4.19}$$

例 4.7.1 在最速降线问题中, 质点从 $O(0,0)$ 沿曲线 $y=y(x)$ 到 $A(x_0,y_0)$ 所需时间为

$$J(y)=\int_0^{x_0}\sqrt{\frac{1+y'^2}{2gy}}\mathrm{d}x. \tag{4.20}$$

试在 $C^2([0,x_0])$ 函数类中求满足 $y(0)=0$ 和 $y(x_0)=y_0$ 且使得 J 最小的函数 y.

解 记

$$F(x,y,y')=\sqrt{\frac{1+y'^2}{y}}.$$

由于 $F(x,y,y')$ 不显含 x (于是可简记为 $F(y,y')$), 所以 J 的 Euler-Lagrange 方程可化为

$$F_y(y,y')-y'F_{yy'}(y,y')-y''F_{y'y'}(y,y')=0,\quad x\in[0,x_0].$$

从而,

$$\begin{aligned}&\frac{\mathrm{d}}{\mathrm{d}x}\big(F(y,y')-y'F_{y'}(y,y')\big)\\ &=\big(y'F_y(y,y')+y''F_{y'}(y,y')\big)-y'\big(y'F_{yy'}(y,y')+y''F_{y'y'}(y,y')\big)-y''F_{y'}(y,y')\\ &=y'\big(F_y(y,y')-y'F_{yy'}(y,y')-y''F_{y'y'}(y,y')\big)\end{aligned}$$

$= 0, \quad x \in [0, x_0]$

这表明 $F(y,y') - y'F_{y'}(y,y') \equiv C$. 故由 F 的表达式直接计算可知

$$\frac{1}{\sqrt{y(1+y'^2)}} = \frac{(1+y'^2)-y'^2}{\sqrt{y(1+y'^2)}} = \frac{\sqrt{1+y'^2}}{\sqrt{y}} - \frac{y'^2}{\sqrt{y(1+y'^2)}} \equiv C,$$

即

$$y(1+y'^2) \equiv \widetilde{C}. \tag{4.21}$$

若引入参数 ϕ 使得 $y' = \cot\phi$, 则由 (4.21) 可知

$$y = \frac{\widetilde{C}}{1+y'^2} = \frac{\widetilde{C}}{1+\cot^2\phi} = \widetilde{C}\sin^2\phi = \frac{\widetilde{C}}{2}(1-\cos 2\phi).$$

由此还可推得

$$\mathrm{d}x = \frac{\mathrm{d}y}{y'} = \frac{\widetilde{C}\sin 2\phi\,\mathrm{d}\phi}{\cot\phi} = 2\widetilde{C}\sin^2\phi\,\mathrm{d}\phi = \widetilde{C}(1-\cos 2\phi)\mathrm{d}\phi.$$

因此, 对上式直接积分可得

$$x = \widetilde{C}\left(\phi - \frac{\sin 2\phi}{2}\right) + C = \frac{\widetilde{C}}{2}(2\phi - \sin 2\phi) + C.$$

从而, 符合题意的函数 $y = y(x)$ 具有参数表示

$$\begin{cases} x = \dfrac{\widetilde{C}}{2}(2\phi - \sin 2\phi) + C, \\ y = \dfrac{\widetilde{C}}{2}(1-\cos 2\phi). \end{cases}$$

再由初值条件 $y(0) = 0$ 可知, $C = 0$. 为简化起见, 进一步记 $\theta = 2\phi$, $R = \dfrac{\widetilde{C}}{2}$, 则有

$$\begin{cases} x = R(\theta - \sin\theta), \\ y = R(1-\cos\theta), \end{cases}$$

其中 R (相应于常数 $\widetilde{C}$) 可由另一初值条件 $y(x_0) = y_0$ 确定. 这表明所求最速降线 $y = y(x)$ 的参数方程是滚动圆半径为 R 的摆线方程. □

4.7.2　多元函数情形

历史上, 极小曲面问题的发展深受 Plateau 关于肥皂泡形状的实验所影响. 所谓**极小曲面问题**, 是指给定空间封闭曲线

$$\Gamma: \quad x=\xi(t), \quad y=\eta(t), \quad z=\zeta(t), \quad t \in [a,b],$$

在所有以 Γ 为边界的曲面中, 确定面积最小的曲面 Σ_0 的方程. 为简单起见, 我们仅考虑如下形式的光滑曲面:

$$\Sigma: \begin{cases} z=z(x,y), & (x,y)\in D, \\ z(x,y)=\psi(x,y), & (x,y)\in \partial D, \end{cases}$$

其中 D 是 xOy 平面上的区域, 其边界 ∂D 为所给曲线 Γ 在 xOy 平面上的投影, ψ 为给定的函数. 根据曲面的面积计算公式可知, 上述形式的曲面 Σ 的面积为

$$J(z)=\iint_D \sqrt{1+z_x^2+z_y^2}\,\mathrm{d}x\mathrm{d}y. \tag{4.22}$$

从而, 极小曲面问题的数学表述就是: 在集合 $\mathcal{D}(J)=\left\{z\in C^2(\overline{D})\,\middle|\, z\big|_{\partial D}=\psi\right\}$ 中, 求泛函 J 的最小值.

一般地, 设 D 是 xOy 平面上具有光滑边界 ∂D 的有界区域, ψ 为 ∂D 上给定的连续函数. 我们考虑泛函

$$J(z)=\iint_D F\big(x,y,z,z_x,z_y\big)\mathrm{d}x\mathrm{d}y, \quad z\in\mathcal{D}(J) \tag{4.23}$$

的极值, 其中 F 具有二阶连续偏导数, 且

$$\mathcal{D}(J)=\Big\{z\,\Big|\, z\in C^2(\overline{D}),\ z(x,y)=\psi(x,y),\ (x,y)\in\partial D\Big\}.$$

类似于一元函数的情形, 我们首先推导泛函 J 在点 $z_*\in\mathcal{D}(J)$ 处取得极值的必要条件. 显然, 对在 ∂D 上满足 $\varphi=0$ 的任意 $\varphi\in C^2(\overline{D})$ 及任意的 $\varepsilon\in\mathbb{R}$ 都有 $z_*+\varepsilon\varphi\in\mathcal{D}(J)$. 令

$$\Phi(\varepsilon)=J(z_*+\varepsilon\varphi)=\iint_D F\big(x,y,z_*+\varepsilon\varphi,z_{*x}+\varepsilon\varphi_x,z_{*y}+\varepsilon\varphi_y\big)\mathrm{d}x\mathrm{d}y,$$

则由含参变量定积分求导、分部积分及 φ 在 ∂D 上恒为零可知

$$\Phi'(\varepsilon)=\iint_D \Big(\varphi F_z\big(x,y,z_*+\varepsilon\varphi,z_{*x}+\varepsilon\varphi_x,z_{*y}+\varepsilon\varphi_y\big)$$

$$
\begin{aligned}
&+\varphi_x F_{z_x}\big(x,y,z_*+\varepsilon\varphi,z_{*x}+\varepsilon\varphi_x,z_{*y}+\varepsilon\varphi_y\big)\\
&+\varphi_y F_{z_y}\big(x,y,z_*+\varepsilon\varphi,z_{*x}+\varepsilon\varphi_x,z_{*y}+\varepsilon\varphi_y\big)\Big)\mathrm{d}x\mathrm{d}y\\
=&\iint_D \varphi\Big(F_z\big(x,y,z_*+\varepsilon\varphi,z_{*x}+\varepsilon\varphi_x,z_{*y}+\varepsilon\varphi_y\big)\\
&-\frac{\partial}{\partial x}F_{z_x}\big(x,y,z_*+\varepsilon\varphi,z_{*x}+\varepsilon\varphi_x,z_{*y}+\varepsilon\varphi_y\big)\\
&-\frac{\partial}{\partial y}F_{z_y}\big(x,y,z_*+\varepsilon\varphi,z_{*x}+\varepsilon\varphi_x,z_{*y}+\varepsilon\varphi_y\big)\Big)\mathrm{d}x\mathrm{d}y.
\end{aligned}
$$

因为函数 $\Phi(\varepsilon)$ 在 $\varepsilon=0$ 处有极值, 所以 $\Phi'(0)=0$, 即

$$
\begin{aligned}
&\iint_D \varphi\Big(F_z\big(x,y,z_*,z_{*x},z_{*y}\big)-\frac{\partial}{\partial x}F_{z_x}\big(x,y,z_*,z_{*x},z_{*y}\big)\\
&-\frac{\partial}{\partial y}F_{z_y}\big(x,y,z_*,z_{*x},z_{*y}\big)\Big)\mathrm{d}x\mathrm{d}y=0.
\end{aligned}
\tag{4.24}
$$

为了简化条件 (4.24), 我们建立类似于引理 4.7.1 的基本引理.

引理 4.7.2 (变分法基本引理) *设 $f\in C(\overline{D})$. 若对满足在 ∂D 上恒为零的任意 $\varphi\in C^2(\overline{D})$ 都有*

$$
\iint_D f(x,y)\varphi(x,y)\mathrm{d}x\mathrm{d}y=0,
$$

则 f 在 $\overline{D}$ 上恒为零.

证明 用反证法. 若 f 在某一点 $(\xi,\eta)\in D$ 处不为零, 不妨设 $f(\xi,\eta)>0$, 则由连续函数的保号性可知, 存在以 (ξ,η) 为圆心, r 为半径的圆 $B\big((\xi,\eta);r\big)\subset D$ 使得

$$
f(x,y)>0,\quad (x,y)\in B((\xi,\eta);r).
$$

取

$$
\varphi_0(x,y)=\begin{cases}\big((x-\xi)^2+(y-\eta)^2-r^2\big)^4, & (x,y)\in B\big((\xi,\eta);r\big),\\ 0, & (x,y)\notin B\big((\xi,\eta);r\big),\end{cases}
$$

则 $\varphi_0\in C^2(\overline{D})$ 且在 ∂D 上恒为零, 但是

$$
\iint_D f(x,y)\varphi_0(x,y)\mathrm{d}x\mathrm{d}y=\iint_{B((\xi,\eta);r)} f(x,y)\varphi_0(x,y)\mathrm{d}x\mathrm{d}y>0.
$$

这与已知条件矛盾. 故 f 在 $\overline{D}$ 上恒为零. □

由 (4.24) 与引理 4.7.2 可得如下关于泛函 J 在点 z_* 处取得极值的必要条件, 它是 Ostrogradsky 在 1834 年得到的.

定理 4.7.2 (Euler-Lagrange 方程)　*若泛函 J 在点 z_* 处取得极值, 则 z_* 满足*

$$F_z(x,y,z,z_x,z_y)-\frac{\partial}{\partial x}F_{z_x}(x,y,z,z_x,z_y)-\frac{\partial}{\partial y}F_{z_y}(x,y,z,z_x,z_y)=0,\quad (x,y)\in D. \tag{4.25}$$

例 4.7.2　*试推导极小曲面泛函 (4.22) 的 Euler-Lagrange 方程.*

解　若记

$$F(x,y,z,z_x,z_y)=\sqrt{1+z_x^2+z_y^2}, \tag{4.26}$$

则 $F(x,y,z,z_x,z_y)$ 不显含 x,y,z (于是可简记为 $F(z_x,z_y)$). 从而, 相应的 Euler-Lagrange 方程为

$$\frac{\partial}{\partial x}F_{z_x}(z_x,z_y)+\frac{\partial}{\partial y}F_{z_y}(z_x,z_y)=0,$$

即

$$\frac{\partial}{\partial x}\left(\frac{z_x}{\sqrt{1+z_x^2+z_y^2}}\right)+\frac{\partial}{\partial y}\left(\frac{z_y}{\sqrt{1+z_x^2+z_y^2}}\right)=0.$$

也可进一步改写为

$$(1+z_y^2)z_{xx}-2z_xz_yz_{xy}+(1+z_x^2)z_{yy}=0,\quad (x,y)\in D. \tag{4.27}$$

这就是极小曲面问题的 Euler-Lagrange 方程. □

由例 4.7.2 可知, 定义在平面区域 D 上且以空间曲线 Γ 为边界的极小曲面 $z=z(x,y)$ 必定在 D 上满足方程 (4.27) 且在 ∂D 上满足边界条件

$$z\big|_{\partial D}=\psi. \tag{4.28}$$

换言之, 边值问题 (4.27)-(4.28) 的解是成为极小曲面问题解的必要条件. 我们自然关心此条件是否充分, 即由边值问题 (4.27)-(4.28) 解出的解是否就是极小曲面问题的解? 为此, 注意到对应于 (4.26) 的 $\Phi(\varepsilon)$ 为

$$\Phi(\varepsilon)=\iint_D\sqrt{1+(z_x+\varepsilon\varphi_x)^2+(z_y+\varepsilon\varphi_y)^2}\mathrm{d}x\mathrm{d}y.$$

直接计算可得

$$\Phi''(\varepsilon)=\iint_D\frac{\big((z_x+\varepsilon\varphi_x)\varphi_y-(z_y+\varepsilon\varphi_y)\varphi_x\big)^2+\big(\varphi_x^2+\varphi_y^2\big)}{\big(1+(z_x+\varepsilon\varphi_x)^2+(z_y+\varepsilon\varphi_y)^2\big)^{\frac{3}{2}}}\mathrm{d}x\mathrm{d}y.$$

故 $\Phi''(0)>0$. 这表明 (4.27)-(4.28) 的解就是极小曲面问题的解.

习 题 4

1. 设 $f \in R([a,b])$ 且存在 $m>0$ 使得 $|f(x)| \geqslant m > 0\,(x \in [a,b])$. 证明: $\frac{1}{f} \in R([a,b])$.

2. 若 $f \in R([a,b])$ 且 $f(x)>0\,(x\in[a,b])$, 则 $\int_a^b f(x)\mathrm{d}x > 0$.

3. 证明: 闭区间 $[a,b]$ 上只有有限个间断点的有界函数必定 Riemann 可积.

4. 证明: 函数

$$f(x)=\begin{cases}\dfrac{1}{x}-\left[\dfrac{1}{x}\right], & x\neq 0,\\ 0, & x=0\end{cases}$$

在 $[0,1]$ 上可积.

5. 设 Φ 是 $[\alpha,\beta]$ 上的凸函数, $f\in C([a,b])$ 且满足 $\alpha \leqslant f(x) \leqslant \beta$ $(x\in[a,b])$. 证明:

$$\Phi\left(\frac{1}{b-a}\int_a^b f(x)\mathrm{d}x\right) \leqslant \frac{1}{b-a}\left(\int_a^b \Phi\big(f(x)\big)\mathrm{d}x\right).$$

6. 设 $f\in R([a,b])$ 且在 (a,b) 上有原函数 F. 若 $\lim\limits_{x\to a+}F(x)=A$, $\lim\limits_{x\to b-}F(x)=B$, 则

$$\int_a^b f(x)\mathrm{d}x = B-A = F(b-0)-F(a+0).$$

7. 设 $f\in R([a,b])$. 证明: 变上限积分 $F(x)=\int_a^x f(t)\mathrm{d}t$ 在 $[a,b]$ 上 Lipschitz 连续.

8. (Poincaré 不等式) 设 $f\in C^1([a,b])$ 且 $x_0\in[a,b]$. 证明:

$$\int_a^b \big(f(x)-f(x_0)\big)^2\mathrm{d}x \leqslant (b-a)^2\int_a^b \big(f'(x)\big)^2\mathrm{d}x.$$

9. 设 $f\in C^1([0,a])$ 且 $f(0)=0$. 证明:

$$\int_0^a |f(x)f'(x)|\mathrm{d}x \leqslant \frac{a}{2}\int_0^a \big(f'(x)\big)^2\mathrm{d}x.$$

10. 设非负函数 $f \in C\big([0,1]\big)$ 且满足 $f^2(x) \leqslant 1 + 2\int_0^x f(t)\mathrm{d}t\,(x \in [0,1])$. 证明: $f(x) \leqslant 1 + x\,(x \in [0,1])$.

11. (Gronwall 不等式) 设函数 f, g, $\varphi \in C([a,b])$ 且满足不等式

$$f(x) \leqslant g(x) + \int_a^x \varphi(t)f(t)\mathrm{d}t, \quad t \in [a,b].$$

证明: 若 $\varphi(x) \geqslant 0$ $(x \in [a,b])$, 则

$$f(x) \leqslant g(x) + \int_a^x \varphi(t)g(t)\mathrm{e}^{\int_t^x \varphi(\tau)\mathrm{d}\tau}\mathrm{d}t, \quad t \in [a,b].$$

12. 设函数 f 在 $[0,1]$ 上连续且单调减少. 证明: 对任意的 $\alpha \in (0,1)$ 都有

$$\int_0^\alpha f(x)\mathrm{d}x \geqslant \alpha \int_0^1 f(x)\mathrm{d}x.$$

13. 设 $f \in C\big([a,b]\big)$ 且满足 $\int_a^b f(x)\mathrm{d}x = \int_a^b xf(x)\mathrm{d}x = 0$. 证明: 存在 ξ_1, $\xi_2 \in (a,b)$, 使得 $\xi_1 \neq \xi_2$ 且

$$f(\xi_1) = f(\xi_2) = 0.$$

14. 设函数 f 在 $[a,b]$ 上连续, 在 (a,b) 上可导, 且

$$\frac{2}{b-a}\int_a^{\frac{a+b}{2}} f(x)\mathrm{d}x = f(b).$$

证明: 存在 $\xi \in (a,b)$ 使得 $f'(\xi) = 0$.

15. 设函数 f 在 $[0,1]$ 上连续, 在 $(0,1)$ 上可导, 且

$$f(1) = 2\mathrm{e}\int_0^{\frac{1}{2}} \mathrm{e}^{-x}f(x)\mathrm{d}x.$$

证明: 存在 $\xi \in (0,1)$ 使得 $f'(\xi) = f(\xi)$.

16. 证明:

$$\lim_{x\to+\infty}\frac{1}{x}\int_0^x \sqrt{t}\sin t\,\mathrm{d}t = 0.$$

17. 证明: 存在 $\theta \in [-1,1]$ 使得

$$\int_a^b \sin t^2\,\mathrm{d}t = \frac{\theta}{a}.$$

18. 证明: 平面点集 $S=\{(x,y)\,|\,0\leqslant x,y\leqslant 1,\ x,y\in\mathbb{Q}\}$ 是不可求面积的.

19. 证明定理 4.2.2.

20. 证明: 若函数 f 在零边界闭区域 $D\subset\mathbb{R}^2$ 上有界, 且至多在 D 中有限条零面积的曲线上不连续, 则 f 在 D 上二重可积.

21. 设

$$f(x,y)=\begin{cases}1, & x\in\mathbb{Q},\\ 2y, & x\notin\mathbb{Q}.\end{cases}$$

证明: (1) f 在闭矩形 $D=[0,1]\times[0,1]$ 上不可积;

(2) 累次积分 $\int_0^1\mathrm{d}y\int_0^1 f(x,y)\mathrm{d}x$ 不存在;

(3) 累次积分 $\int_0^1\mathrm{d}x\int_0^1 f(x,y)\mathrm{d}y$ 存在.

22. 设非负函数 $p\in R([a,b])$, 函数 f 与 g 都在 $[a,b]$ 上单调增加. 证明:

$$\int_a^b p(x)f(x)\mathrm{d}x\int_a^b p(x)g(x)\mathrm{d}x\leqslant\int_a^b p(x)\mathrm{d}x\int_a^b p(x)f(x)g(x)\mathrm{d}x.$$

23. 设 Γ 是抛物柱面 $(x-y)^2=3(x+y)$ 与锥面 $x^2-y^2=\frac{9}{8}z^2$ 的交线. 求 Γ 上从点 $O(0,0,0)$ 到点 $A(1,1,1)$ 的弧长.

24. 设 Γ 是球面 $x^2+y^2+z^2=a^2$ 与平面 $x+y+z=0$ 的交线, 且从 z 轴正向看是逆时针方向. 求

$$I=\int_\Gamma(y-z)\mathrm{d}x+(z-x)\mathrm{d}y+(x-y)\mathrm{d}z.$$

25. 设点 $\mathcal{P}_0(x_0,y_0,z_0)\in\mathbb{R}^3$, Σ_r 是以 $\mathcal{P}_0$ 为中心, $r>0$ 为半径的球面. 证明: 若三元函数 u 在点 $\mathcal{P}_0$ 的某邻域中存在二阶连续偏导数, 则

$$\lim_{r\to 0}\frac{1}{r^2}\left(\frac{1}{4\pi r^2}\iint_{\Sigma_r}u(x,y,z)\mathrm{d}S-u(\mathcal{P}_0)\right)=\frac{1}{6}\left(u_{xx}+u_{yy}+u_{zz}\right)(\mathcal{P}_0).$$

26. 设 Σ 是椭球面 $\frac{x^2}{a^2}+\frac{y^2}{b^2}+\frac{z^2}{c^2}=1$, 方向取外侧. 求

$$I=\iint_\Sigma\frac{\mathrm{d}y\mathrm{d}z}{x}+\frac{\mathrm{d}z\mathrm{d}x}{y}+\frac{\mathrm{d}x\mathrm{d}y}{z}.$$

27. 计算积分

$$I=\oint_{\Gamma}\left(\frac{x}{r^2}\cos(\boldsymbol{n},x)+\frac{y}{r^2}\cos(\boldsymbol{n},y)\right)\mathrm{d}s,$$

其中 $r=\sqrt{x^2+y^2}$, Γ 为分段光滑的简单闭曲线, $\boldsymbol{n}$ 是 Γ 的单位外法向量.

28. 设 Γ 是包围原点的简单光滑闭曲线, 取逆时针方向. 求曲线积分

$$I=\int_{\Gamma}\frac{\mathrm{e}^x\Big(\big(x\sin y-y\cos y\big)\mathrm{d}x+\big(x\cos y+y\sin y\big)\mathrm{d}y\Big)}{x^2+y^2}.$$

29. 设 $\Omega\subset\mathbb{R}^3$ 是具有光滑边界 $\partial\Omega$ 的有界闭区域. 证明: 若 $u\in C^2\big(\Omega\big)$ 且 $u_{xx}+u_{yy}+u_{zz}=0$, 则

$$u(x_0,y_0,z_0)=\frac{1}{4\pi}\oiint_{\partial\Omega}\left(u\frac{\cos(\boldsymbol{r},\boldsymbol{n})}{r^2}+\frac{1}{r}\frac{\partial u}{\partial \boldsymbol{n}}\right)\mathrm{d}S,$$

其中 $\boldsymbol{r}$ 是以 $(x_0,y_0,z_0)\in\Omega$ 为起点, $(x,y,z)\in\partial\Omega$ 为终点的向量, $r=|\boldsymbol{r}|$, $\boldsymbol{n}$ 是 $\partial\Omega$ 的单位外法向量.

30. 求

$$I=\oint_{\Gamma}(y^2+z^2)\mathrm{d}x+\big(z^2+x^2\big)\mathrm{d}y+\big(x^2+y^2\big)\mathrm{d}z,$$

其中 Γ 为 $x^2+y^2+z^2=4x$ 与 $x^2+y^2=x$ 的交线 $(z>0)$, 其定向满足在 Γ 所包围的球面上较小区域保持在左边.

31. 证明: 反常积分 $\displaystyle\int_1^{+\infty}x^{p-1}\mathrm{e}^{-x}\mathrm{d}x$ 收敛.

32. 用反常积分的 Cauchy 收敛原理证明: 反常积分 $\displaystyle\int_0^{+\infty}x\sin x^4\sin x\,\mathrm{d}x$ 收敛.

33. 根据参数 p 讨论反常积分

$$\int_1^{+\infty}\frac{\sin x}{x^p}\mathrm{d}x$$

的绝对收敛和条件收敛.

34. 设 $p>0$. 证明: 反常积分

$$\int_1^{+\infty}\frac{\sin x}{x^p+\sin x}\mathrm{d}x$$

当 $0<p\leqslant\frac{1}{2}$ 时发散, 当 $\frac{1}{2}<p\leqslant 1$ 时条件收敛, 当 $p>1$ 时绝对收敛.

35. 根据参数 p,q 讨论反常积分

$$\int_2^{+\infty}\frac{1}{x^p\ln^q x}\mathrm{d}x$$

的敛散性.

36. 设正值函数 $f\in C^2\big([a,+\infty)\big)$ 且 $\lim\limits_{x\to+\infty}f''(x)=+\infty$. 证明: 反常积分 $\displaystyle\int_a^{+\infty}\frac{1}{f(x)}\mathrm{d}x$ 收敛.

37. 证明: 瑕积分 $\displaystyle\int_0^1 x^{-\frac{1}{2}}\ln\sin x\,\mathrm{d}x$ 收敛.

38. 设 $f\in C([0,1])$ 且 $f(0)=0$. 证明: 若 f 在点 $x=0$ 处的右导数存在, 则瑕积分 $\displaystyle\int_0^1 x^{-\frac{3}{2}}f(x)\mathrm{d}x$ 收敛.

39. 设函数 f 在 $(0,1]$ 上单调减少, 且 $\lim\limits_{x\to0+}f(x)=+\infty$. 证明: 若瑕积分 $\displaystyle\int_0^1 f(x)\mathrm{d}x$ 收敛, 则 $\lim\limits_{x\to0+}xf(x)=0$.

40. 设 $D=\big\{(x,y)\,\big|\,1\leqslant x^2+y^2<+\infty,\ x\leqslant y\leqslant 2x\big\}$. 证明: 当且仅当 $p>2$ 时, 反常二重积分

$$\iint_D\frac{1}{(x^2+y^2)^{\frac{p}{2}}}\mathrm{d}x\mathrm{d}y$$

收敛.

41. 设 $D=\big\{(x,y)\,\big|\,0\leqslant x\leqslant 1,\ x+y\geqslant 1\big\}$. 根据参数 p 讨论反常二重积分

$$I=\iint_D\frac{\mathrm{d}x\mathrm{d}y}{(x+y)^p}$$

的敛散性, 并求当积分收敛时 I 的值.

42. 设 $D=\big\{(x,y)\,\big|\,x\geqslant 1,\ y\geqslant 1\big\}$. 证明: 反常二重积分

$$I=\iint_D\frac{x^2-y^2}{\big(x^2+y^2\big)^2}\mathrm{d}x\mathrm{d}y$$

发散.

43. 求极限

$$\lim_{y\to0}\int_0^{1+y}\frac{\mathrm{d}x}{1+x^2+y^2}.$$

44. 设 $a \in (0,1)$. 求定积分

$$I=\int_0^{\frac{\pi}{2}} \frac{1}{\sin x} \ln \frac{1+a\sin x}{1-a\sin x}\mathrm{d}x.$$

45. 求定积分

$$I=\int_0^1 \frac{\ln(1+x)}{1+x^2}\mathrm{d}x.$$

46. 设 $f \in C([a,b]\times[c,d])$, $\alpha,\beta \in C([c,d])$ 且其值域包含于 $[a,b]$. 证明: 函数

$$F(y)=\int_{\alpha(y)}^{\beta(y)} f(x,y)\mathrm{d}x$$

在 $[c,d]$ 上连续.

47. 设 $F(y)=\displaystyle\int_y^{y^2} \frac{\sin(xy)}{x}\mathrm{d}x$ $(y>0)$. 求 $F'(y)$.

48. 设 $f(t,s)$ 为可微函数, 令

$$F(x)=\int_0^x \mathrm{d}t \int_{t^2}^{x^2} f(t,s)\mathrm{d}s.$$

求 $F'(x)$.

49. 证明:

$$\varphi(p)=\int_1^{+\infty} \frac{\sin x}{x^p}\mathrm{d}x$$

关于 p 在 $[p_0,+\infty)$ 上一致收敛 $(p_0>0)$, 但在 $(0,+\infty)$ 上不一致收敛.

50. 证明:

$$\varphi(y)=\int_0^{+\infty} \frac{x}{1+x^y}\mathrm{d}x$$

在 $(2,+\infty)$ 上连续.

51. (Laplace 变换) 设反常积分 $\displaystyle\int_0^{+\infty} f(x)\mathrm{d}x$ 收敛. 证明: f 的 Laplace 变换

$$F(s)=\int_0^{+\infty} \mathrm{e}^{-sx} f(x)\,\mathrm{d}x$$

在 $[0,+\infty)$ 上连续.

52. 设 $b>a>0$. 求

$$\int_0^{+\infty} \mathrm{e}^{-x}\frac{\sin bx-\sin ax}{x}\mathrm{d}x.$$

53. 求

$$\varphi(y)=\int_0^{+\infty}\frac{\arctan(xy)}{x(1+x^2)}\mathrm{d}x,\quad y\geqslant 0.$$

54. 设 $c>0$. 证明:

$$\int_0^{+\infty}\mathrm{e}^{-x^2-\frac{c^2}{x^2}}\,\mathrm{d}x=\frac{\sqrt{\pi}}{2}\mathrm{e}^{-2c}.$$

55. 证明: Fresnel 积分

$$\int_0^{+\infty}\sin x^2\,\mathrm{d}x=\frac{\sqrt{\pi}}{2\sqrt{2}}.$$

56. 设 $f\in C\big([a,b]\big)$. 证明: 若对 $[a,b]$ 上任意满足 $\displaystyle\int_a^b\varphi(x)\mathrm{d}x=0$ 的连续函数 φ 都成立

$$\int_a^b f(x)\varphi(x)\mathrm{d}x=0,$$

则 f 在 $[a,b]$ 上恒为常数.

57. 在平面上给定点 $\mathcal{P}_1(x_1,y_1)$ 和 $\mathcal{P}_2(x_2,y_2)$ $(y_1,y_2>0,\ x_1<x_2)$. 求连接这两点的函数 $y\in C^2([x_1,x_2])$, 使其图像绕 x 轴旋转后所得旋转曲面的面积最小.

58. 设 $D\subset\mathbb{R}^2$ 是具有光滑边界的有界区域, $f\in C(\overline{D})$ 与 $\phi\in C(\partial D)$ 为给定的连续函数. 求对应于变分问题

$$J(z)=\iint_D\big(z_x^2(x,y)+z_y^2(x,y)-2zf(x,y)\big)\mathrm{d}x\mathrm{d}y,\quad z(x,y)\big|_{\partial D}=\phi(x,y)$$

的边值问题.

59. 设泛函

$$J(y_1,y_2,\cdots,y_n)=\int_a^b F\big(x,y_1,\cdots,y_n,y_1',\cdots,y_n'\big)\mathrm{d}x$$

定义在集合

$$\mathcal{D}(J)=\Big\{\big(y_1,y_2,\cdots,y_n\big)\,\big|\,y_i\in C^2([a,b]),\ y_i(a)=\alpha_i,\ y_i(b)=\beta_i(i=1,2,\cdots,n)\Big\}$$

上. 试推导 J 的 Euler-Lagrange 方程组.

60.* 设函数 f 在 $[0,1]$ 上可导且 $f'(x)\neq 1$ $(x\in[0,1])$. 证明: 若 $f(0)=f(1)$ 且 $\displaystyle\int_0^1 f(x)\mathrm{d}x=0$, 则对任意的 $n\in\mathbb{N}$ 都有

$$\left|\sum_{k=0}^{n-1}f\left(\frac{k}{n}\right)\right|<\frac{1}{2}.$$

61.* 设 $f_1, f_2, \cdots, f_n$ 都是 $[0,1]$ 上的非负连续函数. 证明: 存在 $\xi \in [0,1]$ 使得

$$\prod_{k=1}^{n} f_k(\xi) \leqslant \prod_{k=1}^{n} \int_0^1 f_k(x)\mathrm{d}x.$$

62.* 设 f 是 $[a,b]$ 上严格单增的非负连续函数. 证明: (1) 对任意的 $n \in \mathbb{N}$, 存在唯一的 $x_n \in [a,b]$ 使得

$$\big(f(x_n)\big)^n = \frac{1}{b-a}\int_a^b \big(f(x)\big)^n \mathrm{d}x;$$

(2) $\lim\limits_{n\to\infty} x_n = b$.

63.* 设实二次型 $ax^2+2bxy+cy^2$ 在正交变换下的标准二次型为 $\lambda_1 u^2+\lambda_2 v^2$. 证明: 若反常二重积分 $\iint_{\mathbb{R}^2} \mathrm{e}^{ax^2+2bxy+cy^2}\mathrm{d}x\mathrm{d}y$ 收敛, 则 λ_1, λ_2 都小于零.

64.* 设二元函数 F 具有连续偏导数, $z=z(x,y)$ 是由方程 $F(xz-y, x-yz)=0$ 所确定的连续可微函数, Γ 为正向单位圆周. 求曲线积分

$$I = \oint_\Gamma -\big(2xz+yz^2\big)\mathrm{d}x + \big(xz^2+2yz\big)\mathrm{d}y.$$

65.* 设函数 f 连续可导, $P(x,y,z)=f\big((x^2+y^2)z\big)$, Σ_t 是圆柱面 $x^2+y^2=t^2$ $(0 \leqslant z \leqslant 1)$, 方向取外侧. 记第二型曲面积分

$$I_t = \iint_{\Sigma_t} P(x,y,z)\mathrm{d}y\mathrm{d}z + P(x,y,z)\mathrm{d}z\mathrm{d}x + P(x,y,z)\mathrm{d}x\mathrm{d}y.$$

求极限 $\lim\limits_{t\to 0+}\dfrac{I_t}{t^4}$.

66. (研究型问题) 试分析函数 f 在 $[a,b]$ 上 Riemann 可积与连续的关系.

67. (研究型问题) 讨论反常积分 $\displaystyle\int_a^{+\infty} f(x)\mathrm{d}x$ 收敛与函数 f 连续、极限 $\lim\limits_{x\to+\infty} f(x)$ 存在之间的关系.

第 5 章 级数理论

微积分的发展与无穷级数的研究密不可分. 历史上最早出现的无穷级数是公比小于 1 的几何级数. Newton 首先得到了 $\sin x$, $\cos x$ 和 e^x 等函数的级数表达式, 而 Leibniz 则得到了 π 的级数表示:

$$\frac{\pi}{4}=1-\frac{1}{3}+\frac{1}{5}-\frac{1}{7}+\cdots.$$

在 1689—1704 年, Bernoulli 写了 5 篇关于无穷级数的论文, 详细研究了函数的级数表示及其在求函数的微分与积分、曲线下的面积和曲线长等方面的应用. 1715 年, Taylor 提出了一个将函数展开成无穷级数的一般方法, 即后来被人们所熟知的 Taylor 级数. 与此同时, 有关调和级数

$$1+\frac{1}{2}+\frac{1}{3}+\frac{1}{4}+\cdots$$

等级数的研究刺激了数学家们对无穷级数收敛性的思考, 出现了 Leibniz 判别法等判断级数收敛的法则. 19 世纪 20 年代初期, Cauchy 首次提出了用部分和的极限来定义无穷级数的收敛, 并指出有关级数的运算只有对收敛级数才有效. 1872 年, Weierstrass 利用无穷级数的理论构造出了一个处处连续但处处不可导的函数:

$$f(x)=\sum_{n=1}^{\infty}a^n\sin(b^n\pi x),$$

其中 $0<a<1$, b 为奇数且 $ab>\dfrac{3\pi}{2}+1$, 使得人们对连续与可导的概念有了全新的认识. 同时, 无穷级数也成为构造新函数的有用工具.

5.1 数项级数

设 $a_1, a_2, \cdots, a_n, \cdots$ 是一列实数, 称它们的形式和

$$\sum_{n=1}^{\infty}a_n=a_1+a_2+\cdots+a_n+\cdots \tag{5.1}$$

为**数项级数** (简称**级数**), 其中 a_n 称为级数的通项或一般项. 若 $a_n\geqslant 0\,(n=1,2,\cdots)$, 则称 $\sum\limits_{n=1}^{\infty}a_n$ 为**正项级数**.

为方便起见, 将级数 $\sum_{n=1}^{\infty} a_n$ 中前 n 项的和记为 $S_n = \sum_{k=1}^{n} a_k$, 并称 S_n 为 $\sum_{n=1}^{\infty} a_n$ 的前 n 项**部分和**. 当 $n = 1, 2, \cdots$ 时, $S_1, S_2, \cdots$ 形成了一个新的数列. 基于数列 $\{S_n\}$ 的敛散性, 可以为形式和 (5.1) 赋予确切的数学含义:

定义 5.1.1 (级数收敛)　若数项级数 $\sum_{n=1}^{\infty} a_n$ 的部分和数列 $\{S_n\}$ 的极限 $\lim_{n\to\infty} S_n = S$ 存在且有限, 则称级数 $\sum_{n=1}^{\infty} a_n$ 收敛, 其和为 S, 记为

$$S = \sum_{n=1}^{\infty} a_n.$$

若部分和数列 $\{S_n\}$ 发散, 则称级数 $\sum_{n=1}^{\infty} a_n$ **发散**.

注记 5.1.1　由定义 5.1.1 可知,

(1) 级数 $\sum_{n=1}^{\infty} a_n$ 与 $\sum_{n=N}^{\infty} a_n$ 的敛散性等价, 其中 N 是任意取定的正整数;

(2) 若级数 $\sum_{n=1}^{\infty} a_n$ 收敛, 则 $\lim_{n\to\infty} a_n = 0$.

5.1.1　正项级数敛散性的判别

若能够判定一个级数收敛, 则可以用数值方法来计算级数和的近似值. 本节主要回顾与推广初等微积分课程中所介绍的正项级数的敛散性判别方法. 首先, 由数列极限的单调有界定理可知:

定理 5.1.1　设 $\sum_{n=1}^{\infty} a_n$ 为正项级数, 则 $\sum_{n=1}^{\infty} a_n$ 收敛的充分必要条件是: 其部分和数列 $\{S_n\}$ 有上界.

以此为基础, 可以得到正项级数的比较判别法及其极限形式:

定理 5.1.2 (比较判别法)　设 $\sum_{n=1}^{\infty} a_n$ 与 $\sum_{n=1}^{\infty} b_n$ 是两个正项级数. 若存在 $K > 0$, 使得 $a_n \leqslant K b_n$ $(n = 1, 2, \cdots)$, 则

(1) 当 $\sum_{n=1}^{\infty} b_n$ 收敛时, 级数 $\sum_{n=1}^{\infty} a_n$ 也收敛;

(2) 当 $\sum_{n=1}^{\infty} a_n$ 发散时, 级数 $\sum_{n=1}^{\infty} b_n$ 也发散.

推论 5.1.1 (比较判别法的极限形式)　设 $\sum_{n=1}^{\infty} a_n$ 与 $\sum_{n=1}^{\infty} b_n$ 是两个正项级数且

$$\lim_{n\to\infty} \frac{a_n}{b_n} = l,$$

则有结论

(1) 若 $0 \leqslant l < +\infty$, 则当 $\sum\limits_{n=1}^{\infty} b_n$ 收敛时, $\sum\limits_{n=1}^{\infty} a_n$ 收敛;

(2) 若 $0 < l \leqslant +\infty$, 则当 $\sum\limits_{n=1}^{\infty} b_n$ 发散时, $\sum\limits_{n=1}^{\infty} a_n$ 也发散.

特别地, 当 $0 < l < +\infty$ 时, $\sum\limits_{n=1}^{\infty} a_n$ 与 $\sum\limits_{n=1}^{\infty} b_n$ 同时收敛或同时发散.

例 5.1.1 判断正项级数 $\sum\limits_{n=1}^{\infty} \left(\mathrm{e}^{\frac{1}{n^2}} - \cos\dfrac{\pi}{n}\right)$ 的敛散性.

解 因为由 Taylor 公式可知

$$\begin{aligned}\mathrm{e}^{\frac{1}{n^2}} - \cos\frac{\pi}{n} &= \left(1 + \frac{1}{n^2} + o\left(\frac{1}{n^2}\right)\right) - \left(1 - \frac{1}{2}\left(\frac{\pi}{n}\right)^2 + o\left(\frac{1}{n^2}\right)\right) \\ &= \left(1 + \frac{\pi^2}{2}\right)\frac{1}{n^2} + o\left(\frac{1}{n^2}\right) \quad (n \to \infty),\end{aligned}$$

所以

$$\lim_{n\to\infty} \frac{\mathrm{e}^{\frac{1}{n^2}} - \cos\dfrac{\pi}{n}}{\dfrac{1}{n^2}} = 1 + \frac{\pi^2}{2}.$$

故根据推论 5.1.1 及 $\sum\limits_{n=1}^{\infty} \dfrac{1}{n^2}$ 收敛即可知 $\sum\limits_{n=1}^{\infty} \left(\mathrm{e}^{\frac{1}{n^2}} - \cos\dfrac{\pi}{n}\right)$ 收敛. □

显然, 级数可以看成是分段函数的无穷型反常积分. 反之, 反常积分可以写成是由一列积分限相连的定积分所构成的级数. 于是, 我们有如下的积分判别法:

定理 5.1.3 (积分判别法) 设 f 是定义在 $[a, +\infty)$ 上的非负函数, 且在任意有限区间 $[a, A] \subset [a, +\infty)$ 上 Riemann 可积. 对严格单调增加的正无穷大量 $\{x_n\}$ $(x_1 = a)$, 若记

$$a_n = \int_{x_n}^{x_{n+1}} f(x)\mathrm{d}x \quad (n = 1, 2, \cdots),$$

则正项级数 $\sum\limits_{n=1}^{\infty} a_n$ 与反常积分 $\displaystyle\int_a^{+\infty} f(x)\mathrm{d}x$ 具有相同的敛散性, 且当 $\sum\limits_{n=1}^{\infty} a_n$ 收敛时, 有

$$\int_a^{+\infty} f(x)\mathrm{d}x = \sum_{n=1}^{\infty} a_n = \sum_{n=1}^{\infty} \int_{x_n}^{x_{n+1}} f(x)\mathrm{d}x.$$

特别地, 当 f 单调减少时, 正项级数 $\sum\limits_{n=[a]+1}^{\infty} f(n)$ 与反常积分 $\displaystyle\int_a^{+\infty} f(x)\mathrm{d}x$ 具有相同的敛散性.

注记 5.1.2　在定理 5.1.3 中分别取

$$f(x)=\frac{1}{x^p},\quad a=1,$$

$$f(x)=\frac{1}{x(\ln x)^p},\quad a=2,$$

$$f(x)=\frac{1}{x\ln x(\ln\ln x)^p},\quad a=3$$

可知, $\sum\limits_{n=1}^{\infty}\frac{1}{n^p}, \sum\limits_{n=2}^{\infty}\frac{1}{n(\ln n)^p}, \sum\limits_{n=3}^{\infty}\frac{1}{n\ln n(\ln\ln n)^p}$收敛的充分必要条件都是: $p>1$.

注记 5.1.3　在定理 5.1.3 中, 即使函数 f 变号, 仍可由反常积分 $\int_a^{+\infty}f(x)\mathrm{d}x$ 收敛得出相应的数项级数 $\sum\limits_{n=1}^{\infty}a_n$ 收敛, 但反之未必.

例 5.1.2　证明级数 $\sum\limits_{n=2}^{\infty}\frac{\sin\left(2\pi\sqrt{n^2+1}\right)}{(\ln n)^p}$ 收敛的充分必要条件是: $p>1$.

证明　因为

$$\frac{\sin\left(2\pi\sqrt{n^2+1}\right)}{(\ln n)^p}=\frac{\sin\left(2\pi(\sqrt{n^2+1}-n)\right)}{(\ln n)^p}=\frac{\sin\dfrac{2\pi}{\sqrt{n^2+1}+n}}{(\ln n)^p}$$

$$\sim\frac{\pi}{n(\ln n)^p}\quad(n\to\infty),$$

所以由注记 5.1.2 可知, 当且仅当 $p>1$ 时, $\sum\limits_{n=2}^{\infty}\frac{\sin\left(2\pi\sqrt{n^2+1}\right)}{(\ln n)^p}$ 收敛. □

在应用比较判别法时, 我们需要首先对所考虑的级数的敛散性作大致估计, 再找一个敛散性已知的级数与之相比较. 但这两个步骤在很多情况下都并不容易. 因此, 基于级数自身元素分析的判别方法将是更为方便的. 如下两个定理利用上极限与下极限将初等微积分课程中的根值判别法 (Cauchy 判别法) 与比值判别法 (d'Alembert 判别法) 进行了推广.

定理 5.1.4 (Cauchy 判别法、根值判别法)　设 $\sum\limits_{n=1}^{\infty}a_n$ 是正项级数, 记 $r=\overline{\lim\limits_{n\to\infty}}\sqrt[n]{a_n}$, 则

(1) 当 $r<1$ 时, 级数 $\sum\limits_{n=1}^{\infty}a_n$ 收敛;

(2) 当 $r>1$ 时, 级数 $\sum\limits_{n=1}^{\infty}a_n$ 发散.

证明 (1) 当 $r<1$ 时, 取 q 满足 $r<q<1$, 则由上极限的定义可知, 存在 $N\in\mathbb{N}$, 使得对任意的 $n>N$ 都有

$$\sqrt[n]{a_n}<q,\quad \text{即}\quad a_n<q^n.$$

因为 $q\in(0,1)$, 所以级数 $\sum\limits_{n=1}^{\infty}q^n$ 收敛. 从而, 由比较判别法可知, $\sum\limits_{n=1}^{\infty}a_n$ 收敛.

(2) 当 $r>1$ 时, 由上极限的定义可知, 存在无穷多个 n 满足 $\sqrt[n]{a_n}>1$. 这表明数列 $\{a_n\}$ 不是无穷小量. 故 $\sum\limits_{n=1}^{\infty}a_n$ 发散. □

例 5.1.3 证明: 级数 $\sum\limits_{n=1}^{\infty}\dfrac{n^3\big(\sqrt{2}+(-1)^n\big)^n}{3^n}$ 收敛.

证明 因为

$$\varlimsup_{n\to\infty}\sqrt[n]{\frac{n^3\big(\sqrt{2}+(-1)^n\big)^n}{3^n}}=\frac{\sqrt{2}+1}{3}<1,$$

所以由 Cauchy 判别法可知, 级数 $\sum\limits_{n=1}^{\infty}\dfrac{n^3\big(\sqrt{2}+(-1)^n\big)^n}{3^n}$ 收敛. □

根据 Cauchy 判别法与例 1.3.2, 我们可以得到如下比值判别方法:

推论 5.1.2 (d'Alembert 判别法、比值判别法) 设 $a_n>0\,(n=1,2,\cdots)$, 则

(1) 当 $\varlimsup\limits_{n\to\infty}\dfrac{a_{n+1}}{a_n}=\overline{r}<1$ 时, 级数 $\sum\limits_{n=1}^{\infty}a_n$ 收敛;

(2) 当 $\varliminf\limits_{n\to\infty}\dfrac{a_{n+1}}{a_n}=\underline{r}>1$ 时, 级数 $\sum\limits_{n=1}^{\infty}a_n$ 发散.

注记 5.1.4 在 Cauchy 判别法与 d'Alembert 判别法中, 当 $r=1$, $\overline{r}\geqslant 1$ 或 $\underline{r}\leqslant 1$ 时, 判别法都失效, 即级数可能收敛, 也可能发散. 例如, 级数 $\sum\limits_{n=1}^{\infty}\dfrac{1}{n^2}$ 与 $\sum\limits_{n=1}^{\infty}\dfrac{1}{n}$ 都满足 $r=\overline{r}=\underline{r}=1$, 但前者收敛, 后者发散.

注记 5.1.5 从表面上看, Cauchy 判别法与 d'Alembert 判别法无须借助于外部, 仅仅根据级数通项的自身特征就可以对级数的敛散性作出判断, 但从它们的证明过程可以看出, 这两个判别法其实都是建立在与几何级数相比较的基础上.

例 5.1.4 判断级数 $\sum\limits_{n=1}^{\infty}\dfrac{n^n}{3^n n!}$ 的敛散性.

解 令 $a_n=\dfrac{n^n}{3^n n!}$, 则

$$\varlimsup_{n\to\infty}\frac{a_{n+1}}{a_n}=\varlimsup_{n\to\infty}\left(\frac{(n+1)^{n+1}}{3^{n+1}(n+1)!}\cdot\frac{3^n n!}{n^n}\right)=\lim_{n\to\infty}\frac{1}{3}\Big(1+\frac{1}{n}\Big)^n=\frac{\mathrm{e}}{3}<1.$$

故由 d'Alembert 判别法可知, 级数 $\sum_{n=1}^{\infty} \frac{n^n}{3^n n!}$ 收敛. □

定理 5.1.5 (Raabe 判别法)　若 $a_n > 0\,(n = 1, 2, \cdots)$ 且 $\lim_{n\to\infty} n\left(\frac{a_n}{a_{n+1}} - 1\right) = r$, 则

(1) 当 $r > 1$ 时, 级数 $\sum_{n=1}^{\infty} a_n$ 收敛;

(2) 当 $r < 1$ 时, 级数 $\sum_{n=1}^{\infty} a_n$ 发散.

证明　(1) 当 $r > 1$ 时, 取 s, t 满足 $r > s > t > 1$, 并记 $f(x) = 1+sx-(1+x)^t$, 则由 $f(0) = 0$ 及 $f'(0) = s - t > 0$ 可知, 存在 $\delta > 0$ 使得

$$1 + sx > (1 + x)^t, \quad 0 < x < \delta.$$

于是, 存在 $N \in \mathbb{N}$, 使得对任意的 $n > N$ 都有

$$\frac{a_n}{a_{n+1}} > 1 + \frac{s}{n} > \left(1 + \frac{1}{n}\right)^t = \frac{(n+1)^t}{n^t}.$$

这表明数列 $\{n^t a_n\}$ 从第 $N + 1$ 项开始单调减少. 故 $\{n^t a_n\}$ 有上界. 不妨设 $n^t a_n \leqslant M\,(n = 1, 2, \cdots)$, 即

$$a_n \leqslant \frac{M}{n^t} \quad (n = 1, 2, \cdots),$$

则由级数 $\sum_{n=1}^{\infty} \frac{1}{n^t}$ 收敛及比较判别法可知, 级数 $\sum_{n=1}^{\infty} a_n$ 收敛.

(2) 当 $r < 1$ 时, 由数列极限的保序性可知, 存在 $N \in \mathbb{N}$, 使得对任意的 $n > N$ 都有

$$\frac{a_n}{a_{n+1}} < 1 + \frac{1}{n} = \frac{n+1}{n},$$

这表明数列 $\{na_n\}$ 从第 $N + 1$ 项开始单调增加. 故存在 $\alpha > 0$, 使得 $na_n > \alpha\,(n = 1, 2, \cdots)$, 即

$$a_n > \frac{\alpha}{n} \quad (n = 1, 2, \cdots).$$

从而, 利用级数 $\sum_{n=1}^{\infty} \frac{1}{n}$ 发散及比较判别法即可证得级数 $\sum_{n=1}^{\infty} a_n$ 发散. □

例 5.1.5　判断级数 $1 + \sum_{n=1}^{\infty} \frac{(2n-1)!!}{(2n)!!(2n+1)}$ 的敛散性.

解 记 $a_n = \dfrac{(2n-1)!!}{(2n)!!(2n+1)}\ (n=1,2,\cdots)$, 则

$$\lim_{n\to\infty} n\left(\frac{a_n}{a_{n+1}}-1\right) = \lim_{n\to\infty} n\left(\frac{(2n+2)(2n+3)}{(2n+1)^2}-1\right)$$
$$= \lim_{n\to\infty} \frac{n(6n+5)}{(2n+1)^2} = \frac{3}{2} > 1.$$

从而, 由 Raabe 判别法可知, 级数 $1+\sum\limits_{n=1}^{\infty}\dfrac{(2n-1)!!}{(2n)!!(2n+1)}$ 收敛. □

注记 5.1.6 Raabe 判别法可以用于一些 d'Alembert 判别法失效 (即 $\lim\limits_{n\to\infty}\dfrac{a_{n+1}}{a_n}=1$ 情形) 的级数, 但当 $\lim\limits_{n\to\infty} n\left(\dfrac{a_n}{a_{n+1}}-1\right)=1$ 时, Raabe 判别法仍失效. 例如, 对任意的 $p>0$, 正项级数 $\sum\limits_{n=2}^{\infty}\dfrac{1}{n\ln^p n}$ 都满足 $\lim\limits_{n\to\infty} n\left(\dfrac{a_n}{a_{n+1}}-1\right)=1$, 但由注记 5.1.2 可知, 当 $p>1$ 时, 级数 $\sum\limits_{n=2}^{\infty}\dfrac{1}{n\ln^p n}$ 收敛, 而当 $p\leqslant 1$ 时, 级数 $\sum\limits_{n=2}^{\infty}\dfrac{1}{n\ln^p n}$ 发散.

当然, 还可以建立比 Raabe 判别法更有效的判别法, 如 Bertrand 判别法: 若 $\lim\limits_{n\to\infty}\ln n\left(n\left(\dfrac{a_n}{a_{n+1}}-1\right)-1\right)=r$, 则当 $r>1$ 时, 级数 $\sum\limits_{n=1}^{\infty}a_n$ 收敛; 当 $r<1$ 时, 级数 $\sum\limits_{n=1}^{\infty}a_n$ 发散. 但是, 当 $r=1$ 时, Bertrand 判别法又失效. 这一逐次建立更有效的判别法的过程可以一直进行下去, 无法得到一个基于比值的终极敛散性判别法.

5.1.2 一般项级数敛散性的判别

基于单调性的比较判别法对一般项级数不再成立, 但是, 由于数项级数收敛是指它的部分和数列的极限存在, 所以我们可以利用数列极限的 Cauchy 收敛原理建立一般项级数敛散性的普适判别法:

定理 5.1.6 (数项级数的 Cauchy 收敛原理) 数项级数 $\sum\limits_{n=1}^{\infty}a_n$ 收敛的充分必要条件是: 对任意给定的 $\varepsilon>0$, 存在 $N\in\mathbb{N}$, 使得对任意的 $n>N$ 及任意的 $p\in\mathbb{N}$ 都有

$$\left|a_{n+1}+a_{n+2}+\cdots+a_{n+p}\right| = \left|\sum_{k=n+1}^{n+p}a_k\right| < \varepsilon.$$

例 5.1.6 设数列 $\{a_n\}$ 单调减少且数项级数 $\sum\limits_{n=1}^{\infty}a_n$ 收敛. 证明: $\lim\limits_{n\to\infty} na_n = 0$.

证明　因为级数 $\sum\limits_{n=1}^{\infty} a_n$ 收敛, 所以 $\{a_n\}$ 为无穷小量且由数项级数的 Cauchy 收敛原理可知, 对任意给定的 $\varepsilon > 0$, 都存在 $N \in \mathbb{N}$, 使得对任意的 $n > N$ 都有

$$a_{n+1} + a_{n+2} + \cdots + a_{2n} < \frac{\varepsilon}{2}.$$

结合 $\{a_n\}$ 单调减少可得, $0 \leqslant 2na_{2n} < \varepsilon$. 故 $\lim\limits_{n\to\infty}(2na_{2n}) = 0$. 另一方面, 因为

$$0 \leqslant (2n+1)a_{2n+1} \leqslant 2na_{2n} + a_{2n+1},$$

所以 $\lim\limits_{n\to\infty}(2n+1)a_{2n+1} = 0$. 从而, $\lim\limits_{n\to\infty} na_n = 0$. □

与反常积分类似, 数项级数的通项也常表现为两种不同型数值结构的项的乘积, 因而具有相应的 Abel 判别法与 Dirichlet 判别法, 其证明将依赖于如下的 Abel 变换及 Abel 引理.

引理 5.1.1 (Abel 变换)　设 $\{a_n\}$, $\{b_n\}$ 是两数列, 记 $S_n = \sum\limits_{k=1}^{n} a_k \, (n = 1, 2, \cdots)$, 则

$$\sum_{k=1}^{p} a_k b_k = S_p b_p - \sum_{k=1}^{p-1} S_k \big(b_{k+1} - b_k\big), \quad p = 2, 3, \cdots.$$

证明　直接计算可知

$$\begin{aligned}\sum_{k=1}^{p} a_k b_k &= a_1 b_1 + \sum_{k=2}^{p} (S_k - S_{k-1}) b_k \\ &= S_1 b_1 + \sum_{k=2}^{p} S_k b_k - \sum_{k=2}^{p} S_{k-1} b_k \\ &= \sum_{k=1}^{p-1} S_k b_k + S_p b_p - \sum_{k=1}^{p-1} S_k b_{k+1} \\ &= S_p b_p - \sum_{k=1}^{p-1} S_k \big(b_{k+1} - b_k\big).\end{aligned}$$

□

例 5.1.7　设正项级数 $\sum\limits_{n=1}^{\infty} a_n$ 收敛. 证明: $\lim\limits_{n\to\infty} \left(\dfrac{1}{n}\sum\limits_{k=1}^{n} k a_k\right) = 0$.

证明　若记 $S = \sum\limits_{n=1}^{\infty} a_n$, $S_n = \sum\limits_{k=1}^{n} a_k \, (n = 1, 2, \cdots)$, 则由 Abel 变换 $\sum\limits_{k=1}^{n} k a_k =$

$nS_n - \sum\limits_{k=1}^{n-1} S_k (n=2,3,\cdots)$ 及 $\lim\limits_{n\to\infty} S_n = S$ 可知

$$\lim_{n\to\infty}\left(\frac{1}{n}\sum_{k=1}^{n} ka_k\right) = \lim_{n\to\infty}\left(S_n - \frac{S_1+S_2+\cdots+S_{n-1}}{n}\right) = S - S = 0. \qquad \square$$

引理 5.1.2 (Abel 引理) 设 $S_n = \sum\limits_{k=1}^{n} a_k \,(n=1,2,\cdots)$, $\{b_n\}$ 为单调数列. 若存在 $M>0$ 使得

$$|S_n| \leqslant M \quad (n=1,2,\cdots),$$

则

$$\left|\sum_{k=1}^{p} a_k b_k\right| \leqslant M\big(|b_1| + 2|b_p|\big).$$

证明 由 Abel 变换可知

$$\begin{aligned}
\left|\sum_{k=1}^{p} a_k b_k\right| &\leqslant |S_p||b_p| + \sum_{k=1}^{p-1} |S_k||b_{k+1}-b_k| \\
&\leqslant M\left(|b_p| + \sum_{k=1}^{p-1} |b_{k+1}-b_k|\right) \\
&= M\big(|b_p| + |b_p - b_1|\big) \\
&\leqslant M\big(|b_1| + 2|b_p|\big).
\end{aligned} \qquad \square$$

定理 5.1.7 若下列两个条件之一成立:

(1) (**Abel 判别法**) 级数 $\sum\limits_{n=1}^{\infty} a_n$ 收敛, 数列 $\{b_n\}$ 单调有界;

(2) (**Dirichlet 判别法**) 部分和数列 $\left\{\sum\limits_{k=1}^{n} a_k\right\}$ 有界, 数列 $\{b_n\}$ 单调趋于 0,

则级数 $\sum\limits_{n=1}^{\infty} a_n b_n$ 收敛.

证明 (1) 对任意给定的 $\varepsilon>0$, 因为级数 $\sum\limits_{n=1}^{\infty} a_n$ 收敛, 所以存在 $N\in\mathbb{N}$, 使得对任意的 $n>N$ 及任意的 $p\in\mathbb{N}$ 都有

$$\left|\sum_{k=n+1}^{n+p} a_k\right| < \varepsilon.$$

由于 $\{b_n\}$ 单调有界, 不妨设 $|b_n| \leqslant M$ $(n=1,2,\cdots)$. 于是, 由 Abel 引理可知

$$\left|\sum_{k=n+1}^{n+p} a_k b_k\right| \leqslant \big(|b_{n+1}|+2|b_{n+p}|\big)\varepsilon < 3M\varepsilon.$$

从而, 由数项级数的 Cauchy 收敛原理即知 $\sum\limits_{n=1}^{\infty} a_n b_n$ 收敛.

(2) 对任意给定的 $\varepsilon>0$, 因为 $\lim\limits_{n\to\infty} b_n=0$, 所以存在 $N\in\mathbb{N}$, 使得对任意的 $n>N$ 都有

$$|b_n|<\varepsilon.$$

记 $S_n=\sum\limits_{k=1}^{n} a_k$, 则可设 $\big|S_n\big| \leqslant M$ $(n=1,2,\cdots)$. 于是, 对任意的 $p\in\mathbb{N}$, 由 Abel 引理可知

$$\left|\sum_{k=n+1}^{n+p} a_k b_k\right| \leqslant 2M\big(|b_{n+1}|+2|b_{n+p}|\big) < 6M\varepsilon.$$

根据 Cauchy 收敛原理, 级数 $\sum\limits_{n=1}^{\infty} a_n b_n$ 收敛. □

注记 5.1.7　交错级数的 Leibniz 判别法是 Dirichlet 判别法的特殊情形.

例 5.1.8　证明: 级数

$$\sum_{n=1}^{\infty} \frac{\cos(3n)}{n}\left(1+\frac{1}{n}\right)^n$$

收敛.

证明　因为

$$\sum_{k=1}^{n} \cos(3k) = \frac{\sin\left(\dfrac{3}{2}+3n\right)-\sin\dfrac{3}{2}}{2\sin\dfrac{3}{2}},$$

所以数列 $\left\{\sum\limits_{k=1}^{n}\cos(3k)\right\}$ 有界. 显然, 当 $n\to\infty$ 时, 数列 $\left\{\dfrac{1}{n}\right\}$ 单调趋于 0, 故由 Dirichlet 判别法可知, 级数 $\sum\limits_{n=1}^{\infty}\dfrac{\cos(3n)}{n}$ 收敛. 又因为 $\left\{\left(1+\dfrac{1}{n}\right)^n\right\}$ 是单调有界的数列, 所以由 Abel 判别法可知, 级数 $\sum\limits_{n=1}^{\infty}\dfrac{\cos(3n)}{n}\left(1+\dfrac{1}{n}\right)^n$ 收敛. □

类似于反常积分, 我们可以对级数引入绝对收敛与条件收敛的概念. 更重要的是, 绝对收敛的级数的运算性质与有限个数求和的性质非常相似.

定义 5.1.2 若级数 $\sum\limits_{n=1}^{\infty}|a_n|$ 收敛, 则称级数 $\sum\limits_{n=1}^{\infty}a_n$ **绝对收敛**.

若级数 $\sum\limits_{n=1}^{\infty}a_n$ 收敛但 $\sum\limits_{n=1}^{\infty}|a_n|$ 发散, 则称级数 $\sum\limits_{n=1}^{\infty}a_n$ **条件收敛**.

利用数项级数的 Cauchy 收敛原理, 我们可以得到下面的判别法.

定理 5.1.8 若级数 $\sum\limits_{n=1}^{\infty}a_n$ 绝对收敛, 则 $\sum\limits_{n=1}^{\infty}a_n$ 必收敛.

证明 因为级数 $\sum\limits_{n=1}^{\infty}|a_n|$ 收敛, 所以由数项级数的 Cauchy 收敛原理可知, 对任意给定的 $\varepsilon>0$, 都存在 $N\in\mathbb{N}$, 使得对任意的 $n>N$ 及任意的 $p\in\mathbb{N}$ 都有

$$\left|\sum_{k=n+1}^{n+p}a_k\right|\leqslant\sum_{k=n+1}^{n+p}|a_k|<\varepsilon.$$

再次利用数项级数的 Cauchy 收敛原理即知, 级数 $\sum\limits_{n=1}^{\infty}a_n$ 收敛. □

5.1.3 加法结合律

下面的定理表明, 收敛的级数满足加法结合律.

定理 5.1.9 设级数 $\sum\limits_{n=1}^{\infty}a_n$ 收敛, 则在它的求和表达式中任意添加括号后所得的级数仍然收敛, 且其和不变.

证明 设级数 $\sum\limits_{n=1}^{\infty}a_n$ 添加括号后表示为

$$\begin{aligned}&\left(a_1+a_2+\cdots+a_{n_1}\right)+\left(a_{n_1+1}+a_{n_1+2}+\cdots+a_{n_2}\right)+\cdots\\&\qquad+\left(a_{n_{k-1}+1}+a_{n_{k-1}+2}+\cdots+a_{n_k}\right)+\cdots.\end{aligned}$$

若令

$$\begin{aligned}b_1&=a_1+a_2+\cdots+a_{n_1},\\b_2&=a_{n_1+1}+a_{n_1+2}+\cdots+a_{n_2},\\&\cdots\cdots\\b_k&=a_{n_{k-1}+1}+a_{n_{k-1}+2}+\cdots+a_{n_k},\\&\cdots\cdots,\end{aligned}$$

则 $\sum\limits_{n=1}^{\infty} a_n$ 按上面方式添加括号后所得的级数可记为 $\sum\limits_{n=1}^{\infty} b_n$. 设 $\sum\limits_{n=1}^{\infty} a_n$ 的部分和数列为 $\{S_n\}$, $\sum\limits_{n=1}^{\infty} b_n$ 的部分和数列为 $\{T_n\}$, 则

$$T_1 = S_{n_1}, \quad T_2 = S_{n_2}, \quad \cdots, \quad T_k = S_{n_k}, \quad \cdots.$$

故数列 $\{T_n\}$ 是 $\{S_n\}$ 的一个子列. 从而, 由 $\{S_n\}$ 收敛可知, $\{T_n\}$ 收敛且与 $\{S_n\}$ 具有相同的极限. □

定理 5.1.9 的逆命题对条件收敛的级数未必成立, 即一个级数加括号后收敛不能推出原来的级数收敛. 例如, 级数 $\sum\limits_{n=1}^{\infty} (-1)^{n-1}$ 按如下方式添加括号

$$(1-1)+(1-1)+\cdots+(1-1)+\cdots$$

所得的新级数收敛, 但原级数 $\sum\limits_{n=1}^{\infty} (-1)^{n-1}$ 发散. 另一方面, 利用 Cauchy 收敛原理很容易证明如下结论:

定理 5.1.10　若对级数 $\sum\limits_{n=1}^{\infty} a_n$ 加括号后所得的级数收敛于 S, 且在每个括号内的各项的符号相同, 则级数 $\sum\limits_{n=1}^{\infty} a_n$ 也收敛于 S.

例 5.1.9　证明: 级数 $\sum\limits_{n=1}^{\infty} \dfrac{(-1)^{[\sqrt{n}]}}{n}$ 收敛.

证明　将级数中相邻的同号项合并, 从而组成一个新的级数 $\sum\limits_{n=1}^{\infty} (-1)^n \widetilde{a}_n$, 其中

$$\begin{aligned}
\widetilde{a}_n &= \frac{1}{n^2} + \frac{1}{n^2+1} + \cdots + \frac{1}{(n+1)^2-1} \\
&= \frac{1}{n^2} \sum_{k=0}^{2n} \frac{1}{1+\dfrac{k}{n^2}} = \frac{1}{n^2} \sum_{k=0}^{2n} \left(1 - \frac{k}{n^2} + O\left(\frac{k^2}{n^4}\right)\right) \\
&= \frac{1}{n^2} \left((2n+1) - \frac{2n+1}{n} + O\left(\frac{1}{n}\right)\right) \\
&= \frac{2}{n} - \frac{1}{n^2} + O\left(\frac{1}{n^3}\right).
\end{aligned}$$

由此可知, 存在 $N \in \mathbb{N}$, 使得 $\{\widetilde{a}_n\}_{n=N+1}^{\infty}$ 为单调减少的无穷小量. 于是, 根据 Leibniz 判别法, 级数 $\sum\limits_{n=1}^{\infty} (-1)^n \widetilde{a}_n$ 收敛. 显然, 级数 $\sum\limits_{n=N+1}^{\infty} (-1)^n \widetilde{a}_n$ 的通项

$(-1)^n\widetilde{a}_n$ 中所含的原级数的各项的符号都相同. 故由定理 5.1.10 可知, 原级数收敛. □

5.1.4 加法交换律

本小节主要研究级数的加法交换律. 设 $\sum\limits_{n=1}^{\infty} a_n$ 是任意项级数, 令

$$a_n^+ = \frac{|a_n| + a_n}{2} = \begin{cases} a_n, & a_n > 0, \\ 0, & a_n \leqslant 0, \end{cases} \quad n = 1, 2, \cdots$$

及

$$a_n^- = \frac{|a_n| - a_n}{2} = \begin{cases} -a_n, & a_n < 0, \\ 0, & a_n \geqslant 0, \end{cases} \quad n = 1, 2, \cdots,$$

则

$$a_n = a_n^+ - a_n^-, \quad |a_n| = a_n^+ + a_n^-, \quad n = 1, 2, \cdots.$$

相应地, 称级数 $\sum\limits_{n=1}^{\infty} a_n^+$ 为 $\sum\limits_{n=1}^{\infty} a_n$ 的**正部**, 它是由 $\sum\limits_{n=1}^{\infty} a_n$ 的所有正项构成的级数, 而称级数 $\sum\limits_{n=1}^{\infty} a_n^-$ 是 $\sum\limits_{n=1}^{\infty} a_n$ 的**负部**, 它是由 $\sum\limits_{n=1}^{\infty} a_n$ 的所有负项变号后构成的级数. 显然, $\sum\limits_{n=1}^{\infty} a_n^+$ 与 $\sum\limits_{n=1}^{\infty} a_n^-$ 都是正项级数.

我们知道, 绝对收敛的级数必收敛, 但它的逆命题不成立. 下面的结论表明, 绝对收敛与条件收敛存在着本质的差别.

定理 5.1.11 (1) 级数 $\sum\limits_{n=1}^{\infty} a_n$ 绝对收敛的充分必要条件是: 级数 $\sum\limits_{n=1}^{\infty} a_n^+$ 和 $\sum\limits_{n=1}^{\infty} a_n^-$ 都收敛;

(2) 若级数 $\sum\limits_{n=1}^{\infty} a_n$ 条件收敛, 则级数 $\sum\limits_{n=1}^{\infty} a_n^+$ 和 $\sum\limits_{n=1}^{\infty} a_n^-$ 都发散到 $+\infty$.

证明 (1) 若 $\sum\limits_{n=1}^{\infty} a_n$ 绝对收敛, 即 $\sum\limits_{n=1}^{\infty} |a_n|$ 收敛, 由于

$$0 \leqslant a_n^+ \leqslant |a_n|, \quad 0 \leqslant a_n^- \leqslant |a_n|, \quad n = 1, 2, \cdots,$$

则根据正项级数的比较判别法立即可得 $\sum\limits_{n=1}^{\infty} a_n^+$ 和 $\sum\limits_{n=1}^{\infty} a_n^-$ 都收敛.

反之, 若级数 $\sum\limits_{n=1}^{\infty} a_n^+$ 和 $\sum\limits_{n=1}^{\infty} a_n^-$ 都收敛, 则由 $|a_n| = a_n^+ + a_n^-$ 可知, $\sum\limits_{n=1}^{\infty} a_n$ 绝对收敛.

(2) 若 $\sum\limits_{n=1}^{\infty} a_n$ 条件收敛, 即 $\sum\limits_{n=1}^{\infty} a_n$ 收敛但 $\sum\limits_{n=1}^{\infty} |a_n|$ 发散, 则 $\sum\limits_{n=1}^{\infty} \big(|a_n| + a_n\big)$ 发散. 因此, $\sum\limits_{n=1}^{\infty} a_n^+$ 发散且由 $a_n^+ \geqslant 0$ 可知, $\sum\limits_{n=1}^{\infty} a_n^+ = +\infty$. 同理, $\sum\limits_{n=1}^{\infty} a_n^- = +\infty$. □

为了研究级数的加法交换律, 我们引入更序级数的概念.

定义 5.1.3 (更序级数) 称将级数 $\sum\limits_{n=1}^{\infty} a_n$ 的项重新排列之后所得到的新级数 $\sum\limits_{n=1}^{\infty} a_n'$ 为 $\sum\limits_{n=1}^{\infty} a_n$ 的更序级数.

下面两个定理表明, 当且仅当级数绝对收敛时, 加法交换律成立.

定理 5.1.12 若级数 $\sum\limits_{n=1}^{\infty} a_n$ 绝对收敛, 则它的更序级数 $\sum\limits_{n=1}^{\infty} a_n'$ 也绝对收敛且和不变, 即

$$\sum_{n=1}^{\infty} a_n' = \sum_{n=1}^{\infty} a_n.$$

证明 首先证明: 当 $\sum\limits_{n=1}^{\infty} a_n$ 是正项级数时, 定理的结论成立. 事实上, 若 $\sum\limits_{n=1}^{\infty} a_n$ 是正项级数, 则对一切 $n \in \mathbb{N}$ 都有

$$\sum_{k=1}^{n} a_k' \leqslant \sum_{n=1}^{\infty} a_n.$$

故由定理 5.1.1 可知, 正项级数 $\sum\limits_{n=1}^{\infty} a_n'$ 收敛且 $\sum\limits_{n=1}^{\infty} a_n' \leqslant \sum\limits_{n=1}^{\infty} a_n$. 另一方面, 若将 $\sum\limits_{n=1}^{\infty} a_n$ 视为 $\sum\limits_{n=1}^{\infty} a_n'$ 的更序级数, 则有 $\sum\limits_{n=1}^{\infty} a_n \leqslant \sum\limits_{n=1}^{\infty} a_n'$. 从而, 结合两者即可证得 $\sum\limits_{n=1}^{\infty} a_n' = \sum\limits_{n=1}^{\infty} a_n$.

其次证明: 当 $\sum\limits_{n=1}^{\infty} a_n$ 是绝对收敛的级数时, 定理的结论成立. 由定理 5.1.11 知, 级数 $\sum\limits_{n=1}^{\infty} a_n^+$ 与 $\sum\limits_{n=1}^{\infty} a_n^-$ 都收敛, 且

$$\sum_{n=1}^{\infty} a_n = \sum_{n=1}^{\infty} a_n^+ - \sum_{n=1}^{\infty} a_n^-.$$

对于 $\sum\limits_{n=1}^{\infty} a_n$ 的更序级数 $\sum\limits_{n=1}^{\infty} a'_n$, 若构造正项级数 $\sum\limits_{n=1}^{\infty} a'^{+}_n$ 与 $\sum\limits_{n=1}^{\infty} a'^{-}_n$, 则 $\sum\limits_{n=1}^{\infty} a'^{+}_n$ 为 $\sum\limits_{n=1}^{\infty} a^{+}_n$ 的更序级数, $\sum\limits_{n=1}^{\infty} a'^{-}_n$ 为 $\sum\limits_{n=1}^{\infty} a^{-}_n$ 的更序级数. 于是, 由 (1) 所证得的结论可知

$$\sum_{n=1}^{\infty} a'^{+}_n = \sum_{n=1}^{\infty} a^{+}_n, \quad \sum_{n=1}^{\infty} a'^{-}_n = \sum_{n=1}^{\infty} a^{-}_n.$$

从而, $\sum\limits_{n=1}^{\infty} |a'_n| = \sum\limits_{n=1}^{\infty} a'^{+}_n + \sum\limits_{n=1}^{\infty} a'^{-}_n$ 收敛, 即 $\sum\limits_{n=1}^{\infty} a'_n$ 绝对收敛, 且

$$\sum_{n=1}^{\infty} a'_n = \sum_{n=1}^{\infty} a'^{+}_n - \sum_{n=1}^{\infty} a'^{-}_n = \sum_{n=1}^{\infty} a^{+}_n - \sum_{n=1}^{\infty} a^{-}_n = \sum_{n=1}^{\infty} a_n. \qquad \square$$

定理 5.1.13 (Riemann 定理) 设级数 $\sum\limits_{n=1}^{\infty} a_n$ 条件收敛, 则对任意给定的 $a \in \mathbb{R}$, 必定存在 $\sum\limits_{n=1}^{\infty} a_n$ 的更序级数 $\sum\limits_{n=1}^{\infty} a'_n$, 使得

$$\sum_{n=1}^{\infty} a'_n = a.$$

证明 因为 $\sum\limits_{n=1}^{\infty} a_n$ 条件收敛, 所以由定理 5.1.11 可知

$$\sum_{n=1}^{\infty} a^{+}_n = +\infty, \quad \sum_{n=1}^{\infty} a^{-}_n = +\infty.$$

于是, 依次计算 $\sum\limits_{n=1}^{\infty} a^{+}_n$ 的部分和, 必定存在最小的正整数 n_1 使得

$$a^{+}_1 + a^{+}_2 + \cdots + a^{+}_{n_1} > a.$$

再依次计算 $\sum\limits_{n=1}^{\infty} a^{-}_n$ 的部分和, 必定存在最小的正整数 m_1 使得

$$a^{+}_1 + a^{+}_2 + \cdots + a^{+}_{n_1} - a^{-}_1 - a^{-}_2 - \cdots - a^{-}_{m_1} < a.$$

类似地, 存在最小的正整数 $n_2 > n_1$ 和 $m_2 > m_1$ 使得

$$\begin{aligned} &a^{+}_1 + a^{+}_2 + \cdots + a^{+}_{n_1} - a^{-}_1 - a^{-}_2 - \cdots - a^{-}_{m_1} \\ &\qquad + a^{+}_{n_1+1} + a^{+}_{n_1+2} + \cdots + a^{+}_{n_2} > a \end{aligned}$$

及

$$a_1^+ + a_2^+ + \cdots + a_{n_1}^+ - a_1^- - a_2^- - \cdots - a_{m_1}^-$$
$$+ a_{n_1+1}^+ + a_{n_1+2}^+ + \cdots + a_{n_2}^+ - a_{m_1+1}^- - a_{m_1+2}^- - \cdots - a_{m_2}^- < a.$$

按照这样的方式一直进行下去, 可以得到两个严格单调增加的正整数列 $\{n_l\}$ 与 $\{m_l\}$ 使得

$$a < \sum_{j=1}^{n_1} a_j^+ \leqslant a + a_{n_1}^+,$$

$$a - a_{m_1}^- \leqslant \sum_{j=1}^{n_1} a_j^+ - \sum_{k=1}^{m_1} a_k^- < a,$$

$$a < \sum_{j=1}^{n_1} a_j^+ - \sum_{k=1}^{m_1} a_k^- + \sum_{j=n_1+1}^{n_2} a_j^+ \leqslant a + a_{n_2}^+,$$

$$a - a_{m_2}^- \leqslant \sum_{j=1}^{n_1} a_j^+ - \sum_{k=1}^{m_1} a_k^- + \sum_{j=n_1+1}^{n_2} a_j^+ - \sum_{k=m_1+1}^{m_2} a_k^- < a, \cdots.$$

由此可以得到 $\sum\limits_{n=1}^{\infty} a_n$ 的一个更序级数 $\sum\limits_{n=1}^{\infty} a'_n$. 显然, 上述排列方式也表明, 可以对 $\sum\limits_{n=1}^{\infty} a'_n$ 加括号使得每个括号内的各项的符号相同, 且加括号之后的级数的部分和介于 $a - a_{m_l}^-$ 和 $a + a_{n_l}^+$ 之间 $(l = 1, 2, \cdots)$. 又因为 $\sum\limits_{n=1}^{\infty} a_n$ 收敛, 所以

$$\lim_{l\to+\infty} a_{m_l}^- = \lim_{l\to+\infty} a_{n_l}^+ = 0.$$

这表明, 按上述方式对 $\sum\limits_{n=1}^{\infty} a'_n$ 加括号之后的级数收敛于 a. 从而, 由定理 5.1.10 可知, 级数 $\sum\limits_{n=1}^{\infty} a'_n$ 收敛且

$$\sum_{n=1}^{\infty} a'_n = a. \qquad \square$$

注记 5.1.8　定理 5.1.13 的结论对 $a = +\infty$ 与 $a = -\infty$ 也成立.

5.1.5　级数的乘法

本小节主要研究如何定义级数 $\sum\limits_{n=1}^{\infty} a_n$ 与 $\sum\limits_{n=1}^{\infty} b_n$ 的乘积. 我们知道, 两个有限和式

$$\sum_{k=1}^{n} a_k, \quad \sum_{l=1}^{m} b_l$$

的乘积是将所有形如 $a_kb_l\,(k=1,2,\cdots,n;\ l=1,2,\cdots,m)$ 的乘积求和. 若我们仿照这个做法将两个级数

$$\sum_{n=1}^{\infty}a_n,\quad \sum_{n=1}^{\infty}b_n$$

的所有可能的乘积都写出来:

$$\begin{array}{cccc} a_1b_1, & a_1b_2, & a_1b_3, & \cdots \\ a_2b_1, & a_2b_2, & a_2b_3, & \cdots \\ a_3b_1, & a_3b_2, & a_3b_3, & \cdots \\ \cdots & \cdots & \cdots & \cdots, \end{array}$$

则所面临的主要问题是以什么方式将所有形如 $a_kb_l\,(k,l=1,2,\cdots)$ 的乘积求和. 由于级数运算一般不满足交换律与结合律, 相加过程中还涉及排列的次序与方式. 在实际问题中, 常用加法方式有两种. 一是按对角线相加:

$$a_1b_1+\big(a_1b_2+a_2b_1\big)+\big(a_1b_3+a_2b_2+a_3b_1\big)+\cdots;$$

二是按正方形相加:

$$a_1b_1+\big(a_1b_2+a_2b_2+a_2b_1\big)+\big(a_1b_3+a_2b_3+a_3b_3+a_3b_2+a_3b_1\big)+\cdots.$$

对于前者, 我们引入如下定义:

定义 5.1.4 (Cauchy 乘积) 设

$$c_n=\sum_{k+l=n+1}a_kb_l=a_1b_n+a_2b_{n-1}+\cdots+a_nb_1\quad(n=1,2,\cdots),$$

则称 $\sum\limits_{n=1}^{\infty}c_n$ 为级数 $\sum\limits_{n=1}^{\infty}a_n$ 与 $\sum\limits_{n=1}^{\infty}b_n$ 的 **Cauchy 乘积**, 记 $\sum\limits_{n=1}^{\infty}c_n=\left(\sum\limits_{n=1}^{\infty}a_n\right)\left(\sum\limits_{n=1}^{\infty}b_n\right)$.

一般而言, 即使级数 $\sum\limits_{n=1}^{\infty}a_n$ 与 $\sum\limits_{n=1}^{\infty}b_n$ 都收敛, 相应的 Cauchy 乘积也可能发散. 例如, 级数 $\sum\limits_{n=1}^{\infty}\dfrac{(-1)^{n-1}}{\sqrt{n}}$ 收敛, 但 $\left(\sum\limits_{n=1}^{\infty}\dfrac{(-1)^{n-1}}{\sqrt{n}}\right)\left(\sum\limits_{n=1}^{\infty}\dfrac{(-1)^{n-1}}{\sqrt{n}}\right)$ 按 Cauchy 乘积方式所得的级数发散. 事实上, 若记 $a_n=b_n=\dfrac{(-1)^{n-1}}{\sqrt{n}}$, 则

$$|c_n|=\sum_{k+l=n+1}\frac{1}{\sqrt{kl}}\geqslant\sum_{k+l=n+1}\frac{2}{k+l}=\frac{2n}{n+1}\geqslant 1\quad(n=1,2,\cdots).$$

这表明, $\sum\limits_{n=1}^{\infty} c_n$ 发散.

另一方面, 我们有如下结论:

定理 5.1.14 (Cauchy 定理) *若级数 $\sum\limits_{n=1}^{\infty} a_n$ 与 $\sum\limits_{n=1}^{\infty} b_n$ 都绝对收敛, 其和分别为 A 与 B, 则*

$$a_k b_l \quad (k, l = 1, 2, \cdots)$$

按任意方式相加所得的级数都绝对收敛, 且其和等于 AB.

证明 设 $a_{k_j} b_{l_j}\,(j = 1, 2, \cdots)$ 是 $a_k b_l\,(k, l = 1, 2, \cdots)$ 的任意一种排列. 对任意给定的 n, 若记

$$N = \max\left\{k_1,\, k_2,\, \cdots,\, k_n,\, l_1,\, l_2,\, \cdots,\, l_n\right\},$$

则

$$\sum_{j=1}^{n} |a_{k_j} b_{l_j}| \leqslant \left(\sum_{k=1}^{N} |a_k|\right)\left(\sum_{k=1}^{N} |b_k|\right) \leqslant \left(\sum_{k=1}^{\infty} |a_k|\right)\left(\sum_{k=1}^{\infty} |b_k|\right).$$

这表明, 级数 $\sum\limits_{j=1}^{\infty} a_{k_j} b_{l_j}$ 绝对收敛. 由定理 5.1.12 可知, $\sum\limits_{j=1}^{\infty} a_{k_j} b_{l_j}$ 的更序级数也绝对收敛且和不变. 特别地, 按正方形相加的方式重新排列这个级数可得

$$\sum_{j=1}^{\infty} a_{k_j} b_{l_j} = \lim_{N \to \infty} \left(\sum_{k=1}^{N} a_k\right)\left(\sum_{l=1}^{N} b_l\right) = \left(\sum_{k=1}^{\infty} a_k\right)\left(\sum_{l=1}^{\infty} b_l\right) = AB. \qquad \square$$

例 5.1.10 设 $E(x) = \sum\limits_{n=0}^{\infty} \dfrac{x^n}{n!}\,(x \in \mathbb{R})$. 证明:

$$E(x)E(y) = E(x + y)\,(x, y \in \mathbb{R}).$$

解 由 d'Alembert 判别法可知, 对任意的 $x \in \mathbb{R}$, 级数 $\sum\limits_{n=0}^{\infty} \dfrac{x^n}{n!}$ 都绝对收敛. 因为 Cauchy 乘积 $E(x)E(y)$ 的通项是

$$\sum_{k=0}^{n} \frac{1}{k!(n-k)!} x^k y^{n-k} = \sum_{k=0}^{n} \frac{\mathrm{C}_n^k x^k y^{n-k}}{n!} = \frac{(x+y)^n}{n!}, \quad x, y \in \mathbb{R},$$

所以

$$E(x)E(y) = \sum_{n=0}^{\infty} \frac{(x+y)^n}{n!} = E(x + y), \quad x, y \in \mathbb{R}. \qquad \square$$

注记 5.1.9 *因为例 5.1.10 中的 $E(x)$ 就是指数函数 e^x, 所以例 5.1.10 给出了指数函数乘法定理 $\mathrm{e}^{x+y} = \mathrm{e}^x \mathrm{e}^y\,(x, y \in \mathbb{R})$ 的基于级数理论的证明.*

5.2 函数列与函数项级数

在本节中, 若无特殊说明, $\mathcal{I}$ 都表示 $\mathbb{R}$ 上的区间 (可能为闭区间、开区间或无限区间等). 设 $u_1(x), u_2(x), \cdots, u_n(x), \cdots$ 是定义在 $\mathcal{I}$ 上的一列函数, 称它们的形式和

$$\sum_{n=1}^{\infty} u_n(x) = u_1(x) + u_2(x) + \cdots + u_n(x) + \cdots$$

是 $\mathcal{I}$ 上的**函数项级数**. 若对任意给定的 $x \in \mathcal{I}$, 数项级数 $\sum\limits_{n=1}^{\infty} u_n(x)$ 都收敛, 则称函数项级数 $\sum\limits_{n=1}^{\infty} u_n(x)$ 在 $\mathcal{I}$ 上**逐点收敛**.

当函数项级数 $\sum\limits_{n=1}^{\infty} u_n(x)$ 在 $\mathcal{I}$ 上逐点收敛时, 由 $\sum\limits_{n=1}^{\infty} u_n(x)$ 确定了一个定义在 $\mathcal{I}$ 上的函数

$$S(x) = \sum_{n=1}^{\infty} u_n(x),$$

称 $S(x)$ 为函数项级数 $\sum\limits_{n=1}^{\infty} u_n(x)$ 的**和函数**. 本节主要研究和函数 $S(x)$ 的分析性质: 可积性、连续性、可导性. 类似于含参变量积分, 和函数的这些分析性质使得微积分的应用从初等函数扩展到非初等函数.

记

$$S_n(x) = \sum_{k=1}^{n} u_k(x) \quad (n = 1, 2, \cdots).$$

称 $\{S_n(x)\}$ 为函数项级数 $\sum\limits_{n=1}^{\infty} u_n(x)$ 的**部分和函数列**. 因为数项级数的和是利用部分和数列的极限来定义的, 所以函数项级数 $\sum\limits_{n=1}^{\infty} u_n(x)$ 在 $\mathcal{I}$ 上逐点收敛的充分必要条件是: 对任意给定的 $x \in \mathcal{I}$, 部分和函数列 $\{S_n(x)\}$ 都收敛 (称 $\{S_n(x)\}$ 在 $\mathcal{I}$ 上逐点收敛). 也就是说, 函数项级数的收敛归结为其部分和函数列 $\{S_n(x)\}$ 的收敛. 因此, 我们首先研究函数列的收敛.

5.2.1 函数列一致收敛的定义及其性质

若函数列 $\{f_n(x)\}$ 在区间 $\mathcal{I}$ 上逐点收敛于 $f(x)$, 则称 $f(x)$ 为 $\{f_n(x)\}$ 的**极限函数**. 容易知道, 即使函数列中的每一个函数 $f_n(x)$ 都在 $\mathcal{I}$ 上可积、连续或可

导, 极限函数也未必在 $\mathcal{I}$ 上可积、连续或可导. 例如, $f_n(x)=x^n\in C\big([0,1]\big)\ (n=1,2,\cdots)$, 但 $\{f_n(x)\}$ 的极限函数

$$f(x)=\begin{cases}0, & x\in[0,1),\\ 1, & x=1\end{cases}$$

在点 $x=1$ 处不连续. 因此, 为了使得极限函数能够继承函数列的分析性质, 我们需要引入比逐点收敛更强的收敛 —— 一致收敛.

定义 5.2.1 (函数列一致收敛)　设函数列 $\{f_n(x)\}$ 与函数 $f(x)$ 都定义在区间 $\mathcal{I}$ 上. 若对任意给定的 $\varepsilon>0$, 都存在 $N\in\mathbb{N}$, 使得对任意的 $n>N$ 和任意的 $x\in\mathcal{I}$ 都有

$$\big|f_n(x)-f(x)\big|<\varepsilon,$$

则称函数列 $\{f_n(x)\}$ 在 $\mathcal{I}$ 上一致收敛于 $f(x)$.

注记 5.2.1　函数列 $\{f_n(x)\}$ 在 $\mathcal{I}$ 上不一致收敛于 $f(x)$ 是指: 存在 $\varepsilon_0>0$, 对任意的 $N\in\mathbb{N}$, 都存在 $n_N>N$ 及 $x_{n_N}\in\mathcal{I}$ 使得

$$\big|f_{n_N}(x_{n_N})-f(x_{n_N})\big|\geqslant\varepsilon_0.$$

根据定义 5.2.1 很容易证明如下结论, 它常被用于判断函数列的一致收敛性.

定理5.2.1　函数列 $\{f_n(x)\}$ 在区间 $\mathcal{I}$ 上一致收敛于 $f(x)$ 的充分必要条件是

$$d(f_n,f)=\sup_{x\in\mathcal{I}}\big|f_n(x)-f(x)\big|\to0\quad(n\to+\infty).$$

例 5.2.1　设 $f_n(x)=\left(1+\dfrac{x}{n}\right)^n\ (n=1,2,\cdots)$. 证明: 函数列 $\{f_n(x)\}$ 在 $[0,1]$ 上一致收敛于 e^x.

证明　当 $x\in[0,1]$ 时, 显然有

$$f_n(x)-\mathrm{e}^x\leqslant0\quad(n=1,2,\cdots)$$

且

$$\big(f_n(x)-\mathrm{e}^x\big)'=\left(1+\frac{x}{n}\right)^{n-1}-\mathrm{e}^x\leqslant\left(1+\frac{x}{n}\right)^{n-1}-\left(1+\frac{x}{n}\right)^n\leqslant0\quad(n=1,2,\cdots).$$

从而, 对任意的 $x\in[0,1]$ 都有

$$\big|f_n(x)-\mathrm{e}^x\big|\leqslant\mathrm{e}-\left(1+\frac{1}{n}\right)^n\quad(n=1,2,\cdots).$$

故 $\lim\limits_{n\to\infty} d\big(f_n(x), \mathrm{e}^x\big) = 0$. 由定理 5.2.1 可知, $\{f_n(x)\}$ 在 $[0,1]$ 上一致收敛于 e^x. □

关于函数列的一致收敛, 我们有如下的 Cauchy 收敛原理.

定理 5.2.2 (函数列一致收敛的 Cauchy 收敛原理) 函数列 $\{f_n(x)\}$ 在区间 $\mathcal{I}$ 上一致收敛的充分必要条件是: 对任意给定的 $\varepsilon > 0$, 都存在 $N \in \mathbb{N}$, 使得对任意的 $m, n > N$ 和任意的 $x \in \mathcal{I}$ 都有

$$\big|f_m(x) - f_n(x)\big| < \varepsilon.$$

证明 (必要性) 设 $\{f_n(x)\}$ 在区间 $\mathcal{I}$ 上一致收敛于 $f(x)$, 则对任意给定的 $\varepsilon > 0$, 都存在 $N \in \mathbb{N}$, 使得对任意的 $m, n > N$ 和任意的 $x \in \mathcal{I}$ 都有

$$\big|f_m(x) - f(x)\big| < \frac{\varepsilon}{2}, \quad \big|f_n(x) - f(x)\big| < \frac{\varepsilon}{2}.$$

从而,

$$\big|f_m(x) - f_n(x)\big| < \big|f_m(x) - f(x)\big| + \big|f_n(x) - f(x)\big| < \frac{\varepsilon}{2} + \frac{\varepsilon}{2} = \varepsilon.$$

(充分性) 设对任意给定的 $\varepsilon > 0$, 都存在 $N \in \mathbb{N}$, 使得对任意的 $m, n > N$ 和任意的 $x \in \mathcal{I}$ 都有

$$\big|f_m(x) - f_n(x)\big| < \frac{\varepsilon}{2}. \tag{5.2}$$

特别地, 对每一个固定的 $x \in \mathcal{I}$, 由数列极限的 Cauchy 收敛原理可知, 存在 $f(x)$ 使得

$$f(x) = \lim_{n\to\infty} f_n(x).$$

进而, 在 (5.2) 中令 $m \to \infty$ 取极限可得

$$\big|f(x) - f_n(x)\big| \leqslant \frac{\varepsilon}{2} < \varepsilon, \quad x \in \mathcal{I}.$$

这表明函数列 $\{f_n(x)\}$ 在区间 $\mathcal{I}$ 上一致收敛于 $f(x)$. □

例 5.2.2 设函数列 $\{f_n(x)\}$ 定义在 $[a,b]$ 上, 且 $f_n(x)(n = 1, 2, \cdots)$ 在点 $x = b$ 处左连续. 证明: 若极限 $\lim\limits_{n\to\infty} f_n(b)$ 不存在, 则对任意的 $c \in (a,b)$, 函数列 $\{f_n(x)\}$ 在 (c,b) 内都不一致收敛.

证明 用反证法. 假设存在 $c \in (a,b)$ 使得 $\{f_n(x)\}$ 在 (c,b) 内一致收敛, 则由定理 5.2.2 可知, 对任意给定的 $\varepsilon > 0$, 都存在 $N \in \mathbb{N}$, 使得对任意的 $m, n > N$ 和任意的 $x \in (c,b)$ 都有

$$\big|f_m(x) - f_n(x)\big| < \frac{\varepsilon}{2}.$$

又因为 $f_n(x)$ 在点 $x=b$ 处左连续 $(n=1,2,\cdots)$, 所以在上式中令 $x\to b-$ 可得

$$\left|f_m(b)-f_n(b)\right|\leqslant\frac{\varepsilon}{2}<\varepsilon.$$

于是, 由数列极限的 Cauchy 收敛原理可知, $\{f_n(b)\}$ 收敛. 这与题设矛盾. □

下面证明, 一致收敛的函数列的极限函数很好地继承了函数列的分析性质.

定理 5.2.3 (逐项积分定理) 设 $f_n\in R([a,b])\,(n=1,2,\cdots)$ 且函数列 $\{f_n(x)\}$ 在 $[a,b]$ 上一致收敛于 $f(x)$, 则 $f\in R([a,b])$ 且

$$\int_a^b f(x)\mathrm{d}x=\int_a^b\lim_{n\to\infty}f_n(x)\mathrm{d}x=\lim_{n\to\infty}\int_a^b f_n(x)\mathrm{d}x. \tag{5.3}$$

证明 容易知道, 对区间 $[a,b]$ 的任意分割 $P:\ a=x_0<x_1<x_2<\cdots<x_m=b$, 都有

$$\underline{S}(f-f_n,P)+\underline{S}(f_n,P)\leqslant\underline{S}(f,P)\leqslant\overline{S}(f,P)\leqslant\overline{S}(f-f_n,P)+\overline{S}(f_n,P),$$

其中 $\overline{S}(f,P)$ 与 $\underline{S}(f,P)$ 分别表示 f 关于分割 P 的 Darboux 大和与 Darboux 小和. 在上式中令 $\lambda=\max\limits_{1\leqslant i\leqslant m}\Delta x_i\to 0$ 取极限可得

$$\underline{I}(f-f_n)+\int_a^b f_n(x)\mathrm{d}x\leqslant\underline{I}(f)\leqslant\overline{I}(f)\leqslant\overline{I}(f-f_n)+\int_a^b f_n(x)\mathrm{d}x,$$

其中 $\overline{I}(f)$ 为 $\overline{S}(f,P)$ 关于分割 P 的下确界, 而 $\underline{I}(f)$ 为 $\underline{S}(f,P)$ 关于分割 P 的上确界. 另一方面, 由 $\{f_n(x)\}$ 在 $[a,b]$ 上一致收敛于 $f(x)$ 及定理 5.2.1 可知

$$\begin{aligned}\left|\underline{I}(f-f_n)\right|+\left|\overline{I}(f-f_n)\right|&\leqslant 2(b-a)\sup_{x\in[a,b]}\left|f(x)-f_n(x)\right|\\&=2(b-a)d(f,f_n)\to 0\quad(n\to\infty).\end{aligned}$$

从而, 结合上述两式可得

$$\varlimsup_{n\to\infty}\int_a^b f_n(x)\mathrm{d}x\leqslant\underline{I}(f)\leqslant\overline{I}(f)\leqslant\varliminf_{n\to\infty}\int_a^b f_n(x)\mathrm{d}x.$$

故 $f\in R([a,b])$ 且 (5.3) 成立. □

注记 5.2.2 虽然定理 5.2.3 中“$\{f_n(x)\}$ 在 $[a,b]$ 上一致收敛”的条件一般都不能去掉, 但对一致有界的函数列, 有如下 **Arzelà 控制收敛定理**: 设

$f_n \in R([a,b])\,(n=1,2,\cdots)$, 且函数列 $\{f_n(x)\}$ 在 $[a,b]$ 上收敛于 $f(x)$. 若 $f \in R([a,b])$ 且 $\{f_n(x)\}$ 在 $[a,b]$ 上一致有界, 即存在常数 $M>0$ 使得

$$|f_n(x)| \leqslant M, \quad x \in [a,b], \quad n=1,2,\cdots,$$

则

$$\int_a^b f(x)\mathrm{d}x = \int_a^b \lim_{n\to\infty} f_n(x)\mathrm{d}x = \lim_{n\to\infty}\int_a^b f_n(x)\mathrm{d}x.$$

定理 5.2.4 (连续性定理) 设 $f_n \in C(\mathcal{I})\,(n=1,2,\cdots)$ 且函数列 $\{f_n(x)\}$ 在 $\mathcal{I}$ 上一致收敛于 $f(x)$, 则 $f \in C(\mathcal{I})$, 即对任意的 $x_0 \in \mathcal{I}$ 都有

$$\lim_{x\to x_0} f(x) = \lim_{x\to x_0}\lim_{n\to\infty} f_n(x) = \lim_{n\to\infty}\lim_{x\to x_0} f_n(x) = \lim_{n\to\infty} f_n(x_0) = f(x_0).$$

证明 设 $x_0 \in \mathcal{I}$. 对任意给定的 $\varepsilon>0$, 由 $\{f_n(x)\}$ 在 $\mathcal{I}$ 上一致收敛于 $f(x)$ 可知, 存在 $N_0 \in \mathbb{N}$, 使得对任意的 $x \in \mathcal{I}$ 都有

$$|f_{N_0}(x) - f(x)| < \frac{\varepsilon}{3}.$$

对上述 $\varepsilon>0$, 因为 $f_{N_0} \in C(\mathcal{I})$, 所以存在 $\delta>0$, 使得对任意满足 $|x-x_0|<\delta$ 的 $x \in \mathcal{I}$ 都有

$$|f_{N_0}(x) - f_{N_0}(x_0)| < \frac{\varepsilon}{3}.$$

于是,

$$\begin{aligned}
|f(x)-f(x_0)| &= |f(x)-f_{N_0}(x)+f_{N_0}(x)-f_{N_0}(x_0)+f_{N_0}(x_0)-f(x_0)| \\
&\leqslant |f(x)-f_{N_0}(x)| + |f_{N_0}(x)-f_{N_0}(x_0)| + |f_{N_0}(x_0)-f(x_0)| \\
&< \frac{\varepsilon}{3}+\frac{\varepsilon}{3}+\frac{\varepsilon}{3} = \varepsilon.
\end{aligned}$$

这表明 f 在点 x_0 处连续. 由 $x_0 \in \mathcal{I}$ 的任意性可知, $f \in C(\mathcal{I})$. □

定理 5.2.5 (逐项求导定理) 设 $f_n \in C^1(\mathcal{I})\,(n=1,2,\cdots)$, 函数列 $\{f_n(x)\}$ 在 $\mathcal{I}$ 上逐点收敛于 $f(x)$ 且 $\{f_n'(x)\}$ 在 $\mathcal{I}$ 上一致收敛于 $\sigma(x)$, 则 $f \in C^1(\mathcal{I})$ 且

$$f'(x) = \left(\lim_{n\to\infty} f_n(x)\right)' = \lim_{n\to\infty} f_n'(x) = \sigma(x).$$

证明 取定 $c \in \mathcal{I}$, 则对任意的 $x \in \mathcal{I}\backslash\{c\}$, 由定理 5.2.3 可知

$$\int_c^x \lim_{n\to\infty} f_n'(t)\mathrm{d}t = \lim_{n\to\infty}\int_c^x f_n'(t)\mathrm{d}t = \lim_{n\to\infty}\big(f_n(x)-f_n(c)\big),$$

即

$$\int_c^x \sigma(t)\mathrm{d}t = f(x) - f(c).$$

根据定理 5.2.4 可得, $\sigma \in C(\mathcal{I})$. 故在上式两端关于 x 求导即可完成定理的证明.

□

注记 5.2.3　若将定理 5.2.5 中 "$\{f_n'(x)\}$ 在 $\mathcal{I}$ 上一致收敛" 的条件去掉, 则结论未必成立. 例如, 设 $f_n(x) = \dfrac{1}{n}\arctan x^n\ (n = 1, 2, \cdots)$, 则函数列 $\{f_n(x)\}$ 在 $[0,2]$ 上一致收敛于 $f(x) \equiv 0$, 且 $\{f_n'(x)\} = \left\{\dfrac{x^{n-1}}{1+x^{2n}}\right\}$ 在 $[0,2]$ 逐点收敛于

$$\sigma(x) = \begin{cases} 0, & x \in [0,2],\ x \neq 1, \\ \dfrac{1}{2}, & x = 1. \end{cases}$$

显然, $f'(x) \not\equiv \sigma(x)\ (x \in [0,2])$.

例 5.2.3　设 $f_n \in C\big([a,b]\big)\ (n = 1, 2, \cdots)$ 且函数列 $\{f_n(x)\}$ 在 $[a,b]$ 上一致收敛于 $f(x)$. 证明: 若 $[a,b]$ 中的数列 $\{x_n\}$ 满足 $\lim\limits_{n\to\infty} x_n = x_0$, 则

$$\lim_{n\to\infty} f_n\big(x_n\big) = f(x_0).$$

证明　对任意给定的 $\varepsilon > 0$, 因为函数列 $\{f_n(x)\}$ 在 $[a,b]$ 上一致收敛于 $f(x)$, 所以存在 $N_1 \in \mathbb{N}$, 使得对任意的 $n > N_1$ 和任意的 $x \in [a,b]$ 都有

$$\big|f_n(x) - f(x)\big| < \frac{\varepsilon}{2}.$$

特别地, 对任意的 $n > N_1$ 都有

$$\big|f_n\big(x_n\big) - f\big(x_n\big)\big| < \frac{\varepsilon}{2}.$$

另一方面, 由定理 5.2.4 可知, $f \in C\big([a,b]\big)$. 从而, 存在 $\delta > 0$, 使得对任意满足 $\big|x - x_0\big| < \delta$ 的 x 都有

$$\big|f(x) - f(x_0)\big| < \frac{\varepsilon}{2}.$$

对上述 $\delta > 0$, 因为 $\lim\limits_{n\to\infty} x_n = x_0$, 所以存在 $N_2 \in \mathbb{N}$, 使得对任意的 $n > N_2$ 都有 $\big|x_n - x_0\big| < \delta$. 故

$$\big|f\big(x_n\big) - f(x_0)\big| < \frac{\varepsilon}{2}.$$

综上可知, 若取 $N=\max\{N_1,N_2\}$, 则对任意的 $n>N$ 都有

$$\left|f_n(x_n)-f(x_0)\right|\leqslant\left|f_n(x_n)-f(x_n)\right|+\left|f(x_n)-f(x_0)\right|<\frac{\varepsilon}{2}+\frac{\varepsilon}{2}=\varepsilon.$$

故 $\lim\limits_{n\to\infty}f_n(x_n)=f(x_0)$. □

一般来说, 定理 5.2.4 的逆命题不成立, 即 $[a,b]$ 区间上连续函数列 $\{f_n(x)\}$ 收敛于连续函数 $f(x)$ 并不蕴含该收敛在 $[a,b]$ 上具有一致性. 下面的定理则表明, 在附加数列 $\{f_n(x)\}$ 单调的条件下, 可以得到该收敛在 $[a,b]$ 上是一致的.

定理 5.2.6 (Dini 定理) 设 $f_n\in C([a,b])\,(n=1,2,\cdots)$, 且对任意的 $x\in[a,b]$, 数列 $\{f_n(x)\}$ 都单调收敛于 $f(x)$. 证明: 若 $f\in C([a,b])$, 则 $\{f_n(x)\}$ 在 $[a,b]$ 上一致收敛于 $f(x)$.

证明 用反证法. 设 $\{f_n(x)\}$ 在 $[a,b]$ 上不一致收敛于 $f(x)$, 则存在 $\varepsilon_0>0$, 严格单调增加的正无穷大量 $\{n_k\}$ 及数列 $\{x_k\}$ 使得

$$x_k\in[a,b]\quad 且\quad \left|f_{n_k}(x_k)-f(x_k)\right|\geqslant\varepsilon_0\quad(k=1,2,\cdots).$$

根据 Bolzano-Weierstrass 定理, $\{x_k\}$ 存在收敛子列. 为了叙述的方便, 不妨设 $\{x_k\}$ 收敛并记 $\xi=\lim\limits_{k\to\infty}x_k$. 显然, $\xi\in[a,b]$. 因为 $\lim\limits_{n\to\infty}f_n(\xi)=f(\xi)$, 所以对上述 $\varepsilon_0>0$, 必存在 N, 使得

$$\left|f_N(\xi)-f(\xi)\right|<\frac{\varepsilon_0}{2}.$$

又因为 $f_N(x)-f(x)$ 在点 $x=\xi$ 处连续, 所以存在 $K\in\mathbb{N}$, 使得对任意的 $k>K$ 都有

$$\left|\big(f_N(x_k)-f(x_k)\big)-\big(f_N(\xi)-f(\xi)\big)\right|<\frac{\varepsilon_0}{2}.$$

于是, 对任意的 $k>K$ 都有

$$\left|f_N(x_k)-f(x_k)\right|\leqslant\left|\big(f_N(x_k)-f(x_k)\big)-\big(f_N(\xi)-f(\xi)\big)\right|+\left|f_N(\xi)-f(\xi)\right|<\varepsilon_0.$$

从而, 根据 $\{f_n(x)\}$ 关于 n 的单调性可得, 对任意的 $n>N$ 与 $k>K$ 都有

$$\left|f_n(x_k)-f(x_k)\right|\leqslant\left|f_N(x_k)-f(x_k)\right|<\varepsilon_0.$$

特别地, 当 k 充分大时, 必有

$$\left|f_{n_k}(x_k)-f(x_k)\right|<\varepsilon_0.$$

这与 $\left|f_{n_k}(x_k)-f(x_k)\right|\geqslant\varepsilon_0\,(k=1,2,\cdots)$ 矛盾. 故 $\{f_n(x)\}$ 在 $[a,b]$ 上一致收敛于 $f(x)$. □

5.2.2 函数项级数一致收敛的定义及判别法

设函数列 $\{u_n(x)\}$ $(n=1,2,\cdots)$ 定义在区间 $\mathcal{I}$ 上, 记

$$S(x)=\sum_{n=1}^{\infty}u_n(x),\quad S_n(x)=\sum_{k=1}^{n}u_k(x)\quad (n=1,2,\cdots).$$

下面借助于函数列 $\{S_n(x)\}$ 研究函数项级数 $\sum\limits_{n=1}^{\infty}u_n(x)$ 的和函数 $S(x)$ 的分析性质. 为此, 我们对 $\sum\limits_{n=1}^{\infty}u_n(x)$ 引入一致收敛的概念.

定义 5.2.2 (函数项级数一致收敛) 若函数项级数 $\sum\limits_{n=1}^{\infty}u_n(x)$ 的部分和函数列 $\{S_n(x)\}$ 在区间 $\mathcal{I}$ 上一致收敛于 $S(x)$, 则称函数项级数 $\sum\limits_{n=1}^{\infty}u_n(x)$ 在 $\mathcal{I}$ 上一致收敛于 $S(x)$.

用 "ε-N" 语言可以将函数项级数 $\sum\limits_{n=1}^{\infty}u_n(x)$ 在 $\mathcal{I}$ 上一致收敛于 $S(x)$ 叙述如下:

$$\forall\,\varepsilon>0,\quad \exists\,N\in\mathbb{N},\quad \text{s.t. }\forall\,n>N,\ \forall\,x\in\mathcal{I}:\quad \left|\sum_{k=1}^{n}u_k(x)-S(x)\right|<\varepsilon.$$

我们有如下关于函数项级数一致收敛的必要条件, 它常被用于证明函数项级数的不一致收敛.

定理 5.2.7 (函数项级数一致收敛的必要条件) 若函数项级数 $\sum\limits_{n=1}^{\infty}u_n(x)$ 在区间 $\mathcal{I}$ 上一致收敛, 则函数列 $\{u_n(x)\}$ 在 $\mathcal{I}$ 上一致收敛于 0.

证明 不妨设 $\sum\limits_{n=1}^{\infty}u_n(x)$ 在区间 $\mathcal{I}$ 上一致收敛于 $S(x)$, 则对任意给定的 $\varepsilon>0$, 都存在 $N\in\mathbb{N}$, 使得对任意的 $n>N$ 和任意的 $x\in\mathcal{I}$ 都有

$$\left|S_n(x)-S(x)\right|<\frac{\varepsilon}{2}.$$

从而,

$$\left|u_{n+1}(x)\right|=\left|S_{n+1}(x)-S_n(x)\right|\leqslant\left|S_{n+1}(x)-S(x)\right|+\left|S_n(x)-S(x)\right|<\frac{\varepsilon}{2}+\frac{\varepsilon}{2}=\varepsilon.$$

这表明, 函数列 $\{u_n(x)\}$ 在 $\mathcal{I}$ 上一致收敛于 0. □

事实上, 定理 5.2.7 也可以直接从如下函数项级数一致收敛的 Cauchy 收敛原理得出.

定理 5.2.8 (函数项级数一致收敛的 Cauchy 收敛原理) 函数项级数 $\sum\limits_{n=1}^{\infty} u_n(x)$ 在区间 $\mathcal{I}$ 上一致收敛的充分必要条件是: 对任意给定的 $\varepsilon > 0$, 都存在 $N \in \mathbb{N}$, 使得对任意的 $n > N$, $p \in \mathbb{N}$ 和任意的 $x \in \mathcal{I}$ 都有

$$\left|u_{n+1}(x) + u_{n+2}(x) + \cdots + u_{n+p}(x)\right| = \left|\sum_{k=n+1}^{n+p} u_k(x)\right| < \varepsilon.$$

证明 设函数项级数 $\sum\limits_{n=1}^{\infty} u_n(x)$ 的部分和函数列为 $\{S_n(x)\}$.

(必要性) 设 $\sum\limits_{n=1}^{\infty} u_n(x)$ 在 $\mathcal{I}$ 上一致收敛, 则由定义 5.2.2 可知, $\{S_n(x)\}$ 在 $\mathcal{I}$ 上一致收敛. 从而, 由定理 5.2.2 可知, 对任意给定的 $\varepsilon > 0$, 都存在 $N \in \mathbb{N}$, 使得对任意的 $n > N$, $p \in \mathbb{N}$ 和任意的 $x \in \mathcal{I}$ 都有

$$\left|\sum_{k=n+1}^{n+p} u_k(x)\right| = \left|S_{n+p}(x) - S_n(x)\right| < \varepsilon.$$

(充分性) 设对任意的 $\varepsilon > 0$, 存在 $N \in \mathbb{N}$, 使得对任意的 $n > N$, $p \in \mathbb{N}$ 和任意的 $x \in \mathcal{I}$ 都有

$$\left|S_{n+p}(x) - S_n(x)\right| = \left|\sum_{k=n+1}^{n+p} u_k(x)\right| < \varepsilon.$$

这表明, $\{S_n(x)\}$ 在 $\mathcal{I}$ 上一致收敛. 故函数项级数 $\sum\limits_{n=1}^{\infty} u_n(x)$ 在 $\mathcal{I}$ 上一致收敛. □

定理 5.2.9 (Weierstrass 判别法) 若

$$\left|u_n(x)\right| \leqslant a_n, \quad x \in \mathcal{I}, \quad n = 1, 2, \cdots,$$

且数项级数 $\sum\limits_{n=1}^{\infty} a_n$ 收敛, 则函数项级数 $\sum\limits_{n=1}^{\infty} u_n(x)$ 在区间 $\mathcal{I}$ 上一致收敛.

证明 对任意给定的 $\varepsilon > 0$, 因为数项级数 $\sum\limits_{n=1}^{\infty} a_n$ 收敛, 所以由数项级数收敛的 Cauchy 收敛原理可知, 存在 $N \in \mathbb{N}$, 使得对任意的 $n > N$ 及 $p \in \mathbb{N}$ 成立

$$\sum_{k=n+1}^{n+p} a_k < \varepsilon.$$

因此, 当 $n>N$ 及 $p\in\mathbb{N}$ 时, 对任意的 $x\in\mathcal{I}$ 都有

$$\left|\sum_{k=n+1}^{n+p}u_k(x)\right|\leqslant\sum_{k=n+1}^{n+p}\left|u_k(x)\right|\leqslant\sum_{k=n+1}^{n+p}a_k<\varepsilon.$$

故由定理 5.2.8 可知, $\sum\limits_{n=1}^{\infty}u_n(x)$ 在区间 $\mathcal{I}$ 上一致收敛. □

例 5.2.4　证明: 函数项级数 $\sum\limits_{n=1}^{\infty}n\mathrm{e}^{-nx}$ 在 $[\delta,+\infty)$ 上一致收敛 $(\delta>0)$, 但在 $(0,+\infty)$ 上不一致收敛.

证明　显然, 对任意的 $n\in\mathbb{N}$ 和任意的 $x\geqslant\delta$ 都有

$$0<n\mathrm{e}^{-nx}\leqslant n\mathrm{e}^{-n\delta}.$$

由比值判别法或根值判别法易知, 数项级数 $\sum\limits_{n=1}^{\infty}n\mathrm{e}^{-n\delta}$ 收敛. 于是, 根据 Weierstrass 判别法, 函数项级数 $\sum\limits_{n=1}^{\infty}n\mathrm{e}^{-nx}$ 在 $[\delta,+\infty)$ 上一致收敛.

另一方面, 若记 $\sum\limits_{n=1}^{\infty}n\mathrm{e}^{-nx}$ 的通项为 $u_n(x)=n\mathrm{e}^{-nx}\,(x\in(0,+\infty))$, 则

$$d(u_n,0)=\sup_{0<x<+\infty}u_n(x)\geqslant u_n\left(\frac{1}{n}\right)=n\mathrm{e}^{-1}\not\to 0\quad(n\to+\infty).$$

故 $\{u_n(x)\}$ 在 $(0,+\infty)$ 上不一致收敛于 0. 从而, 由定理 5.2.7 可知, $\sum\limits_{n=1}^{\infty}n\mathrm{e}^{-nx}$ 在 $(0,+\infty)$ 上不一致收敛. □

函数项级数一致收敛的 Weierstrass 判别法非常简洁, 但只能用于绝对且一致收敛的函数项级数. 下面的 Abel 判别法和 Dirichlet 判别法则可用于判别某些条件收敛的函数项级数的一致收敛性.

定理 5.2.10　若下列两个条件之一成立:

(1) (**Abel 判别法**) 函数项级数 $\sum\limits_{n=1}^{\infty}u_n(x)$ 在 $\mathcal{I}$ 上一致收敛, 函数列 $\{v_n(x)\}$ 对每一个固定的 $x\in\mathcal{I}$ 都关于 n 单调, 且在 $\mathcal{I}$ 上一致有界, 即存在 $M>0$ 使得

$$|v_n(x)|\leqslant M,\quad x\in\mathcal{I},\quad n=1,2,\cdots;$$

(2) (**Dirichlet 判别法**) 部分和函数列 $\left\{\sum\limits_{k=1}^{n}u_k(x)\right\}$ 在 $\mathcal{I}$ 上一致有界, 即存在 $M>0$ 使得

$$\left|\sum_{k=1}^{n}u_k(x)\right|\leqslant M,\quad x\in\mathcal{I},\quad n=1,2,\cdots,$$

函数列 $\{v_n(x)\}$ 对每一个固定的 $x\in\mathcal{I}$ 都关于 n 单调, 且在 $\mathcal{I}$ 上一致趋于 0, 则函数项级数 $\sum\limits_{n=1}^{\infty}u_n(x)v_n(x)$ 在区间 $\mathcal{I}$ 上一致收敛.

证明 (1) 对任意给定的 $\varepsilon>0$, 因为 $\sum\limits_{n=1}^{\infty}u_n(x)$ 在 $\mathcal{I}$ 上一致收敛, 所以存在 $N\in\mathbb{N}$, 使得对任意的 $n>N$, $p\in\mathbb{N}$ 和任意的 $x\in\mathcal{I}$ 都有

$$\left|\sum_{k=n+1}^{n+p}u_k(x)\right|<\varepsilon.$$

又因为 $\{v_n(x)\}$ 关于 n 单调, 所以由 Abel 引理及 $\{v_n(x)\}$ 的一致有界性可知

$$\left|\sum_{k=n+1}^{n+p}u_k(x)v_k(x)\right|\leqslant\big(|v_{n+1}(x)|+2|v_{n+p}(x)|\big)\varepsilon<3M\varepsilon.$$

于是, 根据定理 5.2.8, 函数项级数 $\sum\limits_{n=1}^{\infty}u_n(x)v_n(x)$ 在 $\mathcal{I}$ 上一致收敛.

(2) 对任意给定的 $\varepsilon>0$, 因为 $\{v_n(x)\}$ 在 $\mathcal{I}$ 上一致趋于 0, 所以存在 $N\in\mathbb{N}$, 使得对任意的 $n>N$ 和 $x\in\mathcal{I}$ 都有

$$|v_n(x)|<\varepsilon.$$

又因为 $\{v_n(x)\}$ 关于 n 单调, 所以由 Abel 引理及函数列 $\left\{\sum\limits_{k=1}^{n}u_k(x)\right\}$ 在 $\mathcal{I}$ 上的一致有界性可知, 对任意的 $p\in\mathbb{N}$ 都有

$$\left|\sum_{k=n+1}^{n+p}u_k(x)v_k(x)\right|\leqslant 2M\big(|v_{n+1}(x)|+2|v_{n+p}(x)|\big)<6M\varepsilon.$$

从而, 由定理 5.2.8 即知, 级数 $\sum\limits_{n=1}^{\infty}u_n(x)v_n(x)$ 在 $\mathcal{I}$ 上一致收敛. □

例 5.2.5 设数列 $\{a_n\}$ 单调收敛于 0. 证明: 函数项级数 $\sum\limits_{n=1}^{\infty}a_n\sin nx$ 在 $(0,2\pi)$ 上**内闭一致收敛** (即在 $(0,2\pi)$ 的任意闭子区间上都一致收敛).

证明 由数列 $\{a_n\}$ 收敛于 0 可知, $\{a_n\}$ 关于 x 在 $(0,2\pi)$ 上一致收敛于 0. 又因为对任意的 $\delta\in(0,\pi)$ 都有

$$\left|\sum_{k=1}^{n}\sin kx\right|=\frac{\left|\cos\left(n+\dfrac{1}{2}\right)x-\cos\dfrac{x}{2}\right|}{2\left|\sin\dfrac{x}{2}\right|}\leqslant\frac{1}{\sin\dfrac{\delta}{2}},\quad x\in[\delta,2\pi-\delta],$$

所以由 Dirichlet 判别法可知, $\sum\limits_{n=1}^{\infty} a_n \sin nx$ 在 $[\delta, 2\pi-\delta]$ 上一致收敛. 再根据 δ 的任意性即知, 级数 $\sum\limits_{n=1}^{\infty} a_n \sin nx$ 在 $(0, 2\pi)$ 上内闭一致收敛. □

例 5.2.6　证明: 函数项级数 $\sum\limits_{n=1}^{\infty}(-1)^n(1-x)x^n$ 在区间 $[0,1]$ 上绝对收敛且一致收敛, 但不绝对一致收敛.

证明　首先, 若记 $u_n(x)=(-1)^n$, $v_n(x)=(1-x)x^n\ (n=1,2,\cdots)$, 则函数列 $\left\{\sum\limits_{k=1}^{n} u_k(x)\right\}$ 在 $[0,1]$ 上一致有界, 函数列 $\{v_n(x)\}$ 对每一个固定的 $x\in[0,1]$ 都关于 n 单调, 且在 $[0,1]$ 上一致收敛于 0 (见习题 5 第 22 题). 故由 Dirichlet 判别法可知, $\sum\limits_{n=1}^{\infty}(-1)^n(1-x)x^n$ 在区间 $[0,1]$ 上一致收敛.

其次, 对 $n=1,2,\cdots$, 若记

$$S_n(x)=\sum_{k=1}^{n}(1-x)x^n=\begin{cases} x-x^{n+1}, & x\in[0,1), \\ 0, & x=1, \end{cases}$$

则

$$S(x)=\lim_{n\to\infty} S_n(x)=\begin{cases} x, & x\in[0,1), \\ 0, & x=1. \end{cases}$$

故 $\sum\limits_{n=1}^{\infty}(1-x)x^n$ 在 $[0,1]$ 上逐点收敛. 从而, $\sum\limits_{n=1}^{\infty}(-1)^n(1-x)x^n$ 在区间 $[0,1]$ 上绝对收敛.

最后, 因为

$$\left|S_n(x)-S(x)\right|=\begin{cases} x^{n+1}, & x\in[0,1), \\ 0, & x=1 \end{cases}$$

且由定理 5.2.1 易知函数列 $\{x^{n+1}\}$ 在 $[0,1)$ 上不一致收敛, 所以函数项级数 $\sum\limits_{n=1}^{\infty}(1-x)x^n$ 在 $[0,1]$ 上不一致收敛, 即 $\sum\limits_{n=1}^{\infty}(-1)^n(1-x)x^n$ 在区间 $[0,1]$ 上不绝对一致收敛. □

5.2.3　函数项级数和函数的分析性质

下面研究函数项级数 $\sum\limits_{n=1}^{\infty} u_n(x)$ 的和函数的可积性、连续性、可导性等分析性质.

定理 5.2.11 (逐项积分定理) 设 $u_n \in R([a,b])\,(n=1,2,\cdots)$ 且函数项级数 $\sum\limits_{n=1}^{\infty} u_n(x)$ 在 $[a,b]$ 上一致收敛于 $S(x)$, 则 $S \in R([a,b])$ 且

$$\int_a^b S(x)\mathrm{d}x = \int_a^b \sum_{n=1}^{\infty} u_n(x)\mathrm{d}x = \sum_{n=1}^{\infty}\int_a^b u_n(x)\mathrm{d}x.$$

证明 设 $S_n(x)=\sum\limits_{k=1}^{n} u_k(x)\,(n=1,2,\cdots)$, 则 $S_n \in R([a,b])$ 且 $\{S_n(x)\}$ 在 $[a,b]$ 上一致收敛于 $S(x)$. 从而, 由定理 5.2.3 可知, $S \in R([a,b])$ 且

$$\int_a^b S(x)\mathrm{d}x = \int_a^b \lim_{n\to\infty} S_n(x)\mathrm{d}x = \lim_{n\to\infty}\int_a^b S_n(x)\mathrm{d}x,$$

即

$$\int_a^b S(x)\mathrm{d}x = \int_a^b \sum_{n=1}^{\infty} u_n(x)\mathrm{d}x = \sum_{n=1}^{\infty}\int_a^b u_n(x)\mathrm{d}x. \qquad \square$$

定理 5.2.12 (连续性定理) 设 $u_n \in C(\mathcal{I})\,(n=1,2,\cdots)$ 且函数项级数 $\sum\limits_{n=1}^{\infty} u_n(x)$ 在 $\mathcal{I}$ 上一致收敛于 $S(x)$, 则 $S \in C(\mathcal{I})$, 即对任意的 $x_0 \in \mathcal{I}$ 都有

$$\lim_{x\to x_0} S(x) = \lim_{x\to x_0}\sum_{n=1}^{\infty} u_n(x) = \sum_{n=1}^{\infty}\lim_{x\to x_0} u_n(x) = S(x_0).$$

证明 设 $S_n(x)=\sum\limits_{k=1}^{n} u_k(x)\,(n=1,2,\cdots)$, 则 $S_n \in C(\mathcal{I})$ 且 $\{S_n(x)\}$ 在 $\mathcal{I}$ 上一致收敛于 $S(x)$. 从而, 由定理 5.2.4 可知, $S \in C(\mathcal{I})$. 故对任意的 $x_0 \in \mathcal{I}$ 都有

$$\lim_{x\to x_0} S(x) = \lim_{x\to x_0}\lim_{n\to\infty} S_n(x) = \lim_{n\to\infty} S_n(x_0) = S(x_0),$$

即

$$\lim_{x\to x_0} S(x) = \lim_{x\to x_0}\sum_{n=1}^{\infty} u_n(x) = \sum_{n=1}^{\infty} u_n(x_0) = S(x_0). \qquad \square$$

定理 5.2.13 (逐项求导定理) 设 $u_n \in C^1(\mathcal{I})\,(n=1,2,\cdots)$, 函数项级数 $\sum\limits_{n=1}^{\infty} u_n(x)$ 在 $\mathcal{I}$ 上逐点收敛于 $S(x)$, 且 $\sum\limits_{n=1}^{\infty} u_n'(x)$ 在 $\mathcal{I}$ 上一致收敛于 $\sigma(x)$, 则 $S \in C^1(\mathcal{I})$ 且

$$S'(x) = \left(\sum_{n=1}^{\infty} u_n(x)\right)' = \sum_{n=1}^{\infty} u_n'(x) = \sigma(x).$$

证明　设 $S_n(x)=\sum\limits_{k=1}^{n}u_k(x)\,(n=1,2,\cdots)$, 则 $S_n\in C^1(\mathcal{I})$, $\{S_n(x)\}$ 在 $\mathcal{I}$ 上逐点收敛于 $S(x)$, 且 $\{S_n'(x)\}$ 在 $\mathcal{I}$ 上一致收敛于 $\sigma(x)$. 从而, 由定理 5.2.5 可知, $S\in C^1(\mathcal{I})$ 且

$$S'(x)=\Big(\lim_{n\to\infty}S_n(x)\Big)'=\lim_{n\to\infty}S_n'(x)=\sigma(x),$$

即

$$S'(x)=\left(\sum_{n=1}^{\infty}u_n(x)\right)'=\sum_{n=1}^{\infty}u_n'(x)=\sigma(x),\quad x\in\mathcal{I}.$$ □

例 5.2.7　设数项级数 $\sum\limits_{n=1}^{\infty}a_n$ 收敛. 证明:

$$\int_0^1\sum_{n=1}^{\infty}a_nx^n\mathrm{d}x=\sum_{n=1}^{\infty}\frac{a_n}{n+1}.$$

证明　数项级数 $\sum\limits_{n=1}^{\infty}a_n$ 收敛表明它关于 x 在 $[0,1]$ 上一致收敛. 显然, 函数列 $\{x^n\}$ 关于 n 单调, 且对任意的 $x\in[0,1]$ 都成立 $|x^n|\leqslant 1$, 即 $\{x^n\}$ 一致有界. 于是, 由 Abel 判别法可知, $\sum\limits_{n=1}^{\infty}a_nx^n$ 在 $[0,1]$ 上一致收敛. 故由定理 5.2.11 即可得

$$\int_0^1\sum_{n=1}^{\infty}a_nx^n\mathrm{d}x=\sum_{n=1}^{\infty}\int_0^1a_nx^n\mathrm{d}x=\sum_{n=1}^{\infty}\frac{a_n}{n+1}.$$ □

例 5.2.8　证明: **Riemann** ζ **函数** $\zeta(s)=\sum\limits_{n=1}^{\infty}\dfrac{1}{n^s}$ 在 $(1,+\infty)$ 上连续, 且有各阶连续的导数.

证明　首先, 我们证明: ζ 的定义域为 $(1,+\infty)$. 事实上, 对任意的 $s\in(1,+\infty)$, 根据注记 5.1.2, 数项级数 $\sum\limits_{n=1}^{\infty}\dfrac{1}{n^s}$ 都收敛. 于是, 由 $s\in(1,+\infty)$ 的任意性可知, ζ 在 $(1,+\infty)$ 上有定义.

其次, 我们断言: ζ 在 $(1,+\infty)$ 上连续. 事实上, 对任意取定的 $s_0\in(1,+\infty)$, 因为

$$0<\frac{1}{n^s}\leqslant\frac{1}{n^{\frac{s_0+1}{2}}},\quad s\in\left[\frac{s_0+1}{2},+\infty\right),$$

所以由数项级数 $\sum\limits_{n=1}^{\infty}\dfrac{1}{n^{\frac{s_0+1}{2}}}$ 收敛及 Weierstrass 判别法可知, 函数项级数 $\sum\limits_{n=1}^{\infty}\dfrac{1}{n^s}$

在 $\left[\frac{s_0+1}{2},+\infty\right)$ 上一致收敛. 根据定理 5.2.12, ζ 在 $\left[\frac{s_0+1}{2},+\infty\right)$ 上连续. 特别地, ζ 在点 s_0 处连续. 再由 $s_0\in(1,+\infty)$ 的任意性可知, ζ 在 $(1,+\infty)$ 上连续.

我们进一步证明: ζ 在 $(1,+\infty)$ 上可导且导函数连续. 事实上, 因为对任意取定的 $s_0\in(1,+\infty)$ 都有

$$0<\left|\left(\frac{1}{n^s}\right)'\right|=\left|-\frac{\ln n}{n^s}\right|\leqslant\frac{\ln n}{n^{\frac{s_0+1}{2}}},\quad s\in\left[\frac{s_0+1}{2},+\infty\right),$$

所以由数项级数 $\sum\limits_{n=1}^{\infty}\frac{\ln n}{n^{\frac{s_0+1}{2}}}$ 收敛及 Weierstrass 判别法可知, 函数项级数 $\sum\limits_{n=1}^{\infty}\left(\frac{1}{n^s}\right)'$ 在 $\left[\frac{s_0+1}{2},+\infty\right)$ 上一致收敛. 故由定理 5.2.13 可知, ζ 在 $\left[\frac{s_0+1}{2},+\infty\right)$ 上存在连续的导数. 特别地, ζ 在点 s_0 处存在连续的导数. 根据 $s_0\in(1,+\infty)$ 的任意性, ζ 在 $(1,+\infty)$ 上存在连续的导数且

$$\zeta'(s)=\sum_{n=1}^{\infty}\left(-\frac{\ln n}{n^s}\right),\quad s\in(1,+\infty).$$

类似地可以证明: ζ 在 $(1,+\infty)$ 上存在二阶及更高阶的连续导数. □

历史上, 数学家曾经认为任意一个连续函数都至多在一列点上不可导, 但 Weierstrass 利用函数项级数首次构造出一个处处不可导的连续函数, 即本章引言中所介绍的函数

$$f(x)=\sum_{n=1}^{\infty}a^n\sin(b^n\pi x).$$

事实上, 根据 Weierstrass 判别法易知, 若 $a\in(0,1)$, $b\in\mathbb{R}$, 则上述级数在 $(-\infty,+\infty)$ 上一致收敛. 进而, 由连续性定理可知, f 在 $(-\infty,+\infty)$ 上连续, 不过 f 在任意点都不可导的证明则比较复杂. 后来, 人们借助于函数项级数构造了一些更为简单的处处不可导的连续函数. 例如, van der Waerden 采用了如下比较直观的构造方式: 设 $\widetilde{\varphi}(x)=|x|$, $x\in\left[-\frac{1}{2},\frac{1}{2}\right]$, 记将 $\widetilde{\varphi}$ 以 1 为周期延拓到 $(-\infty,+\infty)$ 上的函数为 φ, 则容易证明, $f(x)=\sum\limits_{n=1}^{\infty}\frac{\varphi(4^nx)}{4^n}$ 是 $(-\infty,+\infty)$ 上的连续函数, 但它在 $(-\infty,+\infty)$ 上处处不可导.

5.3 幂 级 数

如果一个函数能够由一类有规律的简单初等函数通过加法与乘法运算表示, 那么这种表示必将为研究函数性质与实际应用都带来极大的方便. 幂级数和 Fourier 级数正是这种函数表示的重要途径. 在初等微积分课程中, 我们已经研究了幂级数的收敛半径、收敛域、和函数以及函数的幂级数展开等. 本节主要介绍幂级数的和函数的基本性质及函数的幂级数展开.

5.3.1 幂级数的和函数的基本性质

幂级数是指形如

$$\sum_{n=0}^{\infty} a_n(x-x_0)^n \tag{5.4}$$

的函数项级数, 其中 x_0 称为幂级数 (5.4) 的中心点, a_n $(n=1,2,\cdots)$ 称为幂级数 (5.4) 的系数. 幂级数 (5.4) 的部分和函数 $S_n(x)=\sum\limits_{k=1}^{n-1} a_k(x-x_0)^k$ 是一个 $n-1$ 次多项式.

为了方便起见, 本小节主要研究中心点 $x_0=0$ 时的幂级数

$$\sum_{n=0}^{\infty} a_n x^n,$$

而只要对所得的结果作一个平移, 就可以推广到 $x_0\neq 0$ 的情形.

在初等微积分课程中, 我们已经介绍了 Abel 第一定理:

定理 5.3.1 (Abel 第一定理) (1) 若幂级数 $\sum\limits_{n=0}^{\infty} a_n x^n$ 在点 $\xi\neq 0$ 处收敛, 则当 $|x|<|\xi|$ 时, $\sum\limits_{n=0}^{\infty} a_n x^n$ 绝对收敛;

(2) 若幂级数 $\sum\limits_{n=0}^{\infty} a_n x^n$ 在点 η 处发散, 则当 $|x|>|\eta|$ 时, $\sum\limits_{n=0}^{\infty} a_n x^n$ 发散.

根据定理 5.3.1 及数项级数的根值判别法, 我们很容易得到幂级数 $\sum\limits_{n=0}^{\infty} a_n x^n$ 的收敛半径公式.

定理 5.3.2 (Cauchy-Hadamard 公式) 对任意的幂级数 $\sum\limits_{n=0}^{\infty} a_n x^n$, 若记

$$A=\overline{\lim_{n\to\infty}}\sqrt[n]{|a_n|},$$

则 $\sum\limits_{n=0}^{\infty} a_n x^n$ 的收敛半径为

$$R=\begin{cases} +\infty, & A=0,\\ \dfrac{1}{A}, & A\in(0,+\infty),\\ 0, & A=+\infty. \end{cases}$$

注记 5.3.1 Cauchy-Hadamard 公式完全解决了幂级数收敛半径的计算. 当然, 有时用其他方法计算收敛半径可能更简便, 例如, 若极限 $A=\lim\limits_{n\to\infty}\dfrac{|a_{n+1}|}{|a_n|}$ 存在, 则幂级数 $\sum\limits_{n=0}^{\infty}a_nx^n$ 的收敛半径为 $R=\dfrac{1}{A}$.

为了进一步研究幂级数的和函数的性质, 我们需要如下 Abel 第二定理:

定理 5.3.3 (Abel 第二定理) 若幂级数 $\sum\limits_{n=0}^{\infty}a_nx^n$ 的收敛半径为 R, 则

(1) $\sum\limits_{n=0}^{\infty}a_nx^n$ 在 $(-R,R)$ 上内闭一致收敛, 即在任意闭区间 $[a,b]\subset(-R,R)$ 上一致收敛;

(2) 若 $\sum\limits_{n=0}^{\infty}a_nx^n$ 在点 $x=R$ 收敛, 则它在任意闭区间 $[a,R]\subset(-R,R]$ 上一致收敛;

(3) 若 $\sum\limits_{n=0}^{\infty}a_nx^n$ 在点 $x=-R$ 收敛, 则它在任意闭区间 $[-R,b]\subset[-R,R)$ 上一致收敛;

(4) 若 $\sum\limits_{n=0}^{\infty}a_nx^n$ 在点 $x=\pm R$ 收敛, 则它在 $[-R,R]$ 上一致收敛.

证明 (1) 对任意的 $[a,b]\subset(-R,R)$, 若记 $\xi=\max\{|a|,|b|\}$, 则有

$$\left|a_nx^n\right|\leqslant\left|a_n\xi^n\right|,\quad x\in[a,b].$$

因为 $|\xi|<R$, 所以由定理 5.3.1 可知, $\sum\limits_{n=0}^{\infty}\left|a_n\xi^n\right|$ 收敛. 从而, 由 Weierstrass 判别法可知, 幂级数 $\sum\limits_{n=0}^{\infty}a_nx^n$ 在 $[a,b]$ 上一致收敛.

(2) 当 $\sum\limits_{n=0}^{\infty}a_nR^n$ 收敛时, 因为函数列 $\left\{\dfrac{x^n}{R^n}\right\}$ 在 $[0,R]$ 一致有界且关于 n 单调, 所以由 Abel 判别法可知, 幂级数

$$\sum_{n=0}^{\infty}a_nx^n=\sum_{n=0}^{\infty}\left(a_nR^n\right)\left(\frac{x^n}{R^n}\right)$$

在 $[0,R]$ 上一致收敛. 于是, 当 $a\in[0,R]$ 时, 显然 $\sum\limits_{n=0}^{\infty}a_nx^n$ 在 $[a,R]$ 上一致收敛; 当 $a\in(-R,0)$ 时, 由 (1) 可知, $\sum\limits_{n=0}^{\infty}a_nx^n$ 在 $[a,0]$ 上一致收敛, 而 $\sum\limits_{n=0}^{\infty}a_nx^n$ 在 $[0,R]$ 上一致收敛, 故 $\sum\limits_{n=0}^{\infty}a_nx^n$ 在 $[a,R]$ 上也一致收敛.

类似地, 可以证明 (3) 和 (4). □

我们现在利用 Abel 第二定理证明初等微积分课程中所介绍的幂级数的和函数的基本分析性质.

定理 5.3.4 (逐项积分定理) 设幂级数 $\sum_{n=0}^{\infty} a_n x^n$ 的收敛半径为 R, 则其和函数在 $(-R,R)$ 内可积, 且对任意的 $x \in (-R,R)$ 都有

$$\int_0^x \sum_{n=0}^{\infty} a_n t^n \mathrm{d}t = \sum_{n=0}^{\infty} \frac{a_n}{n+1} x^{n+1},$$

且上式右端的幂级数的收敛半径也为 R. 若 $\sum_{n=0}^{\infty} a_n x^n$ 在 $x=R$ (或 $x=-R$) 收敛, 则上式对 $x=R$ (或 $x=-R$) 也成立.

证明 因为由定理 1.3.8 可知, $\overline{\lim_{n\to\infty}} \sqrt[n]{\frac{|a_n|}{n+1}} = \lim_{n\to\infty} \sqrt[n]{\frac{1}{n+1}} \overline{\lim_{n\to\infty}} \sqrt[n]{|a_n|} = \overline{\lim_{n\to\infty}} \sqrt[n]{|a_n|}$, 所以幂级数 $\sum_{n=0}^{\infty} \frac{a_n}{n+1} x^{n+1}$ 与 $\sum_{n=0}^{\infty} a_n x^n$ 具有相同的收敛半径 R.

根据定理 5.3.3, 幂级数 $\sum_{n=0}^{\infty} a_n x^n$ 在其收敛域上内闭一致收敛. 从而, 利用定理 5.2.11 即可得到 $\sum_{n=0}^{\infty} a_n x^n$ 的逐项可积性. □

定理 5.3.5 (连续性定理) 设幂级数 $\sum_{n=0}^{\infty} a_n x^n$ 的收敛半径为 R, 则其和函数在 $(-R,R)$ 内连续. 若 $\sum_{n=0}^{\infty} a_n x^n$ 在 $x=R$ (或 $x=-R$) 收敛, 则其和函数在 $x=R$ (或 $x=-R$) 左 (右) 连续.

证明 因为幂级数 $\sum_{n=0}^{\infty} a_n x^n$ 的通项 $a_n x^n$ 是幂函数, 所以对每个 $n \in \mathbb{N}$, $a_n x^n$ 都是连续函数. 另一方面, 由定理 5.3.3 可知, $\sum_{n=0}^{\infty} a_n x^n$ 在其收敛域上内闭一致收敛. 因此, 利用定理 5.2.12 即可证得, $\sum_{n=0}^{\infty} a_n x^n$ 在包含于收敛域中的任意闭区间上连续, 进而在整个收敛域上连续. □

定理 5.3.6 (逐项求导定理) 设幂级数 $\sum_{n=1}^{\infty} a_n x^n$ 的收敛半径为 R, 则其和函数在 $(-R,R)$ 内可导, 且对任意的 $x \in (-R,R)$ 都有

$$\left(\sum_{n=0}^{\infty} a_n x^n\right)' = \sum_{n=0}^{\infty} (a_n x^n)' = \sum_{n=1}^{\infty} n a_n x^{n-1},$$

且上式右端的幂级数的收敛半径也为 R.

证明 因为由定理 1.3.8 可知, $\varlimsup_{n\to\infty}\sqrt[n]{n|a_n|}=\lim_{n\to\infty}\sqrt[n]{n}\varlimsup_{n\to\infty}\sqrt[n]{|a_n|}=\varlimsup_{n\to\infty}\sqrt[n]{|a_n|}$, 所以幂级数 $\sum_{n=1}^{\infty}na_nx^{n-1}$ 与 $\sum_{n=1}^{\infty}a_nx^n$ 具有相同的收敛半径 R.

根据定理 5.3.3, 幂级数 $\sum_{n=1}^{\infty}na_nx^{n-1}$ 在 $(-R,R)$ 上内闭一致收敛. 从而, 利用定理 5.2.13 即可得到 $\sum_{n=0}^{\infty}a_nx^n$ 的逐项可导性. □

例 5.3.1 证明: 对任意的 $k\in\mathbb{N}$, $\sum_{n=1}^{\infty}\frac{n^k}{n!}$ 都是 e 的整数倍.

证明 由 $\lim_{n\to\infty}\frac{(n+1)^k}{(n+1)!}\cdot\frac{n!}{n^k}=0$ 可知, 幂级数 $\sum_{n=1}^{\infty}\frac{n^k}{n!}x^n$ 在 $(-\infty,+\infty)$ 内收敛. 若记其和函数为

$$S(x)=\sum_{n=1}^{\infty}\frac{n^k}{n!}x^n,\quad x\in(-\infty,+\infty),$$

则由定理 5.3.4 可知

$$\int_0^{t_1}\frac{1}{\tau}S(\tau)\mathrm{d}\tau=\int_0^{t_1}\left(\sum_{n=1}^{\infty}\frac{n^k}{n!}\tau^{n-1}\right)\mathrm{d}\tau=\sum_{n=1}^{\infty}\frac{n^k}{n!}\int_0^{t_1}\tau^{n-1}\mathrm{d}\tau=\sum_{n=1}^{\infty}\frac{n^{k-1}}{n!}t_1^n,$$

其中 $t_1\in(-\infty,+\infty)$. 按照这种方式进行 k 次可得

$$\int_0^{x}\frac{1}{t_{k-1}}\mathrm{d}t_{k-1}\int_0^{t_{k-1}}\frac{1}{t_{k-2}}\mathrm{d}t_{k-2}\cdots\int_0^{t_2}\frac{1}{t_1}\mathrm{d}t_1\int_0^{t_1}\frac{1}{\tau}S(\tau)\mathrm{d}\tau=\sum_{n=1}^{\infty}\frac{1}{n!}x^n=\mathrm{e}^x-1,$$

其中 $x\in(-\infty,+\infty)$. 从而,

$$S(x)=\overbrace{\left(\cdots\left(\left((\mathrm{e}^x-1)'x\right)'x\right)\cdots\right)'}^{k\text{层}}x=P_k(x)\mathrm{e}^x,\quad x\in(-\infty,+\infty),$$

其中 $P_k(x)$ 为 x 的 k 次整数系数多项式且 $P_k(1)$ 为正整数. 故

$$\sum_{n=1}^{\infty}\frac{n^k}{n!}=S(1)=P_k(1)\mathrm{e},$$

即 $\sum_{n=1}^{\infty}\frac{n^k}{n!}$ 是 e 的整数倍. □

例 5.3.2 求 $1+\sum\limits_{n=1}^{\infty}\dfrac{(2n-1)!!}{(2n)!!}x^n$ 的和函数.

解 因为

$$A=\lim_{n\to\infty}\frac{(2n+1)!!}{(2n+2)!!}\cdot\frac{(2n)!!}{(2n-1)!!}=\lim_{n\to\infty}\frac{2n+1}{2n+2}=1,$$

所以幂级数 $1+\sum\limits_{n=1}^{\infty}\dfrac{(2n-1)!!}{(2n)!!}x^n$ 的收敛半径为 1. 由 Wallis 公式

$$\lim_{n\to\infty}\frac{1}{\sqrt{2n+1}}\cdot\frac{(2n)!!}{(2n-1)!!}=\sqrt{\frac{\pi}{2}}$$

易知, 数项级数 $1+\sum\limits_{n=1}^{\infty}\dfrac{(2n-1)!!}{(2n)!!}$ 发散. 同时, 结合 Leibniz 判别法还可知, 数项级数 $1+\sum\limits_{n=1}^{\infty}(-1)^n\dfrac{(2n-1)!!}{(2n)!!}$ 收敛. 故幂级数 $1+\sum\limits_{n=1}^{\infty}\dfrac{(2n-1)!!}{(2n)!!}x^n$ 的收敛域为 $[-1,1)$.

若记

$$S(x)=1+\sum_{n=1}^{\infty}\frac{(2n-1)!!}{(2n)!!}x^n,\quad x\in[-1,1),$$

则由定理 5.3.6 可知

$$\begin{aligned}S'(x)&=\sum_{n=1}^{\infty}\frac{(2n-1)!!}{(2n)!!}\cdot nx^{n-1}\\&=\frac{1}{2}\left(1+\sum_{n=1}^{\infty}\frac{(2n+1)!!}{(2n)!!}x^n\right)\\&=\frac{1}{2}\left(1+\sum_{n=1}^{\infty}\frac{(2n-1)!!}{(2n)!!}\cdot(2n+1)x^n\right)\\&=\frac{1}{2}S(x)+xS'(x),\quad x\in(-1,1).\end{aligned}$$

从而,

$$\left(\sqrt{1-x}S(x)\right)'=\frac{1}{\sqrt{1-x}}\left((1-x)S'(x)-\frac{1}{2}S(x)\right)\equiv 0,\quad x\in(-1,1).$$

这表明 $\sqrt{1-x}S(x)$ 在 $(-1,1)$ 上为常值函数. 再利用 $S(0)=1$ 可知

$$S(x)=\frac{1}{\sqrt{1-x}},\quad x\in(-1,1).$$

根据定理 5.3.5, S 在 $[-1,1)$ 上连续. 故

$$1+\sum_{n=1}^{\infty}\frac{(2n-1)!!}{(2n)!!}x^n=S(x)=\frac{1}{\sqrt{1-x}},\quad x\in[-1,1).\qquad\square$$

一般而言, 定理 5.3.5 的逆命题并不成立, 即由幂级数 $\sum\limits_{n=0}^{\infty}a_nx^n$ 的收敛半径为 R 且和函数在右端点 $x=R$ 处的左极限存在并不能断言数项级数 $\sum\limits_{n=0}^{\infty}a_nR^n$ 收敛. 例如, 幂级数 $\sum\limits_{n=0}^{\infty}(-1)^nx^n$ 的收敛半径为 1 且其和函数 $\dfrac{1}{1+x}$ 在右端点 $x=1$ 处的左极限为 $\dfrac{1}{2}$, 但数项级数 $\sum\limits_{n=0}^{\infty}(-1)^n$ 发散. 下面的定理表明, 当对幂级数 $\sum\limits_{n=0}^{\infty}a_nx^n$ 的系数 a_n 附加适当的衰减条件时, 定理 5.3.5 的逆命题成立.

定理 5.3.7 (Tauber 定理) 设幂级数 $\sum\limits_{n=0}^{\infty}a_nx^n$ 的收敛半径为 1, 左极限 $\lim\limits_{x\to1-}\sum\limits_{n=0}^{\infty}a_nx^n$ 存在且 $\lim\limits_{n\to\infty}na_n=0$, 则数项级数 $\sum\limits_{n=0}^{\infty}a_n$ 收敛且

$$\sum_{n=0}^{\infty}a_n=\lim_{x\to1-}\sum_{n=0}^{\infty}a_nx^n.$$

证明 设 $\lim\limits_{x\to1-}\sum\limits_{k=0}^{\infty}a_kx^k=S$. 只需证明: $\sum\limits_{k=0}^{\infty}a_k=S$.

注意到

$$\left|\sum_{k=0}^{n}a_k-S\right|\leqslant\left|\sum_{k=0}^{n}a_k-\sum_{k=0}^{n}a_kx^k\right|+\left|\sum_{k=n+1}^{\infty}a_kx^k\right|+\left|\sum_{k=0}^{\infty}a_kx^k-S\right|,\qquad(5.5)$$

我们只需估计 (5.5) 右端的三项. 对任意给定的 $\varepsilon>0$, 因为由例 1.1.3 及 $\lim\limits_{n\to\infty}na_n=0$ 可知, $\lim\limits_{n\to\infty}\dfrac{|a_1|+2|a_2|+\cdots+n|a_n|}{n}=0$, 所以存在 $N_1\in\mathbb{N}$, 使得对任意的 $n>N_1$ 都有

$$n|a_n|<\frac{\varepsilon}{3},\quad\frac{|a_1|+2|a_2|+\cdots+n|a_n|}{n}<\frac{\varepsilon}{3}.$$

于是, 若取 $x=1-\dfrac{1}{n}$, 则 (5.5) 右端的第一项与第二项分别满足估计

$$\left|\sum_{k=0}^{n}a_k-\sum_{k=0}^{n}a_kx^k\right|=\left|\sum_{k=1}^{n}a_k\left(1-x^k\right)\right|$$

$$
\begin{aligned}
&= \left| \sum_{k=1}^{n} a_k (1-x)\big(1+x+\cdots+x^{k-1}\big) \right| \\
&\leqslant \sum_{k=1}^{n} |a_k|(1-x)k \\
&= \frac{|a_1| + 2\,|a_2| + \cdots + n\,|a_n|}{n} \\
&< \frac{\varepsilon}{3}
\end{aligned}
$$

及

$$
\left| \sum_{k=n+1}^{\infty} a_k x^k \right| \leqslant \frac{1}{n} \sum_{k=n+1}^{\infty} k|a_k|x^k < \frac{\varepsilon}{3n} \sum_{k=n+1}^{\infty} x^k < \frac{\varepsilon}{3n} \cdot \frac{1}{1-x} = \frac{\varepsilon}{3}.
$$

对 (5.5) 右端的第三项, 因为由 $\lim\limits_{x\to 1-} \sum\limits_{k=0}^{\infty} a_k x^k = S$ 可知, $\lim\limits_{n\to\infty} \sum\limits_{k=0}^{\infty} a_k \left(1-\dfrac{1}{n}\right)^k = S$, 所以存在 $N_2 \in \mathbb{N}$, 使得对任意的 $n > N_2$ 都有

$$
\left| \sum_{k=0}^{\infty} a_k \left(1-\frac{1}{n}\right)^k - S \right| < \frac{\varepsilon}{3}.
$$

综上可知, 若取 $N = \max\{N_1, N_2\}$, 则对任意的 $n > N$ 都有

$$
\left| \sum_{k=0}^{n} a_k - S \right| < \frac{\varepsilon}{3} + \frac{\varepsilon}{3} + \frac{\varepsilon}{3} = \varepsilon.
$$

故数项级数 $\sum\limits_{k=0}^{\infty} a_k$ 收敛且 $\sum\limits_{k=0}^{\infty} a_k = S$. □

5.3.2 Taylor 级数与函数的幂级数展开

设函数 f 在点 x_0 处任意阶可导, 则可以构造 f 在点 x_0 处的 Taylor 展开式 (Taylor 级数):

$$
\sum_{n=0}^{\infty} \frac{f^{(n)}(x_0)}{n!}(x-x_0)^n. \tag{5.6}
$$

显然, 当 $x \neq x_0$ 时, 展开式 (5.6) 未必收敛. 下面的例子则进一步表明, 展开式 (5.6) 即使收敛, 其和函数也未必就是 $f(x)$.

例 5.3.3 设

$$
f(x) = \begin{cases} \mathrm{e}^{-\frac{1}{x^2}}, & x \neq 0, \\ 0, & x = 0. \end{cases}
$$

求 f 在点 $x=0$ 处的 Taylor 展开式.

解 当 $x\neq 0$ 时,

$$f'(x)=\frac{2}{x^3}\mathrm{e}^{-\frac{1}{x^2}},$$

$$f''(x)=\Big(\frac{4}{x^6}-\frac{6}{x^4}\Big)\mathrm{e}^{-\frac{1}{x^2}},$$

$$\cdots\cdots$$

$$f^{(n)}(x)=P_{3n}\Big(\frac{1}{x}\Big)\mathrm{e}^{-\frac{1}{x^2}},$$

$$\cdots\cdots$$

其中, $P_k(u)$ 表示关于 u 的 k 次多项式. 依次利用导数极限定理可得

$$f'(0)=\lim_{x\to 0}f'(x)=0,$$

$$f''(0)=\lim_{x\to 0}f''(x)=0,$$

$$\cdots\cdots$$

$$f^{(n)}(0)=\lim_{x\to 0}f^{(n)}(x)=0,$$

$$\cdots\cdots$$

从而, $f(x)$ 在点 $x=0$ 处的 Taylor 展开式为

$$0+0x+\frac{0}{2!}x^2+\cdots+\frac{0}{n!}x^n+\cdots. \qquad \square$$

注记 5.3.2 例 5.3.3 中的函数 f 在理论和实际中都具有广泛的用途. 例如, 利用它可以构造出在闭区间 $[-1,1]$ 上恒为 1 且在开区间 $(-2,2)$ 之外恒为 0 的 C^∞ 函数 (称这样的函数为**磨光函数**).

显然, 例 5.3.3 中的函数 f 在点 $x=0$ 处的 Taylor 展开式恒为零. 因此, 当 $x\neq 0$ 时, f 在点 $x=0$ 处的 Taylor 展开式并不收敛于 $f(x)$. 在初等微积分课程的学习中我们已经知道, 若函数 f 在区间 (x_0-R,x_0+R) 上任意阶可导, $0<\delta\leqslant R$, 则

$$f(x)=\sum_{n=0}^{\infty}\frac{f^{(n)}(x_0)}{n!}(x-x_0)^n,\quad x\in(x_0-\delta,x_0+\delta)$$

成立的充分必要条件是

$$\lim_{n\to\infty} R_n(x)=0,\quad x\in(x_0-\delta,x_0+\delta),$$

其中 R_n 是 f 在点 $x=x_0$ 处的 n 阶 Taylor 公式的余项. 由此立即可得

定理 5.3.8 若函数 f 在区间 (x_0-R,x_0+R) 上任意阶可导且存在 $M>0$ 使得

$$\left|f^{(n)}(x)\right|\leqslant M^n,\quad x\in(x_0-R,x_0+R),\quad n=1,2,\cdots,$$

则

$$f(x)=\sum_{n=0}^{\infty}\frac{f^{(n)}(x_0)}{n!}(x-x_0)^n,\quad x\in(x_0-R,x_0+R).$$

对于各阶导数都非负的函数, 我们有更简单的判别准则:

定理 5.3.9 若函数 f 在 $[a,b]$ 上任意阶可导且各阶导数都非负, 则对任意的 $x,x_0\in(a,b)$, 只要 $|x-x_0|<b-x_0$ 就有

$$f(x)=\sum_{n=0}^{\infty}\frac{f^{(n)}(x_0)}{n!}(x-x_0)^n.$$

证明 对任意的 $x\in(a,b)$, 由带 Lagrange 型余项的 Taylor 公式及 f 在 $[a,b]$ 上的各阶导数非负可知, 存在 $\xi\in(x,b)$ 使得

$$\begin{aligned}f(b)&=\sum_{k=0}^{n}\frac{f^{(k)}(x)}{k!}(b-x)^k+\frac{f^{(n+1)}(\xi)}{(n+1)!}(b-x)^{n+1}\\&\geqslant f(x)+\frac{f^{(n+1)}(\xi)}{(n+1)!}(b-x)^{n+1}.\end{aligned}$$

因为 f 的各阶导数都在 $[a,b]$ 上单调减少, 所以对 $n=0,1,2,\cdots$, 都有

$$M=f(b)-f(a)\geqslant f(b)-f(x)\geqslant\frac{f^{(n+1)}(x)}{(n+1)!}(b-x)^{n+1},$$

即

$$0\leqslant f^{(n+1)}(x)\leqslant\frac{(n+1)!M}{(b-x)^{n+1}},\quad x\in(a,b),\quad n=0,1,2,\cdots.$$

于是, 由 $x_0\in(a,b)$ 可知, f 在点 x_0 处的 Taylor 公式的积分型余项 R_n (见定理 3.2.3) 满足: 当 $x>x_0$ 且 $|x-x_0|<b-x_0$ 时, 有

$$0\leqslant R_n(x)=\frac{1}{n!}\int_{x_0}^{x}(x-t)^n f^{(n+1)}(t)\mathrm{d}t$$

$$
\begin{aligned}
&\leqslant (n+1)M\int_{x_0}^{x}\frac{(x-t)^n}{(b-t)^{n+1}}\mathrm{d}t\\
&\leqslant \frac{(n+1)M}{b-x}\int_{x_0}^{x}\left(\frac{x-t}{b-t}\right)^n\mathrm{d}t\\
&= \frac{(n+1)M}{b-x}\left(\frac{x-x_0}{b-x_0}\right)^n(x-x_0);
\end{aligned}
$$

而当 $x<x_0$ 且 $|x-x_0|<b-x_0$ 时, 必有

$$
\begin{aligned}
|R_n(x)| &= \left|\frac{1}{n!}\int_{x_0}^{x}(x-t)^n f^{(n+1)}(t)\mathrm{d}t\right|\\
&= \frac{f^{(n+1)}(\zeta)}{n!}\int_{x}^{x_0}(t-x)^n\mathrm{d}t\\
&\leqslant \frac{(n+1)M}{(b-\zeta)^{n+1}}\cdot\frac{(x_0-x)^{n+1}}{n+1}\\
&\leqslant M\left(\frac{x_0-x}{b-x_0}\right)^{n+1},
\end{aligned}
$$

其中 $\zeta\in(x,x_0)$. 从而, 在两种情形都成立:

$$\lim_{n\to\infty}R_n(x)=0.$$

故定理 5.3.9 的结论成立. □

注记 5.3.3 若对任意的 $x_0\in(a,b)$, 都存在 $\delta_{x_0}>0$, 使得

$$f(x)=\sum_{n=0}^{\infty}\frac{f^{(n)}(x_0)}{n!}(x-x_0)^n,\quad x\in(x_0-\delta_{x_0},x_0+\delta_{x_0})\cap(a,b),$$

则称 f 是开区间 (a,b) 上的**实解析函数**.

例 5.3.4 求积分 $I=\displaystyle\int_0^1\frac{\ln(1+x)}{x}\mathrm{d}x$.

解 根据 $\ln(1+x)$ 的 Taylor 展开可得

$$\frac{\ln(1+x)}{x}=\sum_{n=1}^{\infty}\frac{(-1)^{n-1}x^{n-1}}{n},\quad x\in(-1,1].$$

根据定理 5.3.3, 幂级数 $\sum\limits_{n=1}^{\infty}\dfrac{(-1)^{n-1}x^{n-1}}{n}$ 在 $[0,1]$ 上一致收敛. 故再由定理 5.3.4

可得

$$I=\int_0^1\frac{\ln(1+x)}{x}\mathrm{d}x=\sum_{n=1}^{\infty}\frac{(-1)^{n-1}}{n}\int_0^1 x^{n-1}\mathrm{d}x=\sum_{n=1}^{\infty}\frac{(-1)^{n-1}}{n^2}=\frac{\pi^2}{12}. \qquad \square$$

从部分和的角度来看, 函数 f 在点 x_0 处的幂级数展开, 就是用 f 在点 x_0 处的 Taylor 多项式来逼近 f. 此时, 函数 f 在点 x_0 附近必须是任意阶可导的. 1885 年, Weierstrass 用一般多项式代替 Taylor 多项式的逼近, 大大降低了对函数可导性的要求. 这一结果对研究连续函数的性态有重要意义, 我们将其陈述如下:

定理 5.3.10 (Weierstrass 第一逼近定理) 若 $f\in C\big([a,b]\big)$, 则对任意给定的 $\varepsilon>0$, 都存在多项式 $P(x)$ 使得

$$\big|P(x)-f(x)\big|<\varepsilon, \quad x\in[a,b].$$

5.3.3 复值幂级数与 Euler 公式

作为特殊的函数项级数, 幂级数中对变量的运算只涉及加法与乘法, 而在中学数学课程中, 我们已经学习了复数的加法、乘法、距离等概念. 因此, 我们可以考虑将实数域中的幂级数扩展到复数域中. 事实上, 若用复变量 z 代替幂级数 $\sum\limits_{n=0}^{\infty}a_nx^n$ 中的实变量 x, 则可形式地得到一个复值的幂级数 $\sum\limits_{n=0}^{\infty}a_nz^n$. 我们现在严格定义复值幂级数 $\sum\limits_{n=0}^{\infty}a_nz^n$ 的敛散性.

首先, 根据复数域中两点的距离, 我们可以定义复数列收敛的概念.

定义 5.3.1 设 $\{z_n\}$ 是复数列, $z_0\in\mathbb{C}$. 若

$$\lim_{n\to\infty}|z_n-z|=0,$$

则称复数列 $\{z_n\}$ 收敛于 z_0, 记为 $\lim\limits_{n\to\infty}z_n=z_0$.

对复值幂级数 $\sum\limits_{n=0}^{\infty}a_nz^n$, 记 $s_n(z_0)=\sum\limits_{k=0}^{n}a_kz_0^k\,(n=0,1,2,\cdots)$, 称 $\{s_n(z_0)\}$ 为 $\sum\limits_{n=0}^{\infty}a_nz_0^n$ 的部分和数列. 由此可以引入复值幂级数收敛的定义.

定义 5.3.2 若复值幂级数 $\sum\limits_{n=0}^{\infty}a_nz_0^n$ 的部分和数列 $\{s_n(z_0)\}$ 收敛, 则称复值幂级数 $\sum\limits_{n=0}^{\infty}a_nz^n$ 在点 z_0 处收敛.

另一方面, 若将复数 $z=a+\mathrm{i}b$ 与平面上的点 (a,b) 对应, 则复数列的收敛等价于平面 $\mathbb{R}^2$ 上对应点列的收敛. 从而, 根据 $\mathbb{R}^2$ 中点列收敛的 Cauchy 收敛原理, 我们可以得到

定理 5.3.11 (复数列收敛的 Cauchy 收敛原理) 复数列 $\{z_n\}$ 收敛的充分必要条件是: 对任意给定的 $\varepsilon > 0$, 都存在 $N \in \mathbb{N}$, 使得对任意的 $m, n > N$ 都有 $|z_m - z_n| < \varepsilon$.

由此即可得到

定理 5.3.12 (复值幂级数收敛的 Cauchy 收敛原理) 复值幂级数 $\sum\limits_{n=0}^{\infty} a_n z^n$ 在点 z_0 处收敛的充分必要条件是: 对任意给定的 $\varepsilon > 0$, 都存在 $N \in \mathbb{N}$, 使得对任意的 $n > N$ 及任意的 $p \in \mathbb{N}$ 都有

$$\left|\sum_{k=n+1}^{n+p} a_k z_0^k\right| < \varepsilon.$$

又因为

$$\left|\sum_{k=n+1}^{n+p} a_k z^k\right| \leqslant \sum_{k=n+1}^{n+p} |a_k||z|^k,$$

所以我们可以将许多实变量函数的幂级数展开式推广到复变量的情形. 例如, 根据 $\mathrm{e}^x, \sin x, \cos x$ 的幂级数展开式, 我们可以将 $\mathrm{e}^z, \sin z, \cos z$ 分别定义为

$$\mathrm{e}^z = \sum_{n=0}^{\infty} \frac{1}{n!} z^n, \quad \sin z = \sum_{n=0}^{\infty} \frac{(-1)^n}{(2n+1)!} z^{2n+1}, \quad \cos z = \sum_{n=0}^{\infty} \frac{(-1)^n}{(2n)!} z^{2n-1}, \quad z \in \mathbb{C}.$$

由此可知

$$\begin{aligned} \mathrm{e}^{\mathrm{i}z} &= \sum_{n=0}^{\infty} \frac{1}{n!} (\mathrm{i}z)^n = \sum_{n=0}^{\infty} \frac{(-1)^n}{(2n)!} z^{2n} + \mathrm{i} \sum_{n=0}^{\infty} \frac{(-1)^n}{(2n+1)!} z^{2n+1} \\ &= \cos z + \mathrm{i} \sin z, \quad z \in \mathbb{C}. \end{aligned}$$

特别地, 我们得到了著名的 **Euler 公式**:

$$\mathrm{e}^{\mathrm{i}x} = \cos x + \mathrm{i} \sin x, \quad x \in (-\infty, +\infty).$$

5.4 Fourier 分析初步

在函数的幂级数表示中, 函数必须具有任意阶导数. 在微积分课程的学习中我们知道, 函数的 Fourier 级数表示大大降低了对函数光滑性的要求. 本节将进一步研究 Fourier 级数和 Fourier 积分的收敛判别法及其基本性质.

5.4.1　Dirichlet 积分

为方便起见, 我们假设 f 是定义在 $(-\infty,+\infty)$ 上以 2π 为周期的函数. 若 f 在 $[-\pi,\pi]$ 上 Riemann 可积或者绝对可积 (即有瑕点但瑕积分绝对收敛), 则 f 的 Fourier 级数为

$$f(x)\sim\frac{a_0}{2}+\sum_{k=1}^{\infty}\big(a_k\cos kx+b_k\sin kx\big),$$

其中 Fourier 系数 a_k, b_k 由 Euler-Fourier 公式

$$a_k=\frac{1}{\pi}\int_{-\pi}^{\pi}f(t)\cos kt\,\mathrm{d}t\quad(k=0,1,2,\cdots),$$

$$b_k=\frac{1}{\pi}\int_{-\pi}^{\pi}f(t)\sin kt\,\mathrm{d}t\quad(k=1,2,\cdots)$$

所确定.

为了研究 f 的 Fourier 级数在点 x_0 处的收敛性, 我们首先分析其部分和函数列 $\{S_n(f;x_0)\}$:

$$S_n(f;x_0)=\frac{a_0}{2}+\sum_{k=1}^{n}\big(a_k\cos kx_0+b_k\sin kx_0\big).$$

将 Euler-Fourier 公式代入 $S_n(f;x_0)$ 可得

$$\begin{aligned}S_n(f;x_0)&=\frac{1}{2\pi}\int_{-\pi}^{\pi}f(t)\,\mathrm{d}t\\&\quad+\frac{1}{\pi}\sum_{k=1}^{n}\left(\int_{-\pi}^{\pi}f(t)\cos kt\,\mathrm{d}t\cos kx_0+\int_{-\pi}^{\pi}f(t)\sin kt\,\mathrm{d}t\sin kx_0\right)\\&=\frac{1}{\pi}\int_{-\pi}^{\pi}f(t)\left(\frac{1}{2}+\sum_{k=1}^{n}\big(\cos kt\cos kx_0+\sin kt\sin kx_0\big)\right)\mathrm{d}t\\&=\frac{1}{\pi}\int_{-\pi}^{\pi}f(t)\left(\frac{1}{2}+\sum_{k=1}^{n}\cos k(t-x_0)\right)\mathrm{d}t.\end{aligned}$$

注意到, 当 $\sin\dfrac{\theta}{2}\neq 0$ 时, 由三角函数的积化和差公式, 有

$$\frac{1}{2}+\sum_{k=1}^{n}\cos k\theta=\frac{\sin\dfrac{2n+1}{2}\theta}{2\sin\dfrac{\theta}{2}},$$

而当 $\sin\dfrac{\theta}{2}=0$ 时, 若将上式右端理解为 $\sin\dfrac{\theta}{2}\to 0$ 的极限值, 则等式依然成立. 于是,

$$\begin{aligned}S_n(f;x_0)&=\frac{1}{\pi}\int_{-\pi}^{\pi}f(t)\frac{\sin\dfrac{2n+1}{2}(t-x_0)}{2\sin\dfrac{t-x_0}{2}}\mathrm{d}t\\&=\frac{1}{\pi}\int_{-\pi-x_0}^{\pi-x_0}f(x_0+t)\frac{\sin\dfrac{2n+1}{2}t}{2\sin\dfrac{t}{2}}\mathrm{d}t\\&=\frac{1}{\pi}\int_{-\pi}^{\pi}f(x_0+t)\frac{\sin\dfrac{2n+1}{2}t}{2\sin\dfrac{t}{2}}\mathrm{d}t\\&=\frac{1}{\pi}\int_{0}^{\pi}\big(f(x_0+t)+f(x_0-t)\big)\frac{\sin\dfrac{2n+1}{2}t}{2\sin\dfrac{t}{2}}\mathrm{d}t.\end{aligned}$$

这样, 我们就把部分和化为了积分形式. 上述积分称为 **Dirichlet 积分**, 它是研究 Fourier 级数敛散性的重要工具.

我们首先引入一个基本而重要的结果.

引理 5.4.1 (Riemann 引理) *若函数 ψ 在 $[a,b]$ 上 Riemann 可积或绝对可积, 则*

$$\lim_{p\to+\infty}\int_a^b\psi(t)\sin pt\,\mathrm{d}t=\lim_{p\to+\infty}\int_a^b\psi(t)\cos pt\,\mathrm{d}t=0.$$

证明 当 ψ 在 $[a,b]$ 上 Riemann 可积时, 对任意给定的 $\varepsilon>0$, 必存在 $[a,b]$ 的分割

$$P:\quad a=t_0<t_1<t_2<\cdots<t_N=b$$

使得

$$\sum_{i=1}^{N}\omega_i(\psi)\Delta t_i<\varepsilon,$$

其中 $\Delta t_i=t_i-t_{i-1}$, $\omega_i(\psi)$ 是 ψ 在 $[t_{i-1},t_i]$ 上的振幅. 记 m_i 是 ψ 在 $[t_{i-1},t_i]$ 上的下确界, 并取 $\mathfrak{p}=\dfrac{2}{\varepsilon}\sum\limits_{i=1}^{N}|m_i|$, 则对任意的 $p>\mathfrak{p}$ 都有

$$\frac{2}{p}\sum_{i=1}^{N}|m_i|<\varepsilon.$$

从而,

$$\begin{aligned}\left|\int_a^b \psi(t)\sin pt\,\mathrm{d}t\right| &= \left|\sum_{i=1}^N \int_{t_{i-1}}^{t_i} \psi(t)\sin pt\,\mathrm{d}t\right| \\ &= \left|\sum_{i=1}^N \int_{t_{i-1}}^{t_i} (\psi(t)-m_i)\sin pt\,\mathrm{d}t + \sum_{i=1}^N m_i \int_{t_{i-1}}^{t_i} \sin pt\,\mathrm{d}t\right| \\ &\leqslant \sum_{i=1}^N \int_{t_{i-1}}^{t_i} |\psi(t)-m_i||\sin pt|\,\mathrm{d}t + \sum_{i=1}^N |m_i| \left|\int_{t_{i-1}}^{t_i} \sin pt\,\mathrm{d}t\right| \\ &\leqslant \sum_{i=1}^N \int_{t_{i-1}}^{t_i} |\psi(t)-m_i|\,\mathrm{d}t + \frac{2}{p}\sum_{i=1}^N |m_i| \\ &\leqslant \sum_{i=1}^N \omega_i(\psi)\Delta t_i + \frac{2}{p}\sum_{i=1}^N |m_i| < 2\varepsilon.\end{aligned}$$

因此, $\lim\limits_{p\to+\infty}\int_a^b \psi(t)\sin(pt)\,\mathrm{d}t = 0$.

当 ψ 在 $[a,b]$ 上绝对可积时, 不妨设 b 是 ψ 的唯一瑕点. 对任意给定的 $\varepsilon>0$, 由反常积分绝对收敛的定义可知, 存在 $\delta>0$ 使得

$$\int_{b-\delta}^b |\psi(t)|\mathrm{d}t < \varepsilon.$$

另一方面, 因为 ψ 在 $[a,b-\delta]$ 上 Riemann 可积, 所以由上一段的结论可知, 存在 $\mathfrak{p}>0$, 使得对任意的 $p>\mathfrak{p}$ 都有

$$\left|\int_a^{b-\delta} \psi(t)\sin pt\,\mathrm{d}t\right| < \varepsilon.$$

从而,

$$\begin{aligned}\left|\int_a^b \psi(t)\sin pt\,\mathrm{d}t\right| &\leqslant \left|\int_a^{b-\delta} \psi(t)\sin pt\,\mathrm{d}t\right| + \int_{b-\delta}^b |\psi(t)\sin pt|\,\mathrm{d}t \\ &\leqslant \left|\int_a^{b-\delta} \psi(t)\sin pt\,\mathrm{d}t\right| + \int_{b-\delta}^b |\psi(t)|\mathrm{d}t < 2\varepsilon.\end{aligned}$$

这表明, $\lim\limits_{p\to+\infty}\int_a^b \psi(t)\sin pt\,\mathrm{d}t = 0$.

类似地, 可以证明 $\lim\limits_{p\to+\infty}\int_a^b \psi(t)\cos pt\,\mathrm{d}t=0$. □

如下两个定理是 Riemann 引理的直接推论:

定理 5.4.1 若 f 在 $[-\pi,\pi]$ 上可积或绝对可积, 则 f 的 Fourier 系数 a_k 与 b_k 满足

$$\lim_{k\to\infty} a_k=0,\quad \lim_{k\to\infty} b_k=0.$$

定理 5.4.2 若 f 在 $[-\pi,\pi]$ 上可积或绝对可积, 则对任意的 $\delta>0$, f 的 Fourier 级数的部分和函数列 $\{S_n(f;x_0)\}$ 都满足

$$\lim_{n\to\infty} S_n(f;x_0)=\lim_{n\to\infty}\frac{1}{\pi}\int_0^{\delta}\big(f(x_0+t)+f(x_0-t)\big)\frac{\sin\dfrac{2n+1}{2}t}{2\sin\dfrac{t}{2}}\mathrm{d}t.$$

5.4.2 Fourier 级数的收敛判别法

下面我们初步介绍 Fourier 级数的点收敛判别法. 需要指出的是, 即使对连续的周期函数, 其 Fourier 级数在点意义下的收敛性都是十分困难的问题. 事实上, du Bois-Reymond 早在 1873 年就找到了一个连续函数, 其 Fourier 级数在某点是发散的. 随后, 数学家进一步发现了 Fourier 级数具有处处稠密的发散点的连续函数.

引理 5.4.2 (Dirichlet 引理) 设 $\delta>0$. 若函数 ψ 在 $[0,\delta]$ 上单调, 则

$$\lim_{p\to+\infty}\int_0^{\delta}\frac{\psi(t)-\psi(0+0)}{t}\sin pt\,\mathrm{d}t=0.$$

证明 不妨设 ψ 在 $[0,\delta]$ 上单调增加, 则对任意给定的 $\varepsilon>0$, 都存在 $\eta\in(0,\delta)$ 使得当 $t\in(0,\eta]$ 时,

$$0\leqslant\psi(t)-\psi(0+0)<\varepsilon.$$

于是, 由积分第二中值定理可知, 存在 $\xi\in[0,\eta]$ 使得

$$\left|\int_0^{\eta}\frac{\psi(t)-\psi(0+0)}{t}\sin pt\,\mathrm{d}t\right|=\big(\psi(\eta)-\psi(0+0)\big)\left|\int_{\xi}^{\eta}\frac{\sin pt}{t}\mathrm{d}t\right|<\varepsilon\left|\int_{p\xi}^{p\eta}\frac{\sin t}{t}\mathrm{d}t\right|.$$

因为反常积分 $\displaystyle\int_0^{+\infty}\frac{\sin t}{t}\mathrm{d}t$ 收敛, 所以由 Cauchy 收敛原理可知, 存在 $\mathfrak{p}_1>0$ 使得对任意的 $p>\mathfrak{p}_1$ 都有

$$\left|\int_{p\xi}^{p\eta}\frac{\sin t}{t}\mathrm{d}t\right|<1.$$

于是,

$$\left|\int_0^\eta \frac{\psi(t)-\psi(0+0)}{t}\sin pt\,\mathrm{d}t\right| < \varepsilon.$$

另一方面, 由 ψ 在 $[\eta,\delta]$ 单调可知, $\dfrac{\psi(t)-\psi(0+0)}{t}$ 在 $[\eta,\delta]$ 上可积. 从而, 由 Riemann 引理可知, 存在 $\mathfrak{p}_2>0$, 使得对任意的 $p>\mathfrak{p}_2$ 都有

$$\left|\int_\eta^\delta \frac{\psi(t)-\psi(0+0)}{t}\sin pt\,\mathrm{d}t\right| < \varepsilon.$$

因此, 若取 $\mathfrak{p}=\max\{\mathfrak{p}_1,\mathfrak{p}_2\}$, 则对任意的 $p>\mathfrak{p}$ 都有

$$\begin{aligned}&\left|\int_0^\delta \frac{\psi(t)-\psi(0+0)}{t}\sin pt\,\mathrm{d}t\right|\\ \leqslant&\left|\int_0^\eta \frac{\psi(t)-\psi(0+0)}{t}\sin pt\,\mathrm{d}t\right|+\left|\int_\eta^\delta \frac{\psi(t)-\psi(0+0)}{t}\sin pt\,\mathrm{d}t\right|\\ <&\,2\varepsilon.\end{aligned}$$

故引理的结论成立. □

定理 5.4.3 (Fourier 级数收敛判别法)　设函数 f 在 $[-\pi,\pi]$ 上 Riemann 可积或绝对可积. 若 f 满足如下两个条件之一:

(1) (**Dirichlet-Jordan 判别法**) 存在 $\delta>0$, 使得 f 在 $(x_0-\delta,x_0+\delta)$ 上分段单调有界, 即在 $(x_0-\delta,x_0+\delta)$ 上存在有限个点

$$x_0-\delta=x_1<x_2<\cdots<x_N=x_0+\delta,$$

使得 f 在每个小区间 (x_{i-1},x_i) $(i=1,2,\cdots,N)$ 上单调有界;

(2) (**Dini-Lipschitz 判别法**) f 在点 x_0 处满足指数为 $\alpha\in(0,1]$ 的 Hölder 条件, 即点 x_0 是函数 f 的连续点或第一类不连续点, 且存在 $\delta>0$, $M>0$ 和 $\alpha\in(0,1]$, 使得对任意的 $t\in(0,\delta)$ 都有

$$\left|f(x_0+t)-f(x_0+0)\right|\leqslant Mt^\alpha,\quad \left|f(x_0-t)-f(x_0-0)\right|\leqslant Mt^\alpha,$$

则 f 的 Fourier 级数在点 x_0 处收敛于 $\dfrac{f(x_0+0)+f(x_0-0)}{2}$, 即

$$\frac{a_0}{2}+\sum_{k=1}^{\infty}\left(a_k\cos kx_0+b_k\sin kx_0\right)=\frac{f(x_0+0)+f(x_0-0)}{2}.$$

证明 (1) 当 f 在 $(x_0-\delta, x_0+\delta)$ 上分段单调有界时, 不妨设 f 在 $(x_0-\delta, x_0+\delta)$ 上单调有界, 则由 Dirichlet 引理可知

$$\lim_{n\to\infty}\int_0^{\delta}\frac{f(x_0+t)-f(x_0+0)}{t}\sin\frac{2n+1}{2}t\,\mathrm{d}t=0,$$

$$\lim_{n\to\infty}\int_0^{\delta}\frac{f(x_0-t)-f(x_0-0)}{t}\sin\frac{2n+1}{2}t\,\mathrm{d}t=0.$$

将两式相加可得

$$\lim_{n\to\infty}\int_0^{\delta}\big(f(x_0+t)+f(x_0-t)-f(x_0+0)-f(x_0-0)\big)\frac{\sin\dfrac{2n+1}{2}t}{t}\mathrm{d}t=0. \tag{5.7}$$

(2) 当 f 在点 x_0 处满足指数为 $\alpha\in(0,1]$ 的 Hölder 条件时, 对任意的 $t\in(0,\delta)$ 都有

$$\frac{|f(x_0\pm t)-f(x_0\pm 0)|}{t}<\frac{M}{t^{1-\alpha}},$$

所以

$$\frac{f(x_0+t)+f(x_0-t)-f(x_0+0)-f(x_0-0)}{t}$$

在 $[0,\delta]$ 上可积或绝对可积. 故由 Riemann 引理可知, (5.7) 仍成立.

于是, 利用函数

$$g(t)=\begin{cases}\dfrac{1}{2\sin\dfrac{t}{2}}-\dfrac{1}{t}, & t\in(0,\pi],\\ 0, & t=0\end{cases} \tag{5.8}$$

在 $[0,\pi]$ 上的连续性、Riemann 引理及 (5.7) 可得

$$\begin{aligned}&\lim_{n\to\infty}\int_0^{\delta}\big(f(x_0+t)+f(x_0-t)-f(x_0+0)-f(x_0-0)\big)\frac{\sin\dfrac{2n+1}{2}t}{2\sin\dfrac{t}{2}}\mathrm{d}t\\ =&\lim_{n\to\infty}\int_0^{\delta}\big(f(x_0+t)+f(x_0-t)-f(x_0+0)-f(x_0-0)\big)g(t)\sin\frac{2n+1}{2}t\mathrm{d}t\\ &+\lim_{n\to\infty}\int_0^{\delta}\big(f(x_0+t)+f(x_0-t)-f(x_0+0)-f(x_0-0)\big)\frac{\sin\dfrac{2n+1}{2}t}{t}\mathrm{d}t\end{aligned}$$

$=0+0=0.$

由此结合定理 5.4.2 可知

$$\lim_{n\to\infty} S_n(f;x_0)=\lim_{n\to\infty}\frac{1}{\pi}\int_0^{\delta}\big(f(x_0+0)+f(x_0-0)\big)\frac{\sin\frac{2n+1}{2}t}{2\sin\frac{t}{2}}\mathrm{d}t.$$

从而, 再次利用 g 的连续性以及 Riemann 引理可证得

$$\begin{aligned}\lim_{n\to\infty} S_n(f;x_0)&=\lim_{n\to\infty}\frac{1}{\pi}\int_0^{\delta}\big(f(x_0+0)+f(x_0-0)\big)g(t)\sin\frac{2n+1}{2}t\mathrm{d}t\\&\quad+\lim_{n\to\infty}\frac{1}{\pi}\int_0^{\delta}\big(f(x_0+0)+f(x_0-0)\big)\frac{\sin\frac{2n+1}{2}t}{t}\mathrm{d}t\\&=\lim_{n\to\infty}\frac{1}{\pi}\int_0^{\delta}\big(f(x_0+0)+f(x_0-0)\big)\frac{\sin\frac{2n+1}{2}t}{t}\mathrm{d}t.\end{aligned}$$

只需注意到

$$\int_0^{+\infty}\frac{\sin t}{t}\mathrm{d}t=\frac{\pi}{2},$$

即可得

$$\begin{aligned}\lim_{n\to\infty} S_n(f;x_0)&=\frac{f(x_0+0)+f(x_0-0)}{\pi}\lim_{n\to\infty}\int_0^{\frac{(2n+1)\delta}{2}}\frac{\sin t}{t}\mathrm{d}t\\&=\frac{f(x_0+0)+f(x_0-0)}{2}.\end{aligned}$$

这表明 f 的 Fourier 级数在点 x_0 处收敛于 $\dfrac{f(x_0+0)+f(x_0-0)}{2}$. □

推论 5.4.1 设函数 f 在 $[-\pi,\pi]$ 上 Riemann 可积或绝对可积. 若 f 在点 x_0 处的两个**拟单侧导数**

$$\lim_{t\to0-}\frac{f(x_0+t)-f(x_0-0)}{t} \quad 与 \quad \lim_{t\to0+}\frac{f(x_0+t)-f(x_0+0)}{t}$$

都存在, 则 f 的 Fourier 级数在点 x_0 处收敛于 $\dfrac{f(x_0+0)+f(x_0-0)}{2}$. 特别地, 若 f 在点 x_0 处的两个单侧导数 $f'_-(x_0)$ 与 $f'_+(x_0)$ 都存在, 则 f 的 Fourier 级数在点 x_0 处收敛于 $\dfrac{f(x_0+0)+f(x_0-0)}{2}$.

证明 若 f 在点 x_0 处的两个拟单侧导数都存在, 则 f 在点 x_0 处满足指数为 1 的 Hölder 条件. 从而, 由 Dini-Lipschitz 判别法可知, f 的 Fourier 级数在点 x_0 处收敛于 $\dfrac{f(x_0+0)+f(x_0-0)}{2}$. □

注记 5.4.1 设 $T>0$, 则定理 5.4.3 与推论 5.4.1 对以 $2T$ 为周期的函数仍成立.

例 5.4.1 求

$$f(x)=\begin{cases}0, & x\in[-1,0),\\ x^2, & x\in[0,1)\end{cases}$$

的 Fourier 级数, 并由此计算数项级数 $\sum\limits_{k=1}^{\infty}\dfrac{1}{k^2}$ 的值.

解 下面利用一般形式的 Euler-Fourier 公式求 f 的 Fourier 系数. 显然,

$$a_0=\int_0^1 x^2\mathrm{d}x=\frac{1}{3},$$

而对 $k=1,2,\cdots$, 由分部积分可得

$$a_k=\int_0^1 x^2\cos k\pi x\,\mathrm{d}x=\frac{2(-1)^k}{k^2\pi^2}$$

及

$$b_k=\int_0^1 x^2\sin k\pi x\,\mathrm{d}x=\frac{(-1)^{k+1}}{k\pi}+\frac{2\big((-1)^k-1\big)}{k^3\pi^3}.$$

于是, f 的 Fourier 级数为

$$\begin{aligned}f(x)\sim&\frac{1}{6}+\sum_{k=1}^{\infty}\frac{2(-1)^k}{k^2\pi^2}\cos k\pi x\\&+\sum_{k=1}^{\infty}\left(\frac{(-1)^{k+1}}{k\pi}+\frac{2\big((-1)^k-1\big)}{k^3\pi^3}\right)\sin k\pi x,\quad x\in[-1,1].\end{aligned}$$

特别地, 由 Fourier 级数收敛判别法可知 $f(x)$ 在 $x_0=1$ 处的 Fourier 级数满足

$$\frac{1}{6}+\sum_{k=1}^{\infty}\frac{2}{k^2\pi^2}=\frac{f(1+0)+f(1-0)}{2}=\frac{1}{2}.$$

整理即可得

$$\sum_{k=1}^{\infty}\frac{1}{k^2}=\frac{\pi^2}{6}.$$

□

由于 Fourier 级数的每一项都是连续函数, 所以当 Fourier 级数的和函数在某点不连续时, 级数在该点的邻域中不可能一致收敛. 事实上, 对于 Fourier 级数来说还有一个更为奇特的现象: 若 x_0 是函数 f 的 Fourier 级数的和函数 S 的第一类间断点, 则当 x_n 单侧趋于 x_0 时, 部分和的值 $S_n(x_n)$ 并不收敛于 $S(x_0)$. 不但如此, 相应的误差并不会因 n 的增加而减少. 这一现象称为所谓的 **Gibbs 现象**, 它最早是由 Wilbraham 在 1848 年发现的, 而 Gibbs 在 1899 年对这一现象进行了详细分析. 为简单起见, 我们以函数

$$S(x)=\begin{cases}\dfrac{\pi-x}{2}, & x\in(0,2\pi),\\ 0, & x=0,\ 2\pi\end{cases}$$

为例进行说明. 直接计算可知, S 的 Fourier 级数为

$$S(x)=\sum_{k=1}^{\infty}\frac{\sin kx}{k},\quad x\in[0,2\pi]. \tag{5.9}$$

例 5.4.2 (Gibbs 现象)　设 $\{S_n(x)\}$ 是 Fourier 级数 (5.9) 的部分和函数列, 即 $S_n(x)=\sum\limits_{k=1}^{n}\dfrac{\sin kx}{k}$, 则

$$\lim_{n\to\infty}\max_{x\in[0,\pi]}\Big(S_n(x)-S(x)\Big)=\int_0^{\pi}\frac{\sin t}{t}\mathrm{d}t-\frac{\pi}{2}\quad\Big(\approx\frac{\pi}{2}\times0.17898\Big).$$

证明　记余项 $R_n(x)=S_n(x)-S(x)$, 则直接计算可得

$$R_n'(x)=\frac{1}{2}+\sum_{k=1}^{n}\cos kx=\frac{\sin\left(n+\dfrac{1}{2}\right)x}{2\sin\dfrac{1}{2}x}.$$

易知, $R_n(x)$ 的极值点为

$$x_{n,m}=\frac{m\pi}{n+\dfrac{1}{2}}\quad(m=1,2,\cdots,2n),$$

且当 m 为奇数时是极大值点, 而当 m 为偶数时是极小值点. 对任意固定的 $m=1,2,\cdots,2n$, 将极值点 $x_{n,m}$ 代入 $R_n(x)$ 可得误差值:

$$R_n\big(x_{n,m}\big)=\sum_{k=1}^{n}\frac{\sin\big(kx_{n,m}\big)}{k}-\frac{\pi-x_{n,m}}{2}$$

$$= \left(\sum_{k=1}^{n} \frac{\sin\left(kx_{n,m}\right)}{kx_{n,m}} \cdot \frac{m\pi}{n} \right) \cdot \left(\frac{n}{n+\dfrac{1}{2}} \right) - \frac{\pi}{2} + \frac{m\pi}{2n+1}$$

$$= \left(\sum_{k=1}^{n} \frac{\sin\left(kx_{n,m}\right)}{kx_{n,m}} \cdot \frac{m\pi}{n} \right) - \frac{\pi}{2} + O\left(\frac{1}{n}\right). \tag{5.10}$$

由于

$$\frac{(k-1)m\pi}{n} \leqslant kx_{n,m} \leqslant \frac{km\pi}{n} \quad (k=1,2,\cdots,n),$$

(5.10) 式右边第一项可看作 Riemann 积分和式. 从而, 令 $n \to \infty$ 即可得到

$$\lim_{n\to\infty} R_n\left(x_{n,m}\right) = \int_0^{m\pi} \frac{\sin t}{t} \mathrm{d}t - \frac{\pi}{2}. \tag{5.11}$$

因为变上限积分 $\displaystyle\int_0^x \frac{\sin t}{t}\mathrm{d}t$ 在点 $x=\pi$ 处达到最大值, 所以 (5.11) 在 $m=1$ 时的极限值最大. 故

$$\lim_{n\to\infty} \max_{x\in[0,\pi]} \Big(S_n(x) - S(x)\Big) = \lim_{n\to\infty} R_n\left(x_{n,1}\right) = \int_0^{\pi} \frac{\sin t}{t}\mathrm{d}t - \frac{\pi}{2}.$$ □

Gibbs 现象表明, 当和函数有间断点时, 不可能通过在 Fourier 级数的部分和函数 $S_n(x)$ 中增大 n 来改进近似计算的精确程度. 这在 Fourier 级数的应用中是相当重要的问题.

5.4.3 Fourier 级数的积分与求导

与一般的函数项级数相比, 函数的 Fourier 级数具有逐项积分等非常好的性质. 事实上, 一般的函数项级数需要在一致收敛的条件下才能将通项的可积性传递给和函数. 而对 Fourier 级数, 只需要很弱的条件就能保证逐项积分成立.

定理 5.4.4 (逐项积分定理) *若 f 在 $[-\pi,\pi]$ 上只有有限个第一类不连续点, 则 f 的 Fourier 级数*

$$f(x) \sim \frac{a_0}{2} + \sum_{k=1}^{\infty} \left(a_k \cos kx + b_k \sin kx\right)$$

可以逐项积分, 即

$$\int_0^x f(t)\mathrm{d}t = \int_0^x \frac{a_0}{2}\mathrm{d}t + \sum_{k=1}^{\infty} \int_0^x \left(a_k \cos kt + b_k \sin kt\right)\mathrm{d}t, \quad x \in [-\pi,\pi].$$

证明　令

$$F(x)=\int_0^x\left(f(t)-\frac{a_0}{2}\right)\mathrm{d}t,$$

则 F 是周期为 2π 的连续函数, 且在 f 的连续点成立 $F'(x)=f(x)-\dfrac{a_0}{2}$. 由导数极限定理可知, 在 f 的第一类不连续点 x_0 处, F 的两个单侧导数

$$F'_{\pm}(x_0)=f(x_0\pm0)-\frac{a_0}{2}$$

都存在. 于是, 根据 Fourier 级数收敛判别法 (推论 5.4.1), F 可展开为收敛的 Fourier 级数, 即

$$F(x)=\frac{A_0}{2}+\sum_{k=1}^{\infty}\left(A_k\cos kx+B_k\sin kx\right),$$

其中

$$\begin{aligned}
A_0&=\frac{1}{\pi}\int_{-\pi}^{\pi}F(x)\mathrm{d}x,\\
A_k&=\frac{1}{\pi}\int_{-\pi}^{\pi}F(x)\cos kx\mathrm{d}x\\
&=\frac{1}{\pi}\left(\frac{\sin kx}{k}F(x)\right)\Big|_{-\pi}^{\pi}-\frac{1}{k\pi}\int_{-\pi}^{\pi}F'(x)\sin kx\mathrm{d}x\\
&=-\frac{1}{k\pi}\int_{-\pi}^{\pi}\left(f(x)-\frac{a_0}{2}\right)\sin kx\mathrm{d}x\\
&=-\frac{b_k}{k}\quad(k=1,2,\cdots),\\
B_k&=\frac{1}{\pi}\int_{-\pi}^{\pi}F(x)\sin kx\mathrm{d}x\\
&=\frac{1}{\pi}\left(\frac{-\cos kx}{k}F(x)\right)\Big|_{-\pi}^{\pi}+\frac{1}{k\pi}\int_{-\pi}^{\pi}F'(x)\cos kx\mathrm{d}x\\
&=\frac{1}{k\pi}\int_{-\pi}^{\pi}\left(f(x)-\frac{a_0}{2}\right)\cos kx\mathrm{d}x\\
&=\frac{a_k}{k}\quad(k=1,2,\cdots).
\end{aligned}$$

也就是,

$$F(x)=\frac{A_0}{2}+\sum_{k=1}^{\infty}\left(-\frac{b_k}{k}\cos kx+\frac{a_k}{k}\sin kx\right).$$

特别地, 取 $x=0$ 可得

$$0=F(0)=\frac{A_0}{2}+\sum_{k=1}^{\infty}\left(-\frac{b_k}{k}\right).$$

将上述两式相减, 整理即可得

$$\begin{aligned}\int_0^x\left(f(t)-\frac{a_0}{2}\right)\mathrm{d}t=F(x)&=\sum_{k=1}^{\infty}\left(\frac{a_k}{k}\sin kx-\frac{b_k}{k}(\cos kx-1)\right)\\&=\sum_{k=1}^{\infty}\int_0^x\big(a_k\cos kt+b_k\sin kt\big)\mathrm{d}t.\end{aligned}$$

这就完成了定理 5.4.4 的证明. □

注记 5.4.2 在调和分析课程中将证明, 一般函数的 Fourier 级数也具有逐项积分性质: 只要周期函数 f 可以展成 Fourier 级数, 其逐项积分级数就一定收敛, 且收敛于 f 的积分.

但是, Fourier 级数逐项求导定理的条件却要强得多:

定理 5.4.5 (逐项求导定理) 设 $f\in C([-\pi,\pi])$ 且在 $[-\pi,\pi]$ 上除了至多有限个点外都可导, $f(-\pi)=f(\pi)$. 若 f' 在 $[-\pi,\pi]$ 上可积或绝对可积, 则 f' 的 Fourier 级数可由 f 的 Fourier 级数逐项求导得到, 即若 f 的 Fourier 级数为

$$f(x)\sim\frac{a_0}{2}+\sum_{k=1}^{\infty}\big(a_k\cos kx+b_k\sin kx\big),$$

则 f' 的 Fourier 级数为

$$f'(x)\sim\frac{\mathrm{d}}{\mathrm{d}x}\left(\frac{a_0}{2}\right)+\sum_{k=1}^{\infty}\frac{\mathrm{d}}{\mathrm{d}x}\Big(a_k\cos kx+b_k\sin kx\Big).$$

证明 因为 f' 在 $[-\pi,\pi]$ 上可积或绝对可积, 所以 f' 可展开为 Fourier 级数. 记 f' 的 Fourier 系数为 a_k' 和 b_k', 则

$$a_0'=\frac{1}{\pi}\int_{-\pi}^{\pi}f'(x)\mathrm{d}x=\frac{1}{\pi}\big(f(\pi)-f(-\pi)\big)=0,$$

$$a_k'=\frac{1}{\pi}\int_{-\pi}^{\pi}f'(x)\cos kx\mathrm{d}x=\frac{f(x)\cos kx}{\pi}\bigg|_{-\pi}^{\pi}+\frac{k}{\pi}\int_{-\pi}^{\pi}f(x)\sin kx\mathrm{d}x=kb_k,$$

$$b_k'=\frac{1}{\pi}\int_{-\pi}^{\pi}f'(x)\sin kx\mathrm{d}x=\frac{f(x)\sin kx}{\pi}\bigg|_{-\pi}^{\pi}-\frac{k}{\pi}\int_{-\pi}^{\pi}f(x)\cos kx\mathrm{d}x=-ka_k,$$

其中 $k=1,2,\cdots$. 这表明,

$$f'(x) \sim \sum_{k=1}^{\infty}\Big(-ka_k\sin kx + kb_k\cos kx\Big)$$
$$= \frac{\mathrm{d}}{\mathrm{d}x}\Big(\frac{a_0}{2}\Big) + \sum_{k=1}^{\infty}\frac{\mathrm{d}}{\mathrm{d}x}\Big(a_k\cos kx + b_k\sin kx\Big). \qquad \square$$

注记 5.4.3 将定理 5.4.5 与推论 5.4.1 结合可得: 若 $f \in C^1([-\pi,\pi])$ 且 f' 在 $[-\pi,\pi]$ 上分段可导, $f(-\pi)=f(\pi)$, 则

$$f'(x) = \frac{\mathrm{d}}{\mathrm{d}x}\Big(\frac{a_0}{2}\Big) + \sum_{k=1}^{\infty}\frac{\mathrm{d}}{\mathrm{d}x}\Big(a_k\cos kx + b_k\sin kx\Big).$$

5.4.4 Fourier 级数的逼近性质

在本段中, 我们记 $\mathbb{S}$ 为 $[-\pi,\pi]$ 上 Riemann 可积或在反常积分意义下平方可积函数的全体. 对任意的 $f,\,g \in \mathbb{S}$, 将其内积 $(\cdot,\cdot)$ 和范数 $\|\cdot\|$ 分别定义为

$$(f,g) = \frac{1}{\pi}\int_{-\pi}^{\pi} f(x)g(x)\mathrm{d}x, \quad \|f\| = \sqrt{(f,f)}.$$

若记 $\mathbb{T}$ 为 $[-\pi,\pi]$ 上的正交函数列

$$\Big\{1,\ \cos x,\ \sin x,\ \cos 2x,\ \sin 2x,\ \cdots,\ \cos kx,\ \sin kx,\ \cdots\Big\}$$

生成的形如

$$T_n(x) = \frac{A_0}{2} + \sum_{k=1}^{n}\big(A_k\cos kx + B_k\sin kx\big)$$

的 n 阶三角多项式的全体, 则有如下逼近性质:

定理 5.4.6 (Fourier 级数的平方逼近) 若 $f \in \mathbb{S}$, 则 f 在 $\mathbb{T}$ 中的最佳平方逼近元素恰为 f 的 Fourier 级数的部分和函数

$$S_n(f;x) = \frac{a_0}{2} + \sum_{k=1}^{n}\big(a_k\cos kx + b_k\sin kx\big),$$

即对任意的 $A_0,\,A_1,\,B_1,\,\cdots,\,A_n,\,B_n$ 都有

$$\big\|f - S_n\big\| \leqslant \big\|f - T_n\big\|.$$

当且仅当 $A_0 = a_0$, $A_1 = a_1$, $B_1 = b_1$, $\cdots$, $A_n = a_n$, $B_n = b_n$ 时, 上式中等号成立. 同时, 最佳逼近的余项为

$$\|f - S_n\|^2 = \frac{1}{\pi}\int_{-\pi}^{\pi} f^2(x)\mathrm{d}x - \left(\frac{a_0^2}{2} + \sum_{k=1}^{n}(a_k^2 + b_k^2)\right).$$

证明 利用正交性, 我们有

$$\begin{aligned}
&\|f - T_n\|^2 \\
&= \|f\|^2 - 2(f, T_n) + \|T_n\|^2 \\
&= \|f\|^2 - 2\left(\frac{A_0}{2}a_0 + \sum_{k=1}^{n}(A_k a_k + B_k b_k)\right) + \left(\frac{A_0^2}{2} + \sum_{k=1}^{n}(A_k^2 + B_k^2)\right) \\
&= \|f\|^2 - \left(\frac{a_0^2}{2} + \sum_{k=1}^{n}(a_k^2 + b_k^2)\right) \\
&\quad + \left(\frac{(A_0 - a_0)^2}{2} + \sum_{k=1}^{n}((A_k - a_k)^2 + (B_k - b_k)^2)\right) \\
&\geqslant \|f\|^2 - \left(\frac{a_0^2}{2} + \sum_{k=1}^{n}(a_k^2 + b_k^2)\right) = \|f - S_n\|^2,
\end{aligned}$$

当且仅当 $A_0 = a_0$, $A_1 = a_1$, $B_1 = b_1$, $\cdots$, $A_n = a_n$, $B_n = b_n$ 时, 等号成立. □

因为 $\|f - S_n\|^2 \geqslant 0$, 所以在最佳逼近的余项中令 $n \to \infty$ 即可得

推论 5.4.2 (Bessel 不等式) 若 $f \in \mathbb{S}$, 则 f 的 Fourier 系数 a_0, a_k, b_k $(k = 1, 2, \cdots)$ 满足不等式

$$\frac{a_0^2}{2} + \sum_{k=1}^{\infty}(a_k^2 + b_k^2) \leqslant \frac{1}{\pi}\int_{-\pi}^{\pi} f^2(x)\mathrm{d}x.$$

进一步的研究将表明, 上面的不等式实际上是一个等式, 称为 Parseval 等式 (又称能量恒等式), 它在理论和实际问题中都具有重要作用. 我们将其陈述如下:

定理 5.4.7 (Parseval 等式) 若 $f \in \mathbb{S}$, 则 f 的 Fourier 系数 a_0, a_k, b_k $(k = 1, 2, \cdots)$, 满足等式

$$\frac{a_0^2}{2} + \sum_{k=1}^{\infty}(a_k^2 + b_k^2) = \frac{1}{\pi}\int_{-\pi}^{\pi} f^2(x)\mathrm{d}x.$$

由此可得两个重要的推论:

推论 5.4.3 (Fourier 级数的平方收敛)　若 $f \in \mathbb{S}$, 则 f 的 Fourier 级数的部分和函数列 $\{S_n\}$ 平方收敛于 f, 即

$$\lim_{n\to\infty}\left\|f - S_n\right\|^2 = 0.$$

推论 5.4.4 (Fourier 级数唯一性)　若 f 是以 2π 为周期的连续函数, 且其 Fourier 系数均为 0: $a_0 = 0$, $a_k = b_k = 0\,(k = 1, 2, \cdots)$, 则 f 必恒等于 0.

例 5.4.3　设 $f, g \in R\big([-\pi, \pi]\big)$. 证明: f, g 具有相同 Fourier 系数的充分必要条件是

$$\int_{-\pi}^{\pi}\big|f(x) - g(x)\big|\mathrm{d}x = 0.$$

证明　设 f 的 Fourier 系数为 a_0, a_k, b_k; g 的 Fourier 系数为 α_0, α_k, β_k; 而 $f - g$ 的 Fourier 系数为 A_0, A_k, B_k $(k = 1, 2, \cdots)$.

(充分性) 若 $\displaystyle\int_{-\pi}^{\pi}\big|f(x) - g(x)\big|\mathrm{d}x = 0$, 则由

$$\begin{aligned}0 \leqslant \big|a_k - \alpha_k\big| &= \frac{1}{\pi}\left|\int_{-\pi}^{\pi}\big(f(x)\cos kx - g(x)\cos kx\big)\mathrm{d}x\right|\\ &\leqslant \frac{1}{\pi}\int_{-\pi}^{\pi}|f(x) - g(x)|\mathrm{d}x = 0\end{aligned}$$

可知, $a_k = \alpha_k\,(k = 0, 1, 2, \cdots)$. 同理可证: $b_k = \beta_k\,(k = 1, 2, \cdots)$.

(必要性) 若 f, g 具有相同 Fourier 系数, 则

$$A_0 = a_0 - \alpha_0 = 0, \quad A_k = a_k - \alpha_k = 0, \quad B_k = b_k - \beta_k = 0 \quad (k = 1, 2, \cdots).$$

又因为 $f, g \in R\big([-\pi, \pi]\big)$, 所以 $f - g \in R\big([-\pi, \pi]\big)$. 从而, 由 Cauchy-Schwarz 不等式与 Parseval 等式可知

$$\begin{aligned}0 \leqslant \left(\int_{-\pi}^{\pi}|f(x) - g(x)|\mathrm{d}x\right)^2 &\leqslant \int_{-\pi}^{\pi}1^2\mathrm{d}x\int_{-\pi}^{\pi}|f(x) - g(x)|^2\mathrm{d}x\\ &= 2\pi^2\left(\frac{A_0^2}{2} + \sum_{k=1}^{\infty}\left(A_k^2 + B_k^2\right)\right) = 0.\end{aligned}$$

故 $\displaystyle\int_{-\pi}^{\pi}\big|f(x) - g(x)\big|\mathrm{d}x = 0$.　□

类似于 Weierstrass 第一逼近定理, 若我们用一般的三角多项式来逼近连续的周期函数, 则可以得到更强的收敛. 我们将这一结果陈述如下:

定理 5.4.8 (Weierstrass 第二逼近定理) 若 $f \in C([-\pi,\pi])$ 且 $f(-\pi)=f(\pi)$, 则对任意给定的 $\varepsilon>0$, 都存在形如 $\dfrac{A_0}{2}+\sum\limits_{k=1}^{n}(A_k\cos kx+B_k\sin kx)$ 的三角多项式 $T(x)$ 使得

$$\big|T(x)-f(x)\big|<\varepsilon,\quad x\in[-\pi,\pi].$$

5.4.5 Fourier 变换和 Fourier 积分

我们知道, 若 f 是定义在 $(-\infty,+\infty)$ 上以 $2T$ 为周期的函数, 且在 $[-T,T]$ 上可积或绝对可积, 则 f 的 Fourier 级数为

$$f(x)\sim\frac{a_0}{2}+\sum_{k=1}^{\infty}\Big(a_k\cos\frac{k\pi}{T}x+b_k\sin\frac{k\pi}{T}x\Big),\tag{5.12}$$

其中 Fourier 系数 a_k, b_k 由 Euler-Fourier 公式

$$a_k=\frac{1}{T}\int_{-T}^{T}f(t)\cos\frac{k\pi}{T}t\,\mathrm{d}t\quad(k=0,1,2,\cdots),$$

$$b_k=\frac{1}{T}\int_{-T}^{T}f(t)\sin\frac{k\pi}{T}t\,\mathrm{d}t\quad(k=1,2,\cdots)$$

所确定.

若 f 是 $(-\infty,+\infty)$ 上绝对可积的一般函数 (可能是非周期函数), 则对任意固定的 $x_0\in(-\infty,+\infty)$, 可以选择 $T>0$ 使得 $T>|x_0|$, 并将 f 在 $[-T,T]$ 上的限制 f_T 作周期为 $2T$ 的延拓. 于是, 利用 f_T 的 Fourier 级数可知, f 在 $[-T,T]$ 上也有形如 (5.12) 的表示. 但是, 对不同的 x_0, 表达式可能不一样. 为了使得 f 在 $(-\infty,+\infty)$ 中有一个统一的表达式, 我们记

$$\omega_0=0,\quad \omega_k=\frac{k\pi}{T},\quad \Delta\omega=\omega_k-\omega_{k-1}=\frac{\pi}{T}\quad(k=1,2,\cdots).$$

相应地, (5.12) 可以改写为

$$\begin{aligned}
f_T(x_0)&\sim\frac{a_0}{2}+\sum_{k=1}^{+\infty}\Big(a_k\cos\omega_k x_0+b_k\sin\omega_k x_0\Big)\\
&=\frac{a_0}{2}+\frac{1}{T}\sum_{k=1}^{+\infty}\int_{-T}^{T}f(t)\big(\cos\omega_k t\cos\omega_k x_0+\sin\omega_k t\sin\omega_k x_0\big)\,\mathrm{d}t\\
&=\frac{a_0}{2}+\frac{1}{T}\sum_{k=1}^{+\infty}\int_{-T}^{T}f(t)\cos\omega_k(x_0-t)\,\mathrm{d}t
\end{aligned}$$

$$= \frac{a_0}{2} + \frac{1}{\pi}\sum_{k=1}^{+\infty}\int_{-T}^{T} f(t)\cos\omega_k(x_0 - t)\,\mathrm{d}t\Delta\omega.$$

由 $\Delta\omega \to 0\ (T \to +\infty)$ 可知, 若进一步记

$$\varphi_T(\omega, x_0) = \frac{1}{\pi}\int_{-T}^{T} f(t)\cos\omega(x_0 - t)\,\mathrm{d}t,$$

则可以形式地得到

$$\begin{aligned} f(x_0) = \lim_{T\to+\infty} f_T(x_0) &\sim \lim_{\Delta\omega\to 0}\frac{1}{\pi}\sum_{k=1}^{+\infty}\int_{-T}^{T} f(t)\cos\omega_k(x_0 - t)\,\mathrm{d}t\Delta\omega \\ &= \lim_{\Delta\omega\to 0}\sum_{k=1}^{+\infty}\varphi_T(\omega_k)\Delta\omega. \end{aligned}$$

上式具有 Riemann 和的极限形式, 但由于

$$\varphi_T(\omega, x_0) \to \varphi(\omega, x_0) = \frac{1}{\pi}\int_{-\infty}^{+\infty} f(t)\cos\omega(x_0 - t)\,\mathrm{d}t \quad (\Delta\omega \to 0),$$

所以它非真正的 Riemann 和的极限. 不过, 若我们忽略这一严密性, 则可以形式地得到

$$f(x_0) \sim \int_0^{+\infty}\varphi(\omega, x_0)\mathrm{d}\omega = \frac{1}{\pi}\int_0^{+\infty}\left(\int_{-\infty}^{+\infty} f(t)\cos\omega(x_0 - t)\,\mathrm{d}t\right)\mathrm{d}\omega. \tag{5.13}$$

上式右端的积分称为 f 的 **Fourier 积分**. 但是, 这一积分是否收敛, 如果收敛, 是否收敛到 f 都还需进一步研究.

类似于 Fourier 级数的部分和, 对函数 f 的 Fourier 积分 (5.13), 我们令

$$S_A(f, x_0) = \frac{1}{\pi}\int_0^{A}\left(\int_{-\infty}^{+\infty} f(t)\cos\omega(x_0 - t)\mathrm{d}t\right)\mathrm{d}\omega.$$

下面的定理表明, $S_A(f, x_0)$ 是有意义的.

定理 5.4.9　若 f 在 $(-\infty, +\infty)$ 上绝对可积, 则

$$\varphi(\omega) = \int_{-\infty}^{+\infty} f(t)\cos\omega t\,\mathrm{d}t$$

在 $(-\infty, +\infty)$ 中一致连续.

证明 不妨设 f 在 $(-\infty,+\infty)$ 上不恒为零. 因为 f 在 $(-\infty,+\infty)$ 上绝对可积, 所以对任意给定的 $\varepsilon>0$, 都存在 $A>0$ 使得

$$\int_{-\infty}^{-A}|f(t)|\,\mathrm{d}t+\int_{A}^{+\infty}|f(t)|\,\mathrm{d}t<\frac{\varepsilon}{4}.$$

又因为 $\cos x$ 在 $(-\infty,+\infty)$ 中一致连续, 所以对上述 $\varepsilon>0$, 存在 $\delta_1>0$, 使得对满足 $|x'-x''|<\delta_1$ 的 x', x'' 都有

$$\left|\cos x'-\cos x''\right|<\frac{1}{2}\left(\int_{-A}^{A}|f(t)|\,\mathrm{d}t\right)^{-1}\varepsilon.$$

显然, 若取 $\delta=\dfrac{\delta_1}{A}$, 则对任意满足 $\left|\omega'-\omega''\right|<\delta$ 的 ω', ω'' 及 $t\in[-A,A]$ 都有

$$\left|\omega' t-\omega'' t\right|<A\delta=\delta_1.$$

这表明

$$\left|\cos\omega' t-\cos\omega'' t\right|<\frac{1}{2}\left(\int_{-A}^{A}|f(t)|\,\mathrm{d}t\right)^{-1}\varepsilon.$$

综上可知

$$\begin{aligned}&\left|\varphi(\omega')-\varphi(\omega'')\right|\\ \leqslant&\int_{-\infty}^{+\infty}|f(t)|\left|\cos\omega' t-\cos\omega'' t\right|\mathrm{d}t\\ \leqslant&\,2\int_{-\infty}^{-A}|f(t)|\,\mathrm{d}t+2\int_{A}^{+\infty}|f(t)|\,\mathrm{d}t+\int_{-A}^{A}|f(t)|\left|\cos\omega' t-\cos\omega'' t\right|\mathrm{d}t\\ <&\,\frac{\varepsilon}{2}+\frac{\varepsilon}{2}=\varepsilon.\end{aligned}$$

故由定义可知, $\varphi(\omega)$ 在 $(-\infty,+\infty)$ 中一致连续. □

为了进一步研究当 $A\to+\infty$ 时 $S_A(f,x_0)$ 的性态, 我们将 $S_A(f,x_0)$ 写为类似于 Fourier 级数中 Dirichlet 积分的形式.

定理 5.4.10 *若 f 在 $(-\infty,+\infty)$ 上绝对可积, 则对任意 $A>0$ 都有*

$$S_A(f,x_0)=\frac{1}{\pi}\int_{0}^{+\infty}\big(f(x_0+t)+f(x_0-t)\big)\frac{\sin At}{t}\,\mathrm{d}t$$

证明 对任意的 $T>0$, 由定理 4.2.4 可知

$$\int_0^A \left(\int_{-T}^T f(t)\cos\omega(x_0-t)\,\mathrm{d}t \right) \mathrm{d}\omega = \int_{-T}^T \left(\int_0^A f(t)\cos\omega(x_0-t)\mathrm{d}\omega \right) \mathrm{d}t. \quad (5.14)$$

因为 f 在 $(-\infty,+\infty)$ 上绝对可积, 所以对任意给定的 $A>0$ 和 $\varepsilon>0$, 必存在 $T_0>0$, 使得对任意的 $T>T_0$ 都有

$$\int_{-\infty}^{-T} |f(t)|\,\mathrm{d}t + \int_T^{+\infty} |f(t)|\,\mathrm{d}t < \frac{\varepsilon}{A}.$$

于是,

$$\begin{aligned}
&\left| \int_0^A \left(\int_{-T}^T f(t)\cos\omega(x_0-t)\,\mathrm{d}t \right) \mathrm{d}\omega - \int_0^A \left(\int_{-\infty}^{+\infty} f(t)\cos\omega(x_0-t)\,\mathrm{d}t \right) \mathrm{d}\omega \right| \\
\leqslant\ & \int_0^A \Big(\int_{-\infty}^{-T} |f(t)|\,\mathrm{d}t + \int_T^{+\infty} |f(t)|\,\mathrm{d}t \Big) \mathrm{d}\omega \\
<\ & A\cdot\frac{\varepsilon}{A} = \varepsilon.
\end{aligned}$$

这就证明了

$$\lim_{T\to+\infty} \int_0^A \left(\int_{-T}^T f(t)\cos\omega(x_0-t)\,\mathrm{d}t \right) \mathrm{d}\omega = \int_0^A \left(\int_{-\infty}^{+\infty} f(t)\cos\omega(x_0-t)\,\mathrm{d}t \right) \mathrm{d}\omega.$$

于是, 在 (5.14) 两端令 $T\to+\infty$ 可得

$$\int_0^A \left(\int_{-\infty}^{+\infty} f(t)\cos\omega(x_0-t)\mathrm{d}t \right) \mathrm{d}\omega = \int_{-\infty}^{+\infty} \left(\int_0^A f(t)\cos\omega(x_0-t)\mathrm{d}\omega \right) \mathrm{d}t.$$

从而, 由 $S_A(f,x_0)$ 的定义可知

$$\begin{aligned}
S_A(f,x_0) &= \frac{1}{\pi}\int_{-\infty}^{+\infty} f(t)\left(\int_0^A \cos\omega(x_0-t)\mathrm{d}\omega \right) \mathrm{d}t \\
&= \frac{1}{\pi}\int_{-\infty}^{+\infty} f(t)\frac{\sin A(x_0-t)}{x_0-t}\,\mathrm{d}t \\
&= \frac{1}{\pi}\int_0^{+\infty} \big(f(x_0+t)+f(x_0-t)\big)\frac{\sin At}{t}\,\mathrm{d}t. \qquad \square
\end{aligned}$$

类似于 Fourier 级数收敛的讨论, 若 f 在点 $x_0\in(-\infty,+\infty)$ 的单侧极限 $f(x_0+0)$ 和 $f(x_0-0)$ 都存在, 则由

$$\int_0^{+\infty} \frac{\sin At}{t}\,\mathrm{d}t = \int_0^{+\infty} \frac{\sin t}{t}\,\mathrm{d}t = \frac{\pi}{2}$$

可知

$$S_A(f,x_0)-\frac{f(x_0+0)+f(x_0-0)}{2}$$
$$=\frac{1}{\pi}\int_0^{+\infty}\big(f(x_0+t)+f(x_0-t)-f(x_0+0)-f(x_0-0)\big)\frac{\sin At}{t}\,\mathrm{d}t.$$

我们将研究当 $A\to+\infty$ 时, 上式收敛于 0 的条件. 事实上, 我们有

引理5.4.3 若 f 在 $(-\infty,+\infty)$ 上绝对可积且在点 x_0 处的单侧极限 $f(x_0+0)$ 和 $f(x_0-0)$ 都存在, 则对任意的 $\delta>0$ 都有

$$\lim_{A\to+\infty}\frac{1}{\pi}\int_0^{+\infty}\big(f(x_0+t)+f(x_0-t)-f(x_0+0)-f(x_0-0)\big)\frac{\sin At}{t}\,\mathrm{d}t$$
$$=\lim_{A\to+\infty}\frac{1}{\pi}\int_0^{\delta}\big(f(x_0+t)+f(x_0-t)-f(x_0+0)-f(x_0-0)\big)\frac{\sin At}{t}\,\mathrm{d}t.$$

证明 因为 f 在 $(-\infty,+\infty)$ 上绝对可积, 所以对任意给定的 $\varepsilon>0$, 都存在 $T_1>1$, 使得对任意的 $T\geqslant T_1$ 都有

$$\left|\int_T^{+\infty}\big(f(x_0+t)+f(x_0-t)\big)\frac{\sin At}{t}\,\mathrm{d}t\right|$$
$$\leqslant\int_T^{+\infty}\big(|f(x_0+t)|+|f(x_0-t)|\big)\,\mathrm{d}t<\frac{\varepsilon}{3}.$$

又因为反常积分 $\displaystyle\int_0^{+\infty}\frac{\sin t}{t}\,\mathrm{d}t$ 收敛, 所以存在 $T_2>0$, 使得对任意的 $T\geqslant T_2$ 都有

$$\left|\int_T^{+\infty}\big(f(x_0+0)+f(x_0-0)\big)\frac{\sin At}{t}\,\mathrm{d}t\right|$$
$$\leqslant\big|f(x_0+0)+f(x_0-0)\big|\left|\int_T^{+\infty}\frac{\sin At}{t}\,\mathrm{d}t\right|<\frac{\varepsilon}{3}.$$

若取 $T_0=\max\{T_1,T_2\}$, 则由 Riemann 引理可知, 存在 $A_0>0$, 使得对任意的 $A>A_0$ 都有

$$\left|\int_\delta^{T_0}\big(f(x_0+t)+f(x_0-t)-f(x_0+0)-f(x_0-0)\big)\frac{\sin At}{t}\,\mathrm{d}t\right|<\frac{\varepsilon}{3}.$$

综上可得

$$
\begin{aligned}
&\left|\int_{\delta}^{+\infty}\left(f(x_0+t)+f(x_0-t)-f(x_0+0)-f(x_0-0)\right)\frac{\sin At}{t}\,\mathrm{d}t\right| \\
\leqslant&\left|\int_{\delta}^{T_0}\left(f(x_0+t)+f(x_0-t)-f(x_0+0)-f(x_0-0)\right)\frac{\sin At}{t}\,\mathrm{d}t\right| \\
&+\left|\int_{T_0}^{+\infty}\left(f(x_0+t)+f(x_0-t)\right)\frac{\sin At}{t}\,\mathrm{d}t\right| \\
&+\left|\int_{T_0}^{+\infty}\left(f(x_0+0)+f(x_0-0)\right)\frac{\sin At}{t}\,\mathrm{d}t\right| \\
<&\frac{\varepsilon}{3}+\frac{\varepsilon}{3}+\frac{\varepsilon}{3}=\varepsilon.
\end{aligned}
$$

这表明

$$
\lim_{A\to+\infty}\frac{1}{\pi}\int_{\delta}^{+\infty}\left(f(x_0+t)+f(x_0-t)-f(x_0+0)-f(x_0-0)\right)\frac{\sin At}{t}\,\mathrm{d}t=0.
$$

从而, 定理的结论成立. □

于是, 根据引理 5.4.3, 我们只需给出使得函数

$$
\left(f(x_0+t)+f(x_0-t)-f(x_0+0)-f(x_0-0)\right)\frac{1}{t}
$$

关于 t 在 $[0,\delta]$ 上绝对可积的条件即可. 由此可以得到与 Fourier 级数中完全相同的判别法及其推论. 例如, 类似于定理 5.4.3, 我们有

定理 5.4.11 (Fourier 积分收敛判别法) 设函数 f 在 $(-\infty,+\infty)$ 上绝对可积. 若 f 满足如下两个条件之一:

(1) (**Dirichlet 判别法**) 存在 $\delta>0$, 使得 f 在 $(x_0-\delta,x_0+\delta)$ 上分段单调有界;

(2) (**Lipschitz 判别法**) f 在点 x_0 处满足指数为 $\alpha\in(0,1]$ 的 Hölder 条件,

则 f 的 Fourier 积分在点 x_0 处收敛于 $\dfrac{f(x_0+0)+f(x_0-0)}{2}$, 即

$$
\frac{1}{\pi}\int_0^{+\infty}\left(\int_{-\infty}^{+\infty}f(t)\cos\omega(x_0-t)\,\mathrm{d}t\right)\mathrm{d}\omega=\frac{f(x_0+0)+f(x_0-0)}{2}.
$$

特别地, 若 f 在 $(-\infty,+\infty)$ 上绝对可积且处处可导, 则

$$
\frac{1}{\pi}\int_0^{+\infty}\left(\int_{-\infty}^{+\infty}f(t)\cos\omega(x-t)\,\mathrm{d}t\right)\mathrm{d}\omega=f(x),\quad x\in(-\infty,+\infty).
$$

为讨论的方便, 我们假设 f 在 $(-\infty,+\infty)$ 上绝对可积, 满足 Fourier 积分收敛判别法的条件, 且对任意的 $x\in(-\infty,+\infty)$ 都有

$$f(x)=\frac{f(x+0)+f(x-0)}{2}.$$

若 f 是偶函数, 则 Fourier 积分 (5.13) 可写为

$$f(x)=\frac{2}{\pi}\int_0^{+\infty}\cos\omega x\left(\int_0^{+\infty}f(t)\cos\omega t\,\mathrm{d}t\right)\mathrm{d}\omega, \tag{5.15}$$

上式右端的积分称为 f 的**余弦公式**; 而若 f 是奇函数, 则 (5.13) 可写为

$$f(x)=\frac{2}{\pi}\int_0^{+\infty}\sin\omega x\left(\int_0^{+\infty}f(t)\sin\omega t\,\mathrm{d}t\right)\mathrm{d}\omega, \tag{5.16}$$

上式右端的积分称为 f 的**正弦公式**.

若 f 只是定义在 $[0,+\infty)$ 上的绝对可积函数, 则对它作偶延拓或奇延拓就可得到公式 (5.15) 或 (5.16).

令

$$g(\omega)=\sqrt{\frac{2}{\pi}}\int_0^{+\infty}f(t)\cos\omega t\,\mathrm{d}t,$$

则 (5.15) 可写为

$$f(x)=\sqrt{\frac{2}{\pi}}\int_0^{+\infty}g(\omega)\cos\omega x\,\mathrm{d}\omega. \tag{5.17}$$

在这两个公式中, f 和 g 以完全相同的形式互相表示. 我们称 g 为 f 的 **Fourier 余弦变换**, (5.17) 为余弦变换的**反变换公式**. 类似地, 称

$$h(\omega)=\sqrt{\frac{2}{\pi}}\int_0^{+\infty}f(t)\sin\omega t\,\mathrm{d}t$$

为 f 的 **Fourier 正弦变换**, 它的反变换公式为

$$f(x)=\sqrt{\frac{2}{\pi}}\int_0^{+\infty}h(\omega)\sin\omega x\,\mathrm{d}\omega.$$

为了给出一般的 Fourier 变换概念, 我们将 Fourier 积分公式

$$f(x)=\frac{1}{\pi}\int_0^{+\infty}\left(\int_{-\infty}^{+\infty}f(t)\cos\omega(x-t)\,\mathrm{d}t\right)\mathrm{d}\omega,\quad x\in(-\infty,+\infty)$$

写为复数形式. 由于

$$\int_{-\infty}^{+\infty} f(t)\cos\omega(x-t)\,\mathrm{d}t$$

是 ω 的偶函数, 所以 Fourier 积分公式可以写成更为对称的形式

$$f(x)=\frac{1}{2\pi}\int_{-\infty}^{+\infty}\left(\int_{-\infty}^{+\infty} f(t)\cos\omega(x-t)\,\mathrm{d}t\right)\mathrm{d}\omega,\quad x\in(-\infty,+\infty).$$

又因为

$$\int_{-\infty}^{+\infty} f(t)\sin\omega(x-t)\,\mathrm{d}t$$

是 ω 的奇函数, 所以

$$\frac{1}{2\pi}\int_{-\infty}^{+\infty}\left(\int_{-\infty}^{+\infty} f(t)\sin\omega(x-t)\,\mathrm{d}t\right)\mathrm{d}\omega=0,\quad x\in(-\infty,+\infty).$$

于是, 由 Euler 公式可得**复数形式的 Fourier 积分公式**:

$$f(x)=\frac{1}{2\pi}\int_{-\infty}^{+\infty}\mathrm{d}\omega\int_{-\infty}^{+\infty} f(t)\mathrm{e}^{\mathrm{i}\omega(x-t)}\mathrm{d}t.$$

从而, 我们可以引入如下定义:

定义 5.4.1　若 f 在 $(-\infty,+\infty)$ 上绝对可积, 则称

$$\widehat{f}(\omega)=\frac{1}{\sqrt{2\pi}}\int_{-\infty}^{+\infty} f(t)\mathrm{e}^{-\mathrm{i}\omega t}\,\mathrm{d}t \tag{5.18}$$

为 f 的 **Fourier 变换**; 若 g 在 $(-\infty,+\infty)$ 上绝对可积, 则称

$$f(x)=\frac{1}{\sqrt{2\pi}}\int_{-\infty}^{+\infty} g(\omega)\mathrm{e}^{\mathrm{i}\omega x}\,\mathrm{d}\omega \tag{5.19}$$

为 g 的 **Fourier 逆变换**.

Fourier 变换在信息传输、频谱分析、图像处理、数据压缩等领域都有重要应用.

例 5.4.4　设 $h\in\mathbb{R}$, $\delta>0$. 求孤立矩形波

$$f(t)=\begin{cases} h, & |t|\leqslant\delta,\\ 0, & |t|>\delta\end{cases}$$

的 Fourier 变换 $\widehat{f}(\omega)$.

解 当 $\omega \neq 0$ 时

$$\widehat{f}(\omega)=\int_{-\infty}^{+\infty} f(x)\mathrm{e}^{-\mathrm{i}\omega t}\mathrm{d}t = h\int_{-\delta}^{\delta} \mathrm{e}^{-\mathrm{i}\omega t}\mathrm{d}t = h\frac{\mathrm{e}^{-\mathrm{i}\omega t}}{-\mathrm{i}\omega}\Big|_{t=-\delta}^{\delta} = \frac{2h}{\omega}\sin(\omega\delta).$$

当 $\omega = 0$ 时,

$$\widehat{f}(0)=\int_{-\infty}^{+\infty} f(t)\mathrm{d}t = h\int_{-\delta}^{\delta}\mathrm{d}t = 2h\delta.$$ □

例 5.4.5 设 $a>0$, $f(t)=\mathrm{e}^{-a|t|}$. 求 $\widehat{f}$.

解 由 Fourier 变换的定义可知

$$\begin{aligned}\widehat{f}(\omega) &= \int_{-\infty}^{+\infty} f(t)\mathrm{e}^{-\mathrm{i}\omega t}\mathrm{d}t\\ &= \int_{-\infty}^{0}\mathrm{e}^{(a-\omega\mathrm{i})t}\mathrm{d}t + \int_{0}^{+\infty}\mathrm{e}^{(-a-\omega\mathrm{i})t}\mathrm{d}t\\ &= \frac{1}{a-\omega\mathrm{i}} - \frac{1}{-a-\omega\mathrm{i}}\\ &= \frac{2a}{a^2+\omega^2}.\end{aligned}$$ □

利用 Fourier 变换的定义, 很容易证明如下几个基本性质:

定理 5.4.12 (1) (线性性质) 设 c_1, c_2 是常数. 若 f, g 的 Fourier 变换存在, 则

$$\widehat{c_1 f + c_2 g} = c_1\widehat{f} + c_2\widehat{g};$$

(2) (位移性质) 若函数 f 的 Fourier 变换存在, 则

$$\widehat{f(t\pm t_0)}(\omega) = \widehat{f}(\omega)\mathrm{e}^{\pm\mathrm{i}\omega t_0};$$

(3) (伸缩性质) 若函数 f 的 Fourier 变换存在, 则

$$\widehat{f(at)}(\omega) = \frac{1}{|a|}\widehat{f}\Big(\frac{\omega}{a}\Big).$$

利用 Fourier 变换的定义及分部积分很容易证明如下定理, 它把分析运算变为代数运算, 使得问题得以简化.

定理 5.4.13 (微分性质) 设 f 在 $(-\infty,+\infty)$ 上连续可导, 且 f 与 f' 都在 $(-\infty,+\infty)$ 上绝对可积. 若 $\lim\limits_{t\to\infty} f(t)=0$, 则

$$\widehat{f'(t)}(\omega) = \mathrm{i}\omega\widehat{f}(\omega).$$

一般地, 若 $\lim\limits_{t\to\infty} f^{(k)}(t)=0\ (k=0,1,\cdots,n-1)$, 则

$$\widehat{f^{(n)}(t)}(\omega)=(\mathrm{i}\omega)^n\widehat{f}(\omega).$$

Fourier 变换的另一个重要性质就是将函数的卷积运算转化为乘法运算.

定义 5.4.2 (卷积)　若对任意的 $t\in(-\infty,+\infty)$, 积分

$$(f*g)(t)=\frac{1}{\sqrt{2\pi}}\int_{-\infty}^{+\infty}f(t-\tau)g(\tau)\mathrm{d}\tau$$

都存在, 则称 $f*g$ 为 f 与 g 的卷积.

定理 5.4.14 (卷积性质)　若函数 f 与 g 都在 $(-\infty,+\infty)$ 上绝对可积, 则

$$\widehat{f*g}(\omega)=\widehat{f}(\omega)\widehat{g}(\omega).$$

证明　这一结论的严格证明需要进一步的积分理论. 我们仅在积分可以换序的假设下给出证明. 事实上, 此时, 根据 Fourier 变换和卷积的定义, 我们有

$$\begin{aligned}\widehat{f*g}(\omega)&=\frac{1}{2\pi}\int_{-\infty}^{+\infty}\mathrm{e}^{-\mathrm{i}\omega t}\left(\int_{-\infty}^{+\infty}f(t-\tau)g(\tau)\mathrm{d}\tau\right)\mathrm{d}t\\&=\frac{1}{2\pi}\int_{-\infty}^{+\infty}g(\tau)\left(\int_{-\infty}^{+\infty}f(t-\tau)\mathrm{e}^{-\mathrm{i}\omega t}\,\mathrm{d}t\right)\mathrm{d}\tau\\&=\frac{1}{2\pi}\int_{-\infty}^{+\infty}g(\tau)\mathrm{e}^{-\mathrm{i}\omega\tau}\left(\int_{-\infty}^{+\infty}f(t-\tau)\mathrm{e}^{-\mathrm{i}\omega(t-\tau)}\,\mathrm{d}t\right)\mathrm{d}\tau\\&=\widehat{f}(\omega)\widehat{g}(\omega).\end{aligned}$$

□

在通信理论中, 称一个函数的 Fourier 变换为其频谱. 对于平移不变的线性系统, 输入 g 与输出 h 可用卷积运算来描述:

$$h(t)=\frac{1}{\sqrt{2\pi}}\int_{-\infty}^{+\infty}f(t-\tau)g(\tau)\mathrm{d}\tau=(f*g)(t),$$

其中 f 是由系统确定的函数. 由定理 5.4.14 可知, 输入 g 与输出 h 的 Fourier 变换 $\widehat{g}$ 与 $\widehat{h}$ 满足关系式

$$\widehat{h}(\omega)=\widehat{f}(\omega)\widehat{g}(\omega).$$

这表明, 对平移不变的线性系统, 研究其输入与输出的频谱之间的关系比直接研究输入与输出之间的关系更为简单方便. 这就是所谓的频谱分析方法, 也是常常在频率域上考虑问题的原因.

例 5.4.6 设 $a>0$ 为常数, f 为 $(-\infty,+\infty)$ 上的绝对可积函数. 求解微分方程

$$y''(t)-a^2y(t)+2af(t)=0.$$

解 对方程式两边作 Fourier 变换并利用 Fourier 变换的微分性质可得

$$(\mathrm{i}\omega)^2\widehat{y}(\omega)-a^2\widehat{y}(\omega)+2a\widehat{f}(\omega)=0.$$

故

$$\widehat{y}(\omega)=\frac{2a}{a^2+\omega^2}\widehat{f}(\omega).$$

从而, 由 $\widehat{\mathrm{e}^{-a|\cdot|}}(\omega)=\dfrac{2a}{a^2+\omega^2}$ 及卷积性质可知

$$y(t)=\mathrm{e}^{-a|\cdot|}*f(t)=\int_{-\infty}^{+\infty}\mathrm{e}^{-a|t-\tau|}f(\tau)\mathrm{d}\tau.$$ □

最后, 我们将 Fourier 变换与 Fourier 级数作一个类比. 根据 Euler 公式, 我们可以将 f 的 Fourier 级数

$$f(x)\sim\frac{a_0}{2}+\sum_{k=1}^{\infty}(a_k\cos kx+b_k\sin kx)$$

写成复数形式:

$$f(x)\sim\frac{a_0}{2}+\sum_{k=1}^{\infty}\left(\frac{a_k-\mathrm{i}b_k}{2}\mathrm{e}^{\mathrm{i}kx}+\frac{a_k+\mathrm{i}b_k}{2}\mathrm{e}^{-\mathrm{i}kx}\right)=\sum_{k=-\infty}^{+\infty}c_k\mathrm{e}^{\mathrm{i}kx},$$

其中,

$$c_0=\frac{a_0}{2},\quad c_k=\frac{a_k-\mathrm{i}b_k}{2}=\frac{1}{2\pi}\int_{-\pi}^{\pi}f(t)\mathrm{e}^{-\mathrm{i}kt}\mathrm{d}t,$$

$$c_{-k}=\frac{a_k+\mathrm{i}b_k}{2}=\overline{c_k}\quad(k=1,2,\cdots).$$

因此, 若记

$$\widehat{f}(k)=\frac{1}{2\pi}\int_{-\pi}^{\pi}f(t)\mathrm{e}^{-\mathrm{i}kt}\mathrm{d}t=c_k\quad(k=0,\pm1,\pm2,\cdots),\tag{5.20}$$

则当 f 满足收敛判别法的条件时, 有

$$f(x)=\sum_{k=-\infty}^{+\infty}\widehat{f}(k)\mathrm{e}^{\mathrm{i}kx}.\tag{5.21}$$

于是, 比较 Fourier 变换 (5.18) 和 Fourier 逆变换公式 (5.19), Fourier 系数公式 (5.20) 和 Fourier 展开式 (5.21) 可看成是**离散的 Fourier 变换**和**离散的 Fourier 逆变换**.

习 题 5

1. (比较判别法的极限形式) 设 $\sum\limits_{n=1}^{\infty} a_n$ 与 $\sum\limits_{n=1}^{\infty} b_n$ 是两个正项级数且 $\lim\limits_{n\to\infty}\dfrac{a_n}{b_n}=l$. 证明:

(1) 若 $0\leqslant l<+\infty$, 则当 $\sum\limits_{n=1}^{\infty} b_n$ 收敛时, $\sum\limits_{n=1}^{\infty} a_n$ 也收敛;

(2) 若 $0<l\leqslant+\infty$, 则当 $\sum\limits_{n=1}^{\infty} b_n$ 发散时, $\sum\limits_{n=1}^{\infty} a_n$ 也发散.

2. 设 $a_n>0$, $S_n=\sum\limits_{k=1}^{n} a_k\ (n=1,2,\cdots)$. 证明: 当 $p>1$ 时, 级数 $\sum\limits_{n=1}^{\infty}\dfrac{a_n}{S_n^p}$ 收敛.

3. 证明: 级数 $\sum\limits_{n=1}^{\infty}\left(\dfrac{1+\cos n}{2+\cos n}\right)^{2n-\ln n}$ 收敛.

4. (比值判别法的推广) 设 $a_n>0\ (n=1,2,\cdots)$, $k_0\in\mathbb{N}$, $\lim\limits_{n\to\infty}\dfrac{a_{n+k_0}}{a_n}=r$. 证明: 当 $r<1$ 时, 级数 $\sum\limits_{n=1}^{\infty} a_n$ 收敛; 当 $r>1$ 时, 级数 $\sum\limits_{n=1}^{\infty} a_n$ 发散.

5. 设 $\alpha,\beta,\delta>0$. 讨论级数 $\sum\limits_{n=1}^{\infty}\dfrac{\alpha(\alpha+\delta)\cdots(\alpha+n\delta)}{\beta(\beta+\delta)\cdots(\beta+n\delta)}$ 的敛散性.

6. (Gauss 判别法) 设 $a_n>0\,(n=1,2,\cdots)$ 且 $\dfrac{a_n}{a_{n+1}}=1+\dfrac{r}{n}+o\left(\dfrac{1}{n\ln n}\right)\ (n\to\infty)$. 证明: (1) 当 $r>1$ 时, 级数 $\sum\limits_{n=1}^{\infty} a_n$ 收敛; (2) 当 $r\leqslant 1$ 时, 级数 $\sum\limits_{n=1}^{\infty} a_n$ 发散.

7. 设 $a>0$. 讨论级数 $\sum\limits_{n=2}^{\infty}(2-\sqrt{a})(2-\sqrt[3]{a})\cdots(2-\sqrt[n]{a})$ 的敛散性.

8. 设正数列 $\{a_n\}$ 单调增加. 证明: 若级数 $\sum\limits_{n=1}^{\infty}\left(1-\dfrac{a_n}{a_{n+1}}\right)$ 发散, 则 $\lim\limits_{n\to\infty} a_n=+\infty$.

9. 证明: 级数 $\sum\limits_{n=2}^{\infty}\dfrac{(-1)^n}{\sqrt{n}+(-1)^n}$ 发散.

10. 设数项级数 $\sum\limits_{n=1}^{\infty} a_n$ 发散. 证明: 级数 $\sum\limits_{n=1}^{\infty}\left(1+\dfrac{1}{n}\right)a_n$ 也发散.

11. 证明: 级数 $\sum\limits_{n=1}^{\infty}(-1)^n\dfrac{\sin^2 n}{n}$ 条件收敛.

12. 设正值函数 f 是在 $(-\infty,+\infty)$ 上且存在 $m\in(0,1)$ 使得 $\left|f'(x)\right|\leqslant mf(x)$. 任意取定 a_1, 定义 $a_{n+1}=\ln f(a_n)\ (n=1,2,\cdots)$. 证明: 级数 $\sum\limits_{n=1}^{+\infty}\left(a_{n+1}-a_n\right)$ 绝对收敛.

13. 证明定理 5.1.10.

14. 利用

$$1+\frac{1}{2}+\frac{1}{3}+\cdots+\frac{1}{n}-\ln n\to\gamma\quad(n\to\infty),$$

其中 γ 是 Euler 常数, 求下列级数的和:

$$1+\frac{1}{3}-\frac{1}{2}+\frac{1}{5}+\frac{1}{7}-\frac{1}{4}+\frac{1}{9}+\frac{1}{11}-\frac{1}{6}+\cdots.$$

15. 若两个正项级数 $\sum\limits_{n=1}^{\infty}a_n$ 与 $\sum\limits_{n=1}^{\infty}b_n$ 中有一个发散, 则它们的 Cauchy 乘积 $\sum\limits_{n=1}^{\infty}c_n$ 必发散, 其中 $c_n=\sum\limits_{k+l=n+1}a_kb_l$.

16. 证明定理 5.2.1.

17. 判断函数列 $\left\{\sqrt{x^2+\dfrac{1}{n^2}}\right\}$ 在区间 $(-\infty,+\infty)$ 上的一致收敛性.

18. 求参数 α 的取值范围, 使得函数列 $\left\{\dfrac{n^\alpha x}{\mathrm{e}^{nx}}\right\}$ 在区间 $[0,1]$ 上一致收敛.

19. 求极限 $\lim\limits_{n\to\infty}\displaystyle\int_0^1\frac{\mathrm{d}x}{1+\left(1+\dfrac{x}{n}\right)^n}$.

20. 设对任意的 $[a,b]$ 都有 $f_n\in R\big([a,b]\big)\ (n=1,2,\cdots)$, 且函数列 $\{f_n(x)\}$ 在 $[a,b]$ 上一致收敛于 $f(x)$. 证明: 若 $\left|f_n(x)\right|\leqslant F(x)\ (n=1,2,\cdots,x\in(-\infty,+\infty))$, 且反常积分 $\displaystyle\int_{-\infty}^{+\infty}F(x)\mathrm{d}x$ 收敛, 则

$$\lim_{n\to\infty}\int_{-\infty}^{+\infty}f_n(x)\mathrm{d}x=\int_{-\infty}^{+\infty}f(x)\mathrm{d}x=\int_{-\infty}^{+\infty}\lim_{n\to\infty}f_n(x)\mathrm{d}x.$$

21. 举例说明: 存在函数列 $\{f_n(x)\}$ 满足: $f_n\in C^1\big([0,+\infty)\big)$, $f_n(0)=0\ (n=1,2,\cdots)$, 且 $\lim\limits_{n\to\infty}f_n'(x)\equiv0\ (x\in[0,+\infty))$, 但 $\lim\limits_{n\to\infty}f_n(x)\neq0\ (x\in(0,+\infty))$.

22. 设 $f \in C([0,1])$. 证明函数列 $\{x^n f(x)\}$ 在 $[0,1]$ 上一致收敛的充分必要条件是: $f(1)=0$.

23. 设对每个 $n \in \mathbb{N}$, $u_n(x)$ 都是区间 $[a,b]$ 上的单调函数. 证明: 若数项级数 $\sum\limits_{n=1}^{\infty} u_n(a)$ 与 $\sum\limits_{n=1}^{\infty} u_n(b)$ 都绝对收敛, 则 $\sum\limits_{n=1}^{\infty} u_n(x)$ 在 $[a,b]$ 上绝对并一致收敛.

24. 证明: 函数项级数 $\sum\limits_{n=2}^{\infty} \ln\left(1+\dfrac{x}{n\ln^2 n}\right)$ 在 $[-a,a]$ 上一致收敛, 其中 $a \in \left(0, 2\ln^2 2\right)$.

25. 证明: 函数项级数 $\sum\limits_{n=2}^{\infty} \dfrac{\cos nx}{n\ln n}$ 在 $(0,\pi]$ 中不一致收敛.

26. 设函数列 $\{u_n(x)\}$ 定义在 $[a,b]$ 上, 且 $u_n(x)$ 在点 $x=b$ 处左连续 $(n=1,2,\cdots)$. 证明: 若数项级数 $\sum\limits_{n=1}^{\infty} u_n(b)$ 发散, 则对任意的 $c \in (a,b)$, 函数项级数 $\sum\limits_{n=1}^{\infty} u_n(x)$ 在 (c,b) 上都不一致收敛.

27. 证明下列函数项级数在指定区间上一致收敛:

(1) $\sum\limits_{n=1}^{\infty} \dfrac{x\sin nx}{\sqrt{1+n^2(1+nx^2)}}$ $(x \in (-\infty,+\infty))$;

(2) $\sum\limits_{n=1}^{\infty} \dfrac{(-1)^n}{\mathrm{e}^{nx}\sqrt{n+x^2}}$ $(x \in [0,+\infty))$;

(3) $\sum\limits_{n=1}^{\infty} \dfrac{(-1)^n}{\sqrt{n}} \sin\left(1+\dfrac{x}{n}\right)$ $(x \in [a,b])$.

28. 设 $u_n \in C^1\big([a,b]\big)$ $(n=1,2,\cdots)$. 证明: 若数项级数 $\sum\limits_{n=1}^{\infty} u_n(a)$ 收敛, 且函数项级数 $\sum\limits_{n=1}^{\infty} u_n'(x)$ 在 $[a,b]$ 上一致收敛, 则 $\sum\limits_{n=1}^{\infty} u_n(x)$ 在 $[a,b]$ 上一致收敛.

29. 设 $S(x)=\sum\limits_{n=1}^{\infty} \dfrac{1}{2^n}\tan\dfrac{x}{2^n}$. 证明: $S(x)$ 在 $\left[0,\dfrac{\pi}{2}\right]$ 上连续, 并求 $\displaystyle\int_{\frac{\pi}{6}}^{\frac{\pi}{2}} S(x)\mathrm{d}x$.

30. 证明: 函数 $S(x)=\sum\limits_{n=1}^{\infty} \dfrac{n}{\mathrm{e}^{nx}}$ 在 $(0,+\infty)$ 上连续, 且有各阶连续的导数.

31. 设 $f_n(n=1,2,\cdots)$ 在 $[a,b]$ 上有原函数, 且函数列 $\{f_n(x)\}$ 在 $[a,b]$ 上一致收敛于 $f(x)$. 证明: f 在 $[a,b]$ 上有原函数.

32. (Dini 定理) 设 $u_n \in C([a,b])\,(n=1,2,\cdots)$, 对任意的 $x \in [a,b]$, 数项级数 $\sum\limits_{n=1}^{\infty} u_n(x)$ 是正项级数或负项级数, 且函数项级数 $\sum\limits_{n=1}^{\infty} u_n(x)$ 在闭区间 $[a,b]$

上点态收敛于 $S(x)$. 证明: 若 $S \in C([a,b])$, 则 $\sum\limits_{n=1}^{\infty} u_n(x)$ 在 $[a,b]$ 上一致收敛于 $S(x)$.

33. 设正项级数 $\sum\limits_{n=1}^{\infty} a_n$ 发散, $A_n = \sum\limits_{k=1}^{n} a_k$, 且 $\lim\limits_{n\to\infty} \dfrac{a_n}{A_n} = 0$. 求幂级数 $\sum\limits_{n=1}^{\infty} a_n x^n$ 的收敛半径.

34. 证明: 若 $\sum\limits_{n=1}^{\infty} a_n$, $\sum\limits_{n=1}^{\infty} b_n$ 及其 Cauchy 乘积 $\sum\limits_{n=1}^{\infty} c_n$ 都收敛, 且和分别为 A, B, C, 则 $C = AB$.

35. 设幂级数 $\sum\limits_{n=0}^{\infty} a_n x^n$ 的收敛半径为 1, 极限 $\lim\limits_{x\to 1-} \sum\limits_{n=0}^{\infty} a_n x^n$ 存在且 $a_n \geqslant 0$ $(n = 1, 2, \cdots)$. 证明:

$$\sum_{n=0}^{\infty} a_n = \lim_{x\to 1-} \sum_{n=0}^{\infty} a_n x^n.$$

36. 利用函数的幂级数展开求定积分 $\displaystyle\int_0^1 \frac{\ln x}{1-x^2}\mathrm{d}x$.

37. 设 $f \in C\big([a,b]\big)$. 证明: 若 $\displaystyle\int_a^b x^n f(x)\mathrm{d}x = 0$ $(n = 0, 1, 2, \cdots)$, 则 $f(x) \equiv 0$ $(x \in [a,b])$.

38. 设 f 是以 2π 为周期的函数且满足 $\alpha \in (0,1]$ 阶 Hölder 条件. 证明: f 的 Fourier 系数 a_0, a_1, b_1, a_2, b_2, $\cdots$ 满足

$$a_k = O\left(\frac{1}{k^\alpha}\right), \quad b_k = O\left(\frac{1}{k^\alpha}\right).$$

39. 求

$$f(x) = \begin{cases} 1, & x \in [-\pi, 0), \\ 0, & x \in [0, \pi) \end{cases}$$

的 Fourier 级数, 并由此求数项级数 $\sum\limits_{k=1}^{\infty} \dfrac{1}{(2k-1)^2}$ 的值.

40. 设 $\alpha \in (0,1)$. 求函数 $f(x) = \cos \alpha x$ $(x \in [-\pi, \pi])$ 的 Fourier 级数, 并求该 Fourier 级数的和函数.

41. 求函数 $f(x) = \dfrac{x^2}{2} - \pi x$ $(x \in [0, 2\pi])$ 的 Fourier 级数, 并求该 Fourier 级数的和函数.

42. 设 $f, g \in R\big([-\pi, \pi]\big)$, a_0, a_1, b_1, a_2, b_2, $\cdots$ 和 α_0, α_1, β_1, α_2, β_2, $\cdots$ 分别表示 f 和 g 的 Fourier 系数. 证明:

$$\frac{1}{\pi}\int_{-\pi}^{\pi} f(x)g(x)\mathrm{d}x = \frac{a_0\alpha_0}{2} + \sum_{k=1}^{\infty}\left(a_k\alpha_k + b_k\beta_k\right).$$

43. 设 $f \in C\big((-\infty,+\infty)\big)$ 且以 2π 为周期. 证明: 若 f 的 Fourier 级数处处收敛, 则该 Fourier 级数处处收敛于 f.

44. 求 $f(t)=\mathrm{e}^{-t}\sin t$ $(t\in[0,+\infty))$ 的余弦变换.

45. 求 $f(t)=\mathrm{e}^{-at^2}$ $(a>0)$ 的 Fourier 变换.

46. (卷积的对称性) 若函数 f 和 g 都在 $(-\infty,+\infty)$ 上绝对可积, 则 $f*g=g*f$.

47. 设

$$f_1(t)=\begin{cases}\mathrm{e}^{-t}, & t\geqslant 0,\\ 0, & t<0,\end{cases}\qquad f_2(t)=\begin{cases}\sin t, & 0\leqslant t\leqslant \dfrac{\pi}{2},\\ 0, & \text{其他}.\end{cases}$$

求 f_1*f_2.

48.* 设函数 f 在 $(-\infty,+\infty)$ 上无穷次可微, $f\left(\dfrac{1}{2^n}\right)=0$ $(n=1,2,\cdots)$, 且存在 $M>0$, 使得

$$\left|f^{(k)}(x)\right|\leqslant M,\quad x\in(-\infty,+\infty),\quad k=1,2,\cdots.$$

证明: $f(x)\equiv 0$ $(x\in(-\infty,+\infty))$.

49.* 设函数 f 在 $[0,+\infty)$ 上一致连续, 且对任意固定的 $x\in[0,1]$ 都有 $\lim\limits_{n\to\infty} f(x+n)=0$. 证明: 函数列 $\{f(x+n)\}$ 在 $[0,1]$ 上一致收敛于 0.

50.* 设函数列 $\{f_n(x)\}$ 在 $[a,b]$ 上无穷次可微且逐点收敛, 并存在 $M>0$ 使得 $\left|f_n'(x)\right|\leqslant M$ $(n=1,2,\cdots,x\in[a,b])$.

(1) 证明: $\{f_n(x)\}$ 在 $[a,b]$ 上一致收敛;

(2) 记 $f(x)=\lim\limits_{n\to\infty} f_n(x)$ $(x\in[a,b])$. 试问 $f(x)$ 是否一定在 $[a,b]$ 上处处可导, 为什么?

51.* 证明: 对任意给定的 $\alpha\in\mathbb{R}$, 存在取值于 $\{-1,1\}$ 的数列 $\{a_n\}$ 使得

$$\lim_{n\to\infty}\left(\sum_{k=1}^{n}\sqrt{n+a_k}-n^{\frac{3}{2}}\right)=\alpha.$$

52. (研究型问题) 试研究可列个数 $p_1, p_2, \cdots, p_n, \cdots$ 的乘积 (称为“无穷乘积”), 并考虑其与无穷级数的关系.

第 6 章　常微分方程

在微积分形成之初即已出现有关常微分方程的研究. 早期的研究主要是对具体的常微分方程求出由初等函数或超越函数表示的解, 即求方程的通解. 1841 年, Liouville 证明了 Riccati 方程不存在一般的初等解, 使得求通解的热潮迅速降温. 随后, 由于 Cauchy 初值问题的提出, 常微分方程的主要研究内容转向了证明初值、边值问题解的存在性、唯一性等解的性质等. 19 世纪末, 天体力学中太阳系的稳定性问题使常微分方程的研究进一步从求定解问题转向解的稳定性等定性理论新时代.

6.1　解的存在与延拓、比较定理

在微积分课程的学习中, 我们已经研究了一阶常微分方程的初等积分法. 但是, 我们也知道, 许多常微分方程并不能用初等积分法求解, 例如形式上非常简单的 **Riccati 方程** $y'(t) = t^2 + y^2$. 这就产生如下基本问题, 如何判断一个常微分方程是否有解, 以及如何确定解的定义域等?

6.1.1　解的存在和唯一性定理

Cauchy 在 19 世纪 20 年代首次成功地建立了微分方程初值问题解的存在和唯一性定理. 随后 Lipschitz 在 1876 年减弱了 Cauchy 的条件. 而 Picard 在 1893 年用逐次迭代法在 Lipschitz 条件下对定理给出了一个新证明. 这一定理及其证明为常微分方程解的定性和定量研究都提供了便利.

定理 6.1.1 (Picard 存在唯一性定理)　*设函数 $f(t,y)$ 在矩形区域 $D = \big[t_0 - a, t_0 + a\big] \times \big[y_0 - b, y_0 + b\big]$ 上连续且对 y 满足* **Lipschitz 条件**, *即存在常数 (Lipschitz 系数) $L > 0$ 使得*

$$\big|f(t,y_1) - f(t,y_2)\big| \leqslant L|y_1 - y_2| \tag{6.1}$$

在 D 上成立, 则初值问题

$$\begin{cases} y'(t) = f(t,y), \\ y(t_0) = y_0 \end{cases} \tag{6.2}$$

在区间 $\big[t_0 - h, t_0 + h\big]$ 上存在唯一的解, 其中 $h = \min\left\{a, \dfrac{b}{M}\right\}$, $M = \max\limits_{(t,y)\in D}\big|f(t,y)\big|$.

证明　我们的证明主要基于函数项级数的基本理论. 为了使得思路清晰, 我们将证明分为四步.

第 1 步　证明 $y=y(t)$ 是初值问题 (6.2) 在 $[t_0-h,t_0+h]$ 上的解等价于 $y=y(t)$ 是积分方程

$$y(t)=y_0+\int_{t_0}^{t} f\big(\tau,y(\tau)\big)\mathrm{d}\tau \tag{6.3}$$

在 $[t_0-h,t_0+h]$ 上的连续解.

事实上, 若 $y=y(t)$ 是初值问题 (6.2) 在 $[t_0-h,t_0+h]$ 上的解, 则

$$y(t)-y_0=y(t)-y(t_0)=\int_{t_0}^{t} f\big(\tau,y(\tau)\big)\mathrm{d}\tau,\quad t\in\big[t_0-h,t_0+h\big].$$

故 $y=y(t)$ 连续且为积分方程 (6.3) 在 $[t_0-h,t_0+h]$ 上的解.

反之, 若 $y=y(t)$ 是积分方程 (6.3) 在 $[t_0-h,t_0+h]$ 上的连续解, 则显然有 $y(t_0)=y_0$ 且由变上限积分求导公式可知

$$y'(t)=f\big(t,y(t)\big),\quad t\in\big[t_0-h,t_0+h\big].$$

故 $y=y(t)$ 是初值问题 (6.2) 在 $[t_0-h,t_0+h]$ 上的解.

第 2 步　用逐次迭代法构造 Picard 序列 $\big\{y_n(t)\big\}$: 设 $y_0(t)=y_0$, 而对 $n=0,1,2,\cdots$, 令

$$y_{n+1}(t)=y_0+\int_{t_0}^{t} f\big(\tau,y_n(\tau)\big)\mathrm{d}\tau,\quad t\in\big[t_0-h,t_0+h\big]. \tag{6.4}$$

利用数学归纳法容易证明, $y_n(t)$ 是 $[t_0-h,t_0+h]$ 上的连续可微函数且满足

$$\big|y_n(t)-y_0\big|\leqslant M|t-t_0|,\quad n=0,1,2,\cdots.$$

第 3 步　证明 Picard 序列 $\big\{y_n(t)\big\}$ 在区间 $[t_0-h,t_0+h]$ 上一致收敛到积分方程 (6.3) 的解. 首先注意到, 根据级数理论, $\big\{y_n(t)\big\}$ 在 $[t_0-h,t_0+h]$ 上一致收敛等价于函数项级数

$$\sum_{n=0}^{\infty}\big(y_{n+1}(t)-y_n(t)\big) \tag{6.5}$$

在 $[t_0-h,t_0+h]$ 上一致收敛. 由数学归纳法及假设 (6.1) 容易证明

$$\big|y_{n+1}(t)-y_n(t)\big|\leqslant\frac{M}{L}\frac{\big(L|t-t_0|\big)^{n+1}}{(n+1)!},\quad t\in\big[t_0-h,t_0+h\big],\quad n=0,1,2,\cdots.$$

从而,

$$\left|y_{n+1}(t)-y_n(t)\right| \leqslant \frac{M}{L}\frac{\left(Lh\right)^{n+1}}{(n+1)!}, \quad t\in\left[t_0-h,t_0+h\right], \quad n=0,1,2,\cdots.$$

由 Weierstrass 判别法可知函数项级数 (6.5) 在 $[t_0-h,t_0+h]$ 上绝对且一致收敛. 若设 $\{y_n(t)\}$ 在 $[t_0-h,t_0+h]$ 上一致收敛于 $y(t)$, 则由连续性定理可知, $y(t)$ 在区间 $[t_0-h,t_0+h]$ 上连续. 进而, 函数 $f(t,y)$ 在矩形区域 $[t_0-h,t_0+h]\times[y_0-Mh,y_0+Mh]$ 上连续. 于是, 在 (6.4) 两端令 $n\to\infty$ 可得

$$y(t)=y_0+\int_{t_0}^{t} f\big(\tau,y(\tau)\big)\mathrm{d}\tau, \quad t\in\left[t_0-h,t_0+h\right]. \tag{6.6}$$

这表明 $y=y(t)$ 是积分方程 (6.3) 在 $[t_0-h,t_0+h]$ 上的连续解.

第 4 步 证明唯一性. 假设积分方程 (6.3) 在区间 $[t_0-h,t_0+h]$ 上有两个解 $y=\widetilde{y}(t)$ 与 $y=\widehat{y}(t)$, 则

$$\widetilde{y}(t)-\widehat{y}(t)=\int_{t_0}^{t}\Big(f\big(\tau,\widetilde{y}(\tau)\big)-f\big(\tau,\widehat{y}(\tau)\big)\Big)\mathrm{d}\tau, \quad t\in\left[t_0-h,t_0+h\right].$$

从而, 由假设 (6.1) 可知

$$\left|\widetilde{y}(t)-\widehat{y}(t)\right| \leqslant L\left|\int_{t_0}^{t}\left|\widetilde{y}(\tau)-\widehat{y}(\tau)\right|\mathrm{d}\tau\right|, \quad t\in\left[t_0-h,t_0+h\right]. \tag{6.7}$$

设 $K=\max\limits_{t\in[t_0-h,\,t_0+h]}\left|\widetilde{y}(t)-\widehat{y}(t)\right|$, 则

$$\left|\widetilde{y}(t)-\widehat{y}(t)\right| \leqslant KL|t-t_0|, \quad t\in\left[t_0-h,t_0+h\right].$$

将其代入 (6.7) 右端可得

$$\begin{aligned}\left|\widetilde{y}(t)-\widehat{y}(t)\right| &\leqslant KL^2\left|\int_{t_0}^{t}(\tau-t_0)\mathrm{d}\tau\right| \\ &= K\frac{\big(L|t-t_0|\big)^2}{2}, \quad t\in\left[t_0-h,t_0+h\right].\end{aligned}$$

如此递推, 由数学归纳法可知

$$\left|\widetilde{y}(t)-\widehat{y}(t)\right| \leqslant K\frac{\big(L|t-t_0|\big)^n}{n!}, \quad t\in\left[t_0-h,t_0+h\right], \quad n=1,2,\cdots.$$

在上式中令 $n\to\infty$, 可得 $\widetilde{y}(t)-\widehat{y}(t)=0$, 即在 $[t_0-h,t_0+h]$ 上 $\widetilde{y}(t)\equiv\widehat{y}(t)$. 这就证明了积分方程 (6.3) 解的唯一性. □

有时候验证 Lipschitz 条件 (6.1) 并不方便, 此时可以考察 f 关于 y 在 D 上的偏导数的存在性与连续性.

推论 6.1.1　若 $f(t,y)$ 在矩形区域 $D=\big[t_0-a,t_0+a\big]\times\big[y_0-b,y_0+b\big]$ 上连续且关于 y 存在连续的偏导数, 则初值问题 (6.2) 在区间 $\big[t_0-h,t_0+h\big]$ 上存在唯一的解, 其中 $h=\min\left\{a,\dfrac{b}{M}\right\}$, $M=\max\limits_{(t,y)\in D}\big|f(t,y)\big|$.

注记 6.1.1　若 $t_0\in[\alpha,\beta]$, 则对任意的 $P,Q\in C([\alpha,\beta])$, 线性方程的初值问题

$$\begin{cases}y'(t)=P(t)y+Q(t),\\ y(t_0)=y_0\end{cases}$$

在区间 $[\alpha,\beta]$ 上都存在唯一的解.

注记 6.1.2　Picard 存在唯一性定理不仅建立了解的存在唯一性, 而且其证明中所采用的迭代技巧也是求方程近似解的重要方法. 事实上, 由 (6.4) 与 (6.6) 可知

$$\begin{aligned}&\big|y_{n+1}(t)-y(t)\big|\\ =&\left|\int_{t_0}^{t}f\big(\tau,y_n(\tau)\big)\mathrm{d}\tau-\int_{t_0}^{t}f\big(\tau,y(\tau)\big)\mathrm{d}\tau\right|\\ \leqslant&\int_{t_0}^{t}\Big|f\big(\tau,y_n(\tau)\big)-f\big(\tau,y(\tau)\big)\Big|\mathrm{d}\tau,\quad t\in\big[t_0-h,t_0+h\big],\quad n=0,1,2,\cdots.\end{aligned}$$

于是, 利用数学归纳法可得

$$\big|y_n(t)-y(t)\big|\leqslant\frac{ML^n}{(n+1)!}\big|t-t_0\big|^{n+1},\quad t\in\big[t_0-h,t_0+h\big],\quad n=0,1,2,\cdots.\tag{6.8}$$

从而, 我们有如下**误差估计**:

$$\big|y_n(t)-y(t)\big|\leqslant\frac{ML^n}{(n+1)!}h^{n+1},\quad t\in\big[t_0-h,t_0+h\big],\quad n=0,1,2,\cdots.\tag{6.9}$$

例6.1.1　设 Riccati 方程 $y'(t)=t^2+y^2$ 定义在矩形区域 $D=[-1,1]\times[-1,1]$ 上. 试确定经过点 $(0,0)$ 的解的存在区间, 并求在此区间上与真正解的误差不超过 0.05 的近似解.

解 因为

$$M = \max_{(t,y)\in D} \left(t^2 + y^2\right) = 2, \quad h = \min\left\{a, \frac{b}{M}\right\} = \frac{1}{2},$$

且在 D 上成立

$$\left|(t^2 + y_1^2) - (t^2 + y_2^2)\right| = \left|y_1 + y_2\right|\left|y_1 - y_2\right| \leqslant 2\left|y_1 - y_2\right|,$$

所以由 Picard 存在唯一性定理可知, Riccati 方程在区间 $I = \left[-\frac{1}{2}, \frac{1}{2}\right]$ 上存在唯一解经过点 $(0,0)$.

若设 $y(t)$ 是 Riccati 方程经过点 $(0,0)$ 的唯一解, 则由公式 (6.9) 可得第 n 次 Picard 迭代的近似解 $y_n(t)$ 与真正解, 设 $y(t)$ 之间的误差估计

$$\left|y_n(t) - y(t)\right| \leqslant \frac{ML^n}{(n+1)!}h^{n+1} = \frac{2\cdot 2^n}{(n+1)!}\left(\frac{1}{2}\right)^{n+1} = \frac{1}{(n+1)!}, \quad t \in I,$$

其中 $L = 2$. 取 $n = 3$ 即有 $\left|y_n(t) - y(t)\right| \leqslant \frac{1}{4!} < 0.05$. 从而, 我们可以按 Picard 迭代得到近似解 $y_3(x)$ 的表达式

$$\begin{aligned}
y_0(t) &= 0,\\
y_1(t) &= \int_0^t \left(\tau^2 + y_0^2(\tau)\right)\mathrm{d}\tau = \frac{t^3}{3},\\
y_2(t) &= \int_0^t \left(\tau^2 + y_1^2(\tau)\right)\mathrm{d}\tau = \frac{t^3}{3} + \frac{t^7}{63},\\
y_3(t) &= \int_0^t \left(\tau^2 + y_2^2(\tau)\right)\mathrm{d}\tau = \frac{t^3}{3} + \frac{t^7}{63} + \frac{2t^{11}}{2079} + \frac{t^{15}}{59535}.
\end{aligned}$$

□

一般地, 虽然不能用初等积分法得到 Riccati 方程 $y'(t) = t^2 + y^2$ 的精确解, 但利用 Picard 定理, 我们可以证明它在 (t,y) 平面上每一点都有且只有一个解, 并得到近似解的表达式及误差估计.

需要指出的是, 虽然 Lipschitz 条件 (6.1) 是解的唯一性的一个充分条件, 但若函数 $f(t,y)$ 不满足 (6.1), 相应的 Picard 序列可能发散. 如下反例由 Müller 给出: 考察初值问题

$$\begin{cases} y'(t) = f(t,y),\\ y(0) = 0, \end{cases} \tag{6.10}$$

其中

$$f(t,y)=\begin{cases}0, & t=0,\ -\infty<y<\infty,\\ 2t, & 0<t\leqslant 1,\ -\infty<y<0,\\ 2t-\dfrac{4y}{t}, & 0<t\leqslant 1,\ 0\leqslant y<t^2,\\ -2t, & 0<t\leqslant 1,\ t^2\leqslant y<\infty.\end{cases}$$

可以验证 $y=\dfrac{1}{3}t^2\,(0\leqslant t\leqslant 1)$ 是 (6.10) 的解, 且利用 $f(t,y)$ 关于 y 单调减少的性质可知 (6.10) 的解是唯一的. 显然, 函数 $f(t,y)$ 在区域

$$D=\big\{(t,y)\,\big|\,0\leqslant t\leqslant 1,\ -\infty<y<\infty\big\}$$

内是连续的, 但对 y 不满足 Lipschitz 条件. 初值问题 (6.10) 的 Picard 序列为

$$y_0(t)=0,\quad y_{n+1}(t)=\int_0^t f\big(\tau,y_n(\tau)\big)\mathrm{d}\tau,\quad t\in[0,1],\quad n=0,1,2,\cdots.$$

由具体计算易得

$$y_n(t)=(-1)^{n+1}t^2,\quad t\in[0,1],\quad n=0,1,2,\cdots.$$

故初值问题 (6.10) 的 Picard 序列是发散的. 这表明, Picard 逐次迭代技巧对初值问题 (6.10) 的求解是无效的.

6.1.2 解的延拓

Picard 存在唯一性定理确定的解在区间 $I=[t_0-h,t_0+h]$ 上有定义. 由 $h=\min\left\{a,\dfrac{b}{M}\right\}$ 可知, I 与 a, b, M 的相对大小有关: 当 M 相对于 a 与 b 较小时, y' 的绝对值较小, 从而过点 (t_0,y_0) 的积分曲线向左右两侧延伸的趋势比较平缓, 它可能在 D 内达到左右边界 (即 $h=a$); 而当 M 相对于 a 与 b 较大时, 过点 (t_0,y_0) 的积分曲线向左右两侧延伸的趋势比较陡峭, 它可能在 D 内首先达到上下边界 (即 $h<a$). 因此, Picard 存在唯一性定理是解的局部存在性结果, 而在实际中我们需要使得解的存在区间尽量扩大, 这涉及解的延拓.

定理 6.1.2 (解的延拓定理) *若 $f(t,y)$ 在平面区域 $\mathfrak{D}$ 内连续, 且关于 y 满足局部 Lipschitz 条件 (即对于区域 $\mathfrak{D}$ 内的每一点 P, 存在以 P 为中心且包含于 $\mathfrak{D}$ 内的闭矩形 D, 使得 $f(t,y)$ 在 D 内关于 y 满足 Lipschitz 条件), 则对 $\mathfrak{D}$ 内任一点 (t_0,y_0), 方程*

$$y'(t)=f(t,y) \tag{6.11}$$

经过 (t_0,y_0) 的解 $y=y(t)$ 可以在区域 $\mathfrak{D}$ 内延伸到边界.

证明 根据 Picard 存在唯一性定理, 不妨设 $y = y(t)$ 是方程 (6.11) 在区间 $[t_0 - h, t_0 + h]$ 上经过点 (t_0, y_0) 的唯一解.

我们仅研究 $y = y(t)$ 在点 (t_0, y_0) 右侧的延伸, 对左侧的延伸情况可以类似地讨论. 令

$$t_1 = t_0 + h, \quad y_1 = y(t_1) = y(t_0 + h),$$

则存在以 (t_1, y_1) 为中心且完全包含于 $\mathfrak{D}$ 的闭矩形. 再次由 Picard 存在唯一性定理可知, 方程 (6.11) 经过点 (t_1, y_1) 存在唯一的解 $y = \psi(t)$ $\big(t \in [t_1 - h_1, t_1 + h_1]\big)$.

显然, 在 $t = t_1$ 处有 $y(t_1) = y_1 = \psi(t_1)$. 不妨设 $h_1 \leqslant h$, 则由解的唯一性可知, 在区间 $[t_1 - h_1, t_1]$ 上必有 $y(t) \equiv \psi(t)$. 在区间 $[t_1, t_1 + h_1] = [t_0 + h, t_0 + h + h_1]$ 上, $\psi(t)$ 仍有定义, 故可以将其视为定义在区间 $[t_0 - h, t_0 + h]$ 上的解 $y = y(t)$ 向右的延拓. 于是, 我们在区间 $\big[t_0 - h, t_0 + h + h_1\big]$ 上确定了方程 (6.11) 经过点 (t_0, y_0) 的解

$$y = \begin{cases} y(t), & t \in [t_0 - h, t_0 + h], \\ \psi(t), & t \in [t_0 + h, t_0 + h + h_1]. \end{cases}$$

再令

$$t_2 = t_0 + h + h_1 = t_1 + h_1, \quad y_2 = \psi(t_2) = \psi(x_1 + h_1).$$

若 $(t_2, y_2) \in \mathfrak{D}$, 则存在以 (t_1, y_1) 为中心且完全包含于 $\mathfrak{D}$ 的闭矩形. 重复上述讨论可知, 存在 $h_2 > 0$, 使得解 $y = y(t)$ 向右延拓到更大的区间 $[t_0 - h, t_2 + h_2] = [t_0 - h, t_0 + h + h_1 + h_2]$. 类似地, 可以将解 $y = y(t)$ 向左延拓到更大的区间.

将上述延拓方法重复进行下去, 可以得到一个解 $y = y(t)$, 不能再向右侧继续延拓. 此时, 记 $y = y(t)$ 的最大存在区间为 $\mathcal{I}$. 显然, $\mathcal{I}$ 必是形如 $[t_0 - h, \beta)$ 的开区间. 这表明, $y = y(t)$ 可以在区域 $\mathfrak{D}$ 内向右侧延伸到边界. □

注记 6.1.3 *解的延拓定理表明, 在 t 增大的一侧, 若方程 (6.11) 通过 (t_0, y_0) 的解 $y = y(t)$ 只能延拓到区间 (t_0, β), 则当 $t \to \beta$ 时 $(t, y(t))$ 趋于区域 $\mathfrak{D}$ 的边界. 进一步, 若 $\mathfrak{D}$ 是无界区域, 则要么 $\beta = +\infty$, 要么 β 为有限数且当 $t \to \beta$ 时 $y = y(t)$ 无界或者点 $\big(t, y(t)\big)$ 趋于 $\mathfrak{D}$ 的边界.*

例 6.1.2 *求方程 $y'(t) = \dfrac{1}{2}\big(y^2 - 1\big)$ 的分别过点 $(0,0)$, $(\ln 2, -3)$ 的解的存在区间.*

解 记 $f(t, y) = \dfrac{1}{2}\big(y^2 - 1\big)$, 则 $f(t, y)$ 在整个 tOy 平面上满足 Picard 存在唯一性定理及解的延拓定理的条件. 直接计算可知, 方程 $y'(t) = \dfrac{1}{2}\big(y^2 - 1\big)$ 的通解为

$$y = \frac{1 + Ce^t}{1 - Ce^t}.$$

故过点 $(0,0)$ 的解为

$$y=\frac{1-\mathrm{e}^t}{1+\mathrm{e}^t},$$

其存在区间为 $(-\infty,+\infty)$; 而过点 $(\ln 2,-3)$ 的解为

$$y=\frac{1+\mathrm{e}^t}{1-\mathrm{e}^t},$$

其存在区间为 $(0,+\infty)$. □

注记 6.1.4 例 6.1.2 中, 过点 $(\ln 2,-3)$ 的解 $y=\dfrac{1+\mathrm{e}^t}{1-\mathrm{e}^t}$ 向右侧可以延拓到 $+\infty$; 但向左侧只能延拓到 0, 此时, 若 $t\to 0+$, 则 $y=y(t)$ 无界.

例 6.1.3 求方程 $y'(t)=1+\ln t$ 过点 $(1,0)$ 的解的存在区间.

解 记 $f(t,y)=1+\ln t$, 则 $f(t,y)$ 在右半平面 $t>0$ 上满足 Picard 存在唯一性定理及解的延拓定理的条件. 直接计算可知, 方程 $y'(t)=1+\ln t$ 的通解为

$$y=t\ln t+C.$$

故过点 $(1,0)$ 的解为

$$y=t\ln t,$$

其存在区间为 $(0,+\infty)$. □

注记 6.1.5 例 6.1.3 中, 过点 $(1,0)$ 的解 $y=t\ln t$ 向右侧可以延拓到 $+\infty$; 但向左侧只能延拓到 0, 此时, 若 $t\to 0+$, 则积分曲线上的点 $(t,t\ln t)$ 趋向于右半平面 $t>0$ 的边界上的点 $(0,0)$.

例 6.1.4 证明: Riccati 方程 $y'(t)=t^2+y^2$ 的任一解的存在区间都是有界的.

证明 设 $y=y(t)$ 是方程 $y'(t)=t^2+y^2$ 过点 (t_0,y_0) 的解, 且 $[t_0,\beta)$ 为其右侧的最大存在区间. 当 $\beta\leqslant 0$ 时，显然 $[t_0,\beta)$ 是有限区间. 当 $\beta>0$ 时，显然存在 $t_1>0$ 使得 $[t_1,\beta)\subset[t_0,\beta)$, 且 $y=y(t)$ 在 $[t_1,\beta)$ 内满足 $y'(t)=t^2+y^2(t)$. 从而,

$$y'(t)\geqslant t_1^2+y^2(t),\quad t\in[t_1,\beta),$$

即

$$\frac{y'(t)}{t_1^2+y^2(t)}\geqslant 1,\quad t\in[t_1,\beta).$$

将上式从 t_1 到 t 积分可得

$$0\leqslant t-t_1\leqslant\frac{1}{t_1}\left(\arctan\frac{y(t)}{t_1}-\arctan\frac{y(t_1)}{t_1}\right)\leqslant\frac{\pi}{t_1},\quad t\in[t_1,\beta).$$

由此推出 β 是有限数, 即 $[t_0, \beta)$ 是有限区间. 同理可证, $y = y(t)$ 在 t_0 左侧的最大存在区间也是有限区间. 因此, $y'(t) = t^2 + y^2$ 的解的存在区间是有界的. □

一般来说, 微分方程解的最大存在区间与解的初值有关. 但是, 当 $f(t, y)$ 是 $\mathbb{R}^2$ 上的有界连续函数, 且关于 y 存在一阶连续偏导数时, 方程 $y'(t) = f(t, y)$ 的任一解都可延拓到区间 $(-\infty, +\infty)$.

6.1.3 比较定理

一般说来, 方程的解的最大存在区间与解本身有关, 对不同的解需要在不同的区间上进行讨论. 因此, 如果缺乏对解的最大存在区间的估计, 在问题的分析中往往存在很大的困难. 下面的比较定理可用于估计某些问题的解的最大存在区间.

定理 6.1.3 (比较定理) 设 f 与 F 都是平面区域 $\mathfrak{D}$ 内的连续函数, $(t_0, y_0) \in \mathfrak{D}$ 且函数 y 与 Y 分别是初值问题

$$\begin{cases} y'(t) = f(t, y), \\ y(t_0) = y_0 \end{cases}$$

与

$$\begin{cases} Y'(t) = F(t, Y), \\ Y(t_0) = y_0 \end{cases}$$

在区间 (a, b) 上的解. 若不等式

$$f(t, s) < F(t, s), \quad (t, s) \in \mathfrak{D}$$

成立, 则

$$\begin{cases} y(t) < Y(t), & t \in (t_0, b), \\ y(t) > Y(t), & t \in (a, t_0). \end{cases}$$

证明 设函数 $\psi(t) = Y(t) - y(t)$ $(t \in (a, b))$, 则

$$\psi'(t_0) = Y'(t_0) - y'(t_0) = F(t_0, y_0) - f(t_0, y_0) > 0.$$

于是, 由 ψ' 的连续性及保号性可知, 存在 $\delta > 0$ 使得

$$\psi'(t) > 0, \quad t \in (t_0 - \delta, t_0 + \delta).$$

结合初值条件 $\psi(t_0) = 0$ 可得

$$\psi(t) < 0, \quad t \in (t_0 - \delta, t_0); \quad \psi(t) > 0, \quad t \in (t_0, t_0 + \delta). \tag{6.12}$$

若不等式 $\psi(t)>0$ 对 $t\in(t_0,b)$ 不恒成立, 则存在 $t_1\in(t_0,b)$ 使得 $\psi(t_1)=0$. 令

$$t_*=\min\left\{t\,\middle|\,\psi(t)=0,t\in(t_0,b)\right\},$$

则根据 (6.12) 可得

$$\psi(t)>0,\quad t\in(t_0,t_*);\quad \psi(t_*)=0.$$

于是,

$$\psi'(t_*)\leqslant 0. \tag{6.13}$$

另一方面, 由于 $\psi(t_*)=0$ (即 $Y(t_*)=y(t_*)$), 所以

$$\begin{aligned}\psi'(t_*)&=Y'(t_*)-y'(t_*)=F(t_*,Y(t_*))-f(t_*,y(t_*))\\&=F(t_*,y(t_*))-f(t_*,y(t_*))>0.\end{aligned}$$

这与 (6.13) 矛盾. 故对任意的 $t\in(t_0,b)$ 都有 $\psi(t)>0$, 即 $y(t)<Y(t)$.

同理可证, 对任意的 $t\in(a,t_0)$, 都有 $y(t)>Y(t)$. □

注记 6.1.6　定理 6.1.3 的几何意义: 斜率小的曲线向右侧不可能从斜率大的曲线的下方穿越到上方.

例 6.1.5　设初值问题

$$\begin{cases}y'(t)=t^2+(y+1)^2,\\ y(0)=0\end{cases} \tag{6.14}$$

的解 $y=y(t)$ 在 $t_0=0$ 右侧的最大存在区间为 $[0,\beta)$. 证明: $\beta\geqslant\dfrac{\pi}{4}$.

证明　记 $\mathfrak{D}=(-1,1)\times(-\infty,+\infty)$. 设函数 Y 满足初值问题:

$$\begin{cases}Y'(t)=1+(Y+1)^2,\\ Y(0)=0,\end{cases}$$

则直接计算可得

$$Y(t)=\tan\left(t+\frac{\pi}{4}\right)-1,\quad t\in\left[0,\frac{\pi}{4}\right).$$

即 $\left[0,\dfrac{\pi}{4}\right)$ 为 $Y(t)$ 在 $t_0=0$ 右侧的最大存在区间. 若初值问题 (6.14) 的解 $y=y(t)$ 在 $t_0=0$ 右侧的最大存在区间 $[0,\beta)$ 满足 $\beta<\dfrac{\pi}{4}$, 则根据

$$t^2+(s+1)^2<1+(s+1)^2,\quad (t,s)\in\mathfrak{D}$$

及比较定理可得, 对任意的 $t \in [0,\beta)$, $y(t) < Y(t) < Y(\beta)$ 恒成立. 从而, 由 $y(t)$ 单调增加可知, 极限 $y(\beta) = \lim\limits_{t\to\beta-} y(t)$ 存在. 显然, $(\beta, y(\beta)) \in \mathfrak{D}$. 于是, 可将 $y = y(t)$ 在 $t = \beta$ 向右延拓. 这与 $[0,\beta)$ 为 $y = y(t)$ 在 $t_0 = 0$ 右侧的最大存在区间相矛盾. 故 $\beta \geqslant \dfrac{\pi}{4}$. □

6.2 线性微分方程组

设 $a_{ij}(t)$ 与 $f_i(t)$ $(i,j = 1,\cdots,d)$ 是区间 (a,b) 上的连续函数, 则线性微分方程组的一般形式为

$$y_i'(t) = \sum_{j=1}^{d} a_{ij}(t)y_j + f_i(t) \quad (i = 1,2,\cdots,d).$$

若引入

$$\boldsymbol{A}(t) := \big(a_{ij}(t)\big)_{d\times d}, \quad \boldsymbol{y} = \big(y_1,\cdots,y_d\big)^{\mathrm{T}}, \quad \boldsymbol{f} = \big(f_1(t),\cdots,f_d(t)\big)^{\mathrm{T}},$$

则可以将上述线性微分方程组写成向量形式

$$\boldsymbol{y}'(t) = \boldsymbol{A}(t)\boldsymbol{y}(t) + \boldsymbol{f}(t). \tag{6.15}$$

当 $\boldsymbol{f}(t) \not\equiv \boldsymbol{0}$ 时, 称 (6.15) 是非齐次线性微分方程组; 当 $\boldsymbol{f}(t) \equiv \boldsymbol{0}$ 时, 称 (6.15) 是齐次线性微分方程组.

类似于定理 6.1.1 的证明, 我们可以得到线性微分方程组解的存在唯一性定理.

定理 6.2.1 (存在唯一性定理) *设 $\boldsymbol{A}(t)$ 与 $\boldsymbol{f}(t)$ 为区间 (a,b) 上的连续函数, $t_0 \in (a,b)$, $\boldsymbol{y}_0 \in \mathbb{R}^d$, 则在 (a,b) 上存在唯一的 $\boldsymbol{y} = \boldsymbol{y}(t)$ 满足线性微分方程组 (6.15) 及初值条件 $\boldsymbol{y}(t_0) = \boldsymbol{y}_0$.*

6.2.1 齐次线性微分方程组

在讨论非齐次线性微分方程组 (6.15) 之前, 我们先研究相应的齐次线性微分方程组

$$\boldsymbol{y}'(t) = \boldsymbol{A}(t)\boldsymbol{y}(t). \tag{6.16}$$

显然, 若 $\boldsymbol{y}_i(t)$ $(i = 1,\cdots,d,\ t \in (a,b))$ 是齐次线性微分方程组 (6.16) 的解, 则对任意的常数 C_1, C_2, $\cdots$, C_d, 线性组合 $\sum\limits_{i=1}^{d} C_i\boldsymbol{y}_i(t)$ $(t \in (a,b))$ 也是方程组 (6.16) 的解. 因此, 我们自然会问, 方程组 (6.16) 的所有的解是否构成一个 d 维线性空间? 若能, 如何寻求此空间的基? 进而, 如何寻求方程组 (6.16) 的通解表达式?

为了研究这些问题, 我们首先把常向量线性相关与线性无关的概念推广到向量值函数.

定义 6.2.1 设 $\boldsymbol{y}_1(t)$, $\boldsymbol{y}_2(t)$, $\cdots$, $\boldsymbol{y}_m(t)$ 是定义在区间 (a,b) 上的 m 个 d 维向量值函数. 若存在不全为零的常数 C_1, C_2, $\cdots$, C_m 使得在 (a,b) 上恒成立

$$C_1\boldsymbol{y}_1(t)+C_2\boldsymbol{y}_2(t)+\cdots+C_m\boldsymbol{y}_m(t)\equiv\mathbf{0},$$

则称 $\boldsymbol{y}_1(t)$, $\boldsymbol{y}_2(t)$, $\cdots$, $\boldsymbol{y}_m(t)$ 在区间 (a,b) 上**线性相关**.

若 $\boldsymbol{y}_1(t)$, $\boldsymbol{y}_2(t)$, $\cdots$, $\boldsymbol{y}_m(t)$ 在区间 (a,b) 上不线性相关, 则称它们在 (a,b) 上**线性无关**.

由定义可见, 一般向量值函数组的线性相关性依赖于区间上的所有点. 但是, 当函数组 $\{\boldsymbol{y}_i(t)\}$ $(i=1,2,\cdots,m)$ 是方程组 (6.16) 的解时, 此函数组在一点的线性相关性确定了其在整个区间上的线性相关性.

定理 6.2.2 若 $\boldsymbol{y}_i(t)$ $(i=1,\cdots,m)$ 是齐次线性微分方程组 (6.16) 在 $t\in(a,b)$ 上的任意 m 个解, 则这 m 个解在区间 (a,b) 上线性相关的充分必要条件是: 存在 $t_0\in(a,b)$ 使得常向量组 $\{\boldsymbol{y}_i(t_0)\}$ $(i=1,2,\cdots,m)$ 线性相关.

证明 (必要性) 由定义 6.2.1, 结论显然成立.

(充分性) 设存在 $t_0\in(a,b)$ 与不全为零的常数 C_1, C_2, $\cdots$, C_m 使得

$$C_1\boldsymbol{y}_1(t_0)+C_2\boldsymbol{y}_2(t_0)+\cdots+C_m\boldsymbol{y}_m(t_0)=\mathbf{0}.$$

令 $\boldsymbol{y}(t)=\sum\limits_{i=1}^{m}C_i\boldsymbol{y}_i(t)$, $t\in(a,b)$, 则 $\boldsymbol{y}(t)$ 也是方程组 (6.16) 的解且 $\boldsymbol{y}(t_0)=\mathbf{0}$. 于是, 根据存在唯一性定理 (定理 6.2.1) 可得, 对任意的 $t\in(a,b)$ 都有 $\boldsymbol{y}(t)=\mathbf{0}$. 故向量组 $\{\boldsymbol{y}_i(t)\}$ $(i=1,2,\cdots,m)$ 在 (a,b) 上线性相关. □

根据定理 6.2.2, 若齐次线性方程组 (6.16) 在 (a,b) 上的解组 $\{\boldsymbol{y}_i(t)\}$ $(i=1,2,\cdots,m)$ 在 (a,b) 上某一点线性无关, 则必在整个区间 (a,b) 上线性无关. 因此, 若我们任意取定 d 维向量空间的基 $(\boldsymbol{e}_1,\boldsymbol{e}_2,\cdots,\boldsymbol{e}_d)$, 则以 $\boldsymbol{y}_i(t_0)=\boldsymbol{e}_i$ $(i=1,2,\cdots,d,\ t_0\in(a,b))$ 为初值所得到的 d 个解 $\boldsymbol{y}_i(t)$ $(i=1,2,\cdots,d)$ 必线性无关.

定理 6.2.3 齐次线性微分方程组 (6.16) 在区间 (a,b) 上存在 d 个线性无关的解, 且方程组 (6.16) 的任一解均可由这 d 个线性无关解线性表出.

证明 设 $t_0\in(a,b)$, $\boldsymbol{y}_i(t_0)=\boldsymbol{e}_i$ $(i=1,2,\cdots,d)$, 其中 $\boldsymbol{e}_i$ 为 $\mathbb{R}^d$ 的标准基. 根据存在唯一性定理 (定理 6.2.1), 方程组 (6.16) 以 $\boldsymbol{y}_i(t_0)$ 为初值的初值问题必在 (a,b) 上存在唯一解 $\boldsymbol{y}_i(t)$ $(i=1,2,\cdots,d)$. 再由定理 6.2.2 可知, $\boldsymbol{y}_1(t)$, $\boldsymbol{y}_2(t)$, $\cdots$, $\boldsymbol{y}_d(t)$ 在 (a,b) 上线性无关.

现在证明方程组 (6.16) 的任一解 $\boldsymbol{y}(t)$ 都可由 $\boldsymbol{y}_1(t)$, $\boldsymbol{y}_2(t)$, $\cdots$, $\boldsymbol{y}_d(t)$ 线性表出. 事实上, 由于 $\boldsymbol{y}_1(t_0)$, $\boldsymbol{y}_2(t_0)$, $\cdots$, $\boldsymbol{y}_d(t_0)$ 是 $\mathbb{R}^d$ 的基, 所以 $\boldsymbol{y}(t_0)$, $\boldsymbol{y}_1(t_0)$,

$\boldsymbol{y}_2(t_0)$, $\cdots$, $\boldsymbol{y}_d(t_0)$ 线性相关. 从而, 由定理 6.2.2 可知, $\boldsymbol{y}(t)$, $\boldsymbol{y}_1(t)$, $\boldsymbol{y}_2(t)$, $\cdots$, $\boldsymbol{y}_d(t)$ 在 (a,b) 上必线性相关, 即存在不全为零的常数 C, C_1, C_2, $\cdots$, C_d 使得

$$C\boldsymbol{y}(t)+C_1\boldsymbol{y}_1(t)+C_2\boldsymbol{y}_2(t)+\cdots+C_d\boldsymbol{y}_d(t)\equiv\boldsymbol{0},\quad t\in(a,b).$$

显然, $C\neq 0$ (否则, $\boldsymbol{y}_1(t)$, $\boldsymbol{y}_2(t)$, $\cdots$, $\boldsymbol{y}_d(t)$ 在 (a,b) 上线性相关). 故

$$\boldsymbol{y}(t)=-\frac{C_1}{C}\boldsymbol{y}_1(t)-\frac{C_2}{C}\boldsymbol{y}_2(t)-\cdots-\frac{C_d}{C}\boldsymbol{y}_d(t),\quad t\in(a,b).$$ □

定理 6.2.3 表明: 齐次线性微分方程组 (6.16) 的全部解构成一 d 维线性空间, 称为方程组 (6.16) 的解空间.

定义 6.2.2 齐次线性微分方程组 (6.16) 在区间 (a,b) 上的任意 d 个线性无关的特解 $\boldsymbol{y}_1(t)$, $\boldsymbol{y}_2(t)$, $\cdots$, $\boldsymbol{y}_d(t)$ 称为方程组 (6.16) 在 (a,b) 上的一个基本解组, 它构成了方程组 (6.16) 的解空间的一个**基**. 以其分量为列所形成的矩阵称为方程组 (6.16) 的**基解矩阵**, 记为

$$\boldsymbol{\Phi}(t)=\begin{pmatrix} y_{11}(t) & y_{21}(t) & \cdots & y_{d1}(t)\\ y_{12}(t) & y_{22}(t) & \cdots & y_{d2}(t)\\ \vdots & \vdots & & \vdots\\ y_{1d}(t) & y_{2d}(t) & \cdots & y_{dd}(t)\end{pmatrix}=\big(\boldsymbol{y}_1(t)\ \ \boldsymbol{y}_2(t)\ \ \cdots\ \ \boldsymbol{y}_d(t)\big),$$

并称 $W(t):=\det\boldsymbol{\Phi}(t)$ 为解组 $\boldsymbol{y}_1(t)$, $\boldsymbol{y}_2(t)$, $\cdots$, $\boldsymbol{y}_d(t)$ 的 **Wronsky 行列式**.

利用基解矩阵可将方程组 (6.16) 的通解表示为

$$\boldsymbol{y}(t)=\boldsymbol{\Phi}(t)\boldsymbol{c},\quad t\in(a,b),$$

其中, $\boldsymbol{c}=(C_1,C_2,\cdots,C_d)^{\mathrm{T}}$ 是由任意常数 $C_1,C_2,\cdots,C_d$ 所组成的向量.

由此可见, 求解齐次线性微分方程组 (6.16) 的关键在于求它的基解矩阵, 即求出 d 个线性无关的特解. 一般而言, 只要找到方程组 (6.16) 在 (a,b) 上的 d 个特解, 就可以借助于如下定理判断它们在 (a,b) 上是否线性无关.

定理 6.2.4 齐次线性微分方程组 (6.16) 的 d 个解 $\boldsymbol{y}_1(t)$, $\boldsymbol{y}_2(t)$, $\cdots$, $\boldsymbol{y}_d(t)$ 在区间 (a,b) 上线性无关的充分必要条件是: 存在 $t_0\in(a,b)$ 使得这 d 个解的 Wronsky 行列式在 t_0 处的值 $W(t_0)\neq 0$.

证明 根据定理 6.2.2, 方程组 (6.16) 的 d 个解 $\boldsymbol{y}_1(t)$, $\boldsymbol{y}_2(t)$, $\cdots$, $\boldsymbol{y}_d(t)$ 在 (a,b) 上线性无关的充分必要条件是: 存在 $t_0\in(a,b)$ 使得 $\boldsymbol{y}_1(t_0)$, $\boldsymbol{y}_2(t_0)$, $\cdots$, $\boldsymbol{y}_d(t_0)$ 线性无关. 这显然等价于它们的分量所构成的行列式 $W(t_0)\neq 0$. □

例 6.2.1　证明: 微分方程组

$$\begin{pmatrix} y_1'(t) \\ y_2'(t) \end{pmatrix} = \begin{pmatrix} \cos^2 t & \dfrac{1}{2}\sin 2t - 1 \\ \dfrac{1}{2}\sin 2t + 1 & \sin^2 t \end{pmatrix} \begin{pmatrix} y_1(t) \\ y_2(t) \end{pmatrix} \tag{6.17}$$

的通解为

$$\begin{pmatrix} y_1(t) \\ y_2(t) \end{pmatrix} = C_1 \begin{pmatrix} \mathrm{e}^t \cos t \\ \mathrm{e}^t \sin t \end{pmatrix} + C_2 \begin{pmatrix} -\sin t \\ \cos t \end{pmatrix}, \quad t \in (-\infty, +\infty). \tag{6.18}$$

证明　直接验证可知

$$\begin{pmatrix} \mathrm{e}^t \cos t \\ \mathrm{e}^t \sin t \end{pmatrix}, \quad \begin{pmatrix} -\sin t \\ \cos t \end{pmatrix} \tag{6.19}$$

是齐次线性微分方程组 (6.17) 在区间 $(-\infty, +\infty)$ 上的两个解, 且它们的 Wronsky 行列式 $W(t)$ 在 $t = 0$ 处的值为

$$W(0) = \begin{vmatrix} 1 & 0 \\ 0 & 1 \end{vmatrix} = 1 \neq 0,$$

即解组 (6.19) 是线性无关的. 从而, (6.18) 是通解. □

6.2.2　非齐次线性微分方程组

现在, 我们利用齐次线性微分方程组的结果来推导非齐次线性微分方程组的通解结构.

定理 6.2.5 (非齐次线性微分方程组解的结构)　若 $\boldsymbol{\Phi}(t)$ 是方程组 (6.15) 相应的齐次线性微分方程组 (6.16) 在区间 (a, b) 上的一个基解矩阵, $\boldsymbol{y}^*(t)$ 是方程组 (6.15) 在 (a, b) 上的一个特解, 则方程组 (6.15) 在 (a, b) 上的任一解 $\boldsymbol{y}(t)$ 可以表示为

$$\boldsymbol{y}(t) = \boldsymbol{\Phi}(t)\boldsymbol{c} + \boldsymbol{y}^*(t), \quad t \in (a, b),$$

其中 $\boldsymbol{c}$ 是一个与 $\boldsymbol{y}^*(t)$ 有关的常数列向量.

证明　设 $\boldsymbol{y}(t)$ 是非齐次线性微分方程组 (6.15) 在 (a, b) 上的任一解, 则 $\boldsymbol{y}(t) - \boldsymbol{y}^*(t)$ 是相应的齐次线性微分方程组 (6.16) 在 (a, b) 上的解. 从而, 存在常数列向量 $\boldsymbol{c}$ 使得

$$\boldsymbol{y}(t) - \boldsymbol{y}^*(t) = \boldsymbol{\Phi}(t)\boldsymbol{c}, \quad t \in (a, b).$$

整理即证得所需结论. □

定理 6.2.5 表明, 为了求出非齐次线性微分方程组 (6.15) 的通解, 需要求出相应的齐次线性微分方程组 (6.16) 的一个基解矩阵 $\boldsymbol{\Phi}(t)$ 和方程组 (6.15) 的一个特解 $\boldsymbol{y}^*(t)$. 下面的结果进一步表明, 只需要知道基解矩阵 $\boldsymbol{\Phi}(t)$ 就足够了.

定理 6.2.6 设 $\boldsymbol{\Phi}(t)$ 是非齐次线性微分方程组 (6.15) 相应的齐次线性微分方程组 (6.16) 在区间 (a,b) 上的一个基解矩阵, 则

$$\boldsymbol{y}^*(t)=\boldsymbol{\Phi}(t)\int_{t_0}^{t}\boldsymbol{\Phi}^{-1}(\tau)\boldsymbol{f}(\tau)\mathrm{d}\tau,\quad t_0,\, t\in(a,b)$$

是方程组 (6.15) 满足初值条件 $\boldsymbol{y}^*(t_0)=\mathbf{0}$ 的特解.

证明 设方程组 (6.15) 有如下形式的特解

$$\boldsymbol{y}^*(t)=\boldsymbol{\Phi}(t)\boldsymbol{c}(t),\quad t\in(a,b),\tag{6.20}$$

其中 $\boldsymbol{c}(t)$ 是待定的 d 维向量值函数. 将 (6.20) 代入方程组 (6.15) 可得

$$\boldsymbol{\Phi}'(t)\boldsymbol{c}(t)+\boldsymbol{\Phi}(t)\boldsymbol{c}'(t)=\boldsymbol{A}(t)\boldsymbol{\Phi}(t)\boldsymbol{c}(t)+\boldsymbol{f}(t),\quad t\in(a,b).$$

由于 $\boldsymbol{\Phi}(t)$ 是齐次线性微分方程组 (6.16) 在 (a,b) 上的一个基解矩阵, 所以

$$\boldsymbol{\Phi}'(t)=\boldsymbol{A}(t)\boldsymbol{\Phi}(t),\quad t\in(a,b).$$

故

$$\boldsymbol{\Phi}(t)\boldsymbol{c}'(t)=\boldsymbol{f}(t),\quad t\in(a,b).$$

再次利用 $\boldsymbol{\Phi}(t)$ 是基解矩阵可知, 它所对应的 Wronsky 行列式 $\det\boldsymbol{\Phi}(t)\neq 0$ $(t\in(a,b))$, 即 $\boldsymbol{\Phi}(t)$ 在 (a,b) 上是可逆矩阵. 从而,

$$\boldsymbol{c}'(t)=\boldsymbol{\Phi}^{-1}(t)\boldsymbol{f}(t),\quad t\in(a,b).$$

直接积分可得

$$\boldsymbol{c}(t)=\int_{t_0}^{t}\boldsymbol{\Phi}^{-1}(\tau)\boldsymbol{f}(\tau)\mathrm{d}\tau+\boldsymbol{c}_0,\quad t\in(a,b),$$

其中 $\boldsymbol{c}_0$ 为任意常向量. 将其代回 (6.20) 即可得到是非齐次线性微分方程组 (6.15) 的特解

$$\boldsymbol{y}^*(t)=\boldsymbol{\Phi}(t)\left(\int_{t_0}^{t}\boldsymbol{\Phi}^{-1}(\tau)\boldsymbol{f}(\tau)\mathrm{d}\tau+\boldsymbol{c}_0\right),\quad t\in(a,b).$$

由初值条件 $\boldsymbol{y}^*(t_0)=\mathbf{0}$ 可知, $\boldsymbol{c}_0=\mathbf{0}$. 于是定理得证. □

定理 6.2.6 的证明中所采用的方法称为常数变易法. 一般而言, 我们很难求出 $\boldsymbol{\Phi}(t)$ 的有限形式, 但定理 6.2.6 在微分方程以及相关的数学分支中仍是非常重要的公式. 结合定理 6.2.5 与定理 6.2.6, 我们有如下结论:

定理 6.2.7 设 $\boldsymbol{\Phi}(t)$ 是非齐次线性微分方程组 (6.15) 相应的齐次线性微分方程组 (6.16) 在区间 (a,b) 上的一个基解矩阵, 则方程组 (6.15) 在 (a,b) 上的通解可以表示为

$$\boldsymbol{y}(t)=\boldsymbol{\Phi}(t)\left(\boldsymbol{c}+\int_{t_0}^{t}\boldsymbol{\Phi}^{-1}(\tau)\boldsymbol{f}(\tau)\mathrm{d}\tau\right), \tag{6.21}$$

其中 $\boldsymbol{c}$ 是任意的 d 维常数列向量. 进一步, 对 $t_0\in(a,b)$, 方程组 (6.15) 满足初值条件 $\boldsymbol{y}(t_0)=\boldsymbol{y}_0$ 的解为

$$\boldsymbol{y}(t)=\boldsymbol{\Phi}(t)\boldsymbol{\Phi}^{-1}(t_0)\boldsymbol{y}_0+\boldsymbol{\Phi}(t)\int_{t_0}^{t}\boldsymbol{\Phi}^{-1}(\tau)\boldsymbol{f}(\tau)\mathrm{d}\tau. \tag{6.22}$$

例 6.2.2 求解初值问题:

$$\begin{cases}\begin{pmatrix}y_1'(t)\\ y_2'(t)\end{pmatrix}=\begin{pmatrix}\cos^2 t & \sin t\cos t-1\\ \sin t\cos t+1 & \sin^2 t\end{pmatrix}\begin{pmatrix}y_1(t)\\ y_2(t)\end{pmatrix}+\begin{pmatrix}\cos t\\ \sin t\end{pmatrix},\\ \begin{pmatrix}y_1(0)\\ y_2(0)\end{pmatrix}=\begin{pmatrix}0\\ 1\end{pmatrix}.\end{cases}$$

解 由例 6.2.1 可知, 相应齐次线性微分方程组有一个基解矩阵

$$\boldsymbol{\Phi}(t)=\begin{pmatrix}\mathrm{e}^t\cos t & -\sin t\\ \mathrm{e}^t\sin t & \cos t\end{pmatrix}.$$

直接计算可得

$$\boldsymbol{\Phi}^{-1}(t)=\begin{pmatrix}\mathrm{e}^{-t}\cos t & \mathrm{e}^{-t}\sin t\\ -\sin t & \cos t\end{pmatrix},\quad \boldsymbol{\Phi}^{-1}(0)=\begin{pmatrix}1 & 0\\ 0 & 1\end{pmatrix}.$$

利用公式 (6.22) 即可得到所求初值问题的解为

$$\begin{pmatrix}y_1(t)\\ y_2(t)\end{pmatrix}=\boldsymbol{\Phi}(t)\left(\begin{pmatrix}1 & 0\\ 0 & 1\end{pmatrix}\begin{pmatrix}0\\ 1\end{pmatrix}+\int_0^t\begin{pmatrix}\mathrm{e}^{-\tau}\cos\tau & \mathrm{e}^{-\tau}\sin\tau\\ -\sin\tau & \cos\tau\end{pmatrix}\begin{pmatrix}\cos\tau\\ \sin\tau\end{pmatrix}\mathrm{d}\tau\right)$$

$$= \boldsymbol{\Phi}(t)\left(\begin{pmatrix} 0 \\ 1 \end{pmatrix} + \int_0^t \begin{pmatrix} \mathrm{e}^{-\tau} \\ 0 \end{pmatrix} \mathrm{d}\tau\right)$$

$$= \begin{pmatrix} (\mathrm{e}^t - 1)\cos t - \sin t \\ (\mathrm{e}^t - 1)\sin t + \cos t \end{pmatrix}. \qquad \square$$

6.2.3 常系数齐次线性微分方程组的求解

所谓常系数齐次线性微分方程组, 指的是齐次线性微分方程组

$$\boldsymbol{y}'(t) = \boldsymbol{A}\boldsymbol{y}(t) \tag{6.23}$$

中的系数矩阵 $\boldsymbol{A}$ 为 d 阶常数矩阵. 由解的存在唯一性定理可知, 方程组 (6.23) 的任一解的存在区间均为 $(-\infty, +\infty)$. 因此, 在本节中如果无特殊说明, 我们都假设 $t \in (-\infty, +\infty)$.

类似于一阶常系数齐次线性微分方程的求解, 我们假设方程组 (6.23) 有形如

$$\boldsymbol{y}(t) = \mathrm{e}^{\lambda t}\boldsymbol{r} \tag{6.24}$$

的特解, 其中 λ 为待定常数, $\boldsymbol{r}$ 为待定常向量. 将 (6.24) 代入方程组 (6.23) 可得

$$\lambda \mathrm{e}^{\lambda t}\boldsymbol{r} = \mathrm{e}^{\lambda t}\boldsymbol{A}\boldsymbol{r}.$$

从而,

$$\lambda\boldsymbol{r} = \boldsymbol{A}\boldsymbol{r}, \quad \text{即} \quad (\boldsymbol{A} - \lambda\boldsymbol{E})\boldsymbol{r} = \boldsymbol{0},$$

其中 $\boldsymbol{E}$ 为 d 阶单位矩阵. 由此可知

定理 6.2.8 常系数齐次线性微分方程组 (6.23) 有形如 (6.24) 的非零解的充分必要条件是: λ 为系数矩阵 $\boldsymbol{A}$ 的特征值, 而非零向量 $\boldsymbol{r}$ 是与 λ 相应的特征向量.

根据定理 6.2.8, 当方程组 (6.23) 的系数矩阵 $\boldsymbol{A}$ 有 d 个线性无关的特征向量时, 相应的基解矩阵是很容易求得的.

定理 6.2.9 若常系数齐次线性微分方程组 (6.23) 的系数矩阵 $\boldsymbol{A}$ 有 d 个线性无关的特征向量 $\boldsymbol{r}_1, \boldsymbol{r}_2, \cdots, \boldsymbol{r}_d$, 所对应的特征值分别为 $\lambda_1, \lambda_2, \cdots, \lambda_d$ (未必互不相同), 则矩阵函数

$$\boldsymbol{\Phi}(t) = \begin{pmatrix} \mathrm{e}^{\lambda_1 t}\boldsymbol{r}_1 & \mathrm{e}^{\lambda_2 t}\boldsymbol{r}_2 & \cdots & \mathrm{e}^{\lambda_d t}\boldsymbol{r}_d \end{pmatrix}$$

是方程组 (6.23) 的一个基解矩阵.

证明　直接计算可知, 每一个向量值函数 $e^{\lambda_i t}\boldsymbol{r}_i$ $(i=1,2,\cdots,d)$ 都是方程组 (6.23) 的解. 因为 $\boldsymbol{r}_1$, $\boldsymbol{r}_2$, $\cdots$, $\boldsymbol{r}_n$ 线性无关, 所以

$$\det\boldsymbol{\Phi}(0)=\det\begin{pmatrix}\boldsymbol{r}_1 & \boldsymbol{r}_2 & \cdots & \boldsymbol{r}_d\end{pmatrix}\neq 0.$$

从而, 解组 $e^{\lambda_1 t}\boldsymbol{r}_1$, $e^{\lambda_2 t}\boldsymbol{r}_2$, $\cdots$, $e^{\lambda_d t}\boldsymbol{r}_d$ 线性无关. 故 $\boldsymbol{\Phi}(t)$ 是方程组 (6.23) 的一个基解矩阵. □

例 6.2.3　求齐次线性微分方程组

$$\boldsymbol{y}'(t)=\boldsymbol{A}\boldsymbol{y}(t),\qquad 其中\quad \boldsymbol{A}=\begin{pmatrix}-2 & 1 & 1\\ 0 & 2 & 0\\ -4 & 1 & 3\end{pmatrix}$$

的基解矩阵, 并由此求方程组的通解.

解　直接计算可得矩阵 $\boldsymbol{A}$ 的特征多项式为

$$\det(\boldsymbol{A}-\lambda\boldsymbol{E})=-(\lambda+1)(\lambda-2)^2.$$

故 $\boldsymbol{A}$ 有单特征根 $\lambda_1=-1$ 与二重特征根 $\lambda_2=\lambda_3=2$. 直接计算可知, 对应于单特征根 $\lambda_1=-1$ 的特征向量可取为

$$\boldsymbol{r}_1=\begin{pmatrix}1\\0\\1\end{pmatrix};$$

对应于二重特征根 $\lambda_2=\lambda_3=2$ 有两个线性无关特征向量可取为

$$\boldsymbol{r}_2=\begin{pmatrix}0\\1\\-1\end{pmatrix},\quad \boldsymbol{r}_3=\begin{pmatrix}1\\0\\4\end{pmatrix}.$$

由于 $\lambda_1\neq\lambda_2$, 所以 $\boldsymbol{r}_1$, $\boldsymbol{r}_2$, $\boldsymbol{r}_3$ 是线性无关的. 于是, 我们求出了 3 阶系数矩阵 $\boldsymbol{A}$ 的 3 个线性无关的特征向量. 根据定理 6.2.9,

$$\boldsymbol{\Phi}(t)=\begin{pmatrix}e^{-t}\boldsymbol{r}_1 & e^{2t}\boldsymbol{r}_2 & e^{2t}\boldsymbol{r}_3\end{pmatrix}=\begin{pmatrix}e^{-t} & 0 & e^{2t}\\ 0 & e^{2t} & 0\\ e^{-t} & -e^{2t} & 4e^{2t}\end{pmatrix}$$

为方程组的一个基解矩阵, 且方程组的通解为

$$\boldsymbol{y}(t)=\boldsymbol{\Phi}(t)\boldsymbol{c}=C_1e^{-t}\begin{pmatrix}1\\0\\1\end{pmatrix}+C_2e^{2t}\begin{pmatrix}0\\1\\-1\end{pmatrix}+C_3e^{2t}\begin{pmatrix}1\\0\\4\end{pmatrix},$$

其中 $\boldsymbol{c}=(C_1,C_2,C_3)^{\mathrm{T}}$ 为任意的常向量. □

根据定理 6.2.9, 当方程组 (6.23) 的系数矩阵 $\boldsymbol{A}$ 只有单的特征根时, 可以直接得到 (6.23) 的基解矩阵.

定理 6.2.10 设常系数齐次线性微分方程组 (6.23) 的系数矩阵 $\boldsymbol{A}$ 有 d 个互不相同的特征值 $\lambda_1, \lambda_2, \cdots, \lambda_d$, 则矩阵函数

$$\boldsymbol{\Phi}(t)=\left(\mathrm{e}^{\lambda_1 t}\boldsymbol{r}_1\ \ \mathrm{e}^{\lambda_2 t}\boldsymbol{r}_2\ \ \cdots\ \ \mathrm{e}^{\lambda_d t}\boldsymbol{r}_d\right)$$

是方程组 (6.23) 的一个基解矩阵, 其中 $\boldsymbol{r}_i$ 是相应于 λ_i 的特征向量 $(i=1,2,\cdots,d)$.

例 6.2.4 求齐次线性微分方程组

$$\boldsymbol{y}'(t)=\boldsymbol{A}\boldsymbol{y}(t),\quad \text{其中}\quad \boldsymbol{A}=\begin{pmatrix}-3&16&10\\1&-5&-3\\-5&28&18\end{pmatrix}$$

的一个基解矩阵, 并由此求方程组的通解.

解 直接计算可得系数矩阵 $\boldsymbol{A}$ 的特征多项式为

$$\det(\boldsymbol{A}-\lambda\boldsymbol{E})=-\lambda(\lambda+1)(\lambda-11).$$

显然，矩阵 $\boldsymbol{A}$ 有三个单的特征值 $\lambda_1=0$, $\lambda_2=-1$ 和 $\lambda_3=11$. 经计算可知, 与它们相应的特征向量可以分别取为

$$\boldsymbol{r}_1=\begin{pmatrix}2\\1\\-1\end{pmatrix},\quad \boldsymbol{r}_2=\begin{pmatrix}2\\-1\\2\end{pmatrix},\quad \boldsymbol{r}_3=\begin{pmatrix}7\\-2\\13\end{pmatrix}.$$

从而，

$$\boldsymbol{\Phi}(t)=\left(\boldsymbol{r}_1\ \ \mathrm{e}^{-t}\boldsymbol{r}_2\ \ \mathrm{e}^{11t}\boldsymbol{r}_3\right)=\begin{pmatrix}2&2\mathrm{e}^{-t}&7\mathrm{e}^{11t}\\1&-\mathrm{e}^{-t}&-2\mathrm{e}^{11t}\\-1&2\mathrm{e}^{-t}&13\mathrm{e}^{11t}\end{pmatrix}$$

为方程组的一个基解矩阵, 且方程组的通解为

$$\boldsymbol{y}(t)=\boldsymbol{\Phi}(t)\boldsymbol{c}=C_1\begin{pmatrix}2\\1\\-1\end{pmatrix}+C_2\mathrm{e}^{-t}\begin{pmatrix}2\\-1\\2\end{pmatrix}+C_3\mathrm{e}^{11t}\begin{pmatrix}7\\-2\\13\end{pmatrix},$$

其中 $\boldsymbol{c}=(C_1,C_2,C_3)^{\mathrm{T}}$ 为任意的常向量. □

当方程组 (6.23) 的系数矩阵 $\boldsymbol{A}$ 有重特征根时, 可分为两种情形: 一种简单的情形是 $\boldsymbol{A}$ 的每个重特征根所对应的线性无关的特征向量的个数正好等于该特征根的重数. 此时, 与各个特征根所对应的线性无关的特征向量的全体就构成 $\boldsymbol{A}$ 的 d 个线性无关的特征向量. 相应地, 只需利用定理 6.2.9 就可直接求得方程组 (6.23) 的一个基解矩阵 (见例 6.2.3). 另一种比较复杂的情形是: $\boldsymbol{A}$ 的某个 n_k 重特征根 λ_k 所对应的线性无关的特征向量的个数小于 λ_k 的重数 n_k. 此时, $\boldsymbol{A}$ 的线性无关的特征向量全体不能组成方程组 (6.23) 的一个基解矩阵. 对于这样的特征值 λ_k, 我们仍可以构造出 n_k 个线性无关的解向量.

定理 6.2.11　设 λ_k 是常系数齐次线性微分方程组 (6.23) 的系数矩阵 $\boldsymbol{A}$ 的 n_k 重特征根, 则方程组 (6.23) 有形如

$$\boldsymbol{y}(t)=\mathrm{e}^{\lambda_k t}\Big(\boldsymbol{r}_0+\frac{t}{1!}\boldsymbol{r}_1+\frac{t^2}{2!}\boldsymbol{r}_2+\cdots+\frac{t^{n_k-1}}{(n_k-1)!}\boldsymbol{r}_{n_k-1}\Big) \tag{6.25}$$

的非零解的充分必要条件是: $\boldsymbol{r}_0$ 是齐次线性代数方程组

$$(\boldsymbol{A}-\lambda_k\boldsymbol{E})^{n_k}\,\boldsymbol{r}=\boldsymbol{0} \tag{6.26}$$

的一个非零解, 且对每一个 $\boldsymbol{r}_0$, (6.25) 中的 $\boldsymbol{r}_1,\cdots,\boldsymbol{r}_{n_k-1}$ 由下列关系式逐次确定:

$$\begin{aligned}
\boldsymbol{r}_1&=(\boldsymbol{A}-\lambda_k\boldsymbol{E})\boldsymbol{r}_0,\\
\boldsymbol{r}_2&=(\boldsymbol{A}-\lambda_k\boldsymbol{E})\boldsymbol{r}_1,\\
&\cdots\cdots\\
\boldsymbol{r}_{n_k-1}&=(\boldsymbol{A}-\lambda_k\boldsymbol{E})\boldsymbol{r}_{n_k-2}.
\end{aligned} \tag{6.27}$$

证明　(必要性) 假设微分方程组 (6.23) 具有形如 (6.25) 的非零解, 则将 (6.25) 代入 (6.23) 并消去 $\mathrm{e}^{\lambda_k t}$ 可得

$$\begin{aligned}
&\lambda_k\Big(\boldsymbol{r}_0+\frac{t}{1!}\boldsymbol{r}_1+\cdots+\frac{t^{n_k-1}}{(n_k-1)!}\boldsymbol{r}_{n_k-1}\Big)+\Big(\boldsymbol{r}_1+\frac{t}{1!}\boldsymbol{r}_2+\cdots+\frac{t^{n_k-2}}{(n_k-2)!}\boldsymbol{r}_{n_k-1}\Big)\\
=&\boldsymbol{A}\Big(\boldsymbol{r}_0+\frac{t}{1!}\boldsymbol{r}_1+\frac{t^2}{2!}\boldsymbol{r}_2+\cdots+\frac{t^{n_k-1}}{(n_k-1)!}\boldsymbol{r}_{n_k-1}\Big),
\end{aligned}$$

即

$$(\boldsymbol{A}-\lambda_k\boldsymbol{E})\Big(\boldsymbol{r}_0+\frac{t}{1!}\boldsymbol{r}_1+\frac{t^2}{2!}\boldsymbol{r}_2+\cdots+\frac{t^{n_k-1}}{(n_k-1)!}\boldsymbol{r}_{n_k-1}\Big)$$

$$= \boldsymbol{r}_1 + \frac{t}{1!}\boldsymbol{r}_2 + \cdots + \frac{t^{n_k-2}}{(n_k-2)!}\boldsymbol{r}_{n_k-1}.$$

比较两端关于 t 的同次幂系数可得

$$\begin{cases} (\boldsymbol{A} - \lambda_k \boldsymbol{E})\boldsymbol{r}_0 = \boldsymbol{r}_1, \\ (\boldsymbol{A} - \lambda_k \boldsymbol{E})\boldsymbol{r}_1 = \boldsymbol{r}_2, \\ \quad \cdots\cdots \\ (\boldsymbol{A} - \lambda_k \boldsymbol{E})\boldsymbol{r}_{n_k-2} = \boldsymbol{r}_{n_k-1}, \\ (\boldsymbol{A} - \lambda_k \boldsymbol{E})\boldsymbol{r}_{n_k-1} = \boldsymbol{0}. \end{cases}$$

从而, $\boldsymbol{r}_1, \cdots, \boldsymbol{r}_{n_k-1}$ 满足 (6.27)，且

$$(\boldsymbol{A} - \lambda_k \boldsymbol{E})^{n_k}\boldsymbol{r}_0 = \boldsymbol{0},$$

即 $\boldsymbol{r}_0$ 是 (6.26) 的非零解 (否则 (6.25) 是方程组 (6.23) 的零解).

(充分性) 注意到以上的推理过程可以全部倒推回去, 从而充分性得证. □

利用线性代数的结果可知, 若矩阵 $\boldsymbol{A}$ 的特征根 λ_k 是 n_k 重的, 则方程组 (6.23) 必存在 n_k 个形如 (6.25) 的线性无关的特解. 同时, 这一结论也包含了 $\boldsymbol{A}$ 的每个重特征根所对应的线性无关的特征向量的个数正好等于该特征根的重数的简单情形. 我们不加证明地引入如下定理:

定理 6.2.12 设常系数齐次线性微分方程组 (6.23) 的系数矩阵 $\boldsymbol{A}$ 的互不相同的特征根为 $\lambda_1, \lambda_2, \cdots, \lambda_s$, 其相应的重数分别为 $n_1, n_2, \cdots, n_s$ $(n_1+n_2+\cdots+n_s = d)$, 则由定理 6.2.10 与定理 6.2.11 所求出的方程组 (6.23) 的 d 个线性无关特解构成方程组 (6.23) 的一个基解矩阵.

例 6.2.5 求齐次线性微分方程组

$$\boldsymbol{y}'(t) = \boldsymbol{A}\boldsymbol{y}(t), \quad 其中 \quad \boldsymbol{A} = \begin{pmatrix} 1 & 1 & 1 \\ 2 & 1 & -1 \\ 0 & -1 & 1 \end{pmatrix}$$

的通解.

解 直接计算可得矩阵 $\boldsymbol{A}$ 的特征多项式为

$$\det(\boldsymbol{A} - \lambda \boldsymbol{E}) = -(\lambda+1)(\lambda-2)^2 = 0.$$

因此, $\boldsymbol{A}$ 有单特征根 $\lambda_3 = -1$ 与二重特征根 $\lambda_2 = \lambda_3 = 2$.

对于单特征根 $\lambda_3=-1$, 若对应的特征向量取为

$$\boldsymbol{r}_1=\begin{pmatrix}-3\\4\\2\end{pmatrix}.$$

则微分方程组相应的非零特解为

$$\boldsymbol{y}_1(t)=\mathrm{e}^{-t}\boldsymbol{r}_1=\mathrm{e}^{-t}\begin{pmatrix}-3\\4\\2\end{pmatrix}.$$

对于二重特征根 $\lambda_2=\lambda_3=2$, 由于 $\operatorname{rank}(\boldsymbol{A}-2\boldsymbol{E})=2$, 故矩阵 $\boldsymbol{A}$ 只有一个相应的线性无关的特征向量. 为此, 我们求解代数方程组 $(\boldsymbol{A}-2\boldsymbol{E})^2\boldsymbol{r}=\boldsymbol{0}$ 的非零解. 事实上, 基本的计算表明方程组 $(\boldsymbol{A}-2\boldsymbol{E})^2\boldsymbol{r}=\boldsymbol{0}$ 存在两个线性无关的解:

$$\boldsymbol{r}_0^{(1)}=\begin{pmatrix}1\\1\\0\end{pmatrix},\quad \boldsymbol{r}_0^{(2)}=\begin{pmatrix}1\\0\\1\end{pmatrix}.$$

因为 2 是 $\boldsymbol{A}$ 的二重根, 所以将 $\boldsymbol{r}_0^{(1)}$ 与 $\boldsymbol{r}_0^{(2)}$ 分别代入 (6.27), 可分别求出

$$\boldsymbol{r}_1^{(1)}=(\boldsymbol{A}-2\boldsymbol{E})\boldsymbol{r}_0^{(1)}=\begin{pmatrix}-1&1&1\\2&-1&-1\\0&-1&-1\end{pmatrix}\begin{pmatrix}1\\1\\0\end{pmatrix}=\begin{pmatrix}0\\1\\-1\end{pmatrix}$$

与

$$\boldsymbol{r}_1^{(2)}=(\boldsymbol{A}-2\boldsymbol{E})\boldsymbol{r}_0^{(2)}=\begin{pmatrix}-1&1&1\\2&-1&-1\\0&-1&-1\end{pmatrix}\begin{pmatrix}1\\0\\1\end{pmatrix}=\begin{pmatrix}0\\1\\-1\end{pmatrix},$$

将 $\boldsymbol{r}_0^{(1)},\boldsymbol{r}_1^{(1)}$ 与 $\boldsymbol{r}_0^{(2)},\boldsymbol{r}_1^{(2)}$ 分别代入公式 (6.25), 就得到了所给微分方程组的相应于二重特征根 $\lambda_2=\lambda_3=2$ 的两个线性无关的特解:

$$\boldsymbol{y}_2(t)=\mathrm{e}^{2t}\big(\boldsymbol{r}_0^{(1)}+t\boldsymbol{r}_1^{(1)}\big)=\mathrm{e}^{2t}\begin{pmatrix}1\\1\\0\end{pmatrix}+t\mathrm{e}^{2t}\begin{pmatrix}0\\1\\-1\end{pmatrix}=\mathrm{e}^{2t}\begin{pmatrix}1\\1+t\\-t\end{pmatrix},$$

$$\boldsymbol{y}_3(t)=\mathrm{e}^{2t}\big(\boldsymbol{r}_0^{(2)}+t\boldsymbol{r}_1^{(2)}\big)=\mathrm{e}^{2t}\begin{pmatrix}1\\0\\1\end{pmatrix}+t\mathrm{e}^{2t}\begin{pmatrix}0\\1\\-1\end{pmatrix}=\mathrm{e}^{2t}\begin{pmatrix}1\\t\\1-t\end{pmatrix}.$$

从而, 微分方程组的通解为

$$\begin{aligned}\boldsymbol{y}(t) &= C_1\boldsymbol{y}_1(t) + C_2\boldsymbol{y}_2(t) + C_3\boldsymbol{y}_3(t)\\ &= C_1\mathrm{e}^{-t}\begin{pmatrix}-3\\4\\2\end{pmatrix} + C_2\mathrm{e}^{2t}\begin{pmatrix}1\\1+t\\-t\end{pmatrix} + C_3\mathrm{e}^{2t}\begin{pmatrix}1\\t\\1-t\end{pmatrix},\end{aligned}$$

其中 C_1, C_2, C_3 是任意的常数. □

最后, 我们补充说明几点:

(1) 虽然 $\boldsymbol{A}$ 是实矩阵, 但它可能有共轭的复特征根, 相应的特征向量可能为复向量. 此时, 定理 6.2.12 提供的特解也可能是复值的, 这在应用上并不方便. 事实上, 我们可以按如下方式从复值解求实值解: 设常系数齐次线性微分方程组 (6.23) 有一个复值解

$$\boldsymbol{y}_1(t) = \boldsymbol{u}(t) + \mathrm{i}\boldsymbol{v}(t),$$

其中 $\boldsymbol{u}(t)$ 与 $\boldsymbol{v}(t)$ 都是实向量值函数, 则由 $\boldsymbol{A}$ 是实矩阵易知, $\boldsymbol{y}_1(t)$ 的共轭

$$\boldsymbol{y}_2(t) = \boldsymbol{u}(t) - \mathrm{i}\boldsymbol{v}(t)$$

也是方程组 (6.23) 的复值解. 从而, 这两个复值解的实部

$$\boldsymbol{u}(t) = \frac{1}{2}\big(\boldsymbol{y}_1(t) + \boldsymbol{y}_2(t)\big)$$

和虚部

$$\boldsymbol{v}(t) = \frac{1}{2\mathrm{i}}\big(\boldsymbol{y}_1(t) - \boldsymbol{y}_2(t)\big)$$

是方程组 (6.23) 的两个实值解. 用这种方法可以把基解矩阵 $\boldsymbol{\Phi}(t)$ 中的所有复值解都换成实值解, 得到 d 个线性无关的实值解.

(2) 为了求解常系数非齐次线性微分方程组

$$\boldsymbol{y}'(t) = \boldsymbol{A}\boldsymbol{y}(t) + \boldsymbol{f}(t), \tag{6.28}$$

我们可以先求出对应的常系数齐次线性微分方程组的基解矩阵 $\boldsymbol{\Phi}(t)$, 然后根据公式 (6.21) 或 (6.22) 得到方程组 (6.28) 的通解或特解.

(3) 设 $a_1(t), a_2(t), \cdots, a_d(t)$ 与 $f(t)$ 均为区间 (a, b) 上的连续函数. 对于 d 阶线性微分方程

$$y^{(d)}(t) + a_1(t)y^{(d-1)}(t) + \cdots + a_{d-1}(t)y'(t) + a_d(t)y(t) = f(t) \tag{6.29}$$

的求解, 可以通过引入未知函数

$$y_1(t)=y(t),\quad y_2(t)=y'(t),\quad \cdots,\quad y_d(t)=y^{(d-1)}(t)$$

将其转化为求解等价的线性微分方程组

$$\boldsymbol{y}'(t)=\boldsymbol{A}(t)\boldsymbol{y}(t)+\boldsymbol{f}(t), \tag{6.30}$$

其中

$$\boldsymbol{y}(t)=\begin{pmatrix} y_1(t)\\ y_2(t)\\ \vdots\\ y_{d-1}(t)\\ y_d(t)\end{pmatrix},\quad \boldsymbol{f}(x)=\begin{pmatrix}0\\0\\ \vdots\\ 0\\ f(t)\end{pmatrix},$$

$$\boldsymbol{A}(t)=\begin{pmatrix} 0 & 1 & 0 & \cdots & 0 & 0\\ 0 & 0 & 1 & \cdots & 0 & 0\\ \vdots & \vdots & \vdots & & \vdots & \vdots\\ 0 & 0 & 0 & \cdots & 0 & 1\\ -a_d(t) & -a_{d-1}(t) & -a_{d-2}(t) & \cdots & -a_2(t) & -a_1(t)\end{pmatrix}.$$

显然, 向量 $\boldsymbol{y}(t)$ 的分量 $y_1(t)$ 就是方程 (6.29) 的解; 反之, 当求得方程 (6.29) 的一个解 $y(t)$ 后, 对它逐次求导, 就可以得到方程组 (6.30) 的相应解 $\boldsymbol{y}(t):=\big(y(t),y'(t),\cdots,y^{(d-1)}(t)\big)^{\mathrm{T}}$.

6.3 稳定性理论初步

在本节中, 我们研究非线性常微分方程组

$$\boldsymbol{y}'(t)=\boldsymbol{g}(t,\boldsymbol{y}), \tag{6.31}$$

其中向量值函数 $\boldsymbol{g}(t,\boldsymbol{y})$ 在区域 $\mathfrak{D}$ 上连续且关于 $\boldsymbol{y}$ 满足**局部 Lipschitz 条件**, 即对区域 $\mathfrak{D}$ 的任一点 $(t_0,\boldsymbol{y}_0)$, 存在闭区域 $D=\big\{(t,\boldsymbol{y})\,\big|\,|t-t_0|\leqslant a,\|\boldsymbol{y}-\boldsymbol{y}_0\|\leqslant b\big\}\subset\mathfrak{D}$ 及常数 $L>0$ 使得对任意的 $(t,\boldsymbol{y}_1),(t,\boldsymbol{y}_2)\in D$ 都有

$$\big\|\boldsymbol{g}(t,\boldsymbol{y}_1)-\boldsymbol{g}(t,\boldsymbol{y}_2)\big\|\leqslant L\|\boldsymbol{y}_1-\boldsymbol{y}_2\|. \tag{6.32}$$

类似于定理 6.1.1 可以证明: 在假设 (6.32) 之下, 方程组 (6.31) 在区间 $[t_0-h,t_0+h]$ 上存在唯一的解 $\boldsymbol{y}(t)$ 满足初值条件 $\boldsymbol{y}(0)=\boldsymbol{y}_0$, 其中 $h=\min\left\{a,\dfrac{b}{M}\right\}$, $M=\max\limits_{(t,\boldsymbol{y})\in D}\big\|\boldsymbol{g}(t,\boldsymbol{y})\big\|$. 类似于定理 6.1.2, 可以证明 $\boldsymbol{y}(t)$ 可延拓到 $+\infty$(或 $-\infty$), 或任意接近 D 的边界.

以方程组 (6.31) 的解的存在唯一性及延拓为基础, 我们可以进一步研究解的性态.

6.3.1 Lyapunov 稳定性

让我们从一个简单的方程谈起. 考虑一阶非线性微分方程的初值问题

$$y'(t) = Ay - By^2, \quad t > 0, \tag{6.33}$$

其中 A, B 为常数且 $AB > 0$. 利用 Bernoulli 方程的求解方法可知, 方程 (6.33) 有通解

$$y = \frac{A}{B + C\mathrm{e}^{-At}},$$

其中 C 为任意常数. 直接计算可知

$$y_1 = 0, \quad y_2 = \frac{A}{B}$$

是方程 (6.33) 的两个特解. 若考虑初值条件, 则方程 (6.33) 有满足初值条件 $y(0) = y_0 \neq 0$ 的解

$$y = \frac{A}{B + \left(\dfrac{A}{y_0} - B\right)\mathrm{e}^{-At}}. \tag{6.34}$$

由解的表达式 (6.34) 容易知道,

(1) 当 $A > 0, B > 0$ 时, 满足初值条件 $y(0) = y_0 > 0$ 的所有解在 $t \to +\infty$ 的过程中均渐近地趋于解 $y_2(t) = \dfrac{A}{B}$, 而满足初值条件 $y(0) = y_0 < 0$ 的所有解均在有限时刻趋向负无穷, 且以平行于 y 轴的直线为渐近线;

(2) 当 $A < 0, B < 0$ 时, 满足初值条件 $y(0) = y_0 < \dfrac{A}{B}$ 的解均渐近地趋于解 $y_1(t) = 0$, 而满足初值条件 $y(0) = y_0 > \dfrac{A}{B}$ 的所有解均在有限时刻趋向正无穷且以平行于 y 轴的直线为渐近线.

在情形 (1), 即 $A > 0, B > 0$ 时, 我们称解 $y_2(t) = \dfrac{A}{B}$ 是稳定的, 而称解 $y_1(t) = 0$ 是不稳定的; 在情形 (2), 即 $A < 0, B < 0$ 时, 称解 $y_1(t)$ 是稳定的, 而称解 $y_2(t)$ 是不稳定的.

研究微分方程的解的稳定性具有重要的物理意义: 由于描述物质运动的微分方程的特解依赖于初值, 而初值的计算或测定不可避免地出现误差, 所以当特解不稳定时, 初值的微小误差或干扰将招致 "差之毫厘, 谬以千里" 的严重后果. 因此, 不稳定的特解不适合作为设计的依据. 而且, 由于大多数非线性微分方程都很

难甚至不可能求出其解的具体表达式, 我们需要在不具体求出方程的解的情况下判断解的稳定性态.

当我们研究方程组 (6.31) 的解 $\boldsymbol{y}(t)$ 的性态时, 通常将其与具有某些特殊性质的特解 $\boldsymbol{y}^*(t)$ 联系在一起. 若 $\boldsymbol{y}^*(t) \neq \boldsymbol{0}$, 我们可以利用变换

$$\boldsymbol{x}(t) = \boldsymbol{y}(t) - \boldsymbol{y}^*(t) \tag{6.35}$$

将方程组 (6.31) 化为关于 $\boldsymbol{x}(t)$ 的方程组

$$\boldsymbol{x}'(t) = \boldsymbol{f}(t, \boldsymbol{x}), \tag{6.36}$$

其中

$$\boldsymbol{f}(t, \boldsymbol{x}) = \boldsymbol{g}(t, \boldsymbol{x} + \boldsymbol{y}^*) - \boldsymbol{g}(t, \boldsymbol{y}^*).$$

特别地,

$$\boldsymbol{f}(t, \boldsymbol{0}) = \boldsymbol{0}. \tag{6.37}$$

于是, 研究方程组 (6.31) 的解 $\boldsymbol{y}(t)$ 在特解 $\boldsymbol{y}^*(t)$ 附近的性态就转化为讨论方程组 (6.36) 的解 $\boldsymbol{x}(t)$ 在零解 $\boldsymbol{x} = \boldsymbol{0}$ 附近的性态. 例如，通过变换

$$x = y - \frac{A}{B}$$

可以将方程 (6.33) 的特解 $y_2(t) = \dfrac{A}{B}$ 的稳定性研究转化为讨论方程

$$x'(t) = -Ax - Bx^2 \tag{6.38}$$

的零解 $x = 0$ 的稳定性. 这一技巧可以将微分方程组 (6.31) 的稳定性研究统一在方程组 (6.36) 的零解稳定性框架下进行, 而不必就各种特解讨论其稳定性态.

下面给出方程组 (6.36) 零解 $\boldsymbol{x} = \boldsymbol{0}$ 的稳定性的精确定义. 为此, 我们假设向量值函数 $\boldsymbol{f}(t, \boldsymbol{x})$ 在包含原点的区域 $\mathfrak{D} = (-\infty, +\infty) \times G$ 上连续, 关于 $\boldsymbol{x}$ 具有连续偏导数, 且条件 (6.37) 成立.

定义 6.3.1 (Lyapunov 稳定性)　设 $t_0 \in (-\infty, +\infty)$, $\boldsymbol{x}_0 \in G$, $\boldsymbol{x}(t)$ 是方程组 (6.36) 满足初值条件 $\boldsymbol{x}(t_0) = \boldsymbol{x}_0$ 的解.

(1) 若对任意给定的 $\varepsilon > 0$, 存在 $\delta > 0$, 使得只要 $\boldsymbol{x}_0$ 满足 $\|\boldsymbol{x}_0\| < \delta$, 就有

$$\|\boldsymbol{x}(t)\| < \varepsilon, \quad t \geqslant t_0,$$

则称方程组 (6.36) 的零解 $\boldsymbol{x} = \boldsymbol{0}$ 是稳定的;

(2) 若方程组 (6.36) 的零解 $\boldsymbol{x} = \boldsymbol{0}$ 不是稳定的, 则称 $\boldsymbol{x} = \boldsymbol{0}$ 是不稳定的;

(3) 若方程组 (6.36) 的零解 $\boldsymbol{x}=\boldsymbol{0}$ 是稳定的, 且存在 $\delta_0>0$, 使得只要 $\boldsymbol{x}_0$ 满足 $\|\boldsymbol{x}_0\|<\delta_0$, 就有

$$\lim_{t\to+\infty}\boldsymbol{x}(t)=\boldsymbol{0},$$

则称零解 $\boldsymbol{x}=\boldsymbol{0}$ 是渐近稳定的;

(4) 若方程组 (6.36) 的零解 $\boldsymbol{x}=\boldsymbol{0}$ 是渐近稳定的, 且存在区域 D_0 使得当且仅当 $\boldsymbol{x}_0\in D_0$ 时, $\boldsymbol{x}(t)$ 满足 $\lim\limits_{t\to+\infty}\boldsymbol{x}(t)=\boldsymbol{0}$, 则称区域 D_0 是渐近稳定域或吸引域. 若吸引域是全空间, 则称零解 $\boldsymbol{x}=\boldsymbol{0}$ 是全局渐近稳定的.

例 6.3.1 对方程 (6.33), 当 $A<0,B<0$ 时, 其零解 $y=0$ 是渐近稳定的, 吸引域为 $y_0<\dfrac{A}{B}$; 当 $A>0,B>0$ 时, 其特解 $y=\dfrac{A}{B}$ 是渐近稳定的, 吸引域为 $y_0>0$; 当 $A>0,B>0$ 时, 零解 $y=0$ 和当 $A<0,B<0$ 时特解 $y=\dfrac{A}{B}$ 都是不稳定的.

证明 当 $A<0,B<0$ 时, 由解的表达式 (6.34) 可知, 对任意给定的 $\varepsilon>0$, 若取 $\delta=\dfrac{A\varepsilon}{B\varepsilon+A\mathrm{e}^{At_0}}$, 则只要 $|y_0|<\delta$, 方程 (6.33) 满足初值条件 $y(t_0)=y_0$ 的解 $y(t)$ 就有

$$|y(t)|<\varepsilon,\quad t\geqslant t_0,$$

即零解 $y=0$ 是稳定的. 而且, 对 $\delta_0=\dfrac{A}{B}$, 只要 $|y_0|<\delta_0$, 方程 (6.33) 满足初值条件 $y(t_0)=y_0$ 的解 $y(t)$ 就有

$$\lim_{t\to+\infty}y(t)=0,$$

即零解 $y=0$ 是渐近稳定的. 又因为当且仅当 $y_0<\dfrac{A}{B}$ 时, 满足初值条件 $y(t_0)=y_0$ 的解 $y(t)$ 必有 $\lim\limits_{t\to+\infty}y(t)=0$, 所以吸引域为 $y_0<\dfrac{A}{B}$.

类似地可以证明, 当 $A>0,B>0$ 时, 方程 (6.33) 的解 $y=\dfrac{A}{B}$ 是渐近稳定的, 吸引域为 $y_0>0$. 事实上, 只需说明方程 (6.38) 的零解 $x=0$ 是渐近稳定的, 吸引域为 $x_0>-\dfrac{A}{B}$.

另一方面, 当 $A>0,B>0$ 时, 零解 $y=0$ 和当 $A<0,B<0$ 时方程 (6.33) 的解 $y=\dfrac{A}{B}$ (即方程 (6.38) 的零解 $x=0$) 都是不稳定的. □

6.3.2 按线性近似决定稳定性

根据条件 (6.37), 我们可以将方程 (6.36) 右端的函数 $\boldsymbol{f}(t,\boldsymbol{x})$ 展开成 $\boldsymbol{x}$ 的线性部分 $\boldsymbol{A}(t)\boldsymbol{x}$ 和非线性部分 $\boldsymbol{N}(t,\boldsymbol{x})$ ($\boldsymbol{x}$ 的高次项) 之和, 即考虑方程

$$\boldsymbol{x}'(t)=\boldsymbol{A}(t)\boldsymbol{x}+\boldsymbol{N}(t,\boldsymbol{x}),\tag{6.39}$$

其中 $\boldsymbol{A}(t)$ 是一个 d 阶的矩阵值函数, 向量值函数 $\boldsymbol{N}(t,\boldsymbol{x})$ 满足 $\boldsymbol{N}(t,\boldsymbol{0})\equiv\boldsymbol{0}$ 且 $\lim\limits_{\|\boldsymbol{x}\|\to 0}\dfrac{\|\boldsymbol{N}(t,\boldsymbol{x})\|}{\|\boldsymbol{x}\|}=0$ 对 $t\geqslant t_0$ 一致地成立.

由于我们考虑的是非线性微分方程组 (6.39) 零解 $\boldsymbol{x}=\boldsymbol{0}$ 的稳定性, 所以只需考察当 $\|\boldsymbol{x}_0\|$ 较小时以 $\boldsymbol{x}(t_0)=\boldsymbol{x}_0$ 为初值的解. 于是, 自然会提出这样的问题: 在什么条件下, (6.39) 零解的稳定性能由相应的线性微分方程组

$$\boldsymbol{x}'(t)=\boldsymbol{A}(t)\boldsymbol{x}\tag{6.40}$$

的零解的稳定性来决定. 这便是所谓按线性近似决定稳定性的问题.

首先, 当 $\boldsymbol{A}(t)$ 是常数矩阵时, 利用常系数齐次线性微分方程组基解矩阵的结果, 容易得到下述关于线性化方程组 (6.40) 的结论:

定理 6.3.1 若线性方程组 (6.40) 中矩阵 $\boldsymbol{A}(t)$ 为常数矩阵 $\boldsymbol{A}$, 则方程组 (6.40) 的零解 $\boldsymbol{x}=\boldsymbol{0}$

(1) 渐近稳定的充分必要条件是: 矩阵 $\boldsymbol{A}$ 的全部特征根都有负的实部;

(2) 稳定的充分必要条件是: 矩阵 $\boldsymbol{A}$ 的全部特征根都有非正的实部, 并且实部为零的特征根所对应的线性无关的特征向量个数恰为此特征根的重数;

(3) 不稳定的充分必要条件是: 矩阵 $\boldsymbol{A}$ 存在实部为正的特征根, 或者存在实部为零的特征根, 且它所对应的线性无关的特征向量个数小于此特征根的重数.

例 6.3.2 判断线性方程组

$$\begin{cases}x'(t)=ax+by,\\ y'(t)=cx+dy\end{cases}$$

的零解的稳定性, 其中常数 a,b,c,d 满足 $ad-bc\neq 0$.

解 易知, 系数矩阵的特征方程为

$$\lambda^2-(a+d)\lambda+(ad-bc)=0.$$

若记 $p=-(a+d)$, $q=(ad-bc)$, 则特征根可表示为

$$\lambda=\frac{-p\pm\sqrt{p^2-4q}}{2}.$$

故由定理 6.3.1 可知, 当 $q>0,p>0$ 时, 零解是渐近稳定的; 当 $q>0,p=0$ 时, 零解稳定而不渐近稳定; 当 $q>0,p<0$ 或 $q<0$ 时, 零解是不稳定的. □

一般而言, 非线性微分方程组 (6.39) 的零解可能与其线性化方程组 (6.40) 的零解有不同的稳定性. 但当 $\boldsymbol{A}(t)$ 为常数矩阵时, 我们不加证明地陈述如下定理:

定理 6.3.2 设 $\boldsymbol{A}(t)$ 为常数矩阵 $\boldsymbol{A}$. 若 $\boldsymbol{A}$ 没有零特征根或实部为零的特征根, 则非线性微分方程组 (6.39) 的零解与其线性化方程组 (6.40) 的零解具有相同的稳定性. 即

当 $\boldsymbol{A}$ 的特征根均具有负的实部时, 非线性方程组 (6.39) 的零解是渐近稳定的; 当 $\boldsymbol{A}$ 存在实部为正的特征根时, (6.39) 的零解是不稳定的.

当 $\boldsymbol{A}$ 除有负实部的特征根之外还有零特征根或具零实部的特征根时, 非线性方程组 (6.39) 零解的稳定性态并不能由其线性化方程组 (6.40) 来决定. 这种情形称为临界情形. 如何解决临界情形的稳定性问题是常微分方程稳定性理论的重大课题之一.

例 6.3.3 考虑受阻力作用的数学摆的振动, 其微分方程为

$$\varphi''(t)+\frac{\mu}{m}\varphi'(t)+\frac{g}{l}\sin\varphi(t)=0,$$

其中长度 l, 质量 m, 重力加速度 g 和阻力系数 μ 均大于 0. 若引入变量替换 $x(t)=\varphi(t)$, $y(t)=\varphi'(t)$, 则可将上述方程转化为等价的一阶非线性微分方程组

$$\begin{cases} x'(t)=y \\ y'(t)=-\dfrac{\mu}{m}y-\dfrac{g}{l}\sin x. \end{cases} \tag{6.41}$$

判断特解 $(x,y)=(n\pi,0)$ 的稳定性 $(n=0,\pm1,\pm2,\cdots)$.

解 首先, 为了利用线性近似来确定零解的稳定性, 将方程组 (6.41) 改写成

$$\begin{cases} x'(t)=y, \\ y'(t)=-\dfrac{g}{l}x-\dfrac{\mu}{m}y-\dfrac{g}{l}(\sin x-x). \end{cases}$$

从而, 相应的线性化方程组为

$$\begin{cases} x'(t)=y, \\ y'(t)=-\dfrac{g}{l}x-\dfrac{\mu}{m}y. \end{cases} \tag{6.42}$$

易知线性微分方程组 (6.42) 的特征方程为

$$\lambda^2+\frac{\mu}{m}\lambda+\frac{g}{l}=0,$$

相应的特征根是

$$\lambda_{1,2}=-\frac{\mu}{2m}\pm\frac{1}{2}\sqrt{\left(\frac{\mu}{m}\right)^2-\frac{4g}{l}}.$$

因为 $\mu > 0$, 所以两个特征根均具负实部. 根据定理 6.3.2, 方程组 (6.41) 的零解是渐近稳定的.

其次, 对于特解 $(x, y) = (n\pi, 0)$ $(n = \pm 1, \pm 2, \cdots)$ 的稳定性, 由于 $\sin x$ 的周期性, 我们只需研究特解 $(x, y) = (\pi, 0)$ 的性态就可以了, 相应的结论对 $(x, y) = (n\pi, 0)$ $(n = -1, \pm 2, \cdots)$ 也成立. 为此, 我们引入变换 $\widetilde{x} = x - \pi$, $\widetilde{y} = y$, 将方程组 (6.41) 转化为

$$\begin{cases} \widetilde{x}'(t) = \widetilde{y}, \\ \widetilde{y}'(t) = -\dfrac{\mu}{m}\widetilde{y} + \dfrac{g}{l}\sin\widetilde{x}. \end{cases} \tag{6.43}$$

相应的线性化方程组为

$$\begin{cases} \widetilde{x}'(t) = \widetilde{y}, \\ \widetilde{y}'(t) = \dfrac{g}{l}\widetilde{x} - \dfrac{\mu}{m}\widetilde{y}, \end{cases}$$

其对应的特征方程的根为

$$\lambda_{1,2} = -\frac{\mu}{2m} \pm \frac{1}{2}\sqrt{\left(\frac{\mu}{m}\right)^2 + \frac{4g}{l}}.$$

因为这是一对异号实根, 所以由定理 6.3.2 可知, 方程组 (6.43) 的零解是不稳定的. 从而, 非线性微分方程组 (6.41) 的特解 $(x, y) = (\pi, 0)$ 是不稳定的. □

利用定理 6.3.2 判断非线性微分方程组 (6.39) 的稳定性需要计算出系数矩阵 $\boldsymbol{A}$ 的全部特征根. 但是, 当 n 相当大时, 这些特征根不容易甚至不能用公式具体地表达出来. 事实上, 就稳定性而言, 我们并不需要求出特征方程的全部根, 而只需要知道所有根的实部是否均为负. 下述 Hurwitz 准则给出了代数方程的根的实部均为负的判别.

定理 6.3.3 (Hurwitz 准则)　设 $a_0 > 0$, 则 d 次实系数代数方程

$$a_0\lambda^d + a_1\lambda^{d-1} + a_2\lambda^{d-2} + \cdots + a_{d-1}\lambda + a_d = 0$$

的所有根都具有负实部的充分必要条件是

$$\Delta_1 = a_1 > 0,$$

$$\Delta_2 = \begin{vmatrix} a_1 & a_0 \\ a_3 & a_2 \end{vmatrix} > 0,$$

$$\Delta_3 = \begin{vmatrix} a_1 & a_0 & 0 \\ a_3 & a_2 & a_1 \\ a_5 & a_4 & a_3 \end{vmatrix} > 0,$$

$$\cdots\cdots \tag{6.44}$$

$$\Delta_d = \begin{vmatrix} a_1 & a_0 & 0 & 0 & \cdots & 0 \\ a_3 & a_2 & a_1 & a_0 & \cdots & 0 \\ \vdots & \vdots & \vdots & \vdots & & \vdots \\ a_{2d-1} & a_{2d-2} & a_{2d-3} & a_{2d-4} & \cdots & a_d \end{vmatrix} > 0,$$

其中当 $k > d$ 时, $a_k = 0$.

例 6.3.4 证明: 一阶非线性微分方程组

$$\begin{cases} x'(t) = -2x + y - z + x^2\mathrm{e}^x, \\ y'(t) = x - y + x^3y + z^2, \\ z'(t) = x + y - z - \mathrm{e}^x(y^2 + z^2) \end{cases}$$

的零解 $(x, y, z) = (0, 0, 0)$ 是渐近稳定的.

证明 显然, 相应的线性化方程组的特征方程为

$$\begin{vmatrix} -2-\lambda & 1 & -1 \\ 1 & -1-\lambda & 0 \\ 1 & 1 & -1-\lambda \end{vmatrix} = 0,$$

即

$$\lambda^3 + 4\lambda^2 + 5\lambda + 3 = 0.$$

由此得 Hurwitz 行列式

$$\Delta_1 = 4, \quad \Delta_2 = \begin{vmatrix} 4 & 1 \\ 3 & 5 \end{vmatrix} = 17, \quad \Delta_3 = \begin{vmatrix} 4 & 1 & 0 \\ 3 & 5 & 4 \\ 0 & 0 & 3 \end{vmatrix} = 51.$$

根据定理 6.3.3, 特征方程所有根均有负实部. 故由定理 6.3.2 知, 零解 $(x, y, z) = (0, 0, 0)$ 是渐近稳定的. □

习 题 6

1. 试求初值问题

$$\begin{cases} y'(t) = t + y + 1, \\ y(0) = 0 \end{cases}$$

的 Picard 序列, 并由此取极限求解.

2. 利用 Picard 逐次迭代法求初值问题

$$\begin{cases} y'(t) = t^2 - y^2, \quad D: |t+1| \leqslant 1,\ |y| \leqslant 1, \\ y(-1) = 0 \end{cases}$$

的解的存在区间, 并求此区间上的第 2 次近似解及误差估计.

3. 设 $f \in C([a,b])$, $K \in C([a,b]\times[a,b])$. 证明: 当常数 λ 充分小时, 积分方程

$$y(t) = f(t) + \lambda \int_a^b K(t,\tau) y(\tau) \mathrm{d}\tau$$

在 $[a,b]$ 上存在唯一的连续解.

4. 设 $f \in C(\mathbb{R}^2)$. 证明: 对任意的 t_0, 只要 y_0 充分小, 方程

$$y'(t) = (y^2 - \mathrm{e}^{2t}) f(t,y)$$

经过点 (t_0, y_0) 的解必可延拓到 $[t_0, +\infty)$.

5. 设非负函数 $A, B \in C\big((\alpha,\beta)\big)$, 函数 $f \in C\big((\alpha,\beta)\times(-\infty,\infty)\big)$ 且满足不等式

$$|f(t,y)| \leqslant A(t)|y| + B(t), \quad (t,y) \in D = (\alpha,\beta)\times(-\infty,\infty).$$

证明: 方程 $y'(t) = f(t,y)$ 的每一个解都以区间 (α,β) 为最大存在区间.

6. 求方程组 $\boldsymbol{y}'(t) = \boldsymbol{A}\boldsymbol{y}(t)$ 的基解矩阵, 并求满足初值条件 $\boldsymbol{y}(0) = (0, -2, -7)^{\mathrm{T}}$ 的解 $\boldsymbol{y}(t)$, 其中

$$\boldsymbol{A} = \begin{pmatrix} 1 & 0 & 3 \\ 8 & 1 & -1 \\ 5 & 1 & -1 \end{pmatrix}.$$

7. 求方程组 $\boldsymbol{y}'(t) = \boldsymbol{A}\boldsymbol{y}(t) + \boldsymbol{f}(t)$ 满足零初值条件的解 $\boldsymbol{y}(t)$, 其中

$$\boldsymbol{A} = \begin{pmatrix} 0 & 1 & 0 \\ 0 & 0 & 1 \\ -6 & -11 & -6 \end{pmatrix}, \quad \boldsymbol{f}(t) = \begin{pmatrix} 0 \\ 0 \\ -t \end{pmatrix}.$$

8. 证明: 若常系数齐次线性微分方程组 (6.23) 的基解矩阵 $\boldsymbol{\Phi}(t)$ 满足 $\boldsymbol{\Phi}(0) = \boldsymbol{E}$, 则对任意的参数 τ 都有

$$\boldsymbol{\Phi}(t)\boldsymbol{\Phi}(\tau) \equiv \boldsymbol{\Phi}(t+\tau), \quad \boldsymbol{\Phi}^{-1}(\tau) \equiv \boldsymbol{\Phi}(-\tau).$$

9. 设 $a \in \mathbb{R}$. 讨论微分方程 $x'(t) = ax$ 的零解 $x = 0$ 的稳定性.

10. 讨论非线性微分方程组 (6.41) 在 $\mu = 0$ 时的特解 $(x, y) = (n\pi, 0)$ 的稳定性 $(n = \pm 1, \pm 2, \cdots)$.

11. 证明: 一阶非线性微分方程组

$$\begin{cases} x'(t) = y - z - 2\sin x, \\ y'(t) = x - 2y + (\sin y + z^2)\mathrm{e}^x, \\ z'(t) = x + y - \dfrac{z}{1-z} \end{cases}$$

的零解 $(x, y, z) = (0, 0, 0)$ 是渐近稳定的.

12.* 设 $f(x, y)$ 为 $[a, b] \times (-\infty, +\infty)$ 上关于 y 单调下降的二元函数, $y = y(x)$ 与 $z = z(x)$ 是可微函数且分别满足

$$y'(x) = f(x, y), \quad z'(x) \leqslant f(x, z), \quad x \in [a, b].$$

证明: 若 $z(a) \leqslant y(a)$, 则 $z(x) \leqslant y(x)$ $(x \in [a, b])$.

参考答案与提示

习　题　1

1. 对任意的 $\varepsilon \in \left(0, \dfrac{\pi}{2}\right)$, 取 $N = \left[\tan\left(\dfrac{\pi}{2} - \varepsilon\right)\right] + 1$ 即可.

2. 注意到当 $n > 2$ 时, $2^n = (1+1)^n > \mathrm{C}_n^3 = \dfrac{1}{6}n(n-1)(n-2)$.

3. 利用 $\big||a_n| - |a|\big| \leqslant |a_n - a|$. 对逆命题, 可考察 $a_n = (-1)^n \ (n = 1, 2, \cdots)$.

4. (1) 利用定理 1.1.1 或仿照例 1.1.3 证明; (2) 仿照例 1.1.3 证明.

5. 利用 $|a_n \pm b_n| \geqslant |a_n| - |b_n|$.

6. $\dfrac{a}{2}$.

7. 利用定理 1.1.1 可得 $\lim\limits_{n\to\infty} \dfrac{a_{2n}}{2n} = 0$, $\lim\limits_{n\to\infty} \dfrac{a_{2n+1}}{2n+1} = 0$.

8. 类似于 $\dfrac{*}{\infty}$ 型 Stolz 定理的证明.

9. $\dfrac{1}{2}$.

10. 利用数学归纳法可以证明: $\{a_n\}$ 单调增加且 $a_n < \dfrac{1+\sqrt{1+4c}}{2} \ (n = 1, 2, \cdots)$.

11. 由例 1.2.3 可知, $\lim\limits_{n\to\infty} (na_n) = 1$. 从而,

$$\lim_{n\to\infty} \frac{n(1-na_n)}{\ln n} = \lim_{n\to\infty} \frac{\dfrac{1}{a_n} - n}{\ln n} = \lim_{n\to\infty} \frac{\left(\dfrac{1}{a_{n+1}} - \dfrac{1}{a_n}\right) - 1}{\ln(n+1) - \ln n} = \lim_{n\to\infty} \frac{\dfrac{na_n}{1-a_n}}{n\ln\dfrac{n+1}{n}}.$$

12. 用反证法.

13. $\sqrt{2}$.

14. 用二分法与定理 1.2.2.

15. 当应用闭区间套定理时, 可以使用二分法; 当应用 Heine-Borel 有限覆盖定理时, 可以使用反正法.

16. 利用 $\{a_n\}$ 无界证明存在子列为无穷大量; 利用 $\{a_n\}$ 不是无穷大量及定理 1.2.4 证明存在收敛子列.

17. 利用 $\lim\limits_{n\to\infty} q^n = 0$ 可以证明 $\{a_n\}$ 为 Cauchy 数列.

18. 以上确界的唯一性为例: 设 $\beta = \sup S$, $\beta' = \sup S$, 证明 $\beta = \beta'$ 即可.

19. 以 $\{a_n\}$ 单调增加有上界为例: 由单调有界定理可知, $\{a_n\}$ 收敛, 记 $\beta = \lim\limits_{n\to\infty} a_n$, 证明 $\beta = \sup\{a_n\}$ 即可.

20. 由上确界的定义可知, 对 $\varepsilon = \dfrac{1}{n}$ $(n = 1, 2, \cdots)$, 存在 $a_n \in S$ 使得 $\beta - \dfrac{1}{n} < a_n \leqslant \beta$.

21. 以上极限为例: 因为 $\left\{\sup\limits_{k\geqslant n} a_k\right\}$ 单调减少, 所以可记 $H = \lim\limits_{n\to\infty} \sup\limits_{k\geqslant n} a_k$. 只需证明 $\overline{\lim\limits_{n\to\infty}}\, a_n = H$ 即可.

22. 利用上极限与下极限对定理 1.1.1 的证明过程进行简化即可.

23. 记 $H = \overline{\lim\limits_{n\to\infty}}\, \dfrac{a_n}{a_{n+1}}$. 因为 $\{a_n\}$ 单调增加, 所以 $H \leqslant 1$. 若 $H < 1$, 则存在常数 $k > 0$ 使得 $a_{n+1} \geqslant k\left(\dfrac{2}{H+1}\right)^n$ $(n \to \infty)$. 这与 $a_n = O(n^\alpha)$ 矛盾.

24. 将 $b_{n+1} = \sqrt{a_n + b_n}$ 两端平方, 并利用定理 1.3.8 即可.

25. 设 $\alpha = \inf\limits_{n\geqslant 1}\left\{\dfrac{\ln a_n}{n}\right\}$, 则由习题 1 的第 21 题可知, $\alpha \leqslant \underline{\lim\limits_{n\to\infty}}\, \dfrac{\ln a_n}{n}$. 另一方面, 对任意给定的 $\varepsilon > 0$, 存在 $N \in \mathbb{N}$ 使得 $\dfrac{\ln a_N}{N} < \alpha + \varepsilon$. 记 $n = mN + k$ $(0 \leqslant k < N)$, 则由 $a_n = a_{mN+k} \leqslant a_N^m a_k$ 可知

$$\frac{\ln a_n}{n} \leqslant \frac{m}{n}\ln a_N + \frac{1}{n}\ln a_k \leqslant \frac{mN}{n}(\alpha + \varepsilon) + \frac{1}{n}\ln a_k.$$

故 $\overline{\lim\limits_{n\to\infty}}\, \dfrac{\ln a_n}{n} \leqslant \alpha + \varepsilon$.

26. 设 $a_1, a_2 \in \left[\dfrac{1}{M}, M\right]$, 则 $a_n \in \left[\dfrac{1}{M}, M\right]$ $(n = 3, 4, \cdots)$. 若记 $\lim\limits_{k\to\infty} a_{n_k+2} = \overline{\lim\limits_{n\to\infty}}\, a_n = H$, $\underline{\lim\limits_{n\to\infty}}\, a_n = h$, 则在 $a_{n+2} = \dfrac{2}{a_n + a_{n+1}}$ 两端取上极限、下极限并利用定理 1.3.7 可得 $Hh = 1$. 再 (通过取收敛子列的方法) 不妨设

$$\lim_{k\to\infty} a_{n_k+1} = \alpha, \quad \lim_{k\to\infty} a_{n_k} = \beta, \quad \lim_{k\to\infty} a_{n_k-1} = \gamma,$$

则 $\alpha, \beta, \gamma \in [h, H]$, $\alpha + \beta = \dfrac{2}{H} = 2h$ 且 $\beta + \gamma = \dfrac{2}{\alpha}$. 从而, $\alpha = \beta = h$. 由此可知,

$\beta+\gamma=2H$, 即 $\beta=\gamma=H$. 故 $H=\beta=h$.

27. 利用边界点及聚点的定义.

28. 利用内点及聚点的定义.

29. 利用 $\big|\|\boldsymbol{a}_n\|-\|\boldsymbol{a}\|\big|\leqslant\|\boldsymbol{a}_n-\boldsymbol{a}\|$.

30. 利用定理 1.4.1 及定理 1.2.4.

31. 利用定理 1.4.6.

32. 注意到 $\max\limits_{a\leqslant x\leqslant b}|f'(x)|<1$ 即可.

33. 利用 $\big|a_{n+1}-a_n\big|=\dfrac{\big|a_n-a_{n-1}\big|}{(2+a_n)(2+a_{n-1})}\leqslant\dfrac{1}{4}\big|a_n-a_{n-1}\big|$ $(n=2,3,\cdots)$ 及定理 1.5.1.

34. 将原方程化为 $x=\dfrac{1}{2}\sqrt{1+\sin x}$ 并记 $f(x)=\dfrac{1}{2}\sqrt{1+\sin x}$, 则 f 是 $[0,1]$ 上的压缩映射. 由此可构造迭代数列.

35. 类似于定理 1.5.1 的证明.

36. 利用压缩映射的定义. 对逆命题, 可取 $S=[1,2]\subset\mathbb{R}$, 考察

$$f(x)=\begin{cases}0, & x\in[0,1],\\ 1, & x\in(1,2].\end{cases}$$

由 $f^2\equiv 0$ 可知 f^2 是 S 上的压缩映射, 但由 f 在 S 上不连续可知 f 不是 S 上的压缩映射.

37. 由定理 1.1.1 可知, $\lim\limits_{n\to\infty}\dfrac{a_{n+1}+a_{n+2}+\cdots+a_{n+p}}{n}=\lambda$. 由此结合反证法可知, 极限 $\lim\limits_{n\to\infty}\dfrac{a_n}{n}$ 存在. 进而, $\lim\limits_{n\to\infty}\dfrac{a_n}{n}=\dfrac{1}{p}\lim\limits_{n\to\infty}\dfrac{a_{n+1}+a_{n+2}+\cdots+a_{n+p}}{n}=\dfrac{\lambda}{p}$.

38. 利用数学归纳法证明 $\{x_n\}$ 单调减少有下界.

39. 令 $g(x)=x+f(x)$, 则 g 为 $[a,b]$ 上的压缩映射.

40. 令 $b_n=\dfrac{1}{a_n}$, 利用 Stolz 定理证明: $\lim\limits_{n\to\infty}\dfrac{b_n}{n^k}=+\infty$.

41. 由数学归纳法易知 $x_n\in(0,1)$ $(n=1,2,\cdots)$. 在 $x_{n+1}=\alpha\big(1-x_n^2\big)$ 两端取上极限、下极限即可.

习　题　2

1. (1) 利用函数极限的定义; (2) 利用定理 2.1.1.

2. 类似于定理 2.1.1 与定理 2.1.2.

3. (充分性) 利用反证法证明满足条件的函数值数列 $\{f(x_n)\}$ 必收敛于同一个数, 再利用定理 2.1.1; (必要性) 直接利用定理 2.1.1.

4. 利用定理 2.1.1.

5. 利用函数极限的定义证明 $f(x_0-0)=\sup\limits_{x\in(x_0-\delta,x_0)} f(x)$.

6. 利用函数极限的定义证明 $\lim\limits_{x\to+\infty} f(x)=\sup\limits_{x\in(a,+\infty)} f(x)$ 即可.

7. 利用确界存在定理及单侧极限的定义.

8. 例 4.1.2 中的 Riemann 函数满足要求.

9. 由定理 1.2.4 可知, 数列 $\{x_n\}$ 存在收敛子列，记其极限为 ξ 即可.

10. $f(x)=\big(f(1)-f(0)\big)x+f(0)$ $(x\in\mathbb{R})$. 提示: 令 $g(x)=f(x)-f(0)$, 则由

$$\frac{f(x+y)+f(0)}{2}=f\left(\frac{(x+y)+0}{2}\right)=f\left(\frac{x+y}{2}\right)=\frac{f(x)+f(y)}{2}$$

可知, g 满足 Cauchy 函数方程 $g(x+y)=g(x)+g(y)$ $(x,y\in\mathbb{R})$.

11. 因为 f 在 $(0,1)$ 上单调减少, 所以对任意给定的 $x_0\in(0,1)$, $f(x_0-0)$ 与 $f(x_0+0)$ 都存在且 $f(x_0-0)\geqslant f(x_0)\geqslant f(x_0+0)$. 又因为 $\mathrm{e}^x f(x)$ 都在 $(0,1)$ 上单调增加, 所以 $\mathrm{e}^{x_0}f(x_0-0)\leqslant \mathrm{e}^{x_0}f(x_0)\leqslant \mathrm{e}^{x_0}f(x_0+0)$. 故 $f(x_0-0)=f(x_0)=f(x_0+0)$.

12. 若 $\boldsymbol{A},\boldsymbol{B}$ 中有一个可逆, 则可不妨设 $\boldsymbol{A}$ 可逆. 于是, 由 $\boldsymbol{A}^{-1}(\boldsymbol{I}-\boldsymbol{AB})\boldsymbol{A}=\boldsymbol{I}-\boldsymbol{BA}$ 可知, $\det(\boldsymbol{I}-\boldsymbol{AB})=\det(\boldsymbol{I}-\boldsymbol{BA})$. 故当 $\boldsymbol{I}-\boldsymbol{AB}$ 可逆时, $\boldsymbol{I}-\boldsymbol{BA}$ 也可逆. 若 $\boldsymbol{A},\boldsymbol{B}$ 都不可逆, 则存在 $\delta>0$ 使得对任意的 $\sigma\in(0,\delta)$, $\boldsymbol{A}-\sigma\boldsymbol{I}$ 都可逆. 类似于 $\boldsymbol{A}$ 可逆情形的讨论并利用连续性即可证得所需结论.

13. 利用函数 f 在点 x_0 处连续的定义.

14. 利用一致连续的定义, 也可直接利用例 2.2.9 的结论.

15. 利用一致连续的定义.

16. 类似于例 2.2.10 的证明.

17. 对 $\varepsilon=1$, 存在 $\delta>0$, 使得对任意的 $x',\,x''\in[0,+\infty)$, 只要 $|x'-x''|\leqslant\delta$ 就有 $|f(x')-f(x'')|<1$. 因为任意的 $x\in[\delta,+\infty)$ 都可表示为 $x=n\delta+x_0$, 其中 $n\in\mathbb{N}$, $x_0\in[0,\delta)$, 所以

$$\begin{aligned}|f(x)|&=\left|\sum_{k=1}^{n}\big(f(k\delta+x_0)-f((k-1)\delta+x_0)\big)+f(x_0)\right|\\&\leqslant n+|f(x_0)|\leqslant\frac{x-x_0}{\delta}+|f(x_0)|.\end{aligned}$$

18. 对任意给定的 $\varepsilon>0$, 存在 $\delta>0$, 使得对任意的 $x', x''\in[0,+\infty)$, 只要 $|x'-x''|\leqslant\delta$ 就有 $|f(x')-f(x'')|<\varepsilon$. 对 $[0,1]$ 作分割: $0=x_0<x_1<\cdots<x_m=1$ 使得 $|x_i-x_{i-1}|<\delta$ $(i=1,2,\cdots,m)$. 于是, 存在 $N\in\mathbb{N}$, 使得对任意的 $n>N$ 都有 $|f(x_i+n)|<\varepsilon$. 对任意的 $x>N+1$, 存在 $n>N$ 及 $i\in\{1,2,\cdots,m\}$ 使得 $|x-x_i-n|<\delta$. 从而,

$$\big|f(x)\big|\leqslant\big|f(x_i+n)\big|+\big|f(x)-f(x_i+n)\big|<2\varepsilon.$$

19. 利用定理 2.2.1 与例 2.2.9.

20. 取 $\varepsilon=1$, 利用函数极限的定义及定理 2.2.1.

21. 利用零点存在定理证明存在性, 利用单调性或反证法证明唯一性.

22. 过点 $\mathcal{P}$ 作弦, 设其与 x 轴的夹角为 θ, 被点 $\mathcal{P}$ 分成长度为 $l_1(\theta)$ 与 $l_2(\theta)$ 的两段. 考察函数 $f(\theta)=l_1(\theta)-l_2(\theta)$.

23. 利用定理 2.2.2 与定理 2.2.4.

24. 任意取定 $x_1\in\mathbb{R}$, 记 $x_2=f(x_1)$, 则 $f(x_2)=f(f(x_1))=x_1$. 于是, $f(x_2)-x_2=x_1-f(x_1)$.

25. 对任意的 $x\in[a,b]$ 都有 $|f(x)|\leqslant|f(a)|+\big|f(x)-f(a)\big|\leqslant|f(a)|+\bigvee_a^b(f)$.

26. 由于两个有界变差函数的乘积也是有界变差函数, 所以只需利用定义证明 $\dfrac{1}{g}$ 是有界变差函数即可.

27. 类似于定理 2.5.1 的证明.

28. 首先证明可列个可列集之并为可列集, 再证明区间 $(0,1]$ 中的有理数是可列集.

29. 用反证法及定理 1.2.2.

30. 利用闭集的定义.

31. 0, 1.

32. 不存在.

33. 类似于定理 2.1.2 的证明.

34. 略.

35. 利用定义 2.6.1 与定理 1.4.6.

36. $f(x,y)-f(0,0)=\big(f(x,y)-f(x,0)\big)+\big(f(x,0)-f(0,0)\big)$.

37. 利用定理 2.6.10 与定理 2.6.4.

38. 类似于定理 2.1.4 的证明.

39. 利用定理 2.6.7.

40. 利用定理 2.6.9.

41. 由定理 2.6.10, 只需证明 g 在 $[0,1]\times[0,1]$ 上连续. 为此, 利用三元函数情形的定理 2.6.10.

42. 类似于定理 2.6.5 与定理 2.6.10 的证明.

43. 可参考注记 2.1.5.

习 题 3

1. 利用定理 3.1.2.

2. 利用定理 3.1.3.

3. 利用 Lagrange 中值定理及定理 3.1.3.

4. 令 $F(x)=f'(x)-f^2(x)$, 则原问题等价于证明 F' 在 $\left(0,\dfrac{\pi}{4}\right)$ 中存在零点. 对此, 可利用定理 3.1.3 及反证法.

5. 证明 f' 在点 $x=0$ 处不连续并利用定理 3.1.4.

6. 利用 $f(x)=f'(0)x+o(x)\ (x\to 0)$.

7. 利用 $\ln(1+x)$ 的 Peano 型 Taylor 公式.

8. 利用定理 1.1.1 与 $\sin x$ 的 Peano 型 Taylor 公式证明极限值.

9. 将 $f(x+h)$ 与 $f(x-h)$ 在点 x 处的带 Lagrange 型余项的 Taylor 公式相结合.

10. 对 x,y 变量使用二元函数的 Lagrange 中值定理.

11. $f_{xxxx}(0,0)=4$, $f_{xxxy}(0,0)=3$, $f_{xxyy}(0,0)=2$, $f_{xyyy}(0,0)=1$, $f_{yyyy}(0,0)=0$.

12. 令 $f(x,y,z)=\dfrac{x^2}{\sqrt{y}\sqrt[3]{z}}$, $(x_0,y_0,z_0)=(1,1,1)$, $(\Delta x,\Delta y,\Delta z)=(0.03,-0.02,0.06)$. 利用三元函数的 Lagrange 中值定理.

13. f 在点 $(1,0)$ 处的 n 阶 Taylor 公式为

$$f(x,y)=1+\sum_{k=1}^{n}\left(\frac{1}{k!}\sum_{j=0}^{k}\mathrm{C}_k^j(-1)^{k-j}(k-j)!\cos\left(\frac{j\pi}{2}\right)(x-1)^{k-j}y^j\right)+R_n,$$

其中余项 R_n 为

$$R_n=\frac{1}{(n+1)!}\sum_{j=0}^{n+1}\mathrm{C}_{n+1}^j(-1)^{n+1-j}(n+1-j)!\frac{1}{\xi^{n-j+2}}\cos\left(\eta+\frac{j\pi}{2}\right)(x-1)^{n+1-j}y^j,$$

其中 $\xi=1+\theta(x-1)$, $\eta=\theta y$, $0<\theta<1$. 当 $x=1$ 时, $\xi=1$, 对任意的 $y\in\mathbb{R}$ 都有 $R_n\to 0\ (n\to\infty)$; 当 $0<|x-1|<\dfrac{1}{3}$ 时, $\dfrac{2}{3}<\xi<\dfrac{4}{3}$, 故 $\dfrac{|x-1|}{\xi}<\dfrac{1}{2}$. 从而,

对任意的 $y \in \mathbb{R}$ 都有

$$\left|R_n\right| \leqslant \frac{1}{|\xi|}\sum_{j=0}^{n+1}\frac{1}{j!}\Big(\frac{|x-1|}{\xi}\Big)^{n+1-j}|y|^j \to 0, \quad n\to\infty.$$

14. 利用定理 3.3.5.

15. 令 $\varphi(t)=\boldsymbol{c}\cdot\big(\boldsymbol{f}(\boldsymbol{a}+\boldsymbol{t}(\boldsymbol{b}-\boldsymbol{a}))-\boldsymbol{f}(\boldsymbol{a})\big)$, 并利用一元函数的 Lagrange 中值定理.

16. 令 $\boldsymbol{g}(\boldsymbol{x})=\boldsymbol{f}(\boldsymbol{x})-\boldsymbol{C}_{m\times d}\boldsymbol{x}$, 并利用定理 3.3.8.

17. 利用定理 3.4.1.

18. 0.

19. $z_x=\dfrac{-x^2yf_1+yzf_2}{x^2f_1+xyf_2}$, $z_y=\dfrac{xzf_1-xy^2f_2}{xyf_1+y^2f_2}$.

20. 先利用定理 3.4.3 从 $g(y,z,t)=0$ 与 $h(z,t)=0$ 中求出 z_y, t_y.

21. 利用定理 3.4.3.

22. 类似于定理 3.4.3 的证明.

23. 利用定理 3.4.3.

24. $\sqrt{2}-1$, $\sqrt{2}+1$.

25. -3, 3.

26. 类似于例 3.5.1.

27. 类似于例 3.5.1.

28. 类似于例 3.5.1.

29. 利用多元向量值隐函数存在定理.

30. 利用定理 1.2.1、定理 1.1.1、定理 2.1.1、L'Hospital 法则.

31. 利用 f 在点 $x=0$ 处带 Lagrange 型余项的三阶 Taylor 公式及定理 3.1.3.

32. 利用二元函数的 Lagrange 中值定理及 Cauchy-Schwarz 不等式.

33. 对 $f(x,y)$ 在 $(0,0)$ 的二阶 Taylor 展开式应用 Cauchy-Schwarz 不等式.

34. 利用二元函数取极值的必要条件与充分条件.

习 题 4

1. 利用定理 4.1.2.

2. 利用反证法、例 4.1.4 及闭区间套定理.

3. 利用定理 4.1.3 与定理 4.1.2.

4. 利用定理 4.1.2.

5. 仿照例 4.1.4 的证明.

6. 利用定理 4.1.5.

7. 利用 f 的有界性.

8. 利用定理 4.1.5 及 Cauchy-Schwarz 不等式.

9. 令 $F(x)=\int_0^x \left|f'(t)\right|\mathrm{d}t$, 则 $\left|f'(x)\right|\leqslant F'(x)$, $\left|f(x)\right|\leqslant F(x)$.

10. 令 $F(x)=1+2\int_0^x f(t)\mathrm{d}t$, 则 $F'(x)\leqslant 2\sqrt{F(x)}$.

11. 令 $F(x)=\int_a^x \varphi(t)f(t)\mathrm{d}t$, 则 $F'(x)\leqslant\varphi(x)g(x)+\varphi(x)F(x)$. 再利用微分形式的 Gronwall 不等式即可.

12. 利用定理 4.1.7.

13. 仿照例 4.1.8 的证明.

14. 利用定理 4.1.7 与 Rolle 中值定理.

15. 令 $h(x)=\mathrm{e}^{-x}f(x)$, 利用定理 4.1.7 与 Rolle 中值定理.

16. 利用分部积分与定理 4.1.7.

17. 令 $\tau=t^2$ 并利用定理 4.1.8.

18. 利用定理 4.2.1.

19. 类似于定理 4.1.2 及引理 4.1.1.

20. 类似于定理 4.2.3.

21. (1) 利用定理 4.2.2; (2), (3) 直接验证即可.

22. 原问题等价于证明:

$$\iint_{[a,b]\times[a,b]} p(x)p(y)\big(f(x)-f(y)\big)g(y)\mathrm{d}x\mathrm{d}y\leqslant 0.$$

利用对称性交换变量.

23. 作变换 $x+y=t(x-y)$, 则曲线 Γ 可表示为: $x-y=3t$, $x+y=3t^2$, $\frac{9}{8}z^2=9t^3$, 故 Γ 的参数方程为: $x=\frac{3}{2}\big(t^2+t\big)$, $y=\frac{3}{2}\big(t^2-t\big)$, $z=2\sqrt{2}t^{\frac{3}{2}}$.

24. 因为 Γ 位于平面 $z=-x-y$ 上, 所以 $I=\int_\gamma (y+x+y)\mathrm{d}x+(-x-y-x)\mathrm{d}y+(x-y)(-\mathrm{d}x-\mathrm{d}y)=3\int_\gamma y\mathrm{d}x-x\mathrm{d}y$, 其中 γ 为 Γ 在 xOy 平面上的定向投影曲线.

25. 考虑 u 在点 $\mathcal{P}_0$ 处带 Peano 型余项的二阶 Taylor 公式, 并利用对称性.

26. 设 $x=a\sin\varphi\cos\theta$, $y=b\sin\varphi\sin\theta$, $z=c\cos\varphi$ ($\varphi\in[0,\pi]$, $\theta\in[0,2\pi]$), 并利用定理 4.3.5.

27. 分 $(0,0)$ 在 Γ 外、在 Γ 内、在 Γ 上三种情形.

28. 利用定理 4.3.6.

29. 记 $\Delta f=f_{xx}+f_{yy}+f_{zz}$, 利用定理 4.3.8 证明

$$\iiint_{\Omega\setminus\Omega_\varepsilon}\left(\frac{1}{r}\Delta u-u\Delta\frac{1}{r}\right)\mathrm{d}x\mathrm{d}y\mathrm{d}z=\oiint_{\partial(\Omega\setminus\Omega_\varepsilon)}\left(\frac{1}{r}\frac{\partial u}{\partial \boldsymbol{n}}-u\frac{\partial\frac{1}{r}}{\partial \boldsymbol{n}}\right)\mathrm{d}S,$$

其中 Ω_ε 是以点 (x_0,y_0,z_0) 为中心, ε 为半径的球.

30. 利用定理 4.3.9.

31. 利用定理 4.4.2.

32. 利用 Cauchy 收敛原理及分部积分

$$\begin{aligned}&\int_{A'}^{A''}x\sin x^4\sin x\mathrm{d}x\\&=-\int_{A'}^{A''}\frac{\sin x}{4x^2}\mathrm{d}\cos x^4\\&=-\frac{\sin x\cos x^4}{4x^2}\bigg|_{A'}^{A''}+\int_{A'}^{A''}\frac{\cos x^4\sin x}{4x^2}\mathrm{d}x+\int_{A'}^{A''}\frac{\cos x^4\sin x}{2x^3}\mathrm{d}x.\end{aligned}$$

33. 当 $0<p\leqslant 1$ 时, 积分条件收敛; 当 $p>1$ 时, 积分绝对收敛.

34. 与反常积分 $\displaystyle\int_1^{+\infty}\frac{\sin x}{x^p}\mathrm{d}x$ 相比较.

35. 当 $p>1$ 或 $p=1$ 且 $q>1$ 时, 积分收敛; 其余情形积分发散.

36. 直接积分可知, 存在正数 X_0 与 M 使得 $f(x)\geqslant Mx^2$ ($x\geqslant X_0$).

37. 利用瑕积分 $\displaystyle\int_0^1 x^{-\frac{3}{4}}\mathrm{d}x$ 收敛及推论 4.4.2.

38. 因为 f 在点 $x=0$ 处的右导数存在且 $f(0)=0$, 所以存在 $\eta\in(0,1)$ 及 $M>0$ 使得 $\left|x^{-1}f(x)\right|\leqslant M$ ($x\in(0,\eta)$). 再利用定理 4.4.6.

39. 利用 Cauchy 收敛原理及 $0\leqslant\dfrac{x}{2}f(x)\leqslant\displaystyle\int_{\frac{x}{2}}^{x}f(t)\mathrm{d}t$ ($x\in(0,1]$).

40. 取 $D_n=\left\{(x,y)\,\middle|\,1\leqslant x^2+y^2\leqslant n^2,\ x\leqslant y\leqslant 2x\right\}$.

41. 取 $D_n=\left\{(x,y)\,\middle|\,0\leqslant x\leqslant 1,\ 1\leqslant x+y\leqslant n\right\}$, 作变量替换 $u=x, v=x+y$ 可知, 当且仅当 $p>1$ 时, 积分收敛且 $I=\dfrac{1}{p-1}$.

42. 只需证明: 存在正常数 M 使得

$$\frac{x^2-y^2}{\left(x^2+y^2\right)^2}\geqslant\frac{M}{x^2+y^2},\quad (x,y)\in\left\{(x,y)\,\middle|\,2y\leqslant x\leqslant 3y,\ x\geqslant 1,\ y\geqslant 1\right\}.$$

43. $\dfrac{\pi}{4}$.

44. $\pi\arcsin a$.

45. 引入参变量 y, 定义 $I(y)=\displaystyle\int_0^1\frac{\ln(1+xy)}{1+x^2}\mathrm{d}x$.

46. 利用连续函数的定义.

47. 利用定理 4.5.4.

48. 利用定理 4.5.4.

49. 利用定理 4.6.3 证明一致收敛; 利用定理 4.6.1 证明不一致收敛.

50. 对任意的 $y_0>2$, 证明 $\varphi(y)$ 关于 y 在 $[y_0,+\infty)$ 上一致收敛.

51. 利用 $F(s)$ 关于 s 在 $[0,+\infty)$ 上一致收敛 (但注意 f 未必连续) 及连续函数的定义.

52. 利用 $\dfrac{\sin bx-\sin ax}{x}=\displaystyle\int_a^b\cos xy\mathrm{d}y$.

53. 利用定理 4.6.7.

54. 令 $t=\dfrac{c}{x}$ 或利用定理 4.6.7.

55. 利用 $\dfrac{1}{\sqrt{t}}=\dfrac{2}{\sqrt{\pi}}\displaystyle\int_0^{+\infty}\mathrm{e}^{-tu^2}\mathrm{d}u$ 及 $\displaystyle\int_0^{+\infty}\sin x^2\mathrm{d}x=\frac{1}{2}\int_0^{+\infty}\frac{\sin t}{\sqrt{t}}\mathrm{d}t$, 并引入收敛因子证明可交换积分次序.

56. 考察函数 $\varphi(x)=f(x)-\alpha$, 其中 $\alpha=\dfrac{1}{b-a}\displaystyle\int_a^b f(x)\mathrm{d}x$.

57. 旋转曲面的面积为 $J(y)=2\pi\displaystyle\int_{x_1}^{x_2}y\sqrt{1+y'^2}\mathrm{d}x$. 由定理 4.7.1 可知, 所求曲线满足 $\dfrac{y}{\sqrt{1+y'^2}}\equiv C_1$. 令 $y'=\mathrm{sh}\ t$, 则 $y=C_1\mathrm{ch}\ t$. 从而, $x=C_1t+C_2$, 其中 C_1, C_2 由初值条件决定.

58. $-\left(z_{xx}+z_{yy}\right)=f$, $(x,y)\in D$; $z(x,y)\big|_{\partial D}=\phi(x,y)$.

59. $F_{y_i}-\dfrac{\mathrm{d}}{\mathrm{d}x}F_{y_i'}=0\ \left(x\in[a,b],\ i=1,2,\cdots,n\right)$.

60. 由定理 4.1.7 及定理 3.1.3 可知, $f'(x)<1$. 令 $g(x)=f(x)-x$, 则 g 在 $[0,1]$ 上严格单调减少. 从而,

$$-\frac{1}{2}=\int_0^1 g(x)\mathrm{d}x<\frac{1}{n}\sum_{k=0}^{n-1}g\left(\frac{k}{n}\right)=\frac{1}{n}\left(\sum_{k=1}^{n}g\left(\frac{k}{n}\right)+1\right)$$
$$<\int_0^1 g(x)\mathrm{d}x+\frac{1}{n}=-\frac{1}{2}+\frac{1}{n}.$$

61. 不妨设 $f_1, f_2, \cdots, f_n$ 都在 $[0,1]$ 上恒为正. 令 $g(x)=\ln\big(f_1(x)f_2(x)\cdots f_n(x)\big)$, 并利用定理 4.1.7 与 Jensen 不等式.

62. (1) 利用定理 4.1.7; (2) 利用 $\lim\limits_{n\to\infty}\left(\int_a^b (f(x))^n\mathrm{d}x\right)^{\frac{1}{n}}=\max\limits_{a\leqslant x\leqslant b}f(x)$ 及 f 的单调性.

63. 设正交变换所对应的正交矩阵为 $\boldsymbol{P}$, 则在变换 $(x,y)^{\mathrm{T}}=\boldsymbol{P}(u,v)^{\mathrm{T}}$ 下, $ax^2+2bxy+cy^2=\lambda_1u^2+\lambda_2v^2$. 从而,

$$\iint_{x^2+y^2\leqslant R^2}\mathrm{e}^{ax^2+2bxy+cy^2}\mathrm{d}x\mathrm{d}y=\iint_{u^2+v^2\leqslant R^2}\mathrm{e}^{\lambda_1u^2+\lambda_2v^2}\mathrm{d}u\mathrm{d}v.$$

再用正方形区域上相应函数的积分控制上式右端的积分.

64. 2π. 利用定理 4.3.6 及隐函数求导定理.

65. 利用定理 4.3.8、对称性、柱坐标化简 I_t, 再利用 L'Hospital 法则.

66. 略. 67. 略.

习 题 5

1. 利用数列极限的定义及定理 5.1.2.

2. 利用 $\dfrac{a_n}{S_n^p}=\dfrac{S_n-S_{n-1}}{S_n^p}\leqslant\displaystyle\int_{S_{n-1}}^{S_n}\frac{1}{x^p}\mathrm{d}x\ (n=2,3,\cdots)$.

3. 利用 $0\leqslant\dfrac{1+\cos n}{2+\cos n}=1-\dfrac{1}{2+\cos n}\leqslant\dfrac{2}{3}$ 及定理 5.1.4.

4. 利用推论 5.1.2 考察子级数 $\sum\limits_{n=1}^{\infty}a_{nk_0+1}$, $\sum\limits_{n=1}^{\infty}a_{nk_0+2}$, $\cdots$, $\sum\limits_{n=1}^{\infty}a_{nk_0+k_0}$ 的敛散性.

5. 利用定理 5.1.5.

6. (1) 利用定理 5.1.5; (2) 存在 $N\in\mathbb{N}$ 使得对任意的 $n>N$ 都有 $\dfrac{a_{n+1}}{a_n}>\dfrac{n\ln n}{(n+1)\ln(n+1)}$.

7. 利用 $\dfrac{a_n}{a_{n+1}}=\dfrac{1}{2-\mathrm{e}^{\frac{\ln a}{n+1}}}=\dfrac{1}{1-\dfrac{\ln a}{n}-\dfrac{\alpha_n}{n^2}}=1+\dfrac{\ln a}{n}+\dfrac{\beta_n}{n^2}$ 及上一题的结论, 其中 $\{\alpha_n\},\{\beta_n\}$ 是有界数列.

8. 利用反证法及定理 5.1.6.

9. 利用级数 $\sum\limits_{n=2}^{\infty}\dfrac{(-1)^n}{\sqrt{n}}$ 的收敛性或加法结合律.

10. 利用反证法及定理 5.1.7.

11. 由 $\sum\limits_{n=1}^{\infty}(-1)^n\dfrac{\sin^2 n}{n}=\dfrac{1}{2}\sum\limits_{n=1}^{\infty}(-1)^n\dfrac{1}{n}-\dfrac{1}{2}\sum\limits_{n=1}^{\infty}\dfrac{\cos n(2+\pi)}{n}$ 及定理 5.1.7 可知 $\sum\limits_{n=1}^{\infty}(-1)^n\dfrac{\sin^2 n}{n}$ 收敛; 由 $\sum\limits_{n=1}^{\infty}\dfrac{\sin^2 n}{n}=\dfrac{1}{2}\sum\limits_{n=1}^{\infty}\dfrac{1}{n}-\dfrac{1}{2}\sum\limits_{n=1}^{\infty}\dfrac{\cos 2n}{n}$ 及定理 5.1.7 可知 $\sum\limits_{n=1}^{\infty}\dfrac{\sin^2 n}{n}$ 发散.

12. 利用 Lagrange 中值定理及定理 5.1.2.

13. 利用定理 5.1.6.

14. 记 $b_n=1+\dfrac{1}{2}+\dfrac{1}{3}+\cdots+\dfrac{1}{n}-\ln n\ (n=1,2,\cdots)$, $\sum\limits_{n=1}^{\infty}\dfrac{(-1)^{n-1}}{n}$ 的更序级数 $1+\dfrac{1}{3}-\dfrac{1}{2}+\dfrac{1}{5}+\dfrac{1}{7}-\dfrac{1}{4}+\dfrac{1}{9}+\dfrac{1}{11}-\dfrac{1}{6}+\cdots$ 的部分和数列为 $\{S_n\}$, 则 $S_{3n}=b_{4n}-\dfrac{1}{2}b_n-\dfrac{1}{2}b_{2n}+\dfrac{3}{2}\ln 2$.

15. 用反证法. 不妨设 $\sum\limits_{n=1}^{\infty}b_n$ 发散但 $\sum\limits_{n=1}^{\infty}c_n$ 收敛. 将 $\sum\limits_{n=1}^{\infty}c_n$ 与 $\sum\limits_{n=1}^{\infty}a_n$ 作 Cauchy 乘积得到矛盾.

16. 直接利用定义 5.2.1.

17. 利用定理 5.2.1.

18. $\alpha<1$. 利用定理 5.2.1.

19. $\ln\dfrac{2\mathrm{e}}{\mathrm{e}+1}$. 利用定理 5.2.3.

20. 利用

$$\left|\int_{-\infty}^{+\infty}(f_n(x)-f(x))\mathrm{d}x\right|\leqslant 2\int_{-\infty}^{-A}F(x)\mathrm{d}x+\int_{-A}^{A}|f_n(x)-f(x)|\mathrm{d}x+2\int_{A}^{+\infty}F(x)\mathrm{d}x.$$

21. 例如, 令

$$g_n(t)=\begin{cases}4n-16n^2\left|t-\dfrac{3}{4n}\right|, & t\in\left[\dfrac{1}{2n},\dfrac{1}{n}\right],\\ 0, & t\notin\left[\dfrac{1}{2n},\dfrac{1}{n}\right],\end{cases}$$

$$f_n(x)=\int_0^x g_n(t)\mathrm{d}t,\quad n=1,2,\cdots,$$

则 $\lim\limits_{n\to\infty}f_n'(x)=g_n(x)\to 0\ (x\in[0,+\infty))$, 但 $\lim\limits_{n\to\infty}f_n(x)=\lim\limits_{n\to\infty}\int_0^x g_n(t)\mathrm{d}t=1\neq 0\ (x\in(0,+\infty))$.

22. 利用定理 5.2.1 证明充分性; 利用定理 5.2.4 证明必要性.

23. 利用定理 5.2.8.

24. 利用定理 5.1.2 及上一题的结论.

25. 利用数项级数 $\sum\limits_{n=2}^{\infty}\dfrac{1}{n\ln n}$ 发散、定理 5.1.6 及定理 5.2.8.

26. 用反证法、定理 5.2.8 及定理 5.1.6.

27. (1) 利用定理 5.2.9; (2), (3) 利用定理 5.2.10.

28. 利用 $u_n(x)=u_n(a)+\int_a^x u_n'(t)\mathrm{d}t$ 及定理 5.2.11.

29. 利用定理 5.2.9、定理 5.2.12 与定理 5.2.11.

30. 利用定理 5.1.4 与定理 5.2.9 证明函数项级数 $(-1)^k\sum\limits_{n=1}^{\infty}\dfrac{n^{k+1}}{\mathrm{e}^{nx}}$ $(k=0,1,2,\cdots)$ 在 $(0,+\infty)$ 上内闭一致收敛, 再利用定理 5.2.13.

31. 不妨设 $\left|f_{n+1}(x)-f_n(x)\right|\leqslant\dfrac{1}{2^n}$ $(n=1,2,\cdots,\ x\in[a,b])$, 则

$$f(x)=f_1(x)+\sum_{n=1}^{\infty}\left(f_{n+1}(x)-f_n(x)\right)$$

右端的函数项级数在 $[a,b]$ 上一致收敛. 记 $F_n'(x)=f_{n+1}(x)-f_n(x)$, 则函数项级数 $\sum\limits_{n=1}^{\infty}F_n(x)$ 与 $\sum\limits_{n=1}^{\infty}F_n'(x)$ 都在 $[a,b]$ 上一致收敛. 再利用定理 5.2.13.

32. 利用定理 5.2.6.

33. 注意到 $\sum\limits_{n=1}^{\infty}A_nx^n$ 的收敛半径为 1 及 $\sum\limits_{n=1}^{\infty}a_n1^n$ 发散.

34. 利用 $\left(\sum\limits_{n=1}^{\infty}a_nx^n\right)\left(\sum\limits_{n=1}^{\infty}b_nx^n\right)=\sum\limits_{n=1}^{\infty}c_nx^n$ 及定理 5.3.5.

35. 用反证法证明 $\sum\limits_{n=0}^{\infty}a_n$ 收敛, 再利用定理 5.3.5.

36. $\dfrac{\ln x}{1-x^2}=\sum\limits_{n=0}^{\infty}x^{2n}\ln x.$

37. 利用定理 5.3.10.

38. 利用 $a_k=\dfrac{1}{\pi}\displaystyle\int_{-\pi}^{\pi}f(t)\cos kt\,\mathrm{d}t$ 与 $a_k=-\dfrac{1}{\pi}\displaystyle\int_{-\pi}^{\pi}f\Big(t+\dfrac{\pi}{k}\Big)\cos kt\,\mathrm{d}t$ 及 Hölder 条件估计 a_k. 类似地估计 b_k.

39. $\dfrac{\pi^2}{8}$. 利用定理 5.4.7.

40. 当 $x\in[-\pi,\pi]$ 时, 有

$$\frac{\sin\alpha\pi}{\pi}\Big(\frac{1}{\alpha}+\sum_{k=1}^{\infty}\frac{(-1)^k 2\alpha}{\alpha^2-k^2}\cos kx\Big)=\cos\alpha x.$$

41. 利用 $\dfrac{\pi-x}{2}\sim\sum\limits_{k=1}^{\infty}\dfrac{\sin kx}{k}$ 及定理 5.4.4.

42. 利用 $f+g$ 与 $f-g$ 的 Parseval 等式.

43. 设 f 的 Fourier 级数的部分和函数列 $\{S_n\}$ 在 $(-\infty,+\infty)$ 上处处收敛于 g. 若记 $S_n^*=\dfrac{1}{n+1}\sum\limits_{k=0}^{n}S_k\ (n=1,2,\cdots)$, 则 $\{S_n^*\}$ 在 $(-\infty,+\infty)$ 上也处处收敛于 g. 另一方面, 证明 $\{S_n^*\}$ 在 $(-\infty,+\infty)$ 一致收敛于 f (这也证明了定理 5.4.8). 故 $g\equiv f$.

44. $\sqrt{\dfrac{2}{\pi}}\dfrac{2-\omega}{4+\omega^2}$. 利用定义式 5.17.

45. $\dfrac{1}{\sqrt{2a}}\mathrm{e}^{-\frac{\omega^2}{4a}}$. 利用定义式 5.18.

46. 利用定义 5.4.2.

47. 利用定义 5.4.2.

48*. 利用连续性证明 $f(0)=0$, 利用 Rolle 中值定理证明 $f^{(k)}(0)\equiv 0\ (k=1,2,\cdots)$, 并利用 Taylor 公式.

49. 对任意给定的 $\varepsilon>0$, 利用函数一致连续的定义将 $[0,1]$ 分割, 再利用数列极限、函数列一致收敛的定义.

50. (1) 对任意给定的 $\varepsilon>0$, 在 $[a,b]$ 中插入分点使每一个子区间长度不超过 ε, 再利用数列极限的 Cauchy 收敛原理、函数列一致收敛的 Cauchy 收敛原理.

(2) 不一定. 例如, 对 $f_n(x)=\sqrt{x^2+\dfrac{1}{n}}\ (n=1,2,\cdots,\ x\in[-1,1])$, 其极限函数 $f(x)=|x|$ 在 $[-1,1]$ 不是处处可导的.

51. 根据

$$\begin{aligned}\sum_{k=1}^{n}\sqrt{n+a_k}-n^{\frac{3}{2}}&=\sum_{k=1}^{n}\left(\sqrt{n+a_k}-\sqrt{n}\right)\\&=\sum_{k=1}^{n}\left(\frac{a_k}{\sqrt{n+a_k}+\sqrt{n}}-\frac{a_k}{2\sqrt{n}}\right)+\sum_{k=1}^{n}\frac{a_k}{2\sqrt{n}}\\&=\sum_{k=1}^{n}\frac{-a_k^2}{2\sqrt{n}\left(\sqrt{n+a_k}+\sqrt{n}\right)^2}+\sum_{k=1}^{n}\frac{a_k}{2\sqrt{n}}\\&=-\frac{1}{2\sqrt{n}}\sum_{k=1}^{n}\frac{1}{\left(\sqrt{n+a_k}+\sqrt{n}\right)^2}+\frac{a_1+a_2+\cdots+a_n}{2\sqrt{n}},\end{aligned}$$

利用定理 5.1.13.

52. 略.

习　题　6

1. $y(t)=2(\mathrm{e}^t-1)-t$. 利用定理 6.1.1 的证明.

2. $\left[-\frac{5}{4},-\frac{3}{4}\right]$; $y_2(t)=\frac{t^3}{3}-\frac{t^7}{63}-\frac{t^4}{18}-\frac{t}{9}+\frac{11}{42}$; $\left|y(t)-y_2(t)\right|\leqslant\frac{1}{24}$. 利用定理 6.1.1 的证明.

3. 作逼近函数列: $y_0(t)=f(t)$, $y_{n+1}(t)=f(t)+\lambda\int_a^b K(t,\tau)y_n(\tau)\mathrm{d}\tau$ $(n=0,1,2,\cdots)$.

4. 因为在曲线 $y=\mathrm{e}^t$ 与 $y=-\mathrm{e}^t$ 上方向场恒为零, 所以在区域 $D=\left\{(t,y)\,\middle|\,-\mathrm{e}^t<y<\mathrm{e}^t,t\in(-\infty,+\infty)\right\}$ 上任意给定的初值 (t_0,y_0) 对应的积分曲线都不会越出此区域. 故相应的解必可延拓到 $[t_0,+\infty)$.

5. 设 $y=y(t)$ 为方程 $y'(t)=f(t,y)$ 满足初值条件 $y(t_0)=y_0$ 的解, 其中 $(t_0,y_0)\in D$. 首先利用反证法与定理 6.1.2 证明 $y=y(t)$ 在 t_0 右侧的最大存在区间为 $[t_0,\beta)$; 再类似地证明在 t_0 左侧的最大存在区间为 $(\alpha,t_0]$.

6.

$$\boldsymbol{y}(t)=\frac{1}{4\sqrt{7}}\begin{pmatrix}\frac{52\sqrt{7}}{3}\mathrm{e}^{-3t}+\frac{4-26\sqrt{7}}{3}\mathrm{e}^{(2+\sqrt{7})t}+\frac{-4-26\sqrt{7}}{3}\mathrm{e}^{(2-\sqrt{7})t}\\\frac{-364\sqrt{7}}{9}\mathrm{e}^{-3t}+\frac{-748+146\sqrt{7}}{9}\mathrm{e}^{(2+\sqrt{7})t}+\frac{748+146\sqrt{7}}{9}\mathrm{e}^{(2-\sqrt{7})t}\\\frac{-208\sqrt{7}}{9}\mathrm{e}^{-3t}+\frac{-178-22\sqrt{7}}{9}\mathrm{e}^{(2+\sqrt{7})t}+\frac{178-22\sqrt{7}}{9}\mathrm{e}^{(2-\sqrt{7})t}\end{pmatrix}.$$

7. $$\boldsymbol{y}(t)=\begin{pmatrix} \mathrm{e}^{-2t}-\dfrac{1}{4}\mathrm{e}^{-3t}-\dfrac{3}{4}\mathrm{e}^{-t}+\dfrac{1}{2}t\mathrm{e}^{-t} \\ -2\mathrm{e}^{-2t}+\dfrac{3}{4}\mathrm{e}^{-3t}+\dfrac{5}{4}\mathrm{e}^{-t}-\dfrac{1}{2}t\mathrm{e}^{-t} \\ 4\mathrm{e}^{-2t}-\dfrac{9}{4}\mathrm{e}^{-3t}-\dfrac{7}{4}\mathrm{e}^{-t}+\dfrac{1}{2}t\mathrm{e}^{-t} \end{pmatrix}.$$

8. $\boldsymbol{\Phi}(t)\boldsymbol{\Phi}^{-1}(\tau)$ 与 $\boldsymbol{\Phi}(t-\tau)$ 都是方程组 (6.23) 的基解矩阵. 故由当 $t=\tau$ 时 $\boldsymbol{\Phi}(\tau)\boldsymbol{\Phi}^{-1}(\tau)=\boldsymbol{E}=\boldsymbol{\Phi}(\tau-\tau)$ 及解的存在唯一性可知 $\boldsymbol{\Phi}(t)\boldsymbol{\Phi}^{-1}(\tau)\equiv\boldsymbol{\Phi}(t-\tau)$.

9. 当 $a<0$ 时, 零解 $x=0$ (全局) 渐近稳定 (吸引域为 $(-\infty,+\infty)$); 当 $a=0$ 时, $x=0$ 稳定而不渐近稳定; 当 $a>0$ 时, $x=0$ 不稳定.

10. 由于周期性, 可仅考虑解 $(x,y)=(\pi,0)$ 的性态. 引入变换 $\widetilde{x}=x-\pi$, $\widetilde{y}=y$, 将方程组 (6.41) 转化为 (6.43), 相应的线性微分方程组的特征方程具有一对异号的实根, 故 $(x,y)=(\pi,0)$ 是不稳定的.

11. 将 $\sin x$, $\sin y$, e^x, $\dfrac{z}{1-z}$ 分别作 Taylor 展开得到线性化方程组, 再利用定理 6.3.2.

12. 利用反证法.

参 考 文 献

[1] 陈纪修, 於崇华, 金路. 数学分析 (上、下). 3 版. 北京: 高等教育出版社, 2019.
[2] 常庚哲, 史济怀. 数学分析教程 (上). 3 版. 合肥: 中国科学技术大学出版社, 2012.
[3] 常庚哲, 史济怀. 数学分析教程 (下). 3 版. 合肥: 中国科学技术大学出版社, 2013.
[4] 丁同仁, 李承治. 常微分方程教程. 2 版. 北京: 高等教育出版社, 2004.
[5] 菲赫金哥尔茨. 微积分学教程 (第一、二、三卷). 8 版. 杨弢亮, 叶彦谦; 徐献瑜, 冷生明, 梁文骐; 路见可, 余家荣, 吴亲仁, 译. 北京: 高等教育出版社, 2006.
[6] 李胜宏. 数学分析. 杭州: 浙江大学出版社, 2009.
[7] 楼红卫. 微积分进阶. 北京: 科学出版社, 2009.
[8] 楼红卫. 数学分析: 要点、难点、拓展. 北京: 高等教育出版社, 2020.
[9] 王绵森, 马知恩. 工科数学分析基础 (上). 3 版. 北京: 高等教育出版社, 2017.
[10] 王绵森, 马知恩. 工科数学分析基础 (下). 3 版. 北京: 高等教育出版社, 2018.
[11] 王高雄, 周之铭, 朱思铭, 王寿松. 常微分方程教程. 3 版. 北京: 高等教育出版社, 2006.
[12] 谢惠民, 恽自求, 易法槐, 钱定边. 数学分析习题课讲义 (上). 2 版. 北京: 高等教育出版社, 2018.
[13] 谢惠民, 恽自求, 易法槐, 钱定边. 数学分析习题课讲义 (下). 2 版. 北京: 高等教育出版社, 2019
[14] 严子谦, 尹景学, 张然. 数学分析中的方法与技巧. 北京: 高等教育出版社, 2009.
[15] 杨小远. 工科数学分析教程 (上册). 北京: 科学出版社, 2018.
[16] 杨小远. 工科数学分析教程 (下册). 北京: 科学出版社, 2019.
[17] 张筑生. 数学分析新讲 (第 1, 2, 3 册). 北京: 北京大学出版社, 1990.
[18] 周民强. 数学分析 (第 1, 2 册). 北京: 科学出版社, 2014.
[19] 周民强, 方企勤. 数学分析 (第 3 册). 北京: 科学出版社, 2014.
[20] 小平邦彦. 微积分入门 (修订版). 北京: 人民邮电出版社, 2019.

索　引

Z

其他